TRAITÉ

D'ANALYSE CHIMIQUE

QUANTITATIVE

TRAITÉ D'ANALYSE CHIMIQUE QUALITATIVE

Des opérations chimiques, des réactifs et de leur action sur les corps les plus répandus, essais au chalumeau, analyse des eaux potables, des eaux minérales, des terres, des engrais, etc. Recherches chimico-légales, analyse spectrale, par Faesenius, professeur de chimie à l'université de Wiesbaden. 7ᵉ édition française, traduite de l'allemand sur la 14ᵉ édition. 1 vol. in-8 avec figures dans le texte et un spectre solaire colorié . . 7 fr.

TRAITÉ COMPLET D'ANALYSE CHIMIQUE
APPLIQUÉE AUX ESSAIS INDUSTRIELS
Par J. POST
Professeur de chimie à l'université de Gœttingue
AVEC LA COLLABORATION DE VINGT-DEUX CHIMISTES
TRADUIT DE L'ALLEMAND PAR LE Dᵉ GAUTIER

1 vol. grand in-8º de viii-1143 pages, avec 274 gravures dans le texte
Prix : 28 fr.

Chap. I. Essai de l'eau. — Chap. II et III. Détermination de la composition chimique et calorifique des combustibles. — Chap. IV. Pyrométrie. — Chap. V. Gaz d'éclairage. — Chap. VI. Hydrocarbures solides et liquides du règne minéral. — Chap. VII. Métaux. — Chap. VIII. Acides inorganiques, sels alcalins, chlorures de chaux. Matières premières et produits de la fabrication de la soude, du salpêtre, de la potasse, etc. — Chap. IX. Engrais commerciaux. — Chap. X. Matières explosives et allumettes. — Chap. XI. Chaux, Ciments, Plâtres. — Chap. XII. Matières grasses (graisses et huiles, stéarine, glycérine, savons, matières grasses lubrifiantes). — Chap. XIII. Amidon et fécule. Dextrine. Sucres. — Chap. XIV. Bière. — Chap. XV. Vin. — Chap. XVI. Alcool et levure pressée. — Chap. XVII. Vinaigre. Acide acétique, acétates, Esprit de bois ou acide méthylique. — Chap. XVIII. Cuir et colle. — Chap. XIX. Sels métalliques. — Chap. XX. Matières colorantes et industries qui s'y rattachent. — Chap. XXI. Poteries. — Chap. XXII. Verre.

NOUVEAU TRAITÉ DE CHIMIE INDUSTRIELLE
Par R. WAGNER
Professeur de chimie industrielle à l'université de Wurzburg
DEUXIÈME ÉDITION FRANÇAISE CONSIDÉRABLEMENT AUGMENTÉE
Publiée d'après la 10ᵉ édition allemande
PAR LE Dᵉ L. GAUTIER

2 vol. gr. in-8 de 1800 pages, avec 487 gravures dans le texte. 30 fr.

Les augmentations considérables dues à M. Gautier, le grand nombre de gravures nouvelles, font de cette deuxième édition française un livre entièrement neuf. Il offre un grand avantage sur les ouvrages analogues, par les précieux renseignements qu'il contient sur les usines de l'Europe, et que l'on ne puiserait nulle part ailleurs. A ce titre seul, il doit se trouver entre les mains de tous les chimistes, ingénieurs, industriels, fabricants de produits chimiques. Il convient aussi aux élèves des Écoles d'arts et manufactures et d'arts et métiers.

MANUEL COMPLET D'ESSAIS ET DE RECHERCHES CHIMIQUES

Appliqués aux arts et à l'industrie. Guide pratique pour l'essai et la détermination de la valeur des substances naturelles ou artificielles employées dans les arts et dans l'industrie, pour la recherche des altérations et des falsifications des substances alimentaires, par Bolley et Kopp, professeurs de chimie industrielle à l'Ecole polytechnique fédérale de Zurich. Deuxième édition française, traduite de l'allemand sur la 4ᵉ édition revue et considérablement augmentée, par le Dr L. Gautier. 1 vol. in-8 de 1000 pages, avec 126 figures dans le texte. . . . . 12 fr.

Ce livre intéresse toutes les personnes qui sont dans le cas d'avoir à faire des essais de matières premières ou de produits manufacturés.

9497. — Imprimerie A. Lahure, rue de Fleurus, à Paris.

Source de Birresborn (acidule alcaline).
Source de Neudorf en Bohême (alcalino-ferrugineuse).
Source chaude d'Assmannshausen (alcaline, très riche en lithine).
Source minérale de Biskirchen (acidule alcaline).
Source héraldique d'Ems (chaude, alcaline).
Eaux salées chaudes de Werne.

II. ANALYSE DES PRODUITS INDUSTRIELS ET DES MINÉRAUX

QUE L'ON RENCONTRE LE PLUS SOUVENT, TANT AU POINT DE VUE DE LEUR COMPOSITION QUE SOUS CELUI DE LEUR VALEUR COMMERCIALE.

1. Détermination des acides libres (acidimétrie).

A. DÉTERMINATION DE LA PROPORTION D'ACIDE D'APRÈS LE POIDS SPÉCIFIQUE.

§ 214.

Comme on connaît, à l'aide de tables construites d'après des données expérimentales, le rapport qui existe entre la densité d'un acide plus ou moins hydraté et la quantité d'acide anhydre qu'il renferme, il suffit fréquemment de prendre la densité d'un acide plus ou moins étendu pour en connaître la richesse. Il faut seulement faire attention que l'acide soit libre et que la solution ne contienne aucune autre substance étrangère. Comme la plupart des acides sont volatils (sulfurique, chlorhydrique, azotique, acétique), il suffira de s'assurer si un essai évaporé dans une capsule en platine ou en porcelaine laisse ou non un résidu fixe.

On prendra la densité soit en pesant des volumes égaux d'eau et de l'acide (pages 743 et 744), soit en faisant usage d'un bon aréomètre. Il faut avoir soin que l'expérience soit faite à la température pour laquelle la table a été dressée.

Les tables suivantes donnent, pour les acides sulfurique, chlorhydrique, azotique, phosphorique, acétique, tartrique et citrique, les densités correspondant à différentes proportions d'acide pur.

TABLE I. *a.*

POIDS SPÉCIFIQUES DE L'ACIDE SULFURIQUE SUIVANT LA PROPORTION D'ACIDE MONOHYDRATÉ, D'APRÈS BINEAU, CALCULÉS PAR OTTO POUR LA TEMPÉRATURE DE 15°.

ACIDE MONOHYDRATÉ.	POIDS SPÉCIFIQUE.	ACIDE ANHYDRE.	ACIDE MONOHYDRATÉ.	POIDS SPÉCIFIQUE.	ACIDE ANHYDRE.
100	1,8426	81,65	50	1,598	40,81
99	1,842	80,81	49	1,5886	40,00
98	1,8406	80,00	48	1,579	39,18
97	1,840	79,18	47	1,570	38,35
96	1,8584	78,36	46	1,561	37,55
95	1,8576	77,55	45	1,551	36,73
94	1,8556	76,73	44	1,542	35,82
93	1,854	75,91	43	1,555	35,10
92	1,851	75,10	42	1,324	34,28
91	1,827	74,28	41	1,315	33,47
90	1,822	73,47	40	1,506	32,65
89	1,816	72,65	39	1,2976	31,83
88	1,809	71,83	38	1,289	31,02
87	1,802	71,02	37	1,281	30,20
86	1,794	70,10	36	1,272	29,58
85	1,786	69,38	35	1,264	28,57
84	1,777	68,57	34	1,256	27,75
83	1,767	67,75	33	1,2476	26,94
82	1,756	66,94	32	1,239	26,12
81	1,745	66,12	31	1,231	25,30
80	1,734	65,30	30	1,223	24,49
79	1,722	64,48	29	1,215	23,67
78	1,710	63,67	28	1,2066	22,85
77	1,698	62,85	27	1,198	22,03
76	1,686	62,04	26	1,190	21,22
75	1,675	61,22	25	1,182	20,40
74	1,665	60,40	24	1,174	19,58
73	1,651	59,59	23	1,167	18,77
72	1,639	58,77	22	1,159	17,95
71	1,637	57,95	21	1,1516	17,14
70	1,615	57,14	20	1,144	16,52
69	1,604	56,52	19	1,136	15,51
68	1,592	55,59	18	1,129	14,69
67	1,580	54,69	17	1,121	13,87
66	1,578	53,87	16	1,1136	13,06
65	1,557	53,05	15	1,106	12,24
64	1,545	52,24	14	1,098	11,42
63	1,534	51,42	13	1,091	10,61
62	1,523	50,61	12	1,083	9,79
61	1,512	49,79	11	1,0756	8,98
60	1,501	48,98	10	1,068	8,16
59	1,490	48,16	9	1,061	7,34
58	1,480	47,54	8	1,0536	6,53
57	1,469	46,55	7	1,0464	5,71
56	1,4586	45,71	6	1,059	4,89
55	1,448	44,89	5	1,032	4,08
54	1,438	44,07	4	1,0256	3,26
53	1,428	43,26	3	1,019	2,445
52	1,418	42,45	2	1,015	1,63
51	1,408	41,65	1	1,0064	0,816

TABLE I. *b.*

QUANTITÉS D'ACIDE SULFURIQUE MONOHYDRATÉ PAR CHAQUE DEGRÉ DE L'ARÉOMÈTRE DE BAUMÉ, DE 0 A 66° ET POIDS SPÉCIFIQUES CORRESPONDANT A 15° C., PAR J. KOLB (*).

DEGRÉ DE BAUMÉ.	POIDS SPÉCIFIQUE.	ACIDE ANHYDRE.	HO,SO^3.	DEGRÉ DE BAUMÉ.	POIDS SPÉCIFIQUE.	ACIDE ANHYDRE.	HO,SO^3.
0	1,000	0,7	0,9	34	1,308	32,8	40,2
1	1,007	1,5	1,9	35	1,320	33,9	41,6
2	1,014	2,3	2,8	36	1,332	35,1	43,0
3	1,022	3,1	3,8	37	1,345	36,2	44,4
4	1,029	3,9	4,8	38	1,357	37,2	45,5
5	1,037	4,7	5,8	39	1,370	38,3	46,9
6	1,045	5,6	6,8	40	1,383	39,5	48,3
7	1,052	6,4	7,8	41	1,397	40,7	49,8
8	1,060	7,2	8,8	42	1,410	41,8	51,2
9	1,067	8,0	9,8	43	1,424	42,9	52,8
10	1,075	8,8	10,8	44	1,438	44,1	54,0
11	1,083	9,7	11,9	45	1,453	45,2	55,4
12	1,091	10,6	13,0	46	1,468	46,4	56,9
13	1,100	11,5	14,1	47	1,485	47,6	58,3
14	1,108	12,4	15,2	48	1,498	48,7	59,6
15	1,116	13,2	16,2	49	1,514	49,8	61,0
16	1,125	14,1	17,3	50	1,530	51,0	62,5
17	1,134	15,1	18,5	51	1,540	52,2	64,0
18	1,142	16,0	19,6	52	1,563	53,5	65,5
19	1,152	17,0	20,8	53	1,580	54,9	67,0
20	1,162	18,0	22,2	54	1,597	56,0	68,6
21	1,171	19,0	23,3	55	1,615	57,1	70,0
22	1,180	20,0	24,5	56	1,654	58,4	71,6
23	1,190	21,1	25,8	57	1,652	59,7	73,2
24	1,200	22,1	27,1	58	1,671	61,0	74,7
25	1,210	23,2	28,4	59	1,691	62,4	76,4
26	1,220	24,2	29,6	60	1,711	63,8	78,1
27	1,231	25,3	31,0	61	1,732	65,2	79,9
28	1,241	26,3	32,2	62	1,753	66,7	81,7
29	1,252	27,3	33,4	63	1,774	68,7	84,1
30	1,263	28,3	34,7	64	1,796	70,6	86,5
31	1,274	29,4	36,0	65	1,819	73,2	89,7
32	1,285	30,5	37,4	66	1,842	81,6	100,0
33	1,297	31,7	38,8				

(*) *Polytech. Centralbl.*, 1873, page 826. — *Journal polytechn. de Dingler.*, CCIX, 268.— *Zeitschr. f. analyt. Chem.*, XII, 333. — Les résultats de *Kolb* s'accordent assez bien avec ceux de *Bineau*, sans cependant être tout à fait identiques.— Quant aux degrés de *Baumé*, je ferai remarquer qu'ici le point 0 est pris dans l'eau à 15° et le point 66 dans de l'acide sulfurique pur de densité 1,842.

TABLE II. *a.*

POIDS SPÉCIFIQUES DES DISSOLUTIONS AQUEUSES D'ACIDE CHLORHYDRIQUE SUIVANT
LA PROPORTION D'ACIDE PUR, SUIVANT LE D^r URE. — TEMPÉRATURE 15°.

POIDS SPÉCIFIQUE.	ACIDE GAZEUX.	POIDS SPÉCIFIQUE.	ACIDE GAZEUX.
1,2000	40,777	1,1000	20,388
1,1982	40,369	1,0980	19,980
1,1964	39,961	1,0960	19,572
1,1946	39,554	1,0959	19,165
1,1928	39,146	1,0919	18,757
1,1910	38,738	1,0899	18,349
1,1895	38,330	1,0879	17,941
1,1875	37,925	1,0859	17,534
1,1857	57,516	1,0838	17,126
1,1846	37,108	1,0818	16,718
1,1822	56,700	1,0798	16,310
1,1802	36,292	1,0778	15,902
1,1782	35,884	1,0758	15,494
1,1762	35,476	1,0738	15,087
1,1741	55,068	1,0718	14,679
1,1721	34,660	1,0697	14,271
1,1701	34,252	1,0677	13,865
1,1681	35,845	1,0657	13,456
1,1661	33,437	1,0637	13,049
1,1641	33,029	1,0617	12,641
1,1620	52,621	1,0597	12,235
1,1599	52,215	1,0577	11,825
1,1578	51,805	1,0557	11,418
1,1557	31,598	1,0557	11,010
1,1557	30,990	1,0517	10,602
1,1515	50,582	1,0497	10,194
1,1494	30,174	1,0477	9,786
1,1475	29,767	1,0457	9,379
1,1452	29,359	1,0437	8,971
1,1431	28,951	1,0417	8,563
1,1410	28,544	1,0597	8,155
1,1389	28,156	1,0577	7,747
1,1369	27,728	1,0557	7,340
1,1349	27,321	1,0337	6,932
1,1328	26,913	1,0318	6,524
1,1308	26,505	1,0298	6,116
1,1287	26,098	1,0279	5,709
1,1267	25,690	1,0259	5,301
1,1247	25,282	1,0259	4,893
1,1226	24,874	1,0220	4,486
1,1206	24,466	1,0200	4,078
1,1185	24,058	1,0180	5,670
1,1164	25,650	1,0160	5,262
1,1143	23,242	1,0140	2,854
1,1123	22,834	1,0120	2,447
1,1102	22,426	1,0100	2,059
1,1082	22,019	1,0080	1,631
1,1061	21,611	1,0060	1,124
1,1041	21,203	1,0040	0,816
1,1020	20,796	1,0020	0,408

TABLE II. b.

QUANTITÉ D'ACIDE CHLORHYDRIQUE GAZEUX DANS LA SOLUTION AQUEUSE POUR TOUS LES DEGRÉS DE BAUMÉ DE 0 A 25,5 ET POIDS SPÉCIFIQUE CORRESPONDANT A 15°, PAR J. KOLB (*).

DEGRÉS BAUMÉ.	POIDS SPÉCIFIQUE.	100 PARTIES RENFERMENT		DEGRÉS BAUMÉ.	POIDS SPÉCIFIQUE.	100 PARTIES RENFERMENT	
		ACIDE CHLOR-HYDRIQUE GAZEUX A 0°.	ACIDE CHLOR-HYDRIQUE GAZEUX A 15°.			ACIDE CHLOR-HYDRIQUE GAZEUX A 0°.	ACIDE CHLOR-HYDRIQUE GAZEUX A 15°.
0	1,000	0,0	0,1	17	1,134	25,2	26,6
1	1,007	1,4	1,5	18	1,143	27,0	28,4
2	1,014	2,7	2,9	19	1,152	28,7	30,2
3	1,022	4,2	4,5	19,5	1,157	29,7	31,2
4	1,029	5,5	5,8	20	1,161	30,4	32,0
5	1,036	6,9	7,3	20,5	1,166	31,4	33,0
6	1,044	8,4	8,9	21	1,171	32,3	33,9
7	1,052	9,9	10,4	21,5	1,175	33,0	34,7
8	1,060	11,4	12,0	22	1,180	34,1	35,7
9	1,067	12,7	13,4	22,5	1,185	35,1	36,8
10	1,075	14,2	15,0	23	1,190	36,1	37,9
11	1,083	15,7	16,5	23,5	1,195	37,1	39,0
12	1,091	17,2	18,1	24	1,199	38,0	39,8
13	1,100	18,9	19,9	24,5	1,205	39,1	41,2
14	1,108	20,4	21,5	25	1,210	40,2	42,4
15	1,116	21,9	23,1	25,5	1,212	41,7	42,9
16	1,125	23,6	24,8				

(*) Compt. rendus,, LXXIV, 557. — Zeitschr f. analyt. Chem., XI, 359.

TABLE III.

DENSITÉS DE L'ACIDE AZOTIQUE SUIVANT LA PROPORTION D'ACIDE ANHYDRE ET D'ACIDE MONOHYDRATÉ, PAR J. KOLB (*).

100 PART. RENFERMENT		POIDS SPÉCIFIQUE.		100 PART. RENFERMENT		POIDS SPÉCIFIQUE.	
HO,AzO⁵	AzO⁵	à 0°.	à 15°.	HO,AzO⁵.	AzO⁵.	à 0°.	à 15°.
100,00	85,71	1,559	1,530	58,88	50,47	1,387	1,368
99,84	85,57	1,559	1,550	58,00	49,71	1,382	1,363
99,72	85,47	1,558	1,550	57,00	48,86	1,376	1,358
99,52	85,30	1,557	1,529	56,10	48,08	1,371	1,355
97,89	83,90	1,551	1,525	55,00	47,14	1,365	1,346
97,00	83,14	1,548	1,520	54,00	46,29	1,359	1,341
96,00	82,28	1,544	1,516	53,81	46,12	1,358	1,339
95,27	81,66	1,542	1,514	53,00	45,40	1,353	1,335
94,00	80,57	1,537	1,509	52,33	44,85	1,349	1,331
93,01	79,72	1,533	1,506	50,99	43,70	1,341	1,323
92,00	78,85	1,529	1,503	49,97	42,83	1,334	1,317
91,00	78,00	1,526	1,499	49,00	42,00	1,328	1,312
90,00	77,15	1,522	1,495	48,00	41,14	1,321	1,304
89,56	76,77	1,521	1,494	47,18	40,44	1,315	1,298
88,00	75,43	1,514	1,488	46,64	39,97	1,312	1,295
87,45	74,95	1,513	1,486	45,00	38,57	1,300	1,284
86,17	73,86	1,507	1,482	43,55	37,31	1,291	1,274
85,00	72,86	1,503	1,478	42,00	36,00	1,280	1,264
84,00	72,00	1,499	1,474	41,00	35,14	1,274	1,257
83,00	71,14	1,495	1,470	40,00	34,28	1,267	1,251
82,00	70,28	1,492	1,467	39,00	33,43	1,260	1,244
80,96	69,39	1,488	1,463	37,95	32,53	1,253	1,237
80,00	68,57	1,484	1,460	36,00	30,86	1,240	1,225
79,00	67,71	1,481	1,456	35,00	29,29	1,234	1,218
77,66	66,56	1,476	1,451	33,86	29,02	1,226	1,211
76,00	65,14	1,469	1,445	32,00	27,43	1,214	1,198
75,00	64,28	1,465	1,442	31,00	26,57	1,207	1,192
74,01	63,44	1,462	1,438	30,00	25,71	1,200	1,185
73,00	62,57	1,457	1,435	29,00	24,85	1,194	1,179
72,39	62,05	1,455	1,432	28,00	24,00	1,187	1,172
71,24	61,06	1,450	1,429	27,00	23,14	1,180	1,166
69,96	60,00	1,444	1,423	25,71	22,04	1,171	1,157
69,20	59,31	1,441	1,419	23,00	19,71	1,155	1,138
68,00	58,29	1,435	1,414	20,00	17,14	1,132	1,120
67,00	57,43	1,430	1,410	17,47	14,97	1,115	1,105
66,00	56,57	1,425	1,405	15,00	12,85	1,099	1,089
65,07	55,77	1,420	1,400	13,00	11,14	1,085	1,077
64,00	54,85	1,415	1,395	11,41	9,77	1,075	1,067
63,59	54,50	1,413	1,395	7,22	6,62	1,050	1,045
62,00	53,14	1,404	1,386	4,00	3,42	1,026	1,022
61,21	52,46	1,400	1,381	2,00	1,71	1,013	1,010
60,00	51,43	1,393	1,374	0,00	0,00	1,000	0,999
59,59	51,08	1,391	1,372				

(*) *Ann. de chim. et de physiq.* [4], X, 140. — *Zeitschr. f. analyt., Chem.*, V, 449.

TABLE IV

DENSITÉS DES SOLUTIONS AQUEUSES D'ACIDE PHOSPHORIQUE, SUIVANT LA PROPORTION D'ACIDE ANHYDRE PAR J. WATTS (*).

DENSITÉS À 15°,5.	POUR 100 EN PhO⁵.	DENSITÉS À 15°,5.	POUR 100 EN PhO⁵.	DENSITÉS À 15°,5.	POUR 100 EN PhO⁵.
1,508	49,60	1,328	36,15	1,153	18,81
1,492	48,41	1,315	54,82	1,144	17,89
1,476	47,10	1,302	53,49	1,136	16,95
1,464	45,63	1,293	32,71	1,124	15,64
1,453	45,38	1,285	31,94	1,115	14,33
1,442	44,13	1,276	31,03	1,109	13,25
1,434	43,95	1,268	30,13	1,095	12,18
1,426	43,28	1,257	29,16	1,081	10,44
1,418	42,61	1,247	28,24	1,073	9,53
1,408	41,60	1,256	27,30	1,066	8,62
1,392	40,86	1,226	26,36	1,056	7,39
1,384	40,12	1,211	24,79	1,047	6,17
1,376	39,66	1,197	23,23	1,031	4,15
1,369	39,21	1,185	22,07	1,022	3,03
1,356	38,00	1,173	20,91	1,014	1,91
1,347	37,37	1,162	19,73	1,006	0,79
1,339	36,74				

(*) *Journ. Chem. Soc.* [2], IV, 499. — *Journ. f. prackt. Chem.*, CI, 59. — *Zeitschr. f. analyt. Chem.*, VII, 357.

TABLE V.

DENSITÉS DES SOLUTIONS AQUEUSES D'ACIDE ACÉTIQUE SUIVANT LA PROPORTION D'ACIDE ACÉTIQUE MONOHYDRATÉ, PAR A.-C. OUDEMANS (*).

A. MONOHYDRATÉ P. 100:	DENSITÉS		A. MONOHYDRATÉ P. 100	DENSITÉS		A. MONOHYDRATÉ P. 100.	DENSITÉS	
	À 15°.	À 20°.		À 15°.	À 20°.		À 15°.	À 20°.
0	0,9992	0,9983	54	1,0459	1,0426	68	1,0725	1,0679
1	1,0007	0,9997	35	1,0470	1,0437	69	1,0729	1,0683
2	1,0022	1,0012	36	1,0481	1,0448	70	1,0733	1,0686
5	1,0057	1,0026	37	1,0492	1,0458	71	1,0737	1,0689
4	1,0052	1,0041	38	1,0502	1,0468	72	1,0740	1,0691
5	1,0067	1,0055	39	1,0513	1,0478	73	1,0742	1,0693
6	1,0083	1,0069	40	1,0525	1,0488	74	1,0744	1,0695
7	1,0098	1,0084	41	1,0533	1,0498	75	1,0746	1,0697
8	1,0113	1,0098	42	1,0543	1,0507	76	1,0747	1,0699
9	1,0127	1,0112	45	1,0552	1,5016	77	1,0748	1,0700
10	1,0142	1,0126	44	0,0562	1,0525	78	1,0748	1,0700
11	1,0157	1,0140	45	1,0571	1,0534	79	1,7048	1,0700
12	1,0171	1,0154	46	1,0580	1,0543	80	1,0748	1,0699
13	1,0185	2,0168	47	1,0589	1,0551	81	1,0747	1,0698
14	1,0200	1,0181	48	1,0598	1,0559	82	1,0746	1,0696
15	1,0214	1,0195	49	1,0607	1,0567	85	1,0744	1,0694
16	1,0228	1,0208	50	1,0615	1,0575	84	1,0742	1,C691
17	1,0242	1,0222	51	1,0625	1,0585	85	1,0739	1,0688
18	1,0256	1,0235	52	1,0631	1,05.0	86	1,0736	1,0684
19	1,0270	1,0248	53	1,0638	1,0597	87	1,0731	1,0679
20	1,0284	1,0261	54	1,0646	1,0604	88	1,0726	1,0674
21	1,0298	1,0274	55	1,0653	1,0611	89	1,0720	1,0668
22	1,0311	1,0287	56	1,0660	1,0618	90	1,0715	1,0660
25	1,0324	1,02.9	57	1,0666	1,0624	91	1,0705	1,0652
24	1,0337	1,0312	58	1,0673	1,0630	92	1,0696	1,0643
25	1,0350	1,0324	59	1,0679	1,0636	93	4,0686	1,0632
26	1,0363	1,0356	60	1,0685	1,0642	94	1,0674	1,0620
27	1,0575	1,0348	61	1,0691	1,0648	95	1,0660	1,0606
28	1,0388	1,0360	62	1,0697	1,0653	96	1,0644	1,0589
29	0,0400	1,0372	63	1,0702	1,0658	97	1,0625	1,0570
50	1,0412	1,0383	64	1,0707	1,0663	98	1,0604	1,0549
31	1,0424	1,0394	65	1,0712	1,0567	99	1,0580	1,0525
32	1,0436	1,0405	66	1,0717	1,0671	100	1,0555	1,0497
35	1,0447	1,0416	67	1,0721	1,0675			

TABLE VI.

DENSITÉS A 15° DES DISSOLUTIONS AQUEUSES D'ACIDE TARTRIQUE ET D'ACIDE CITRIQUE,
SUIVANT LA PROPORTION D'ACIDE CRISTALLISÉ, PAR GERLACH (*).

POUR 100 D'ACIDE CRISTALLISÉ.	ACIDE TARTRIQUE CRISTALLISÉ.	ACIDE CITRIQUE CRISTALLISÉ.	POUR 100 D'ACIDE CRISTALLISÉ.	ACIDE TARTRIQUE CRISTALLISÉ.	ACIDE CITRIQUE CRISTALLISÉ.
1	1,0045	1,0057	34	1,7726	1,1422
2	1,0090	1,0074	35	1,1781	1,1467
3	1,0136	1,0111	36	1,1840	1,1515
4	1,0179	1,0149	37	1,1900	1,1564
5	1,0224	1,0186	38	1,1959	1,1612
6	1,0275	1,0227	39	1,2019	1,1661
7	1,0322	1,0268	40	1,2078	1,1709
8	1,0371	1,0309	41	1,2138	1,1756
9	1,0420	1,0350	42	1,2198	1,1814
10	1,0469	1,0392	43	1,2259	1,1851
11	1,0517	1,0431	44	1,2317	1,1899
12	1,0565	1,0470	45	1,2377	1,1947
13	1,0613	1,0509	46	1,2441	1,1998
14	1,0661	1,0549	47	1,2504	1,2050
15	1,0709	1,0588	48	1,2568	1,2105
16	1,0761	1,0632	49	1,2632	1,2153
17	1,0813	1,0675	50	1,2696	1,2204
18	1,0865	1,0718	51	1,2762	1,2257
19	1,0917	1,0762	52	1,2828	1,2307
20	1,0969	1,0805	53	1,2894	1,2359
21	1,1020	1,0848	54	1,2961	1,2410
22	1,1072	1,0889	55	1,3027	1,2462
23	1,1124	1,0950	56	1,3093	1,2514
24	1,1175	1,0972	57	1,3159	1,2572
25	1,1227	1,1014	58	»	1,2627
26	1,1282	1,1060	59	»	1,2683
27	1,1338	1,1106	60	»	1,2738
28	1,1393	1,1152	61	.	1,2794
29	1,1449	1,1198	62	»	1,2849
30	1,1505	1,1244	63	»	1,2904
31	1,1560	1,1288	64	»	1,2960
32	1,1615	1,1335	65	»	1,3015
33	1,1670	1,1378	66	»	1,3071

Dans tous les cas où la détermination de la densité ne conduit pas au but, ou si l'on doit atteindre un certain degré de rigueur dans le dosage, il faut faire usage de l'une des méthodes suivantes, et d'ordinaire on choisira la première.

B. Dosage d'un acide libre par sa saturation a l'aide d'un liquide alcalin de composition connue, en employant une matière colorante comme indicateur (*).

§ 215.

Pour appliquer cette méthode il faut :

1. Une dissolution acide de force connue.
2. Un liquide alcalin de valeur chimique connue.

I. *Préparation des dissolutions.*

1. On donne aux acides une concentration telle que 1000 C.C. mesurés à la température de 17°,5 renferment juste un équivalent (H = 1) en grammes de l'acide : ainsi 40 gr. d'acide sulfurique anhydre, 36,46 d'acide chlorhydrique, 63 d'acide oxalique cristallisé, etc. — On nomme ces dissolutions des *acides normaux :* il en faut des volumes égaux pour saturer une même quantité d'un alcali quelconque. En général on se sert d'acide sulfurique normal, d'acide chlorhydrique normal et aussi, d'après *Mohr*, d'acide oxalique normal.

2. Comme solution alcaline on emploie une lessive de soude, dont un volume donné neutralise juste un volume égal d'acide normal, c'est-à-dire qu'en mélangeant les deux liqueurs la dernière goutte de lessive alcaline tombant dans l'acide, préalablement rougi faiblement par le tournesol, ramène la couleur au bleu. Une lessive de soude de cette force se nomme *soude normale.* 1000 C.C. d'une pareille dissolution saturent 1 équivalent (H = 1) en grammes de tout acide monobasique.

Il y a différents moyens de préparer les acides normaux. Le plus commode a., parce qu'on peut l'appliquer à tous les acides, prend pour point de départ le carbonate de soude anhydre pur. Les autres b. ne peuvent servir que pour un acide normal déterminé. On verra aussi bien en a. qu'en b. comment on prépare la lessive normale de soude.

a. Méthode générale (méthode de saturation).

1. Produits nécessaires,

Il faut :

α. Du *carbonate de soude* pur servant de mesure fondamentale. Le mieux pour le préparer est de prendre le bicarbonate de soude du commerce aussi

---

(*) *Nicholson* et *Price* (*Chem. Gaz.*, 1856, p. 30) ont avancé que ce procédé alcalimétrique ordinaire ne pouvait pas s'appliquer au dosage de l'acide acétique libre, parce que l'acétate neutre de soude a une réaction alcaline : mais *Otto* (*Ann. d. Chem. u. Pharm.*, CII, 69) a montré que l'erreur qui pouvait en résulter était tout à fait négligeable.

pur que possible. On le pulvérise, on le met dans un entonnoir, dont le fond est fermé par un petit filtre, on le presse fortement, on aplanit la surface, que l'on recouvre de plusieurs doubles de papier à filtre, puis on verse sur le sel de l'eau distillée, jusqu'à ce que l'eau, qui passe à travers et sort de l'entonnoir, ne donne plus la moindre réaction de l'acide sulfurique, ni celle du chlore. Alors on dessèche le sel lavé et on le chauffe (le mieux dans une capsule en platine) pour transformer le bicarbonate en carbonate simple anhydre. On pulvérise celui-ci et on le conserve pour l'usage. — Avant de le peser, on le chauffe assez longtemps, modérément et en quantité convenable dans un creuset en platine, on introduit la poudre encore chaude, dans un petit tube chaud bien sec, qu'on puisse fermer, et l'on conserve sous le dessiccateur.

β. Une *solution alcaline*. On prend une lessive de soude. Pour l'usage qu'on en veut faire, il suffit, si on l'essaye à l'aréomètre, qu'elle ait une densité de 1,046 à 1,048, ce qui correspond à un peu plus d'un équivalent de soude par litre, soit de 32 à 34 gr. Si l'on ne veut pas essayer à l'aréomètre et si l'on a sous la main un acide à peu près exact, on se sert de cet acide pour faire un essai approximatif de la lessive et l'étendre d'eau de façon que, pour saturer 20 C.C. de l'acide normal ou à peu près normal, il faille employer 19 à 19,5 C.C. de la solution alcaline. Cela fait et pour débarrasser d'acide carbonique la solution concentrée, qui peut contenir un peu de carbonate de soude, on la chauffe à l'ébullition, on y ajoute un peu de lait de chaux, on verse dans un ballon de capacité telle qu'il soit rempli, on bouche avec un bouchon, traversé par un tube à boule rempli de chaux sodée (p. 788) et on laisse déposer. On décante ensuite le liquide limpide dans un autre flacon à l'aide d'un siphon.

γ. Une *dissolution acide* renfermant dans un litre un peu plus d'un équivalent en grammes de l'acide choisi : ainsi pour l'acide sulfurique de 41 à 42 gr par litre d'acide anhydre, pour l'acide chlorhydrique 37 à 39 gr. Si l'on peut essayer les acides à l'aréomètre, on pourra regarder comme convenables les limites de densités suivantes, prises à 15° :

pour l'acide sulfurique	de 1,032 à 1,033
— chlorhydrique . . .	de 1,018 à 1,019
— azotique.	de 1,037 à 1,038

δ. De la *teinture de tournesol*. Comme la teinture de tournesol est souvent tellement alcaline, qu'il faut une quantité notable d'acide pour la rougir, il est nécessaire de saturer par un peu d'acide le trop grand excès d'alcali, de telle façon qu'en étendant d'eau on ait un liquide violet, qu'une trace d'acide rougit et que le moins possible d'alcali ramène au bleu (§ 65. 2). — Quant aux teintures particulières de tournesol et aux autres indicateurs pour reconnaître la neutralité, voir page 795.

Une fois ces produits préparés, il faut :

    2. procéder à la détermination *exacte* de la quantité d'acide contenue dans la solution acide,

    3. étendre l'acide pour le rendre normal,

    4. étendre lessive de soude pour la rendre normale.

2. Dosage exact de l'acide.

α. On remplit une première burette à pince jusqu'au zéro avec la dissolution acide (1 . γ.) et une deuxième burette avec la lessive alcaline (1. β),
on fait couler 20 C.C. de l'acide dans un vase à précipité en verre mince,
contenant déjà à peu près 100 C.C. d'eau : on colore en rouge faible avec
le tournesol et l'on verse la solution alcaline avec précaution jusqu'à ce que
le liquide redevienne juste bleu. Si l'on croit n'avoir pas atteint bien
exactement le point de saturation, on reverse un peu d'acide, puis de la
soude de nouveau en faisant bien attention pour ne plus dépasser la coloration à peine bleue. On apprend de cette façon le rapport qu'il y a entre
l'acide et la soude. Supposons, par exemple, que pour 20 C.C. d'acide
nous ayons employé 19,5 C.C. de lessive alcaline.

On remplit de nouveau les deux burettes jusqu'au zéro.

β. On pèse deux échantillons de carbonate de soude pur et tout à fait
anhydre : on en prend de 1,0 à 1,5 gr. ; on les met dans des ballons à
fond plat d'environ 300 C.C. et l'on dissout chaque portion dans 100
à 150 C.C. d'eau.

γ. On chauffe une des dissolutions de carbonate de soude, on la colore
en bleu faible avec le tournesol et l'on y fait couler de la burette l'acide
en petites portions, en mélangeant le liquide, jusqu'à ce que la teinte
devienne violet rougeâtre. On chauffe alors à une légère ébullition, que
l'on maintient quelque temps. Par là le liquide redevient bleu, à mesure
que l'acide carbonique mis en liberté se dégage. On ajoute alors un peu
plus d'acide, jusqu'à coloration nette en rouge jaune : on fait bouillir
quelques minutes et l'on verse de la lessive de soude de la burette avec
précaution, juste assez pour que la teinte apparaisse bleue. Si l'on dépassait ce point, on ajouterait de nouveau un peu d'acide et l'on reviendrait
juste au bleu avec la soude. Après quelques minutes on lit le niveau des
liquides dans les deux burettes, on calcule d'après le rapport des deux
dissolutions trouvé en (α.) l'excès d'acide ajouté correspondant à la soude
employée, on retranche cet excès de la quantité totale d'acide et la différence donne le volume exact de la solution acide nécessaire pour saturer
le poids employé de carbonate de soude et par conséquent aussi le poids
exact d'acide contenu dans ce volume de la dissolution, puisqu'à un équivalent de carbonate de soude ou à 53,04 gr. correspond 1 équivalent
d'acide, savoir : 40 gr. d'acide sulfurique (SO^3), 36,46 gr. d'acide chlorhydrique (HCl), 55,04 d'acide azotique (AzO^5).

Un exemple fera bien comprendre ce qui précède.
    Quantité de carbonate de soude pesé 1,2 gr.
    Acide chlorhydrique en totalité 22 C.C.
    Soude employée 1,2 C.C. : rapport entre l'acide et la lessive al-
      caline 20 : 19,5.
Puisque 19,5 C.C. de soude correspondent à 20 C.C. d'acide chlorhydrique,
1,2 C.C. équivalent à 1,23 C.C. d'acide. Donc pour saturer le carbonate de
soude il a fallu 22 — 1,23 = 20,77 C.C. d'acide. Ces 20,77 C.C. renferment
la quantité de HCl qui sature 1,2 gr. de carbonate de soude. Or pour

53,04 gr. de carbonate pur il faut 36,46 d'acide chlorhydrique, pour 1,2 gr.
il en faudra 0,8248 gr. Ainsi dans 20,77 C.C. de la solution chlorhydrique il y a 0,8248 gr. de HCl, donc dans 1000 C.C. il y en aura
39,711 gr.

On répète les mêmes expériences avec la seconde portion de carbonate
de soude et l'on regarde si les deux résultats sont d'accord, en les rapportant
à 1 gr. de carbonate. Il ne faut pas s'attendre à une exactitude de moins
de 0,1 pour l'acide sur 1000 C.C., ce qui correspond à 0,05 C.C. d'acide,
dans les circonstances où l'expérience précédente est faite. Ainsi, si dans
le premier essai on a trouvé 39,711 gr. d'acide dans 1000 C.C. et 39,811
dans le second, il est inutile de faire une troisième expérience. Mais si la
différence était notablement plus grande, il faudrait peser une troisième
fois du carbonate de soude et recommencer.

3. Dilution de l'acide pour le rendre normal.

Lorsque l'on a, suivant le paragraphe précédent, mesuré la quantité
d'acide anhydre dans la dissolution acide, il faut l'étendre d'eau de façon
à en faire une *liqueur normale*, c'est-à-dire telle que dans 1000 C.C.
mesurés à 17°,5 il y ait la quantité en grammes égale à l'équivalent ($H=1$)
de l'acide en question.

Supposons que nous ayons, comme dans l'exemple précédent, 39,761 gr.
d'acide chlorhydrique (moyenne des deux résultats 39,711 et 39,811)
dans 1000 C.C. Nous dirons : Si dans 1000 C.C. il y a 39,761 d'acide,
combien faut-il de centimètres cubes pour avoir 36,46? On trouvera
$\dfrac{1000 \times 36,46}{39,761} = 916,9$ C.C. Il faudra donc à 916,9 C.C. de la solution acide
ajouter 83,1 C.C. d'eau distillée. Mais ce sera plus facile de calculer pour
1000 C.C. de la solution acide. A 916,9 C.C. il faut ajouter 83,1 d'eau, à
1000 il faudra ajouter $\dfrac{1000 \times 85,6}{916,9} = 90,6$ C.C.

Cela se fait très simplement et exactement de la façon suivante. Avec la
solution acide on remplit à 17°,5 le ballon jaugé d'un litre bien exactement
jusqu'au trait, puis on verse le liquide dans le flacon un peu plus grand
et bien sec dans lequel on conserve l'acide normal. A l'aide d'une burette
ou d'une pipette on fait couler 90,6 C.C. d'eau pure dans le ballon, on
lave l'intérieur avec cette eau qu'on reverse dans le flacon, bien entendu
sans en perdre : on secoue le liquide, on en verse à peu près la moitié
dans le ballon, on lave bien, on reverse dans le flacon, on agite et on
conserve pour l'usage. Avant de se servir du liquide normal, il faut chaque
fois secouer le flacon, parce que dans la partie vide il se fait une évaporation, qui produit un dépôt de gouttelettes d'eau pure sur les parois, et si
l'on ne mêlait pas bien, la première portion de liquide qui coulerait serait
affaiblie par cette eau condensée tandis que le reste deviendrait un peu
trop fort.

4. Dilution de la lessive alcaline pour la rendre normale.

La lessive alcaline normale est une lessive de soude, de force telle qu'un
volume suffit juste pour neutraliser exactement un volume égal d'acide

normal, de telle sorte qu'en les mêlant, la dernière goutte de lessive tombant dans l'acide faiblement rougi par le tournesol fasse juste virer au bleu. 1000 C.C. de cette dissolution alcaline mesurés à 17°,5 saturent donc exactement l'équivalent (H = 1) de tout acide monobasique.

D'après le rapport trouvé plus haut (2. α.) entre l'acide encore trop fort (mais dans lequel on a maintenant mesuré la quantité réelle d'acide) et l'alcali aussi trop fort, on peut calculer la quantité d'eau qu'il faut ajouter à 1000 C.C. de la lessive pour la rendre normale. Mais la chose est bien plus simple, si l'on mesure la lessive avec l'acide normal maintenant préparé. On mesure exactement 20 à 30 C.C. d'acide normal, on les étend avec environ 100 C.C. d'eau et l'on colore faiblement en rouge avec du tournesol : on ramène ensuite juste au bleu avec la lessive mesurée dans une burette. Supposons que pour 30 C.C. d'acide normal on ait employé 27,4 C.C. de lessive : il faudra donc à ces 27,4 C.C. ajouter 30 — 27,4 = 2,6 C.C. d'eau ou à 1000 C.C. de lessive on donnera 94,9 C.C d'eau distillée On fera l'opération comme pour l'acide normal (3.).

D'après le conseil de *F. Mohr*, on conservera la lessive normale dans un flacon fermé par un bouchon, traversé par un tube ressemblant aux tubes à chlorure de calcium et rempli avec de la chaux sodée (*fig*. 201). — Outre la solution normale de soude, on pourra aussi en préparer une 5 fois

Fig. 201.

ou 10 fois plus étendue. Pour faire la dernière par exemple, on mesurera bien exactement 50 C.C. de soude normale avec une pipette, on les fera couler dans un ballon jaugé de 500 C.C., puis on remplira jusqu'au trait avec de l'eau distillée et l'on mélangera. 500 C.C. de soude normale correspondent à $\frac{1}{2}$ d'équivalent : on a donc $\frac{1}{20}$ d'équivalent dans 500 C.C. ou $\frac{1}{10}$ dans un litre. C'est ce que nous appellerons une *solution normale décime*.

b. **Méthodes particulières pour préparer des solutions normales acides ou alcalines.**

1. Préparation de l'acide sulfurique normal.

On part d'un acide sulfurique de densité comprise entre 1,032 et 1,035 que l'on prépare en se servant de l'aréomètre. On en mesure le mieux (avec une burette à pince) deux fois 20 C.C. et l'on dose dans chaque essai l'acide en précipitant par le chlorure de baryum (§ **132**. I. 1.). Si les deux résultats s'accordent bien, on prend la moyenne et l'on étend d'eau de façon que 1000 C.C. *renferment juste* 40 *gr. d'acide sulfurique anhydre.* Supposons que nous ayons trouvé 0,840 gr. d'acide anhydre dans 20 C.C., cela fera 0,840 × 50 = 42 gr. dans 1000 C.C. Donc s'il doit y avoir 40 gr. dans 1000 C.C., il y en aura 1 dans $\dfrac{1000}{40}$ et 42 dans $\dfrac{1000 \times 42}{40} = 1050$ C.C. On prendra donc 1000 C.C. de l'acide et l'on ajoutera 50 C.C. d'eau. — On fera la dilution comme nous l'avons dit plus haut.

2. Préparation de l'acide chlorhydrique normal.

On fait d'abord une solution aqueuse d'acide chlorhydrique de densité 1,018 à 1,019 (qui ne doit pas laisser de résidu en l'évaporant sur la lame de platine) : on en mesure avec une burette deux fois 20 C.C. exactement et l'on y dose l'acide chlorhydrique en précipitant avec l'azotate d'argent, après avoir étendu d'eau et acidulé avec de l'acide azotique, et l'on pèse le chlorure d'argent (§ **141**. I. a.). Si les deux résultats sont d'accord, on prend la moyenne et l'on calcule combien il faut ajouter d'eau à 1000 C.C. de l'acide étendu, qu'on a dû faire un peu trop fort, pour en faire un acide normal. Si l'on a trouvé 0,780 gr. de HCl dans 20 C.C., cela fait 39,0 gr. par litre et il n'en faudrait que 36,46. Nous dirons donc s'il faut que 36,46 soient dans 1000 C. C., 39 devront être dans $\dfrac{1000 \times 39}{36,46}$ = 1069,7. Il faudra ajouter 69,7 C.C. d'eau pure à 1000 C.C. de l'acide trop fort.

3. Préparation de l'acide oxalique normal.

Il faut d'abord se procurer de l'acide oxalique tout à fait pur, exempt d'oxalate acide de potasse, d'oxalate de chaux, d'acide sulfurique et de sulfates, etc. Nous avons indiqué (page 109) la méthode que *F. Mohr* recommande pour le préparer. *Reischauer* (*), qui en suivant ces indications a obtenu en effet un acide plus pauvre en potasse que l'acide ordinaire, mais cependant pas encore complètement pur, recommande de le préparer soi-même en traitant la fécule par l'acide azotique. *Habedanck* (**) fait dissoudre à chaud l'acide oxalique du commerce dans le moins d'alcool absolu possible. Le liquide, séparé par filtration de l'oxalate de chaux et de l'oxalate acide de potasse, abandonne au bout de quelques heures de l'acide oxalique cristallisé, qu'on laisse bien égoutter (les eaux-mères peuvent servir à dissoudre du nouvel acide du commerce). On redissout à l'ébullition dans de l'eau distillée et l'on fait cristalliser. *F. Stolba* (***) dissout l'acide du commerce dans de l'acide chlorhydrique à 10 ou 15 pour 100 bouillant, il filtre, fait refroidir rapidement la dissolution en la remuant constamment, sépare par décantation l'eau-mère d'avec la poudre cristalline, lave celle-ci avec de petites quantités d'eau froide renouvelées jusqu'à ce que l'eau de lavage ne renferme plus que des traces d'acide chlorhydrique, puis enfin il redis-

(*) *Journ. polytech. de Dingler*, CLXVII, 47. — *Zeitschr. f. analyt. Chem.*, II, 426.
(**) *Zeitschr. f. analyt. Chem.*, XI, 282.
(***) *Zeitschr. f. analyt. Chem.*, XIII, 50.

sout dans l'eau distillée bouillante et laisse de nouveau refroidir en remuant toujours la solution.

Nous avons indiqué au § **65**. 1. comment il fallait dessécher l'acide oxalique et s'assurer qu'il avait bien pour formule $C^2O^5,HO + 2$. Aq. et que par conséquent son équivalent était réellement 63. Il faudra encore essayer si la dissolution est bien exempte d'acide sulfurique et de sulfates, en la traitant par le chlorure de baryum après addition d'acide chlorhydrique (*).

On emploie ordinairement l'acide oxalique avec son eau de cristallisation, par conséquent correspondant à la formule $HO,C^2O^5 + 2Aq$. On peut aussi, comme le recommande *O.-L. Erdmann*, le dessécher à 100° jusqu'à poids constant et par là le transformer en son hydrate HO,C^2O^5 exempt d'eau de cristallisation. Dans le premier cas, on pèsera 63 gr., dans le second, 45 gr. de l'acide, que l'on fera tomber dans le ballon jaugé d'un litre, on ajoutera de l'eau, on fera dissoudre en agitant de temps en temps, on remplira jusqu'au trait avec de l'eau à 17°,5, on mêlera et l'on conservera la dissolution en la préservant de l'action directe des rayons du soleil (**). Avant l'usage, on secouera le flacon pour les raisons que nous avons dites plus haut.

Je ferai remarquer qu'il n'y a que les dissolutions les plus concentrées d'acide oxalique, alors aussi la solution normale, qui puissent se conserver ainsi sans se décomposer. Les solutions plus étendues, et par exemple l'acide normal au dixième, éprouvent une altération par suite de la décomposition lente de l'acide oxalique (*G. Bizio* ***). Suivant *Neubauer*(****), cette décomposition est la suite du développement d'une végétation cryptogamique, que l'on peut du reste arrêter complètement en maintenant la solution étendue dans un flacon bien fermé, pendant une demi-heure, dans un bain-marie chauffé à 60 ou 70°.

4. Préparation de la lessive alcaline normale.

Lorsque par une des méthodes données en b. on a préparé un acide normal, il faut avant de pouvoir l'employer faire aussi une lessive alcaline normale. On part d'une solution de soude bien exempte d'acide carbonique, de densité 1,046 à 1,048; on mesure son rapport avec l'acide normal et. comme nous l'avons dit page 786. γ., on étend d'eau pour qu'elle équivale exactement à volumes égaux à l'acide normal.

II. *Essai de l'exactitude des liqueurs normales.*

Bien que les liqueurs normales acides et alcalines dussent être exactes, si l'on a suivi avec soin les procédés indiqués, on aura cependant en elles une confiance plus grande si, avant de les employer, on leur fait subir un dernier essai. On fera donc bien, par une nouvelle expérience, de regarder

(*) Voir *O. Binder, Zeitschr. f. analyt. Chem.*, XVI, 354.
(**) *Wittstein. Zeitschr. f. analyt. Chem.*, I, 496.
(***) *Zeitschr. f. analyt. Chem.*, IX, 392.
(****) *Zeitschr. f. analyt. Chem.*, IX, 392.

si bien réellement un volume d'acide normal sature juste un volume de lessive normale et si l'acide a bien la force voulue. On pèsera donc deux essais de 1 à 1,5 gr. chacun de carbonate de soude chimiquement pur, complètement déshydraté par une légère calcination au rouge, et l'on opèrera avec comme il est dit page 786. γ. — On calculera alors à combien de carbonate de soude correspondent les C. C. d'acide employés, d'après la donnée que 1000 C. C. doivent saturer 53,04 gr. de carbonate de soude (l'équivalent NaO, CO²). Des différences de 1 à 3 milligr. peuvent être négligées. — On fera une seconde expérience avec la seconde pesée.

Au lieu de carbonate de soude, on peut très bien prendre du spath calcaire pur pour essayer l'acide chlorhydrique et l'acide azotique. On broie le cristal, on le sèche à 100° et l'on en prend deux essais bien pesés de 1 à 1,5 gr. On met un essai dans un vase en verre avec un peu d'eau et avec une burette remplie jusqu'au zéro, on fait couler peu à peu de l'acide chlorhydrique normal jusqu'à la dissolution complète du spath. On peut favoriser la dissolution en chauffant un peu : mais il faut éviter de chauffer trop, sans cela du gaz chlorhydrique pourrait se dégager du liquide, qui renferme de l'acide libre en quantité un peu notable. La solution faite, on ajoute un peu de tournesol, de façon à colorer légèrement en rouge et avec la burette remplie jusqu'au zéro, on fait couler de la lessive de soude, jusqu'à ce que par la couleur on juge que le liquide contient encore un léger excès d'acide libre. Alors, par une légère ébullition entretenue quelques minutes, on chasse l'acide carbonique et enfin avec la lessive de soude on amène juste au bleu. On retranche le volume de soude de celui de l'acide et l'on fait un calcul semblable à celui fait avec le carbonate de soude.

III. *Marche à suivre pour doser les acides libres.*

a. Méthode ordinaire.

Comme 1000 C.C. de la solution normale de soude correspondent à un équivalent évalué en grammes de chaque acide, la solution au cinquième à 1/5 d'équivalent et la solution au dixième à 1/10 d'équivalent, nous n'avons pas grand'chose à ajouter relativement à la manière de faire le dosage. Suivant la quantité d'acide à neutraliser, on prendra l'une ou l'autre des solutions normales alcalines, de façon à n'employer que de 15 à 30 C.C. pour neutraliser la quantité d'acide à essayer, qu'on aura pesée ou mesurée en volume.

Pour les recherches analytiques, je conseille de prendre bien exactement le poids du liquide, parce que cela se fait facilement avec une balance de précision : le calcul à faire est simple. Supposons que pour 4ᵍʳ,5 d'un acide acétique aqueux il ait fallu 25 C.C. de soude normale pour la neutralisation complète, combien renferme-t-il d'acide monohydraté pour 100 ? L'égalité

$$1000 : 60 \text{ (équiv. de } C^4H^4O^4) = 25 : x \qquad \text{d'où } x = 1,5$$

fait savoir que le poids essayé contient 1ᵍʳ,5 d'acide monohydraté. Pour avoir la proportion en centièmes, il n'y aura qu'à poser :

$$4,5 : 1,5 = 100 : x \qquad\qquad x = 33,33\ldots$$

Au lieu de ces deux calculs, on peut faire le raisonnement suivant : Pour 4^{gr},5 d'acide acétique il a fallu 25 C.C. de soude normale, combien en faudrait-il pour 6 grammes (poids de 1/10 d'équivalent)? On trouvera 33,33. On reconnaît que dans ce cas le nombre de centimètres cubes trouvés pour 1/10 d'équivalent donne immédiatement la quantité en centièmes : car 100 C.C. de soude normale correspondent à 1/10 d'équivalent d'acide pur, ou à 100 pour 100.

Dans les recherches techniques il est plus commode, pour n'avoir pas de calcul à faire, de peser de suite une quantité de substance telle que le nombre des centimètres cubes de la lessive de soude donne de suite la proportion d'acide pur en centièmes. Pour cela, si le nombre entier des centimètres cubes doit donner le résultat, on prend simplement un poids égal au dixième d'équivalent (H = 1) de la substance : si l'on veut que ce soient les demi-centimètres cubes qui indiquent la richesse, on pèsera un vingtième d'équivalent, tout cela évalué en grammes. Bien entendu que, si l'on veut avoir l'acide anhydre ou l'acide monohydraté, il faudra prendre les équivalents correspondants.

Voici les quantités qui représentent ces proportions pour les acides les plus en usage :

	1/10 Éq. en gr.	1/20 Éq. en gr.
Acide sulfurique anhydre	4,0	2,00
Acide sulfurique monohydraté	4,9	2,45
Acide azotique anhydre	5,404	2,702
Acide azotique monohydraté	6,304	3,152
Acide chlorhydrique	5,646	1,825
Acide oxalique anhydre	3,6	1,80
Acide oxalique cristallisé	6,5	3,15
Acide acétique anhydre	5,1	2,55
Acide acétique monohydraté	6,0	3,00
Acide tartique anhydre	6,6	3,30
Acide tartrique monohydraté	7,5	3,75

Comme il est moins exact de peser de petites quantités, il vaut mieux prendre un demi-équivalent (20 gr. d'acide sulfurique anhydre, 24,5 d'acide sulfurique monohydraté, 18,23 d'acide chlorhydrique, etc.) dans un ballon de 500 C.C., on ajoute de l'eau avec précaution (avec l'acide sulfurique concentré il faut verser l'acide avec précaution dans le ballon déjà à moitié rempli d'eau), on laisse refroidir, si c'est nécessaire, on achève de remplir avec de l'eau jusqu'au trait de jauge, on agite et l'on prend chaque fois avec la pipette soit 100, soit 50 C.C., suivant qu'on doit opérer sur 1/10 ou sur 1/20 d'équivalent.

b. Modifications dans la marche précédente.

1. Quelquefois on préfère, au lieu de préparer de la soude normale, faire

usage d'une lessive alcaline de concentration quelconque, qu'on n'étend pas pour l'amener au titre normal, mais dont on fixe la valeur en saturant avec elle un volume connu d'acide normal. Il n'y a dans ce cas qu'une simple règle de trois à faire pour résoudre la question. Supposons que 18,5 C.C. de la lessive alcaline correspondent à 10 C.C. d'acide sulfurique normal, c'est-à-dire à 1/100 d'équivalent ou $0^{gr},4$ d'acide sulfurique : ces 18,5 C.C. de soude neutralisent également 1/100 d'équivalent de tout autre acide, par exemple, $0^{gr},6$ d'acide acétique monohydraté. Si donc pour 10 gr. | de vinaigre il a fallu 12 C.C. de cette lessive, nous aurons la quantité d'acide acétique anhydre par la proportion :

$$18,5 \text{ C.C. } : 0,6 = 12 \text{ C.C. } : x \qquad x = 0,389,$$

et la richesse en centièmes sera donnée par l'égalité :

$$10 : 0,389 = 100 : x \qquad x = 3,89.$$

2. Souvent on aime mieux donner à la lessive de soude une concentration telle que le nombre des centimètres cubes ou des demi-centimètres cubes nécessaires pour la neutralisation de l'acide donne immédiatement la quantité pour 100 d'acide. Si par exemple on ajoute 20 C.C. d'eau à 1000 C.C. de soude normale, ces 1020 C.C. de soude saturent 51 grammes (1 équivalent) d'acide acétique anhydre ; 1000 C.C. correspondront donc à 50 grammes. — Si donc à 10 grammes de vinaigre (ou à 10 C.C., car la densité du vinaigre est à peu près égale à celle de l'eau) on ajoute jusqu'à saturation de cette lessive étendue, c'est-à-dire jusqu'à ce que la coloration bleue apparaisse à peine, le nombre des centimètres cubes divisé par 2 donne la quantité pour 100 d'acide acétique anhydre (*).

3. Si la couleur propre du liquide s'oppose à ce qu'on puisse saisir nettement, avec la teinture de tournesol, le moment juste où la saturation est atteinte, on fera usage de papier de tournesol rougi ou de papier de curcuma : on versera de la lessive de soude jusqu'à ce qu'une bandelette de papier trempée dans la liqueur indique une faible réaction alcaline. Mais, comme dans ce cas il faudra toujours un peu plus de soude pour atteindre la coloration bleue que lorsqu'on fait usage de la teinture de tournesol, il sera nécessaire, pour les dosages exacts, de faire une correction. On opérera avec un volume d'eau égal à celui de l'acide essayé, en y versant de la soude jusqu'à ce que le papier indique la même réaction que celle qui fera connaître la fin de l'analyse, et l'on retranchera les centimètres cubes, qu'il faudra dans ce cas, de ceux qu'on aura trouvés dans l'analyse réelle.

(*) En opérant sur 10 gr., la solution de soude, dont le nombre de C.C. donnera la quantité pour 100 d'acide pur, devra contenir par litre, pour chaque acide, un poids de NaO pure ($= 51$) en grammes égal à 5100 divisé par l'équivalent de l'acide. En effet, soient x gr. de soude dans un litre et A l'équivalent de l'acide. 51 gr. de soude saturant A gr. de l'acide, x gr. dans 1000 C.C. en saturent $\frac{Ax}{51}$. Si pour 10 gr. de substance on a employé N C.C., il y a $\frac{Ax.N}{51000}$ d'acide dans ces 10 gr. : donc sur 100 gr. $\frac{Ax.N.100}{51000 \times 10} = \frac{Ax.N}{5100}$. Si l'on veut que cela soit égal à N, il faut que $\frac{Ax}{5100} = 1$ d'où $x = \frac{5100}{A}$.

C'est ainsi que l'on procède pour mesurer le tartrate acide de potasse contenu dans le *tartre* coloré. On en pèse 1/10 d'équivalent c'est-à-dire 18,815 gr., et le nombre de C.C. de soude normale employés donne la proportion pour 100 de bitartrate de potasse. Comme ce poids de 18,815 gr. est trop fort, on peut n'en prendre que le quart, soit 4,705 gr. et multiplier par 4 les C.C. de soude. Dans l'analyse des tartres bruts le grand équivalent du tartrate acide fait qu'une petite différence dans le nombre des C.C. de soude employés a une influence appréciable sur les résultats. Si, par exemple, pour 4,705 gr. de substance on emploie dans un essai 21,7 C.C. et dans un second 21,6 C.C. de soude normale, on aura avec le premier $21,7 \times 4 = 86,8$ pour 100 et avec le dernier $21,6 \times 4 = 86,4$.

Le tartre doit être réduit en poudre très fine. On chauffe avec l'eau en agitant et l'on verse la soude normale en continuant à chauffer le liquide, jusqu'à ce qu'en le touchant avec le bout d'une baguette en verre que l'on pose sur un papier de curcuma, on fasse une tache à peine brune ou une tache à peine bleue sur le papier rougi de tournesol. Dans le deuxième essai on peut verser d'un coup presque toute la soude trouvée la première fois, puis, après avoir chauffé assez longtemps, achever la réaction goutte à goutte. D'après nos propres recherches, il ne faut pas ajouter d'abord un excès de soude normale, puis un léger excès d'acide normal et enfin revenir à la neutralisation par la soude normale. On obtient ainsi, après avoir retranché les C.C. d'acide normal de la quantité totale de soude, à un résultat trop fort pour la soude, et à un titre trop fort, parce que les matières colorantes agissent sur la lessive. Dans les analyses exactes il ne faut pas manquer de faire la correction indiquée plus haut. Inutile de dire que cette méthode de dosage de la crème de tartre n'est applicable qu'autant que la substance ne renferme pas d'autre substance à réaction acide que le bitartrate de potasse (*).

4. On ne peut pas titrer avec l'alcali normal l'acide *phosphorique* tribasique libre, parce que le sel de soude dit neutre $(2NaO,HO,PhO^5)$ à réaction alcaline et le sel acide $(NaO,2HO,PhO^5)$ à réaction acide ne peuvent se neutraliser mutuellement et la réaction acide de l'un des sels se manifeste à côté de la réaction alcaline de l'autre. Si l'on sature de l'acide phosphorique avec de la soude, il arrive en effet qu'à un certain moment le liquide bleuit le papier rouge et rougit le papier bleu de tournesol. Cet état que l'on avait déjà remarqué depuis longtemps dans certaines urines fut appelé amphoter par *Bamberger* (**). On remarque la même chose dans le lait (*Soxhlet* ***). Si donc on veut doser acidimétriquement l'acide phosphorique libre, ou établir rigoureusement combien il faut encore de base pour former le sel basique $(3NaO,PhO^5)$, il faut empêcher la formation de phosphates alcalins solubles, c'est-à-dire enlever l'acide phosphorique au liquide en l'amenant dans une combinaison de composition connue. *Maly* (****) a fondé sur ce principe, pour le dosage de l'acide phosphorique libre ou combiné aux alcalis, une méthode acidimétrique qui donne des

(*) *A. Scheurer-Kestner.* Compt. reud., LXXXVI, 1024.
(**) *Wurtzburger, Medicin. Zeitschr.* 1861, 95.
(***) *Journ. f. prackt. Chem.*, N. F. VI, 16.
(****) *Zeitschr. f. analyt. Chem.*, XV, 417.

résultats satisfaisants. On précipite l'acide phosphorique à l'état de 3BaO,PhO⁵. Pour cela, on verse dans un ballon une quantité mesurée de la solution (pas trop concentrée) d'acide phosphorique libre ou de phosphate alcalin neutre ou acide, on y fait couler un volume connu de la solution de soude demi-normale ou au quart normale, en quantité plus que suffisante pour changer tout l'acide phosphorique en sel basique, on colore avec l'indicateur, on ajoute une quantité arbitraire, mais suffisante de chlorure de baryum, on chauffe et l'on ramène à réaction juste acide avec l'acide demi ou quart normal. Il faut pour cela maintenir le liquide *chaud*.

Le phosphate de baryte, qui nage au milieu de la dissolution, n'empêche pas l'opération du titrage : comme indicateur, il faudra de préférence employer la *coralline* (voir plus bas 6, cc.). Une goutte de la solution moyennement concentrée de cette substance suffit pour colorer fortement en rouge rose le liquide avec le précipité. On verse l'acide normal jusqu'à ce que toute la masse ait l'apparence blanche du lait, on fait bouillir et par quelques gouttes d'acide normal on fait de nouveau disparaître la teinte rosée qui s'est de nouveau produite. La neutralisation est complète, lorsqu'après une ébullition de quelques minutes le mélange est blanc de lait, avec tout au plus une très légère teinte jaunâtre. On retranche les C.C. d'acide normal des C.C. de soude normale et la différence représente la quantité d'alcali qu'il faut fournir soit à l'acide phosphorique, soit au phosphate, pour former le sel basique 3NaO,PhO⁵.

5. Pour les analyses par saturation ordinaire, la teinture de tournesol préparée avec du bon tournesol, comme il est dit page 110, est amplement suffisante. Pour les recherches plus délicates on recommande des teintures préparées par des procédés différents. — *Berthelot* et *A. de Fleurieu* ajoutent à une solution aqueuse concentrée de tournesol de l'acide sulfurique étendu pur, jusqu'à réaction nettement acide, ils chassent l'acide carbonique par ébullition, ajoutent de l'eau de baryte jusqu'à réaction alcaline, font passer un courant d'acide carbonique, font de nouveau bouillir, filtrent et ajoutent au liquide filtré 1/2 de son volume d'alcool. — *Wartha* (*), qui a fait observer que le tournesol renferme quelquefois de l'indigo, recommande le procédé suivant pour se procurer la matière colorante pure du tournesol. On agite le tournesol du commerce avec de l'esprit-de-vin ordinaire, et l'on rejette le liquide trouble, violet bleuâtre que l'on obtient : on met les cubes de tournesol ainsi lavés dans de l'eau distillée, dans laquelle on les laisse digérer de vingt-quatre à quarante-huit heures, on décante le liquide fortement coloré, on l'évapore au bain-marie, on reprend le résidu avec de l'alcool absolu additionné d'un peu d'acide acétique et l'on évapore de nouveau. Par ce traitement le résidu se déshydrate et devient cassant. On le broie, on épuise la poudre brune avec de l'alcool absolu contenant de l'acide acétique et l'on élimine ainsi une grande quantité d'une matière colorante rouge écarlate, qui par l'action des alcalis ne devient pas bleue, mais rouge pourpre. La matière colorante rouge-brun insoluble dans l'alcool absolu est dissoute dans l'eau : on filtre la solution, on évapore à siccité au bain-marie, et enfin en humectant à plusieurs

reprises avec de l'alcool absolu et évaporant chaque fois on finit par chasser tout l'acide acétique. Le résidu dissous dans l'eau fournit une teinture très sensible. — *F. Mohr* (*) épuise le tournesol avec de l'eau distillée chaude, évapore la solution filtrée, sursature avec un excès d'acide acétique (ce qui détermine un dégagement d'acide carbonique), évapore de nouveau jusqu'à consistance d'un extrait épais, met la masse dans un flacon et y ajoute une grande quantité d'alcool à 90 pour 100. Cela précipite la matière colorante bleue et il reste en dissolution de l'acétate de potasse et une matière rouge. On filtre, on lave avec de l'esprit-de-vin, on dissout dans de l'eau chaude la matière colorante restant et l'on filtre.

6. Au lieu de teinture de tournesol on peut se servir de différentes *autres matières colorantes* pour reconnaître, lorsqu'on sature un acide, l'instant précis où l'alcali commence à dominer. En somme je donne la préférence au tournesol, bien que je reconnaisse cependant que dans certains cas particuliers d'autres indicateurs soient préférables. Dans le choix à faire il faut tenir compte de l'aptitude différente des yeux à distinguer les couleurs, car certains yeux saisissent des différences de nuances que d'autres ne sauraient apprécier. En outre l'éclairement a aussi une influence et des indicateurs, qui ne présentant aucun avantage à la lumière du jour, pourront être préférables à la lumière du gaz ou d'une lampe. Ajoutons que tous ceux qui trouvent un nouvel indicateur, outre le plaisir qu'ils ont de préconiser leur idée, ont l'avantage, en l'employant de préférence à tout autre, d'acquérir une certaine habitude à s'en servir : on comprendra alors comment il se fait que nous ayons une si longue liste de ces substances. Je vais dans ce qu'il y a d'essentiel, dire quelques mots des substances qui ont été le plus recommandées.

aa. *Teinture de cochenille* (**). — Elle a été employée par *C. Luckow* (***). Sa couleur est rouge-rubis foncé, passant à l'orangé, puis à l'orangé-jaune lorsqu'on l'étend peu à peu avec de l'eau distillée. À la lumière du gaz la dernière nuance disparaît presque complètement et le liquide semble presque incolore. L'addition de la plus faible quantité d'alcali libre ou carbonaté, aussi bien que d'un carbonate alcalino-terreux libre ou dissous, fait virer la couleur au rouge carmin violet. La cochenille offre un avantage lorsque dans le dosage d'un acide libre l'acide carbonique intervient d'une façon ou d'une autre, soit que le liquide en contienne, soit que la lessive normale de soude en ait absorbé peu à peu. En effet, avec le tournesol il est difficile de reconnaître la première trace d'alcali dominant lorsqu'il y a de l'acide carbonique dans le liquide, et il faut nécessairement le chasser par la chaleur; il n'en est pas tout à fait de même avec la cochenille, dont la matière colorante active est un acide. Cependant l'acide carbonique n'est pas absolument sans influence, car si

(*) *Analyse par les liqueurs titrées*, trad. Forthomme.

(**) Voici comment on la prépare : on fait digérer à la température ordinaire, en remuant fréquemment, environ 3 grammes de cochenille en poudre dans un quart de litre d'un mélange de 3 à 4 volumes d'eau distillée avec 1 volume d'alcool. On filtre à travers de bon papier de Suède. La teinture se conserve très bien dans des flacons bien bouchés.

(***) *Journ. f. prackt. Chem.*, LXXXIV, 425. — *Zeitschr. f. analyt. Chem.*, I, 386.

l'on colore de l'eau distillée avec de la teinture de cochenille, la première
goutte de soude normale fait passer au violet : mais cela n'arrive pas si
l'on ajoute avant un peu d'eau chargée d'acide carbonique. Les sels ammoniacaux ne font rien. On ne peut pas employer la cochenille avec les acétates, les sels de fer et d'alumine. En solution alcaline l'acide carminique
est décomposé par l'oxygène de l'air, c'est pourquoi un liquide alcalin coloré
en violet par la cochenille prend bientôt une teinte sale et finit par se
décolorer.

bb. *Extrait ou teinture de bois de Brésil.* — Ils ont été employés par
Pohl (*) et par *Wildenstein* (**). Le premier se servait de l'extrait liquide
du commerce de densité 1,036 environ. Le dernier, pour préparer la teinture, scie en deux par le milieu un tronçon de bois de Brésil de bonne
qualité sans fentes : au moyen d'un rabot, il prend de fins copeaux dans la
partie interne, il les fait bouillir avec de l'eau distillée et mélange un
volume du liquide concentré par ébullition avec un à deux volumes d'esprit-de-vin. Il faut garantir la teinture de l'action de la lumière. Il ne faut
pas faire usage du bois de Campêche moulu qu'on trouve dans le commerce, parce que pendant l'opération mécanique qu'on lui fait subir, on
l'humecte avec de l'eau de fontaine calcaire pour lui donner la couleur
rouge que l'on recherche.

Si dans un liquide neutre on ajoute de l'extrait ou de la teinture de bois
de Brésil, il prend une couleur jaune, qui persiste par l'addition d'un
acide ou devient seulement plus clair. Si l'on sature l'acide par un alcali,
le moindre excès de ce dernier est accusé par une belle couleur rouge
ou violet pourpre. Le changement de couleur est très caractéristique et
peut se saisir très bien même à la lumière d'une lampe. *Pohl* se sert de
l'extrait de bois de Brésil pour doser les acides libres dans le vin (même
dans le vin rouge en l'étendant suffisamment) et dans le moût. Mais s'il
y a des oxydes métalliques (peroxyde de fer, oxydes de cuivre, de plomb,
d'étain, d'antimoine, etc.), même des traces, on ne peut plus faire usage
du bois de Brésil.

Disons aussi qu'en dissolution alcaline cette matière colorante est très
rapidement oxydée par l'oxygène de l'air atmosphérique.

cc. *Acide rosolique* (coralline). On le prépare en prenant 1 partie en
poids d'acide oxalique cristallisé, 1 partie 1/2 de phénol cristallisé incolore et 2 parties d'acide sulfurique anglais : on met le mélange dans un
ballon muni d'un réfrigérant ascendant et l'on chauffe au bain d'huile
à 140°-150° pendant cinq à six heures. On verse dans beaucoup d'eau le
produit épais de couleur foncée qui s'est formé. L'acide rosolique se sépare
sous forme d'une masse résineuse. On le fait bouillir avec de l'eau jusqu'à
ce que l'odeur du phénol ait disparu et on lave avec de l'eau froide. Le
corps ainsi obtenu, bien qu'il ne soit pas encore de l'acide rosolique pur,
peut cependant servir comme indicateur. On le dissout dans l'alcool et l'on
filtre. Le liquide violet rouge foncé ainsi obtenu colore l'eau en jaune
rougeâtre. L'addition d'une goutte d'acide normal la décolore complète-

(*) *Journ. f. prackt. Chem.*, LXXXI, 59.
(**) *Zeitschr. f. analyt. Chem.*, II, 9.

ment, ou la rend jaune très pâle et le plus léger excès d'alcali ramène une belle teinte violet rouge. Un liquide ainsi coloré est ramené aussi au jaune pâle par de l'eau tenant de l'acide carbonique en dissolution. La coralline convient fort bien lorsque des acides libres doivent être neutralisés par des alcalis caustiques. — Mais la présence de l'acide carbonique est gênante. Les sels ammoniacaux neutres sont sans influence sensible.

dd. *Phénolphtaléine.* Cette matière colorante découverte par *Baeyer* (*) a servi à *E. Luck* (**) dans des analyses par saturation. On l'obtient sous forme de masse rouge en chauffant pendant plusieurs heures entre 120°-130° 10 parties de phénol, 5 parties d'anhydride phtalique et 4 parties d'acide sulfurique concentré. On fait bouillir le produit rouge avec de l'eau. La substance résineuse, que l'on obtient ainsi, est transformée en une poudre d'un blanc jaunâtre par ébullition avec la benzine. On prépare l'indicateur en dissolvant 1 partie de phénolphtaléine dans 50 parties d'alcool à 90 pour 100. Au liquide à titrer (80 à 100 C.C.) on ajoute une ou au plus deux gouttes de la solution. Si le liquide est acide, il devient d'abord opalin, mais s'éclaircit complètement par l'agitation. L'indicateur ne colore ni l'eau, ni un acide étendu, mais si l'on ajoute un alcali, le plus léger excès de celui-ci produit une coloration rouge pourpre intense. L'addition d'une toute petite goutte d'acide rend de nouveau le liquide incolore. La coloration produite par un alcali disparaît aussi par l'acide carbonique. Ce dernier contrarie donc la réaction : il faut aussi qu'il n'y ait pas de sels ammoniacaux.

ee. *Tropéoline.* Sous ce nom on comprend différentes couleurs découvertes par *O. Witt* et mises par lui dans le commerce. Deux d'entre elles, portant les numéros 00 et 000, ont servi d'indicateur à *W. Miller* (***). Avec la couleur 00 on fait une solution aqueuse à 0,05 pour 100 ou une solution alcoolique saturée à froid. Si dans 50 C.C. d'eau on met 2 C.C. de la solution aqueuse ou quelques gouttes de la solution alcoolique de tropéoline, on a un liquide jaune clair, qui n'est modifié ni par les bicarbonates, ni par l'acide carbonique libre, mais que l'addition d'un acide minéral étendu (ou de quelques acides organiques, surtout l'acide oxalique) rend rouge jaunâtre et même rouge, s'il y a un grand excès d'acide. L'addition d'un alcali fait de nouveau passer la couleur rouge au jaune. *Miller* emploie surtout cet indicateur parce que l'acide carbonique n'a pas d'influence sur le changement de couleur et parce qu'avec la solution de tropéoline (surtout la solution alcoolique) on peut reconnaître et doser les acides libres en présence des sels métalliques. Avec la substance 00, les sels ammoniacaux n'ont pas d'influence.

De même que la tropéoline 00 permet de reconnaître les acides libres, la tropéoline 000 peut servir à déceler les alcalis libres. Au liquide acide à titrer on ajoute une goutte de la solution aqueuse saturée de 000, ce qui produit une coloration jaune à peine sensible : mais par addition de l'alcali le liquide devient rouge aussitôt que celui-ci commence à dominer. Les

(*) *Ber. d. Deutsch. Chem. Ges.* de Berlin, IV, 658 (1871).
(**) *Zeitschr. f. analyt. Chem.*, XVI, 332.
(***) *Ber. der Deutsch. Chem. Gesellsch.*, XI, 460. — *Zeitschr. f. analyt. Chem.*, XVII, 474.

sels ammoniacaux ne gênent pas. On ne peut pas faire usage de 000 en présence de l'acide carbonique.

Ce qui empêche un emploi plus général de ces deux préparations 00 et 000, c'est qu'on n'en connaît pas la préparation.

IV. *Applications de la méthode acidimétrique au dosage des acides combinés.*

a. La méthode acidimétrique s'emploie fréquemment pour le dosage des acides combinés, surtout si la base peut être complètement précipitée pure par la soude caustique (ou aussi par le carbonate de soude). On peut par exemple doser de cette façon l'acide acétique dans les *mordants de fer* ou dans les *verts-de-gris*. Avec un volume connu et en excès de lessive normale de soude (ou une dissolution de carbonate de soude de force connue) on précipite une quantité déterminée de la substance, on fait bouillir, on filtre, on lave, on concentre le liquide filtré, on y ajoute de l'acide normal jusqu'à réaction acide, on fait bouillir de nouveau pour chasser l'acide carbonique que la lessive alcaline a pu absorber pendant l'évaporation et l'on titre jusqu'au bleu avec la soude le liquide coloré par le tournesol. En retranchant de la totalité de la soude employée, les C.C. d'acide normal ajoutés, on a la quantité de soude normale qui a été neutralisée par l'acide (libre ou combiné) que renferme la substance.

b. Si un sel est formé par une base précipitable par l'acide sulfhydrique dans une solution acide et par un acide non volatil sans action sur l'acide sulfhydrique, on fait passer (suivant *Walcott Gibbs* [*]) dans la solution bouillante un courant d'hydrogène sulfuré jusqu'à décomposition complète, on filtre, on lave avec de l'eau chaude, on laisse refroidir, on étend d'eau de façon à faire un litre ou 1/2 litre, et l'on dose l'acide libre dans une partie aliquote de la liqueur. Si l'acide du sel était de l'acide azotique ou de l'acide chlorhydrique, il faudrait ajouter du tartrate double de soude et de potasse. On empêcherait ainsi l'action décomposante de l'acide azotique sur l'acide sulfhydrique, ainsi que la volatilisation des acides. La présence des sels alcalins et alcalino-terreux n'a pas d'influence, mais il ne doit pas y avoir de sels de peroxyde de fer ou d'alumine. La méthode ne peut naturellement donner des résultats exacts qu'autant que les sulfures précipités seront purs, c'est-à-dire, ne retiendront pas de l'acide du sel.

c. S'il fallait doser acidimétriquement l'acide sulfurique dans l'*alun*, cela ne pourrait pas se faire en ajoutant jusqu'à saturation de la lessive de soude à la dissolution, car dans ce cas il se précipite un sulfate basique d'alumine et la soude normale employée ne correspond pas à l'acide sulfurique du sel. Mais si, suivant les conseils d'*E. Erlenmeyer* et de *Lewinstein*, on ajoute d'abord un excès de chlorure de baryum avant l'emploi de la soude normale, l'inconvénient disparaît, parce que, dans la dissolution de chlorure d'aluminium remplaçant l'alun, la lessive de soude précipite de l'alumine hydratée pure.

Si le sel d'alumine est neutre, comme cela arrive avec l'alun pur, et s'il n'y a pas d'acide libre, la quantité d'acide trouvée donne aussi la quantité

(*) *Sillim. American Journ.* (II), XLIV. — *Zeitschr. f. analyt. Chem.*, VII. 94.

d'alumine, en calculant un équivalent d'alumine pour trois équivalents d'acide. Pour savoir si un sel d'alumine renferme de l'acide libre, *W. Stein* (*) recommande l'emploi très facile du papier d'outremer (**), que les acides décolorent. *Erlenmeyer* et *Lewinstein* ont indiqué un moyen qui donne aussi de bons résultats : on prend du phosphate double ammoniaco-magnésien, récemment précipité, lavé avec soin, qui, ajouté en excès dans le liquide, est décomposé par les sels neutres d'alumine, de façon à donner un liquide à réaction neutre. Mais le moyen le plus commode c'est de faire usage de la dissolution alcoolique de tropéoline 00 (page 798).

d. Nous montrerons plus loin, à propos des analyses d'acétate de chaux et d'acétate de plomb, comment, dans des cas encore assez fréquents, le principe acidimétrique combiné avec les dosages en poids peut servir à mesurer de faibles excès d'un acide déterminé.

C. Dosage par saturation des acides libres avec une liqueur alcaline, sans employer de matière colorante comme indicateur.

§ 216.

Au lieu de titrer un acide libre avec une lessive de soude de force connue et de reconnaître le point·de saturation avec la teinture de tournesol, on peut prendre (d'après *Kieffer* ***) une solution ammoniacale de bioxyde de cuivre et reconnaître la neutralité par le trouble qui se produit aussitôt que tout l'acide libre est saturé. Pour préparer la solution de cuivre on ajoute à une dissolution aqueuse de sulfate de cuivre de l'ammoniaque, jusqu'à ce que le précipité de sulfate basique d'abord formé se redissolve *juste*. Après avoir mesuré la valeur de cette liqueur avec l'acide sulfurique normal ou l'acide chlorhydrique normal (mais pas l'acide oxalique), on peut s'en servir pour doser tous les acides forts (excepté l'acide oxalique), à la condition que les liquides restent clairs.— Comme le précipité de sel de cuivre basique, qui indique par son apparition la fin de la réaction, n'est pas insoluble dans le sel ammoniacal formé et ne peut par conséquent se manifester que quand le liquide en est saturé, qu'en outre le moment de la saturation dépend du degré de concentration, comme aussi de la présence d'autres sels et de leur nature, et surtout de sels ammoniacaux (*Carey Léa* ****), cette méthode n'a pas toute la rigueur scientifique, mais elle reste applicable dans les recherches purement techniques pour lesquelles elle a été imaginée. Le procédé de *Kiefer* est surtout bon quand il faut doser des acides libres en présence d'un sel métallique neutre mais à réaction acide,

---

(*) *Zeitschr. f. analyt. Chem.*, V, 289.

(**) Pour préparer ce papier, *Stein* (*Zeitschr. f. analyt. Chem.*, VIII. 450) mélange intimement de l'outremer avec du mucilage de chondre crispé (fucus crispus), et avec un large pinceau il l'étale bien uniformément sur du papier non collé. Il est bon de faire un papier clair et un plus foncé. Il est bon lorsque l'acide sulfurique étendu le décolore facilement, tandis que la solution d'alun neutre (purifié par des précipitations répétées avec l'alcool) ne le change pas.

(***) *Ann. d. Chem. u. Pharm.*, XCIII, 586.

(****) *Chem. News.* 1861, 195.

par exemple l'acide sulfurique libre dans le vitriol bleu, ou les eaux mères du sulfate de zinc, etc. — Il est prudent avant chaque série de dosages de reprendre exactement le titre de la liqueur cupro-ammoniacale.

D. Dosage par le poids d'acide carbonique chassé du bicarbonate de soude par l'acide libre.

§ 217.

Dans le petit ballon A (fig. 205) on met un poids connu de l'acide à doser, on y ajoute de l'eau, s'il est concentré, de façon à remplir 1/3 du ballon : on remplit en tassant un petit tube de verre avec du bicarbonate de soude ou de potasse (qui pourra contenir du chlorure de sodium, des sulfates, etc., mais pas de carbonate alcalin neutre, et dont on prendra une quantité un peu plus que suffisante pour saturer le poids d'acide employé), avec un fil on attache le tube dans le ballon, en serrant le fil entre le bouchon et le goulot, et l'on tare l'appareil sur la balance. On retire l'appareil, on laisse tomber le petit tube dans le liquide, en desserrant le bouchon, que l'on referme aussitôt hermétiquement. Il se produit aussitôt un dégagement rapide d'acide carbonique, qui pendant quelque temps est assez régulier, puis se ralentit et cesse enfin. A ce moment on plonge le

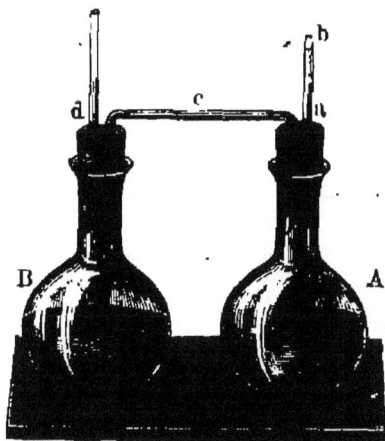

Fig. 205.

ballon A dans de l'eau assez chaude pour qu'on puisse à peine y mettre le doigt (50° à 55°). Il en résulte un nouveau dégagement d'acide carbonique, et quand il a cessé, on soulève un peu le tampon de cire b, qui fermait le tube a, on retire le ballon du bain-marie, et à l'aide d'un tube en caoutchouc adapté au tube d, on aspire l'air du dehors, qui, arrivant par le tube b, chasse tout l'acide carbonique de l'appareil (page 374). L'appareil étant refroidi, on le reporte sur la balance et l'on rétablit l'équilibre avec la tare en mettant des poids à côté des ballons. Ces poids représentent la quantité d'acide carbonique expulsée. — Pour chaque équivalent d'acide on obtient deux équivalents d'acide carbonique, par exemple $NaO,HO,2CO^2 + HO,AzO^5 = NaO,AzO^5 + HO + 2.CO^2$. Les résultats sont satisfaisants (*). Si on le peut, on prend une quantité d'acide pouvant dégager de 1 à 2 gr. d'acide carbonique. Cette méthode n'a d'avantage sur celle décrite en B. que lorsque le liquide est tellement coloré, qu'on n'y peut plus distinguer nettement la réaction du tournesol. Au lieu de mesurer l'acide carbonique par la perte

(*) Essais des potasses, des soudes, des cendres, des acides et des manganèses, par le Dr R. Frésénius et le Dr H. Will. 1845.

de poids de l'appareil, on peut aussi le faire par la méthode décrite page 378.

E. Méthodes qui ne s'appliquent qu'a des acides particuliers.

Dosage de l'acide acétique glacial d'après la température de solidification.

Pour essayer des acides acétiques très concentrés, *F. Rüdorff*[*] observe la température de congélation. La table suivante, qu'il a dressée, donne la relation entre la quantité d'hydrate d'acide acétique pur et la température de solidification.

100 PARTIES D'ACIDE ACÉTIQUE MONOHYDRATÉ MÊLÉES AVEC	100 PARTIES DU MÉLANGE RENFERMENT	TEMPÉRATURE DE SOLIDIFICATION.
0,0 Eau	0,0	+ 16°,70
0,5	0,497	15°,65
1,0	0,990	14°,80
1,5	1,477	14°,00
2,0	1,961	13°,25
3,0	2,912	11°,95
4,0	3,846	10°,50
5,0	4,761	9°,40
6,0	5,660	8°,20
7,0	6,542	7°,10
8,0	7,407	6°,25
9,0	8,257	5°,30
10,0	9,090	4°,30
11,0	9,910	3°,60
12,0	10,774	2°,70
15,0	13,043	— 0°,20
18,0	15,324	2°,60
21,0	17,355	5°,10
24,0	19,354	7°,40

Dans la mesure de la température de solidification, il faut avoir soin qu'il ne se sépare que peu d'hydrate d'acide acétique. On opère le mieux en refroidissant le liquide d'environ 1° au-dessous de la température de solidification approximativement mesurée, puis on jette une parcelle d'acide solide, et en remuant avec un thermomètre très sensible, on détermine la précipitation de l'hydrate.

Par ce moyen la température remonte jusqu'au point de congélation du mélange. On se procure facilement un peu d'hydrate solide en refroidissant un peu d'acide glacial dans un tube à essai plongé dans un mélange d'eau froide et de sel ammoniac, ou d'azotate d'ammoniaque, ou de sulfocyanure de potassium.

(**) *Bericht. der Deutsch. Chem. Gesell.*, III, 590. — *Zeitschr. f. analyt. Chem.*, X, 106.

2. Dosage dans une substance des alcalis libres ou carbonatés (alcalimétrie).

A. Mesure de la potasse, de la soude, du carbonate de potasse, de celui de soude et aussi de l'ammoniaque en dissolution, d'après les poids spécifiques des dissolutions.

§ 218.

Si l'on a des dissolutions aqueuses pures ou presque pures d'hydrate de potasse ou de soude, de carbonate de potasse ou de soude, ou d'ammoniaque, on peut y déterminer la proportion de matière contenue en prenant le poids spécifique.

TABLE I.

QUANTITÉS DE POTASSE ANHYDRE OU DE POTASSE HYDRATÉE CONTENUES DANS DES LESSIVES SUIVANT LES DENSITÉS, D'APRÈS SCHIFF ET TUNNERMANN, CALCULÉES PAR GERLACH (*).

QUANTITÉ DANS 100 PARTIES EN POIDS DE LA SOLUTION.	DENSITÉS A 15°.		QUANTITÉ DANS 100 PARTIES EN POIDS DE LA SOLUTION.	DENSITÉS A 15°.	
	POTASSE ANHYDRE	HYDRATE DE POTASSE HO,KO		POTASSE ANHYDRE	HYDRATE DE POTASSE HO,KO
1	1,010	1,009	36	1,455	1,361
2	1,020	1,017	37	1,460	1,374
3	1,030	1,025	38	1,475	1,387
4	1,039	1,033	39	1,490	1,400
5	1,048	1,041	40	1,504	1,411
6	1,058	1,049	41	1,522	1,425
.7	1,068	1,058	42	1,539	1,438
8	1,078	1,065	43	1,564	1,450
9	1,089	1,074	44	1,570	1,462
10	1,099	1,083	45	1,584	1,475
11	1,110	1,092	46	1,600	1,488
12	1,121	1,110	47	1,615	1,499
13	1,132	1,111	48	1,630	1,511
14	1,143	1,119	49	1,645	1,527
15	1,154	1,128	50	1,660	1,539
16	1,166	1,137	51	1,676	1,552
17	1,178	1,146	52	1,590	1,565
18	1,190	1,155	53	1,705	1,578
19	1,202	1,166	54	1,720	1,590
20	1,215	1,177	55	1,733	1,604
21	1,230	1,188	56	1,746	1,618
22	1,242	1,198	57	1,762	1,630
23	1,256	1,209	58	1,780	1,641
24	1,270	1,220	59	1,795	1,655
25	1,285	1,230	60	1,810	1,667
26	1,300	1,241	61	»	1,682
27	1,512	1,252	62	»	1,695
28	1,326	1,264	63	»	1,705
29	1,340	1,278	64	»	1,718
30	1,355	1,288	65	»	1,729
31	1,370	1,300	66	»	1,740
32	1,385	1,311	67	»	1,751
33	1,403	1,324	68	»	1,768
34	1,418	1,336	69	»	1,780
35	1,431	1,349	70	»	1,790

(*) *Zeitschr. f. analyt. Chem.*, VIII, 279.

TABLE II.

PROPORTIONS DE SOUDE ANHYDRE ET D'HYDRATE DE SOUDE DANS LES LESSIVES D'APRÈS LEURS DENSITÉS SUIVANT SCHIFF, CALCULÉES PAR GERLACH (*).

QUANTITÉS SUR 100 PARTIES EN POIDS DE LA SOLUTION.	DENSITÉS A 15°.		QUANTITÉS SUR 100 PARTIES EN POIDS DE LA SOLUTION.	DENSITÉS A 15°.	
	SOUDE ANHYDRE.	HYDRATE DE SOUDE HO,NaO.		SOUDE ANHYDRE.	HYDRATE DE SOUDE HO,NaO.
1	1,015	1,012	36	1,500	1,395
2	1,020	1,023	37	1,515	1,405
3	1,043	1,035	38	1,530	1,415
4	1,058	1,046	39	1,543	1,426
5	1,074	1,059	40	1,558	1,437
6	1,089	1,070	41	1,570	1,447
7	1,104	1,081	42	1,585	1,456
8	1,119	1,092	43	1,597	1,468
9	1,132	1,103	44	1,610	1,478
10	1,145	1,115	45	1,623	1,488
11	1,160	1,126	46	1,637	1,499
12	1,175	1,137	47	1,650	1,508
13	1,190	1,148	48	1,663	1,519
14	1,203	1,159	49	1,678	1,529
15	1,219	1,170	50	1,690	1,540
16	1,233	1,181	51	1,705	1,550
17	1,245	1,192	52	1,719	1,560
18	1,258	1,202	53	1,731	1,570
19	1,270	1,213	54	1,745	1,580
20	1,285	1,225	55	1,760	1,591
21	1,300	1,236	56	1,770	1,601
22	1,315	1,247	57	1,785	1,611
23	1,329	1,258	58	1,800	1,622
24	1,341	1,269	59	1,815	1,633
25	1,335	1,279	60	1,830	1,643
26	1,369	1,290	61	»	1,654
27	1,381	1,300	62	»	1,664
28	1,395	1,310	63	»	1,674
29	1,410	1,321	64	»	1,684
30	1,422	1,332	65	»	1,695
31	1,438	1,343	66	»	1,705
32	1,450	1,351	67	»	1,715
33	1,462	1,363	68	»	1,726
34	1,475	1,374	69	»	1,737
35	1,488	1,384	70	»	1,748

(*) *Zeitschr. f. analyt. Chem.*, VIII, 279.

TABLE III.

QUANTITÉS DE SELS ANHYDRES CONTENUS DANS LES DISSOLUTIONS AQUEUSES DE CARBONATE DE POTASSE ET DE CARBONATE DE SOUDE D'APRÈS LES DENSITÉS, PAR GERLACH (*).

QUANTITÉS DANS 100 PARTIES EN POIDS DE LA SOLUTION.	DENSITÉS À 15°.		QUANTITÉS DANS 100 PARTIES EN POIDS DE LA SOLUTION.	DENSITÉS À 15°.	
	CARBONATE DE POTASSE.	CARBONATE DE SOUDE.		CARBONATE DE POTASSE.	CARBONATE DE SOUDE.
1	1,00914	1,01050	27	1,26787	»
2	1,01829	1,02101	28	1,27893	»
3	1,02743	1,03151	29	1,28999	»
4	1,03658	1,04201	30	1,30105	»
5	1,04572	1,05255	31	1,31261	»
6	1,05515	1,06309	32	1,32417	»
7	1,06454	1,07369	33	1,33573	»
8	1,07396	1,08430	34	1,34729	»
9	1,08367	1,09500	35	1,35885	»
10	1,09278	1,10571	36	1,37082	»
11	1,10258	1,11655	37	1,38279	»
12	1,11238	1,12740	38	1,39476	»
13	1,12219	1,13845	39	1,40673	»
14	1,13199	1,14950	40	1,41870	»
15	1,14179	»	41	1,43104	»
16	1,15200	»	42	1,44338	»
17	1,16222	»	43	1,44575	»
18	1,17243	»	44	1,46807	»
19	1,18265	»	45	1,48041	»
20	1,19286	»	46	1,49314	»
21	1,20344	»	47	1,50588	»
22	1,21402	»	48	1,51861	»
23	1,22459	»	49	1,53135	»
24	1,23317	»	50	1,54408	»
25	1,24575	»	51	1,55728	»
26	1,25681	»	52	1,57048	»

(*) *Zeitschr. f. analyt. Chem.*, VIII, 279.

TABLE IV. *a.*

QUANTITÉS D'AMMONIAQUE AzH³ DANS UNE DISSOLUTION D'AMMONIAQUE SUIVANT LES DENSITÉS, PAR CARIUS, CALCULÉES PAR GERLACH (*).

QUANTITÉS DANS 100 PARTIES EN POIDS DE LA SOLUTION.	DENSITÉ DE L'AMMONIAQUE A 15°.	QUANTITÉS DANS 100 PARTIES EN POIDS DE LA SOLUTION.	DENSITÉ DE L'AMMONIAQUE A 15°.	QUANTITÉS DANS 100 PARTIES EN POIDS DE LA SOLUTION.	DENSITÉ DE L'AMMONIAQUE A 15°.	QUANTITÉS DANS 100 PARTIES EN POIDS DE LA SOLUTION.	DENSITÉ DE L'AMMONIAQUE A 15°.
1	0,9959	10	0,9595	19	0,9283	28	0,9026
2	0,9915	11	0,9556	20	0,9251	29	0,9001
3	9,9873	12	0,9520	21	0,9221	30	0,8976
4	0,9831	13	0,9484	22	0,9191	31	0,8953
5	0,9790	14	0,9449	23	0,9162	32	0,8929
6	0,9749	15	0,9411	24	0,9133	33	0,8907
7	0,9709	16	0,9580	25	0,9106	34	5,8885
8	0,9670	17	0,9347	26	0,9078	35	0,8864
9	0,9631	18	0,9314	27	0,9052	36	0,8844

(*) *Zeitschr. f. analyt. Chem.*, VIII, 279.

TABLE IV. *b.*

PROPORTION D'AMMONIAQUE ANHYDRE (AzH³) DANS LA SOLUTION AQUEUSE D'AMMONIAQUE SUIVANT LA DENSITÉ (A 16°), D'APRÈS OTTO.

POIDS SPÉCIFIQUE	AMMONIAQUE POUR 100	POIDS SPÉCIFIQUE	AMMONIAQUE POUR 100	POIDS SPÉCIFIQUE	AMMONIAQUE POUR 100
0,9517	12,000	0,9607	9,625	0,9697	7,250
0,9521	11,875	0,9612	9,500	0,9702	7,125
0,9526	11,750	0,9616	9,375	0 9707	7,000
0,9531	11,625	0,9621	9,250	0,9711	6,875
0,9536	11,500	0,9626	9,125	0,9716	6,750
0,9540	11,375	0,9631	9,000	0,9721	6,625
0,9545	11,230	0,9636	8,875	0,9726	6,500
0,9550	11,125	0,9641	8,750	0,0730	6,375
0,9555	11,000	0,9645	8,625	0,9735	6,250
0,9556	10,950	0,9650	8,500	0,9740	6,125
0,9559	10,875	0,9654	8,375	0,9745	6,000
0,9564	10,750	0,9659	8,250	0,9749	5,875
0,9569	10,625	0,9664	8,125	0,9754	5,750
0,9574	10,500	0,9669	8,000	0,9759	5,625
0,9578	10,375	0,9673	7,875	0,9764	5,500
0,9583	10,250	0,9678	7,750	0,9768	5,375
0,9588	10,125	0,9683	7,625	0,9773	5,250
0,9593	10,000	0,9688	7,500	0,9778	5,125
0,9597	9,875	0,9692	7,375	0,9783	5,000
0,9602	9,750				

B. Méthodes pour doser dans une substance un alcali libre et un alcali carbonaté ensemble.

I. *Méthodes volumétriques (par saturation)*.

a. Méthode de *Descroisilles* et *Gay-Lussac* un peu modifiée.

§ 219.

Le principe de ce procédé, surtout en pratique dans les fabriques, est le même que celui qui sert de base à la méthode acidimétrique décrite au § 215, seulement il est renversé, c'est-à-dire, que si l'on connait la quantité d'un acide de force connue nécessaire pour saturer une quantité inconnue de potasse ou de soude caustique ou carbonatée, on en pourra conclure facilement la quantité de l'alcali.

Pour opérer il ne faut qu'*un* liquide titré, de l'acide sulfurique.

On le prépare presque toujours de force telle que 50 C.C. saturent juste 5 gr. de carbonate de soude anhydre pur.

Il faut dans cette préparation prendre les précautions suivantes :

a. On mélange 60 gr. (pesés approximativement) d'acide sulfurique concentré anglais avec 500 C.C. ou 120 gr. avec 1000 C.C. d'eau et on laisse refroidir.

b. On pèse exactement 5 gr. de carbonate de soude anhydre pur, on les met dans un ballon, on dissout dans environ 200 C.C. d'eau, on colore nettement avec un volume mesuré (environ 1 C.C.) de teinture de tournesol violette (page 785. d.), sans cependant produire une teinte bleue trop prononcée.

N. B. Cette manière de procéder est bonne pour ceux qui n'ont pas à leur disposition une balance délicate. Mais lorsqu'on en possède une, comme cela arrive en général dans les laboratoires de chimie, il vaut mieux chauffer au rouge faible dans un creuset de platine de 4,5 à 5 gr. de carbonate de soude, laisser refroidir sous le dessiccateur, puis peser exactement le creuset. On jette avec soin le contenu dans le ballon, on pèse de nouveau le creuset et l'on obtient ainsi très exactement la quantité de carbonate de soude qui se trouve dans le ballon. Cette méthode est plus prompte et plus facile à appliquer pour le chimiste habitué à faire usage d'une bonne balance; elle fournit des résultats bien exacts, puisque les pesées se font dans un creuset fermé. S'il faut prendre plusieurs essais les uns après les autres, on met le sel calciné encore chaud dans un tube à essai qu'on ferme, on le pèse, on fait tomber un peu du sel dans le ballon, on pèse de nouveau le tube, etc. — Ce sera de la même façon que l'on pèsera les essais de potasse ou de soude à essayer.

c. On remplit une burette (le mieux de 50 C.C.) jusqu'au zéro avec la solution acide étendue et froide, et l'on fait couler avec précaution, goutte à goutte, dans la solution de carbonate de soude jusqu'à saturation. — On fera bien de répéter cette opération deux fois. — Si l'on n'a pas juste 5 gr.

de carbonate de soude, on calculera d'après le résultat obtenu combien il faudrait d'acide pour 5 gr.

d. On étend la provision d'acide avec de l'eau, de façon que 50 C.C. saturent exactement 5 gr. de carbonate de soude. Si par exemple on a trouvé qu'il faut 45 C.C. d'acide pour 5 gr. de sel, il faudra à ces 45 C.C. ajouter 5 C.C. d'eau et par conséquent 111,1 C.C. à un litre. On fait cette opération comme il est dit à la page 787. 3. Je recommande expressément, une fois l'acide étendu convenablement, de le soumettre à une nouvelle épreuve comme ci-dessus.

e. On conserve l'acide ainsi préparé dans des flacons bien bouchés et l'on secoue avant de commencer chaque série d'essais. Il peut servir pour essayer les soudes, les potasses, les alcalis caustiques et, si l'on peut prendre de chaque substance le poids équivalent à 5 gr. de carbonate de soude pur anhydre, le nombre de *demi-centimètres* cubes (ou le double des C.C.) d'acide employés donne immédiatement la quantité pour 100 de la substance pure cherchée, alcali caustique ou carbonaté.

Voici les quantités équivalentes à peser.

50 C.C. de l'acide titré neutralisent	5,000 gr. carbonate soude anhydre.
50 C.C. » »	2,926 gr. soude anhydre.
50 C.C. » »	6,517 gr. carbonate potasse anhydre.
50 C.C. » »	4,443 gr. potasse anhydre.

Si donc on pèse 6,517 gr. d'un carbonate de potasse mélangé avec d'autres sels de potasse, mais à réaction neutre, les centimètres cubes de l'acide titré nécessaires pour produire la saturation donneront la quantité pour 100 de carbonate de potasse pure; en prenant 4,443 gr. du sel on aurait la proportion de potasse caustique.

Si l'on a des substances pauvres en alcalis caustiques ou carbonatés, on prendra un multiple des nombres précédents, par exemple 2 fois, 3 fois, 10 fois, et l'on divisera le nombre de C.C. employés par le nombre correspondant.

f. Quant à ce qui est de déterminer bien exactement le point de saturation, on y arrive facilement avec les alcalis caustiques ; mais avec les alcalis carbonatés, l'acide carbonique mis en liberté, qui reste dissous dans la liqueur et qu'il colore en rouge vineux, fait naître quelques difficultés, que l'on peut cependant surmonter de deux manières.

α. Après avoir ajouté à la dissolution froide ou bien chauffée préalablement assez d'acide titré pour produire la teinte rouge vineux, on chauffe en faisant tournoyer le ballon au-dessus de la flamme jusqu'à franche ébullition, ce qui ramène la couleur au bleu à mesure que l'acide carbonique s'en va. On verse goutte à goutte de l'acide dans le liquide presque bouillant, on repose sur la lampe et l'on parvient ainsi à saisir le point de saturation complète, ou plus exactement le point où commence la sursaturation, qui se reconnaît facilement et très nettement à une teinte rouge tirant sur le jaune, que prend le liquide.

β. On peut aussi opérer sans chauffer, mais pas tout à fait avec la même exactitude. Il faut pour cela que le ballon ne soit pas trop petit.

Après chaque addition de l'acide on secoue fortement et avec adresse et l'on continue l'addition de l'acide, tant que la teinte rouge du liquide a une nuance violacée. Enfin, quand on approche du point de saturation, on ajoute l'acide goutte à goutte et, après chaque addition, on trempe une baguette en verre dans le liquide et l'on fait avec cet agitateur un ou mieux deux traits voisins sur une bande de papier de tournesol d'un beau bleu, en écrivant à côté des traits le nombre des C.C. de la burette. On continue cela jusqu'à ce que la tache sur le papier soit d'un rouge bien net. On laisse le papier se dessécher et l'on prend pour nombre exact le plus faible correspondant à la tache qui est à peine rouge.

Il faut observer comme règle de ne préparer les acides titrés que d'après la même méthode que celle suivant laquelle ils seront employés. C'est pour cela que nous ne pouvons pas nous servir, pour titrer directement et immédiatement les alcalis, de l'acide sulfurique normal, de l'acide chlorhydrique normal, de l'acide oxalique normal préparés au § **215**.

b. Procédé de *Fr. Mohr*.

§ **220**.

Au lieu de titrer directement les alcalis avec un acide de force connue, on peut, comme l'a proposé le premier *F. Mohr* (*), sursaturer d'abord avec l'acide titré, chasser l'acide carbonique en faisant bouillir et enfin avec la solution titrée de soude mesurer l'excès d'acide ajouté.

Cette méthode fournit de très bons résultats et peut dès lors être employée pour des recherches scientifiques rigoureuses. Elle exige les liquides énumérés au § **215**, c'est-à-dire un acide normal et un alcali normal. Chaque liquide se trouve dans une burette à pince particulière.

On dissout l'alcali carbonaté ou caustique dans de l'eau, et l'on colore en bleu faible avec un volume connu de teinture de tournesol (**). On fait couler d'abord de l'acide normal jusqu'à ce que la couleur passe au violet, on fait bouillir, on ajoute encore un peu d'acide jusqu'à ce que la teinte soit nettement rouge jaune et on laisse couler l'acide, toujours dans le liquide qu'on essaie, de façon à amener le niveau dans la burette vis-à-vis le trait le plus voisin d'une division entière. — L'alcali est de cette façon tout à fait sursaturé : en faisant bouillir, agitant, soufflant dans le petit ballon et aspirant l'air, on finit par éliminer toute trace d'acide carbonique.

On verse ensuite goutte à goutte la soude normale, ou la soude titrée, jusqu'à ce que la couleur devienne juste bleu clair. Ce point se saisit facilement si tout l'acide carbonique a bien été expulsé et si l'on n'a coloré que faiblement avec le tournesol. Dans le cas contraire on reconnaît difficilement la fin de l'opération, parce que le liquide devenu bleu revient toujours de nouveau violet.

Si la soude est équivalente à l'acide, on n'a qu'à retrancher les C.C. de

---

(*) *Ann. d. Chem. u. Pharm.*, LXXXVI, 129.
(**) Voir page 796 pour les autres indicateurs.

soude employés de ceux de l'acide et la différence donne le volume d'acide normal neutralisé par l'alcali cherché. Si l'équivalence n'existe pas, on calcule, d'après le rapport connu existant entre les deux liquides, à combien de C.C. de l'acide équivalent les C.C. de soude employés et l'on en déduit encore l'excès d'acide ajouté.

Si l'on a pesé de la substance le poids de $\frac{1}{10}$ d'équivalent ($H = 1$) évalué en grammes de l'alcali cherché, par exemple 5,304 gr. d'un carbonate de soude mélangé avec des sels alcalins neutres, 6,913 gr. d'un carbonate de potasse ordinaire avec des impuretés analogues, le nombre de C.C. de l'acide normal neutralisés donne immédiatement la quantité pour 100 de l'alcali : car 100 C.C. de l'acide normal renfermant $\frac{1}{10}$ d'équivalent d'acide neutralisent juste $\frac{1}{10}$ d'équivalent (100 pour 100) de carbonate de potasse ou de soude (*).

Si l'on avait opéré sur un poids quelconque, on arriverait au but par un calcul facile.

Prenons le cas le plus compliqué, où la soude n'équivaut pas à l'acide normal, et où l'on a pris un poids arbitraire de la substance et non pas 1/10 d'équivalent.

Poids de la substance 2,12 gr. de carbonate de potasse impure et 1,1 C.C. de lessive de soude sature 1 C.C. d'acide normal.

On a versé 26 C.C. d'acide normal et il a fallu 2,1 C.C. de soude pour ramener au bleu.

1,1 C.C. de soude équivalant à 1 C.C. d'acide normal, 1 C.C. vaudra $\frac{1}{1,1}$ d'acide et 2,1 égaleront $\frac{2,1}{1,1} = 1,91$ C.C. d'acide normal.

Donc l'acide normal saturé est $26 - 1,91 = 24,09$ C.C.

Nous chercherons maintenant combien nous aurions eu de C.C. en prenant un poids de la substance égal à $\frac{1}{10}$ d'équivalent en grammes du carbonate de potasse pur cherché, soit 6,913 gr. Ce qui est facile.

Pour 2,12 gr. il a fallu 24,09 C.C., pour 1 gr. il en faut $\frac{24,09}{2,12}$ et pour 6,913 on en aurait employé $\frac{24,09 \times 6,913}{2,12} = 78,55$ C.C. La substance renfermait donc 78,55 pour 100 de carbonate de potasse pur.

(*) 1000 C.C. d'acide normal saturant 1 équivalent (E^{gr}) de l'alcali caustique ou carbonaté, N. C.C. correspondent à $\frac{N. \times E.}{1000}$. Si l'on a pris un poids x^{gr} de la substance, il renferme donc $\frac{N. E.}{1000}$ gr. de matière pure, donc sur 100 il y en aurait $\frac{N. \times E. 100}{1000. x} = \frac{N. \times E.}{10. x}$ Si l'on veut que ce nombre soit le même que celui des C.C. d'acide employés $\left(\frac{N. E.}{10. x} = N\right)$ on voit qu'il faut que $x = \frac{E.}{10}$ gr.

II. *Méthode par pesées suivant Frésénius et Will.*

§ 221.

On déduit la quantité de carbonates alcalins du poids d'acide carbonique que fournit la substance. — Il faut dès lors que l'alcali à doser soit à l'état de carbonate neutre et qu'il n'y ait pas d'autres carbonates. Quand ces conditions ne sont pas remplies, il faut les réaliser par des moyens convenables.

Si la matière renferme des bicarbonates alcalins (qui dégagent de l'acide carbonique par calcination), il faut chauffer au rouge avant l'opération du dosage. Si au contraire il y a des alcalis caustiques (ce qu'on reconnaît à ce qu'après le traitement de la solution par un excès de chlorure de baryum, on a un liquide filtré alcalin), on en prend un poids connu, auquel on ajoute à peu près un poids égal de sable quartzeux, 1/2 de carbonate d'ammoniaque en poudre et assez d'eau pour bien humecter la masse : on chauffe jusqu'à ce que toute l'eau soit chassée et on soumet le résidu à l'analyse.

Le dosage de l'acide carbonique se fait exactement comme il est dit page 374 : on peut aussi prendre une des autres méthodes décrites, par exemple celle de la page 378. e. La première manière convient plutôt pour les opérations techniques, la dernière pour les recherches scientifiques.

Si l'on prend 6,285 gr. d'une substance contenant du carbonate de potasse, ou 4,822 gr. si elle renferme du carbonate de soude, la moitié du nombre des centigrammes d'acide carbonique trouvés donne la quantité pour 100 de carbonate de potasse ou de soude pur.

Inutile de dire que cette méthode, pas plus que celles par saturation, ne permet de doser l'un des carbonates en présence de l'autre : elle ne donne de résultat qu'autant que l'on n'a que du carbonate de potasse ou du carbonate de soude.

Nous dirons plus bas (§ 224 et § 229) ce qu'il y a de spécial dans l'emploi de cette méthode pour les analyses des potasses ou des soudes industrielles.

C. Dosage des alcalis caustiques en présence des alcalis carbonatés.

§ 222.

a. Si l'on a des mélanges de carbonate de potasse et de potasse caustique ou bien de carbonate de soude et de soude caustique, on peut combiner ensemble la méthode du § 219 ou celle du § 220 avec celle du § 221, c'est-à-dire, avec l'une des premières doser la proportion pour 100 en carbonate de potasse ou de soude aussi bien de l'alcali carbonaté que de l'alcali caustique, puis par la dernière (sans traitement préalable bien entendu par le carbonate d'ammoniaque) doser la proportion d'acide carbonique et en déduire la quantité réelle de carbonate acalin. La différence des deux dosages donne la proportion de carbonate· correspondant à l'alcali caustique du mélange. Si l'on veut transformer le carbonate de soude en soude caustique anhydre, il faut le multiplier par 0,5852 et par 0,7549 pour avoir la soude hydratée. Le carbonate de potasse multiplié par 0,6818 donne la potasse anhydre et par 0,8119 la potasse hydratée.

b. On voit facilement que l'on peut aussi n'employer que le procédé du § **221**. Pour cela avec un premier essai on dosera directement la quantité d'acide carbonique, puis on recommencera le même dosage avec une nouvelle quantité de substance, mais après l'avoir préalablement traitée par le carbonate d'ammoniaque.

c. Enfin on peut y parvenir par un moyen purement volumétrique, en appliquant la réaction qui nous permet de reconnaître un alcali caustique en présence d'un alcali carbonaté.

On pèse $\frac{3}{10}$ d'équivalent du carbonate alcalin dans lequel on veut doser l'alcali caustique : ainsi 20,74 du carbonate de potasse renfermant de la potasse caustique, ou 15,92 du carbonate de soude mêlé de soude caustique. On dissout avec de l'eau dans un ballon jaugé de 300 C. C. et l'on remplit jusqu'au trait de jauge : on secoue, on laisse le liquide s'éclaircir en empêchant l'accès de l'air et l'on prend deux essais de 100 C. C. chacun. Dans un premier on mesure d'après le § **220** la quantité totale d'alcali caustique et carbonaté et d'après le nombre de C. C. d'acide normal neutralisés on a la proportion pour 100 de l'alcali caustique, plus l'alcali carbonaté évalué tous deux en alcali carbonaté. On verse la deuxième portion, les 100 autres C.C., dans un ballon jaugé de 500 C.C., on ajoute 200 C.C. d'eau, puis assez de chlorure de baryum, pour qu'une nouvelle addition ne produise plus de précipité ; on verse de l'eau jusqu'au trait de jauge, on agite et on laisse déposer (*) en évitant l'accès de l'air. On mesure alors 250 C.C. du liquide limpide surnageant (dans lequel maintenant l'alcali caustique est remplacé par une quantité équivalente de baryte caustique), on ajoute du tournesol, puis de l'acide chlorhydrique normal jusqu'à réaction acide : on ramène au bleu avec la soude normale et l'on a ainsi la quantité d'acide normal saturé par la baryte caustique. On double le nombre de C.C. d'acide normal trouvés, parce que dans le dernier titrage on n'a pris que la moitié du liquide (250 C.C. sur 500) et l'on a de cette façon la quantité pour 100 d'alcali caustique évaluée en carbonate de potasse ou de soude. On retranche ce dernier résultat de celui donné par le premier essai et la différence donne la quantité pour 100 de carbonate alcalin existant réellement dans la substance. Pour avoir les alcalis caustiques anhydres ou hydratés il n'y a qu'à multiplier par les nombres donnés en a. les nombres trouvés et leur équivalence en alcalis carbonatés.

5. Application de l'alcalimétrie au dosage des terres alcalines.

§ **223**.

Un acide normal peut encore servir à doser les terres alcalines pures ou carbonatées. Pour la magnésie on pourra prendre l'acide sulfurique ;

(*) En filtrant à travers un filtre sec, on trouve un peu moins d'alcali caustique parce que le papier retient un peu de baryte caustique. (A. *Müller. Journ. f. prackt. Chem.*, LXXXIII, 384. — *Zeitschr. f. analyt. Chem.*, I, 84.)

pour la baryte, la strontiane et la chaux il faudra faire usage de l'acide chlorhydrique normal ou de l'acide azotique normal qu'on pourra facilement
préparer avec de la soude normale. Ce dernier acide n'a d'autre avantage
sur l'acide chlorhydrique que d'être moins volatil que lui en dissolution
étendue, de sorte que, quand on fait bouillir un liquide contenant un de
ces acides il y a moins de chances de perte avec l'acide azotique. Mais si
l'on opère bien, c'est-à-dire, si l'on ne chauffe le liquide à l'ébullition
que lorsqu'il n'y a plus qu'un tout léger excès d'acide, on n'a pas non plus
de perte à redouter avec l'acide chlorhydrique.

S'agit-il de déterminer la quantité de terre alcaline à l'état pur, non
carbonatée dans une substance, on prend un poids connu de celle-ci, on
le met dans un petit ballon en verre avec de l'eau et l'on fait couler de la
burette à pince de l'acide chlorhydrique ou de l'acide azotique normal,
jusqu'à ce que la terre soit dissoute et que le liquide coloré préalablement
en bleu par le tournesol soit rougi : on revient au bleu avec la soude normale
et l'on retranche les C.C. de soude de ceux de l'acide. On fait ensuite le
calcul d'après la donnée que 1000 C.C. d'acide normal correspondent
à 76,5 de baryte, — 51,75 de strontiane, — 28 de chaux ou 20 de magnésie.
— Si l'on n'obtenait pas exactement du premier coup le point de saturation avec la soude, on remettrait dans le liquide bleu 1 C.C. d'acide
normal et l'on reviendrait avec précaution au bleu avec la soude.

Si l'on a des carbonates alcalino-terreux, on en chauffe un poids connu
dans un ballon avec de l'eau et, au moyen de la burette, on y verse avec
précaution de l'acide normal chlorhydrique ou azotique. Lorsque la
substance est dissoute, que par conséquent l'acide est en excès, on ajoute
un peu de tournesol, puis de la soude normale, de façon cependant à
laisser encore un léger excès d'acide, un demi ou un C.C. On chauffe à
l'ébullition en agitant le ballon, on maintient l'ébullition quelques
minutes pour chasser tout l'acide carbonique du liquide et du ballon et
l'on achève de ramener au bleu avec la soude normale. On calcule en
partant de ce fait que 1000 C.C. d'acide normal saturent 98,5 gr. de
carbonate de baryte, — 73,75 de carbonate de strontiane, — 50 gr. de
carbonate de chaux et 42 gr. de carbonate de magnésie.

Si l'on veut éviter les calculs, on prendra un poids de substance égal
à $\frac{1}{10}$ ou $\frac{1}{20}$ d'équivalent évalué en grammes (H = 1) de la terre alcaline
pure ou carbonatée. Dans le premier cas le nombre lui-même de centimè-
tres cubes de l'acide normal, dans le second le double de ce nombre
donnera la quantité pour 100.

Si l'on veut doser volumétriquement les terres alcalines dans leurs sels
neutres solubles, on précipite les dissolutions de baryte, strontiane ou
chaux avec du carbonate d'ammoniaque et de l'ammoniaque ; on chauffe,
on filtre, on lave avec de l'eau pure et on traite les précipités comme il
est dit plus haut. On peut précipiter les sels de magnésie avec la potasse
ou la soude et titrer de même l'hydrate de magnésie bien lavé : mais on
obtient toujours un résultat un peu trop faible à cause de la solubilité de
l'hydrate de magnésie.

4. Composés de potasse les plus importants au point de vue technique.

A. POTASSES.

§ 224.

La potasse, qui autrefois était presque exclusivement extraite des cendres de bois ou d'autres végétaux, est maintenant obtenue en grand de la même manière que la soude, par le procédé *Leblanc* en fondant le sulfate de potasse avec du charbon et du carbonate de chaux. On la prépare aussi avec les résidus de distillation des mélasses de betterave : on les évapore, les calcine, les lessive et évapore la lessive alcaline. Il en résulte que dans les potasses du commerce on peut trouver des substances fort diverses outre le carbonate de potasse.

Parmi les *éléments solubles dans l'eau* il faut considérer surtout : le sulfate de potasse, le chlorure de potassium, le carbonate de soude (en faible quantité dans le produit extrait des cendres, mais en proportion notable dans les potasses provenant du procédé *Leblanc* ou des mélasses de betterave). On rencontre en outre ou l'on peut rencontrer en plus petites quantités : des alcalis caustiques, des silicates, phosphates et manganates alcalins, des sulfures alcalins, et, par suite de l'action de l'air sur ceux-ci, des hyposulfites alcalins, en outre des cyanures et sulfocyanures alcalins, et, suivant les circonstances, des bromures et iodures alcalins et enfin des matières organiques.

Parmi les principes *insolubles* dans l'eau nous citerons particulièrement : la silice, le silicate, le carbonate et le phosphate de chaux, du phosphate et du carbonate de magnésie, du peroxyde de fer, des oxydes de manganèse et de cuivre, de l'alumine, du sable et du charbon.

En outre les potasses renferment en général de l'eau.

On peut naturellement séparer, si c'est nécessaire, les parties insolubles des parties solubles en traitant par l'eau et en filtrant; mais cela rend plus difficile l'analyse et la mesure de la valeur industrielle des potasses, que l'on rencontre maintenant dans le commerce, parce que celles-ci renferment souvent du carbonate de soude et que l'analyse n'est dirigée qu'en vue de la teneur en potasse carbonatée (ou caustique). — Il faut d'après cela, avant de commencer l'analyse quantitative d'une potasse, s'assurer avant tout si elle renferme une proportion de soude appréciable.

Comme les potasses absorbent l'eau très rapidement, il ne faut compter sur des résultats exacts et des résultats concordants dans des analyses répétées, que si l'on fait les essais sur des échantillons renfermant la proportion d'eau de la potasse primitive. Avant donc d'ouvrir le flacon qui contient la substance à analyser, on se munira de deux ou trois tubes à essai bien secs, fermant avec de bons bouchons; on les remplira rapidement après l'ouverture du flacon, on les fermera et les conservera sous le dessiccateur.

I. *Dosage de l'eau.*

De la potasse renfermée dans les petits tubes, on pèse environ 2 gr.
dans un creuset en platine, on chauffe au rouge faible et l'on mesure la
perte de poids. On la prend pour la quantité d'eau.—Le résultat considéré
ainsi n'est pas tout à fait exact, si la potasse renferme de la silice libre,
parce qu'en chauffant l'acide silicique chasse de l'acide carbonique du
carbonate de potasse. Si l'on veut alors un dosage rigoureux de l'eau, il
faut opérer comme il est dit au § **36**. — S'il y a de l'hydrate de potasse,
celui-ci ne perd pas de son eau d'hydratation par la calcination.

II. *Dosage de tous les autres éléments.*

a. On pèse environ 10 gr. de potasse dans un vase à précipités, on la
traite à une douce chaleur avec de l'eau afin de dissoudre tout ce qui est
soluble, on sépare par filtration sur un petit filtre la partie insoluble
et on la lave sur le filtre avec de l'eau chaude, jusqu'à ce que le liquide qui
passe n'ait plus de réaction alcaline. On rassemble dans un ballon jaugé
de 500 C. C. le liquide filtré et les eaux de lavage, et l'on remplit avec de
l'eau distillée jusqu'au trait de jauge. On sèche le filtre avec le résidu
insoluble, on l'incinère, on traite par un peu de carbonate d'ammoniaque,
on évapore, on chauffe au rouge faible et l'on pèse. Dans presque tous les
cas ce poids représente les *éléments insolubles dans l'eau.*

b. On traite 100 C. C. du liquide d'après le § **220** ou aussi le § **219**. La
quantité d'acide employée à la neutralisation correspond au carbonate de
potasse et en outre à l'hydrate de potasse, au carbonate de soude et à
l'hydrate de soude, s'il y en a. On calcule d'abord l'acide employé en *carbonate de potasse*. S'il y a des silicates alcalins en quantité appréciable, il
faut faire une correction. Les phosphates, sulfures et cyanures alcalins
neutralisent aussi de l'acide : mais en général ils sont en si faible proportion, qu'il n'est pas nécessaire à cause d'eux de faire une correction.

c. Dans un ballon ou dans un vase de Bohème à fond plat et qu'on peut
fermer avec un verre de montre, on sursature avec précaution par l'acide
chlorhydrique 50 C.C. du liquide, on chauffe pour chasser l'acide carbonique, on évapore à siccité dans une capsule en platine ou en porcelaine,
on humecte le résidu avec de l'acide chlorhydrique, on reprend par de
l'eau, on sépare par filtration la *silice*, que l'on mesure d'après le
§ **140**. II. a. — On chauffe le liquide filtré à l'ébullition, on y ajoute avec
précaution du chlorure de baryum tant qu'il se forme un précipité. Le
poids du sulfate de baryte donnera l'*acide sulfurique* (§ **132**. 1).

d. Si la potasse renferme des quantités mesurables de soude, on emploie
le liquide séparé en c. par filtration d'avec le sulfate de baryte, pour transformer les alcalis en chlorures purs et y doser le chlorure de potassium.
Dans ce cas on évapore à siccité, on reprend le résidu par l'eau, on précipite l'excès de sel de baryte ajouté avec du carbonate d'ammoniaque
§ **101**. 2), on évapore à siccité le liquide filtré, on chasse les sels am-

moniacaux en chauffant légèrement au rouge, on reprend par l'eau, on élimine les dernières traces de baryte avec un peu d'ammoniaque et de carbonate d'ammoniaque, on filtre, on évapore dans une capsule en platine pesée, on pèse les chlorures alcalins, on y dose le chlorure de potassium sous forme de sel double de platine (page 820), et par différence on en conclut le chlorure de sodium et par suite la soude contenue dans la potasse. Il est clair que l'on peut aussi employer la méthode indirecte (§ **152**. 3.) pour mesurer les quantités de chlorure de potassium et de chlorure de sodium dans le poids connu des chlorures alcalins : mais il ne faut opérer ainsi que si la proportion de sel de soude n'est pas trop faible.

e. Dans 50 C.C. du liquide primitif on dose le chlore suivant le § **141**. I. a. ou b.

f. Si la potasse renferme de l'alcali caustique (ce que l'on reconnait à ce que le liquide filtré a encore, une réaction alcaline, après qu'on a traité le liquide primitif par le chlorure de baryum), on verse 200 C.C. du premier liquide dans un ballon jaugé de 500 C.C., on y ajoute un excès de chlorure de baryum, on remplit d'eau jusqu'au trait de jauge, on bouche, on agite, on laisse déposer, et dans 250 C.C du liquide clair on mesure l'alcalinité avec l'acide normal (§ **222**). La quantité de ce dernier donne la proportion d'alcali caustique contenu dans 100 C.C. de la dissolution de potasse.

g. Enfin on prend de petits essais de la solution de potasse pour y chercher qualitativement l'acide phosphorique, etc. — S'il y a une quantité un peu notable d'acide phosphorique, comme cela peut arriver quelquefois, il faut naturellement le doser, et comme alors, d'après la mesure de l'alcalinité (suivant II. b.), on ne peut pas déduire la proportion de carbonate de potasse, un dosage de l'acide carbonique devient nécessaire. On peut à cet effet employer les 50 C.C. restant de la solution et procéder d'après le § **139** II. d. ou e.

Calcul et représentation des résultats.

Bien qu'une potasse ne perde ni ne gagne rien à ce que l'on combine d'une façon ou d'une autre, sous forme de sels, les acides et les bases qu'elle renferme, il est cependant très désirable que l'on se mette d'accord sur certains principes, pour la représentation des analyses, parce que sans cela des chimistes différents, partant des mêmes résultats analytiques, calculent dans les potasses des substances très différentes. Pour moi, je regarde comme le plus rigoureux s'il s'agit de la soude, lorsqu'il y a de la potasse caustique, de la combiner d'abord à l'eau en hydrate, puis à la silice en silicate, puis enfin à l'acide carbonique en carbonate. Au contraire, pour la potasse, je la combinerai d'abord à l'acide sulfurique, puis, comme potassium, au chlore, ensuite à l'acide carbonique, à l'acide silicique et enfin à l'eau.

Pour arriver à la quantité exacte de carbonate de potasse, en l'absence de quantités appréciables d'acide phosphorique, il faut, suivant les circonstances, du nombre trouvé en II. b. pour le carbonate de potasse, retrancher les quantités suivantes :

Pour 1 équivalent de soude ou de potasse hydratée, 1 équivalent de carbonate de potasse ;

Pour 1 équivalent de silicate de soude ou de potasse (NaO, SiO^3 ou KO, SiO^2) 1 équivalent de carbonate de potasse ;

Pour 1 équivalent de carbonate de soude, 1 équivalent de carbonate de potasse.

S'il y a une proportion appréciable d'acide phosphorique, il faut calculer la quantité de carbonates alcalins d'après l'acide carbonique trouvé.

III. *Simple détermination du titre d'une potasse.*

Par le mot de *titre* d'une potasse on entend particulièrement la quantité de carbonate de potasse qu'elle renferme ou aussi de carbonate de potasse et de potasse caustique, cette dernière étant évaluée en carbonate. Si *une potasse ne contient pas de sels de soude* les méthodes suivantes suffiront pour en évaluer le titre ; mais *s'il y a des sels de soude*, on ne résoudra la question qu'en appliquant une des analyses suivant II., en laissant de côté le dosage du chlore, de l'acide sulfurique et des alcalis caustiques.

1. On pèse exactement environ 10 gr. de potasse, on dissout dans l'eau chaude, on filtre, on lave le résidu ; avec le liquide filtré et les eaux de lavage on fait 500 C.C. et dans 100 C.C. on mesure l'alcalinité suivant le § **220** ou bien dans 200 C.C. suivant le § **219**. D'après la quantité d'acide employé pour la neutralisation on calcule la proportion de carbonate de potasse. On reconnaît facilement qu'ici on ne calcule pas en carbonate de potasse seulement le carbonate réellement existant et l'alcali caustique, mais aussi le silicate et le phosphate de potasse, ainsi qu'un peu de sulfure de potassium, et que dès lors, en s'en tenant à la défintion donnée plus haut au mot *titre*, on commet une légère erreur. Mais pour beaucoup d'usages de la potasse l'erreur n'est qu'apparente, car, par exemple, pour la fabrication de la lessive de potasse caustique on fait bouillir la potasse brute avec de l'hydrate de chaux, et la potasse combinée à l'acide silycique et à l'acide phosphorique est aussi éliminée par la chaux.

2. Dans environ 5 gr. de potasse on mesure l'acide carbonique d'après le § **221** et l'on en conclut la proportion du carbonate de potasse. S'il y avait des carbonates alcalino–terreux, il faudrait dissoudre dans l'eau, filtrer et opérer sur le liquide après une concentration suffisante. En présence de potasse caustique et de sulfure de potassium, il faudra opérer comme pour la soude dans les mêmes circonstances (§ **229**).

D'après ce qui est dit en III. 1. on comprend comment les résultats obtenus suivant III. 1. et 2. ne peuvent pas s'accorder exactement, lorsque les potasses renferment du silicate, du phosphate ou du sulfure de potassium.

B. Chlorure de potassium et C. Sulfate de potasse.

§ 225.

Avec les sels des salines de Stassfurt et d'autres localités on fabrique, pour les besoins de l'industrie et de l'agriculture, de grandes quantités de sels de potasse, surtout du chlorure de potassium et des sulfates de potasse à différents degrés de pureté.

En général la partie de ces sels soluble dans l'eau renferme les bases suivantes : potasse, soude, magnésie et chaux, et parmi les acides, l'acide sulfurique et l'acide chlorhydrique (en d'autres termes du chlore sous forme de chlorures métalliques). Le résidu insoluble dans l'eau consiste la plupart du temps en sable, argile, peroxyde de fer hydraté et magnésie. Enfin ces sels renferment toujours de l'eau. Ils sont hygroscopiques quand ils contiennent du chlorure de magnésium. Dans ce dernier cas il faut avoir soin de prendre des essais comme nous l'avons dit pour les potasses (page 814).

I. *Dosage de l'eau.*

Il faut d'abord faire un essai préliminaire, en chauffant au rouge un peu du sel dans un tube à essai et en essayant si la vapeur et l'eau condensée ont oui ou non une réaction acide. La réaction acide se produit lorsqu'il y a du chlorure de magnésium. Si les vapeurs ne sont pas acides, on fait le dosage de l'eau tout simplement en chauffant légèrement au rouge, dans un creuset en platine, un essai de 1 à 2 gr.; mais si les vapeurs étaient acides, en opérant ainsi on aurait un résultat faux et trop élevé. Alors on prend 1 à 1,5 gr. de sel que l'on mêle dans une petite nacelle avec du carbonate de soude anhydre et en poudre fine, on recouvre le mélange avec du carbonate sec, on glisse la nacelle dans un tube en verre d'environ 20 centim. de long, on chauffe dans un courant d'air sec et l'on recueille l'eau éliminée dans un tube à chlorure de calcium pesé (§ **30**). — S'il y a de l'hydrate de potasse l'eau d'hydratation n'est pas chassée au rouge.

II. *Dosage de tous les éléments.*

a. On traite par de l'eau chaude un poids exact d'environ 10 gr., on filtre pour séparer le résidu insoluble, s'il y en a un, et on lave jusqu'à que le liquide filtré et l'eau de lavage fassent 500 C.C. On dessèche le résidu, on le chauffe au rouge, on le pèse et, s'il le faut, on en détermine la composition, auquel cas il ne faut pas oublier qu'il peut encore contenir du sulfate de chaux non dissous.

b. Dans 50 C.C. de la solution on dose l'acide sulfurique suivant le § **132**. I. 1 ou 2. e.

c. Dans 50 C.C on dose le chlore suivant le § **141** I. a. ou b. α.

d. Pour doser la chaux on ajoute à 100 C.C. du chlorhydrate d'ammoniaque, de l'ammoniaque et de l'oxalate d'ammoniaque, et dans le liquide séparé par filtration de l'oxalate de chaux, on mesure la magnésie sous forme de phosphate ammoniaco-magnésien (§ **154**. 6. a.).

e. On fait bouillir 50 C.C. avec un peu de lait de chaux pour précipiter la magnésie, on filtre et on lave. Au liquide filtré chaud on ajoute du chlorure de baryum, jusqu'à ce que juste tout l'acide sulfurique soit précicipité, on laisse refroidir, on ajoute de l'ammoniaque et du carbonate d'ammoniaque pour précipiter la chaux et la baryte, on filtre, on évapore, on chasse les sels ammoniacaux en chauffant au rouge faible, on ajoute un

peu d'eau, et l'on précipite avec l'ammoniaque et le carbonate d'ammoniaque les dernières traces de baryte et de chaux. On pèse les chlorures alcalins purs et l'on y mesure la potasse (§ **224**. II. d.).

Calcul.

D'après la manière dont les sels se déposent(*), lorsqu'on évapore une
dissolution renfermant de la potasse, de la soude, de la chaux, de la magnésie, de l'acide sulfurique et de l'acide chlorhydrique, on a conclu qu'il
fallait d'abord unir l'acide sulfurique à la chaux, puis à la magnésie. Les
métaux qui n'entrent pas dans ces sulfates seront indiqués en chlorures
dans la représentation de la composition. Ainsi la constitution de la masse
saline, qui consisterait en majeure partie en chlorure de potassium, sera représentée par CaOSO⁵—MgOSO⁵+MgCl+NaCl+KCl. Cette manière de faire
est commode, puisqu'elle représente tout le potassium à l'état de chlorure,
par conséquent sous la forme du sel qui donne son nom et sa valeur à la
marchandise. Cela n'est plus d'accord toutefois avec l'idée qui constituerait
la majeure partie de la masse saline par du sulfate de potasse. En effet,
dans ce cas, on unit d'abord l'acide sulfurique à la chaux, puis à la potasse et seulement ensuite à la magnésie, de sorte que l'on a les sels
suivants : CaO,SO⁵—KO,SO⁵+MgO,SO⁵+MgCl et NaCl(**). A l'appui de
cette manière de voir on peut faire remarquer que la kiésérite avec le
chlorure de potassium donne du sulfate double de potasse et de magnésie
et du chlorure de magnésium. Toutefois cette manière de représenter le
produit a aussi l'avantage d'introduire dans la composition la potasse sous
forme de sel.

III. *Simple mesure du titre.*

Fréquemment on n'a besoin que d'un simple dosage de la potasse, que
l'on calcule à l'état de chlorure ou de sulfate. Comme ce dosage se présente souvent dans les usines où l'on fabrique ou bien où l'on emploie ces
sels, on a essayé de précipiter la potasse en tartrate acide ou en perchlorate, ou bien de la séparer sous forme d'alun, etc. Mais on n'a pas tardé
à abandonner ces procédés, qui ne donnent pas de résultats exacts, et
maintenant, pour les analyses commerciales, on dose la potasse sous forme
de chlorure double platinique(***). Je ne dirai donc rien de ces premières
méthodes, me contentant d'indiquer où l'on pourra les trouver(****).

Dans l'emploi du chlorure de platine, il se présente d'abord plusieurs
questions auxquelles il faut répondre :

Avant de précipiter la potasse en chlorure double, faut-il : 1°) précipiter
l'acide sulfurique? 2°) éliminer la chaux, la magnésie et éventuellement

---

(*) *Ad. Franck. Jahresber. d. Chem. Technolog.* de *Wagner*, 1875, 480.
(**) Voir *Idem*, 495.
(***) Voir *A. Franck* dans le *Wagner's Jahresb. d. Chem.*, Technol., 1875, 481.
(****) *Mohr. Zeitschr. f. analyt. Chem.*, I, 59. — *Esselens. Zeitschr. f. analyt. Chem.*, IV,
215. — *Th. Becker.* Méthode de *A. Franck. Zeitschr. f. analyt. Chem.*, VI, 257. — *Bolley.
Zeitschr. f. analyt. Chem.*, VIII, 505. — *Fleischer. Zeitschr. f. analyt. Chem.*, IX, 331. —
E. Salkowski. Zeitschr. f. analyt. Chem., XI, 474. — *Schlœssing. Comptes rendus*, LXXIII,
193. — *Kraut. Zeitschr. f. analyt. Chem.*, XIV. 152.

l'excès de baryte qu'on a pu ajouter ? 3°) Enfin, quelle est la meilleure manière de traiter le chlorure double de platine et de potassium ?

Teschemacher et *Smith* (*) ont répondu à la première question. Si, comme dans le salpêtre, il n'y a que peu d'acide sulfurique et encore combiné aux alcalis ou à la magnésie, il ne faut pas précipiter l'acide sulfurique. Il le faut au contraire, comme l'a montré *Stohmann* (**) et aussi *G. Krause* (***), pour de grandes quantités de sulfates, quand on a à analyser des mélanges de chlorure de potassium et de sulfate de potasse, dans lesquels il faut toujours tenir compte de la présence du sulfate de chaux et éventuellement d'une proportion notable d'autres sulfates. — Quant à la seconde question, il n'est pas nécessaire d'éliminer les terres alcalines (*Stohmann, Krause, R. Frésénius* et *A. Souhay* ****), (d'après le moyen indiqué au § **225**. II., ou en précipitant à l'ébullition avec le carbonate de soude. *Stohmann*), parce que les sels doubles, que font avec le chlorure de platine les chlorures de calcium, de magnésium et de baryum sont solubles dans l'alcool; mais lorsqu'on n'a pas éliminé les terres alcalines, il ne faut pas négliger de ne porter sur la balance que du chlorure double de platine et de potassium parfaitement pur. — Enfin je répondrai à la troisième question en recommandant de traiter le chlorure double comme je l'ai indiqué (*****) et de le peser non pas sur un filtre pesé, mais dans une petite capsule.

Voici donc comment on opèrera. On pèse environ 10 gr. du sel à essayer, on ajoute à peu près 300 C.C. d'eau, on chauffe pour dissoudre la partie soluble, on filtre, on verse 1 C.C. d'acide chlorhydrique, on chauffe presque à l'ébullition et l'on ajoute avec bien des précautions du chlorure de baryum, jusqu'à précipitation *juste* de tout l'acide sulfurique. Il faut surtout éviter un excès de chlorure de baryum. Après avoir laissé déposer, on filtre dans un ballon jaugé d'un litre : après refroidissement on remplit avec de l'eau distillée jusqu'au trait, on agite, on prend avec une pipette 50 C.C. que l'on évapore dans une capsule en porcelaine pour réduire à peu près à 15 C.C., puis on y verse une solution aussi neutre que possible de chlorure de platine pur, en quantité suffisante pour être certain que tous les chlorures métalliques sont transformés en chlorure double platinique et qu'il y a encore un léger excès de chlorure de platine. On y arrive très facilement en faisant usage d'une solution de platine de force connue et, avec la quantité indiquée de sel employé, en versant un volume de la solution renfermant environ 1 gr. de platine.

On mélange bien les liquides avec une petite baguette en verre, on évapore à consistance sirupeuse (******) sur un bain-marie que l'on ne chauffe pas tout à fait à l'ébullition : on ajoute au résidu refroidi de l'alcool à

(*) *Zeitschr. f. analyt. Chem.*, VIII, 90.
(**) *Zeitschr. f. analyt. Chem.*, V, 306.
(***) *Zeitschr. f. analyt. Chem.*, XIV, 184,
(****) *Zeitschr. f. analyt. Chem.*, XVI, 63.
(*****) *Zeitschr. f. analyt. Chem.*, XVI, 63.
(******) *Ulex* (*Zeitschr. f. analyt. Chem.*, XVII, 173) trouve bon, après l'addition du chlorure de platine, d'ajouter 1 à 5 C.C. d'une solution de glycérine à 20 pour 100 pour empêcher le chlorure double de platine et de sodium de se trop dessécher et alors de ne plus pouvoir se redissoudre complètement.

80 pour 100, on mélange avec précaution, on abandonne quelque temps
en remuant fréquemment; on verse la solution alcoolique jaune brun
foncé sur un filtre pas trop grand et non pesé, on traite plusieurs fois
le résidu dans la capsule par de l'alcool, jusqu'à ce que le chlorure double
de platine et de potassium paraisse pur, on le rassemble sur le filtre, on
le lave complètement avec de petites quantités du même alcool, qu'on
verse avec une pissette. — On dessèche à une douce chaleur le filtre
dans l'entonnoir de façon à chasser tout l'alcool, on place avec précaution le contenu du filtre dans un verre de montre. On remet dans
l'entonnoir le petit filtre auquel adhèrent encore quelques parcelles du
sel double précipité, que l'on dissout avec un peu d'eau bouillante lancée
avec la pissette. On évapore à siccité au bain-marie le liquide jaune ainsi
obtenu dans une petite capsule en platine pesée : dans celle-ci on introduit la masse principale du précipité contenue dans le verre de montre,
on sèche à 130° jusqu'à poids invariable et l'on pèse. — Si l'on veut, pour
plus de sécurité, s'assurer que le chlorure double est pur, on le traitera
comme il est dit à la page 750.

Si l'on a quelque raison de croire que le sel double précipité n'est pas
pur, on s'évitera la première pesée et on le purifiera comme il est dit.

Le chlorure double de platine et de potassium desséché doit se dissoudre complètement dans l'eau bouillante : puis, après avoir précipité le
platine par l'hydrogène sulfuré, la dissolution étendue ne doit précipiter
ni par l'acide sulfurique, ni par l'oxalate d'ammoniaque, ni par l'ammoniaque et le phosphate de soude.

D. Azotate de potasse (salpêtre).

§ 226.

Dans les analyses du nitrate de potasse tel qu'on le trouve dans le commerce en gros, il faut distinguer le salpêtre brut et le salpêtre raffiné, tel
qu'il est préparé pour la fabrication de la poudre. Dans le *salpêtre brut* il
faut tenir compte du chlore, de l'acide sulfurique, de l'acide azotique, de
la chaux, de la magnésie, de la potasse, de la soude, du résidu insoluble
et de l'eau. L'analyse ne présente aucune difficulté particulière et peut se
faire en général d'après le procédé indiqué au § 225. Le meilleur moyen
de doser l'acide azotique est celui indiqué par *Reich* (page 455. a. β.).
L'eau se déterminera par la perte de poids que subit le salpêtre chauffé
juste à la température de fusion. S'il se dégageait dans ce cas des vapeurs acides, il faudrait ajouter au salpêtre un peu de chromate neutre de
potasse sec. Bien entendu que ce procédé ne s'applique qu'au cas où il n'y a
pas de matières organiques. — Si le salpêtre renfermait des azotites en proportion non négligeable, on doserait l'acide azoteux d'après le § 131. 5.

L'analyse du salpêtre presque pur est plus difficile, parce qu'il s'agit de
mesurer de petites quantités de chaux, magnésie, soude et chlore, qui n'en
ont pas moins une importance notable sur la bonté du salpêtre. Pour
analyser le *salpêtre presque pur*, je fais usage de la méthode suivante(*):

(*) *Frésénius. Zeitschr. f. analyt. Chem.*, XV, 65.

1. *Dosage de l'eau.*

On le fait à la manière ordinaire, en chauffant modérément un essai dans un creuset de platine. On élève peu à peu la température jusqu'à commencement de fusion du salpêtre. La perte de poids donne la quantité d'eau. Lorsqu'il n'y a que des traces d'azotate de chaux, d'azotate de magnésie et de matières organiques, comme en renferme le salpêtre qu'on emploie à la fabrication de la poudre, l'erreur qui pourrait provenir de leur décomposition ou de leur action sur le salpêtre est sans influence sur les résultats.

2. *Dosage du chlore et du résidu insoluble dans l'eau.*

On dissout 100 gr. de salpêtre dans l'eau chaude, on rassemble le résidu insoluble sur un petit filtre séché à 100°, on lave, on sèche à 100° et l'on pèse. — Si le résidu était un peu notable, il faudrait le sécher avec le filtre à 120°.

Le liquide filtré est acidulé avec de l'acide azotique, additionné d'un peu d'azotate d'argent et le tout chauffé légèrement pendant assez longtemps à l'abri de la lumière.

On rassemble le précipité de chlorure d'argent sur un petit filtre et on e pèse soit à l'état de chlorure, soit à l'état d'argent métallique.

Avec la méthode par liqueurs titrées, suivant *Mohr*, on n'arrive pas à de bons résultats, parce que la proportion de chlore est très faible et qu'on a à opérer sur environ 400 C.C. d'une solution concentrée de salpêtre.

3. *Dosage de la chaux, de la magnésie et de la soude.*

On dissout 100 gr. de salpêtre, auxquels on a ajouté environ 1,5 gr. de chlorure de potassium (destiné à décomposer l'azotate de soude) dans à peu près 100 C.C d'eau en chauffant dans une capsule en platine ou en porcelaine et l'on verse la solution en remuant toujours dans environ 500 C.C. d'alcool pur à 96 pour 100. — Quand le dépôt s'est fait, on ramasse le précipité cristallin sur un bon filtre lavé et on le lave par aspiration avec de l'alcool.

On débarrasse de l'alcool par distillation le liquide filtré, on dissout le résidu dans un peu d'eau, et l'on reverse de nouveau la dissolution dans l'alcool. Après avoir filtré et lavé le résidu avec de l'alcool, on redistille encore dans l'eau et l'on précipite encore avec de l'alcool. Après avoir lavé ce résidu avec de l'alcool, on a une solution alcoolique dans laquelle se trouvent toute la chaux, toute la magnésie et toute la soude: il s'y rencontre encore si peu de sel de potasse qu'on peut y regarder la séparation de la potasse d'avec la soude comme impraticable. Pour que ce qui précède soit exact, il faut que le salpêtre ne renferme pas de sulfates, parce qu'en leur présence le traitement par l'alcool précipiterait du sulfate de chaux.

Mais en général les dissolutions de salpêtre pur additionnées de chlorure de baryum restent parfaitement limpides et ne renferment par conséquent pas de sulfates en proportion appréciable.

Après avoir par évaporation chassé l'alcool de la dernière dissolution alcoolique, on transforme le faible résidu salin en chlorures métalliques purs exempts d'azotates par des évaporations répétées avec de l'acide chlorhydrique, et dans la dissolution filtrée on précipite la chaux par quelques gouttes d'oxalate d'ammoniaque, puis dans le liquide filtré la magnésie par un peu de phosphate d'ammoniaque pur. On chauffe le dernier liquide filtré dans une capsule de platine, pour chasser l'ammoniaque, on ajoute une ou deux gouttes de perchlorure de fer, on neutralise avec l'ammoniaque ou le carbonate d'ammoniaque jusqu'à légère réaction alcaline, on chauffe et l'on sépare par filtration le précipité [de phosphate basique de fer. On évapore à siccité le liquide filtré, on chasse par la chaleur les sels ammoniacaux, on précipite le chlorure de potassium à l'état de chlorure double de platine, on évapore à siccité le liquide alcoolique, et l'on décompose par un courant d'hydrogène en chauffant avec précaution le chlorure double de platine et de sodium et l'excès de chlorure de platine. On reprend avec de l'eau le chlorure de sodium, on évapore la dissolution à siccité et, d'après le résidu pesé, on calcule la soude, après s'être assuré que ce résidu ne contient ni potasse, ni chaux, ni magnésie. La détermination du chlorure de sodium d'après la différence des poids des chlorures alcalins et du chlorure de potassium déduit du chlorure double de platine et de potassium, serait moins exacte. Inutile de recommander pour une telle recherche un soin plus qu'ordinaire et l'emploi de réactifs parfaitement purs.

Il ne sera pas sans intérêt d'avoir une idée de la petite quantité de matières étrangères que renferme le salpêtre servant à la fabrication de la poudre : c'est pourquoi je transcris ici le résultat d'une de mes analyses :

Azotate de potasse.	99,8124
Azotate de soude.	0,0207
Azotate de magnésie.	0,0093
Azotate de chaux.	0,0006
Chlorure de sodium	0,0134
Résidu insoluble	0,0210
Humidité	0,1226
	100,0000

Appendice au salpêtre.

E. Analyse de la poudre a tirer (*).

§ 227.

On sait que la poudre à tirer contient du salpêtre, du soufre et du

---

(*) *Heeren* a donné de bonnes indications au sujet de la mesure de la densité de la poudre *Mittheil. d. Gewerberer f. Hannover*, 1856. 168 à 178. — Polytechn. Central. bl. 1856. 1118). — *E. Luck* a publié une critique de ce travail dans le *Zeitschr. f. qnalyt. Chem.*, XII. 173. — Voir aussi *Bothe*, sur la densité de la poudre prismatique (*Zeitschr. f. analyt. Chem.*, XIV. 99).

charbon, plus un peu d'humidité dans les circonstances ordinaires. En
général on se contente de doser ces divers éléments, ainsi que l'humidité;
mais quelquefois il importe d'étendre les recherches sur la constitution
même du charbon, pour savoir ce qu'il peut renfermer de carbone, d'hydrogène, d'oxygène et de cendres.

J'indique dans ce qui suit : 1.) une méthode dans laquelle les divers éléments sont déterminés dans des proportions séparées de poudre, ce qui
laisse libre de faire le dosage de chaque élément d'après l'un ou l'autre des
procédés.

2.) Je décris le moyen à l'aide duquel *Linck* dose tous les éléments de la
poudre dans un seul essai.

Il n'est pas possible de dire *à priori* et pour tous les cas quelle est la
meilleure méthode; c'est à chacun à se laisser guider par le but qu'il veut
atteindre.

1. Méthode dans laquelle chaque élément est dosé dans une quantité particulière de poudre.

a. *Dosage de l'humidité.*

Entre deux verres de montre on pèse 2 à 3 grammes de poudre non
pulvérisée, et on les dessèche soit sous le dessiccateur, soit à une température qui ne dépassera pas 60°, jusqu'à ce que le poids soit constant. Si l'on
pèse la poudre dans un tube de verre effilé à un bout et muni d'un bouchon
d'asbeste calciné, on peut activer la dessiccation avec un lent courant d'air
sec. Page 326.

b. *Dosage du salpêtre.*

Sur un filtre humecté d'eau on place un poids bien exactement mesuré de
poudre (environ 5 gr.), on imbibe d'eau autant que la poudre peut en absorber, et au bout de quelque temps on enlève le salpêtre en lessivant
à plusieurs reprises avec de petites quantités d'eau chaude. On reçoit
dans une petite capsule en platine pesée la première dissolution de salpêtre qui passe, puis les eaux de lavage dans un vase à précipités ou un
petit ballon. On évapore avec précaution la dissolution en y versant de
temps en temps les eaux de lavage, on chauffe le résidu jusqu'à commencement de fusion et on le pèse (*). — Si l'on a recueilli le charbon et le soufre
sur un filtre pesé et séché à 100°, on sèche de nouveau à 100° après les
lavages, on pèse, et si l'on retranche du poids primitif ce dernier augmenté de la quantité d'humidité trouvée en a. (et rapportée, bien entendu,
au poids de poudre sur lequel on opère), la différence donnera encore le
poids de salpêtre, ce qui servira de contrôle. Cependant je ne conseille

---

(*) La rigueur du dosage du salpêtre peut laisser à désirer, parce que la grande quantité d'eau prend au charbon des proportions non négligeables de matières organiques.
(Voir le procédé de *Linck*. II). Si l'on voulait déterminer promptement le salpêtre avec
une approximation quelquefois suffisante pour les besoins industriels, on pourrait
faire usage d'un aréomètre gradué de façon à donner la proportion de salpêtre pour
cent : il suffirait de dissoudre un certain poids connu de poudre dans un volume déterminé d'eau. *Uchatius* a décrit une semblable méthode dans les *Mémoires de l'Académie de
Vienne*, X, 748, et aussi *Ann. d. Chem. u. Pharm.*, LXXXVIII, 395.

pas de faire cette contre-expérience, car elle ne donnerait de résultats concordants qu'autant que, pendant la dessiccation à 100°, il n'y aurait pas de perte de soufre.

c. *Dosage du soufre.*

α. *En le transformant en acide sulfurique par la voie humide.*

aa. On oxyde 2 ou 3 gr. de poudre avec de l'acide azotique pur concentré et du chlorate de potasse, qu'on n'ajoute que par petites portions. On chauffe à une douce chaleur. Comme en prolongeant suffisamment cette opération, non seulement le soufre s'oxyde mais encore le carbone, on obtient en général une dissolution limpide. On l'évapore à siccité au bain-marie avec un excès d'acide chlorhydrique pur, on filtre, autant toutefois que cela serait rendu nécessaire par la présence d'un peu de charbon non oxydé, et l'on dose l'acide sulfurique suivant le § **132**. I. 1. Quant à la purification du sulfate de baryte, voir page 749.

bb. On fait bouillir environ 1 gr. de poudre dans un petit ballon avec une dissolution concentrée de permanganate de potasse pur : on ajoute de ce dernier de temps en temps jusqu'à ce que le liquide ait pris une coloration violette permanente. Tout le soufre est à l'état d'acide sulfurique et tout le charbon à l'état d'acide carbonique. On verse de l'acide chlorhydrique pur, on chauffe jusqu'à ce que tout le peroxyde de manganèse éliminé soit redissous et, le chlore chassé, on étend d'eau et l'on précipite l'acide sulfurique avec le chlorure de baryum, comme en aa. (*Cloëz* et *Guignet* [*].)

β. *En le transformant en acide sulfurique par la voie sèche.*

On mélange 1 partie (environ 1 gr. à 1ᵍʳ,5) de poudre finement pulvérisée avec une quantité égale de carbonate de soude pur anhydre (exempt de sulfate), on ajoute 1 partie de salpêtre pur et 1 partie de sel marin pur et sec. Le tout étant bien intimement mélangé, on chauffe dans un creuset de platine jusqu'à ce que la combustion soit complète et que la masse soit devenue blanche. On dissout dans l'eau, on acidule avec de l'acide chlorhydrique et l'on précipite avec le chlorure de baryum l'acide sulfurique produit par l'oxydation du soufre. Comme en c. α. aa. (*Gay-Lussac.*)

γ. *Par extraction du soufre au moyen du sulfure de carbone. Voir* le procédé de *Linck*, plus bas, 2.

d. *Dosage du carbone.*

On fait digérer à plusieurs reprises un poids connu de poudre avec du sulfhydrate d'ammoniaque, jusqu'à ce que tout le soufre soit dissous, on rassemble le charbon sur un filtre séché à 100°, on le lave d'abord avec de l'eau contenant un peu de sulfhydrate d'ammoniaque, puis avec de l'eau pure, on sèche à 100° et l'on pèse.

Il faut essayer d'après un des procédés donnés en c. α. ou β. si le charbon ainsi obtenu ne renferme pas de soufre, et dans le cas où l'on en trouverait, il faudrait le doser dans une portion de ce charbon. En outre

(*) *Comptes rendus*, XLVI, 1110.

on peut, pour connaitre la nature du charbon, le traiter par une lessive de potasse (dans laquelle le charbon roux est en partie soluble) ou en soumettre une portion à l'analyse organique élémentaire (§ **188**). Pour ce dernier essai, on sèche à 190° le charbon déjà séché à 100° (*Weltzien*). Si par là il éprouve une nouvelle perte, on la calcule pour 100 de poudre, on la retranche du poids total de charbon et on l'ajoute à l'humidité.

Le soufre ne se laisse pas complètement extraire avec le sulfure de carbone : *voir* plus bas le procédé de *Linck*. — Si l'on ne voulait pas seulement connaitre le poids brut de charbon, mais encore avoir des données sur sa composition élémentaire, il faudrait employer le procédé 2, décrit plus bas, car alors le charbon est moins exposé à subir des modifications que lorsqu'on extrait le soufre par le sulfhydrate d'ammoniaque.

2. Procédé dans lequel on dose tous les éléments de la poudre dans un seul essai, suivant *Linck* (*).

On prend un tube de verre de 14 centimètres de longueur, 9 millimètres de diamètre intérieur : sur un tiers de sa longueur on l'étire en un tube d'un diamètre plus fin ; là où le rétrécissement commence on pousse un tampon d'asbeste calciné d'environ 1,5 cent. de longueur. On remplit presque le tube de poudre broyée (environ 3 gr.) et on le pèse. On a le poids exact de la poudre. — On fait d'abord passer dans le tube et à la température ordinaire un courant lent d'air parfaitement sec, jusqu'à ce qu'il n'y ait plus de perte de poids (il faut environ 10 heures), et la différence de la dernière pesée avec la première fait connaitre la quantité d'humidité de la poudre broyée (**).

Au moyen du bouchon *b* (*fig.* 204) on fixe le tube *a* dans le goulot d'un petit ballon *c* d'environ 24 C.C. de capacité : on verse sur la poudre du sulfure de carbone parfaitement rectifié, qui coule en *c* promptement et limpide. Quand, en répétant ce lavage, le ballon est rempli à peu près au tiers, on le chauffe dans de l'eau à 70° ou 80° pour distiller le sulfure de carbone qu'on reçoit dans le récipient *sec d*. Ce liquide distillé sert à de nouveaux lavages. Après avoir répété ainsi 6 fois ce lavage avec chaque fois 8 C.C. de sulfure de carbone, tout le soufre extractible a été enlevé à la poudre. On chauffe avec précaution presque jusqu'à fusion ce soufre qui se trouve dans le petit ballon, on chasse par un courant d'air la vapeur de sulfure de carbone et on pèse le ballon.

On réunit à un aspirateur le tube contenant la poudre épuisée par le sulfure de carbone et l'on y fait passer un courant d'air sec chauffé à 100° jusqu'à ce qu'il n'y ait plus de perte de poids. La différence que l'on trouve entre le poids actuel et le poids primitif de la poudre simplement séchée donne le poids de soufre enlevé, plus la petite quantité d'eau que la poudre séchée à 100° perd de plus qu'à la température ordinaire. On obtient cette dernière en retranchant de cette différence le poids du soufre obtenu direc-

---

(*) *Ann. d. Chem. u. Pharm.*, CIX, 53.

(**) Cette quantité est très souvent plus considérable que ce que fournirait la poudre non broyée, parce que dans cette dernière opération il y a de l'humidité absorbée : il faut donc à cet égard faire une correction que nous indiquons plus loin.

tement et l'on ajoute le résultat à l'humidité déjà trouvée au commencement.

Pour doser la petite quantité de soufre qui reste dans la poudre, on en retire une faible portion ($0^{gr},5$ à $0^{gr},7$) du tube, que l'on pèse de nouveau, ce qui fait connaître et le poids de la partie sur laquelle on va opérer et celui de la poudre qui reste dans le tube. On oxyde la première avec de l'eau régale, on évapore avec de l'acide chlorhydrique, on dose l'acide sulfurique en le précipitant avec le chlorure de baryum et, en calculant la quantité de soufre, on la rapporte au poids total. La petite proportion qu'on obtient ainsi (suivant *Linck*, environ 0,1 pour 100) est ajoutée à ce qu'on a trouvé directement.

Dans la poudre épuisée par le sulfure de carbone et restant dans le tube on dose maintenant le salpêtre. Pour cela on fixe le tube a (*fig.* 205) enveloppé du vase d sur le récipient tubulé d'une machine pneumatique b, en ayant soin, avec le tube en caoutchouc e, que la fermeture soit hermétique : on verse dans a de l'eau froide et en donnant très lentement un coup de

Fig. 204.

piston on fait couler goutte à goutte le liquide dans le ballon c. Pour empêcher le salpêtre de cristalliser à la pointe du tube a, on renouvelle cette opération avec de l'eau de plus en plus chaude, jusqu'à ce qu'on la prenne à la température la plus élevée qu'on pourra, et on aura soin que le vase d soit rempli d'eau aussi chaude que celle que l'on versera dans le tube. De cette façon 18 à 24 C.C. d'eau suffisent pour dissoudre tout le salpêtre de 2 gr. de poudre, et l'on évite ainsi l'erreur qui proviendrait de ce qu'en employant une plus grande quantité d'eau, on enlèverait au charbon une proportion notable de matières organiques.

On évapore la dissolution de salpêtre dans un creuset de platine, on sèche le résidu à 120°, on le pèse, et comme il n'est obtenu qu'avec une portion de la poudre primitivement pesée, on calcule le résultat pour le tout.

Pour rendre le tampon d'asbeste moins compact, on le tire un peu avec un fil de platine, on sèche le résidu de charbon à 100° dans un courant d'air sec. Si le poids de charbon est un peu plus fort que la différence entre le poids du salpêtre et du charbon diminué de celui du salpêtre trouvé direc-tement, c'est parce que le charbon pur retient plus fortement l'eau que quand il est mélangé avec de l'azo-tate de potasse. Cette petite différence (1 ou 1,5 milli-gramme) doit être considé-rée comme de l'eau adhé-rente au charbon, et il faudra la retrancher de l'eau qu'on trouvera, si l'on fait l'analyse élémentaire du charbon.

Pour brûler le charbon, on le mélange dans le tube avec un peu de chromate de plomb, on coupe la poin-te, on mélange le tampon d'asbeste avec le tout, de façon qu'un courant d'air puisse facilement traverser la masse ; on introduit le tout dans un tube à com-bustion convenablement disposé et renfermant de la tournure de cuivre oxy-dée, puis on achève la com-bustion comme à l'ordinaire dans un courant d'oxygène (§ **178**). On calcule ensuite

Fig. 205.

pour la masse totale le carbone, l'hydrogène et l'oxygène (ainsi que le peu de cendres).

Si l'on veut aussi tenir compte de la petite portion d'humidité que la pou-dre absorbe pendant qu'on la pulvérise, on sèche un nouvel essai de poudre non broyée, comme il a été dit plus haut, et l'on calcule d'après cela ce que contenait l'échantillon de poudre qui a été broyé. Si la poudre primitive cède 0,5 d'eau, contient par conséquent 99,5 de poudre sèche, il faudra prendre les $\frac{100}{99,5}$ du poids de la poudre broyée et séchée pour avoir la quan-tité correspondante de poudre non pulvérisée ; c'est sur ce poids qu'il faut calculer tous les résultats de l'analyse.

F. Tartrate acide de potasse (tartre).

§ 228.

Le tartre brut, que l'on retire partie des tonneaux, partie de la lie du vin et qui sert à préparer l'acide tartrique et les tartrates purs, renferme presque toujours, outre le tartrate acide de potasse ($KO,HO,C^6H^4O^{10}$), du tartratre neutre de chaux ($2CaO, C^6H^4O^{10} + 8Aq$), les deux en proportions variables, et en outre des matières colorantes, des débris de ferments, etc. — Si en outre on a plâtré les vins, le tartre brut renferme encore du sulfate de chaux.

Dans l'analyse des tartres bruts on peut se proposer ou de rechercher la quantité d'acide tartrique, ou bien savoir combien de cet acide se trouve sous la forme de tartrate acide de potasse et combien sous la forme de tartrate de chaux.

I. *Dosage de la quantité totale d'acide tartrique.*

Ce qu'il y a de mieux à faire, c'est d'employer le procédé de *Léonard*, indiqué brièvement par M. *Scheurer-Kestner* (*). Il fournit des résultats exacts, qu'il y ait ou non du sulfate de chaux dans le tartre.

On dissout environ 5 gr. de tartre dans l'acide chlorhydrique, on filtre, on neutralise avec de la lessive de soude exempte d'acide carbonique, on verse un excès de chlorure de calcium, et après avoir laissé assez longtemps déposer le tartrate de chaux précipité, on le sépare par filtration. On sèche après avoir bien lavé, on calcine et l'on titre avec l'acide chlorhydrique normal ou l'acide azotique normal, voir § 223. A 100 C.C. d'acide normal, employés pour neutraliser la chaux caustique ou le carbonate de chaux provenant du tartrate de chaux, correspondent 6,6 gr. d'acide tartrique anhydre ($C^6H^4O^{10}$).

II. *Dosage du tartrate acide de potasse.*

a. Le dosage du tartrate acide de potasse dans les tartres bruts se fait ordinairement par la neutralisation avec la lessive normale de soude, en tous points comme il est dit (page 794). Naturellement les résultats ne sont exacts qu'autant qu'il n'y a pas dans la substance d'autres corps à réaction acide que le tartrate acide de potasse (acide tannique, etc.).

b. Si l'on ne peut pas employer le moyen indiqué en a. ou si l'on veut contrôler les résultats, on opère de la manière suivante. On carbonise 10 gr. de tartre, et l'on chauffe assez longtemps, mais pas trop fortement, au contact de l'air, pour être certain que l'on a décomposé complètement toute la matière organique. On fait bouillir le résidu avec de l'eau, on filtre, on lave avec de l'eau bouillante, jusqu'à ce que le liquide qui

(*) Recherches sur l'essai des tartres bruts présentées à la Société industrielle de Mulhouse dans sa séance du 24 avril 1878. — *Comptes rendus*, LXXXVI, 1024.

passe ne soit plus alcalin, et l'on fait 500 C.C. avec le liquide total. — Dans 200 C.C on mesure la quantité de potasse à réaction alcaline (potasse carbonatée et potasse hydratée) : — on acidule 100 C.C. avec de l'acide chlorhydrique, on y ajoute du chlorure de baryum, et s'il se forme un précipité de sulfate de baryte, on le recueille et on le pèse. On rapporte alors les résultats de l'analyse à la totalité du liquide. — Si l'on n'a pas trouvé d'acide sulfurique, les C.C. d'acide normal saturés correspondent à la quantité de carbonate de potasse provenant du tartrate acide de potasse : il faudra calculer pour 100 C.C. d'acide normal 18,815 gr. de tartrate acide de potasse, contenant 13,2 gr. d'acide tartrique. — Mais si l'on a trouvé de l'acide sulfurique, c'est-à-dire du sulfate de potasse, cela a dû provenir de l'action du sulfate de chaux sur le carbonate de potasse, et dans ce cas on ne peut plus conclure directement la quantité de bitartrate de la quantité de carbonate de potasse trouvée (*Scheurer-Kestner*). Dans ce cas il faut, pour chaque 40 milligrammes d'acide sulfurique trouvé, ajouter 1 C.C. d'acide normal à ceux qui ont saturé les 500 C.C. de la liqueur renfermant la potasse carbonatée et hydratée, et c'est avec cette somme qu'il faut faire le calcul, à raison de 18,815 gr. de tartrate acide de potasse pour 100 C.C. d'acide normal.

III. *Dosage du tartrate de chaux.*

Si l'on voulait faire ce dosage avec la solution de tartre neutralisée en II. a., en filtrant la solution neutre du tartrate alcalin et en mesurant le tartrate de chaux dans la partie insoluble, on aurait un résultat peu exact même avec du tartre exempt de gypse, parce que les dissolutions de tartrates alcalins neutres dissolvent une quantité notable de tartrate de chaux : mais l'analyse serait encore plus fausse si le tartre renfermait du sulfate de chaux, parce que celui-ci décompose les tartrates neutres alcalins en formant un sulfate alcalin et du tartrate de chaux qui se dépose (*Scheurer-Kestner*).

On détermine donc la quantité de tartrate de chaux, soit en retranchant de la quantité totale d'acide tartrique trouvée au § 228. I., celle qu'on a trouvée suivant II. sous forme de tartrate acide, et en calculant la différence en tartrate de chaux; soit en prenant le résidu insoluble dans l'eau, obtenu au § 228. II. b., et qui consiste essentiellement en charbon et en carbonate de chaux : on le calcine au contact de l'air jusqu'à ce que tout le charbon soit brûlé, et dans le résidu on dose avec l'acide normal (§ 223) la chaux ou le carbonate de chaux. — Si au § 228. II. b. on n'a pas trouvé d'acide sulfurique, on calculera immédiatement le tartrate de chaux d'après le nombre de C. C. d'acide normal saturés (100 C. C. d'acide correspondent à 13 gr. de tartrate de chaux cristallisé avec 8 équivalents d'eau ou à 9,4 gr. de sel anhydre ou enfin à 6,6 gr. d'acide tartrique combiné à la chaux). — Mais si la solution alcaline renferme de l'acide sulfurique, avant de faire le calcul il faut retrancher la quantité d'acide normal équivalente à la quantité d'acide sulfurique (1 C.C. d'acide normal pour 40 milligrammes d'acide sulfurique), des C. C. d'acide normal employés à la neutralisation de la chaux, car pour chaque équivalent de sulfate de potasse, qui s'est dissous par suite de la réaction du sulfate de chaux sur le carbonate de potasse, il s'est déposé un équivalent de carbonate de chaux.

5. Composés du sodium.

A. Soudes.

§ 229

La soude, c'est-à-dire le carbonate de soude fabriqué en grand dans l'industrie et plus ou moins mélangé avec d'autres sels, se trouve dans le commerce amorphe et calcinée ou cristallisée. Jusque dans ces dernières années la soude fut presque exclusivement préparée par le procédé de *Leblanc* (en fondant ensemble du sulfate de soude, du charbon et du carbonate de chaux, lessivant la masse saline obtenue, etc.). Mais depuis peu de temps on en obtient aussi de grandes quantités par la calcination du bicarbonate de soude, produit par l'action de l'acide carbonique sur une dissolution de chlorure de sodium additionnée d'ammoniaque (soude à l'ammoniaque, ou soude par le procédé *Solvay*). Le produit de cette dernière méthode est de la soude pour ainsi dire pure, qui ne renferme en général qu'un peu de chlorure de sodium.

Mais la soude par la méthode *Leblanc*, que l'on trouve encore dans le commerce, surtout dans les qualités inférieures, renferme un bien plus grand nombre de substances étangères, en particulier du sulfate de soude, du chlorure de sodium, du silicate de soude, de l'aluminate de soude, de l'hydrate de soude, en outre fréquemment du sulfure de sodium, et du sulfite, de l'hyposulfite de soude. On y rencontre aussi très souvent, mais en petite quantité, du cyanure de sodium, du ferrocyanure de sodium et du sulfocyanure de sodium. Enfin dans un grand nombre de soudes il y a une partie insoluble dans l'eau et formée d'argile, de sable, de charbon, de peroxyde de fer, de carbonate de chaux, etc. — Quant au *salin brut fondu* que donne le procédé Leblanc, outre les substances solubles et insolubles énumérées plus haut, il contient encore beaucoup de sulfure de calcium, de carbonate de chaux et de chaux caustique et en outre de la magnésie, du sulfure de fer, de la silice, de l'alumine, du sable et du charbon ; son analyse présenterait donc des difficultés sérieuses et elle ne fournirait guère de renseignements sur la nature du salin fondu, si elle se bornait à faire connaître en bloc les quantités relatives des éléments sans se préoccuper des rapports de solubilité de chacun des corps. Mais si l'analyse doit avoir quelque intérêt pour le fabricant, ce ne sera qu'autant qu'on cherchera, par un lavage bien fait à l'eau, quels sont les éléments qui se dissolvent et quels sont ceux qui restent non dissous.

Dans ce qui suit nous nous occuperons d'abord du salin fondu brut, puis ensuite de la soude qu'on trouve dans le commerce.

I. *Analyse du salin fondu brut.*

Si l'on veut simplement chercher *quels sont les corps qui passent dans la lessive*, on broie finement le salin fondu, on en met 53,04gr. (correspondant à 1 équivalent de carbonate de soude) dans un ballon jaugé de 1000 C.C., on ajoute jusqu'à la naissance du col de l'eau à 45 ou 50° (*), on ferme bien, et l'on secoue fortement et souvent. Au bout de quelques heures, lorsque le liquide a repris la température ambiante, on remplit jusqu'au trait de jauge avec de l'eau froide, on ajoute en plus 65 C.C. d'eau (pour compenser l'espace occupé par le résidu insoluble), on ferme, on secoue et on laisse déposer.

En général outre le carbonate de soude, la lessive renferme en proportion qu'on peut doser les corps suivants : hydrate de soude, sulfure de sodium, sulfite de soude, sulfate de soude, chlorure de sodium, silicate de soude et aluminate de soude.

Fréquemment on se contente de déterminer, d'une part, la somme des quantités de composés sodés, évalués en carbonate de soude, capables de neutraliser des acides, et, d'autre part, la somme des quantités de composés sulfurés transformant l'iode en acide iodhydrique ou en iodures métalliques. Dans ce cas il suffit d'opérer comme suit.

a. Avec une pipette on prélève 50 C.C. (correspondant à 2,652 gr. de salin fondu) de la lessive limpide, on les titre alcalimétriquement (§ **220**). Comme 2,652 est 1/2 dixième d'équivalent de carbonate de soude anhydre, on n'a qu'à doubler le nombre des C.C. d'acide normal trouvés pour avoir, évaluée en carbonate de soude, la *soude du salin saturant les acides*.

b. Dans un ballon à fond plat on étend 50 C.C. avec environ 100 C.C. d'eau, et avec précaution, en remuant constamment, on fait couler dans le liquide avec une burette de l'acide acétique parfaitement pur (préparé avec l'acide cristallisable) et étendu, jusqu'à ce que le liquide ne colore plus qu'à peine en brun le papier de curcuma. Après avoir mesuré le nombre de C.C. d'acide acétique ainsi employés, on reprend 50 C.C. de la lessive de soude, on les étend dans un grand ballon à fond plat avec environ 200 C.C. d'eau et, à l'aide d'un tube à entonnoir plongé jusqu'au fond du vase, on verse avec précaution et lentement, en faisant tournoyer le liquide dans le vase, une quantité d'acide acétique égale à celle trouvée dans l'essai préliminaire. Le liquide contient maintenant de l'acétate et du bicarbonate de soude. On y ajoute de l'empois d'amidon clair et l'on titre avec la solution d'iode (§ **146**) jusqu'à commencement de teinte bleue. La quantité d'iode employée mesure le *sulfure* et le *sulfite de soude* ensemble.

Si l'on veut maintenant avoir des idées plus arrêtées sur la nature des éléments saturant les acides et des composés sulfurés agissant sur l'iode, et si l'on veut connaître aussi les autres substances qui sont dans la lessive, il faut compléter les expériences précédentes par les recherches suivantes.

c. Dans un ballon jaugé de 500 C.C., on verse 100 C.C. de la lessive, auxquels on ajoute du chlorure de baryum tant qu'il se fait un précipité, on remplit d'eau jusqu'au trait, on bouche, on laisse déposer, on prend 250 C.C. du liquide clair, ce qui correspond à 2,652 gr. du salin fondu, et on les titre alcalimétriquement (§ **220**). Les C.C. d'acide normal

---

(*) C'est la température à laquelle on lessive dans les fabriques.

employés, multipliés par 2, donnent la soude caustique pour cent, évaluée en carbonate de soude, et si l'on multiplie le résultat par 0,7549, on l'aura en *hydrate de soude.*

d. Dans un ballon jaugé de 500 C.C. on met 100 C.C. de lessive et l'on y ajoute une solution de sulfate de zinc, additionnée de lessive de potasse jusqu'à redissolution complète du précipité, jusqu'à ce qu'il ne se forme plus de précipité et que par conséquent tout le soufre du sulfure de sodium soit précipité à l'état de sulfure de zinc hydraté. On remplit d'eau jusqu'au trait de jauge, on bouche, on secoue et on laisse déposer. On prend 250 C.C. du liquide clair (2,652 gr. de la soude brut), on acidule avec de l'acide acétique pur, on ajoute de l'empois d'amidon, puis de la liqueur titrée d'iode jusqu'à teinte bleue. — La quantité d'iode employée donne le *sulfite de soude* (1 équivalent d'iode ($I = 126,85$) correspond à 1 équivalent $NaO,SO^2 = 63,04$). La différence entre l'iode trouvé en b. et celui obtenu ici fera connaître le *sulfure de sodium* (1 équivalent $I = 126,85$ correspond à 1 équivalent $NaS = 39,04$) (*).

Au lieu de la solution alcaline d'oxyde de zinc on peut aussi prendre, pour précipiter le soufre combiné au sodium, une dissolution alcaline d'oxyde de plomb, que l'on préparera facilement en ajoutant à une solution d'acétate de plomb de la lessive de soude jusqu'à redissolution du précipité. Il faudra seulement avoir soin de n'ajouter la solution de plomb qu'en très petit excès. — Enfin on peut contrôler l'analyse en recueillant le sulfure de zinc ou le sulfure de plomb et en en faisant l'analyse en poids (§ **108**. et § **116**).

e. On évapore à siccité 100 C.C. additionnés de salpêtre pur, on chauffe jusqu'à fusion pour transformer en sulfate de soude le sulfure de sodium et le sulfite de soude, on dissout la masse fondue dans l'eau, on filtre dans un ballon ou une éprouvette de 100 C.C. et dans 50 C.C. (correspondant à 2,652 gr. de la soude brute) on dose le *chlore* dans le chlorure de sodium (§ **141**. b. α.) et dans le reste du liquide on mesure l'*acide sulfurique* suivant le § **132**. De la quantité de ce dernier acide trouvé on retranchera la portion qui correspond au soufre du sulfure de sodium et du sulfite de soude.

f. On acidule 100 C.C. avec de l'acide chlorhydrique, on évapore à siccité, ce qui sépare la *silice* (voir § **140**. II. a.) et dans le liquide filtré on dose l'*alumine* suivant le § **105**. a.

Pour calculer et représenter les résultats, on unit la silice et l'alumine à la soude sous forme de NaO,SiO^2 et NaO,Al^2O^3, on calcule en carbonate de soude la quantité de soude que renferment ces produits, ainsi que la soude de l'hydrate et du sulfure de sodium, on retranche cette somme de la quantité pour cent trouvée en a., et le reste représente la quantité réelle de carbonate de soude du salin fondu.

(*) C'est de la même façon qu'on mesure l'hyposulfite de soude en présence du sulfure de sodium. — L'analyse des lessives, telles qu'elles se présentent comme produits secondaires des fabriques de soude, est bien plus difficile, parce qu'elles renferment du sulfite et de l'hyposulfite de soude en même temps que du sulfate et la plupart du temps aussi du sulfure de sodium. L'analyse indirecte est le moyen le meilleur pour arriver à déterminer ces divers degrés d'oxydation du soufre.
Voir *J. Grossmann. Zeitschr. f. analyt. Chem.*, XVIII, 79.

Si l'on veut dans la lessive de soude ne mesurer que le sulfure de sodium, on y arrivera rapidement par le moyen indiqué par *Lestelle* (*). On ajoute à la lessive de l'ammoniaque. on chauffe à l'ébullition et on laisse tomber goutte à goutte dans la liqueur une solution ammoniacale d'argent jusqu'à ce que tout le soufre soit juste précipité. Lorsqu'on approche de ce point, on filtre un essai sur lequel on opère comme ci-dessus et l'on continue jusqu'à ce que l'addition ultérieure de la solution d'argent ne produise qu'un léger trouble. En dissolvant 2,764 gr. d'argent pur ou 4,3557 gr. d'azotate d'argent pur dans un litre, chaque C.C. correspond à 1 milligramme de sulfure de sodium. — *Verstraet* (**). au lieu de solution ammoniacale d'argent, prend une solution ammoniacale de cuivre.

2. Si l'on veut faire l'*analyse du résidu insoluble dans l'eau*, on y arrivera le plus sûrement et le plus facilement en opérant de la façon suivante :

a. Dans un ballon on met 10 gr. de salin fondu réduit en poudre avec de l'eau, on chauffe presque à l'ébullition et l'on ajoute peu à peu, tout en continuant à chauffer, de l'acide chlorhydrique, jusqu'à ce que celui-ci domine fortement et que tout ce qui est soluble dans ces conditions soit dissous. Après avoir chauffé assez pour chasser tout l'acide carbonique et tout l'acide sulfhydrique, on filtre dans un flacon jaugé de 500 C.C. à travers un filtre séché à 100° et pesé, on lave le résidu, on le sèche à 100° et l'on a ainsi le sable et le charbon. Après avoir chauffé au rouge à l'air, on a le *sable* seul et par différence on obtient le *charbon*.

On amène le volume de la solution à 500 C.C. et l'on agite.

b. On évapore à siccité au bain-marie 200 C.C. de la solution après addition d'un peu d'acide azotique, la *silice* se dépose, puis on précipite le peroxyde de fer et l'alumine avec l'ammoniaque (§ **161**. 4.). Après les avoir pesés, on fond avec du bisulfate de potasse, et dans la dissolution de la masse fondue on dose le *fer*, soit par liqueur titrée, soit par pesée (§ **160**. A. 2.), et l'on trouve l'*alumine* par différence. Dans le liquide séparé par filtration du fer et de l'alumine, on mesure la *chaux* et, il s'y en a, la *magnésie* (§ **154**. 6.).

c. Dans 200 C.C. de la solution on mesure la *soude* suivant la méthode donnée à la page 749.

d. Dans une nouvelle portion du salin fondu en poudre d'environ 0,7 à 0,8 gr. on détermine l'*acide carbonique* et le *soufre*, qui va se dégager sous forme d'acide sulfhydrique par l'action de l'acide chlorhydrique sur les sulfures de calcium, de sodium et de fer contenus dans la substance. On suit pour cela la méthode que j'ai indiquée il y a quelques années, et l'on emploie l'appareil représenté dans la figure 206.

Le ballon *a*, destiné à contenir la substance pesée, jauge environ 200 C.C. — Le tube *u*, qui ne doit pas être trop étroit, est relié à un appareil réfrigérant ascendant *b*, qui a pour but de condenser les vapeurs chlorhydriques qui se dégageront lorsqu'on fera bouillir le liquide. Comme pour chasser complètement l'acide il faut faire bouillir longtemps, le réfrigérant est indispensable. Le tube, qui ne doit pas non plus être trop étroit, s'élargit

(*) *Zeitschr. f. analyt. Chem.*, II, 94.
(**) *Zeitschr. f. analyt. Chem.*, IV, 216.

Fig. 206.

en boule au sortir du manchon et est relié au tube *e* contenant en bas
un peu de chlorure de calcium, mais vide dans le reste. Les tubes en U,
qui viennent ensuite, renferment : *f, g* et *h* du chlorure de calcium séché
à 200°, *i* et *k* de la pierre ponce imbibée de sulfate de cuivre et du chlorure de calcium (voir page 425), *l* et *m* de la chaux sodée et du chlorure de
calcium ; *i, k, l* et *m* sont exactement pesés ; *n* renferme dans la boule de la
chaux sodée et dans le tube du chlorure de calcium : il sert de tube témoin ;
o est à moitié rempli d'eau et sert à observer la marche de l'opération ;
enfin *p* est le robinet d'une trompe aspirante à eau. On peut, bien entendu,
remplacer celle-ci par tout système d'aspiration que l'on voudra.

En fermant la pince à vis *s* adaptée au tube en S *t* qui communique
avec le ballon *a*, et en ouvrant le robinet *p*, on s'assurera que l'appareil
tient bien le vide, en voyant les bulles d'air passer de moins en moins dans
l'eau du ballon *o*.

Cela étant, on remplit l'entonnoir du tube en S avec de l'eau qu'on laisse
couler dans le ballon en desserrant la pince *s* : on recommence plusieurs
fois cette opération ; puis de la même façon on fait passer dans le ballon
de l'acide chlorhydrique de densité 1,12, de façon qu'il domine. Le ballon *a*
doit être rempli à peu près au tiers.

Quand le dégagement de gaz, d'abord assez vif, a cessé, on enlève le petit
entonnoir au-dessus de la pince *s*, et l'on met à sa place le petit tube de
verre au-dessus de *s*, on ouvre un peu la pince à vis, de façon à faire passer un léger courant d'air dans *a* et dans tout l'appareil et l'on chauffe le
ballon *a* de façon à maintenir son contenu en ébullition non interrompue
mais pas violente. Lorsque l'eau du réfrigérant s'échauffe, on ouvre le robinet de la conduite d'eau, afin d'obtenir un refroidissement convenable.
— On reconnaît l'action de l'hydrogène sulfuré sur le sulfate de cuivre à
la coloration noire qui se produit dans le tube à ponce cuivrique et l'action
de l'acide carbonique sur la chaux sodée à l'échauffement du contenu du
tube. Lorsque le contenu de *a* a bouilli pendant 5 minutes, on ouvre un
peu plus la pince à vis pour établir un courant d'air un peu plus fort, pour
enlever l'acide sulfhydrique et l'acide carbonique complètement au liquide
et les amener dans les tubes à absorption. Pour que l'air qui circule dans
l'appareil soit bien purgé d'acide carbonique, on le fait d'abord passer en
q dans une lessive de potasse et en *r* à travers un tube à chaux sodée. —
On reconnaît que les quantités de ponce à sulfate de cuivre et de chaux
sodée sont suffisantes pour absorber tous les gaz dégagés, à ce que le
deuxième tube de ponce *k* noircit à peine et le second tube à chaux sodée ne
s'échauffe presque pas.

Lorsque le fort courant d'air a passé 15 minutes à travers le liquide en
ébullition, on éteint la lampe au-dessous de *a* et l'on fait encore passer le
courant d'air pendant 10 minutes. Pendant ce temps les tubes à absorption se sont refroidis et l'opération est terminée. On sépare le tube de
caoutchouc en *n*, on ferme *p*, on retire les tubes à absorption et on les
pèse. L'augmentation de poids des tubes à sulfate de cuivre donne l'acide
sulfhydrique, celle des tubes à chaux sodée fait connaître l'acide carbonique. — Si l'on a bien opéré, l'air dans *a, e*, etc. ne doit pas sentir

Calcul.

Si des quantités de silice, d'alumine, de soude, d'acide carbonique et de soufre trouvés en 2., par conséquent que l'on a trouvées en tout dans le salin fondu, on retranche ce qu'on en a trouvé en 1., c'est-à-dire dans la lessive, on obtient la proportion de ces substances dans le résidu insoluble. — Pour représenter le résultat, on combine le fer au soufre sous la forme FeS, puis le reste du soufre du résidu insoluble au calcium en CaS ; l'acide carbonique toujours du même résidu à la chaux, le reste de celle-ci on le laisse tel quel, de même pour la silice, l'alumine et la soude du résidu de la lixiviation, car il est difficile de décider sous quelle forme elles s'y trouvent.

On a donc les éléments suivants :

dans la lessive : NaO,CO^2, — NaO,HO, — NaO,SiO^2, — NaO,Al^2O^3, — NaS, — NaO,SO^3, — NaO,SO^2, — NaCl ;

dans le résidu : CaS, — CaO,CO^2, — CaO, — MgO — FeS, — SiO^2, — Al^2O^3, — NaO, — Charbon, — Sable.

II. *Soude du commerce.*

La plus grande partie de la soude dans le commerce est calcinée et il y en a aussi, mais en proportion moindre, sous forme de cristaux. Les substances qu'on y peut trouver sont déjà indiquées plus haut. Dans l'analyse de la soude, surtout calcinée, il faut surtout faire attention à ce qui suit:

1. La prise des essais servant aux analyses et le dosage de l'eau se fait en tout point comme pour la potasse (§ **224**).

2. Le dosage de tous les éléments, qui sont en quantité suffisante pour être pesés, se fait suivant la méthode donnée pour l'analyse des parties solubles du salin brut fondu (§ **225**. I. 1).

3. Si en dissolvant la soude dans l'eau, il restait un résidu insoluble, il faudrait le séparer par filtration, le laver, le calciner, le peser et au besoin en faire l'analyse.

4. Si l'on ne veut que le *titre* de la soude, on opère comme pour titrer la potasse, en prenant ordinairement la méthode du § **224**. III. 1. ou plus rarement celle du § **224**. III. 2.

Dans le premier cas il faut prendre certaines précautions. .

Si la soude renferme du *sulfure de sodium*, on éliminera la cause d'erreur qui proviendrait de la présence de ce sel, en calcinant l'essai de soude pesé avec du chlorate de potasse, avant de procéder à la saturation. De cette façon, on change en sulfate de soude le sulfure de sodium et aussi le sulfite et l'hyposulfite de soude. — Mais on ne peut plus opérer ainsi s'il y a une quantité un peu notable d'hyposulfite de soude, parce que ce sel en se transformant en sulfate décompose un équivalent de carbonate de soude en chassant son acide carbonique.

$$NaO,S^2O^2 + 4.0 \text{ (venant du chlorate)} + NaO,CO^2 = 2 (NaO,SO^3) + CO^2.$$

Si l'on veut prendre le titre d'après le § **224**. III. 2. il ne faut pas négliger les remarques suivantes.

Si la soude renferme du *sulfure de sodium*, du *sulfite* ou de l'*hyposulfite de soude* ou du *chlorure de sodium* en quantité notable, il faut en faire disparaître l'influence fâcheuse comme il est dit à la page 375.

Si la soude renferme de la *soude caustique* (ce qu'on reconnaît à la persistance de la réaction alcaline après le traitement par le chlorure de baryum), le dosage de l'acide carbonique ne pourra servir de base à la détermination du titre qu'autant qu'on aura au préalable transformé la soude caustique en carbonate. Pour cela on broie 5 gr. de la soude (qu'elle contienne encore ou non de l'eau) avec 3 à 4 parties de sable quartzeux pur et environ 1/3 de carbonate d'ammoniaque en poudre, on place le mélange dans une petite capsule en fer, on nettoie le mortier avec du sable, on humecte la masse avec autant d'eau qu'elle en peut absorber, on abandonne quelques instants, et l'on chauffe légèrement jusqu'à ce qu'on ait chassé toute l'eau. Le résidu alors ne contient plus trace de carbonate d'ammoniaque. — Si la soude contenait avec la soude caustique encore du sulfure de sodium, au lieu d'humecter avec de l'eau on humecterait avec de l'ammoniaque caustique pour transformer le sesquicarbonate d'ammoniaque en carbonate neutre : autrement il se dégagerait du sulfure d'ammonium et une partie du sulfure de sodium serait transformée en carbonate de soude.

Après refroidissement on met la masse, qui s'enlève bien facilement de la nacelle avec un couteau arrondi, dans le petit ballon A de la fig. 90, page 374, on lave la capsule avec un peu d'eau, et l'on achève comme à l'ordinaire. — On ajoute le sable pour empêcher la masse de se concréter et pour éviter les projections pendant la dessiccation : si l'on n'en mettait pas, non seulement il faudrait surveiller avec soin le chauffage de la masse humide, mais on aurait encore beaucoup de mal à ôter le résidu de la petite capsule pour le transporter dans l'appareil. — Cette dernière opération est très facile lorsqu'avant de mettre le mélange dans la capsule, on la garnit avec un peu de sable fin humide : on recouvre le tout de sable sec et on secoue l'excédant qui ne reste pas adhérent.

Si la soude contient du silicate et de l'aluminate de soude, ceux-ci se transforment aussi en carbonate de soude par l'action du carbonate d'ammoniaque.

Calcul et représentation des résultats.

Comme la soude en dissolution aqueuse ne renferme pas d'autre base que la soude, il n'y a pas de difficultés pour faire les calculs. Il faut cependant faire bien attention à une chose. Toutes les soudes sont empaquetées dans les fabriques à l'état anhydre. Leur titre, comme il est garanti par l'industriel, se rapporte donc à la soude anhydre. Mais si les tonneaux restent longtemps en magasin, la soude absorbe assez souvent de l'eau, les tonneaux sont plus lourds et la soude essayée à cet état donne un titre moindre.

Il faut donc rapporter le titre des soudes à l'état anhydre et en outre donner la quantité d'eau. Si le titre de la soude anhydre correspond à celui garanti, et si la quantité moyenne d'eau (et non pas celle d'un essai pris à la surface de la masse) est en rapport convenable avec l'accroissement de poids du tonneau, on n'est pas en droit de se plaindre de la marchandise.

Dans le commerce des soudes on donne le titre en degrés. Comme ces degrés n'ont pas la même valeur suivant les pays, cela rend assez difficile la comparaison des prix des différentes soudes.

En Allemagne un degré représente 1 pour 100 de carbonate de soude ($NaO,CO^2 = 53,04$) ; en France on entend par degrés de *Gay-Lussac* la quantité p. 100 en soude ($NaO = 31,04$). Les degrés anglais donnent la quantité pour 100 de soude, calculée d'après l'équivalent $NaO = 32$ regardé comme vrai autrefois, mais qu'on a reconnu pour n'être pas rigoureux et que l'on conserve cependant. ($NaO = 32$; l'équivalent du carbonate de soude est à celui de la soude caustique comme 53,04 est à 31,43). — Enfin les degrés de *Descroizille* indiquent combien de parties en poids d'hydrate d'acide sulfurique ($HO,SO^3 = 49$) sont neutralisées par 100 parties de soude.

Voici le rapport de ces différents degrés : 53,04 degrés allemands valent 31,04 degrés *Gay-Lussac* ou 31,43 degrés anglais, ou 49 degrés *Descroizille*.

Maintenant, que l'on adopte tel degré que l'on voudra, il est certain que toutes les combinaisons de soude pouvant saturer tous les acides sont comptées, suivant les circonstances, comme carbonate de soude, soude caustique et par conséquent il faut y ranger outre la soude carbonatée ou caustique, aussi le silicate et l'aluminate de soude.

B. Sel de cuisine (sel marin).

§ 230.

Dans le sel du commerce on trouve généralement en quantités appréciables les substances suivantes :

> Partie soluble dans l'eau : sodium, magnésium, calcium, chlore, acide sulfurique.
> Partie insoluble dans l'eau : carbonate de chaux, silice, argile, peroxyde de fer.
> En outre on rencontre en petites quantités : du potassium, de l'ammoniaque, du brome, des substances organiques, etc.

On prendra un essai pour l'analyser comme on le fait pour la potasse (page 814).

a. On en pèse 10 grammes, on les met en digestion avec de l'eau dans un vase à précipités, on filtre et l'on recueille le liquide dans un ballon jaugeant 500 C.C. ; on lave complètement le résidu, souvent très faible, puis on remplit le ballon jusqu'au trait et l'on agite pour mélanger les liquides.

S'il restait des petits grains solides et blancs de gypse, on les mettrait dans un petit mortier, on les broierait finement, on ferait digérer avec de l'eau, on décanterait sur le filtre et l'on recommencerait ce traitement par l'eau jusqu'à complète dissolution.

b. On chauffe au rouge le résidu insoluble desséché, on le pèse et on le soumet à un essai qualitatif, dans lequel on devra surtout s'assurer s'il est bien exempt de sulfate de chaux.

c. On prend maintenant les portions suivantes de la dissolution faite en a. :

Pour d.   50 C.C. correspondant à 1 gramme de sel.

»	e.	150	»	»	5	»	»
»	f.	150	»	»	3	»	»
»	g.	50	»	»	1	»	»

d. Dans les 50 C.C. on dose le *chlore* suivant le § **141**. I. a. ou b.

e. Dans les 150 C.C. on dose l'*acide sulfurique* suivant le § **132**. I. 1.

f. Dans les 150 C.C. on dose la *chaux* et la *magnésie* suivant le § **154**. B. 6. (36).

g. On verse les 50 C.C. dans une capsule en platine avec environ 1/2 C.C. d'acide sulfurique concentré et pur, et l'on opère suivant le § **98**. 1. Le résidu neutre renferme du sulfate de soude, de chaux et de magnésie : en retranchant la proportion des deux derniers, calculés d'après les résultats de f., on trouve le *sulfate* de *soude*.

h. Dans un nouveau poids de sel on dose l'eau suivant le § **35**. a. α.

i. S'il fallait chercher le brome, la potasse ou les autres substances dont il n'y a que des traces dans le sel marin, on procéderait comme avec les eaux minérales.

Calcul.

On combine l'acide sulfurique d'abord à la chaux, puis à la magnésie. S'il reste encore de l'acide sulfurique, il faudrait alors le combiner avec de la potasse si l'on en a trouvé et ensuite seulement à la soude. Si au contraire il reste de la magnésie, on compte cet excédant en chlorure de magnésium. Cette manière d'interpréter les résultats est d'accord avec ce que nous avons dit à propos du chlorure de potassium (page 816) et repose sur ce fait que si l'on dissout dans de l'eau du chlorure de magnésium et du sulfate de soude, en évaporant la solution c'est le chlorure de sodium qui se dépose d'abord. Remarquons cependant que dans les analyses de sels que l'on publie, il n'y a aucun accord sur la manière dont les acides et les bases sont unis pour former les sels.

C. Sulfate de soude.

§ 231.

Le sulfate de soude impur, que l'on prépare dans les fours à sulfate par l'action de l'acide sulfurique sur le sel marin, ne sert pas seulement à la fabrication de la soude, mais il est encore livré tel quel au commerce, parce qu'on en consomme beaucoup dans les verreries. De petites quantités sont aussi transformées en sel de *Glauber*.

Ce sulfate brut renferme en quantités pondérables :

Du sulfate neutre de soude, assez souvent aussi un peu de sulfate acide de soude, du sulfate de peroxyde de fer, du sulfate d'alumine, du sulfate de chaux, du sulfate de magnésie, du chlorure de sodium, des subtances insolubles dans l'eau et de l'eau.

On prendra un essai comme pour la potasse (page 814).

1. *Dosage de l'eau.* Si un essai, chauffé dans un tube de verre, donne des vapeurs acides, on ne pourra pas évaluer l'eau par la perte de poids obtenu en chauffant au rouge : il faudra opérer comme au § **225**. I.

2. On traite environ 10 gr. avec 100 C.C. d'eau froide, en réitérant et filtrant dans un ballon jaugé de 1000 C.C. On lave bien le résidu avec de l'eau froide. Si le liquide filtré se troublait, on ajouterait un peu d'acide chlorhydrique et enfin on complète les 500 C.C. et l'on mélange.

3. On chauffe au rouge le *résidu* insoluble, on le pèse et s'il le faut on le soumet à une analyse ultérieure. Il faut s'assurer si par hasard il ne contiendrait pas encore du sulfate de chaux.

4. Dans 50 C.C. de la dissolution on dose l'*acide sulfurique*, suivant le § **132**. I. 1. ou 2. e.

5. A 100 C.C. on ajoute du sel ammoniac, puis on chauffe avec de l'ammoniaque et l'on mesure le peroxyde de fer, l'alumine, la chaux et la magnésie suivant le § **229**. I. 2. b. (page 834).

6. Dans une capsule en platine pesée on évapore à siccité 50 C.C. additionnés de deux gouttes d'acide sulfurique, on chauffe au rouge, à la fin dans une atmosphère de carbonate d'ammoniaque (§ **97**. 1.) et l'on pèse. En retranchant de ce poids ceux de la chaux et de la magnésie à l'état de sulfates, du fer et de l'alumine en oxydes, on a le poids de sulfate de soude, duquel on conclut le poids de *soude*. (Si l'on fait l'essai indiqué au n° 8, ce dosage n'est pas nécessaire, parce que l'on peut conclure le poids de soude d'après le chlore et le reste d'acide sulfurique, mais il donne un bon contrôle.)

7. Dans 100 C.C. on dose le *chlore* (§ **141**. I. a. ou b. *α*.), autant toutefois qu'on n'a pas ajouté d'acide chlorhydrique en 2. Dans ce dernier cas il faudrait pour doser le chlore traiter par l'eau un nouveau poids de la substance et au liquide filtré ajouter de l'acide azotique au lieu d'acide chlorhydrique.

8. Bien que, en supposant la soude dosée, le calcul puisse conduire à connaître le *sulfate acide de soude* qui pourrait se rencontrer dans la substance, il vaut mieux le doser directement. Pour cela on dissout 5 gr. du sulfate dans le moins d'eau possible, on ajoute sans filtrer environ 9 gr. de chlorure de baryum cristallisé, puis un peu de teinture de tournesol et enfin avec la burette de la soude au 1/10 normale jusqu'à commencement de réaction alcaline. Si de la quantité d'acide sulfurique correspondant aux C.C. de soude normale saturés on retranche l'acide uni au peroxyde de fer et à l'alumine ($Fe^2O^3,3SO^3$ et $Al^2O^3,3SO^3$), la différence représente l'hydrate d'acide sulfurique uni au sulfate de soude sous forme de sulfate acide

($NaO,SO^5 + HO,SO^3$). — A propos de l'addition de chlorure de baryum (voir page 799. c.).

b. Composés de baryum.

SPATH PESANT

§ 232

. Le spath pesant s'ajoute quelquefois au blanc de plomb, etc. : on l'emploie aussi à la préparation du chlorure de baryum et d'autres composés de baryte. Dans le premier cas on recherche surtout sa blancheur quand il est réduit en poudre, dans les derniers on tient surtout à sa pureté.

On a donc assez souvent occasion d'en faire l'analyse. En général il renferme, outre le sulfate de baryte, du sulfate de chaux, du sulfate de strontiane, du peroxyde de fer, de l'alumine, de la silice et de l'humidité.

1. On dose l'*humidité* en chauffant légérement au rouge dans un creuset en platine un essai d'environ 2 gr.

2. Le résidu calciné en 1. est mêlé avec 4 fois son poids de carbonate sodico-potassique, puis fondu et traité par l'eau (§ **132**. II. b. α.).

3. On neutralise avec précaution la solution 2. avec de l'acide chlorhydrique, on chauffe pour chasser l'acide carbonique, on évapore à siccité, on sépare la *silice* (§ **140**. II. a.) et dans le liquide filtré on dose l'*acide sulfurique* (§ **132**.).

4. On dissout dans l'acide chlorhydrique étendu le résidu du traitement 2. par l'eau, on évapore à siccité, on traite le résidu par l'acide chlorhydrique et on a le *reste de la silice* (§ **140**. II. a) : dans le liquide filtré on précipite par l'ammoniaque le peroxyde de fer et l'alumine (§ **161**. 4.). Après avoir bien lavé le précipité, on le redissout dans l'acide chlorhydrique, on chauffe, on précipite de nouveau par l'ammoniaque, on filtre, on sèche le précipité, on le chauffe au rouge et l'on y dose l'*alumine* et le *peroxyde de fer* suivant le § **160**. B. 12.

5. On neutralise avec de l'acide chlorhydrique le liquide filtré de 4. qui renferme les terres alcalines, on le chauffe et on ajoute un léger excès d'acide sulfurique étendu. Lorsque le précipité s'est totalement déposé, on décante le liquide surnageant sur un filtre (liquide I.). Cela fait et sans laver, on traite par le carbonate d'ammoniaque aussi bien la masse principale du précipité restée dans le vase que la partie qui est tombée sur le filtre (§ **154**. B. 3). Pour cela il faut fermer l'entonnoir sur lequel se trouve le filtre. Au bout de 12 heures on débouche l'entonnoir, on laisse couler le liquide, on filtre encore le liquide du vase à précipité (liquide II), on rassemble tout le précipité sur le filtre, on le lave et on le traite par de l'acide chlorhydrique très étendu. On réunit le liquide qui coule avec les liquides I et II. Quant au précipité de sulfate de baryte maintenant pur, on le sèche, on le pèse et on en déduit la *baryte*.

6. On concentre fortement les liquides réunis en 5., on a soin qu'ils soient à peine acides et l'on ajoute 4 vol. d'alcool : on laisse reposer 12 heures, on filtre, on lave avec de l'alcool et enfin dans le précipité on sépare avec le sulfate d'ammoniaque la *strontiane* d'avec la *chaux* (§ **154**. B. 5.).

7. Combinaisons du calcium.

A. Phosphate de chaux (Phosphorites, etc.). — (Voir Analyse des engrais.)

B. Chlorure de chaux.

§ 233.

Le chlorure de chaux décolorant du commerce renferme de l'hypochlorite de chaux, du chlorure de calcium et de l'hydrate de chaux. Les deux derniers sont en grande partie unis ensemble à l'état de chlorure basique. Si le chlorure de chaux est récemment préparé, sa composition est de 1 équivalent d'hypochlorite pour 1 équivalent de chlorure : dans ce cas, traité par l'acide sulfurique étendu, il donne tout le chlore qu'il renferme :

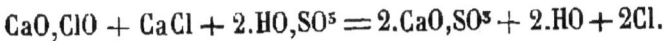

$$CaO,ClO + CaCl + 2.HO,SO^5 = 2.CaO,SO^5 + 2.HO + 2Cl.$$

Quand il est préparé depuis longtemps, peu à peu sa composition s'altère, la quantité d'hypochlorite diminue, tandis que celle de chlorure augmente : il s'ensuit donc, qu'outre une mauvaise préparation possible, le chlorure de chaux du commerce aura une composition variable et donnera, dans son traitement par les acides, tantôt plus, tantôt moins de chlore. Comme c'est à cette dernière substance qu'il doit sa valeur, que de plus le chlorure de chaux est employé dans un grand nombre de fabriques et a une importance commerciale considérable, on sentit bien vite la nécessité d'avoir un moyen prompt et certain d'apprécier sa valeur, c'est-à-dire sa richesse en chlore réellement actif. L'ensemble des méthodes qui conduisent à ce but se nomme la *chlorométrie*.

Les procédés chlorométriques sont tellement nombreux que je ne pourrai pas les décrire tous. Je me bornerai à indiquer ceux qui se recommandent par la facilité d'exécution et la rigueur des résultats. Je ne parle plus de la méthode de *Gay-Lussac*, qui repose sur la transformation en acide arsénique de l'acide arsénieux en dissolution chlorhydrique, et avec la dissolution d'indigo comme indicateur, parce que la méthode de *Penot* lui est bien supérieure en rigueur et en facilité d'exécution.

Avant tout, je dirai qu'il y a diverses manières d'exprimer les résultats des essais chlorométriques. Tandis que dans la science pure on caractérise un chlorure de chaux par la quantité en centièmes de chlore libre qu'il peut fournir, on le taxe et on le vend dans le commerce d'après ce qu'on appelle ses degrés chlorométriques. Ces degrés, ainsi que *Gay-Lussac* l'a proposé, indiquent combien 1000 gr. de chlorure de chaux peuvent donner de litres de chlore gazeux à 0° et sous la pression de 760.

On peut facilement passer d'une évaluation à l'autre, puisqu'on sait que 1 litre de gaz chlore à 0° et à la pression 760^{mm} pèse 3^{gr},1698.

Par exemple, un chlorure de chaux à 90° renferme $90 \times 5,1698$ $= 285^{gr},282$ de chlore dans 1000 gr., par conséquent 28,53 pour 100 ; et un chlorure de chaux qui contient 34,2 pour 100 en poids de chlore marque 107,9 degrés chlorométriques, puisque 1000 gr. donnant 342 gr. de chlore, ceux-ci ont pour volume $\frac{342}{5,1698} = 107,9$ litres.

Préparation de la dissolution de chlorure de chaux.

Pour tous les procédés on préparera la dissolution comme il suit :

On pèse 10 gr. de chlorure de chaux, on les broie finement avec un peu d'eau, on ajoute peu à peu de l'eau, on fait tomber la bouillie dans le flacon jaugé d'un litre : on broie de nouveau le résidu avec de l'eau, on verse le tout sans rien perdre dans le ballon et l'on achève de remplir jusqu'au trait de jauge : on agite et on emploie le liquide de suite, c'est-à-dire sans laisser déposer. Chaque fois qu'on prendra une nouvelle portion on agitera. On obtient ainsi des résultats plus constants et plus exacts que lorsqu'on laisse déposer pour ne se servir que du liquide clarifié. On peut s'en assurer en faisant un essai avec le liquide clair, puis un autre avec le liquide dans lequel on met le dépôt en suspension. Par exemple, une analyse faite avec le liquide limpide a donné 22,6 de chlorure de chaux, le mélange restant a fourni 25,0: en opérant comme nous le recommandons, on a trouvé 24,5 pour 100.

1 C.C. de cette solution correspond à 0^{gr},01 de chlorure de chaux.

Rud. Wagner(*) préfère préparer la solution de chlorure de chaux en agitant. Il secoue dans un flacon à fortes parois 10 gr. de chlorure de chaux avec de l'eau et du verre grossièrement pulvérisé (par exemple des morceaux de baguettes en verre de 5 à 10 millimètres de longueur) : il agite jusqu'à ce que le chlorure soit complètement divisé. Le volume des morceaux de verre a été mesuré d'avance dans une éprouvette graduée, où on les a recouverts d'un volume connu d'eau. — On verse le liquide laiteux avec le verre dans un flacon d'un litre, et l'on ajoute de l'eau d'abord pour compléter le volume à 17°,5, puis une nouvelle quantité égale au volume des morceaux de verre. On secoue. Dans cette dissolution 1 C.C. correspond encore à 0,01 gr. de chlorure de chaux.

A. Méthode de *Penot* (**).

Elle repose, comme l'ancienne méthode de *Gay-Lussac*, également sur la transformation de l'acide arsénieux en acide arsénique, mais au milieu d'une liqueur alcaline. On reconnaît la fin de l'opération avec le papier amidonné à l'iodure de potassium.

a. *Préparation du papier à l'iodure de potassium.*

Il vaut mieux préférer le mode suivant de préparation à celui donné d'abord par *Penot*.

On délaye 3 gr. de fécule de pommes de terre pure dans 250 C.C. d'eau froide, on fait bouillir en remuant, on y ajoute 1 gr. d'iodure de potassium

(*) *Zeitschr. f. analyt. Chem.*, IV, 225.
(**) *Bulletin de la Société industrielle de Mulhouse*, 1852, en 118.

et 1 gr. de carbonate de soude cristallisé, on étend d'eau pour faire 500 C.C. On trempe dans le liquide des bandes de papier d'impression fin et blanc, on laisse sécher et l'on conserve dans un flacon bien fermé.

b. *Préparation de la solution d'acide arsénieux.*

On dissout 4^{gr},425 d'acide arsénieux pur (*) avec 13 gr. de carbonate de soude cristallisé pur (*) dans 6 à 700 C.C. d'eau en chauffant, et l'on étend la solution froide avec de l'eau pour faire juste 1 litre. Chaque centimètre cube renferme donc 0^{gr},004436 d'acide arsénieux, ce qui correspond à 1 C.C. de chlore gazeux à 0° et à la pression 760 (**).

c. *Marche de l'opération.*

On mesure avec une pipette 50 C.C. de la solution de chlorure de chaux préparée comme il est dit plus haut, on les verse dans un vase à précipités, et l'on y fait couler peu à peu, avec une burette d'environ 50 C.C., la solution arsenicale préparée en b. On a soin d'agiter doucement ; à la fin on ne laisse couler que goutte à goutte jusqu'à ce qu'une goutte posée sur le papier à iodure cesse juste de le colorer en bleu. On atteint facilement ce point, car la coloration du papier, devenant de plus en plus faible, indique qu'on approche de la fin de l'opération et qu'il ne faut plus verser le réactif qu'avec précaution. — Le nombre des demi-centimètres cubes donne de suite le degré chlorométrique (le nombre de litres de chlore gazeux dans 1 kilogramme de chlorure). Supposons qu'on ait employé 40 C.C. de solution arsenicale, c'est que le chlorure renferme 40 C.C. de chlore gazeux. Les 50 C.C. de solution de chlorure de chaux correspondent à 0^{gr},5 de ce chlorure. Or comme 0^{gr},5 renferment 40 C.C. de chlore gazeux, 1000 gr. en fourniraient 80 000 C.C. = 80 litres. Cette méthode donne de fort bons résultats, tout à fait concordants et peut convenir parfaitement dans les fabriques où l'on ne craint pas d'employer la liqueur très vénéneuse d'acide arsénieux.

B. Modification de la méthode de *Penot* par *Fr. Mohr* (***).

Voici le principe de cette modification ; on mesure un certain volume de la dissolution de chlorure de chaux, on y ajoute un volume connu et en

---

*) L'acide arsénieux doit surtout être exempt de sulfure d'arsenic, et le carbonate de soude de sulfure de sodium, de sulfite et d'hyposulfite de soude, sans quoi la dissolution ne se conserve pas. Ces composés, en effet, en dissolution alcaline absorbent lentement l'oxygène de l'air et déterminent alors lentement la transformasion de l'acide arsénieux en acide arsénique (*F. Mohr. Méthode d'analyses par liqueurs titrées*). — Quoi qu'il en soit, je crois bon de conserver la dissolution de *Penot* dans de petits flacons complètement remplis, et pour chaque série d'analyses on prendra un nouveau flacon

(**) *Penot* a donné le nombre 4.44 gr. d'acide arsénieux ; mais maintenant, à cause de l'équivalent de l'acide arsénieux évalué plus exactement, ainsi que de la densité plus rigoureuse du chlore gazeux, il faut prendre 4,425. Ce nombre est donné par la proportion : 70,92 (2 équiv. de chlore) : 99 (1 équiv. ArO^3) = 3,1698 (poids de 1 litre de chlore gazeux) : x, x = 4,425 quantité d'acide arsénieux oxydée par 1 litre de chlore.

(***) *Traité d'analyses par les liqueurs titrées*, trad. par *Forthomme*.

excès d'une solution titrée d'arsénite de potasse et l'on dose avec la solution d'iode (§ **127**. 5) l'excès d'arsénite de potasse.

Mohr fait usage d'une solution décime $\left(\frac{1}{10} \text{ équivalent en un litre} \right)$ d'arsénite de potasse et une solution décime équivalente d'iode. — La première se prépare en prenant 4,95 gr. d'acide arsénieux pur en poudre (4,95 est la moitié du dixième d'équivalent, parce que 1 équivalent ArO^3 est transformé en ArO^5 par 2 équivalents d'iode) : on met l'acide arsénieux dans un ballon à fond plat avec 5 à 10 gr. de bicarbonate de potasse, environ 200 C.C. d'eau et on laisse digérer en agitant jusqu'à ce que la majeure partie de l'acide arsénieux soit dissoute. On verse alors le liquide clair dans le ballon jaugé d'un litre, et l'on dissout le reste de l'acide dans l'eau en ajoutant un peu de bicarbonate alcalin ; enfin on met encore dans le ballon 20 à 25 gr. de bicarbonate de potasse, on remplit avec de l'eau jusqu'au trait de jauge et l'on agite. — 1 C.C. de ce liquide correspond à 0,003546 gr. de chlore, c'est-à-dire, que l'acide arsénieux contenu dans 1 C.C. du liquide serait transformé en acide arsénique par 0,003546 gr. de chlore.

Pour faire la dissolution d'iode on dissout 6,4 gr. d'iode dans l'eau avec environ 9 gr. d'iodure de potassium de façon à faire 500 C.C., on la compare à la liqueur d'arsénite (§ **127**. 5) et on l'étend d'eau de façon à l'amener à être équivalente à cette dernière.

Pour faire un essai on prend 50 C.C. de la dissolution de chlorure de chaux préparée comme il est dit plus haut, on y ajoute de la dissolution titrée d'arsénite de potasse, jusqu'à ce qu'en prenant une goutte du liquide avec une baguette en verre et touchant du papier amidonné à l'iodure de potassium il ne se fasse pas de tache bleue, on étend avec 150 à 200 C.C. d'eau, on ajoute une solution de bicarbonate d'ammoniaque préparée à froid, de l'empois d'amidon, puis de la solution titrée d'iode jusqu'à apparition de la couleur bleue de l'iodure d'amidon, persistante quand on ajoute encore un peu de bicarbonate d'ammoniaque. On retranche les C.C. de la solution d'iode de ceux de la solution d'arsénite et l'on a ainsi le volume de la liqueur arsenicale oxydé par le chlorure de chaux. Ce nombre de C.C. multiplié par 0,003546 donne la quantité de chlore renfermée dans 0,5 gr. de chlorure de chaux.

Ce procédé donne de bons résultats. Toutefois il ne remplacera pas celui de *Penot*, qui est plus simple dans la pratique et tout aussi exact.

C. Méthodes iodométriques.

Dans son travail « sur une méthode d'analyse volumétrique d'un emploi très général (*) », *Bunsen* fait remarquer que l'on pourrait très bien analyser les hypochlorites et surtout le chlorure de chaux, en ajoutant à la solution du sel un excès de solution d'iodure de potassium, puis de l'acide chlorhydrique jusqu'à faible réaction acide et enfin en dosant l'iode mis en liberté. Pour cela *Bunsen* emploie une solution aqueuse d'acide sulfureux. Plus tard la plupart des chimistes préférèrent pour doser l'iode la solution aqueuse

(*) *Ann. d. Chem. u. Pharm.*, LXXXVI, 277.

d'hyposulfite de soude proposée d'abord par *H. Schwarz* (*) : c'est ainsi que se forma la méthode iodométrique décrite au § **146**. Cette « méthode combinée», ainsi que je l'ai appelée, a été surtout appliquée par *R. Wagner* (**) au titrage du chlorure de chaux. *F. Mohr* (***) a signalé la méthode de *Wagner* comme inexacte, mais *Cl. Winkler* (****) a montré pourquoi *Mohr* avait eu des résultats erronés et a prouvé, comme l'avait du reste déjà fait *Wagner*, que la méthode iodométrique, bien conduite, même avec l'emploi de l'hyposulfite de soude, fournit des résultats exacts. Je ne puis que confirmer cela et voici comment je conseille d'opérer.

On verse 10 C.C. de la dissolution de chlorure de chaux (0,1 gr. de chlorure) dans un vase à fond plat, on ajoute environ 100 C.C. d'eau, puis à peu près 6 C.C. de la solution d'iodure de potassium (0,6 I K) préparée comme il est dit page 412. γ., on acidule avec de l'acide chlorhydrique et l'on mesure suivant le § **146** la quantité d'iode précipité. — Comme 1 équivalent d'iode correspond à 1 équivalent de chlore, le calcul est facile à faire.

R. Wagner emploie, pour 1 gr. de chlorure de chaux dissous dans 100 C.C. d'eau, 2,5 gr. d'iodure de potassium et ne met d'acide chlorhydrique que jusqu'à faible réaction acide. Il est inutile d'employer un grand excès d'acide chlorhydrique, mais on ne doit pas toutefois se tourmenter pour la façon d'aciduler. *Winckler* (*loc. cit.*) obtint exactement les mêmes résultats en opérant sur 10 C.C. de solution de chlorure de chaux, additionnés de la même quantité d'iodure de potassium, mais renfermant 1,5,10 ou 20 C.C. d'acide chlorhydrique.

D. Méthode de *Otto*.

Le principe est le suivant :
2 équivalents de sulfate de protoxyde de fer en présence de chlore et d'acide sulfurique libre sont transformés par le chlore en 1 équivalent de sulfate de peroxyde de fer et 1 équivalent d'acide chlorhydrique, et pour cela il faut 1 équivalent de chlore :

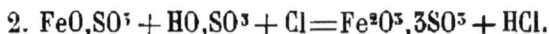

$$2. \ FeO,SO^5 + HO,SO^3 + Cl = Fe^2O^5,3SO^5 + HCl.$$

2 équivalents de $FeO,SO^5 = 152$ (ou en sulfate cristallisé 2 ($FeO,SO^5,HO + 6Aq) = 278$) correspondent à 35,46 de chlore ; en d'autres termes, $0^{gr},7859$ de sulfate de protoxyde de fer cristallisé correspondent à $0^{gr},1$ de chlore.

Pour préparer le sulfate de protoxyde de fer, on dissout dans de l'acide sulfurique étendu des clous sans rouille, on filtre le liquide encore chaud en le faisant tomber goutte à goutte dans environ deux fois son volume d'alcool. Le précipité a pour composition $FeO,SO^5,HO + 6$ Aq. On le rassemble

---

(*) Son traité d'analyses volumétriques, 1855.
(**) *Dingler. Polytech., Journ.*, CLIV, 146, et CLXXVI, 131.
(***) *Traité d'analyses par les liqueurs titrées*, trad. *C. Forthomme*, Savy.
(****) *Dingler. Potytech. Journ.*, CXLII, 198.

sur un filtre, on le lave à l'alcool, on l'étale sur du papier buvard et on le fait sécher à l'air. Quand il ne répand plus l'odeur de l'alcool, on le conserve dans un flacon bien bouché.

Marche de l'opération.

On dissout $5^{gr},1356$ (c'est-à-dire $4 \times 0^{gr},7859$) du sulfate de fer précipité dans de l'eau, en ajoutant quelques gouttes d'acide sulfurique étendu ; on fait 200 C.C. et on en prend avec une pipette 50, qui correspondent à 0,7859 de vitriol; on les étend avec 150 ou 200 C.C. d'eau, on acidule avec de l'acide chlorhydrique pur, et l'on y fait couler goutte à goutte de la dissolution de chlorure de chaux (§ **225**) contenue dans une burette de 50 C.C. environ. On s'arrête quand tout le fer est peroxydé. — Pour reconnaître ce moment, on prend une assiette qu'on a mouillée avec une solution de prussiate rouge de potasse et, quand on pense approcher de la fin de l'opération, avec la baguette qui sert à remuer le liquide on touche le prussiate après chaque addition de deux gouttes de chlorure, pour voir s'il y a encore coloration bleue. Le but atteint, on lit les centimètres cubes de solution de chlorure employés; ils renferment $0^{gr},1$ de chlore.

Cette méthode donne aussi de bons résultats, en admettant que le sel de fer n'est pas peroxydé et qu'il est bien sec.

Modifications de cette méthode.

1. Au lieu de sulfate de protoxyde de fer, on peut fort bien prendre du protochlorure de fer, que l'on prépare en dissolvant des fils de clavecin dans de l'acide chlorhydrique (page 235. β.). On dissout $0^{gr},6316$ de fer métallique pur, ou $0^{gr},6341$ de fil fin de clavecin (qui ne renferment que 99,7 pour 100 de fer), on étend pour faire 200 C.C. et l'on a une solution qui renferme la même quantité de fer que la précédente, c'est-à-dire dont 50 C.C. correspondent à $0^{gr},1$ de chlore. Mais comme il n'est pas commode de peser une quantité fixe de fil de fer, je préfère prendre le poids exact d'environ $0^{gr},15$, le dissoudre, l'étendre de façon à avoir à peu près 200 C.C., oxyder avec le chlorure de chaux et calculer le chlore d'après la proportion : $56 : 35,46 =$ le fer pesé : x : le nombre x est alors égal au chlore contenu dans le chlorure de chaux employé. Cette méthode donne de bons résultats. Je l'ai surtout indiquée parce que son emploi est complètement indépendant des liqueurs titrées. Elle convient donc surtout comme contrôle et lorsqu'on a par hasard un ou deux essais à faire.

2. Au lieu d'oxyder de suite le sulfate de protoxyde de fer ou le protochlorure, on peut encore opérer autrement, et cela est préférable. On pèse exactement environ $0^{gr},3$ de fil de clavecin, on dissout à l'état de protochlorure dans un courant d'acide carbonique, on étend à 200 ou 500 C.C. la solution encore fortement acide, on y fait couler lentement, à l'aide d'une burette, 50 C.C. de la solution de chlorure de chaux préparée comme plus haut, et à la fin on dose avec le bichromate de potasse (page 237. b.) la quantité de fer non oxydé. (Si l'on se servait du caméléon, il faudrait faire bien attention à ce qui est dit à la page 236, parce que la liqueur renferme de l'acide chlorhydrique.) On trouve ainsi la quantité de fer per-

oxydé par le chlorure de chaux, et les calculs précédemment indiqués feront connaître la richesse en chlore. Les résultats sont exacts.

Nous n'avons pas épuisé la série des bonnes méthodes chlorométriques. On peut, par exemple, au lieu d'une solution de protoxyde de fer de force connue, employer, comme l'a proposé le premier *E. Davy* (*), une dissolution titrée de prussiate jaune de potasse. Après avoir versé la dissolution de chlorure de chaux dans un excès de prussiate jaune, on acidule avec de l'acide chlorhydrique et l'on mesure avec le chromate de potasse l'excès restant de ferrocyanure. On reconnaît la fin de l'opération à ce qu'une goutte du liquide, déposée avec une baguette de verre sur une assiette en porcelaine dans une goutte de perchlorure de fer étendu, ne se colore plus en bleu ou en vert. — On peut tout aussi bien et plus commodément doser l'excès de prussiate jaune avec une dissolution de permanganate de potasse (page 420. g.).

On peut encore mettre le chlorure de chaux avec un excès d'une solution acide de protochlorure de fer, doser le perchlorure formé avec le protochlorure d'étain (page 242. b. α.) et pour chaque équivalent de perchlorure formé compter 1 équivalent de chlore ($2.FeCl + Cl = Fe^2Cl^3$). — La dissolution de protochlorure de fer ne doit naturellement pas contenir de perchlorure. Si elle en renfermait, il faudrait en déterminer la proportion.

C. Acétate de chaux.

§ 234.

L'acétate de chaux, que l'on trouve en quantité dans le commerce, est obtenu en neutralisant par la chaux hydratée le vinaigre de bois (acide pyroligneux) brut ou après rectification et en évaporant la dissolution. Il représente le produit intermédiaire entre l'acide pyroligneux et l'acide acétique pur ou les acétates purs. Comme sa composition peut varier, il faut toujours en faire l'analyse au point de vue de l'acide acétique qu'il peut contenir.

Le produit brut consiste en acétate de chaux mélangé d'un peu de propionate, de butyrate de chaux, etc., de matières empyreumatiques en combinaison avec de la chaux et solubles dans l'eau et de substances empyreumatiques qui restent insolubles après le traitement par l'eau et qui le plus souvent sont mélangées à un peu de carbonate de chaux, un peu d'alumine, etc. En outre il y a des quantités variables d'eau.

Dans l'essai de l'acétate de chaux on dose en général les petites quantités d'acide propionique, d'acide butyrique, etc., avec l'acide acétique, et on les compte comme acide acétique. Si dans certains cas particuliers il fallait séparer ces acides, on fera usage de la méthode indiquée par *E. Luck* (**).

Dans ce qui suit, le premier procédé que j'indique convient à l'acétate de chaux, de quelque nature qu'il soit, mais les deux autres ne s'appliquent qu'aux sortes les plus pures.

(*) *Phil. Magaz.* (4), XXI, 214.
(**) *Zeitschr. f. analyt. Chem.*, X, 184.

I. *Méthode par distillation* (*).

a. Dans une petite cornue tubulée on introduit l'essai de la matière pesée (environ 5 gr.), on ajoute 50 C.C. d'eau et 50 C.C. d'acide phosphorique ordinaire, exempt d'acide azotique et de densité 1,2 : on place la cornue dans un bain de sable, le col légèrement relevé, on le réunit à l'aide d'un tube courbé à angle obtus avec un petit appareil réfrigérant et l'on distille à une douce chaleur presque à siccité, en ayant soin de ne rien perdre du liquide qui distille. On reçoit les vapeurs condensées dans un ballon jaugé de 250 C.C. On fera bien d'entourer d'une enveloppe en papier la partie relevée du col de la cornue. Après refroidissement on ajoute à peu près 50 C.C. d'eau au résidu dans la cornue, on distille de nouveau presque à siccité et l'on répète la même opération une troisième fois. On achève de remplir avec de l'eau le ballon récipient jusqu'au trait de jauge, on mélange et dans 50 ou 100 C.C. on dose l'acide libre avec la solution normale de soude (§ **215**). Avant de calculer l'acide acétique, d'après la quantité de soude neutralisée, il faut essayer le liquide distillé avec l'azotate d'argent. Si, comme cela arrive le plus souvent, il ne se produit qu'un léger trouble opalin, on peut faire le calcul de suite, c'est-à-dire, qu'après avoir rapporté le résultat de l'analyse à la totalité de l'essai employé, on calcule pour 100 C.C. de lessive normale employés, 6 gr. d'acide acétique monohydraté, ou 7,9 gr. d'acétate de chaux anhydre.

Mais si l'azotate d'argent donne un précipité appréciable, insoluble dans l'acide azotique, il faudra doser l'acide chlorhydrique dans une nouvelle portion aliquote du liquide distillé et en tenir compte dans le calcul de l'acide acétique.

b. Si l'on a souvent à faire des essais d'acétate de chaux par distillation, on fera bien d'employer le procédé que j'ai indiqué (**). On disposera donc la petite cornue comme cela est dit en a. On fera bien de prendre le réfrigérant un peu plus grand. Comme récipient on se servira d'un ballon de 500 C.C. Dans la tubulure de la cornue on fait passer un tube courbé à angle obtus, un peu étiré à l'extrémité qui est dans la cornue. L'autre bout porte un tube en caoutchouc fermé avec une pince à vis. S'il le faut, on pourra par ce tube faire passer un courant de vapeur d'eau.

Pour produire un courant de vapeur d'eau bien régulier, ce qui convient le mieux est une petite chaudière en tôle ou en cuivre munie d'une soupape de sûreté. Si l'on ne peut pas en avoir une, on la remplacera par un ballon fermé par un bouchon percé de deux trous. Dans l'un passe un tube de verre recourbé à angle droit, qu'on relie avec le tube en caoutchouc qui doit amener la vapeur dans la cornue ; dans l'autre trou du bouchon passe un tube recourbé deux fois à angle droit, dont la branche extérieure est longue d'environ 25 centimètres : elle plonge dans un gros tube à essai contenant une couche de mercure d'environ 6 centimètres et soutenu à l'aide d'un gros bouchon dans un vase large rempli d'eau froide. On pourra de

(') *R. Frésénius. Zeitschr. f. analyt. Chem.,* V, 313.
(") *Zeitschr. f. analyt. Chem.,* XIV, 172.

cette façon varier un peu la tension de la vapeur produite, en même temps que cette disposition servira de soupape de sûreté.

On commence d'abord à distiller, la pince fermée, jusqu'à ce qu'il ne reste plus dans la cornue que peu d'un liquide sirupeux et l'on a soin, en surveillant l'opération, que le liquide, qui a une grande tendance à mousser, ne passe pas dans le col. Aussitôt que la mousse commence à se former on diminue le feu sous le petit bain de sable, et en ouvrant convenablement la pince à vis on laisse arriver la vapeur qui doit déjà avoir la tension voulue. On continue alors la distillation de cette façon, jusqu'à ce que la goutte de liquide condensé n'ait plus de réaction acide. En chauffant plus ou moins le bain de sable, en ouvrant plus ou moins la pince, l'opération se règle à volonté et se termine bien plus vite que sans l'emploi de la vapeur.

c. On peut aussi activer la distillation en diminuant la pression. Il faut dans ce cas prendre des appareils en verre à parois un peu fortes : il faut que les jointures tiennent bien le vide et faire le vide à environ une demi-atmosphère avec une trompe à eau. On peut chauffer le ballon à distillation au bain-marie rempli d'une dissolution saturée de sel marin : on fait passer l'air aspiré dans un tube en U contenant un peu d'eau. (Voir *L. Weigert* « sur le dosage de l'acide acétique dans les vins (*) ».)

II. *Méthode alcalimétrique.*

On fait bouillir avec de l'eau 5 gr. de l'acétate de chaux à essayer, on filtre dans un ballon jaugé de 250 CC., on lave, et quand le liquide est refroidi on complète les 250 C.C. ; on secoue, on mesure 100 C.C. qu'on évapore dans une capsule en platine, on calcine le résidu au rouge au contact de l'air et l'on y dose alcalimétriquement la chaux (§ **223**), en calculant pour chaque équivalent de chaux trouvé un équivalent d'acide acétique.

Avec un sel contenant une quantité un peu notable de matières empyreumatiques, ce procédé donne des résultats faux et trop élevés, parce que des composés de ces matières empyreumatiques avec la chaux se dissolvent aussi dans l'eau avec l'acétate, et par évaporation et calcination ils fournissent du carbonate de chaux et aussi de la chaux caustique.

III. *Méthode acidimétrique combinée.*

Cette méthode, que j'ai fait connaître il y a quelques années (*), repose sur ce fait : si l'on ajoute de l'acide oxalique en excès à de l'acétate de chaux traité jusqu'à dissolution de tout ce qui est soluble, on obtient dans le précipité toute la chaux à l'état d'oxalate, une partie des substances empyreumatiques, en outre l'argile, la silice, le sable, etc. : tandis que la partie liquide renferme comme substance à réaction acide : l'acide acétique avec la petite quantité de ses homologues, et l'excès d'acide oxalique, c'est-à-dire, la portion qui ne s'est pas combinée avec la chaux : en outre comme substance

(') *Zeitschr. f. analyt. Chem.*, XVIII, 207.
(") *Zeitschr. f. analyt. Chem.*, XIII, 153.

sans réaction acide il y a des matières empyreumatiques colorant la liqueur en jaune plus ou moins foncé, jusqu'au brun.

On mesure alors avec la soude normale dans le liquide l'acidité, c'est-à-dire, la somme de l'acide acétique (avec les acides propionique, butyrique, etc.) et de l'acide oxalique : d'autre part, on dose l'acide oxalique et en retranchant de la soude normale le volume de celle-ci correspondant à l'acide oxalique trouvé, la différence donnera l'acide acétique (avec l'acide propionique, butyrique, etc.).

Ce résultat, on le comprend, ne sera exact qu'autant que l'acétate de chaux ne contiendra pas d'autres acétates neutres dont les bases, en se combinant avec l'acide oxalique, ne se précipitent pas ou ne le font qu'incomplètement, comme l'acétate de magnésie. Mais comme chaque fabricant sait quel inconvénient il y a à neutraliser l'acide pyroligneux avec de la chaux contenant de la magnésie, on rencontre rarement dans le commerce de l'acétate de chaux fortement magnésien. En outre l'erreur provenant de la présence d'un peu d'acétate de magnésie n'aura que rarement quelque importance : elle provient de ce que l'on retranche de la somme trouvée des acides libres une trop grande quantité d'acide oxalique, savoir, celui libre en excès et celui-ci resté combiné dans la dissolution : on trouve donc une quantité trop faible d'acide acétique dans le produit.

Marche de l'opération. On pèse exactement 5 gr. de l'acétate de chaux à essayer, on les met dans un ballon d'un quart de litre, qui porte un trait de jauge marquant le volume de 252,1 C.C., on dissout dans environ 150 C.C. d'eau, on verse, sans filtrer, 70 C.C. de solution d'acide oxalique normale, on remplit jusqu'au trait de jauge (252,1 C.C.) (*), on ferme avec un bouchon en caoutchouc, on secoue bien, on laisse déposer et à travers un filtre à plis sec on filtre dans un ballon sec, en couvrant l'entonnoir, de façon à avoir au moins 200 C.C. de liquide.

1. On prend 100 C.C. du liquide limpide, fréquemment coloré en jaune, on y ajoute un peu de tournesol, puis de la lessive normale de soude jusqu'à complète neutralité. Comme la coloration du liquide rend parfois le point de neutralité difficile à saisir, on s'aidera du papier de tournesol ou de celui de curcuma : il sera bon aussi de prendre plusieurs fois ce point de saturation, en ajoutant à la fin de l'essai un volume connu d'acide chlorhydrique normal et revenant à la saturation avec la soude normale. Lorsque de cette façon on aura obtenu des nombres concordants, on pourra regarder l'analyse comme terminée. En multipliant les centimètres cubes de soude normale par 2,5, on obtient ceux qui correspondraient aux 250 C.C. de la dissolution et par conséquent à 5 gr. de la substance.

2. On prend de nouveau 100 C.C., on ajoute une solution d'acétate de chaux pur, on laisse déposer à une douce chaleur, on recueille l'oxalate de chaux sur un filtre, on le lave, on le transforme à la façon ordinaire en carbonate de chaux que l'on pèse (calcination au rouge, traitement du résidu par le carbonate d'ammoniaque, etc.), on multiplie par 50 le poids

(*) Ces 2,1 C.C., en plus que 250, représentent le volume occupé par le précipité d'oxalate de chaux (dont la densité est 2,2202), autant toutefois qu'on peut l'évaluer, ne connaissant pas exactement la quantité d'acétate de chaux.

obtenu (*) et l'on trouve ainsi le nombre de C. C. de lessive normale de soude qu'il faudrait pour saturer l'acide oxalique libre contenu dans la solution acide. On retranche ce nombre de C.C. de soude normale de ceux obtenus en 1, et avec la différence on calcule l'acide acétique (avec la petite quantité d'acide propionique, etc.) contenu dans 5 gr. de la substance.

On peut éviter la pesée du carbonate de chaux provenant de la calcination de l'oxalate, en calcinant fortement l'oxalate de chaux, provenant de la précipitation des 100 C.C. du liquide filtré acide par l'acétate de chaux pur, et en mesurant dans ce résidu renfermant la chaux à l'état caustique ou carbonaté, combien il faut d'acide chlorhydrique normal pour la saturation. Alors des centimètres cubes de soude normale qu'il a fallu pour saturer les acides libres de 100 C.C. du liquide acide, on retranchera les centimètres cubes d'acide chlorhydrique normal qui ont saturé la chaux contenue dans l'oxalate de chaux. Le reste, multiplié par 2,5, donnera les centimètres cubes de soude normale saturant l'acide acétique (avec l'acide propionique, butyrique, etc.) que renferment les 5 grammes de substance qui ont fourni les 250 C.C. de liquide filtré.

Les résultats, que j'ai obtenus avec cette méthode, s'accordent parfaitement avec ceux fournis par le procédé par distillation, en opérant sur de l'acétate de chaux préparé avec de l'acide pyroligneux rectifié.

D. Pierre a chaux. — DOLOMIE. — MARNES. — CIMENTS, etc.

§ 235.

Comme ces minéraux, renfermant du carbonate de chaux et du carbonate de magnésie, jouent un rôle important dans l'industrie et dans l'agriculture, leur analyse est un travail qui se présente souvent dans les laboratoires. Mais l'analyse s'en fait différemment selon le point de vue où l'on se place. Pour l'industrie il suffit de connaître les éléments principaux ; ce qui intéresse le géologue, ce sont aussi les substances qui peuvent s'y trouver en petites quantités : enfin l'agriculteur ne demande pas seulement quels sont les principes constituants, mais encore quelle est leur solubilité dans les différents milieux.

J'indiquerai d'abord la manière de faire une analyse complète et exacte de ces minéraux, puis je donnerai des méthodes volumétriques pour faire

---

(*) Cette simplification du calcul qui consiste à multiplier par 50 le poids de carbonate de chaux provenant de l'oxalate de chaux fourni par l'acide oxalique libre dans 100 C.C., pour avoir de suite les C.C. de soude normale qui satureraient l'acide oxalique libre dans 250 C.C. de la dissolution des 5 gr. de substance, est facile à comprendre. 1 équivalent de carbonate de chaux $CaOCO^2 = 50$ correspond à un équivalent $C^2O^3 = 36$ d'acide oxalique : donc le poids $p.$ de carbonate trouvé représente $\frac{72. \, p.}{100}$ d'acide oxalique dans 100 C.C., par conséquent $\frac{72. \, p.}{100} \times \frac{250}{100}$ dans les 250 C.C. : 1000 C.C. de soude normale saturant 36 (C^2O^3) d'acide oxalique, pour saturer $\frac{72. \, p. \, 250}{100. \, 100}$ il en faudra $\frac{72. \, p. \, 250}{100. \, 100} \frac{1000}{36} = p. \times 50.$

un dosage rapide du carbonate de chaux (et du carbonate de magnésie) et enfin je dirai comment on fait l'analyse des produits qu'ils fournissent par calcination, savoir les chaux et les ciments.

L'analyse quantitative doit être précédée d'une analyse qualitative exacte.

I. *Analyse complète.*

a. On réduit en poudre, on mélange avec soin la poudre et on la garde dans un flacon qui ferme bien.

b. Entre deux verres de montre on pèse exactement à peu près 2 gr., on sèche à 100° jusqu'à ce que le poids ne change plus (la perte de poids donne l'*humidité*): on met la poudre dans un vase de Bohème, on ajoute de l'eau, on chauffe, on couvre avec un grand verre de montre et l'on ajoute peu à peu de l'acide chlorhydrique, jusqu'à ce que tous les carbonates soient juste dissous. Il faut éviter de mettre un trop grand excès d'acide chlorhydrique et de trop chauffer, afin d'attaquer aussi peu que possible l'alumine qui peut se trouver mélangée à la substance. Après avoir laissé assez longtemps à une douce chaleur, on filtre sur un filtre séché à 100° et pesé pour séparer le *résidu insoluble* qu'on lave et que l'on pèse. Il consiste en majeure partie en *argile* et en *sable*, mais il peut aussi contenir de la *silice* éliminée et des *matières de nature humique*. On les déterminera plus exactement en g.

c. On ajoute de l'eau de chlore à la dissolution chlorhydrique, puis un léger excès d'ammoniaque et on laisse reposer quelque temps à une douce chaleur en couvrant le vase. Le précipité renferme, outre les hydrates de peroxyde de fer, de manganèse et d'alumine, la silice passée dans la dissolution et toujours des traces de chaux et de magnésie; on le sépare par filtration, on le lave un peu, le redissout dans l'acide chlorhydrique; on chauffe la dissolution, on précipite de nouveau avec de l'ammoniaque après addition d'eau de chlore, on filtre à travers le même filtre, on lave, on calcine au rouge et l'on pèse. — Avec les dolomies, si la première addition d'ammoniaque, au lieu de produire un faible précipité jaunâtre, en donne un blanc abondant (hydrate de magnésie), c'est que la dissolution ne renferme pas assez de chlorhydrate d'ammoniaque. Alors sans filtrer on redissout le précipité avec de l'acide chlorhydrique, on ajoute de l'eau de chlore et l'on précipite de nouveau avec l'ammoniaque.

Nous indiquons en g. comment on mesurera chacune des substances composant le précipité formé par l'ammoniaque: *peroxyde de fer, oxyde salin de manganèse, alumine, silice, acide phosphorique.*

d. On réunit les liquides filtrés après les deux précipitations répétées avec l'ammoniaque, et l'on y dose la *chaux* et la *magnésie* d'après le § **154**. 6. (36).

e. En général les substances minérales dont il s'agit renferment, outre l'humidité, un peu d'eau qui ne part pas à 100°. Pour en déterminer la quantité, on prend un nouvel essai non déjà desséché ou desséché déjà à 100°, on le place dans une petite nacelle que l'on glisse dans un tube de verre d'environ 25 centim. de longueur, on chauffe dans un courant d'air sec et l'on recueille l'eau dans un tube à chlorure de calcium pesé (§ **36**).

Comme certaines de ces pierres abandonnent parfois de la poussière au courant d'air, on rétrécit un peu le tube de verre au delà de la nacelle et l'on y pousse un petit tampon d'amiante pour arrêter la poussière. Il faudra, avant de placer dans le tube la nacelle avec la poudre minérale, dessécher complètement avec un courant d'air chaud les tubes, les bouchons et le tampon d'amiante. — Si la matière avait été préalablement séchée à 100°, l'augmentation de poids du tube à chlorure de calcium donne de suite le poids d'eau plus fortement retenue. Si l'échantillon n'a pas été d'abord desséché, on retranchera du poids trouvé avec le tube à chlorure, le poids d'eau d'humidité trouvé déjà en séchant à 100°.

f. Si la pierre ne renferme comme substance volatile que de l'eau et de l'acide carbonique, on dosera le dernier en calcinant avec du verre de borax (page 373. c.). Si l'on a opéré avec un essai déjà desséché à 100°, il n'y aura qu'à retrancher de la perte de poids trouvée le poids de l'eau combinée (e.) : avec la substance non desséchée il faudra retrancher la totalité de l'eau. On aura ainsi l'*acide carbonique.* — Si l'on ne veut pas appliquer ce procédé, on pourra faire le dosage comme il est dit à la page 375. bb., ou plus rigoureusement page 378.

g. Pour déterminer les éléments qui n'entrent qu'en petite proportion, de même que pour faire l'analyse complète du résidu insoluble dans l'acide chlorhydrique et du précipité fourni par l'ammoniaque, on dissout de 10 à 50 gr. de la pierre non desséchée dans l'acide chlorhydrique étendu, absolument comme il est dit en b. Le liquide, légèrement chauffé pour le débarrasser de l'acide carbonique, est filtré à travers un filtre sec dans un ballon jaugé d'un litre : on lave le résidu, on le sèche à 100° et on le pèse.

α. Analyse du résidu insoluble.

aa. On traite une partie par une solution bouillante de carbonate de soude pur, on filtre, on précipite la silice dans la dissolution (§ **140**. II. a.) et l'on obtient de cette façon la *silice soluble dans les alcalis.*

bb. On chauffe une partie au rouge au contact de l'air. La perte de poids donne l'*eau* avec les matières *organiques.* Dans le résidu de la calcination on dose la *silice* et les *bases* (§ **140**. II. b.). En retranchant de la silice ainsi trouvée, celle obtenue en aa., on aura la silice entrant dans le résidu sous forme d'argile et de sable. S'il faut, comme dans l'étude des chaux hydrauliques, savoir la proportion relative de ces deux dernières substances, il faut chauffer une nouvelle portion du résidu avec de l'acide sulfurique ou de l'acide phosphorique (voir Analyse des argiles).

cc. Si le résidu contient en proportion un peu notable des *matières organiques* (substances humiques), on en soumet une portion à l'analyse organique élémentaire (page 600). On peut avec *Petzholdt* (*), qui a mesuré de cette manière les matières organiques colorant différentes dolomies, admettre que 58 p. de carbone correspondent à 100 parties de matière organique. Quant à l'hydrogène trouvé, on en calcule 4,5 p. pour 58 de carbone comme appartenant à la matière organique et on compte le reste comme formant de l'eau dans le résidu.

(*) *Journ. f. prackt. Chem.*, LXIII, 194.

dd. S'il y a de la pyrite dans le résidu (voir *Petzhold* [*], *Ebelmen* [**], *Deville* [***], *Roth* [****]), on fond une nouvelle portion de ce dernier avec du carbonate de soude et du salpêtre, on humecte avec de l'eau, on évapore à siccité avec de l'acide chlorhydrique, on humecte ensuite avec le même acide, on chauffe avec de l'eau, on filtre, on détermine l'acide sulfurique dans le liquide et l'on en déduit la quantité de pyrite ([*****]).

β. Analyse de la dissolution chlorhydrique.

aa. On traite la moitié des 1000 C.C. bien mélangés pour y doser la *silice* passée en solution, la *baryte*, la *strontiane*, l'*alumine*, le *protoxyde de manganèse*, le *peroxyde de fer*, ainsi que quelquefois des traces d'*oxyde de cuivre* et d'autres métaux précipitables par l'hydrogène sulfuré dans des liqueurs acides. On opère comme il est dit page 755. B.

bb. Dans un quart de la solution chlorhydrique on mesure l'*acide phosphorique* comme à la page 757. 7.

cc. On se sert du dernier quart de la dissolution pour y trouver les *alcalis* ([******]). A cet effet on y verse de l'eau de chlore, puis de l'ammoniaque et du carbonate d'ammoniaque et on laisse assez longtemps déposer, ensuite on filtre, on évapore le liquide à siccité, on élimine les sels ammoniacaux en chauffant au rouge dans une capsule en platine et enfin on sépare la magnésie des alcalis d'après la page 464. β. Pour avoir une confiance entière dans les résultats, il faudra s'assurer avec soin si les réactifs employés ne renferment pas de petites quantités d'alcalis fixes et il faut aussi, autant que possible, ne pas faire usage de vases en verre ou en porcelaine.

Si la pierre à chaux ou la dolomie renfermait un sulfate soluble dans l'acide chlorhydrique, on précipiterait d'abord l'*acide sulfurique* par un léger excès de chlorure de baryum, on laisserait déposer, on séparerait par filtration le sulfate de baryte dont on tiendrait compte, et alors on procéderait à la recherche des alcalis.

h. Le fer trouvé en g. peut être dans le minéral à l'état de peroxyde ou à celui de protoxyde ou enfin aux deux degrés d'oxydation. — Pour résoudre la question, on dissout environ 20 gr. de la substance desséchée dans un ballon jaugé de 200 C.C., en chauffant légèrement avec de l'acide

([*]) *Journ. f. prackt. Chem.*, LXIII, 194.

([**]) *Compt. rend.*, XXXIII, 681.

([***]) *Compt. rend.*, XXXVII, 1001.

([****]) *Journ. f. prackt. Chem.*, LVIII, 84.

([*****]) S'il y a du sulfate de baryte dans le résidu, il se régénère pendant l'évaporation de la masse humectée avec l'acide chlorhydrique. Il reste donc sur le filtre, tandis que l'acide sulfurique provenant du soufre de la pyrite passe dans le liquide filtré.

([******]) Pour savoir s'il y a des alcalis dans une pierre à chaux et quelle est leur nature, le moyen le plus simple est celui d'*Engelbach* (*Ann. d. Chem. u. Pharm.*, CXXIII, 260). On calcine fortement au feu de la soufflerie dans un creuset de platine une portion de la pierre finement pulvérisée, on fait bouillir avec un peu d'eau, on neutralise avec l'acide chlorhydrique, on précipite par l'ammoniaque et le carbonate d'ammoniaque, on filtre, on évapore le liquide filtré à siccité et on soumet le résidu à l'observation spectrale. On peut par le même moyen chercher la strontiane et la baryte dans le précipité obtenu avec l'ammoniaque et le carbonate d'ammoniaque et redissous dans l'acide chlorhydrique.

chorhydrique étendu (appareil fig. 80, page 232). La dissolution étant refroidie, on complète les 250 C.C. avec de l'eau froide, on secoue, on laisse déposer, on prend 100 C.C. avec une pipette et l'on y dose le *protoxyde de fer* suivant la méthode de *Penny* (page 237) ; s'il y a du peroxyde, on l'obtiendra par différence.

i. Comme les spaths calcaires et les aragonites peuvent contenir des combinaisons du *fluor* (*Jenzsh* [*]), il ne faut pas négliger cet élément dans une analyse exacte. On traite donc à cet effet un assez fort essai avec de l'acide acétique, jusqu'à décomposition complète du carbonate de chaux et de celui de magnésie, on évapore à siccité, jusqu'à ce qu'on ait chassé l'excès d'acide acétique et l'on épuise le résidu avec de l'eau (§ **138**. I). Le fluor se trouve alors dans le résidu. Si un essai en indique nettement la présence ([**]), on peut le mesurer quantitativement suivant le § **166**. 4. b.

k. S'il y a des *composés chlorés*, on traite un essai un peu fort à une douce chaleur par de l'eau et de l'acide azotique, on filtre et l'on précipite la liqueur par la solution d'argent.

l. Au point de vue agricole il est souvent intéressant de savoir comment un calcaire ou une marne se comporte avec les dissolvants faibles ; on peut alors traiter le minéral d'abord par l'eau, puis par l'acide acétique et enfin par l'acide chlorhydrique faible, et étudier chaque dissolution séparée du résidu. C'est ainsi qu'ont été faites les analyses de marnes publiées par *C. Struckmann* ([***]).

m. Pour séparer les silicates du carbonate de chaux dans les chaux hydrauliques, *Deville* ([****]) recommande de faire bouillir avec une solution d'azotate d'ammoniaque, qui dissout le carbonate de chaux sans attaquer les silicates ; cependant *Gunning* ([*****]) a montré que dans cette opération les silicates alumino-calcaires étaient plus ou moins altérés avec dépôt de silice. — On ne connait pas de moyen qui permette de résoudre la question d'une façon exacte.

Comme le traitement par l'acide acétique donne quelquefois de bons résultats, on pourrait en général arriver au même but en traitant avec précaution par l'acide chlorhydrique étendu. C'est le moyen qu'a employé *C. Kuansz* ([******]) dans ses recherches sur les chaux hydrauliques.

II. *Dosage par liqueurs titrées du carbonate de chaux et du carbonate de magnésie pour l'industrie.*

a. Si un minéral ne renferme que du carbonate de chaux, on peut en connaitre la quantité par la quantité d'acide nécessaire pour le décomposer. On opère comme il est dit au § **223** ([*******]). On arrive aussi au même résultat en dosant l'acide carbonique du minéral et en calculant 1 équiva-

([*]) *Pogg. Ann.*, XCVI, 145.
([**]) Voir *Analyse qualitative*, § **140**, 6.
([***]) *Ann. d. Chem. u. Pharm.*, LXXIV, 170.
([****]) *Compt. rend.*, XXXVII, 1001.
([*****]) *Journ. f. prackt. Chem.*, LXII, 318.
([******]) *Chem. Centralbl.*, 1855, 244.
([*******]) Ce procédé a été d'abord indiqué par *Bineau*.

lent de carbonate de chaux = 50 pour 1 équivalent d'acide carbonique = 22.

b. Mais s'il y a à la fois du carbonate de chaux et du carbonate de magnésie, les résultats obtenus par les méthodes indiquées plus haut donnent la quantité totale de carbonate de chaux et de carbonate de magnésie, ce dernier étant évalué par une quantité équivalente de carbonate de chaux (c'est-à-dire que pour 42 de carbonate de magnésie on compte 50 de carbonate de chaux).

Mais si l'on veut connaître la quantité de chaux et celle de magnésie séparément, il faut, outre le dosage total, déterminer encore la chaux ou la magnésie. On peut pour cela choisir une des deux méthodes suivantes.

1. A la dissolution étendue de 2 à 5 gr. de minéral on ajoute un excès d'ammoniaque et d'oxalate d'ammoniaque, on laisse reposer douze heures et l'on filtre. On calcine le précipité au rouge avec le filtre et on traite suivant le § **223** le carbonate de chaux formé. On a ainsi la chaux seule, et par un calcul facile on en déduit la magnésie. Mais si l'on veut une séparation tout à fait rigoureuse de la chaux et de la magnésie, il faut absolument faire une double précipitation (§ **154**. b. a.).

2. On dissout 2 ou 3 gr. du minéral dans de l'acide chlorhydrique ordinaire, non titré, en mettant un excès aussi petit que possible. On ajoute une dissolution de chaux dans l'eau sucrée, tant qu'il se forme un précipité. On ne précipite ainsi que la magnésie. On la sépare par filtration, on la lave et on la traite suivant le § **223**. On a ainsi le poids de magnésie. En retranchant du poids total des carbonates le carbonate de chaux équivalent au poids de magnésie trouvé, on a le poids de carbonate de chaux contenu dans le minéral.

La méthode 2. ne sera bonne que lorsqu'il y aura peu de magnésie.

III. Analyse des chaux cuites et des ciments.

La pierre à chaux ordinaire, convenablement chauffée au rouge, donne la chaux cuite qui sert, entre autres usages, à faire les mortiers aériens : les pierres à chaux contenant environ 25 pour 100 d'argile, ou d'une façon plus générale, des silicates décomposables par la chaux, donnent par une calcination convenable au rouge ce qu'on appelle des *ciments*. On peut encore préparer ces derniers en calcinant au rouge non plus des pierres à chaux naturellement argileuses, mais des mélanges artificiels d'argile et de chaux ou de carbonate de chaux.

Voici les modifications qui se produisent pendant la cuisson dans la pierre à chaux ordinaire, ainsi que dans la pierre à chaux argileuse.

L'eau et l'acide carbonique sont chassés, les carbonates de protoxyde de fer et de protoxyde de manganèse passent à l'état de peroxyde de fer et de manganèse, les matières organiques sont brûlées ou tout au moins ne laissent qu'un faible résidu de charbon. Mais les silicates sont désagrégés de telle façon que leurs bases deviennent solubles dans l'acide chlorhydrique et que la silice, dans le traitement par l'acide chlorhydrique, se dissout en partie et en partie se sépare à l'état d'hydrate. Le quartz qui peut se trouver dans le mélange subit à peine une légère modification pendant la cuisson. — Les chaux calcinées ou les ciments exposés à l'air attirent peu à peu l'eau et l'acide carbonique.

Je renonce naturellement ici à indiquer les épreuves techniques que l'on fait subir aux chaux et aux ciments au point de vue de la construction, mais quant aux méthodes les plus convenables pour en faire l'analyse, je me bornerai à ce qui suit.

1. On chauffe quelques grammes au rouge dans un creuset en platine et sur la soufflerie. La perte de poids donne l'*eau* et l'*acide carbonique*.

2. Dans un plus fort essai (environ 10 gr.) on dose l'acide *carbonique*, page 378. On obtient l'*eau* par différence. — On peut aussi au besoin la mesurer directement suivant le § **235**. I. e.

3. On traite environ 5 gr. avec un excès d'acide chlorhydrique étendu, on évapore à siccité dans une capsule en platine ou en porcelaine, on humecte le résidu avec de l'acide chlorhydrique, on chauffe, on ajoute de l'eau, on filtre et on lave la partie insoluble (§ **140**. II. a.)

4. Sans déchirer le filtre, on fait passer le précipité dans une capsule avec la fiole à jet : on fait bouillir à plusieurs reprises avec une solution concentrée de carbonate de soude, en filtrant chaque fois à travers un filtre placé dans un entonnoir entouré d'eau chaude, et l'on continue ainsi jusqu'à ce que toute la silice hydratée soit dissoute (jusqu'à ce que quelques gouttes du liquide chauffées avec une solution de sel ammoniac restent limpides) : on lave ensuite le résidu. On précipite la *silice* de la solution alcaline suivant le § **140**. II. a. Le résidu insoluble dans le carbonate de soude est formé par du *sable quartzeux* et des *silicates non désagrégés*. On le fait passer dans une capsule en platine, on y ajoute les cendres du filtre, on évapore l'eau de façon à n'en presque plus laisser, on ajoute après refroidissement de l'acide sulfurique concentré, et l'on chauffe. Les bases se dissolvent et la silice, qui en est séparée, peut encore être enlevée par le traitement du résidu par le carbonate de soude dissous : on la sépare ainsi du sable quartzeux. Dans la dissolution sulfurique on pourra doser l'alumine, le peroxyde de fer, etc. Si le traitement par l'acide sulfurique en vase ouvert ne donnait pas de résultat, il faudrait opérer en tube scellé (page 592. ε.).

5. On fait 500 C.C. avec la dissolution chlorhydrique obtenue en 3. Dans 250 C.C. on dose l'acide *sulfurique* (*), la *potasse*, la *soude* (§ **209**. 4) : dans les 250 autres C.C. on détermine le *peroxyde de fer* (celui de *manganèse*) et l'*alumine* par des précipitations répétées par l'ammoniaque (§ **235**. I. c.). Avec ce dernier liquide filtré on fait encore 500 C.C., dont on prend la moitié (250 C.C.) pour doser la *chaux* et la *magnésie* (§ **154**. 6).

(*) Les ciments en renferment souvent. Voir le travail de *W. Michaelis* sur « les mortiers hydrauliques et en particulier le ciment de Portland », 1869.

8. Composés d'aluminium.

A. ARGILES. (Voir Composés du silicium. § **238**.)

B. SULFATE D'ALUMINE.

§ **236**.

Je parle ici du sulfate d'alumine, parce que maintenant on le prépare en grand suivant différents procédés (surtout dans ces derniers temps par la combinaison directe de l'acide sulfurique avec l'hydrate d'alumine obtenu à l'aide de la cryolithe ou de la bauxite). Il se présente le plus souvent en forme de tablettes cristallines, à proportion d'eau variable et avec des degrés de pureté différents, de sorte qu'il doit être souvent soumis à des essais de laboratoire.

1. On ne peut pas mesurer la quantité d'*eau*, qui s'élève à 40 ou 50 pour 100, en chauffant directement, parce que l'eau qui est chassée ainsi a toujours une réaction acide. Aussi, si l'on veut doser l'eau par la simple perte de poids, il faut calciner le sulfate d'alumine (environ 0,5 gr.) avec de l'oxyde de plomb pur (§ **35**. β.) — On peut obtenir l'eau directement en chauffant au rouge le sulfate d'alumine avec du carbonate de soude bien exempt d'eau (§ **225**. I.). Il faut remarquer que par l'un ou l'autre des procédés on a, outre l'eau de cristallisation, celle qui se peut trouver dans des sulfates acides alcalins ou dans l'hydrate d'acide sulfurique.

2. On dissout environ 12 gr. dans l'eau. S'il y a un *résidu insoluble*, on le sépare par filtration, on le lave, on le calcine et on le pèse. Quant à la dissolution, on en fait 500 C.C.

3. On étend 150 C.C. de la solution, on ajoute un peu d'acide chorhydrique, et l'on précipite à chaud avec du chlorure de baryum, que l'on a soin d'ajouter à peine en excès. (§ **132**. 1.). Le précipité de sulfate de baryte donne la quantité totale d'*acide sulfurique*.

4. Dans le liquide filtré obtenu en 3., on précipite d'abord par l'ammoniaque et le carbonate d'ammoniaque l'alumine et l'excès de chlorure de baryum, et dans le liquide filtré on aura les chlorures alcalins purs (§ **225**. II. e.) et l'on y cherche éventuellement la *potasse*. En général les préparations que l'on rencontre dans le commerce ne renferment que de la *soude*.

5. Dans 100 C.C. de la dissolution 2. on ajoute du chlorhydrate d'ammoniaque, on précipite avec l'ammoniaque (§ **105**. a.), on redissout dans l'acide chlorhydrique chaud le précipité légèrement lavé et on reprécipite la dissolution étendue avec de l'ammoniaque. Le précipité bien lavé et calciné donne la quantité d'*alumine* avec quelquefois une petite proportion de *peroxyde de fer*.

6. Dans une lessive chaude et moyennement concentrée de potasse ou de soude, on verse peu à peu 200 C.C. de la dissolution obtenue en 3. S'il le faut, on augmente la quantité de lessive de façon à redissoudre le précipité d'hydrate d'alumine. Après avoir chauffé assez longtemps, il reste en

général un léger précipité non dissous. On étend d'eau, on filtre, on lave, on dissout le précipité dans l'acide chlorhydrique chaud, on chauffe, on précipite avec l'ammoniaque, on chauffe jusqu'à ce que le liquide n'ait plus qu'une faible réaction alcaline, on filtre, et dans le liquide filtré on dose de petites quantités de *chaux* et de *magnésie*, s'il y en a. Le précipité, qui la plupart du temps garde un peu d'alumine, donnera le *peroxyde de fer* suivant le § **160**. A. 2.

7. On calcule toutes les bases à l'état de sulfates neutres : $Al^2O^3,3SO^3$ — $Fe^2O,^3 3SO^3$ — $NaOSO^3$ — etc. : on retranche l'acide sulfurique contenu dans ces sels de la quantité totale trouvée en 3. et en général il y a un léger reste que l'on considère alors comme formant des sulfates acides avec les alcalis, en cas où l'on aurait trouvé de ceux-ci : s'il n'y avait pas d'alcalis, on regarderait cet excès d'acide sulfurique comme représentant l'hydrate renfermé dans le produit. Si l'on voulait comme contrôle doser acidimétriquement la quantité d'acide sulfurique capable de neutraliser les alcalis (savoir celui uni à l'alumine et au peroxyde de fer, ainsi que celui libre ou transformant les sulfates alcalins neutres en sulfates acides), il faudrait procéder comme il est indiqué page 799 c.

9. Combinaisons du silicium.

A. Analyse des silicates naturels et en particulier des silicates mélangés (*).

§ 237.

Nous avons indiqué au § **140**. II. a. l'analyse des silicates complètement décomposables par les acides et au § **140**. II. b. celle des silicates non décomposables : nous n'aurons ici qu'à ajouter quelques observations se rapportant surtout à l'analyse des silicates mélangés, c'est-à-dire, formés par les deux espèces désignées plus haut (tels que les phonolithes, les argiles schisteuses, les basaltes, etc.).

1. On prépare un essai en poudre fine, bien homogène, séchée à l'air, et on y dose l'*humidité*, en en séchant de 1 à 2 gr. à 120° jusqu'à ce qu'il n'y ait plus de variations de poids.

2. Puis à la manière ordinaire, on traite à une douce chaleur un nouvel essai de la substance simplement séchée à l'air par l'acide chlorhydrique de concentration moyenne, on évapore à siccité au bain-marie, on humecte le résidu avec de l'acide chlorhydrique, on ajoute de l'eau et l'on filtre. — Plus souvent il vaut mieux laisser la poudre digérer plusieurs jours à une douce chaleur avec de l'acide chlorhydrique étendu (environ à 15 pour 100) et ensuite filtrer, sans aucune autre préparation. Quant au mode de décomposition à choisir, et quant à dire si le moyen indiqué ici et appliqué pour la première fois par *Gmelin* à l'analyse des phonolithes est surtout le meilleur, cela dépend de la nature des minéraux mélangés. Plus l'une des parties du mélange est facilement décomposable, plus l'autre

(*) Voir le *Traité d'analyse qualitative* du § **205** au § **209**. Il est indispensable de faire précéder l'analyse quantitative d'une analyse qualitative complète.

l'est difficilement, plus par différents essais on trouve de constance entre la quantité attaquée et la quantité non attaquée, et moins par conséquent la partie restant non dissoute est attaquée par un traitement ultérieur par l'acide chlorhydrique, plus on pourra avec certitude employer le second procédé de décomposition indiqué plus haut.

On obtient donc de cette façon :

a. Une *solution chlorhydrique* dans laquelle se trouvent à l'état de chlorures les bases des silicates décomposés, avec une plus ou moins grande proportion de silice, suivant les circonstances. Ces bases seront séparées et pesées d'après les méthodes données au 5° chapitre, après s'il le faut une séparation préalable de la silice (§ **140**. II. a.).

b. Un *résidu insoluble*, qui avec les silicates non attaqués contient de la silice éliminée des silicates décomposés.

Après l'avoir bien lavé avec de l'eau, à laquelle on fera bien d'ajouter quelques gouttes d'acide chlorhydrique, on l'introduit encore humide et par petites portions dans une capsule en platine, contenant une dissolution bouillante de carbonate de soude bien exempt de silice : on maintient quelque temps en ébullition et l'on filtre chaque fois bien chaud (en employant un entonnoir à eau chaude) à travers un filtre pesé. A la fin on fait passer avec la fiole à jet le reste du résidu dans la capsule. Si cette dernière opération ne marchait pas à souhait, on incinérerait le filtre séché, on mettrait les cendres dans la capsule et l'on ferait encore bouillir avec le carbonate de soude, jusqu'à ce que quelques gouttes du dernier liquide filtré chauffées avec une dissolution de sel ammoniac restent limpides. On lave d'abord le résidu non dissous avec de l'eau chaude, puis, pour être certain d'avoir enlevé toute trace de carbonate de soude, avec de l'eau légèreement acidulée par de l'acide chlorhydrique et enfin avec de l'eau pure. ,

La liqueur alcaline est acidifiée par l'acide chlorhydrique et l'on y dose d'après le § **140**. II. a. la silice provenant des silicates décomposés par les acides. Quant au silicate non dissous, on le sèche à 120° et on le pèse. En retranchant ce dernier poids et celui de l'humidité du poids de la substance sur lequel on a opéré, on a la quantité du silicate décomposé sec.— On opère alors avec les silicates non dissous comme il est dit au § **140**. II. b.

3. Il n'est pas rare que les silicates desséchés à 120° renferment encore de l'eau. Pour doser celle-ci, on chauffe au rouge l'essai pesé des silicates mélangés chauffés à 120° (voir 1.) dans un creuset de platine, ou, en présence du charbon ou du protoxyde de fer, dans un tube à travers lequel on fait passer un courant d'air sec pour conduire la vapeur d'eau éliminée dans un tube à chlorure de calcium pesé. — Pour savoir si cette eau appartient aux silicates décomposables par l'acide chlorhydrique ou aux silicates indécomposables, on calcine de la même façon un essai séché à 120° des silicates non décomposables. Si par exemple un mélange de silicates était formé de 50 pour 100 de minérai décomposable et 50 pour 100 de minerai non décomposable, et que ce dernier fût formé de 47 parties de substance anhydre avec 3 pour 100 d'eau, le dosage de l'eau du mélange des silicates donnerait 3 pour 100, celui des silicates non décomposés 6 pour 100, et comme le rapport 3 : 6 est le même que celui des silicates

non décomposés (50 pour 100) au mélange (100 pour 100), on en conclura que par la calcination les silicates décomposés n'ont pas donné d'eau.

Si la vapeur d'eau, qui se dégage, a une réaction acide produite par de l'acide *chlorhydrique* ou du *fluorure de silicium*, on mélange la substance réduite en poudre fine avec du carbonate de soude anhydre, on chauffe au rouge dans un courant d'air sec, et l'on arrête l'eau dans un tube à chlorure de calcium pesé (§ **36**.) — *E. Ludwig*(*) et *L. Sipoecz* (**) ont étudié la manière dont il convenait le mieux d'opérer pour faire ce dosage de l'eau dans les silicates. Le premier calcine le mélange dans un tube de platine présentant un renflement, le dernier dans une nacelle en platine. *Sipoecz* recommande de chauffer assez fort 4 parties de carbonate sodico-potassique dans un creuset de platine, de laisser refroidir à 50 ou 60°, puis de mêler intimement avec un fil de platine le silicate (1 partie) pesé, en poudre et sec. On place le mélange dans une assez grande nacelle en platine et on lave le creuset avec un peu de carbonate double de potasse et de soude. La nacelle fermée avec un couvercle est glissée dans un tube en porcelaine vernissé à l'intérieur, de 40 centimètres de long et 17 millimètres de diamètre intérieur et que l'on chauffe entre 120° et 130° au bain d'air pendant une heure. Pendant ce temps on adapte d'un côté un gazomètre, en interposant un tube à chaux sodée et un tube à acide sulfurique, de l'autre côté un tube à chlorure de calcium et l'on fait passer un courant d'air un peu rapide. Lorsque de cette façon on a chassé toute trace d'humidité, on place le tube dans un fourneau à analyse organique, de façon que les flammes touchent directement le tube, on remplace le tube à chlorure de calcium par un tube en U contenant des perles de verre mouillées avec de l'acide sulfurique pur. On règle le courant de gaz et l'on chauffe peu à peu jusqu'au rouge faible, que l'on maintient pendant une demi-heure.

Suivant *Sainte-Claire-Deville* et *Fouqué*(***), on peut en général, dans les silicates renfermant des fluorures, éliminer l'eau exempte de composés fluorés, en chauffant convenablement au rouge, parce que les fluorures ne sont chassés qu'à une température bien supérieure à celle à laquelle l'eau se dégage. Dans ce cas, au rouge vif le fluor sort soit à l'état de fluorure alcalin, soit sous forme de fluorure de silicium.

4. Parfois la partie du silicate non décomposée par l'acide chlorhydrique renferme des *matières organiques charbonnées*. Dans ce cas, ce qu'il y a de plus sûr c'est de traiter une partie du résidu par un courant d'oxygène et de peser l'acide carbonique formé (§ **178**). — Suivant *Delesse*, dans cette matière organique mélangée aux silicates il y aurait toujours ou au moins le plus souvent des traces d'azote.

5. Très fréquemment ces silicates renferment à l'état de mélange d'autres minéraux (fer magnétique, pyrite, apatite, carbonate de chaux, etc.) qui peuvent parfois être reconnus à l'œil nu, ou à la loupe, mais qui parfois aussi ne le peuvent pas. Il n'est guère possible d'indiquer une marche générale à suivre, qui puisse s'appliquer à ces cas particulier : je ferai remarquer

(*) « Recherches sur la constitution chimique de la pyrosmalithe. » — *Zeitschr. f. analyt. Chem.*, XVII, 206.

(**) *Zeitschr. f. analyt. Chem.*, XVII, 206.

(***) *Compt. rend.*, XXXVIII, 317.

seulement que l'on fera bien, avant d'attaquer par l'acide chlorhydrique, de traiter par l'acide acétique. On pourra par là séparer sans peine les carbonates alcalino-terreux. On pourrait citer, comme exemple d'une analyse complète de ce genre, le travail fait par *Dollfuss* et *Neubauer* (*) sur la wollastonite de Nassau.

6. S'il y a des *sulfures* dans les silicates, on dose le soufre suivant l'une des méthodes indiquées au § **148**. II. A., soit par la voie sèche, soit, ce qui est en général préférable, par la voie humide, ou bien encore par la méthode de *Carius* (page 653). Dans les procédés par voie humide il ne faut pas oublier que s'il y a de la baryte, de la strontiane ou de l'oxyde de plomb, une partie de l'acide sulfurique formé se trouve dans le résidu insoluble ; en fondant avec un carbonate et un azotate alcalin cela n'arrive pas. — Si en même temps que des sulfures, les silicates renferment un *sulfate*, on dose son acide sulfurique en faisant bouillir suffisamment longtemps un essai particulier du silicate avec une solution de carbonate de potasse ou de soude : on filtre et on précipite avec le chlorure de baryum l'acide sulfurique dans le liquide filtré acidulé. En retranchant l'acide ici trouvé de la totalité de celui donné après le traitement par les agents oxydants, on aura celui fourni par le soufre des sulfures. — Dans certains cas, pour doser l'acide sulfurique dans les sulfates, il vaut mieux faire bouillir avec l'acide chlorhydrique qu'avec le carbonate de soude.

7. Le *fer*, qui ne manque presque jamais dans les silicates, peut s'y trouver à l'état de protoxyde, ou à l'état de peroxyde, ou bien à ces deux degrés d'oxydation. Comme il importe beaucoup, pour la connaissance de la constitution d'un minéral, de savoir doser le fer sous ces divers états, la solution de cette question, entourée de difficultés quand il s'agit surtout du dosage du protoxyde de fer dans les silicates, a été l'objet de nombreux travaux. Je ferai à ce sujet les remarques suivantes :

a. La méthode d'*Hermann*, désagrégation du minéral par fusion avec du borax dans un courant d'acide carbonique, donne une proportion de protoxyde de fer trop forte : il ne faut pas l'employer (*Rammelsberg* **, *Suida* ***).

b. Dans beaucoup de cas on arrive au but en chauffant l'essai en tube scellé avec de l'acide sulfurique ou de l'acide chlorhydrique (page 593. ɛ.), et dans la dissolution on dose volumétriquement le protoxyde de fer avec le chromate ou le permanganate de potasse ou le peroxyde avec le protochlorure d'étain.

c. Dans le cas où le procédé b. ne conduirait pas au but, ou en général dans tous les cas, on pourrait avoir une dissolution convenable pour doser par liqueur titrée le protoxyde ou le peroxyde de fer, en attaquant la substance par un mélange d'acide fluorhydrique et d'acide sulfurique ou d'acide fluorhydrique et d'acide chlorhydrique. Assez souvent un simple traitement en vase ouvert, mais non au contact de l'air, est suffisant (page 229 ****). Si l'acide fluorhydrique contenait des substances réductrices

(*) *Journ. f. prackt. Chem.*, LXV, 193.
(**) *Zeitschr. der deutsch. Geologischen Gesellsch.*, 1872, 69.
(***) *Zeitschr. f. analyt. Chem.*, XVII, 212.
(****) Pour les appareils, voir *Cooke, Zeitschr. f. analyt. Chem.*, VII, 98 ; — *Wilbur u.*

(de l'acide arsénieux (*C. Jéhn* *), de l'acide sulfhydrique, de l'acide sulfureux, etc.), il faudrait lui ajouter du permanganate de potasse et le redistiller dans une petite cornue en platine (*E. Ludwig*). Pour éviter cette opération, *Dolter* (**), après la désagrégation par l'acide fluorhydrique et l'acide sulfurique dans une atmosphère d'acide carbonique, évapore, avant de titrer, l'acide fluorhydrique et les composés sulfurés réducteurs qui s'y trouvent. Cependant cela n'élimine pas toutes les causes d'erreur, car ces substances réductrices, que renferme l'acide fluorhydrique, agissent déjà sur le peroxyde de fer pendant la dissolution.

Pour les silicates très difficilement décomposables, on les réduit en poudre très fine et on les chauffe avec de l'acide fluorhydrique *pur* et de l'acide sulfurique moyennant étendu dans des tubes scellés en verre de Bohême à potasse. Pour avoir des résultats tout à fait exacts, *Suida* (***) recommande de traiter, en même temps qu'on fait l'analyse, par une quantité égale du même acide fluorhydrique et acide sulfurique un bout du même tube de verre et de retrancher de la quantité de permanganate employée dans l'analyse celle nécessaire pour colorer le dernier liquide.

8. Si les silicates renferment de petites quantités d'*acide titanique*, comme cela arrive fréquemment, il faut faire bien attention de ne pas le laisser échapper à l'analyse.

Si l'on a séparé la silice par évaporation avec de l'acide chlorhydrique, soit que l'on ait décomposé le silicate par l'acide chlorhydrique, soit qu'on l'ait préalablement désagrégé avec les carbonates alcalins, en général l'acide titanique se trouve partie dans la silice, partie dans la solution chlorhydrique.

Pour savoir si la silice renferme de l'acide titanique, on la redissout dans une capsule de platine avec de l'acide fluorhydrique et un peu d'acide sulfurique, on évapore, on fond le résidu qui peut rester avec du bisulfate de potasse, on dissout dans l'eau froide, on filtre s'il le faut et l'on sépare de la solution sulfurique l'acide titanique d'après le procédé donné au § **107**.

Le plus souvent la majeure partie de l'acide titanique se trouve dans la solution chlorhydrique, séparée par filtration de l'acide silicique. Il se précipite avec le peroxyde de fer et l'alumine quand on traite la liqueur par l'ammoniaque (§ **161**. 4.). Dans ce précipité on peut mesurer l'acide titanique en le chauffant au rouge dans un courant d'hydrogène, enlevant le fer réduit par digestion dans l'acide azotique étendu (page 493, 7. a.), fondant le résidu avec du bisulfate de potasse, reprenant la masse fondue par l'eau froide et précipitant l'acide titanique par l'ébullition (§ **107**.).
— On peut aussi fondre de suite avec le bisulfate de potasse le précipité formé de peroxyde de fer, d'alumine, d'acide titanique, dissoudre la masse fondue dans l'eau froide, neutraliser exactement la liqueur avec du carbonate de soude et l'étendre d'eau de façon que 50 C. C. renferment au plus 0,1 gr. des oxydes. On ajoute alors à froid un léger excès d'hyposulfite de soude, et l'on attend que le liquide, qui s'était d'abord coloré en violet,

Whittlesey, Zeitschr. f. analyt. Chem., X, 98 ; — *A. R. Leeds, Zeitschr. f. analyt. Chem.*, XVI, 323 ; — *Dolter, Zeitschr. f. analyt. Chem.*, XVIII, 53.

(*) *Zeitschr. f. analyt. Chem.*, XIII, 176.
(**) *Zeitschr. f. analyt. Chem.*, XVIII, 53.
(***) *Zeitschr. f. analyt. Chem.*, XVII, 213.

soit redevenu tout à fait incolore et que par là tout le peroxyde de fer soit réduit en protoxyde : on chauffe à l'ébullition, que l'on maintient jusqu'à ce qu'il ne se dégage plus d'acide sulfureux ; on filtre, on lave le précipité avec de l'eau bouillante, on le sèche, on le calcine dans un creuset en porcelaine d'abord fermé et jusqu'au rouge faible pour chasser le soufre, puis fortement au contact de l'air. On obtient ainsi l'alumine (*Chancel* [*]) avec l'acide titanique (*A. Stromeyer* [**]) exempts de peroxyde de fer et on les sépare par le moyen indiqué plus haut. Dans la précipitation de l'acide titanique par l'ébullition de la dissolution sulfurique, il faut faire bien attention (voir § **107**). sans quoi tout l'acide ne serait pas précipité (voir *Riley* [***]). Pour être certain de précipiter de l'acide titanique pur par l'ébullition d'une liqueur contenant du fer, *G. Streit* et *B. Franz* ([****]) ajoutent un volume à peu près égal d'acide acétique.

9. Si les silicates renferment de l'*acide borique*, on peut le doser d'après la méthode donnée à la page 557. b. On pourra aussi procéder, comme l'a indiqué *Ditte* ([*****]), en séparant l'acide borique à l'état de borate de chaux, qu'on fait cristalliser dans un mélange fondu de chlorure de calcium, chlorure de sodium et chlorure de potassium. (Voir les Additions.)

10. Le dosage du *chlore*, du *fluor*, de l'*acide phosphorique* dans les silicates a été indiqué dans les § **166** et **167**.

11. Au nombre des silicates les plus compliqués à analyser, il faut compter les *météorites*, dans lesquels il y a, au milieu d'une masse de silicates, des métaux libres, des sulfures, des phosphures, des carbures métalliques, ainsi que du fer chromé. Leur analyse se présente rarement et je recommande, si l'on a à les étudier, le travail fait par *W. Pillitz* ([******]) sur le météorite de Zsadanyer.

12. L'analyse de l'*outremer* présente aussi des difficultés. Pour le meilleur moyen à employer je renvoie au travail de *Rheinholdt Hoffmann* ([*******]).

13. Si un silicate, inattaquable par les acides, renferme du *quartz*, et si l'on doit déterminer la proportion de ce dernier, on procédera d'après une des méthodes données au § **238**. II. f.

Pour analyser les argiles on suit une marche que nous allons donner, un peu différente de celle que nous venons d'indiquer pour les silicates.

B. ANALYSE DES ARGILES.

§ 238.

Les argiles proviennent de la désagrégation, c'est-à-dire de la séparation mécanique et de la décomposition chimique des roches renfermant des silicates alumineux et en particulier des feldspaths et des schistes argi-

---

[*] *Compt. rend.*, XLVI, 987.
[**] *Ann. d. Chem. u. Pharm.*, CXIII, 127.
[***] *Journ. of the Chem. Soc.*, XV, 311. — *Zeitschr. f. analyt. Chem.*, II, 70.
[****] *Journ. f. prackt. Chem.*, CVIII, 65. — *Zeitschr. f. analyt. Chem.*, IX, 388.
[*****] *Ann. de chimie, et de physique* (5° série) IV, 549.
[******] *Zeitschr. f. analyt. Chem.*, XVIII, 58.
[*******] « Sur l'outremer », 1875. — *Wagner's Jahresb.*, 1873, 378.

leux. Lorsqu'elles sont encore en place, ce sont ordinairement des mélanges d'argile proprement dite avec du sable quartzeux ou du sable feldspathique, etc., et elles renferment aussi de la silice qu'on peut enlever par ébullition avec une solution de carbonate de soude. — Mais si les argiles ne sont plus dans leur lieu d'origine, si elles ont été remaniées et transportées par les eaux, elles ne sont plus pures et renferment à l'état de mélanges différentes autres substances minérales et en général aussi des matières organiques.

Comme au point de vue des usages auxquels on destine l'argile, il est important non seulement de connaître sa composition chimique, mais aussi de savoir quelles sont les parties qu'on en peut séparer mécaniquement, il sera bon de faire précéder l'analyse chimique d'une sorte d'analyse mécanique (*).

I. *Analyse mécanique.*

Par l'analyse mécanique on arrive à déterminer les proportions de sable grossier (gravier), de sable impalpable (sorte de poussière) et des éléments limoneux les plus fins (argile), dont le mélange constitue l'argile naturelle.

On s'est occupé beaucoup dans ces derniers temps de cette analyse mécanique. Les appareils dont on fait usage ont été perfectionnés et la séparation mécanique des éléments de l'argile a été plus précisée. On regarde comme le meilleur appareil celui de *Schœne* (**), qui est une modification de celui de *W. Schültze* (***). En outre *Seger* (****) a précisé davantage la dénomination des éléments de l'argile mécaniquement séparables : ainsi on appelle : Sable grossier, tous les grains au-dessus de 0,20 mm. — Sable, ceux entre 0,04 et 0,20 mm. — Poussière, de 0,020 à 0,040. — Boue, de 0,01 à 0,02, et enfin *Argile*, tout ce qui est plus fin.

Malgré ces perfectionnements on n'atteint encore que bien imparfaitement le but qu'on se propose en faisant les analyses mécaniques des argiles. Ainsi la poussière de l'argile de Senftenber, obtenue par *Seger* (****) avec l'appareil de *Schœne*, donna encore 9,3 pour 100 d'argile et l'on en trouva jusqu'à 25,72 pour 100 dans la poussière retirée de la même façon de l'argile d'Andennes.

Je crois ne pouvoir mieux faire que de conseiller à ceux qui voudraient se livrer à ce genre de travail de consulter les ouvrages que j'ai cités et aussi surtout le remarquable mémoire de *Charles Bischof* « sur les argiles réfractaires, etc. (*****). »

Pour avoir une idée générale de la constitution de l'argile, il suffit en général de la soumettre à un simple débourbage, comme je l'ai indiqué dans mon mémoire sur les argiles de Nassau et que je vais décrire.

(*) Voir le travail de *Frésénius :* « Recherches sur les principales argiles du Nassau ». *Journ. f. prackt. Chem.*, LVII, 65.
(**) *Zeitschr. f. analyt. Chem.*, VII, 29.
(***) Notice sur la fabrication des tuiles, etc., 1872, 188.
(****) Notice sur la fabrication des tuiles, 9, 397.
(*****) Notice sur la fabrication des tuiles, 1873, 109.
(******) Leipzig. Imp. Quandt et Handel, 1876.

On se sert pour cela de l'appareil fort simple qu'a employé *Fr. Schulze*(*) pour l'analyse mécanique des terres. Je décrirai plus loin, à propos de l'analyse des sols, l'appareil plus parfait mais plus compliqué de *Schœne*.

Pour opérer comme l'a fait *Schulze*, il faut :

a. Un verre, de la forme d'une grande flûte à champagne, sur le bord duquel on a mastiqué un anneau en laiton de 15 m.m. de large, portant sur un côté un bec pour permettre l'écoulement. La hauteur intérieure du verre depuis le fond jusqu'au bord supérieur de l'anneau est de 20 centim. et le diamètre supérieur de 7 centim.

b. Un tube à entonnoir, dont l'entonnoir a 5 centim. de diamètre, et le tube 40 centim. de long et 7 m.m. de diamètre intérieur. Il est étiré de façon à n'avoir qu'une ouverture de 1,5^{mm}.

c. Un grand flacon d'une capacité d'environ 10 litres au moins avec une tubulure inférieure fermée par un robinet. On fera bien de le prendre en zinc. On le place sur un support que l'on peut élever ou abaisser à volonté. Au robinet on suspend le tube à entonnoir au moyen d'une ficelle, de façon que l'ouverture du robinet soit au-dessus de l'entonnoir.

d. Une capsule ou un grand vase à précipités pour recueillir le liquide décanté.

On pulvérise 30 gram. d'argile desséchée à l'air, on la fait bouillir avec deux ou trois fois son volume d'eau pendant une heure dans une capsule en porcelaine, en remuant légèrement avec un pilon, pour opérer aussi complètement que possible la désagrégation complète des parties. Après refroidissement on verse dans le vase à débourber le contenu de la capsule et l'eau de lavage : on ouvre un peu le robinet du réservoir d'eau et pendant qu'un filet d'eau coule par le tube à entonnoir, on plonge celui-ci dans le vase à débourber. En élevant ou abaissant le réservoir d'eau on fait en sorte que la pointe du tube ne soit qu'à quelques millimètres du fond du vase, et en tournant convenablement le robinet, on fait en sorte que l'eau se maintienne à peu près à la moitié de l'entonnoir du tube. Dans ce cas la pression est d'environ 20 centim. (différence des niveaux dans l'entonnoir et le vase à débourber).

Le courant d'eau met l'argile en suspension dans le liquide, mais il n'y a que les parties les plus fines qui arrivent jusqu'au bord du vase et s'échappent avec l'eau par l'échancrure latérale, tandis que le sable grossier reste dans le vase à débourber. Lorsque l'eau coule claire, on ferme le robinet, on retire le vase à débourber, on décante rapidement dans une capsule le liquide encore un peu trouble et, au moyen de la fiole à jet, on fait tomber dans une petite capsule le gravier que l'on sèche, que l'on calcine au rouge et que l'on pèse.

On laisse reposer au moins 6 heures la capsule ou le vase à précipités dans lequel se trouve le liquide trouble, on décante le liquide clair ou encore un peu trouble et l'on fait tomber dans le vase à débourber le dépôt qui ne renferme plus guère que du sable fin. On renouvelle l'opération du débourbage comme la première fois, avec cette différence qu'au lieu de faire couler l'eau en filet continu, on ne la laisse tomber que goutte à goutte le

(*) *Journ. f. prakt. Chem.*, XLVII, 241.

long des parois de l'entonnoir, de façon que le niveau de l'eau dans le tube ne soit guère qu'à 3 centim. au-dessus du niveau extérieur. — On prolonge l'opération jusqu'à ce que l'eau coule claire, ce qui n'arrive guère qu'au bout de 3 ou 4 heures. Avec le sable qui reste on opère comme avec le gravier.

On chauffe au rouge un nouvel essai de l'argile desséchée à l'air, pour connaître la quantité d'eau et l'on obtient par différence la quantité des parties les plus fines enlevées par l'eau (l'argile proprement dite). C'est ainsi que j'ai obtenu les résultats suivants avec l'argile maigre de Hillscheid et avec l'argile grasse d'Ebernhahn.

	Argile de Hillscheid.	Argile d'Ebernhahn.
Gravier,	24,68	6,66
Sable,	11,29	9,66
Argile,	57,82	74,82
Eau,	6,21	8,86
	100,00	100,00

II. *Analyse chimique.*

L'analyse quantitative devra toujours être précédée d'une *analyse qualitative*, qui aura surtout pour but de savoir : d'une part, quelles sont les substances qui se trouvent dans l'eau, éclaircie par un long dépôt, provenant de l'ébullition de l'argile avec de l'eau (chlorure de sodium, chlorhydrate d'ammoniaque, sulfate de chaux, sulfate de protoxyde de fer, matières organiques, etc.) ; et d'autre part les élémens dissous à une douce chaleur par l'action de l'acide chlorhydrique très étendu (carbonate de chaux, carbonate de magnésie, protoxyde de fer, phosphate, etc.). L'analyse *quantitative* peut se faire soit sur l'argile telle quelle, ou bien, suivant les circonstances, après l'avoir débarrassée des carbonates alcalino-terreux par un acide faible (acide acétique ou acide chlorhydrique très étendu), ou aussi après l'avoir débarrassée du gravier par l'action mécanique de l'eau.

Première méthode.

a. On réduit l'argile desséchée à l'air en poudre aussi fine que possible et on la met dans des tubes à essais qu'on puisse fermer.

b. On en dessèche environ 2 gram. à 120° dans un creuset ou une petite capsule en platine jusqu'à ce que le poids soit constant. La perte de poids donne l'*humidité* : ensuite on chauffe au rouge d'abord faible, puis de plus en plus vif et pendant un temps assez long. La nouvelle perte de poids fait connaître l'eau fortement combinée (avec les éléments organiques et les composés volatils de l'argile, si elle en renferme).

c. On désagrège 1 à 2 gram. de l'argile desséchée à l'air avec le carbonate sodico-potassique et l'on opère exactement suivant le § 140. II. b. — L'acide *silicique*, après avoir été pesé, sera traité par un mélange de fluorhydrate d'ammoniaque et d'acide sulfurique. S'il reste un résidu non volatil, il faudra le retrancher du poids de la silice impure. On fond alors ce résidu avec du bisulfate de potasse et dans la dissolution on dose l'*acide titanique* qui pourrait s'y trouver (§ **237**. 8.) et parfois aussi un peu d'alumine.

d. A la dissolution chlorhydrique séparée par filtration de la silice on ajoute quelques gouttes d'acide azotique, on évapore de façon à chasser la plus grande partie des acides libres, on étend d'eau, on ajoute un excès de carbonate de baryte pur et on laisse digérer à froid pendant 24 heures, en remuant fréquemment : on filtre et par décantation d'abord, puis sur le filtre on lave le précipité formé par de l'hydrate d'alumine, de l'hydrate de peroxyde de fer et du carbonate de baryte. On redissout le précipité dans l'acide chlorhydrique ; on précipite la baryte par l'acide sulfurique et l'on partage en deux parties égales (α. et β.) soit en poids, soit en volume, le liquide filtré réuni aux eaux de lavage.

α. On précipite avec l'ammoniaque, on décante, on filtre après avoir laissé reposer longtemps dans un endroit chaud, on lave complètement, on sèche, on chauffe au rouge (à la fin avec le chalumeau à gaz), on pèse, on multiplie par 2 et l'on a l'alumine plus l'oxyde de fer (*).

β. On concentre cette seconde partie du liquide ; on y dose le peroxyde de fer avec le protochlorure d'étain (page 244) ; ou bien on y ajoute du tartrate de potasse, de l'ammoniaque et du sulfhydrate d'ammoniaque et l'on dose le fer à l'état de peroxyde (page 287) ; on multiplie par 2 la quantité de peroxyde de fer trouvée.

La quantité d'alumine est égale au résultat obtenu en α. et moins celui fourni par β. et éventuellement moins la petite quantité d'acide titanique et d'acide silicique que l'on a trouvée en α, et qu'il faudra naturellement multiplier aussi par 2.

Quant au liquide séparé par filtration du précipité formé par le carbonate de baryte, on y ajoute avec précaution et sans le concentrer préalablement de l'acide sulfurique (§ **132**. 1.), on sépare le sulfate de baryte par filtration et on le lave jusqu'à ce que le liquide qui passe ne donne plus la réaction de l'acide sulfurique. On concentre le liquide étendu, mais pas assez cependant pour y déterminer le dépôt du sulfate de chaux, et l'on y dose la *chaux* et la *magnésie* suivant le § **154**. 6. (36).

e. On traite 1 ou 2 gram. d'argile séchée à l'air, additionnés d'acide sulfurique, par une dissolution concentrée d'acide fluorhydrique (page 388) ou par l'acide fluorhydrique gazeux (page 589) ou par le fluorhydrate d'ammoniaque (page 390) — On reprend par l'acide chlorhydrique les sulfates obtenus par l'un ou l'autre de ces moyens. Si quelque chose reste non dissous, on laisse déposer, on décante le plus de liquide clair que l'on peut, et l'on soumet le résidu à un nouveau traitement par l'acide fluorhydrique ou le fluorure d'ammonium. A la dissolution chlorhydrique étendue on ajoute avec précaution du chlorure de baryum tant qu'il se forme un préci-

---

(*) Dans le précipité se trouve ordinairement la plus grande partie de l'acide titanique s'il y en a et on l'obtient en le traitant comme il est dit dans le paragraphe précédent (page 865) ; si en fondant avec le bisulfate de potasse et en traitant le produit par l'eau il reste un résidu insoluble, c'est un peu d'acide silicique. Ce dernier doit être floconneux : s'il n'en est ainsi, il faut encore traiter le résidu par le bisulfate, ou le désagréger avec le carbonate de soude (§ **140**. II. h.).

pité, puis, sans préalablement filtrer, du carbonate d'ammoniaque et de l'ammoniaque. On laisse déposer à froid, on filtre, on lave, on évapore la dissolution, on chauffe au rouge le résidu pour chasser les sels ammoniacaux, on reprend par l'eau, on fait bouillir avec un peu de lait de chaux pur pour éliminer la magnésie : dans le liquide filtré on précipite la chaux et un léger reste de baryte par l'ammoniaque et le carbonate d'ammoniaque, etc., et l'on dose les alcalis suivant qu'il est dit à la page 750.

On connaît maintenant la composition de l'argile en bloc, mais si l'on veut déterminer encore combien de la silice trouvée est en combinaison avec les bases (A), combien à l'état d'acide silicique hydraté (B) et combien sous forme de sable quartzeux (C) ou encore de silicate mélangé de sable (sable feldspathique), il faut en outre faire les expériences suivantes.

f. On ajoute à une troisième portion (1 à 2 gram.) d'argile séchée à l'air une quantité notable d'acide sulfurique monohydraté pur additionné d'un peu d'eau : on chauffe pendant 10 à 12 heures de façon à chasser, mais cependant pas complètement, l'acide en excès. On laisse refroidir, on verse de l'eau en excès, on lave le résidu insoluble (A + B + sable), on le place encore humide dans une capsule en platine ou en porcelaine et on le traite par une dissolution bouillante de carbonate de soude (§ **237**. 2. b.). En mesurant la silice passée dans la solution alcaline on aura (A + B). Après lavage, on calcine au rouge et l'on pèse le sable. — Si la somme du sable plus A + B est d'accord avec la quantité totale d'acide silicique trouvée en c., le sable est du sable quartzeux pur : si au contraire le résultat est plus grand, le sable n'est pas quarzeux pur, mais la poudre plus ou moins sableuse d'un silicate, par exemple du sable feldspathique, et alors il faut prendre pour C la différence entre la quantité totale de silice trouvée en c. et la quantité A + B. — Si l'on désire dans le dernier cas connaître encore plus exactement la composition du sable, il faut le soumettre à une analyse particulière. — On peut séparer le sable quartzeux des silicates qui y sont mélangés en chauffant en tube scellé avec un peu d'acide sulfurique étendu (page 392), ou bien en chauffant avec précaution avec de l'acide phosphorique concentré, qui, par une élévation graduelle de température, décompose d'abord les silicates en éliminant de la silice en gelée et n'attaque le quartz qu'à la fin (Al. Müller[*]). Il faut régler le chauffage avec bien des précautions et atteindre 190° à 200°. Muller a disposé pour cela un fourneau particulier ([**]). E. Laufer ([***]) a démontré que le sable quartzeux était attaqué par l'acide phosphorique à chaud et jusqu'à quel degré.

g. Enfin pour savoir la quantité d'acide silicique qu'une solution bouillante de carbonate de soude peut enlever à l'argile (B) et que l'on peut alors regarder comme de la silice hydratée, on fait bouillir à plusieurs reprises avec la dissolution alcaline un poids un peu plus grand d'argile séchée à l'air et en évaporant la dissolution avec de l'acide chlorhydrique, on y dose l'acide silicique. A est alors égal à (A + B) — B.

h. Si les argiles contiennent des *substances organiques* ou des *sulfures*

(*) *Zeitschr. f. analyt. Chem.*, V, 431.
(**) *Zeitschr. f. analyt. Chem.*, VII, 465.
(***) *Zeitschr. f. analyt. Chem.*, XVII, 368.

en quantités que l'on puisse peser, on mesure les premières suivant le § **237**. 4. et les seconds suivant le § **237**. 6.

Seconde méthode.

Si la partie argileuse de l'argile est facilement attaquable par l'acide sulfurique, et si la partie sableuse est du sable quartzeux, l'analyse se simplifie beaucoup et s'opère alors de la façon suivante.

a. On fait comme dans la méthode précédente la préparation de l'argile, la dessiccation et le dosage de l'eau.

b. On décompose environ 2 gram. avec l'acide sulfurique, comme en f. dans la première méthode, on chasse par évaporation la presque totalité de l'excès d'acide sulfurique, on étend d'eau, on obtient par filtration l'acide silicique et le sable, que l'on sépare l'un de l'autre par la solution de carbonate de soude pour les mesurer séparément (§ **237**. 1. b.)

c. Dans le liquide séparé en b. par filtration, on ajoute avec précaution, en évitant d'en mettre un excès notable, une dissolution d'azotate de plomb : au bout de quelques heures on filtre : dans le liquide filtré, réuni aux eaux de lavage, on élimine les dernières traces de plomb avec l'hydrogène sulfuré, on évapore le liquide dans une petite capsule et l'on traite le résidu suivant le § **101**. 5. (118). La méthode indiquée ici est fort simplifiée par l'absence, presque générale, de manganèse dans les argiles.

10. Composés chromés.

Fer chromé.

§ **239**.

Le fer chromé est essentiellement formé d'oxyde de chrome et de protoxyde de fer ; il arrive fréquemment qu'une partie du sesquioxyde de chrome est remplacé par du sesquioxyde de fer et de l'alumine et le protoxyde de fer par la magnésie. En outre les minerais de fer chromé sont souvent mélangés avec de l'acide silicique ou des silicates, de petites quantités de chaux, ou d'oxyde de manganèse, d'acide titanique, etc. — Leur teneur très variable en chrome rend leur analyse souvent nécessaire pour déterminer leur valeur. Les minerais de fer chromé sont loin d'être aussi faciles à désagréger que la plupart des autres minéraux : aussi beaucoup de chimistes ont-ils cherché le moyen le plus facile pour obtenir ce résultat. Comme les travaux faits dans cette voie sont très instructifs, je donnerai en note (*) la nomenclature des plus importants, faits dans ces derniers

(*) *P. Hart.* (*Journ. f. prakt. Chem.*, LXVII, 320.) — *Calvert.* (*Dingl. polyt. Journ.*, CXXV, 466.) — *Ch. O'Neill.* (*Chem. News*, 1862, n° 123-199. *Zeitschr. f. analyt. Chem.*, I, 497.) — *Oudesluys.* (*Chem. News*, 1862, n° 127-254. *Zeitschr. f. analyt. Chem.*, I, 498.) — *T. S. Hunt.* (*Sill. Am. Journ.* [2], V, 418). — *F. A. Gent.* (*Chem. News*, 1862, n° 137-32. *Zeitschr. f. analyt. Chem.*, I, 498.) — *Gibbs* et *P. C. Dubois.* (*Zeitschr. f. analyt. Chem.*, III, 401.) — *F. W. Clarke.* (*Zeitschr. f. analyt. Chem.*, VII, 463.) — *J. Blodget Britton.* (*Chem. News*, XXI, 266. *Zeitschr. f. analyt. Chem.*, IX, 487.) — *Fr. C. Philipps.* (*Zeitschr f. analyt.*

temps, et je me bornerai ici à indiquer les méthodes les meilleures et les plus simples. Elles permettent soit d'avoir seulement la proportion de chrome ou bien de doser tous les éléments.

Toutes les méthodes exigent d'abord que le minéral soit réduit en poudre réellement impalpable. Cette opération, de laquelle dépend essentiellement la réussite de l'analyse, exige beaucoup de patience et une certaine dextérité.

Pour faciliter le broyage dans le mortier d'agate, *Christomanos* recommande de chauffer peu de temps, mais très vigoureusement, sur un couvercle de platine, le minerai réduit en poudre grossière. Ensuite il faut par le tamisage séparer la poudre des grains encore un peu apparents et broyer ceux-ci de nouveau. — On ne peut pas employer le débourbage, parce que de cette façon l'essai ne serait plus aussi bien mélangé. En employant le procédé de *Christomanos* la poudre tamisée doit encore être chauffée avant la pesée. L'analyse porte donc sur la substance débarrassée d'eau.

I. *Procédés de désagrégation.*

a. *Méthode de J. Blodget Britton.* — On mélange le plus intimement possible 0,5 gramm. du minerai en poudre très fine avec 4 grammes d'un mélange de 1 partie de chlorate de potasse et 3 parties de chaux sodée : on chauffe le creuset de platine fermé pendant au moins une heure et demie au rouge vif. La masse non fondue se laisse facilement retirer du creuset et pulvériser. La désagrégation est complète. Si l'on élève la température en employant le chalumeau à gaz, la désagrégation est achevée au bout de vingt minutes (*Fels*). — Le produit obtenu renferme tout le chrome sous forme de chromate alcalin. Ce procédé, qui n'est qu'une modification de celui de *Calvert* (qui emploie l'azotate de potasse au lieu du chlorate), est simple, certain et très facile à mettre en pratique puisqu'il permet d'opérer dans un creuset de platine.

b. *Méthode de Kayser.* — On mélange une partie (environ 0,5 gramm.) de fer chromé en poudre avec 2 parties de carbonate de soude anhydre et 3 parties d'hydrate de chaux : on maintient ce mélange dans un creuset de platine ouvert en remuant fréquemment pendant environ une heure à la température du rouge vif fourni par le soufflet à gaz. Il en résulte une masse concrétée, qui cède facilement à l'eau chaude le chromate de soude formé. Lorsqu'on opère bien, le résidu ne renferme plus du tout de chrome.

c. *Méthode de Dittmar.* — On fond 2 parties de verre de borax avec 3 parties de carbonate sodico-potassique et l'on conserve ce fondant dans des vases fermés. Pour opérer la désagrégation, on fond dans un creuset

Chem., XII, 189.) — *F H. Storer. (Zeitschr. f. analyt. Chem.*, IX, 71.) — *F. E. Stoddart.* (*Zeitschr. f. analyt. Chem.*, XIII, 86.) — *R. Kayser. (Zeitschr. f. analyt. Chem.*, XV, 187.) — *H. Hager. (Untersuchungen*, 1, 163.) — *A. Christomanos. (Zeitschr. f. analyt. Chem.*, XVII, 249.) — *E. F. Schmidt. (Zeitschr. f. analyt. Chem.*, XVII, 514.) — *W. Dittmar. Zeitschr. f. analyt. Chem.*, XVIII, 126.) — *F. Fels. (Zeitschr. f. analyt. Chem.*, XVIII, 498.) — *W. J. Sell. (Journ. of the Chem. Soc.*, 1879, juin, CLXXXXIX, 293.)

de platine, sur un brûleur de Bunsen, 0,5 gram. du minerai en poudre fine avec 5 à 6 grammes du fondant. Au commencement on chauffe au rouge pendant environ cinq minutes le creuset fermé; puis on ouvre le creuset; on l'incline sur la flamme, on donne toute la chaleur que la lampe peut fournir et l'on remue le mélange avec un fil de platine, jusqu'à ce que le minerai soit complètement dissous. Alors pendant encore à peu près trois quarts d'heure on maintient la masse en fusion et au contact de l'air. Avec de l'eau chaude on extrait tout le chrome sous forme de chromate alcalin. — Si avec le brûleur *Bunsen* on ne pouvait pas porter le creuset au rouge vif, il faudrait employer le soufflet à gaz, pour être certain que la désagrégation est complète.

d. *Christomanos*, lorsqu'il s'agit de faire une analyse complète du minéral, emploie la méthode un peu modifiée de *Péligot* et *Clouet*. On mélange intimement de 0,3 à 0,5 gram. de fer chromé en poudre très fine avec 3 à 3,5 grammes de carbonate de soude pur et anhydre: on chauffe le mélange dans une petite capsule en platine munie de son couvercle, et cela pendant deux heures au moyen du soufflet à gaz, jusqu'à ce que tout soit en fusion. (En ajoutant un peu de salpêtre, environ 0,5 gram., on hâte l'opération, mais la capsule est fortement attaquée. Cette addition de salpêtre n'est pas à recommander.) La désagrégation est complète, mais cette nécessité de chauffer pendant deux heures sur le soufflet à gaz est ennuyeuse. La masse fondue contient tout le chrome en chromate alcalin.

e. Pour mesurer seulement la proportion de chrome, *Christomanos* mélange intimement dans un mortier de 0,3 à 0,5 gram. de fer chromé avec 4 grammes de soude caustique parfaitement desséchée et encore chaude et 1,7 à 2 grammes de magnésie calcinée: puis il chauffe le mélange dans un creuset en platine ou mieux en or pendant une heure avec un simple brûleur *Bunsen*, et en remuant souvent avec un fil de platine. La masse concrétée, bouillie avec de l'eau, abandonne son chrome dissous sous forme de chromate de soude.

f. Méthode de *T. S. Hunt* et *F. H. Genth*. — Dans un creuset de platine assez grand on fond environ 0,5 gram. de minerai en poudre avec 6 grammes de bisulfate de potasse et l'on chauffe pendant 15 minutes à une température dépassant à peine le point de fusion du bisulfate: on élève ensuite un peu la température de façon que le fond du creuset commence seulement à rougir et on laisse à cet état pendant 15 à 20 minutes. La masse fondue ne doit pas occuper plus de la moitié de la hauteur du creuset. Pendant cette période la masse est en fusion tranquille, il se dégage d'abondantes vapeurs d'hydrate d'acide sulfurique. Au bout de vingt minutes on chauffe plus fort pour chasser totalement le second équivalent d'acide sulfurique et même pour décomposer partiellement le sulfate de fer et celui de chrome. A la masse fondue on ajoute 3 grammes de carbonate de soude pur, on chauffe à la température de fusion et l'on ajoute peu à peu pendant une heure 3 grammes de salpêtre, en maintenant toujours au rouge faible et enfin pendant 15 minutes on porte au rouge vif. Tout le chrome est alors changé en chromate alcalin. L'opération est un peu fastidieuse, sans compter que le creuset de platine est attaqué, mais elle donne de bons résultats.

II. *Opération analytique.*

a. Dosage de tous les éléments.

Si l'on doit doser *tous* les éléments du fer chromé, on fait bien de choisir une des méthodes de désagrégation dans lesquelles on ne fait usage que de sels alcalins et en particulier, pour éviter aussi l'acide borique, la méthode d. ou f.— On traite le produit fondu refroidi par l'eau bouillante, on filtre à chaud et on lave la partie insoluble avec de l'eau bouillante ; on fait digérer le résidu à chaud avec de l'acide chlorhydrique. S'il reste du minerai insoluble non désagrégé, il ne faudra pas le peser, mais le soumettre à une nouvelle désagrégation. Dans le liquide filtré alcalin, renfermant tout le chrome en chromate alcalin, on pourra trouver de petites quantités d'acide manganique, d'acide silicique, d'alumine et rarement de l'acide titanique. Pour les séparer on évapore la dissolution au bain-marie avec un excès d'azotate d'ammoniaque : on pousse presque à siccité jusqu'à ce que toute l'ammoniaque mise en liberté ait été chassée. En ajoutant de l'eau, la silice, l'acide titanique, l'alumine et l'oxyde de manganèse restent insolubles. On filtre : on ajoute au liquide filtré un excès d'acide sulfureux pour réduire l'acide chromique en oxyde de chrome, on chauffe avec précaution jusqu'à l'ébullition. Il vaut mieux opérer dans une capsule en platine ; si l'on n'en a pas, on en prendra une en porcelaine, mais l'on ne fera pas usage d'un vase en verre. Au liquide bouillant on ajoute un léger excès d'ammoniaque pure, surtout exempte d'acide silicique et l'on fait bouillir quelques minutes. On lave l'hydrate de sesquioxyde de chrome précipité en le faisant bouillir à plusieurs reprises avec de l'eau et en décantant le liquide à travers un filtre, et cela jusqu'à ce que l'eau filtrée ne donne plus la réaction de l'acide sulfurique. Le précipité séché et calciné au rouge peut contenir encore un peu de chromate alcalin. On ne le pèse donc pas encore, mais on le fait bouillir avec un peu d'eau, on ajoute quelques gouttes d'acide sulfureux, puis de l'ammoniaque, on filtre de nouveau, on lave, on sèche, on calcine au rouge et alors on pèse le sesquioxyde de chrome maintenant tout à fait pur (*F. A. Genth* [*]).

Quant à ce qui se trouve dans la solution chlorhydrique, ainsi que les corps séparés par le traitement par l'azotate d'ammoniaque, on les soumet à l'analyse d'après les procédés ordinaires.

Christomanos ([**]) s'est aussi occupé d'une façon fort heureuse de l'analyse complète du fer chromé. Voici la manière dont il recommande d'opérer. On prépare la désagrégation suivante I. d. Un peu avant le refroidissement on plonge le creuset avec son contenu et son couvercle dans une capsule un peu profonde contenant 300 à 400 centimètres cubes d'eau bouillante. La désagrégation de la matière se fait rapidement. Au bout de cinq minutes on retire le creuset et son couvercle, on détache les parties de la substance restées adhérentes et avec la fiole à jet, remplie

[*] *Zeitschr. f. analyt. Chem.*, I, 498.
[**] *Zeitschr. f. analyt Chem.*, XVII, 249.

d'eau chaude, on les fait tomber dans la capsule. Dans le creuset on met un peu d'acide chlorhydrique et on le laisse un instant de côté.

Pendant cinq à dix minutes on fait bouillir l'eau de la capsule jusqu'à ce que la couleur du liquide, tout d'abord brun rouille, verte ou vert-bleu par suite de la présence de manganate et de ferrate de soude, soit devenue jaune pur et intense. Ce point atteint, on filtre avec un filtre à succion, on lave complètement le précipité avec de l'eau chaude ; par un rapide passage de l'air à travers sa masse on le sèche assez pour pouvoir le retirer facilement du filtre. Puis on le traite, avec les cendres du filtre, par l'acide chlorhydrique et on ajoute l'acide chlorhydrique qui est dans le creuset : au bain-marie on évapore à siccité après addition de quelques gouttes d'acide azotique, on humecte le résidu avec de l'acide chlorhydrique, on évapore encore une fois à siccité comme tout à l'heure, on traite par l'acide chlorhydrique puis par l'eau, on sépare la silice et enfin on dose le fer, la chaux, la magnésie par les méthodes ordinaires. — Si la silice ne se dissolvait pas totalement dans la solution bouillante de carbonate de soude, il faudrait encore désagréger le résidu formé de fer chromé non attaqué.

Dans la *dissolution jaune* obtenue par l'ébullition dans l'eau de la masse fondue, se trouvent l'alumine à l'état d'aluminate de soude, le chrome sous forme de chromate de soude : en outre il peut y avoir aussi du silicate de soude et quelquefois de l'acide titanique. Pour faire la séparation on opère comme il est dit plus haut.

Dans le calcul de la représentation de l'analyse, on introduit le chrome à l'état de sesquioxyde. La question est plus difficile à résoudre pour le fer. En général il se trouve tout entier sous forme de protoxyde ; cependant il y a parfois des fers chromés dans lesquels une partie du sesquioxyde de chrome est remplacé par du sesquioxyde de fer. Dans ce cas on ne peut avoir de donnée que par la perte de poids que l'on obtient en maintenant longtemps au rouge dans un courant d'hydrogène le minéral anhydre. — Les minerais qui renferment du peroxyde de fer dans la gangue, l'abandonnent à l'acide chlorhydrique lorsqu'on fait bouillir longtemps avec cet acide le minéral en poudre. — En présence de la chaux, qui se trouve en grande partie en carbonate, il faudra faire un dosage d'acide carbonique et naturellement avec un échantillon qui n'aura pas été calciné.

b. Simple dosage du chrome dans le fer chromé.

Comme la valeur du fer chromé ne dépend que de la proportion de chrome qu'il contient, il suffit le plus souvent de faire cette détermination. En général on procède par analyse à l'aide de liqueurs titrées de l'une ou l'autre des deux façons suivantes :

α. On épuise complètement par l'eau bouillante le produit fondu, préparé suivant I. a. b. ou e. : dans la totalité ou dans une partie aliquote de la dissolution, on ajoute de l'acide sulfurique jusqu'à la redissolution de l'hydrate d'alumine précipité d'abord, on chauffe, on laisse refroidir et l'on dose l'acide chromique d'après le § **130**. I. e. α. Si la dissolution ne renferme pas de chlorures (fusion suivant I. b. ou e.), on mesurera l'excès de sulfate de protoxyde de fer ajouté avec le permanganate de potasse (§ **112**).

2. a.); mais s'il y a des chlorures (fusion suivant I. a.), il faudra prendre de préférence la méthode de *Penny* (§ **112**. **2**. b.).

β. On chauffe la masse fondue I. a. avec un peu d'eau (environ 20 C.C.), et après refroidissement on ajoute de l'acide chlorhydrique de densité 1,12 (15 C.C.). Tout doit se dissoudre, sauf la silice éliminée. On ajoute alors (§ **130**. I. e. α.) une quantité connue et en excès de sulfate de protoxyde de fer et l'on dose l'excès de ce dernier (*J. Blodget Britton*). — Le dosage de l'excès de sel de fer, tel que le fait *Britton*, avec le permanganate de potasse, n'est pas convenable (page 236. γ.); il vaut bien mieux prendre le procédé de *Penny* (§ **112**. **2**. b.).

On ne peut pas appliquer ces méthodes aux produits obtenus par fusion avec les azotates alcalins, parce que les azotites qu'ils renferment réduiraient en partie l'acide chromique, lorsqu'on acidifierait la dissolution.

11. Composés du zinc.

A. Carbonate de zinc naturel (calamine noble). — B. Silicates de zinc (calamine, calamine silicatée).

§ 240.

Le carbonate de zinc naturel est formé de carbonate de zinc, qui est mélangé ordinairement en plus ou moins grande proportion de protoxyde de fer, protoxyde de manganèse, oxyde de plomb, oxyde de cadmium, chaux, magnésie, silice et parfois aussi d'oxyde de cuivre. Les minerais siliceux sont constitués par du silicate basique de zinc hydraté, mélangé fréquemment avec un peu de carbonate de zinc et contenant en outre le plus souvent du peroxyde et du protoxyde de fer et aussi du protoxyde de manganèse, de l'oxyde de plomb, de l'alumine, de la chaux et de la magnésie.

On réduira les minerais en poudre très fine et on les analysera séchés tout simplement à l'air ou à la température de 100°. Dans le premier cas il faudra, en séchant un essai à 100°, faire un dosage d'humidité. Si l'on veut chercher le degré d'oxydation du fer, il faut prendre le minerai seulement séché à l'air.

Dosage de tous les éléments.

a. On traite cet essai suivant le § **140**. II. a., c'est-à-dire qu'on sépare la silice à la manière ordinaire. Comme il y a souvent du *sable* ou de la *gangue* non décomposée, il faudra en séparer la silice par la solution bouillante de carbonate de soude (§ **237**. 2. b.). — Dans le traitement du résidu par l'acide chlorhydrique et l'eau, on aura soin de prendre 100 parties d'eau avec 4 parties d'acide de densité 1,1. (§ **162**. A. β.).

b. On précipite la dissolution par l'acide sulfhydrique et l'on sépare d'après les méthodes du 5ᵉ chapitre les métaux du 5ᵉ ou du 6ᵉ groupe qui pourraient être précipités. Il faut éviter de prolonger le courant d'hydrogène sulfuré trop longtemps, parce que l'on pourrait précipiter du sulfure de zinc. Dans tous les cas on fera bien de redissoudre le précipité des sulfures dans l'acide chlorhydrique chaud additionné d'un peu de brome et de recommencer la précipitation par l'acide sulfhydrique après avoir chassé le brome. Il faut aussi pour cette seconde précipitation avoir la précaution de prendre pour 100 parties d'eau 4 parties d'acide chlorhydrique (§ **162.** A. β.) (*).

c. On neutralise avec de l'ammoniaque la liqueur filtrée, on précipite avec le sulfhydrate d'ammoniaque, on traite le précipité exactement suivant le § **108.** b.; on fait bouillir avec de l'eau le précipité calciné d'oxyde de zinc, contenant de l'oxyde de fer, de l'oxyde de manganèse et un peu de silice, et on le pèse. Dans ce précipité on dose volumétriquement (page 501 [109]) le *manganèse* s'il y en a plus que des traces : on sépare la *silice* par filtration et on la pèse; enfin dans la dissolution chlorhydrique on mesure la quantité de *peroxyde de fer* avec la solution de protochlorure d'étain (page 242). On obtient l'*oxyde de zinc* par différence. — Bien entendu que pour séparer et doser le fer, le manganèse et le zinc dans le précipité formé par le sulfhydrate d'ammoniaque, on peut choisir une autre des méthodes données au § **160** : mais il n'y en a pas qui, à égalité d'exactitude, conduise aussi rapidement au but que celle que nous indiquons ici : s'il y avait trop de protoxyde ou de peroxyde de fer, il faudrait préférer un dosage direct du zinc (voir § **241,** 2° méthode).

d. On acidifie avec de l'acide chlorhydrique le liquide séparé par filtration d'avec le sulfure de zinc, on fait bouillir quelque temps, on sépare du soufre en filtrant, et l'on dose la *chaux* et la *magnésie* suivant le § **154.** 6. (36).

e. On chauffe au rouge un essai particulier dans le tube à boule de l'appareil décrit page 58. La perte de poids du tube à boule donne l'eau plus l'acide carbonique; l'augmentation de poids du tube à chlorure de calcium donne l'*eau* seule et la différence fera connaître l'*acide carbonique*. Si la proportion un peu trop considérable de protoxyde de fer ou de chaux rendait inexact ce dosage indirect de l'acide carbonique, ou bien si cet acide ne se trouvait qu'en trop petite quantité, on choisirait une des méthodes décrites au § **139.** II. e.

f. Si le minerai renferme du protoxyde et du peroxyde de fer, on mesurera la proportion du premier au moyen du chromate de potasse (page 237. b.) dans une solution chlorhydrique préparée dans un courant d'acide carbonique.

C. Blende.

§ 241.

La blende est formée par du sulfure de zinc, mélangé fréquemment avec d'autres sulfures, surtout de cadmium, de plomb, de cuivre, de fer, de

---

(*) Suivant les données de *Gerh. Larsen* (*Zeitschr. f. analyt. Chem.*, XVII, 312), on peut éviter la double précipitation, si dans la première précipitation par l'acide sulfhydrique, il y a 30 C.C. d'acide chlorhydrique de densité 1,10 dans 250 C.C. de liquide (c'est la proportion d'acide qui convient pour séparer le zinc du cuivre, mais non du cadmium) et si on lave le précipité d'abord avec de l'acide chlorhydrique de densité 1,05 saturé d'acide sulfhydrique, puis ensuite avec de l'eau chargée d'acide sulfhydrique.

manganèse. Parfois on trouve aussi dans les blendes de petites quantités d'arsenic, d'antimoine, de cobalt et de nickel. En outre, on aura aussi à tenir compte dans les analyses de la nature de la gangue.

La blende sera finement pulvérisée et séchée à 100°.

Dosage de tous les éléments.

Première méthode.

a. Dans une portion on dose le soufre, en suivant la méthode donnée à la page 426. 1. a. Il faudra se souvenir que les blendes renferment fréquemment du plomb.

b. Pour trouver les *métaux* il faudra prendre un nouvel essai. On chauffe de 1 à 2 gr. de minerai avec de l'acide chlorhydrique fumant, jusqu'à ce qu'il ne se dégage plus d'hydrogène sulfuré, on ajoute alors un peu d'acide azotique, plus 5 à 6 C.C. d'acide sulfurique pur étendu d'un peu d'eau, et enfin on évapore jusqu'à ce qu'on ait chassé l'acide chlorhydrique et l'acide azotique. On étend avec 20 à 30 C.C. d'eau et l'on sépare le liquide par filtration. — Si le résidu renferme du sulfate de plomb, comme cela arrive le plus souvent, on le lave d'abord avec de l'eau acidulée avec de l'acide sulfurique, puis avec de l'alcool (il faut mettre à part le liquide filtré alcoolique). Le résidu lavé est traité à plusieurs reprises à l'ébullition par une dissolution d'acétate d'ammoniaque, jusqu'à ce que tout le sulfate de plomb soit dissous, et s'il reste de la gangue on la chauffe au rouge et on la pèse. Dans la solution faite avec l'acétate d'ammoniaque on précipite le plomb avec l'hydrogène sulfuré et on le dose à l'état de sulfate de plomb (§ **116**. 3).

A la dissolution sulfurique on ajoute de l'acide chlorhydrique de densité 1,1 en proportion de 4 C.C. pour 100 C.C. de la dissolution et l'on opère comme au § **240**. b. — Avec des blendes riches en fer on fera mieux de suivre la seconde ou la troisième méthode : ou bien on séparera le zinc à l'état de sulfure en présence du sulfocyanhydrate d'ammoniaque, suivant le travail récent de *Zimmermann* (*).

A cet effet on évapore presque à siccité et au bain-marie le liquide séparé par filtration du précipité produit par l'acide sulfhydrique ; on étend d'eau, puis l'on ajoute avec précaution à la fin, en solution étendue, du carbonate de soude jusqu'à ce que le liquide soit le plus neutre possible : c'est là le point capital pour la réussite de la méthode de *Zimmermann*. On ajoute alors un excès d'une dissolution pas trop étendue de sulfocyanhydrate d'ammoniaque, on lave avec de l'eau les parois du vase (on fera bien de prendre un ballon d'*Erlenmeyer*), on chauffe à 60° ou 70°, et l'on fait passer à plusieurs reprises un courant lent et régulier d'hydrogène sulfuré, jusqu'à ce que le liquide étant abandonné quelque temps à lui-même, l'odeur de l'hydrogène sulfuré ne disparaisse plus. Tout d'abord le liquide paraît d'un blanc laiteux, puis bientôt le sulfure de zinc se précipite complètement, tandis que le fer et le manganèse (et aussi le cobalt et le nickel) restent en dissolution. On laisse complètement déposer à une douce

(*) *Ann. der Chem.*, CLXXXXIX, 1.

chaleur, on filtre, on lave le précipité tout à fait blanc avec de l'eau additionnée d'hydrogène sulfuré et de sulfocyanure d'ammoniaque, on sèche et l'on chauffe au rouge le sulfure de zinc (page 213. 2.). — Au lieu de procéder de cette façon on peut opérer comme l'a indiqué *Volhard*(*) : on dissout le sulfure de zinc dans l'acide chlorhydrique, on évapore au bainmarie à siccité la dissolution dans une capsule en platine pesée, on ajoute un excès de bioxyde de mercure pur, bien *exempt d'alcalis*, délayé dans l'eau : on évapore de nouveau et l'on chauffe au rouge. On pèse alors l'oxyde de zinc obtenu.

Dans le liquide séparé par filtration du sulfure de zinc, on décompose d'abord les composés sulfocyanurés en chauffant et en ajoutant peu à peu de l'acide azotique (il faudra faire l'opération dans un ballon spacieux), puis, après avoir filtré si c'est nécessaire, on précipite le fer à l'état d'oxyde basique (page 489. 3. a.), et dans le liquide filtré on précipite le manganèse, s'il y en a, par le sulfhydrate d'ammoniaque.

Deuxième méthode (suivant *Hampe* **).

a. Dans un ballon à long col on traite à l'ébullition avec de l'acide azotique 1 gr. du minerai réduit en poudre fine. Lorsque tout l'acide azoteux est chassé et que le liquide a été fortement évaporé, on ajoute 30 C.C. d'acide azotique de densité 1,2 et environ 200 C.C. d'eau.

b. Sans filtration on précipite le liquide par l'acide sulfhydrique et sans chauffer. Lorsque tout s'est précipité, on jette sur un filtre le précipité avec la gangue non dissoute, on lave : sur le filtre on traite le précipité par de l'acide azotique pas trop concentré et chaud, on perce le filtre, on fait repasser tout ce qui n'est pas dissous dans le ballon, on lave bien le filtre, on fait bouillir fortement le liquide additionné de 200 C.C. d'eau et 30 C.C. d'acide azotique en densité 1,2 : on précipite de nouveau par l'acide sulfhydrique et on filtre en réunissant ce liquide au premier.

c. Dans un ballon à long col on fait bouillir les liquides filtrés, de façon à évaporer presque à siccité : la solution refroidie ne contenant plus d'acide sulfhydrique et renfermant tout le fer à l'état de peroxyde, est sursaturée avec de l'ammoniaque : on filtre, on lave, on redissout le précipité sur le filtre avec de l'acide azotique moyennement concentré et chaud : après refroidissement on précipite de nouveau avec un excès d'ammoniaque, on filtre à travers le même filtre et l'on recommence une ou deux fois cette opération, savoir la redissolution dans l'acide azotique et la précipitation par l'ammoniaque. Le précipité est formé en grande partie de peroxyde de fer, mais il peut contenir aussi de l'alumine et de l'oxyde salin de manganèse, qu'on séparera d'après le § 161.

d. On acidifie avec de l'acide acétique les liquides ammoniacaux obtenus en c., on les étend pour faire au moins 2 litres et l'on y fait passer un courant d'acide sulfhydrique. On laisse reposer douze heures au moins et mieux vingt-quatre heures, on décante le liquide clair à travers un filtre,

---

(*) *Ann. der Chem.*, CLXXXXIX, 6.
(**) *Zeitschr. f. analyt. Chem.*, XVII, 362.

sur lequel à la fin on jette le sulfure de zinc. Comme les liqueurs sont très étendues et que dans l'analyse on n'a pas employé d'acide chlorhydrique, ni ajouté de substances fixes, il suffit d'un court lavage avec de l'eau sulfurée additionnée d'un peu d'acétate d'ammoniaque. On fond le sulfure de zinc desséché dans un creuset de *Rose* avec les cendres du filtre et un peu de soufre pur en morceaux et on le traite suivant le § **108**. 2.

e. Le liquide séparé du sulfure de zinc est versé dans un grand flacon et rendu alcalin avec de l'ammoniaque : on y ajoute un peu de sulfhydrate d'ammoniaque et on abandonne vingt-quatre heures à une douce chaleur. S'il se forme un précipité, il faudra examiner s'il ne renferme pas un peu de zinc, ce qui toutefois ne doit pas être si l'on a bien opéré. En général ce précipité est du sulfure de manganèse.

f. Ce qui est resté en b. sur le filtre est repris par de l'acide chlor-hydrique contenant un peu de brome, ce qui laisse de la gangue non dissoute. On la dessèche et on la pèse. Par précaution on essayera si en la chauffant avec une dissolution d'acétate d'ammoniaque, elle ne lui abandonne pas du sulfate de plomb.

g. On chauffe avec de l'ammoniaque la dissolution chlorhydrique bromée faite en f. pour chasser l'excès de brome et l'on y dose suivant les §§ **163** et **164** les métaux qui pourraient s'y trouver (plomb, cuivre, cadmium, arsenic, antimoine).

h. On dose le soufre comme dans la première méthode.

Troisième méthode (d'après *Classen* [*]).

On chauffe la blende avec de l'acide chlorhydrique concentré, à la fin on ajoute un peu d'acide azotique, on évapore l'excès des acides, on reprend le résidu par l'acide chlorhydrique et l'eau, on sépare la gangue par filtra-tion et l'on précipite avec l'hydrogène sulfuré les métaux du cinquième et du sixième groupe (§ **240** a. et b.). On évapore le liquide filtré et les eaux de lavage, en ajoutant vers la fin un peu d'acide azotique ou d'eau bromée, pour être certain que tout le fer est peroxydé ou à l'état de perchlo-rure. On chasse par évaporation au bain-marie l'excès des acides. Après refroidissement on ajoute 10 C.C. d'eau de brome et on laisse digérer quelque temps au bain-marie.

Maintenant on ajoute une dissolution d'oxalate neutre de potasse (1 : 3) dont la quantité représentera environ sept fois celle des oxydes présumés, on chauffe un quart d'heure au bain-marie et l'on fait dissoudre avec de l'acide acétique ajouté goutte à goutte le peu de sel basique de fer qui pourrait ne pas être dissous. Si l'on a ajouté une quantité suffisante d'oxalate de potasse, on a une dissolution tout à fait limpide plus ou moins verte : mais si la quantité d'oxalate n'est pas suffisante pour former de l'oxalate double de potasse et de fer, de potasse et de zinc, il faut encore ajouter de l'oxalate jusqu'à ce que l'on ait une liqueur claire. On porte à l'ébullition et l'on ajoute en remuant de l'acide acétique concentré à environ 80 pour 100 d'acide monohydraté. La quantité d'acide

(*) *Zeitschr. f. analyt. Chem.*, XVI, 471. — XVIII, 190, 381, 397.

acétique doit égaler *au moins* le volume du liquide à précipiter. De cette façon on précipite tout le zinc sous forme d'oxalate cristallin, lourd, tandis que le fer reste dissous. On chauffe alors pendant à peu près six heures à environ 50° le vase bien couvert, on filtre le liquide chaud et on lave complétement avec un mélange de volumes égaux d'acide acétique concentré, d'alcool et d'eau, on sèche le précipité, on brûle d'abord le filtre avec le fil de platine, on chauffe ensuite le précipité dans un creuset de platine fermé, d'abord faiblement, puis on élève peu à peu la température, à la fin on porte au rouge avec le contact de l'air et l'on pèse. On chauffe ensuite le résidu de la calcination avec un peu d'eau et on essaye la réaction. Si elle est alcaline, il faut éliminer par lavage le carbonate de potasse qui reste encore et peser de nouveau.

Si le minerai renferme du manganèse, il est tout entier dans l'oxyde de zinc à l'état de sesquioxyde de manganèse. Si on peut le peser, on le dosera comme il est dit à la page 501. d. Alors on aura l'oxyde de zinc par différence.

On peut précipiter le fer par l'ammoniaque dans le liquide séparé par filtration de l'oxalate de zinc. On détermine la proportion de soufre comme dans la première méthode.

Les analyses citées par *Classen* donnent des résultats très satisfaisants. Toutefois je n'ai pas assez expérimenté la méthode par moi-même pour pouvoir porter un jugement sur cette question.

D. MINERAIS DE ZINC EN GÉNÉRAL.

I. *Dosage par liqueurs titrées de leur teneur en zinc.*

§ 242.

Comme les analyses en poids demandent beaucoup de temps, on se sert presque toujours dans les établissements métallurgiques de méthodes volumétriques, qui sont plus rapides et donnent pour la plupart des cas des résultats assez rigoureux.

a. Méthode par le sulfure de sodium.

Cette méthode donnée d'abord par *Schaffner* (*) a été plus tard souvent modifiée. Je donne dans la note (**) les titres des principaux travaux.

Voici les procédés qui réussissent le mieux dans la pratique.

α. *Réaction finale de Schaffner modifiée.*

Réactifs nécessaires :

Solution de sulfure de sodium. — On la prépare soit en dissolvant du

---

(*) *Journ. f. prackt. Chem.*, LXXIII, 410.
(**) *C. Künzel.* (*Journ. f. prackt. Chem.*, LXXXVIII, 486.) — *C. Groll.* (*Zeitschr. f. anal. Chem.*, I, 21.) — *Stadler.* (*Idem,* IV, 213 et 468.) — *Deus.* (*Idem,* IX, 465.) — *Schott.* (*Idem,* X, 209.) — *Laur. Berg und Hüttenmann. Zeitung,* XXXV, 148, 173.) — *Thum.* (*Idem,* XXXV, 225.) — *Tobler.* (*Idem,* XXXV, 304, et *Zeitschr. f. analyt. Chem.,* XVII, 357.) — *W. Hampe* et *Fraatz.* (*Idem,* XVII, 359.)

sulfure de sodium cristallisé dans de l'eau (environ 100 gr. dans 1000 à 1200 C.C. d'eau), soit en sursaturant avec de l'acide sulfhydrique une lessive de soude sans acide carbonique et en chauffant la dissolution dans un ballon pour chasser l'excès d'acide sulfhydrique. La solution obtenue de l'une ou l'autre façon est ensuite étendue de façon que 1 C.C. précipite environ 0,01 gr. de zinc (voir plus bas).

Solution de zinc. — Pour faire une dissolution de zinc de force connue, on dissout 10 gr. de zinc chimiquement pur ou 12,459 gr. d'oxyde de zinc pur dans l'acide chlorhydrique ou bien dans l'eau 44,122 gr. de sulfate de zinc cristallisé, ou 68,133 gr. de sulfate double de zinc et de potasse cristallisé sec et l'on étend la dissolution de façon à faire 1 litre. Chaque C.C. renferme 0,01 gr. de zinc.

Hydrate de peroxyde de fer. — On dissout à chaud 5 gr. de fil fer dans de l'acide chlorhydrique : en faisant bouillir avec un peu d'acide azotique on transforme le protochlorure de fer en perchlorure et l'on étend d'eau pour faire 100 C.C. Un peu avant de faire usage de la solution on en prend toujours le même nombre de gouttes (1 ou 2) que l'on fait tomber dans 1 C.C. d'ammoniaque non étendue; chaque goutte forme un grumeau annulaire d'hydrate de peroxyde de fer qui, au bout de quelques instants, a acquis le maximum de densité désiré pour l'opération. Au bout d'une minute l'hydrate en suspension dans le liquide ammoniacal est bon pour l'usage. (*Thum.*)

Marche de l'opération.

Dissolution du minerai et préparation de la solution ammoniacale de zinc.

On met dans un petit ballon environ 1 gr. de minerai riche, 2 gr. de minerai pauvre, séché à l'air ou à 100° (*), on dissout à chaud dans l'acide chlorhydrique additionné d'un peu d'acide azotique et l'on chasse par évaporation l'excès des acides. S'il y a du plomb, on évapore la dissolution avec de l'acide sulfurique, on en reprend le résidu par de l'eau et l'on filtre. S'il y a d'autres métaux du cinquième et du sixième groupe, il faudra les précipiter par l'acide sulfhydrique (voir § 240. a. et b.)

La dissolution, qui ne contient pas ou ne contient plus de métaux du cinquième ou du sixième groupe, est portée à l'ébullition avec un peu d'acide azotique, si c'est nécessaire pour peroxyder le fer ou le changer en perchlorure: on y ajoute, s'il y a du manganèse, de l'acide chlorhydrique bromé, on étend d'eau, on ajoute à la liqueur refroidie de l'ammoniaque en excès et l'on sépare par filtration le précipité, dont la majeure partie est constituée par du peroxyde de fer hydraté. Si ce dernier est en petite quantité, on lave le précipité avec de l'eau tiède et de l'ammoniaque, jusqu'à ce que dans l'eau qui passe le sulfure d'ammonium ou le sulfure de sodium ne donne plus de précipité blanc de sulfure de zinc : dans ce cas on peut en général négliger la proportion de zinc que retient l'hydrate d'oxyde de fer et que le lavage ne peut pas enlever (suivant *Hampe* et

(*) Si les minerais renferment de la matière organique , il faudra la détruire en chauffant légèrement au rouge.

Fratz c'est environ 1/5 du poids du fer). Mais si le précipité de peroxyde de fer est abondant, sans l'avoir lavé complètement on le redissou dans l'acide chlorhydrique et on précipite de nouveau le peroxyde de fer de préférence à l'état de sel basique suivant le § **160**. 3. a. ou aussi **4**. Or concentre par évaporation le liquide que donne cette seconde opération on y ajoute un excès d'ammoniaque, on filtre s'il le faut, on réunit ce liquide avec la dissolution principale et du tout on fait un litre. Si le minerai renferme une proportion notable de manganèse, au liquide séparé du sel basique de fer et concentré par évaporation on ajoute de l'acide chlorhydrique bromé avant de le saturer d'ammoniaque : on laisse déposer le précipité d'hydrate de bioxyde de manganèse, on filtre (*) et l'on étenc d'eau de façon à faire 1 litre.

Dosage de la solution.

A 1/2 litre de la dissolution ammoniacale de zinc on ajoute l'hydrate de peroxyde de fer en suspension dans l'ammoniaque (voir plus haut), puis à l'aide d'une burette on verse la dissolution de sulfure de sodium jusqu'à ce que le peroxyde de fer, qui se trouve presque tout entier au fond du vase, devienne brun ou noir (il faut une fois pour toutes choisir une de ces deux nuances) : on lit alors le volume de la dissolution employée. — Or mesure alors une quantité de la solution de zinc de force connue approximativement correspondante à la quantité du sulfure de sodium employée plus haut, on ajoute de l'ammoniaque en excès, on étend d'eau de façon à avoir un volume à peu près égal à celui de la première dissolution que l'on a dosée : on y place la même quantité d'hydrate de peroxyde de fer suspendu dans l'ammoniaque et l'on y fait couler du sulfure de sodium jusqu'à ce que, au bout du même temps, l'hydrate de fer ait pris la même nuance brune ou noire que dans la première opération. Si l'on croit ne pas avoir bien saisi la fin de l'opération, on peut recommencer avec le second 1/2 litre.

On obtient par ces deux opérations les rapports entre la dissolution de sulfure de sodium et celle renfermant une quantité connue de zinc et celle en contenant la quantité inconnue : on pourra donc en déduire par un calcul simple la richesse en zinc du minerai. Il n'y a pas de correction à faire pour la quantité de sulfure de sodium employée à colorer l'hydrate de fer, puisque l'opération de l'analyse et celle de la fixation du titre du sulfure se fond exactement dans les mêmes conditions et avec des volumes presque égaux de liquides, renfermant presque les mêmes quantités de zinc (*Thum, Hampe*). Toutefois malgré ces précautions la méthode ne peut atteindre qu'une exactitude de 0,5 pour 100 (*Hampe*).

Au lieu des flocons d'hydrate de peroxyde de fer, *Barreswill* (**) fait usage de petits morceaux de porcelaine dégourdie, qu'il trempe dans une dissolution de perchlorure de fer et qu'il place dans la dissolution ammoniacale de zinc.

(*) Tous les précipités de bioxyde de manganèse hydraté obtenus de cette façon ou d'une autre retiennent toujours un peu de zinc.
(**) *Journ. de pharm.* 1857. 431.

β. *Réaction finale de Kunzel-Groll.*

Outre la dissolution de sulfure de sodium, celle de zinc de force connue, il en faut encore une étendue de chlorure de nickel pur.

On prépare comme en α. une dissolution du minerai et le passage du zinc dans un litre d'une liqueur ammoniacale exempte des autres métaux lourds.

Dans un demi-litre de cette dissolution on fait couler avec une burette du sulfure de sodium, tant qu'il se forme un précipité nettement visible, on secoue alors fortement : avec une baguette de verre on pose quelques gouttes du liquide sur une plaque de porcelaine blanche émaillée et l'on ajoute au milieu du liquide, qui s'est un peu étalé sur la plaque, une goutte de la dissolution de chlorure de nickel. Si tout le zinc n'est pas encore précipité par le sulfure de sodium, le bord extérieur de la goutte de chlorure de nickel reste bleu ou vert et dans ce cas on continue à verser du sulfure de sodium, en renouvelant l'essai de temps en temps, jusqu'à ce que le bord de la goutte de chlorure de nickel prenne une teinte grise noirâtre. La réaction est alors terminée, tout le zinc est précipité et il y a même un peu de sulfure alcalin en excès. Il faut faire bien attention à l'intensité de la coloration de la goutte de chlorure de nickel, parce qu'elle devra servir de point de comparaison dans les expériences suivantes.

Pour s'assurer que tout le zinc est bien précipité, on peut ajouter de nouveau quelques dixièmes de centimètre cube de la solution de sulfure de sodium, ce qui rendra bien plus noire la coloration de la goutte de chlorure de nickel. On note donc les centimètres cubes employés de sulfure de sodium, et l'on répète le même essai avec le second demi-litre, en y versant d'un seul coup le nombre de centimètres cubes de sulfure de sodium moins un trouvé la première fois et en achevant avec 0,2 C. C. chaque fois, jusqu'à ce qu'on atteigne la réaction finale. La dernière expérience sera la meilleure.

On mesure alors un volume de la liqueur de zinc de force connue égal à ce qui correspond au volume de sulfure de sodium trouvé, on sursature d'ammoniaque, on ajoute de l'eau pour faire un volume égal au premier liquide titré et l'on y fait couler du sulfure de sodium jusqu'à la réaction finale. On a donc ainsi encore le rapport entre la solution de sulfure de sodium et les deux dissolutions de zinc, l'une de force connue, l'autre inconnue : on peut en déduire facilement la richesse du minerai.

En opérant bien avec cette méthode l'erreur, suivant *C. Kunzel*, ne doit pas dépasser 0,5 pour 100.

Quant aux autres réactions que l'on a proposées pour reconnaître de petites quantités de sulfure de sodium dans la solution de zinc précipité, je citerai brièvement les suivantes.

Deus, dans ses critiques sur les réactions finales, trouve que le meilleur moyen est de prendre du papier à filtre trempé dans une dissolution de chlorure de cobalt (0,27 gr. de cobalt dans 100 C. C.) et desséché. En touchant le papier avec une goutte du liquide, s'il n'y a que du sulfure de zinc, la périphérie de la tache forme un cercle bleu pâle. Mais aussitôt qu'il

y a le moindre excès de sulfure de sodium, il se forme au centre de la
goutte une coloration foncée, bien nette.

La formation du sulfure de plomb est aussi employée fort souvent comme
réaction finale et je donne encore la préférence au mode d'opérer suivant, que
j'applique depuis longtemps. On humecte un morceau de papier à filtre blanc
avec une dissolution d'acétate neutre de plomb, on étend le papier sur du
papier buvard, on verse sur lui quelques gouttes de carbonate d'ammoniaque,
pour qu'il se fasse une couche mince de carbonate de plomb, on laisse l'excès
d'humidité être absorbée par le papier buvard et l'on étale le papier de
plomb sur une assiette en porcelaine. Lorsqu'on juge que le zinc est presque
tout précipité, on pose un morceau de papier à filtre sur le papier de
plomb, et avec une baguette en verre à bout arrondi, on dépose, en
appuyant légèrement, une goutte de liquide sur le papier à filtre. Tant
qu'il n'y a pas d'excès de sulfure de sodium, il ne se forme pas de tache
brune sur le papier de plomb, mais celle-ci se produit aussitôt qu'il y a
dans le liquide le moindre excès de sulfure alcalin.

Schott fait usage du papier collé, recouvert d'une mince couche de blanc
de plomb, que l'on emploie pour faire les cartes de visite. Si l'on prend
avec une baguette en verre du liquide tenant en suspension le sulfure de
zinc et si on le laisse couler sur une bande de ce papier et retomber dans
le vase à précipiter, il ne se produit de coloration brune que s'il y a un
excès de sulfure de sodium.

b. Méthode par le ferrocyanure de potassium.

Le ferrocyanure de potassium a été employé pour la première fois par
Galletti (*) pour précipiter le zinc et le doser volumétriquement. La précipitation se fait à 40° dans une dissolution acétique. L'aspect laiteux que
prend le liquide quand le ferrocyanure domine indique la fin de la réaction.
On dissout 32,485 gr. de ferrocyanure de potassium cristallisé dans un
litre et l'on admet qu'alors 100 C. C. précipitent 1 gr. de zinc à l'état de
ferrocyanure de zinc. Mais cela n'est pas exact, parce que le précipité n'est
pas, comme le suppose Galletti, du ferrocyanure de zinc, mais du ferrocyanure double de zinc et de potassium (**). Dans un travail postérieur
Galletti (***) a modifié sa première méthode à cause de la présence du fer.
La méthode a été changée par Renard (****), qui opère de la façon suivante.
Dans la dissolution ammoniacale de zinc il verse un excès d'une dissolution
de force connue de ferrocyanure de potassium, il amène le tout à faire un
volume connu, il en filtre une partie aliquote déterminée, ajoute beaucoup
d'acide chlorhydrique (30 C. C. d'acide pour 100 C. C. de liquide), et détermine l'excès de ferrocyanure avec le permanganate de potasse
(page 420. g.). Obtient ainsi la quantité de ferrocyanure employée pour
précipiter le zinc et l'on calcule d'après cela la quantité de ce dernier.

(*) Zeitschr. f. analyt. Chem., IV, 213.
(**) Reindel. Zeitschr. f. analyt. Chem., VIII, 160. — Nouveau Dictionnaire de chimie
III .244.
(***) Zeitschr. f. analyt. Chem., VIII, 135, et XIV, 190.
(****) Zeitschr. f. analyt. Chem., VIII, 159.

Enfin *C. Fahlberg* (*) a donné au procédé par le ferrocyanure sa forme a plus simple.

Il emploie une solution de ferrocyanure dont 1 C.C. précipite 0,01 gr. le zinc. La dissolution de zinc de force connue se fait en dissolvant 10 gr. le zinc pur dans de l'acide chlorhydrique, ajoutant 50 gr. de chlorhydrate l'ammoniaque et étendant d'eau pour faire 1 litre. L'addition du sel ammoniac a pour bon effet de rendre le précipité très fin, de sorte qu'il n'emprisonne pas de ferrocyanure.

Pour fixer la valeur de la dissolution de ferrocyanure de potassium, préparée en dissolvant en 1000 C.C. de 46 à 48 gr. de ferrocyanure cristallisé, on remplit une burette avec la solution de zinc, une seconde avec la solution de prussiate, on verse 50 C.C. du sel de zinc dans un vase à précipité, plus 10 à 15 C.C. d'acide chlorhydrique de densité 1,12 et 450 C.C. d'eau : alors en remuant bien on fait couler la dissolution de ferrocyanure, par 1 ou 2 C.C. à la fois, jusqu'à ce qu'une goutte du liquide déposée sur une ame de porcelaine avec une goutte d'une solution d'azotate d'urane forme une tache rouge-brun permanente. On ajoute alors avec précaution de la solution de zinc jusqu'à ce que cette dernière réaction disparaisse et enfin on verse goutte à goutte du prussiate de façon à ramener juste la tache brune avec le sel d'urane. Si l'on a, par exemple, pour 51 C.C. de solution de zinc employé 48 C.C. de ferrocyanure, on étendra cette dernière solution de façon à ajouter 5 C.C. d'eau pour 48 C.C. de la dissolution.

La dissolution du minerai se prépare comme plus haut. Après avoir éliminé les métaux du cinquième et du sixième groupe, ainsi que le fer, on neutralise un demi-litre de la dissolution ammoniacale avec de l'acide chlorhydrique, on ajoute 10 à 15 C.C. de cet acide de densité 1,12 et l'on titre avec le ferrocyanure, sans se préoccuper s'il y a ou non du manganèse. Ce qui rend cette méthode de *Fahlberg* la plus commode, c'est que l'on précipite dans une liqueur renfermant un excès d'acide chlorhydrique et que dès lors on n'a pas besoin d'éliminer le manganèse dont le ferrocyanure est soluble dans le liquide acide. Quant à la rigueur du procédé, les différences ne dépassent pas 0,5 pour 100.

c. Méthode de *C. Mann* (*).

Cette méthode, un peu plus compliquée que les précédentes, donne par compensation des résultats plus rigoureux : elle repose sur ce fait que le sulfure de zinc hydraté et le chlorure d'argent humide se transforment mutuellement et complètement en sulfure d'argent et en chlorure neutre de zinc. Si donc dans le liquide filtré on dose le chlore, on en déduira le zinc.

Réactifs nécessaires :

Du *chlorure d'argent* humide et bien lavé. Il faut le garder sous l'eau à l'abri de la lumière ;

Une *solution d'azotate d'argent* renfermant dans 1 C.C. 0,03318 gr. d'ar

(*) *Zeitschr. f. analyt. Chem.*, XIII, 379.
(**) *Zeitschr. f. analyt. Chem.*, XVIII, 162.

gent, ce qui correspond à 0,01 gr. de zinc. On la prépare en dissolvant 35,18 gr. d'argent pur dans l'acide azotique, chassant l'excès d'acide par l'ébullition et étendant d'eau pour faire 1 litre ;

Une *solution de sulfocyanure d'ammonium*, telle que 3 C.C., précipite juste 1 C.C. de la solution d'argent.

Une dissolution saturée à froid d'*alun ammoniacal de fer*.

Marche de l'opération.

On dissout 0,5 à 1,0 gr. du minerai dans l'acide azotique, on sépare les métaux du cinquième groupe par l'acide sulfhydrique, le fer et l'alumine par une double précipitation par l'ammoniaque. Les liquides filtrés rassemblés sont acidifiés avec de l'acide acétique : on y fait passer un courant d'acide sulfhydrique jusqu'à précipitation du zinc, on chasse l'excès de gaz par une ébullition tumultueuse jusqu'à ce que le papier de plomb ne soit plus altéré par une goutte filtrée du liquide : on laisse le liquide déposer, on décante chaud et l'on filtre : dans un petit vase à précipité on met le filtre avec le sulfure de zinc sans laver, on verse 30 à 40 C.C. d'eau chaude, on agite, on ajoute du chlorure d'argent en excès jusqu'à ce que le liquide se sépare bien clair, et enfin dans le liquide bouillant on met 5 à 6 gouttes d'acide sulfurique étendu (1 : 6). Quelques minutes suffisent pour opérer la transformation complète du sulfure de zinc en chlorure.

On sépare par filtration le précipité formé de sulfure et de chlorure d'argent, on le lave et dans le liquide on dose le chlore par le procédé de *Volhard* (*).

À cet effet on ajoute à la dissolution de chlorure de zinc, qui doit occuper de 200 à 300 C.C., 5 C.C. de la dissolution d'alun de fer et assez d'acide azotique pour faire disparaître la couleur du sel de peroxyde de fer. On verse alors un volume connu de la solution d'argent et en quantité un peu plus que suffisante pour précipiter tout le chlore : alors sans filtrer, mais seulement après avoir fortement secoué le liquide ou l'avoir un peu fait bouillir pour ramasser le chlorure d'argent en flocons, on fait couler goutte à goutte d'une burette le sulfocyanure d'ammonium en ayant bien soin d'agiter constamment le liquide, pour que chaque goutte se mélange de suite avec la masse. Quand le liquide prend une teinte brun-jaune clair, qui après mélange de la masse persiste pendant 10 minutes environ, la précipitation de l'argent est complète. On retranche alors de la quantité totale de solution d'argent ajouté d'abord celle qui correspond au sulfo-cyanhydrate d'ammoniaque employé, et pour chaque C.C. restant (correspondant au chlore du chlorure de zinc) on compte 0,01 gr. de zinc.

Les exemples cités à l'appui par *Mann* ne laissent rien à désirer et j'ai obtenu aussi de très bons résultats dans mon laboratoire.

J.-B. Schober (**) a imaginé aussi un autre procédé de dosage du zinc fondé également sur le dosage de l'argent par la méthode de *Volhard*. Il précipite le zinc avec le sulfure de sodium, dont il décompose l'excès par

(*) *Zeitschr. f analyt. Chem.*, XVIII, 272.
(**) *Zeitschr. f. analyt. Chem.*, XVIII, 467.

l'azotate d'argent et enfin il dose l'excès de ce dernier avec le sulfocyanure d'ammonium. Cette méthode est d'un emploi peu commode.

II: *Dosage électrolytique du zinc dans des minerais.*

§ 243.

Il y a déjà un assez bon nombre de travaux sur la précipitation électrolytique du zinc (*) et desquels il résulte que c'est une opération qui se fait sans difficultés. Seulement les différents chimistes qui s'en sont occupés ne sont pas d'accord sur la meilleure manière de procéder.

Parodi et *Mascazzini* (**) opérèrent d'abord la précipitation dans la solution du sulfate additionnée d'un excès d'acétate d'ammoniaque. Plus tard (***) ils donnèrent la préférence à la marche suivante. On fait passer le zinc (de 0,1 à 0,25 gr.) à l'état de sulfate, on ajoute 4 C.C. d'une solution d'acétate d'ammoniaque (probablement assez concentré) et 2 C.C. d'acide citrique (aussi concentré) : on étend d'eau pour faire 200 C.C., on plonge les électrodes (****), en les maintenant à quelques millimètres de distance et l'on ferme le circuit. Un cône de platine sert de pôle négatif. Le vase est fermé avec une lame de verre. Il faut un courant fourni par la pile thermo-électrique de *Clamond*, capable de donner 250 à 300 C.C. de gaz (tonnant) de la pile en une heure. Si un essai du liquide ne se trouble plus par le ferrocyanure de potassium, c'est que tout le zinc est précipité ; on enlève le liquide avec un siphon, on lave le cône avec de l'eau et l'on interrompt le circuit. Enfin on lave deux fois le cône avec le zinc déposé dans de l'alcool absolu, on sèche dans un courant d'air entre 40 et 50° et l'on pèse.

Si le minerai renfermait du plomb, du cadmium, du fer, etc., il faudrait éliminer ces métaux par les procédés indiqués au § 242.

Alf. Riche (*****) sursature avec de l'ammoniaque la solution sulfurique ou azotique du minerai débarrassé des autres métaux, jusqu'à ce que le précipité d'oxyde hydraté de zinc se soit redissous, il ajoute ensuite un excès d'acide acétique et soumet à l'électrolyse. Le zinc forme un dépôt compact sur le cône de platine servant d'électrode négatif.

F. Beilstein et *L. Jawein* (******) ajoutent à la solution sulfurique du zinc, ou à la solution azotique du minerai, de la soude jusqu'à ce qu'il se forme un précipité, puis une solution de cyanure de potassium jusqu'à ce que le liquide soit redevenu limpide. Le courant est fourni par quatre éléments *Bunsen*. Si le liquide s'échauffe, on plonge le vase dans de l'eau froide. Lorsque l'on pense que la précipitation est terminée, on retire les électrodes, on lave le cône avec de l'eau, de l'alcool, de l'éther : on sèche d'abord sous

(*) *Zeitschr. f. analyt. Chem.*, VIII, 24. — XV, 303. — XVI, 469. — XVII, 216. — XVIII, 587-588.

(**) *Zeitschr. f. analyt. Chem.*, XVI, 469.

(***) *Zeitschr. f. analyt. Chem.*, XVIII, 587.

(****) Comme le procédé électrolytique joue un grand rôle dans la précipitation du cuivre, nous l'indiquerons avec détail en traitant de l'analyse des composés du cuivre.

(*****) *Comptes rendus*, LXXXV, 290.

(******) *Zeitschr. f. analyt. Chem.*, XVIII, 588.

le dessiccateur, puis à 100°, on pèse et l'on dissout le zinc dans l'acide chlorhydrique ou l'acide azotique. On lave et l'on pèse le cône, on place de nouveau les électrodes dans la solution, et l'on examine s'il ne se fait pas une nouvelle précipitation.

E. Zinc métallique.

§ 244.

Le zinc métallique, tel qu'il sort des ateliers métallurgiques, renferme des impuretés de diverses natures. Plusieurs chimistes se sont occupés de l'analyse de ce métal, mais surtout *C. W. Elliot* et *Fr. H. Storer* (*), qui ont soumis à un examen scrupuleux dix espèces de zinc, de provenance allemande, anglaise, française, belge et américaine.

Voici les résultats les plus importants de leurs recherches :

Presque tous les zincs (9 échantillons sur 10) renferment du *plomb* et entre 0,079 et 1,66 pour 100. — Dans tous on trouve un peu de *cadmium* ; sur 100 p. de zinc on trouve de 0,0035 à 0,4471 d'*oxyde de cadmium*, qui dans certains zincs contient un peu d'oxyde d'étain. — Dans tous les zincs il y a du *fer*, dont la proportion varie entre 0,0549 et 0,2088 pour 100. — On n'a rencontré le *cuivre* que dans un échantillon. — L'*arsenic* ne s'y trouve pas autant qu'on le croit d'ordinaire : il y a des cas où l'on n'en rencontre pas, quelquefois il y en a des traces et enfin il peut y en avoir des quantités appréciables. — Quant aux autres métaux, c'est par exception que l'on y voit du *nickel*, du *cobalt*, du *manganèse* et de l'*antimoine*, et encore ce n'est qu'en excessivement petites proportions. — En général il n'y a pas de *carbone* dans les zincs, quelquefois seulement des traces et aussi très peu de *silicium*. — Il y a toujours du *soufre*, mais extrèmement peu. — *Elliot* et *Storer* ne se sont pas préoccupés du *phosphore*, dont il peut y avoir quelques traces dans le zinc.

Pour les cas ordinaires, il suffit de doser quantitativement le plomb, le fer et le cadmium. Quant aux autres impuretés, on n'a qu'à en démontrer la présence.

Voici comment on dirigera l'analyse :

1. On traite 30 grammes environ de zinc grenaillé ou coupé, s'il est en feuille, par de l'acide sulfurique étendu (1 p. d'acide concentré et 4 d'eau) en chauffant légèrement. Lorsque le zinc est presque complètement dissous, on décante ou l'on sépare par filtration du résidu noir non dissous, on lave celui-ci, on le dissout dans un peu d'acide azotique (s'il y avait encore un résidu il faudrait y chercher de l'étain), on évapore après addition d'un peu d'acide sulfurique, jusqu'à expulsion complète de tout l'acide azotique, on reprend le résidu par le même acide sulfurique étendu, etc., et l'on détermine le sulfate de *plomb* déposé suivant le § **116**. 3. a. β.

2. On étend d'eau le liquide séparé par filtration du sulfate de plomb, on ajoute pour 100 C.C. de liquide 4 C.C. d'acide chlorhydrique de densité

1,12 et pendant environ 15 minutes on fait passer un courant d'hydrogène sulfuré pour précipiter le cadmium, quelques traces d'étain qu'il pourrait y avoir et peut-être aussi du cuivre. — Comme un peu de cadmium, etc., pourrait avoir passé dans la dissolution principale de zinc, on traite aussi celle-ci, après l'avoir convenablement étendue et additionnée de 4 C.C. d'acide chlorhydrique pour chaque 100 C.C. de liqueur, par un courant d'acide sulfhydrique pendant un quart d'heure. S'il se forme un précipité, on filtre à travers le même petit filtre, qui retient le sulfate de plomb. Après un court lavage on dissout le contenu du filtre dans 2 C.C. d'acide chlorhydrique bromé, on ajoute encore 2 C.C. d'acide chlorhydrique, on étend avec 100 C.C. d'eau, on chasse le brome en chauffant et l'on précipite comme précédemment avec l'hydrogène sulfuré. Après avoir séparé le précipité par filtration, l'avoir lavé, on sèche le filtre, on le trempe dans une dissolution concentrée d'azotate d'ammoniaque, on sèche, on incinère, on chauffe le résidu avec un peu d'acide sulfurique, on évapore l'excès de ce dernier et l'on pèse le sulfate obtenu (§ **121**. 3.). Si en ajoutant un léger excès d'ammoniaque, tout se redissout en un liquide limpide et incolore, que le sulfhydrate d'ammoniaque précipite en jaune, on peut de suite regarder le sulfate pesé comme du sulfate de *cadmium ;* mais si la solution ammoniacale est bleue, il faudra faire la séparation du cadmium d'avec le *cuivre* (§ **163**). Enfin, si en traitant les sulfates par l'ammoniaque et l'eau, il reste un résidu insoluble, il faudra y chercher l'*étain.*

3. Pour doser le *fer*, il vaut mieux prendre un nouvel essai d'au moins 10 gr., le dissoudre dans de l'acide sulfurique pur étendu (voir l'appareil page 252, fig. 80), décanter la dissolution refroidie dans un vase à précipités, laver plusieurs fois le plomb spongieux éliminé et doser dans la dissolution le fer, qui s'y trouve à l'état de protoxyde, avec une solution étendue de permanganate de potasse (page 236, β.).

On démontre qualitativement la présence de l'*arsenic* à l'aide de l'appareil de *Marsh,* modifié par *Otto* (voir le traité d'Analyse qualitative) et en faisant usage d'acide sulfurique absolument pur. — Le moyen le plus simple pour découvrir le *soufre,* c'est de dissoudre le zinc dans l'acide chlorhydrique et d'essayer si le gaz qui se dégage noircit la dissolution alcaline d'oxyde de plomb ou le papier de plomb. Il faut ici prendre les plus grandes précautions pour le choix de l'acide. S'il renferme des traces d'acide sulfureux, on aura, même avec du zinc non sulfuré, la coloration noire du réactif; si au contraire l'acide contient du chlore, suivant les circonstances, la réaction ne se produira pas avec du zinc contenant du soufre. Les conditions favorables sont si difficiles à remplir avec l'acide chlorhydrique préparé à la manière ordinaire, que *Elliot* et *Storer* préparèrent leur acide par la décomposition d'une dissolution de chlorure de calcium pur par de l'acide oxalique pur.

La coloration de la flamme de l'hydrogène produit par le zinc et l'acide sulfurique est le meilleur moyen de découvrir le *phosphore* (voir Analyse qualitative).

F. Poussière de zinc.

§ 245.

La poussière de zinc, que l'on trouve maintenant dans le commerce, est un mélange de zinc très divisé (plus ou moins pur) intimement mélangé avec de l'oxyde de zinc. Comme on l'emploie presque exclusivement comme agent réducteur, sa valeur est surtout proportionnelle à la quantité de zinc métallique qu'elle contient. Voici les deux méthodes qu'on emploie dans mon laboratoire pour déterminer la valeur de la poussière de zinc.

Première méthode(*).

Elle consiste à dissoudre la poussière de zinc dans l'acide sulfurique ou l'acide chlorhydrique étendu, à brûler l'hydrogène produit et à déduire du poids de vapeur d'eau obtenu la quantité de zinc métallique, en calculant 1 équivalent de zinc pour 1 équivalent d'eau.

Pour dissoudre le zinc on se sert d'un petit ballon de 100 C.C. muni d'un tube de sûreté avec une pince à vis et par lequel on verse l'acide (voir fig. 205, page 835). Pour se débarrasser de la vapeur d'eau, l'hydro-

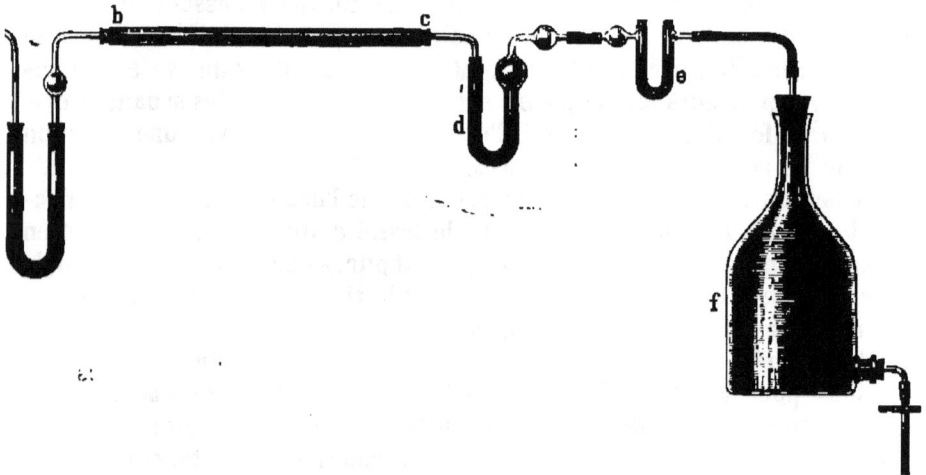

Fig. 207.

gène passé d'abord dans un petit réfrigérant, puis de là dans un tube en U a (fig. 207) rempli aux 2/5 avec des morceaux de verre mouillés avec 12 C.C. d'acide sulfurique pur, concentré. bc est un tube à combustion de 34 centimètres de long. Du côté b, entre deux tampons d'amiante il renferme une couche de 11 centimètres de toile métallique en cuivre chauffée au rouge d'abord dans l'air humide, puis dans l'air sec : le reste est rempli avec de l'oxyde de cuivre en gros grains, retenu en c par de la toile mé-

(*) R. Frésénius. Zeitschr. f. analyt. Chem., XVII, 465.

tallique en cuivre ou un tampon d'amiante; *d* est un petit tube en U, rempli à moitié de fragments de verre avec 6 C.C. d'acide sulfurique concentré (*), *e* un petit tube de sûreté avec du chlorure de calcium et *f* un aspirateur. On monte l'appareil comme l'indique la figure, mais on réunit le tube *bc* directement à l'aspirateur (sans interposer *d* ni *e*), on ouvre un peu la vis de la pince du tube de sûreté du petit ballon à dégagement, on établit un léger courant d'air en ouvrant la pince *g*, on chauffe *bc* au rouge dans toute sa longueur et on le laisse refroidir dans le courant d'air sec. Alors on place dans le ballon la quantité pesée de poussière de zinc (environ 3 gr.), on ajoute un peu d'eau, on pèse le tube *d*, on ferme en *g*, on monte l'appareil comme le représente la figure, on ferme la pince du tube de sûreté, on ouvre de nouveau *g* et l'on s'assure que l'appareil ferme bien.

On chauffe au rouge le tube *bc*, dans toute la longueur qui renferme de l'oxyde de cuivre, on ouvre un peu la pince du tube de sûreté, on verse dans le petit entonnoir de l'acide sulfurique étendu, additionné d'une goutte de chlorure de platine, et on laisse arriver l'acide dans le petit ballon. On ouvre la pince du tube de sûreté de façon que les bulles d'air passent lentement à travers l'acide qui remplit la partie inférieure recourbée du tube de sûreté. Le dégagement d'hydrogène a lieu lentement: de temps en temps on fait couler un peu d'acide sulfurique sans chlorure de platine, jusqu'à ce que tout le zinc soit dissous. L'opération exige environ une heure. On peut l'activer en chauffant un peu. L'hydrogène mélangé d'air est complètement desséché en *a*, dans *bc* tout l'hydrogène brûle en eau, *d* arrête l'eau formée. A la fin on chauffe modérément le petit ballon à dégagement pour chasser le peu d'hydrogène qui pourrait être dissous dans le liquide. — Quand tout est refroidi, on prend l'augmentation de poids de *d* et, pour 9 parties d'eau formée, on calcule 32,53 parties de zinc. L'appareil est prêt pour un nouveau dosage, il ne faut renouveler que l'acide sulfurique en *a* et en *d*.

Deuxième méthode (de *Drewsen* **).

Elle repose sur le fait suivant : Si l'on met de la poussière de zinc avec une quantité suffisante de bichromate de potasse et d'acide sulfurique étendu, il ne se dégage pas d'hydrogène, parce que ce gaz réduit en oxyde de chrome l'acide chromique mis en liberté par l'acide sulfurique $(2.CrO^3 + 3H = Cr^2O^3 + 3.HO)$.

Il faut, pour appliquer cette réaction : *a*.) une dissolution de bichromate de potasse de force connue ; pour la préparer on dissout 40 gr. de sel pur fondu de façon à faire un litre : *b*.) une dissolution de sulfate de protoxyde de fer renfermant environ 200 gr. dans un litre. On l'acidifiera fortement avec de l'acide sulfurique pour empêcher l'oxydation.

On établit d'abord la relation entre les deux dissolutions. Pour cela on verse dans un vase à précipités 20 C.C. de la solution de sulfate de fer, on y ajoute un peu d'acide sulfurique et à peu près 50 C.C. d'eau: avec la

---

(*) On peut, bien entendu, prendre un tube à acide de *Schrœtter* (p. 610, fig. 151).
(**) *Zeitschr. f. analyt. Chem.*, XIX, 50.

burette on y verse de la solution de bichromate jusqu'à ce qu'une goutte de la liqueur ne soit plus colorée en bleu par le prussiate rouge de potasse (page 237. b.).

Maintenant dans un vase à précipités on met la poussière de zinc pesée (environ 0,5 gr.) avec 50 C.C. de la solution de bichromate, on ajoute 5 C.C. d'acide sulfurique étendu, on mélange avec soin, on verse encore 5 C.C. d'acide sulfurique et en remuant souvent, on laisse la réaction s'opérer pendant environ 1/4 d'heure.

Lorsqu'on s'est assuré que tout s'est dissous, sauf un petit reste qu'il y a toujours, on verse un excès d'acide sulfurique, environ 100 C.C. d'eau, puis 25 C.C. de la solution de sulfate de fer pour réduire d'abord la plus grande partie du chromate de potasse, puis de nouveau du sulfate de fer, centimètre cube par centimètre cube, jusqu'à ce qu'une goutte de la liqueur donne nettement la coloration bleue avec le prussiate rouge ; enfin on revient avec la solution de bichromate, jusqu'à ce que la réaction disparaisse juste.

Enfin, des C.C. de la dissolution de chromate on retranche ceux équivalents au volume de la solution de sulfate de fer employée, et la différence multipliée par 0,66113 donne le zinc métallique contenu dans la poussière de zinc.

12. Combinaisons de manganèse.

A. Bioxyde de manganèse (Pyrolusite, Braunstein).

§ 246.

Le bioxyde de manganèse naturel est un mélange de bioxyde pur avec d'autres degrés d'oxydation inférieurs du manganèse, avec du peroxyde de fer, de l'argile, etc. — En outre il y a toujours de l'humidité et fréquemment aussi de l'eau chimiquement combinée. Il est très important, pour le fabricant qui emploie les manganèses à la fabrication du chlore, de savoir combien ils renferment de bioxyde de manganèse pur (ou plus exactement la quantité d'oxygène disponible exprimée en bioxyde pur), parce que c'est de ce composé que dépend la valeur du minerai. Sous le nom d'oxygène disponible on entend tout celui qui se trouve dans le manganèse en plus que ce qui correspond au protoxyde, parce qu'en traitant par l'acide chlorhydrique, on obtient une quantité de chlore équivalente à cet oxygène disponible : 1 équivalent de ce dernier représente un équivalent de bioxyde $MnO^3 = MnO + O$.

De Vry(*) avait déjà appelé l'attention sur l'importance qu'avait sur les résultats de l'analyse la manière dont les essais étaient desséchés, et plus tard j'ai montré à combien de résultats différents on arrivait en négligeant cette circonstance (**). Je vais donc indiquer d'abord comment il faut dessécher les échantillons à essayer.

(*) *Zeitschr. f. analyt. Chem.*, XLI, 249.
(**) *Dingler polyth. Journ.*, CXXXV, 277.

I. *Dessiccation des essais de manganèse.*

Nous supposons bien entendu, tout d'abord, que l'échantillon soumis à l'analyse représente bien la teneur moyenne du minerai que l'on veut livrer au commerce. En général le chimiste reçoit une petite quantité de l'échantillon moyen réduit en poudre fine; d'autres fois ce sont des portions de minerai prises en différents points des amas. Dans ce cas il ne faut pas faire porter l'analyse sur un morceau particulier, mais sur la moyenne de tout et, pour cela, on pulvérise le tout dans un mortier en fer de façon à ce que tout puisse passer à travers un tamis pas trop fin. De cette poudre grossière uniformément mélangée, on prend à peu près une cuillerée, on pulvérise dans un mortier d'acier pour faire passer à travers un tamis fin. Après avoir bien intimement mélangé cette poudre fine, on en prend environ 8 à 10 gr., que l'on broie alors peu à peu dans un mortier d'agate, de façon à en faire une poudre qui, entre les doigts, ne laisse plus sentir la moindre parcelle palpable. — Lorsqu'on reçoit un échantillon de poudre fine, il faut encore lui faire subir cette dernière trituration.

Surgit maintenant la question de savoir à quelle température il faut chauffer? S'il s'agit de ne chasser que l'humidité et toute l'humidité, mais pas d'eau d'hydratation, il faut, comme le montrent nos expériences (Exp. n° 89), choisir la température de 120°. On se servira pour cela avec avantage du bloc à dessiccation décrit au § 31 (fig. 42) : on met le manganèse en poudre dans un des petits poêlons et l'on maintient la température indiquée pendant environ une demi-heure. — Mais si l'on est convenu, comme cela est généralement adopté dans le commerce, de ne sécher qu'à 100°, on met la poudre dans une sorte de capsule plate en laiton ou en cuivre que l'on chauffe pendant 6 heures au bain-marie à la température de l'eau bouillante (fig. 31. § 28). — Si l'on avait souvent plusieurs essais à sécher à la fois, on ferait usage d'une chaudière en cuivre, plus ou moins grande, ayant la forme d'une boîte plate rectangulaire, dans les parois de laquelle on ménagerait 4,6,12 ou plus de petites étuves, de façon qu'elles soient entourées de tous les côtés, sauf en avant, de vapeur d'eau bouillante ou d'eau bouillante.

Les essais une fois desséchés comme il est dit, on les verse encore chauds dans des tubes de verre fermés à un bout, de 12 à 14 centimètres de long, 8 à 10 millimètres de large, on les bouche et on laisse refroidir.

Bien entendu que si l'on fait à la fois plusieurs essais de différents manganèses, il ne faut pas négliger de bien étiqueter tous ces tubes.

'II. *Dosage du bioxyde pur dans les manganèses bruts.*

§ 247.

Je n'indiquerai que trois des nombreuses méthodes proposées. Elles donnent des résultats exacts et sont d'une exécution rapide et facile. La première se recommande surtout au point de vue technique et est presque partout employée.

a. Procédé de R. *Frésénius* et *Will*.

Le principe sur lequel il repose avait déjà été appliqué par *Berthier* et *Thomson*.

1. Si l'on met de l'acide oxalique (ou un oxalate) avec du bioxyde de manganèse en présence de l'eau et de l'acide sulfurique en excès, il se forme du sulfate de protoxyde de manganèse, en même temps qu'il se dégage de l'acide carbonique, provenant de l'oxygène disponible du bioxyde qui se porte sur l'acide oxalique :

$$MnO^2 + SO^3,HO + C^2O^3.HO = MnO,SO^3 + 2.HO + 2.CO^2.$$

Ainsi, pour un équivalent de bioxyde de manganèse égal à 43,5, on recueille 2 équivalents d'acide carbonique égaux à 44.

2. Si l'on fait la réaction dans un appareil pesé, disposé de telle façon que l'acide carbonique seul puisse s'en dégager et en être complètement chassé, la perte de poids de l'appareil donnera le poids d'acide carbonique formé, et par conséquent, par un calcul simple, on en déduira le poids de bioxyde : puisque 44 gr. d'acide carbonique correspondent à 43,5 gr. de peroxyde pur, il suffira de multiplier l'acide carbonique par $\frac{43,5}{44} = 0,987$.

3. Si l'on voulait éviter tout calcul, il suffirait de prendre un poids de manganèse tel que, s'il était du bioxyde de manganèse pur, il donnerait 100 parties d'acide carbonique. Alors les parties d'acide carbonique trouvées donneraient en même temps combien il y aurait de bioxyde pur dans 100 parties de manganèse essayé. Ce nombre serait 98,87 d'après ce qui est dit en 2.

Si donc pour une expérience on prend 0,9887 gr. de manganèse, les centigrammes d'acide carbonique dégagés donneront immédiatement la proportion pour cent de bioxyde pur ; mais avec ce nombre on aurait un poids d'acide carbonique qui serait un peu faible pour en faire une pesée exacte. Il vaut mieux prendre un multiple de ce nombre et alors diviser les centigrammes d'acide carbonique trouvés par le facteur par lequel on aura multiplié le poids normal 0,9887. Pour les manganèses riches on prendra trois fois le poids ou 2,966 gr. : pour les pauvres on choisira quatre fois ou 3,955 ou même le quintuple 4,9435.

4. D'après ce qui précède, on comprend facilement la manière d'opérer.

On se sert de l'appareil représenté dans la figure 207 et déjà décrit à la page 374. Le petit ballon jauge jusqu'au col environ 120 C.C. ; B peut être un peu plus petit et d'environ 100 C.C. Ce dernier est rempli à moitié avec de l'acide sulfurique concentré exempt d'acide azotique et d'acide azoteux. Le tube *a* est fermé en *b* avec une petite boule de cire ou avec un bout de caoutchouc fermé par un morceau de baguette en verre.

Dans un verre de montre et avec une bonne balance on fait la tare de 2,966 ou 3,955 ou 4,9435 gr. suivant le minerai, on enlève les poids et on les remplace par le manganèse en poudre, que l'on fait tomber avec précaution du petit tube qui le renferme. Au moyen d'une carte on fait passer le manganèse dans le ballon A, on ajoute 5 à 6 gram. d'oxalate neutre de soude pulvérisé ou 7,5 gram. d'oxalate neutre de potasse et assez d'eau pour remplir le tiers du ballon. On enfonce le bouchon dans le col de A, et l'on tare l'appareil avec de la grenaille de plomb et de la feuille d'étain (on ne place pas la tare directement sur le plateau mais dans un petit vase spécial) sur une balance forte, mais cependant aussi bonne et assez sensible. On note la tare et on la place sous une cloche.

Après s'être assuré que l'appareil ferme bien (page 374), au moyen d'un tube en caoutchouc, adapté sur le tube d, on aspire un peu d'air, ce qui diminuant la pression dans B, fait affluer l'air de A par le tube c., puis en cessant d'aspirer, la pression atmosphérique se rétablissant en B,

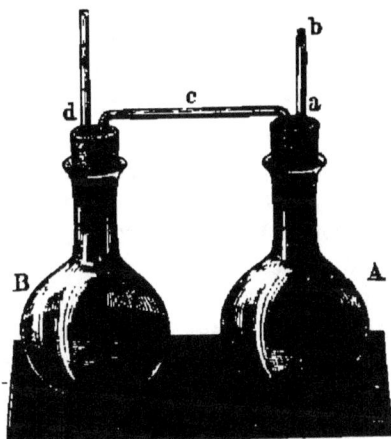

Fig. 207.

fait passer de l'acide sulfurique de B dans A. Alors commence aussitôt un dégagement d'acide carbonique très régulier. S'il se ralentit ou s'il est trop faible, on fait de nouveau passer de l'acide sulfurique de B en A, et l'on continue jusqu'à ce que tout le manganèse soit décomposé, ce qui exige de 5 à 10 minutes si le minerai est réduit en poudre bien fine. Il faut éviter un dégagement gazeux trop rapide, parce que dans ce cas l'acide carbonique n'aurait pas le temps de se dessécher en traversant l'acide sulfurique. On reconnaît que la décomposition est complète à ce qu'une nouvelle addition d'acide sulfurique ne provoque par un nouveau dégagement d'acide carbonique et que d'autre part il ne reste plus de poudre noire au fond du ballon A(*). A la fin on fait arriver encore un peu d'acide sulfurique de B dans A, pour échauffer fortement, mais pas au-dessus de 70°, le liquide de A, afin de chasser complètement l'acide carbonique qui se serait dissous. A ce moment, comme du reste pendant toute l'opération, il faut éviter que le ballon où se fait la décomposition soit exposé aux rayons directs du soleil, car dans ce cas l'oxalate de protoxyde de fer peut se décomposer en fournissant de l'acide carbonique (Luck**). Enfin on débouche le tube a en b et l'on aspire lentement l'air par d, jusqu'à ce qu'il n'ait plus la saveur de l'acide carbonique ; on laisse refroidir l'appareil complètement à l'air, on le met sur la balance, dans l'autre plateau on replace la tare et l'on ajoute des poids à côté de l'appareil jusqu'à ce qu'on ait rétabli l'équilibre. Le nombre des centigrammes ajoutés, divisé par 3, 4 ou 5 (suivant qu'on aura pris 3, 4 ou 5 fois le poids 0,9887), est la quantité pour cent de bioxyde pur que renferme le manganèse.

(*) Si l'on a pulvérisé le manganèse dans un mortier en fer, il reste souvent des petits points noirs (parcelles de fer).
(**) Zeitschr. f. analyt. Chem., X, 322.

5. Quand il faut prendre un poids déterminé de manganèse, on est obligé nécessairement de faire la pesée dans un verre de montre ouvert et il peut en résulter une cause d'erreur, parce que la poudre desséchée peut reprendre de l'humidité à l'air. Dans les analyses qui exigent un grand degré d'exactitude, je préfère prendre un poids arbitraire de manganèse, et calculer alors le résultat d'après l'acide carbonique trouvé. On pèse dans ce cas le petit tube en verre bouché renfermant le manganèse en poudre, on fait tomber une portion de ce dernier dans le ballon A, on referme le tube et on le pèse de nouveau. Pour avoir facilement le poids approximatif de 3 à 5 gram. nécessaire suivant la pureté des manganèses, on peut faire sur les petits tubes des traits à la lime qui représentent approximativement les volumes correspondant à ces poids.

6. Les manganèses sont plus ou moins faciles à décomposer. Parfois le mélange de l'acide sulfurique avec l'eau ne dégage pas assez de chaleur pour opérer la décomposition complète. Dans ce cas on place le ballon A sur une plaque en fer que l'on chauffe et le ballon B sur une planchette en bois. Il ne faut jamais chauffer au delà de 70°, sans quoi le sulfate de per-oxyde de fer décomposerait l'acide oxalique (*Luck*, loc. cit.).

7. Si l'on a souvent à faire des analyses de manganèses, il est commode de disposer un aspirateur pour enlever l'acide carbonique. Quand l'air est très humide, on pourra, au moyen d'un tube à chlorure de calcium, adapté en *b*, éviter l'erreur, fort légère du reste, qui serait produite par la vapeur d'eau que l'air pourrait laisser dans l'appareil.

Les résultats obtenus par ce procédé se distinguent par leur exactitude et leur concordance, et je pourrai facilement citer des centaines d'exemples dans lesquels deux analyses d'un seul et même manganèse diffèrent au plus de 0,2 pour cent. Aussi je n'admets pas de plus grands écarts, et si deux essais diffèrent de plus de 0,2 ou plus de 0,3 pour cent, il faut faire une troisième expérience. Celui qui n'obtiendra pas de résultats aussi con-cordants, c'est qu'il lui manque l'habileté de manipulation ou la patience nécessaire, ou enfin une bonne balance et des poids justes. Je n'ai pas besoin de rappeler qu'il faut parfaitement dessécher, bien broyer le minerai et n'employer que de l'oxalate pur.

8. *Si les manganèses renferment des carbonates alcalins terreux*, comme c'est le cas dans certains gisements, il faut naturellement modifier, la méthode précédente, pour obtenir de bons résultats. On fera donc un essai préliminaire en faisant bouillir la poudre avec de l'eau et y ajoutant ensuite de l'acide azotique on examinera s'il se produit quelque effervescence. Dans ce cas on opérera comme l'a fort bien indiqué *Rœhr* (*).

Après avoir mis le manganèse pesé dans le ballon A, on verse de l'eau pour remplir environ le quart du ballon, on ajoute quelques gouttes d'acide sulfurique étendu (1 p. en poids d'acide anglais pour 5 p. d'eau) et l'on chauffe au bain-marie en agitant. Au bout de quelque temps, on prend avec un agitateur une goutte de liquide pour essayer s'il est encore forte-ment acide. Si cela n'est pas, on ajoute encore un peu d'acide sulfurique. Lorsqu'après avoir assez longtemps chauffé le liquide acide, on juge que les carbonates sont décomposés, on neutralise complètement l'excès d'acide par une lessive de soude bien exempte d'acide carbonique, on laisse refroidir, on ajoute l'oxalate de soude et l'on opère comme il est indiqué plus haut.

Si l'on n'a pas sous la main de lessive alcaline sans acide carbonique, on met environ 5 gram. d'oxalate de soude ou d'acide oxalique dans un petit tube en verre que l'on suspend dans le ballon A, au moyen d'un fil engagé entre le goulot et le bouchon. Après avoir taré et s'être assuré que l'appareil ferme bien, on laisse tomber le petit tube dans le liquide et l'on achève comme plus haut.

9. *Si les manganèses renferment de l'oxyde de fer magnétique* (*) (en général *des composés à protoxyde de fer*), en opérant par la méthode décrite on n'obtient pas exactement la valeur utile du manganèse, c'est-à-dire la quantité de bioxyde pur représentant le chlore qu'il peut dégager : on a un nombre un peu trop fort, parce que le protoxyde de fer dans ce procédé est sinon en totalité au moins en grande partie peroxydé (**), tandis qu'en traitant le manganèse par de l'acide chlorhydrique il ne dégagera pas de chlore avant que tout le fer à l'état de protoxyde ou de protochlorure soit transformé en perchlorure.

La fraction du protoxyde de fer non peroxydé et par conséquent la quantité de bioxyde de manganèse pur, que l'on trouve en trop comparativement avec les autres méthodes, dépend de la rapidité avec laquelle marche l'opération, moindre si la réaction marche lentement, plus grande si elle va vite.

Mais en modifiant légèrement la manière de procéder, on peut aussi, avec les manganèses renfermant du protoxyde de fer, avoir de bons résultats, tout à fait d'accord avec ceux fournis par les autres méthodes. *Luck* (***) a montré en effet que l'oxydation du protoxyde de fer se fait complètement, si l'on ajoute un peu d'acétate de soude dans le ballon à décomposition.

Dès lors la règle est, pour les manganèses contenant du protoxyde de fer, de mettre dans le ballon à décomposition environ 6 C. C. d'une solution d'acétate de soude (1:9) et d'opérer ensuite à la manière ordinaire. Il vaut mieux aussi faire marcher l'expérience lentement.

Au lieu de mesurer l'acide carbonique par la perte de poids de l'appareil, on peut l'absorber dans un tube à absorption pesé, comme *Kolb* l'a indiqué le premier. Cette modification sera surtout préféré par ceux qui n'auront pas à leur disposition une balance assez grande et assez sensible et qui préfèrent ne peser que sur une balance et non sur deux. On procède alors comme il est dit à la page 578. e., mais on peut employer un appareil plus simple. Le petit ballon à décomposition jauge de 100 à 120 C.C. jusqu'à la naissance du col. L'acide carbonique dégagé passe d'abord dans deux tubes en U, dont les branches ont 17 centim. de longueur et 18 mm. de

---

(*) On reconnaît la présence de l'oxyde de fer magnétique à l'action du manganèse sur une aiguille aimantée astatique. Voir *Mohr. Zeitschr. f. analyt. Chem.*, VIII, 314.

(**) Voir à ce sujet *Teschemacher et Schmith. Zeitschr. f. analyt. Chem.*, VIII, 509. *Scherer et Rumpf. Idem,* IX, 46. — *Pattinson. Idcm,* IX, 509. — *Luck. Idem,* X, 310.

(***) *Zeitschr. f. analyt. Chem.*, X, 317.

diamètre et dont la première est vide, tandis que la seconde renferme du chlorure de calcium (page 584). En sortant de là le gaz arrive dans deux plus petits tubes en U de 11 à 12 centim. de branches et 15 mm. de diamètre. Ceux-ci contiennent aux 5/6 de la chaux sodée en grains et l'autre 1/6 du côté de la branche de sortie est rempli avec du chlorure de calcium. On pèse ces deux tubes avant et après l'expérience. Puis vient un petit tube de sûreté renfermant dans la partie inférieure de la chaux sodée et enfin un petit tube en U contenant dans la partie inférieure un peu d'eau, pour pouvoir suivre la marche de l'analyse, et ce dernier tube est relié à un aspirateur.

On introduit dans le petit ballon le manganèse et l'oxalate de soude (avec un peu d'acétate de soude, si le minerai contient de l'oxyde de fer magnétique) et l'on y fait couler par l'entonnoir l'acide sulfurique étendu (1 vol. d'acide concentré + 2 vol. d'eau). Il faut encore éviter que les rayons du soleil ne frappent directement l'appareil, et que la température ne dépasse 70°. On fera bien de placer le ballon sur une plaque en fer pour pouvoir le chauffer.

S'il y a des carbonates alcalino-terreux, on peut très facilement, dans cette manière d'opérer, chasser d'abord leur acide carbonique avec de l'acide sulfurique étendu en quantité juste suffisante, chauffer un peu et laver l'intérieur de l'appareil avec un courant d'air purifié et desséché ; puis on neutralise l'acide libre et l'on mesure l'acide carbonique fourni par l'action de l'acide sulfurique et du manganèse sur l'oxalate de soude. — Il est presque inutile de dire qu'on pourra remplacer le tube à chaux sodée par un tube à potasse, à la suite duquel on placera un petit tube en verre rempli moitié avec de la chaux sodée, moitié avec du chlorure de calcium.

6. Procédé de *Bunsen* (*).

On pèse environ 0,4 gram. de manganèse en poudre aussi fine que possible, on le met avec quelques morceaux compacts de magnésite (giobertite) dans le petit ballon *d* de la fig. 85. § **130**, avec de l'acide chlorhydrique fumant, et l'on opère exactement comme pour l'analyse des chromates. On fait bouillir jusqu'à ce que tout le manganèse soit dissous et tout le chlore chassé : il suffit pour cela de quelques minutes. Chaque équivalent d'iode, mis en liberté et dosé suivant le § **146**, correspond à 1 équivalent de chlore dégagé et par suite à 1 équivalent de bioxyde de manganèse pur. La méthode ne donne de bons résultats qu'appliquée par un habile expérimentateur.

Pour dissoudre le manganèse et absorber le chlore dans la dissolution d'iodure de potassium, je me sers de l'appareil décrit à la page 400 et représenté dans la figure 96. Il faudra mesurer l'iode précipité immédia-

---

(*) La méthode de *Bunsen* se rapproche de celle de *Gay-Lussac*, consistant à recueillir le chlore dégagé dans un lait de chaux et à doser chlorométriquement la solution de chlorure de chaux formé. En soumettant cette méthode à une critique sérieuse, *Scherer* et *Rumpf* (*Zeitschr. f. analyt. Chem.*, IX, 48 et 51) n'ont pas obtenu de bons résultats. *Perrey* (*Chem. Centralbl.*, 1878, 15), en comparant les résultats fournis par les différents modes d'essai des manganèses, a trouvé que le procédé de *Gay-Lussac* donnait les résultats les plus bas.

tement après la fin de la réaction, sans quoi, en attendant, la quantité en augmenterait par suite de la décomposition de l'acide iodhydrique mis en liberté, et l'on aurait un résultat trop fort.

c. Procédé par le fer.

Si l'on chauffe du manganèse avec de l'acide chlorhydrique et une quantité connue et en excès de protochlorure de fer, le chlore qui se dégage transforme le protochlorure de fer en perchlorure. Si donc on mesure par le procédé de *Penny* (page 237) la quantité de protochlorure restant, on pourra facilement calculer le bioxyde pur contenu dans le minerai. Cette méthode, soumise dans mon laboratoire à un contrôle exact par *Scherer* et *Rumff* (*), n'a pas fourni des résultats satisfaisants : ils étaient trop bas et pas suffisamment d'accord : un peu de chlore se perd toujours sans agir sur le protochlorure.

Pattinson (**) a alors modifié la méthode en remplaçant l'acide chlorhydrique par l'acide sulfurique et a obtenu de bons résultats. Dans un ballon de 600 C.C. environ et disposé comme le représente la figure 80 (page 232), on dissout environ 2 gr. de fil de fer fin (exactement pesés) dans 90 C.C. d'acide sulfurique pur étendu (1 p. en poids d'acide concentré, 3 p. d'eau), on chauffe jusqu'à dissolution, on introduit 2 gr. exactement pesés de manganèse en poudre fine, on fait bouillir jusqu'à ce que tout le minerai soit dissous (ce qui arrive assez vite avec le minerai peu compact, et au bout d'un quart d'heure avec celui qui est dense et dur), on laisse monter l'eau, on étend pour faire 250 à 300 C.C. et après refroidissement on mesure l'excès de protoxyde de fer soit avec le chromate de potasse (page 237), soit avec le permanganate de potasse (page 235).

De la différence on conclut la quantité de fer passant de l'état de protoxyde à celui de peroxyde par l'action du bioxyde de manganèse (***). — En multipliant ce fer par $\frac{43,5}{56}$ ou 0,7768, on aura la quantité de bioxyde pur contenu dans le manganèse essayé. Si le manganèse renferme plus de 78 pour cent de bioxyde, il ne faut pas oublier de prendre ou plus de fer ou moins de manganèse.

III. *Essai des manganèses au point de vue de leur humidité.*

§ 248.

Dans le commerce on admet en général que les manganèses renferment de l'humidité et d'ordinaire on leur fixe une limite maximum. S'il faut mesurer cette humidité, il faudra la chasser à la même température que celle à laquelle on desséchera le minerai pour en faire l'analyse (§ 246. I).

(*) *Zeitschr. f. analyt. Chem.*, IX, 46.
(**) *Zeitschr. f. analyt. Chem.*, IX, 510.
(***) Il ne faut pas oublier dans le calcul, qu'en général le fil de fer ne contient que 99,6 pour 100 de fer pur (*Pattinson* admet 99,9).

Comme en concassant et en broyant les manganèses leur degré d'humidité peut changer, on choisit pour doser l'eau une quantité un peu grande
du minéral grossièrement pulvérisé.

Pour opérer on fait usage d'un vase cylindrique en verre à fond plat,
de 8 à 10 centimètres de diamètre, 3 centimètres de hauteur, qui peut être
fermé avec un obturateur en verre de même diamètre, rodé sur les bords
du vase : on peut aussi prendre une boîte en fer-blanc de mêmes dimen-
sions et fermant avec un bon couvercle. On pèse d'abord le vase vide, puis
plein de manganèse et fermé. On enlève l'obturateur ou le couvercle, on
met dans un bain d'eau, d'huile ou d'air et l'on continue à sécher jusqu'à
ce qu'il n'y ait plus de diminution de poids. Avant de peser il faut fermer
le vase.

Si l'on ne peut pas mesurer l'humidité à l'endroit même où sont les
tas de minerais, on prend un échantillon moyen qu'on enferme dans un
flacon bien sec et bien fermé.

IV. *Mesure de la quantité d'acide chlorhydrique nécessaire pour opérer
la décomposition complète d'un manganèse.*

§ **249**.

Des manganèses, renfermant la même quantité d'oxygène disponible, ou,
comme on dit ordinairement, la même proportion de bioxyde de manganèse pur, peuvent exiger des quantités fort différentes d'acide chlorhydrique
pour être complètement décomposés et dissous de façon à fournir la quantité de chlore correspondant à leur oxygène disponible. Ainsi un manganèse
formé de 60 pour 100 de bioxyde et 40 pour 100 de sable et d'argile n'exi-
gera que la quantité d'acide chlorhydrique correspondant à 2 équivalents
pour 1 équivalent d'oxygène disponible, tandis qu'il en faudra bien plus
pour un minerai de même richesse, mais contenant des oxydes inférieurs
du manganèse, du peroxyde de fer, du carbonate de chaux.

Je recommande en conséquence d'opérer comme il suit pour déterminer
la quantité d'acide chlorhydrique nécessaire pour la décomposition.

Avec une dissolution ammoniacale d'oxyde de cuivre (§ **216**) on mesure
la richesse de 10 C. C. d'un acide chlorhydrique pas trop concentré (densité 1,10) : on chauffe 10 C. C. de cet acide avec un poids connu (environ
1 gr.) du manganèse à essayer dans un petit ballon à long col, dont le col
est mis en relation avec un tube réfrigérant à reflux. Quand la décomposition est achevée, on chauffe un peu plus fort pour chasser le chlore qui
serait dissous, mais pas assez cependant pour perdre de l'acide chlorhydrique. Après refroidissement on étend d'eau le contenu du ballon et avec
l'oxyde de cuivre ammoniacal on titre l'acide chlorhydrique restant. La
différence des deux titrages donne la quantité d'acide chlorhydrique employé
pour la décomposition du manganèse.

On sait que maintenant dans les fabriques de chlorures décolorants on
fait, d'après les données de *Weldon*, en traitant le chlorure de manganèse
par l'hydrate de chaux au contact de l'air, une préparation qui peut servir
de nouveau à la préparation du chlore. Ce composé, essentiellement formé

de CaO,2MnO³, peut être essayé pour son effet utile d'après la méthode de *Bunsen*. A cause de la grande proportion de chlorure de calcium qu'il renferme on ne pourrait pas lui appliquer la méthode a. ou c. Quant à savoir la quantité d'acide chlorhydrique que dépensera le produit, on peut le chercher comme il est indiqué au § **249**.

B. MINERAIS DE MANGANÈSE EN GÉNÉRAL. DOSAGE DU MANGANÈSE MÉTALLIQUE.

§ 250.

Tandis qu'autrefois les minerais de manganèse ne servaient qu'à la préparation du chlore ou comme agents oxydants dans les verreries, ils jouent maintenant un rôle important dans la préparation du fer manganésifère et il est nécessaire de mesurer leur richesse en manganèse métallique.

Pour y arriver on a ajouté dans les derniers temps des méthodes nouvelles à celles déjà connues. Ces procédés, la plupart volumétriques, seront surtout indiqués à propos de l'analyse des diverses sortes de fer et trouveront plutôt leur place au § **255**.

J'indiquerai seulement ici la méthode suivie depuis des années dans mon laboratoire. Elle est peut-être un peu ennuyeuse, mais elle n'a rien à désirer sous le rapport de l'exactitude et permet aussi de doser les autres éléments du minerai.

On dissout dans l'acide chlorhydrique 1 gr. du minerai desséché, on évapore à siccité, on chauffe le résidu avec de l'acide chlorhydrique, on ajoute de l'eau, on filtre et l'on étend d'eau pour faire 500 C. C. On s'assure que le résidu insoluble ne renferme plus de manganèse, en en fondant un peu au contact de l'air avec du carbonate de soude. S'il y en avait encore, il faudrait désagréger tout le résidu avec le carbonate de soude, éliminer la silice, et ajouter à la dissolution principale le liquide séparé de la silice par filtration.

Si la dissolution est *pauvre en fer*, on y ajoute de l'ammoniaque jusqu'au moment précis où elle devient alcaline, on filtre aussitôt dans un ballon contenant un peu d'acide acétique, on dissout le précipité un peu lavé dans l'acide chlorhydrique chaud, on chauffe, on laisse refroidir, on ajoute encore 10 C. C. (pas beaucoup plus) d'une solution de sel ammoniac et l'on précipite le fer à l'état de sel basique, exactement et avec précaution comme il est indiqué à la page 489. 3. a. — Si au contraire la dissolution est *riche en fer*, on ajoute 20 C. C. de solution de sel ammoniac, on précipite le fer en sel basique par la méthode donnée, on redissout dans l'acide chlorhydrique le précipité modérément lavé, on ajoute 10 C. C. de solution de sel ammoniac et on reprécipite le sel basique.

Après avoir bien lavé le précipité, on en prend un petit essai que l'on fond au contact de l'air avec du carbonate de soude pour s'assurer qu'il ne renferme pas de manganèse.

Par évaporation on ramène à environ 500 C. C. le liquide filtré, additionné des eaux de lavage et additionné au besoin d'encore un peu d'acide acétique libre : on laisse refroidir, on rend *très faiblement* alcalin avec de l'ammoniaque (pour précipiter un reste d'alumine) et l'on sépare aussitôt par filtration le précipité qui se forme presque toujours. Après quelques lavages on le redissout dans l'acide chlorhydrique chaud, on reprécipite avec l'ammoniaque et l'on filtre de nouveau. L'aspect du précipité, s'il est blanc ou brunâtre, indiquera si une nouvelle dissolution est nécessaire. On acidule faiblement avec de l'acide acétique le liquide filtré réuni aux eaux de lavage, on ajoute de l'acétate d'ammoniaque et l'on traite par l'acide sulfhydrique. En général cela détermine un léger précipité noir (sulfure de cobalt, etc.). On sépare par filtration, on concentre s'il le faut le liquide filtré et l'on précipite et dose le manganèse sous forme de sulfure suivant le § **109**. 2.

Le dosage électrolytique du manganèse a été étudié par *Luckow* (*) et par *Alf. Riche* (**). Mais il n'offre aucun avantage, parce qu'il nécessite l'élimination préalable du fer, la concentration sous un très petit volume du liquide manganésifère (le manganèse se dépose au pôle positif sous forme de peroxyde) et qu'enfin l'opération ne peut se faire que dans une solution sulfurique ou azotique.

15. Composés du nickel (***).

A. MINERAIS DE NICKEL, MATTES DE NICKEL ET AUTRES PRODUITS SECONDAIRES DE LA PRÉPARATION DU NICKEL.

§ 251.

Dans l'analyse du kupfernickel, du nickel antimonié, du nickel gris, on rencontre en général du nickel, du cobalt, du fer, de l'arsenic, de l'antimoine et du soufre, parfois aussi du plomb. Dans le nickel arsenical blanc, on trouve encore du cuivre et du bismuth, tandis que dans le nickel sulfuré il n'y a le plus souvent, en quantité appréciable, que du nickel, du cobalt, du fer, du cuivre et du soufre. Dans les cuivres nickélifères, dans les mattes de nickel, abstraction faite de la silice et des terres alcalines qui peuvent s'y trouver, on n'a guère non plus que les éléments indiqués en dernier. Les produits secondaires, obtenus dans la préparation de l'alliage cuivre-nickel ou du nickel avec les minerais de nickel, les mattes cuivreuses nickélifères, contiennent surtout du cuivre, du fer, du nickel avec un peu de cobalt et du soufre, et aussi souvent de l'arsenic, de l'antimoine et parfois du plomb. Les minerais, comme les produits des établissements métallurgiques, renferment des proportions fort variables de nickel, aussi font-ils maintenant très souvent l'objet d'analyses quantitatives, surtout depuis que le nickel a pris une aussi grande importance dans l'industrie. En général on se contente de mesurer la teneur en nickel plus cobalt, ou en nickel et en cobalt, ou enfin en nickel, cobalt et cuivre. Dans ce qui suit je me bornerai à donner

(*) *Zeitschr. f. analyt. Chem.*, VIII, 24.
(**) *Compt. rend.*, LXXXV, 226.
(***) On analyse les composés du cobalt comme ceux du nickel, et on peut pour les premiers appliquer les 3 méthodes indiquées au § **251**. — Quant à l'essai des minerais de nickel ou de cobalt par la voie sèche imaginé par *Plattner* (transformation du nickel et du cobalt en arséniures), voir le Dictionnaire de *Stohmann*, 3ᵉ édit. III, 1911.

le moyen de ne doser que ces métaux et je renverrai à la première partie de cet ouvrage pour l'analyse ultérieure des précipités obtenus dans ces opérations.

Première méthode.

On prend une quantité de minerai ou de produit métallurgique réduit en poudre fine, qui renferme environ 0,1 à 1 gr. de nickel; on le traite par de l'acide chlorhydrique additionné d'acide azotique jusqu'à ce que tout soit dissous, on évapore avec de l'acide chlorhydrique presque jusqu'à siccité, et plusieurs fois s'il le faut, pour chasser tout l'acide azotique, on reprend ce résidu par l'acide chlorhydrique et l'eau et l'on filtre. S'il reste du soufre, on chauffe le résidu à l'air et l'on traite encore par l'acide chlorhydrique et l'acide azotique ce qui pourrait rester après ce grillage. Si maintenant il y a encore un résidu pas complètement blanc, on le fond avec du bisulfate de potasse, et l'on reprend la masse fondue par de l'acide chlorhydrique et de l'eau; ou bien on fond avec du carbonate de soude, on sépare la silice et l'on fait encore agir l'acide chlorhydrique. Cette dissolution obtenue par l'un ou l'autre des procédés de désagrégation, *on ne la mélange pas avec la dissolution principale.* J'indiquerai plus loin comment il faut la traiter.

Dans la dissolution principale, contenant une quantité suffisante d'acide chlorhydrique (dans 400 C.C. il faut environ 40 C.C. d'acide chlorhydrique de densité 1,12), on précipite tous les métaux précipitables par l'acide sulfhydrique, et cela en opérant d'abord sur la liqueur chauffée à 70°, puis encore sur le liquide froid. On chauffe le liquide filtré, en y ajoutant peu à peu de l'acide azotique pour peroxyder le fer. Lorsque le liquide est refroidi, on y verse de l'ammoniaque en excès, on sépare par filtration le peroxyde de fer impur, on le lave un peu, on le redissout dans l'acide chlorhydrique, on étend la dissolution fortement d'eau, on ajoute 30 C.C. de sel ammoniac et à froid une solution étendue de carbonate d'ammoniaque jusqu'à ce que le liquide commence à se troubler, mais sans qu'il y ait encore un précipité. Par le repos le liquide ne doit pas s'éclaircir, mais plutôt devenir plus trouble. A ce moment la réaction est encore nettement acide. On chauffe à l'ébullition, on lave le précipité de sel de peroxyde de fer basique d'abord par décantation, puis sur le filtre avec de l'eau bouillante contenant un peu de chlorhydrate d'ammoniaque, et l'on s'assure que le sel basique de fer ne contient pas de nickel en en prenant un essai, le dissolvant dans l'acide chlorhydrique, reprécipitant le sel basique et essayant le liquide filtré avec le sulfhydrate d'ammoniaque. Si dans cet essai on trouvait du nickel, il faudrait redissoudre tout le précipité dans l'acide chlorhydrique et reprécipiter le sel basique de fer. Les deux ou peut-être trois liquides filtrés, qui renferment le nickel et le cobalt, sont mélangés, acidulés avec de l'acide acétique, puis rendus faiblement alcalins avec de l'ammoniaque et concentrés par évaporation. S'il se produisait pendant cette opération un faible précipité (hydrate de peroxyde de fer ou d'alumine), on filtrerait, on dissoudrait le précipité dans l'acide chlorhydrique, on précipiterait par un excès d'ammoniaque et l'on recommencerait encore une fois cette opération. Maintenant on donne avec l'acide acétique une réaction nettement acide aux liquides filtrés, convenablement concentrés et renfermant tout le nickel et le cobalt, on y ajoute 30 à 50 C.C. d'une solution d'acétate d'ammoniaque (1 : 10), et dans le liquide chauffé à 70° on fait passer un courant prolongé d'acide sulfhydrique, jusqu'à ce que celui-ci domine fortement. L'opération achevée, on sépare par filtration le précipité de sulfure de nickel et de sulfure de cobalt, on le lave, on le fait passer avec la fiole à jet dans un vase de Bohême et l'on incinère le filtre. — On concentre le liquide filtré par évaporation, on y ajoute du sulfhydrate de sulfure d'ammonium, puis de l'acide acétique, et l'on obtient souvent ainsi une seconde précipitation, mais faible, de sulfures de nickel et de cobalt. Pour plus de sûreté on traite encore une fois de cette façon le liquide filtré pour être bien certain que tout le nickel et tout le cobalt sont précipités.

Les sulfures de nickel et de cobalt séparés du filtre sont traités avec les cendres de celui-ci par l'acide chlorhydrique additionné d'acide azotique, jusqu'à décomposition et dissolution complètes des métaux : on évapore à siccité pour chasser l'acide azotique, on étend d'eau, on filtre, on incinère le filtre, dont on ajoute la solution chlorhydrique à la dissolution principale et l'on précipite, le mieux dans une grande capsule en platine, avec une lessive pure de potasse et cela en versant la solution des sels dans un excès de la lessive chauffée. Le précipité obtenu est complètement lavé avec de l'eau bouillante (*), d'abord par décantation, puis sur le filtre, après une dessiccation complète ou partielle on le chauffe légèrement dans un creuset de *Rose*, d'abord en fermant le creuset avec son couvercle et ensuite au contact de l'air. On chauffe au rouge plus fortement jusqu'à complète incinération du filtre et à la fin dans un courant d'hydrogène pur, jusqu'à ce que le poids ne change plus. Ensuite on traite le nickel et le cobalt métalliques dans un creuset par l'eau bouillante. Si celle-ci prenait par là une réaction alcaline, renfermait du chlore ou de l'acide sulfurique et laissait un résidu sur la lame de platine, il faudrait épuiser les métaux avec l'eau bouillante, calciner encore une fois au rouge dans le courant d'hydrogène et peser.

Maintenant on redissout les métaux dans l'acide azotique, ce qui laisse en général un peu de silice insoluble. On ramasse celle-ci sur un filtre pour en déterminer le poids. On neutralise presque la solution azotique avec de l'ammoniaque, on y verse un excès de carbonate d'ammoniaque, on chauffe doucement pendant longtemps, on filtre le précipité de peroxyde de fer et d'alumine qui se forme presque toujours, on le dissout dans l'acide chlorhydrique, on reprécipite de la même façon la dissolution par le carbonate d'ammoniaque, on chauffe au rouge le précipité d'abord tel quel, puis dans un courant d'hydrogène et l'on retranche son poids et celui de la silice du poids des deux métaux.

Dans la plupart des cas on pourra, pour épargner du temps, incinérer

---

(*) J'ai vérifié ce qu'avancent *Finkener* (*Dict. de Chim. analyt.* de *H. Rose*, 6ᵉ édit , t. II, 136) et *Busse* (*Zeitschr. f. analyt. Chem.*, XVII, 60), que l'hydrate de protoxyde de nickel se dissout un peu dans l'eau, mais les traces, qui passent dans les eaux de lavage, sont si faibles qu'elles ne peuvent avoir aucune influence appréciable sur le résultat de l'analyse. (Voir *Analys.* nᵒ 90.)

dans ce même petit creuset les petits filtres renfermant l'un la silice, l'autre le peroxyde de fer et l'alumine, et, après la calcination dans le courant d'hydrogène, peser le tout. Mais si, par suite de la présence du cobalt, la silice ou l'alumine, etc., avait une teinte bleue, il faudrait fondre avec un peu de carbonate alcalin, puis précipiter la silice ou l'alumine pure et en prendre le poids. — Comme le nickel métallique peut aussi, suivant les circonstances, contenir de petites quantités de magnésie, il faut ajouter à la liqueur ammoniacale bleue de nickel obtenue après la séparation des impuretés, un peu de phosphate d'ammoniaque et abandonner pendant quelque temps pour voir s'il ne se déposera pas un peu de phosphate ammoniaco-magnésien, qu'il faudra peser sous forme de pyrophosphate de magnésie, pour retrancher des métaux le poids correspondant de magnésie. — S'il y a beaucoup de cobalt, il se précipitera avec le phosphate ammoniaco-magnésien du phosphate double d'ammoniaque et de protoxyde de cobalt. Dans ce cas, pour avoir le sel magnésien pur, il faut dissoudre dans l'acide acétique le précipité lavé avec de l'eau ammoniacale, ajouter de l'acétate d'ammoniaque, précipiter le cobalt par l'hydrogène sulfuré (voir plus haut), concentrer le liquide filtré et enfin précipiter la magnésie par l'ammoniaque et le phosphate d'ammoniaque.

Il reste encore à parler de la dissolution sulfurique ou chlorhydrique, obtenue suivant les circonstances (voir plus haut) par la désagrégation des résidus insolubles dans l'acide chlorhydrique et l'acide azotique et renfermant encore une petite proportion de métaux lourds. Ce qui paraîtrait le plus simple au premier abord serait d'ajouter ce liquide à la solution principale, avant de la précipiter par l'acide sulfhydrique. Mais cela aurait l'inconvénient d'introduire inutilement dans la dissolution une quantité relativement considérable d'alumine. Il vaut donc mieux traiter à part cette dissolution peu volumineuse, en y faisant passer d'abord un courant d'hydrogène sulfuré pour précipiter les métaux du cinquième et ceux du sixième groupe; on chauffe ensuite le liquide filtré avec de l'acide azotique, on précipite par l'ammoniaque, on sépare le précipité, on le lave, on le redissout dans l'acide chlorhydrique et l'on reprécipite par l'ammoniaque. Dans les liquides filtrés réunis on précipite, comme dans la solution principale, par l'acide sulfhydrique le peu de nickel qui peut s'y trouver et l'on réunit ce précipité à celui déjà obtenu de sulfure de nickel, pour tout redissoudre dans l'acide azotique (voir plus haut). —

S'il faut doser le nickel et le cobalt séparément, on en opère la séparation avec l'azotite de potasse, suivant le § **160**. 9. s'il y a beaucoup de nickel et peu de cobalt; mais s'il y a peu de nickel et beaucoup de cobalt, il vaut mieux procéder suivant le § **160**. 10. b. en traitant par le cyanure de potassium et le chlore ou le brome.

Le plus commode, c'est de faire 250 C.C. avec la solution azotique des sulfures de nickel et de cobalt, de doser dans 100 C.C. le nickel et le cobalt ensemble comme on vient de dire, puis dans 100 autres C.C. ou dans tout le reste (les 150 C.C.) le cobalt ou le nickel. Il faudra traiter les métaux, pesés exactement comme nous l'avons dit à propos du mélange de cobalt et de nickel, pour éliminer toutes les impuretés. Après avoir précipité le cobalt avec une lessive de potasse dans la solution chlorhydrique

de l'azotite double de cobalt et de potasse, il faut ajouter du sulfhydrate
d'ammoniaque au liquide filtré auquel on aura ajouté les eaux de lavage (*).
S'il se forme un léger précipité de sulfure de cobalt, on y mesure la quantité de cobalt d'après le sulfate de protoxyde de cobalt (§ **111**. 2. b.). —
Pour éviter ce dosage multiple du cobalt, il est souvent plus commode
de sursaturer d'ammoniaque la solution chlorhydrique de l'azotite double
de cobalt et de potasse, de précipiter le cobalt à l'état de sulfure par le
sulfhydrate d'ammoniaque, de redissoudre le sulfure dans l'acide azotique,
d'évaporer la dissolution avec de l'acide sulfurique et de peser le sulfate
de protoxyde de cobalt (§ **111**. 2. b.).

Dans le cas où il ne serait pas bon de diviser la solution renfermant le
cobalt et le nickel, on acidulera avec de l'acide acétique la solution ammoniacale préparée pour purifier le nickel et le cobalt pesés ensemble, on
reprécipitera les deux métaux à l'état de sulfure, on les redissoudra dans
l'acide azotique et dans la dissolution on dosera le cobalt ou le nickel. —
Le métal non dosé directement s'obtient dans les deux cas par différence.

S'il y a *très peu* de cobalt avec beaucoup de nickel, on peut d'abord précipiter tout le cobalt avec un peu de nickel, puis ensuite faire la séparation
des deux métaux. Pour cela on les dissout dans l'acide chlorhydrique, on
neutralise autant que possible avec le carbonate de soude et ensuite, par
une addition faite avec précaution d'une solution légèrement alcaline
d'hypochlorite de soude au liquide chauffé, on détermine la précipitation
complète du cobalt et une précipitation partielle du nickel. Si l'on s'arrange
de façon que pour 1 partie de cobalt il y ait au moins 2 parties de nickel,
on peut être certain que le précipité renferme tout le cobalt. On reconnaît
qu'on a atteint la proportion convenable à la couleur de la solution
chlorhydrique des oxydes hydratés noir-brun. Si elle est presque incolore,
ou si elle a une faible nuance verdâtre ou rougeâtre, tout le cobalt est
précipité, mais si elle est rouge intense, il faut pousser plus loin la précipitation partielle (*Fleitmann* **). Enfin dans la solution chlorhydrique on
opère la séparation avec l'azotite de potasse.

S'il faut aussi doser le *cuivre* soit dans le minerai, soit dans le produit
métallurgique, on le cherchera, comme au § **261**, dans le précipité obtenu
au commencement de l'analyse avec l'hydrogène sulfuré.

Deuxième méthode.

Comme pour le zinc, on peut, suivant *Classen* (**), séparer aussi le
nickel d'avec le peroxyde de fer sous forme d'oxalate. Je n'ai pas encore
d'objection à faire à cette nouvelle méthode : les analyses de contrôle
faites par *Classen* donnent de très satisfaisants résultats. Pour appliquer la
méthode aux minerais de nickel, etc., on dissout comme dans la première
méthode et on élimine tout d'abord les métaux précipitables par l'hydrogène sulfuré. On chasse l'excès d'acide sulfhydrique, on peroxyde le sel de

---

(*) Voir *Brauner* (*Zeitschr. f. analyt. Chem.*, XVI, 195) pour un autre procédé de dosage
du cobalt dans l'azotite double.

(**) *Zeitschr. f. analyt. Chem.* XIV, 76.

(***) *Zeitschr. f. analyt. Chem.* XVI, 471. — XVIII, 189-386.

protoxyde de fer en chauffant avec de l'acide azotique et l'on évapore au bain-marie tout à fait à siccité. On ajoute au résidu environ sept fois son poids d'une dissolution d'oxalate neutre de potasse (1 : 3), on chauffe 15 minutes au bain-marie, et l'on achève de dissoudre le peu qui pourrait rester de peroxyde de fer non dissous en ajoutant goutte à goutte de l'acide acétique. Si l'on a mis une suffisante quantité d'oxalate de potasse, on aura une dissolution limpide et verdâtre.

On la chauffe à l'ébullition, on ajoute en remuant de l'acide acétique à 80 pour 100 et en quantité au moins égale au volume du liquide à précipiter, ce qui détermine le dépôt de l'oxalate de protoxyde de nickel et de l'oxalate de protoxyde de cobalt. Celui de nickel a une structure plus ou moins cristalline, si la quantité de nickel est minime. *Classen* n'opère d'après cela que sur 0,1 à 0,2 gr. On chauffe maintenant pendant 6 heures à 50°, on filtre chaud et on lave complètement avec un mélange à volumes égaux d'acide acétique, d'alcool et d'eau. Après dessiccation et combustion du filtre sur un fil de platine, on chauffe l'oxalate de protoxyde de nickel d'abord faiblement en creuset de platine fermé, puis peu à peu plus fortement, enfin en ouvrant le creuset on élève encore davantage la température et assez longtemps et l'on pèse le protoxyde de nickel obtenu. Si l'on n'a pas suffisamment lavé l'oxalate de nickel l'oxyde retient du carbonate de potasse. On le reconnaît en chauffant le produit avec de l'eau, dont on essayera la réaction. Si celle-ci est alcaline, il faut laver complètement l'oxyde de nickel avec de l'eau bouillante et le peser de nouveau. Si l'oxyde renferme du cobalt, on réduit le produit de la calcination en chauffant au rouge dans un courant d'hydrogène, et l'on pèse à l'état métallique. — Quant à la séparation du nickel d'avec le cobalt, on la fait comme dans la première méthode.

Troisième méthode. (Précipitation du nickel — ou du nickel et du cobalt par l'électrolyse).

La séparation du nickel par voie électrolytique, sur laquelle *Gibbs* (*) appela l'attention déjà en 1864, a été l'objet de travaux ultérieurs par *C. Luckow* (**), par la direction des mines et usines de *Mansfeld* (***), par *Herpin* (****), *F. Wrightson* (*****), *Th. Schweder* (******) et *W. Ohl* (*******). De ces recherches il résulte que le nickel et le cobalt ne sont pas précipités des solutions renfermant des acides libres, mais bien de leur dissolution ammoniacale, ou de celle de leurs composés cyanogénés dans le cyanure de potassium, aussi bien que dans la solution de sulfate neutre additionné d'acétate, de tartrate, ou de citrate alcalin (*Luckow*). Dans ces derniers temps *H. Frésénius* et *F. Bergmann* (********) ont étudié avec soin quelles étaient

(*) *Zeitschr. f. analyt. Chem.*, III, 334.
(**) *Dingler's polyt. Journ.*, CLXXVII, 235.
(***) *Zeitschr. f. analyt. Chem.*, XI, 10. — XIV, 350.
(****) *Bulletin de la Société d'encourag.*, 1874, 595.
(*****) *Zeitschr. f. analyt. Chem.*, XV, 300.
(******) *Zeitschr. f. analyt. Chem.*, XVI, 344.
(*******) *Zeitschr. f. analyt. Chem.*, XVIII, 523.
(********) *Zeitschr. f. analyt. Chem.*, XIX, 314.

les conditions les plus convenables pour faire la précipitation au point de vue du dosage quantitatif. Il faudra faire usage des dissolutions ammoniacales, renfermant un excès suffisant d'ammoniaque de façon à rester toujours fortement ammoniacales. — La présence du sulfate d'ammoniaque ainsi que celle du phosphate de soude (*M. S. Cheney* et *E. G. Richards* [*]) favorisent la précipitation, tandis que le chlorhydrate d'ammoniaque la gêne et même peut l'empêcher : l'azotate d'ammoniaque est aussi nuisible.

Voici la meilleure manière d'opérer pour précipiter le nickel, ainsi que le cobalt.

On fait usage d'une pile *Clamond* (§ **261**) donnant un courant capable de fournir 300 C. C. de gaz de l'eau en une heure. On prendra de la substance de façon à avoir 0,1 à 0,15 gr. de nickel ou de cobalt en sulfate neutre dissous de façon à faire 200 C. C. et contenant de 2,5 à 4 gr. d'ammoniaque et 6 à 9 gr. de sulfate d'ammoniaque (tous deux supposés anhydres), on mettra 3 à 5 mm. de distance entre le bord inférieur du cône de platine pesé formant le pôle négatif et le pied annulaire de la spirale en platine représentant le pôle positif (voir § **261**). On ferme le vase de Bohême contenant la dissolution avec un grand verre de montre, dans lequel des ouvertures sont pratiquées pour laisser passage aux fils. A mesure que le nickel se dépose, la liqueur se décolore. Quand elle n'est plus colorée, on en essaye quelques gouttes avec du sulfocarbonate de potasse. Si l'on n'obtient qu'une coloration rouge rose à peine sensible, on peut regarder la précipitation comme terminée. — Les solutions de cobalt deviennent au commencement plus foncées parce qu'il y a absorption d'oxygène, mais peu à peu elles se décolorent. Avec le cobalt on regarde aussi l'opération comme achevée, lorsque quelques gouttes de la solution donnent avec le sulfocarbonate une coloration jaune vineux à peine visible.

Une fois la précipitation achevée, on soutire le liquide, avec la trompe à eau ou un aspirateur, dans un ballon dont le bouchon est percé de deux trous, et l'on se sert de cet appareil simple pour laver et enfin bien nettoyer avec la fiole à jet. Après cette opération, on détache les fils conducteurs, on suspend le cône au-dessus d'une plaque de fer chaud, jusqu'à ce qu'il soit bien sec, on laisse refroidir et l'on pèse. — Le nickel forme sur le cône de platine un beau dépôt brillant, le cobalt a moins d'éclat.

Quant à savoir comment il faut appliquer la méthode électrolytique aux minerais de nickel, aux mattes, etc., cela dépend de la nature et de la quantité des métaux étrangers. On peut toujours s'en servir avec la première méthode : on dissout les sulfures de nickel et de cobalt dans l'acide azotique additionné d'acide chlorhydrique, on évapore la dissolution avec une quantité déterminée d'acide sulfurique, on sursature avec de l'ammoniaque et, s'il le faut, on ajoute du sulfate d'ammoniaque pour se mettre dans les conditions indiquées plus haut comme les meilleures. Parfois on peut aussi séparer les métaux étrangers par la voie galvanique (voir le § **264**).

---

[*] *Zeitschr. f. analyt. Chem.*, XVII, 215.

B. NICKEL MÉTALLIQUE DU COMMERCE. (CUBES DE NICKEL, NICKEL EN GRENAILLES).

§ 252.

Le nickel métallique du commerce renferme de 97 à 98 pour cent de nickel, et en outre un peu de cobalt, de cuivre, de fer, parfois des traces d'arsenic et d'antimoine, la plupart du temps un peu de chaux, de magnésie, d'alumine et de silice, quelquefois des traces d'alcalis et souvent de petites quantités de charbon et de soufre. L'analyse doit souvent donner la richesse moyenne d'une fourniture considérable et le chimiste reçoit dans ce cas un plus ou moins grand nombre de cubes dont chacun est prélevé dans une caisse différente. Dans ce cas, comme on ne peut pas diviser les cubes, il ne reste qu'une chose à faire, c'est de les dissoudre tous dans l'acide azotique, après les avoir pesés. Il reste en général un faible résidu insoluble, formé de charbon, de soufre, de scories et de silice. On filtre sur un filtre séché à 100° et l'on rassemble le liquide filtré et les eaux de lavage dans un ballon jaugé exactement pesé et qui, suivant les circonstances, sera de $\frac{1}{2}$, 1 ou 2 litres. Le résidu lavé est séché à 100° et pesé. On étend le liquide d'eau pour remplir le ballon jusqu'au trait de jauge, on pèse exactement et l'on mélange intimement.

I. *Analyse de la dissolution.*

a. On en mesure une quantité telle qu'elle renferme de 0,5 à 1 gr. de nickel, on verse dans un vase en verre léger pesé et l'on pèse exactement. La première mesure a pour but de donner approximativement la quantité convenable, que la pesée fait ensuite connaître exactement, puisque toute la masse a été pesée. On évapore à siccité avec de l'acide chlorhydrique, on reprend le résidu par l'acide chlorhydrique, ce qui permet de séparer la silice. Le liquide, maintenant exempt d'acide azotique et qui sur 100 C. C. d'eau doit renfermer environ 10 C. C. d'acide chlorhydrique, est chauffé à 70° et traité par l'acide sulfhydrique; on sépare par filtration le précipité, on le lave et on le met de côté pour y chercher les métaux qu'il renferme. On concentre par évaporation le liquide filtré et les eaux de lavage, on fait bouillir avec un peu d'acide azotique après avoir chassé l'hydrogène sulfuré, on verse de l'ammoniaque en excès, on filtre, on lave, on redissout le précipité dans l'acide chlorhydrique et l'on reprécipite maintenant le peroxyde de fer à l'état de sel basique, en neutralisant approximativement avec du carbonate d'ammoniaque et en faisant bouillir. On réunit le liquide filtré au premier liquide filtré ammoniacal, on acidifie avec l'acide acétique, on précipite à chaud avec l'acide sulfhydrique et dans ce précipité, comme dans le précipité noirâtre qui pourrait encore se produire en versant dans le liquide filtré de l'ammoniaque, du sulfhydrate d'ammoniaque et ensuite de l'acide acétique, on dose seulement *le nickel avec la petite quantité de cobalt*, en appliquant la première méthode du § 251, et en suivant exactement toutes les particularités de l'opération telles qu'elles sont décrites.

Bien entendu que pour doser le nickel avec de petites quantités de cobalt, on peut aussi prendre la deuxième ou la troisième méthode du § **251**.

b. On mesure et l'on pèse une plus grande quantité de la dissolution, de façon à avoir environ 4 à 5 gr. de nickel. On sépare la silice comme en a. ainsi que les métaux du cinquième et ceux du sixième groupe ; on lave le précipité contenant ces derniers et l'on y dose le *cuivre*, éventuellement les autres métaux qui pourraient y être. On traite comme en a. le liquide filtré, mais on y dose le *fer* et l'*alumine*, s'il y en a. Comme par suite de l'excès d'ammoniaque ajouté, de l'alumine pourrait se trouver dans la dissolution ammoniacale de nickel et que dans la précipitation basique du fer un peu d'alumine échapperait à la précipitation complète, on acidule d'abord avec de l'acide acétique les dissolutions réunies renfermant le nickel, on y ajoute ensuite avec précaution de l'ammoniaque en très léger excès et l'on abandonne quelque temps à une douce chaleur. S'il se forme par là quelques flocons d'alumine, on les sépare par filtration, et on les ajoute au précipité obtenu dans la précipitation basique du fer, avant d'entreprendre la séparation et le dosage du fer et de l'alumine. La dissolution restée limpide ou séparée par filtration des flocons d'alumine est alors acidifiée avec de l'acide acétique, précipitée à chaud par l'hydrogène sulfuré et le précipité est séparé par filtration. On verse de l'ammoniaque dans le liquide filtré, puis un peu de sulfhydrate d'ammoniaque et de l'acide acétique jusqu'à réaction acide. S'il se produit un précipité noirâtre, on chauffe assez longtemps, on filtre, on réunit le précipité avec celui plus important produit par l'acide sulfhydrique dans la solution acétique, et dans ce précipité on peut alors doser le *cobalt*, qui se trouve maintenant en quantité qu'on peut peser, parce qu'on a opéré sur une plus grande quantité de matière première. On a le nickel en retranchant le cobalt du poids des deux métaux obtenu en a.

Le liquide filtré, débarrassé des dernières traces de nickel, est d'abord évaporé à siccité dans une grande capsule en platine : on chasse les sels ammoniacaux par volatilisation et dans le résidu on dose la *chaux*, la *magnésie* et, s'il y en a, les *alcalis* (§ **154**. 6. et § **153**. 4. b.).

c. Enfin on mesure une nouvelle portion de la dissolution primitive, contenant environ 10 gr. de nickel, on élimine par évaporation la plus grande partie de l'acide azotique libre, on étend d'eau, on neutralise presque avec de l'ammoniaque, on verse dans la liqueur encore nettement acide du chlorure de baryum et on laisse déposer. S'il se produit un précipité de sulfate de baryte, on le pèse : il correspond au soufre qui, dans la dissolution de l'échantillon de nickel, a été transformé en acide sulfurique.

II. *Analyse du résidu insoluble.*

Ce résidu séché à 100° et pesé est réduit en poudre bien homogène : dans une partie aliquote on dose le soufre en fondant avec du carbonate et de l'azotate de potasse, etc. (page 526, 1. a.) : on fond le reste avec du carbonate de soude additionné d'un peu de salpêtre et dans la masse fondue on dose la silice, l'alumine et les autres corps qui pourraient s'y trouver.

On obtient le charbon par différence. — Si le résidu insoluble est peu important, on se contente en général de le faire figurer dans le résultat de l'analyse comme : « résidu insoluble dans l'acide azotique ».

14. Composés du fer.

A. MINERAIS DE FER.

Les minerais les plus fréquemment employés et par conséquent aussi le plus souvent soumis à l'analyse sont : l'hématite rouge (fer oligiste), l'hématite brune, la limonite, l'oxyde de fer magnétique et le fer spathique. Tantôt on aura à faire une analyse complète, tantôt il suffira de doser quelques éléments (la proportion de fer, d'acide phosphorique, d'acide sulfurique, etc.), tantôt enfin on se contentera de connaître la richesse en fer.

1. *Méthodes d'analyse complète.*

§ 253.

a. Hématite rouge.

Si le minerai ne renferme que du peroxyde de fer, de l'humidité et de la gangue insoluble dans les acides, la méthode 1 suffit le plus ordinairement : mais s'il y a en outre de l'acide phosphorique, des carbonates alcalino-terreux, du protoxyde de manganèse, etc., je conseille de prendre la seconde méthode.

Première méthode.

On pulvérise le minerai aussi finement que possible et on le sèche à 100°.

a. On pèse un essai dans une petite nacelle en platine ou en porcelaine et on l'introduit dans un tube en porcelaine (*) ; on fait passer dans ce tube un courant d'air sec et l'on chauffe le tube tant qu'il y a de l'eau éliminée. On laisse refroidir dans le courant d'air et l'on pèse. La perte de poids donne la quantité d'*eau*.

b. On glisse de nouveau la nacelle dans le tube en porcelaine, on le place dans un fourneau long à gaz ou à charbon (pages 125, 128, 130) et l'on chauffe la nacelle longtemps (plusieurs heures) dans un courant d'hydrogène sec et pur, jusqu'à ce qu'il ne se forme plus d'eau et à la fin même on donne un bon coup de feu. On laisse refroidir dans le courant d'hydrogène et l'on pèse. La perte de poids donne le poids d'*oxygène* combiné au fer et permet par conséquent de calculer le peroxyde de fer correspondant.

(*) Je ne conseille pas l'emploi des tubes de verre, car, quand bien même ils sont en verre peu fusible, ils fondent souvent lorsqu'il faut maintenir la nacelle longtemps au rouge vif.

c. Après avoir attaché un fil de platine à la nacelle renfermant le fer réduit, on l'introduit dans un petit flacon d'un quart de litre, on y verse un peu d'eau, puis de l'acide sulfurique étendu et l'on ferme le ballon, pas complètement, en retenant le fil de platine entre le bouchon et le goulot. Le fer très divisé se dissout avec dégagement d'hydrogène, on favorise en chauffant un peu. La réaction terminée, on retire la nacelle, on la lave avec le jet de la fiole, on chauffe jusqu'à douce ébullition pour chasser l'hydrogène, on remplit jusqu'au trait de jauge du ballon, on secoue, on laisse déposer, on prend 100 C. C. du liquide et l'on y dose le *fer* avec le permanganate de potasse ou le chromate de potasse (pages 237 et 231). Ce résultat doit être d'accord avec celui fourni en b. — Si cela n'était pas, cela tiendrait à un peu de peroxyde qui se trouverait dans la solution de protoxyde de fer. Il faudrait alors prendre de nouveau 100 C. C., les faire bouillir avec un peu de zinc (le mieux dans un courant d'acide carbonique), puis enfin titrer avec le caméléon.

d. On rassemble sur un filtre le *résidu* déposé au fond du ballon, on le lave et on le pèse. Il est en général formé de silice, mais il peut contenir aussi de l'alumine, de l'acide titanique et parfois encore un peu de fer. On le fond avec du bisulfate de potasse et l'on reprend la masse fondue par l'eau. La *silice* reste insoluble. Dans la dissolution on précipite par une ébullition prolongée (§ **107**) le peu d'*acide titanique* qui pourrait s'y trouver, après avoir fait passer un courant d'hydrogène sulfuré s'il y avait du fer. Enfin dans le liquide filtré on précipite par l'ammoniaque l'*alumine*, avec le peroxyde de fer s'il en reste. On peut séparer ces deux derniers suivant le § **160**. A. 2.

Seconde méthode.

Elle est la même que celle qu'on emploie pour l'hématite brune, voir b.
Si le minerai est réduit en poudre bien fine et si pour la décomposition et la dissolution on fait usage d'acide chlorhydrique fort fumant, en quantité pas trop minime et en chauffant un peu, mais sans bouillir, on peut être certain que la réaction et la dissolution seront achevées au bout de quelques heures. Il faut s'assurer, comme on l'indique à la page 865, que la silice éliminée ne renferme pas d'acide titanique. — Si l'on en trouvait, il y en aurait aussi une partie passée dans la dissolution. Si la quantité parait appréciable à la balance, il sera bon, pour doser l'acide titanique, de traiter un essai particulier de l'hématite rouge par la première méthode.

b. *Hématite brune.*

Les hématites brunes renferment, outre le peroxyde de fer hydraté, de petites quantités de protoxyde de fer, de l'oxyde de manganèse, de l'alumine, parfois un peu d'oxyde de cuivre, d'oxyde de zinc, de protoxyde de cobalt et de nickel, plus souvent de petites quantités de chaux et de magnésie, de la silice (combinée à des bases), de l'acide carbonique, de l'acide phosphorique et de l'acide sulfurique, plus ou moins de sable quartzeux ou de gangue insoluble dans l'acide chlorhydrique. Enfin les hématites brunes peuvent quelquefois contenir des matières organiques (*).

1. On commence par réduire le minerai en poudre fine. Suivant les besoins on l'emploiera tel quel ou après dessiccation à 100° ou tout simplement sous le dessiccateur à la température ordinaire. On le mettra dans un tube en verre bien sec que l'on fermera hermétiquement. On préparera une quantité de minerai en poudre suffisante pour toutes les opérations de l'analyse.

2. Pour doser l'*eau* il suffira le plus souvent de calciner l'essai au rouge dans un creuset de platine. La perte de poids donnera l'eau. — Mais si le minerai renferme des carbonates alcalino-terreux, du protoxyde de fer ou des matières organiques en quantité pondérable, il ne faudra pas procéder par calcination: il faudra faire une pesée directe de l'eau (voir § **36** et § **135**. I. e.).

3. On pèse environ 10 gr. de minerai en poudre, on le chauffe légère-ment au rouge dans une capsule en platine, assez toutefois pour être certain d'avoir détruit toute la matière organique, on met dans un ballon, on fait digérer avec de l'acide chlorhydrique fumant, à une douce chaleur, jusqu'à décomposition complète. On ajoute alors un peu de chlorate de potasse, on chauffe quelques instants, on verse dans une capsule en porcelaine, on ajoute 5 à 10 gr. de chlorure de sodium et l'on évapore à siccité au bain-marie (**). On humecte avec de l'acide chlorhydrique, on chauffe, on étend d'eau, on filtre dans un ballon jaugé de 500 C. C. et on lave le résidu. Après dessiccation on chauffe ce résidu au rouge et on le pèse. Quant à la disso-lution, on lui donne exactement le volume de 500 C. C. en complétant avec de l'eau pure.

4. Le résidu est formé par du sable quartzeux, ou de la gangue et de la *silice* éliminée. Celle-ci peut se séparer du résidu et se doser en traitant une portion aliquote du résidu par une solution bouillante de carbonate de soude (§ **237**. 2. b.). S'il faut connaître plus à fond la nature de la gangue, qui fréquemment conserve un peu de fer, on traite par les méthodes de décomposition des silicates (§ **140**. II. b.) soit la partie inso-luble dans le carbonate de soude, parfaitement lavée, soit une autre por-tion aliquote du résidu insoluble dans l'acide chlorhydrique obtenu primi-tivement. — Si le résidu a une couleur rougeâtre, il faut absolument en faire l'analyse.

5. On étend fortement 250 C.C. (de façon à faire à peu près 1 litre) de la dissolution obtenue en 5; on y ajoute 25 C.C. de solution de sel ammoniac, on neutralise presque complètement avec de l'ammoniaque,

---

(*) Outre ces substances que l'on rencontre en général ou tout au moins le plus fréquem-ment, on trouve aussi souvent dans les analyses délicates des traces d'autres éléments. C'est ainsi que *A. Müller*. (*Ann. d. Chem. u. Pharm.*, LXXXVI, 127) a découvert dans le minerai en grains de Carlshutte, près d'Alfeld, de la potasse, de l'acide arsénique et de l'acide vanadique en quantités pondérables et des traces de chrome, de cuivre et de mo-lybdène. Parfois on y rencontre aussi de l'acide titanique. Voir le travail de *H. Deville* (*Compt. rend.*, XLIX, 210) sur un minerai de fer très riche en vanadium.

(**) S'il y avait de l'arsenic en quantité que l'on puisse peser, il ne faudrait pas évaporer la solution chlorhydrique. Bien entendu aussi que l'addition de chlorure de sodium serait inutile.

puis on verse une dissolution étendue de carbonate d'ammoniaque jusqu'à ce que le liquide présente un trouble permanent : alors on fait bouillir, ce qui précipite le peroxyde de fer et une partie de l'alumine (voir **160**. 3. et page 903). Si après l'ébullition la dissolution n'était pas incolore, on ajouterait encore quelques centimètres cubes d'une dissolution neutre d'acétate d'ammoniaque et l'on chaufferait encore à l'ébullition. — Avec le peroxyde de fer se précipitera l'acide phosphorique, etc., s'il y en a (voir 6.) On décante chaud, on filtre, on lave avec de l'eau chaude additionnée d'un peu de sel ammoniac. On enlèvera le précipité encore humide. — Si le minerai de fer était riche en manganèse, il faudrait répéter la précipitation du fer à l'état de sel basique (page 903).

6. Le liquide filtré obtenu en 5.(ou les liquides si l'on a fait une deuxième précipitation) et les eaux de lavage sont additionnés d'un peu d'acide acétique et concentrés· par évaporation : on laisse refroidir, on ajoute de l'ammoniaque jusqu'à réaction juste alcaline et l'on sépare par filtration le précipité d'hydrate d'alumine. On recueille le liquide dans un ballon contenant un peu d'acide acétique. Après avoir lavé un peu le précipité, on le redissout dans l'acide chlorhydrique, on le reprécipite avec l'ammoniaque, on filtre en réunissant le liquide au premier liquide filtré, on lave et l'on traite suivant 7. ce précipité ajouté à celui déjà obtenu en 5. Ces précipités renferment le peroxyde de fer, l'alumine et la silice passées dans la dissolution, ainsi que l'acide phosphorique (et l'acide arsénique). — S'il est nécessaire, on concentre par évaporation les dissolutions contenant un léger excès d'acide acétique et séparées par filtration de l'hydrate d'alumine.

7. On dissout à chaud dans l'acide chlorhydrique les précipités obtenus en 6. et l'on fait 250 C.C. avec la dissolution. S'il reste un peu de silice insoluble, on le séparera par filtration et on la pèsera.

　　a. On précipite 50 C.C. avec de l'ammoniaque. Le précipité pesé est la somme des composés suivants qui étaient en dissolution : peroxyde de fer, alumine, silice, acide phosphorique (acide arsénique). On sépare la *silice* en faisant digérer longtemps avec de l'acide chlorhydrique fumant, et s'il le faut en fondant avec le bisulfate de potasse, et on la pèse.

　　b. On emploie 50 C.C. pour doser le *peroxyde de fer* avec le protochlorure d'étain (page 242). Si l'on préfère opérer par pesée, on prendra la méthode indiquée à la page 502. 2.

　　c. Si l'on retranche du précipité obtenu en 7. a. et pesé : la silice, le peroxyde de fer, l'acide phosphorique (et l'acide arsénique) qu'on va mesurer au n° 10, la différence donne l'*alumine*.

8. A la dissolution exempte d'acide acétique obtenue en 6, on ajoute de l'ammoniaque jusqu'à faible réaction alcaline, puis de nouveau de l'acide acétique jusqu'à réaction nettement acide ; s'il le faut on verse encore un peu d'acétate d'ammoniaque et en chauffant légèrement on fait passer un courant d'hydrogène sulfuré. S'il se forme un précipité, le plus souvent noir, on filtre. Dans le liquide on sépare le *manganèse* à l'état de sulfure que l'on dose tel quel (§ **109**. 2.). On dissout le précipité dans un peu d'acide chlorhydrique bromé, on chasse le brome libre en chauffant, on

précipite le cuivre, s'il y en a, par l'hydrogène sulfuré et dans le liquide filtré on dose le *nickel*, le *cobalt* et le *zinc* suivant le § **160**. 6. b.

9. On acidule avec de l'acide chlorhydrique le liquide séparé du sulfure de manganèse par filtration, on évapore à siccité, on chasse les sels ammoniacaux et dans le résidu on dose la *chaux* et la *magnésie* (§ **154**. 6.).

10. Il reste encore 250 C.C. de la dissolution préparée en 3 : on s'en sert pour doser l'*acide phosphorique*, ou l'acide *arsénique avec l'acide phosphorique*, ainsi que le *cuivre*. S'il n'y a que de l'acide phosphorique et pas en trop petite quantité, on évapore à siccité au bain-marie en ajoutant à plusieurs fois de l'acide azotique, on reprend le résidu par l'acide azotique, on précipite avec la solution molybdique et l'on dose l'acide phosphorique suivant le § **134**. b. β. — S'il y a du cuivre, ou de l'acide arsénique en quantité appréciable, ou enfin s'il y a peu d'acide phosphorique, on fait passer d'abord un courant d'acide sulfhydrique prolongé dans le liquide chauffé à 70°, on filtre, on dose le cuivre, l'arsenic ou les deux dans le précipité (§ **164**) et dans le liquide filtré on mesure l'acide phosphorique suivant le § **135**. h. γ. (page 351). L'acide phosphorique séparé ainsi avec un peu de fer est alors dosé suivant le § **134**. b. β.

11. Pour doser l'*acide sulfurique*, s'il y en a, on fond 3 à 5 gr. du minerai en poudre desséchée avec 1 p. de carbonate de soude et 1 p. d'azotate de potasse (*F. Muck* [*]) dans un creuset de platine sur la lampe à alcool de *Berzélius*, on traite la masse fondue par l'eau bouillante, on filtre et dans le liquide on dose l'acide sulfurique (page 426. 1. a.).

12. Si le minerai renferme du *protoxyde de fer*, on fait digérer jusqu'à complète décomposition un échantillon dans un ballon jaugé de 250 C.C. avec de l'acide chlorhydrique concentré, exempt de chlore, et le mieux dans un courant d'acide carbonique : on remplit ensuite le ballon jusqu'au trait de jauge, on mélange et dans une partie aliquote on dose le protochlorure de fer suivant le § **112**. 2. b. — Si le minerai convenablement chauffé avec l'acide sulfurique étendu est décomposé, on fera mieux d'employer ce mode de dissolution. On dosera alors le protoxyde de fer suivant le § **112**. 2. a. — S'il y a du manganèse à l'état d'oxyde supérieur, il faudra, dans le calcul du protoxyde de fer, ne pas oublier que pendant la dissolution une partie du protoxyde de fer a déjà été peroxydée par l'oxygène disponible de l'oxyde de manganèse. — Si l'on retranche de la quantité de peroxyde de fer trouvée au n° 7, celle correspondant au protoxyde mesuré ici, on obtiendra le peroxyde de fer contenu dans le minerai.

13. S'il y a de l'*acide carbonique*, on le mesurera comme il est indiqué page 378.

14. Pour chercher l'*acide titanique*, on chauffe au rouge une portion particulière du minerai dans un courant d'hydrogène jusqu'à réduction complète du peroxyde de fer et l'on opère avec le résidu comme il est dit à la page 914. d.

15. Si l'hématite brune renferme du *vanadium* et du *chrome*, comme cela arrive dans le minerai en grains de Haverloh dans le Hartz, on mélange le

---

(*) *Zeitschr. f. analyt. Chem.*, VII, 416.

minerai en poudre fine avec 1/5 de son poids de salpêtre, pendant une heure on chauffe au rouge *faible;* on pulvérise le produit et on le fait bouillir avec une quantité d'eau pas trop considérable. La dissolution, qui est jaune s'il y a du chrome, est alors additionnée avec précaution et en remuant toujours d'acide azotique étendu, jusqu'à ce qu'elle ne soit plus que faiblement alcaline. (Le liquide ne doit pas être acide, sans quoi les acides chromique et vanadique seraient réduits par l'acide azoteux mis en liberté). On filtre le précipité produit (silice, hydrate d'alumine), on précipite avec le chlorure de baryum après addition d'ammoniaque, on sépare par filtration le précipité formé de chromate et de vanadate de baryte, et après lavage on le fait bouillir avec un grand excès d'acide sulfurique étendu. On sature avec de l'ammoniaque la liqueur jaune rouge séparée par filtration d'avec le sulfate de baryte, on concentre fortement par évaporation et on met un morceau de chlorhydrate d'ammoniaque dans le liquide. A mesure que le liquide dissout le sel ammoniac, il se précipite du vanadate d'ammoniaque, sous forme de poudre cristalline blanche ou jaune. Quand le dépôt est achevé, on filtre, on lave le dépôt sur le filtre avec une solution concentrée de chlorhydrate d'ammoniaque, on sèche, on chauffe peu à peu en laissant arriver largement l'air et l'on obtient ainsi l'acide vanadique rouge foncé, fondant à une haute température en un liquide rouge, qui par refroidissement se prend en masse cristalline (*F. Wœhler* *). Dans le liquide séparé par filtration du vanadate d'ammoniaque, on ajoute de l'acide sulfureux qui précipite le chrome en sesquioxyde hydraté. — Voir *A. Terreil* pour un autre moyen de découvrir des traces de chrome dans un minerai de fer (*Bulletin de la Société chimique*, 1865, XXX).

c. Limonite (minerai des prairies).

Ce minerai consiste essentiellement en sédiments d'hydrate de peroxyde de fer, qui se sont formés dans des eaux contenant en dissolution des combinaisons de protoxyde de fer, peroxydé par l'action de l'oxygène, favorisée par l'action de matières organiques. Il est caractérisé par de l'acide phosphorique, qu'on y rencontre toujours parfois dans une proportion qui dépasse 4 pour 100, et par une certaine quantité des acides de l'humus. Il renferme en outre toujours de la silice (combinée et en sable quartzeux), parfois de l'acide sulfurique et de l'acide arsénique, toujours des oxydes de manganèse, et souvent du protoxyde de fer, de l'alumine, de la chaux et de la magnésie.

Après avoir pulvérisé et séché le minerai, on en chauffe au rouge une portion dans un creuset de platine ouvert; on chauffe d'abord lentement pour brûler les acides organiques, peu à peu plus fortement et pendant longtemps en inclinant le creuset.

La perte de poids donne l'eau et la matière organique.

Avec une seconde portion, qu'on n'aura chauffée au rouge que faiblement rien que pour décomposer la matière organique, on opère comme avec l'hématite brune b.

S'il fallait reconnaître et doser les acides organiques, on ferait bouillir une assez grande quantité du minerai en poudre avec une lessive de potasse pure, jusqu'à ce qu'il soit changé en une masse floconneuse. On filtre et l'on opère avec le liquide filtré suivant le § **209** de 10. à 12

d. Oxyde de fer magnétique.

Le minerai magnétique renferme le fer à l'état d'oxyde salin Fe^3O^4. Dans l'analyse il faut rechercher l'acide titanique, la magnésie, tenir compte de la nature de la gangue : les variétés terreuses renferment souvent une forte proportion de protoxyde de manganèse et parfois de petites quantités d'oxyde de cuivre. L'oxyde de fer magnétique ne contient que rarement de l'acide phosphorique et alors seulement en minime proportion.

On l'analyse comme l'hématite rouge, et dans une portion spéciale dissoute par l'acide chlorhydrique dans une atmosphère d'acide carbonique, on dose volumétriquement soit le protoxyde de fer avec une solution de chromate de potasse (page 237. b), soit le peroxyde de fer avec le protochlorure d'étain (page 242.).

e. Fer spathique.

Le fer spathique renferme du carbonate de protoxyde de fer, presque toujours avec du carbonate de protoxyde de manganèse, des carbonates alcalino-terreux et souvent il est mélangé avec de l'argile et de la gangue. Parfois une partie du carbonate de protoxyde de fer est déjà changée en peroxyde hydraté.

On emploie le minerai desséché simplement à l'air ou bien à 100°.

a. On dose l'eau suivant le § **36**.

b. On mesure l'acide carbonique comme il est dit à la page 378.

c. On dissout dans l'acide chlorhydrique un troisième échantillon de 8 à 10 gr., on y ajoute un peu de chlorate de potasse pour changer tout le fer en perchlorure, on fait bouillir jusqu'à ce que l'on ne sente plus le chlore et l'on achève comme il est dit pour l'hématite brune (b).

d. Dans une 4ᵉ portion, dissoute dans l'acide chlorhydrique dans une atmosphère d'acide carbonique, on dose soit le peroxyde de fer avec le protochlorure d'étain (page 242.), soit le protoxyde avec le chromate de potasse (page 237. b.).

II. *Dosage du fer dans les minerais de fer.*

§ **254**.

1. Méthodes par les liqueurs titrées.

On a proposé beaucoup de procédés volumétriques pour doser le fer dans les minerais, et bon nombre d'abord préconisés ont été ensuite abandonnés. C'est ainsi que la méthode par le permanganate de potasse, longtemps regardée comme la plus commode et la meilleure, a perdu de sa valeur, depuis que *Lœwenthal* et *Lenssen* ont montré que dans une dissolution chlorhydrique elle ne fournit de résultats exacts qu'autant que pour la fixation du titre du caméléon et pour son emploi dans l'analyse, on se place dans les mêmes conditions de dilution, de température et de quantité d'acide chlorhydrique en excès (voir page 236 et la note 5 à la fin du volume).

Parmi toutes les méthodes que nous allons exposer, la première se recommande surtout par sa simplicité et sa rigueur.

Première méthode.

On chauffe au rouge environ 5 gr. du minerai en poudre *très fine*, séché d'abord à l'air ou à 100° suivant les circonstances : on chauffe au rouge faible, de façon à décomposer toute la matière organique, puis on ajoute de l'acide chlorhydrique à la substance placée dans un ballon et l'on chauffe sans cependant porter à l'ébullition. Pour les hématites rouges ou brunes, il faut prendre de l'acide fumant. La réaction et la dissolution accomplies, on ajoute, — *si le minerai renferme du protoxyde de fer*, — un peu de chlorate de potasse, on chauffe assez longtemps, on verse le contenu du ballon dans une capsule en porcelaine, on lave le ballon et l'on évapore au bain-marie presque à siccité. On est certain alors que le chlorate de potasse ajouté est complètement décomposé et que tout le chlore libre est chassé. On ajoute au résidu un peu d'acide chlorhydrique, puis de l'eau, on filtre dans un ballon jaugé de 500 C.C. et on lave le résidu.

Si le minerai ne *renferme pas de protoxyde de fer*, on étend d'eau le contenu du petit ballon, on filtre dans un ballon jaugé de 500 C.C. et on lave le résidu. Dans un cas comme dans l'autre on remplit le ballon jaugé jusqu'au trait, on mélange et pour plus de certitude on essaie un peu du liquide avec le prussiate rouge de potasse, pour être bien certain qu'il n'y a pas de protochlorure. Alors avec chaque fois 100 C.C. de la dissolution on fait deux dosages de fer au moyen du protochlorure d'étain (page 242). Pour conserver le réactif, on peut, au lieu de l'appareil figuré à la page 244, adopter la disposition de la figure 208, surtout si l'on ne fait usage du chlorure d'étain qu'à des intervalles de temps éloignés. Au moyen du siphon *e* on fait couler la dissolution. L'air qui vient remplacer ce liquide traverse d'abord les tubes en U *b* et *c*, puis le flacon *d*, qui tous renferment de la pierre ponce imbibée d'une dissolution de pyrogallate de potasse. Celle-ci est préparée en versant dans les tubes et dans le flacon, un peu avant de monter l'appareil, une solution concentrée de potasse et une d'acide pyrogallique : comme le pyrogallate de potasse absorbe très rapidement l'oxygène, l'appareil ne renferme bientôt plus que de l'azote pur.

Tout étant préparé, on fixe un tube en verre dans le bout du tube en caoutchouc *f.*, on aspire jusqu'à ce que le siphon soit plein et l'on ferme la pince. S'il faut remplir une burette ou une pipette, on en introduit la pointe dans le tube en caoutchouc *f*, on ouvre la pince et le liquide monte dans la burette. On ferme ensuite d'abord la pince *f*, puis celle de la burette, que l'on retire du tube en caoutchouc.

On dose alors le fer du minerai d'après la méthode indiquée. Parfois le résidu insoluble dans l'acide chlorhydrique garde encore un peu de fer. C'est surtout le cas lorsque ce résidu tel quel ou après calcination paraît rougeâtre. Pour mesurer alors ce peu de fer qui reste, on désagrège le résidu par fusion avec le carbonate de soude, on sépare la silice et dans la dissolution chlorhydrique on dose le fer avec le sel d'étain. Si l'on réunit

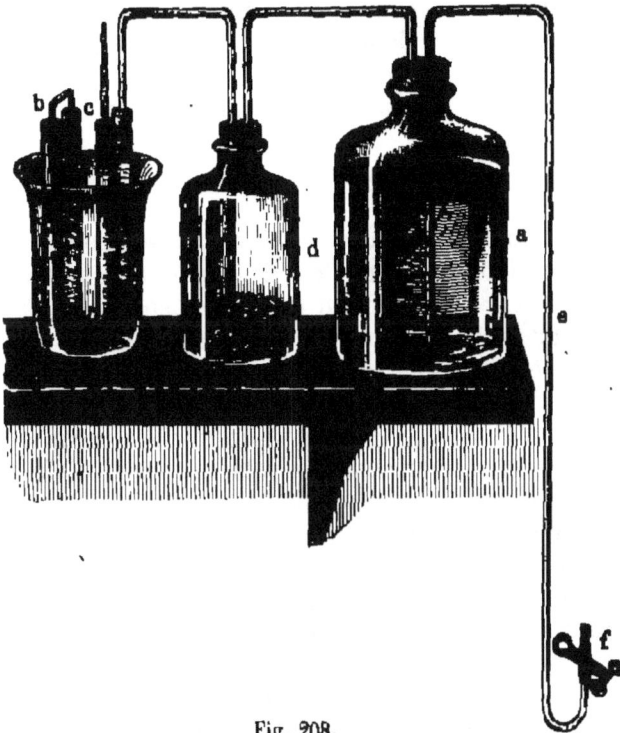

Fig. 208.

cette seconde dissolution à la première avant de remplir d'eau jusqu'à la marque du ballon jaugé, on s'évite le second dosage.

Deuxième méthode.

Comme dans la première méthode, on prépare d'abord une dissolution chlorhydrique du minerai, renfermant tout le fer à l'état de perchlorure et exempte d'acide azotique, puis dans une portion aliquote de la solution on dose le fer avec l'iodure de potassium, ainsi que cela est indiqué à la page 245. β.

Si le résidu insoluble dans l'acide chlorhydrique contenait encore du fer, on le traiterait comme dans la première méthode, et l'on doserait encore perchlorure de fer par l'iodure de potassium.

Suivant mes propres recherches, la première méthode donne des résultats plus satisfaisants que la deuxième, celle-ci convenant mieux au dosage de petites quantités de fer.

Troisième méthode.

On prépare une dissolution chlorhydrique comme dans le premier procédé, on étend d'eau, on réduit par le zinc (*) dans un courant d'acide carbo-

(*) Le zinc broyé dans un mortier chauffé à 210° et amené par le tamisage à la forme de grains grossiers et réguliers, vaut mieux que le zinc granulé ou en feuilles (*T. M. Brown. Zeitschr. f. analyt. Chem.*, XVIII, 98).

nique (page 241, 5. a.) et l'on dose le protochlorure de fer soit par la méthode de *Penny* (page 237), soit avec la solution titrée de permanganate de potasse, en tenant bien compte des recommandations faites à la page 236, γ., à propos des solutions de protoxyde de fer contenant de l'acide chlorhydrique. — Si le résidu insoluble dans l'acide chlorhydrique contient encore du fer, il faudra le désagréger comme dans la première méthode.

Quatrième méthode.

On fond environ 0,5 gr. du minerai réduit en poudre très fine avec 3 ou 4 gr. de bisulfate de potasse ou de bisulfate de soude, en chauffant d'abord doucement, puis en élevant graduellement et lentement la température, mais pas assez longtemps pour chasser complètement le second équivalent d'acide sulfurique : on dissout le produit dans l'acide sulfurique étendu, on réduit en faisant bouillir avec du zinc (*) dans un courant d'acide carbonique (page 241, 3. a.), et enfin on dose le protoxyde de fer avec une dissolution titrée de permanganate de potasse (page 231, 2. a.). — La difficulté qu'offre ce mode d'opérer, c'est que la décoloration de la liqueur ne prouve pas d'une manière certaine que la réduction soit complète. Il faut donc, lorsque l'on croit que celle-ci est achevée, mettre en contact sur une assiette en porcelaine une goutte de la dissolution avec une goutte de sulfocyanure de potassium. S'il se fait encore une coloration rouge sensible, c'est que la réduction n'est pas achevée. La réaction du sulfocyanure sur le peroxyde de fer est tellement sensible, qu'il ne faut pas faire attention à une très légère coloration rose pâle. — On ne peut ici regarder les résultats comme exacts que si l'on a opéré une désagrégation et une dissolution complètes du minerai.

2. Méthodes d'analyses en poids.

Je ne donnerai ici que le procédé de *Fuchs* (**), parce que les deux travaux faits en 1857 par *Lœwe* (***) et *R. Kœnig* (****) ont fait tomber les objections que plusieurs chimistes avaient faites à ce mode d'opérer. Remarquons toutefois que les méthodes volumétriques sont plus généralement adoptées.

a. Procédé ordinaire (tel qu'il est indiqué par *Lœwe*).

Dans un ballon en verre de 500 C.C. environ, à long col placé obliquement, on chauffe avec de l'acide chlorhydrique concentré 1 à 1,5 gr. de bon minerai, 2 à 5 gr. de minerai médiocre, à l'état de poudre très fine ; lorsque tout l'oxyde de fer est dissous on ajoute du chlorate de potasse par petites portions et le mieux sous forme de sel fondu, jusqu'à ce que

(*) Voir la note (*) page 921..
(**) *Journ. f. prackt. Chem.*, XVII, 160.
(***) *Journ. f. prackt. Chem.*, LXXII, 28.
(****) *Journ. f. prakt. Chem.*, LXXII, 36.

le liquide répande nettement l'odeur du chlore, et l'on continue à chauffer jusqu'à ce que cette odeur ait complètement disparu. On étend d'eau de façon à remplir le ballon à moitié, on ferme le goulot avec un bon bouchon à travers lequel passe un tube pas trop étroit de 25 centimètres ouvert aux deux bouts : on chauffe alors le ballon incliné, en le maintenant *au moins* un quart d'heure à une ébullition modérée, pour être certain que toute trace de chlore ou d'air dissous dans l'eau et dans la partie vide du ballon a été chassée.

En *maintenant l'ébullition sans interruption*, on enlève le bouchon et l'on introduit lentement dans la solution une lame bien décapée de cuivre pur fixée à un fil fin de platine. On a soin au moyen du bouchon de soutenir un instant, en serrant le fil contre le goulot, la lame au milieu de la vapeur pour qu'elle s'échauffe avant de plonger dans le liquide, pour éviter les projections. On soulève donc de nouveau le bouchon, et on laisse la lame descendre horizontalement au fond du ballon, de façon qu'elle soit complètement couverte par le liquide : on serre le bouchon, on replace le ballon incliné et l'on a bien soin pendant toute cette manipulation que la dissolution de perchlorure de fer qui recouvre le cuivre ne *cesse pas* de bouillir. L'ébullition doit être lente, non tumultueuse; on la continue jusqu'à ce que la dissolution de fer soit complètement réduite et dès lors tout à fait incolore ou au moins si faiblement verdâtre, qu'on ne puisse en reconnaître la teinte. En général ce but est complètement atteint au bout de deux heures, mais on peut sans inconvénient prolonger l'ébullition pendant trois ou quatre heures pour être plus certain du résultat. Pendant l'ébullition le cuivre doit toujours être recouvert par le liquide. Il ne faut absolument pas ajouter de nouvelle eau, il faut donc avoir soin d'en mettre au début une quantité suffisante.

La lame de cuivre pèsera environ 6 gr. On la fabrique avec du cuivre obtenu par le procédé galvanique et on lui donne une longueur et une largeur telles qu'on puisse la faire entrer dans le goulot du ballon et qu'elle puisse se placer horizontalement sur son fond. On la frotte avec du papier à l'émeri, on la pèse ensuite et on la fixe au fil de platine.

La réduction du perchlorure de fer achevée, on ouvre le ballon, à l'aide du fil de platine on enlève rapidement la lame de cuivre de la dissolution toujours bouillante, on la plonge dans un vase en verre plein d'eau distillée, on la lave bien avec la fiole à jet, on la sèche complètement entre des feuilles de papier à filtre, on la sépare du fil de platine, on la pèse et l'on calcule 1 équivalent de fer pour chaque équivalent de cuivre dissous, d'après la réaction : $Fe^2Cl^3 + 2Cu = 2.FeCl + Cu^2Cl$. L'éclat primitif de la lame de cuivre disparaît pendant l'opération : à la fin elle a une surface matte mais non pas noirâtre, comme cela arrive presque toujours lorsqu'on fait usage de cuivre ordinaire. — Avec du peroxyde de fer chimiquement pur, *Lœwe* a trouvé dans quatre essais : 99,7 — 99,6 — 99,6 — 99,6 pour 100 de peroxyde.

Kœnig opère tout à fait de la même façon. Il recommande de traiter la lame de cuivre enlevée de la solution en la laissant d'abord longtemps dans l'eau chaude, pour enlever par lavage ce qui aurait pu pénétrer dans les pores ; puis on la plonge dans l'alcool absolu pour enlever l'eau et ensuite dans l'éther pour éliminer l'alcool. Pour éviter que pendant l'ébullition les soubresauts ne fassent détacher quelques parcelles de la lame, *Kœnig* l'enveloppe avec le fil de platine. Celui-ci fait l'office d'un ressort, il amortit ou empêche le choc du cuivre contre les parois et en outre il accélère la réduction. — Dans plusieurs essais il a obtenu des résultats compris entre 99,5 et 100,5 pour 100.

La faible solubilité du cuivre dans l'acide chlorhydrique étendu bouillant ne pourrait altérer les résultats que dans les limites des erreurs de l'expérience (*J. Lœwe* *).

b. Procédé modifié.

Si le minerai renferme de l'acide titanique en quantité notable, le procédé a. ne peut pas, suivant *Fuchs*, être appliqué tel quel, il faut le modifier. Comme ce cas est très rare, je renvoie au travail original (**).

S'il y a de l'acide arsénique, on ne peut pas non plus employer la méthode, parce que le cuivre se couvre de houppes noirâtres d'arséniure de cuivre. On peut éliminer l'arsenic en fondant le minerai en poudre avec du carbonate de soude, et en épuisant par l'eau : on dissous le résidu dans l'acide chlorhydrique et l'on achève comme en a.

B. Différentes sortes de fer.

I. Fontes.

§ 255.

La fonte, un des produits les plus importants de la métallurgie, renferme un assez grand nombre d'éléments, qui sont mélangés ou combinés avec le fer en plus ou moins grande proportion. Bien que l'on ne sache pas encore parfaitement l'influence qu'ont ces mélanges sur les propriétés de la fonte, il est cependant hors de doute qu'ils en ont une importante.

L'analyse des fontes est une des opérations de chimie analytique les plus difficiles. Voici la liste des corps dont il faut tenir compte : *fer, carbone combiné au fer* et carbone à l'état de *graphite, azote, silicium, phosphore, soufre,* potassium, sodium, lithium, calcium, magnésium, aluminium, chrome, titane, zinc, *manganèse,* cobalt, nickel, vanadium, *cuivre,* étain, arsenic, antimoine, tungstène.

En général on dose quantitativement les éléments écrits en italiques.

1. Dosage du carbone.

a. Tout le carbone.

De toutes les méthodes préconisées autrefois et aujourd'hui pour doser la quantité totale du carbone dans la fonte, on n'a de bons résultats

(*) *Zeitschr. f. analyt. Chem.*, IV, 361.
(**) *Journ. f. prackt. Chem.*, XVIII, 495. — *Kœnig, Journ. f. prackt. Chem.*, LXXII, 58.

qu'avec celles qui transforment le carbone en acide carbonique, que l'on pèse. On doit au contraire regarder tout d'abord comme défectueuses celles qui consistent en général à peser le résidu charbonneux obtenu par un moyen ou par un autre, à y déterminer la partie incombustible et à en conclure le carbone par différence : et la raison c'est que généralement la partie combustible n'est pas du carbone pur. Dans ce qui suit nous n'indiquerons que des méthodes de la première espèce. Elles diffèrent les unes des autres, soit parce que la combustion du carbone se fait dans un résidu qui le renferme tout et obtenu par la dissolution du fer, ou bien directement avec le fer mécaniquement divisé, soit parce que l'oxydation du carbone a lieu par voie sèche ou par voie humide. En α. nous donnons le moyen d'obtenir un résidu renfermant tout le carbone de la fonte, en β. nous disons comment on dose le carbone dans ce résidu et en γ. comment on le trouve par la combustion directe de la fonte.

α. *Méthodes pour avoir un résidu renfermant tout le carbone de la fonte.*

   aa. *Méthode de Berzélius* (*) et ses modifications.

Comme dans la dissolution de la fonte par l'acide chlorhydrique ou l'acide sulfurique le carbone combiné part sous forme de carbure d'hydrogène, *Berzélius* la dissolvait avec des sels métalliques neutres, surtout avec la solution de bichlorure de cuivre (**) ne renfermant pas d'acide chlorydrique en excès, ou bien aussi avec le sulfate de cuivre et le chlorure de sodium dissous dans l'eau à équivalents égaux. Il recommande de faire agir le dissolvant à froid, jusqu'à ce que la couleur indique que le cuivre est presque complètement précipité, alors on renouvelle la solution de chlorure de cuivre, ou l'on ajoute du chlorure de cuivre cristallisé. Si, ni à froid ni à chaud, il ne se précipite plus de cuivre, on abandonne encore vingt-quatre heures pour plus de certitude. Alors on verse de l'acide chlorhydrique et, si c'est nécessaire, encore du bichlorure de cuivre jusqu'à complète redissolution du cuivre précipité, on ramasse le dépôt charbonneux dans un tube filtrant contenant de la mousse de platine, on lave d'abord avec de l'eau, puis avec de l'acide chlorhydrique et enfin encore avec de l'eau.

Cette méthode a été modifiée et l'on a montré surtout qu'il était très avantageux de remplacer le bichlorure de cuivre par le chlorure double de cuivre et d'ammonium (*Pearse* ***) (*Creath* ****), ce qui active beaucoup la

---

(*) *Traité de Chimie.*
(**) Suivant *H. Hahn* (*Zeitschr. f. analyt. Chem.*, IV, 210), dans la dissolution du fer par le bichlorure de cuivre il se forme un courant, au contact du fer et du cuivre déposé, par suite duquel il se dégage un peu d'hydrogène, renfermant du carbure d'hydrogène, et de là une perte de carbone. Mais, d'après *Max Buchner*, si l'on a soin de prendre du bichlorure bien exempt d'acide libre, ce mélange gazeux est en si faible quantité, que le carbone qu'il emporte n'est pas sensible à la balance.
(***) *Eng. and Min. Journ.*, New-York, XXI, 151. — *Zeitschr. f. analyt. Chem.*, XVI, 540.
(****) *Eng. and Min. Journ.*, New-York, XXIII, 168. — *Zeitschr. f. analyt. Chem.*, XVI, 504.

dissolution du fer. On emploie aussi pour filtrer le charbon un filtre à amiante (*).

On prépare la dissolution du chlorure double de cuivre et d'ammoniaque en mettant dans 1850 C. C. d'eau 340 gr. de bichlorure de cuivre cristallisé et 214 gr. de chlorhydrate d'ammoniaque.

On emploie la fonte divisée en forme de copeaux obtenus sur le tour ou au foret ou bien en tout petits morceaux. Si le métal est sali par de l'huile provenant des outils, on le lave avec de l'éther. Si le fer divisé renfermait des matières organiques mélangées, on le purifierait en l'enlevant avec un aimant. Enfin on prend 4 à 5 gr. de cette fonte divisée et purifiée sur lesquels on verse de la solution des chlorures, à raison de 20 à 25 C. C. pour 1 gr. de fonte. Une fois tout le fer dissous, on traite le résidu d'après l'une des méthodes suivantes, selon que l'on veut doser le charbon avec l'acide chromique ou par la combustion directe.

αα. On sépare le charbon avec le cuivre précipité sur un entonnoir ordinaire fermé par un tampon perméable d'asbeste, en faisant usage de la trompe aspirante : pour enlever le protochlorure de cuivre déposé, on lave d'abord avec de l'acide chlorhydrique, puis avec de l'eau ou de l'alcool (**) jusqu'à ce que toute trace d'acide chlorhydrique soit éliminée. S'il reste dans le résidu un composé chloré, il pourra se faire, lors du traitement par l'acide chromique et l'acide sulfurique, de l'acide chlorochromique et les résultats seront trop élevés. — On dessèche complètement le contenu de l'entonnoir, si l'on a fait usage d'alcool.

ββ. Au contenu du vase on ajoute de l'acide chlorhydrique et si cela est nécessaire encore du mélange des deux chlorures jusqu'à dissolution complète du cuivre : alors on jette le carbone sur le filtre à asbeste : on lave d'abord avec un peu d'acide chlorhydrique, puis avec de l'eau ou de l'alcool jusqu'à ce qu'il n'y ait plus trace d'acide chlorhydrique. Dans l'entonnoir même on sèche son contenu de 100 à 110°.

bb. *Méthode de C. Ullgren* (***).

Ullgren traite la fonte très divisée à une douce chaleur par une dissolution de 1 p. de sulfate de cuivre dans 5 p. d'eau : c'est le même moyen qu'emploie *Éliot* (****). Ce dissolvant est facile à préparer, mais il agit bien plus lentement que le mélange de chlorure de cuivre et de chlorure d'ammonium. S'il faut redissoudre le cuivre, on chauffera aussi dans ce procédé le résidu avec de l'acide chlorhydrique et du bichlorure de cuivre.

(*) On les prépare facilement en mettant dans un entonnoir ordinaire d'abord un peu de coton de verre, puis en versant dessus de l'amiante en suspension dans de l'eau et en lavant jusqu'à ce qu'il ne se détache plus de fibres d'amiante. Il se forme ainsi sur ce verre en fils une couche bien filtrante d'asbeste. Voir aussi *Sauer* (*Zeitschr. f. analyt. Chem.*, XIV, 312). Il faudra calciner l'amiante dans un courant d'air humide pour le débarrasser du fluor. Voir *Kraut* (*Zeitschr. f. analyt. Chem.*, III, 34).

(**) *L. Klein* (*Zeitschr. f. analyt. Chem.*, XVIII, 76) donne la préférence à l'alcool parce qu'on peut plus facilement détacher le charbon des parois de l'entonnoir et l'enlever plus commodément après la dessication.

(***) *Ann. d. Chem. u. Pharm.*, CXXIV, 59. — *Zeitschr. f. analyt. Chem.*, II, 430.

(****) *Journ. of the Chem. Soc.*, VII, 182.

cc. *Méthode de Boussingault* (*).

Dans un mortier en agate ou en verre on remue la fonte aussi finement pulvérisée que possible avec 15 fois son poids de bichlorure de mercure et d'eau pour en faire une bouillie claire et on broie pendant une demi-heure. On ajoute encore de l'eau et l'on verse le tout dans un vase de Bohême pour chauffer pendant une heure entre 80 et 100°. On filtre sur un petit filtre à amiante, on lave avec de l'eau chaude, on dessèche complètement au bain d'air, et pour chasser tout à fait le protochlorure de mercure mélangé au charbon, on chauffe peu à peu jusqu'au rouge dans un courant d'hydrogène sec la substance placée dans une petite nacelle en platine. Pour avoir de l'hydrogène bien exempt d'oxygène, on le fait passer sur une longue couche de mousse de platine, puis dans de l'acide sulfurique. Pour le traitement ultérieur, voir plus loin en β.

dd. *Méthode de W. Weyl* (**).

Un grand avantage de ce procédé, c'est qu'on n'a pas besoin de pulvériser la fonte, opération qui, on le sait, y mêle souvent des impuretés. La dissolution se fait à l'aide d'un *faible* courant électrique fourni par un élément *Bunsen* et en plongeant dans de l'acide chlorhydrique étendu le morceau de fonte à analyser fonctionnant comme électrode positive. Le fer se dissout à l'état de protochlorure en laissant le charbon, tandis que de l'hydrogène se dégage à l'électrode négative. En prenant un courant *fort* on n'atteindrait pas le but, parce que le fer dans ce cas devient facilement passif : alors il se dégage de sa masse du chlore, qui oxyde du carbone déjà déposé et forme même avec lui une combinaison directe qui, décomposée à son tour par le courant comme l'est l'acide chlorhydrique, dépose du carbone au pôle négatif, comme l'acide chlorhydrique y abandonne de l'hydrogène. On reconnaît que dans les deux cas il y a du carbone perdu sous forme d'oxyde de carbone ou d'acide carbonique dans le premier et à l'état de carbure d'hydrogène dans le second, carbure qui se forme par la rencontre du carbone et de l'hydrogène au pôle négatif.

On choisit un morceau de fonte de 15 à 20 gr., on le fixe à une pointe en platine à l'aide d'une petite pince : on le plonge dans de l'acide chlorhydrique étendu sans toutefois faire mouiller par l'acide les points de contact entre la pince et le fer (sans quoi le charbon qui ne tarderait pas à apparaître entre le fer et la pointe en platine entraverait la dissolution) : on attache la pince au pôle positif, on plonge également dans l'acide la lame de platine formant le pôle négatif et l'on règle l'intensité du courant en éloignant plus ou moins les électrodes, de façon à ce qu'il ne se forme que du protochlorure et pas de perchlorure. On reconnaît la formation de ce dernier à la couleur jaune des stries liquides qui descendent du morceau de fer. Ce dernier change peu d'aspect, parce que le carbone garde la forme de la fonte. Quand la partie plongée est dissoute (environ

(*) *Comptes rendus*, LXVI, 875.
(**) *Pogg. Ann.*, CXIV, 507. — *Zeitschr. f. analyt. Chem.*, I, 112 et 230.

au bout de 12 heures), on arrête l'opération, on sépare la partie compacte non dissoute d'avec le charbon qui y est suspendu, on la pèse après dessiccation, et l'on obtient facilement la proportion de fer dissous. On rassemble le charbon sur un filtre à asbeste.

Si l'on opère sur des fontes dont le carbone ne reste pas, comme avec la fonte spéculaire, sous forme de masse compacte cohérente, mais à l'état

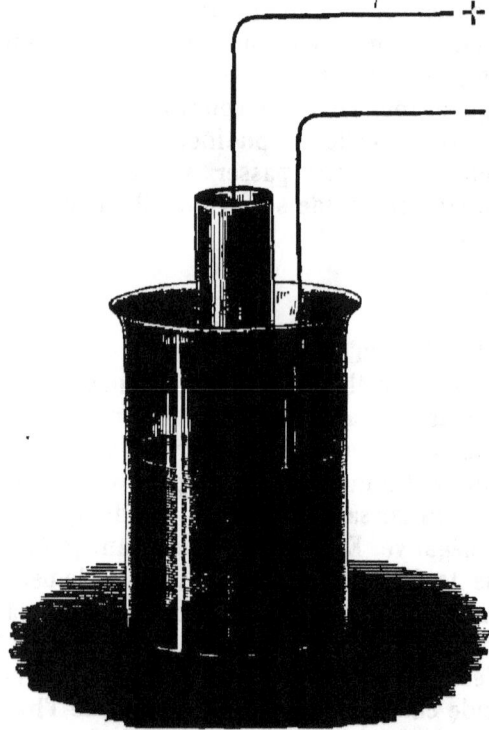

Fig. 209.

de grande division, alors la lame de platine de l'électrode négative est toute noircie par le dépôt de charbon. C'est *Rinmann* (*) qui a fait le premier cette remarque en appliquant le procédé de *Weyl* à de l'acier *Bessemer*. Pour ces espèces de fer, il faut modifier un peu la méthode et faire comme l'a indiqué *Weyl* (**) lui-même, usage de l'appareil représenté dans la figure 209. C'est un vase de Bohême à moitié rempli d'acide chlorhydrique étendu. Dans ce vase plonge un cylindre en verre soutenu par un disque convenable en liège : ce cylindre est fermé en bas par une vessie (ou du papier parcheminé) et contient du même liquide que celu i qui est à l'extérieur et jusqu'à la même hauteur. Dans le cylindre plonge l'électrode positive, par conséquent le morceau de fer, et au dehors, entre les deux vases, la lame de platine servant d'électrode négative. L'opération marche comme il est dit plus haut. Dans cette disposition la lame de platine noircit aussi au bout de quelques heures, mais le dépôt noir, qui n'est plus du charbon mais du fer, se dissout dans l'acide chlorhydrique.

ee. *Méthode de Wœhler* (***).

La méthode de *Wœhler* repose sur ce fait que, si l'on chauffe de la fonte dans un courant de chlore, tout le fer part en chlorure volatil et le carbone reste. Elle est rapide et donne de bons résultats, aussi beaucoup de chimistes la préfèrent-ils à toutes les autres (****). On pèse la fonte (1 à 2 gr.) dans

---

(*) *Zeitschr. f. analyt. Chem.*, III, 336.
(**) *Zeitschr. f. analyt. Chem.*, IV, 157.
(***) *Zeitschr. f. analyt. Chem.*, VIII, 401.
(****) Voir *Max Buchner, Berg u. Hüttenmänn. Zeitung. Jahrg.*, XXIV, 84. *Zeitschr. f. analyt. Chem.*, IV, 211 ; — *B. Kerl. Idem.*; — *E.-G. Tosh. Chem. News*, 1867, n° 401. p. 67 et n° 403, p. 94. — *Zeitschr. f. analyt. Chem.*, VII, 498 ct VIII, 401.

une petite nacelle en porcelaine, on introduit celle-ci dans un tube en verre difficilement fusible et l'on fait agir au rouge faible le chlore, que l'on a desséché en le faisant circuler sur de la pierre ponce imbibée d'acide sulfurique concentré. On continue l'action jusqu'à ce qu'il ne se forme plus de perchlorure de fer. Tout le carbone reste dans la nacelle. Il faut mettre le plus grand soin à dessécher le gaz, car s'il y restait un peu d'humidité, il se formerait des carbures d'hydrogène et on aurait une perte de carbone.

ff. *Autres méthodes.*

On a encore proposé d'autres méthodes, entre autres l'emploi du brome (*) et l'acide chromique étendu (*Weyl* **). Elles sont ou d'une application peu commode ou ne sont pas suffisamment étudiées.

β. *Dosage du carbone dans les résidus obtenus en α.*

Ce dosage se fait généralement en transformant le carbone en acide carbonique que l'on pèse. L'oxydation du carbone s'opère soit par combustion dans un courant d'oxygène (première méthode), soit par l'action de l'acide chromique (deuxième méthode). Enfin *Boussingault* brûle le charbon et mesure la perte de poids (troisième méthode).

aa. Première méthode (combustion du carbone et pesée de l'acide carbonique).

Si l'on a préparé suivant cc. ou ee. le résidu renfermant tout le carbone et exempt de cuivre, il se trouve déjà dans une nacelle : mais il est sur un filtre à amiante si l'on a opéré suivant aa. ββ. — dd. ou aussi bb. Dans ce dernier cas on le met avec l'amiante dans une nacelle en porcelaine ou en platine, avec un petit pinceau en amiante humide on rassemble les parcelles de carbone adhérentes à l'entonnoir, on met le tout dans la nacelle et on dessèche bien le contenu. On introduit la nacelle dans un tube, dont la portion antérieure est remplie d'oxyde de cuivre en grains (page 602) et l'on opère exactement comme il est expliqué de la page 600 à la page 603. On donnera de préférence à l'appareil à absorption la disposition suivante : immédiatement à la suite du tube à combustion on fixera un tube, comme celui représenté dans la figure 121, ou 122, ou 123, page 584, par son extrémité b. Les deux branches sont remplies de chlorure de calcium, mais dans la courbure il y a de l'oxyde puce de plomb entre deux tampons de coton. Cette disposition a pour but non seulement d'arrêter la vapeur d'eau, mais aussi l'acide sulfureux qui pourrait se produire pendant la combustion, dans le cas où le résidu contiendrait des sulfures métalliques. Avant de se servir du tube on y fait passer d'abord de l'acide carbonique sec, puis un courant d'air sec jusqu'à ce qu'on ait chassé toute trace d'acide carbonique. L'extrémité de sortie g est reliée avec deux tubes en U

(*) Voir *Werther* (*Journ. f. prackt. Chem.*, XCI, 250). — *Zeitschr. f. analyt. Chem.*, IV, 211.

(**) *Zeitschr. f. analyt. Chem.*, IV, 158.

pesés pleins de chaux sodée et un peu de chlorure de calcium (page 611) : le dernier de ces tubes en U communique avec un tube de sûreté semblable non pesé, contenant dans la branche d'arrivée du chlorure de calcium et dans celle de sortie de la chaux sodée, et enfin le tout se termine par un tube recourbé dont l'extrémité plonge de quelques centimètres dans de l'eau, et qui sert à suivre la marche de l'opération. Quant au chauffage en lui-même, il faut se rappeler que le charbon combiné chimiquement au fer brûle facilement, tandis que la combustion du graphite exige une action prolongée de l'oxygène et une haute température. Et encore comme la combustion n'est pas toujours complète, il faut examiner avec soin le résidu de la nacelle pour s'assurer qu'il n'y reste pas de graphite. Aussi avec les résidus riches en graphite il vaut mieux oxyder avec l'acide chromique.

Si l'on applique cette méthode de combustion à la matière obtenue en dissolvant le fer par le sulfate de cuivre et consistant en résidu de charbon mélangé avec du cuivre métallique, on mélangera avec de l'oxyde de cuivre (50 gr. d'oxyde pour le résidu provenant de 1 gr. de fer) et l'on conduira la combustion comme à la page 603 b. Je ne recommande pas cependant ce procédé pour les résidus riches en graphite, parce qu'on ne peut pas s'assurer si la combustion est complète. *Parry (Zeitschr. f. analyt. Chem.,* XII, 225) a donné un moyen volumétrique de doser l'acide carbonique, en employant cette méthode.

bb. Deuxième méthode (oxydation par l'acide chromique).

Les frères *Rogers* et plus tard *Brunner* (*) employèrent la voie humide pour changer le carbone en acide carbonique par l'action d'un mélange de bichromate de potasse et d'acide sulfurique : *Ullgren*, en modifiant le procédé par l'emploi de l'acide chromique au lieu du bichromate, l'appliqua le premier au dosage du carbone dans les résidus de la dissolution du fer. On obtient ainsi, même avec des substances riches en graphite, une oxydation complète du carbone, ce qui est un avantage précieux surtout avec des produits comme la fonte grise.

Je décrirai d'abord la méthode employée par *Ullgren* (**) en redonnant pour plus de facilité la manière de dissoudre le fer, puis j'indiquerai les modifications.

On traite environ 2 gr. de fonte, en copeaux si elle est grise ou en poudre grossière si elle est blanche, dans un petit vase de Bohême à une douce chaleur et en remuant souvent, par 10 gr. de sulfate de cuivre dans 50 C.C. d'eau. Quand le fer est dissous, on laisse déposer, on décante le liquide limpide : puis le reste, aussi bien la partie liquide que la partie solide, est versé dans le ballon *a* (fig. 210) : ce qui reste adhérent aux parois du vase est poussé dans le ballon à l'aide de la fiole à jet, avec le moins d'eau possible cependant, de façon à n'avoir guère que 25 C. C. de liquide. Dans le ballon on verse 40 C. C. d'acide sulfurique concentré (ou proportionnellement davantage, si l'on a employé plus d'eau de lavage). Au mélange re-

(*) *Pogg. Ann.*, XCV, 379.
(**) *Ann. d. Chem. v. Pharm.*, CXXIV, 59. — *Zeitschr. f. analyt. Chem.*, II, 139.

froidi on ajoute 8 gr. d'acide chromique (*) et l'on réunit le ballon à l'apparei
destiné à absorber l'acide carbonique : celui-ci, provenant de l'oxydation du
carbone par l'acide chromique, donnera la quantité totale de charbon. Le
petit ballon a, d'une capacité de 150 C. C., est placé dans une corbeille b en

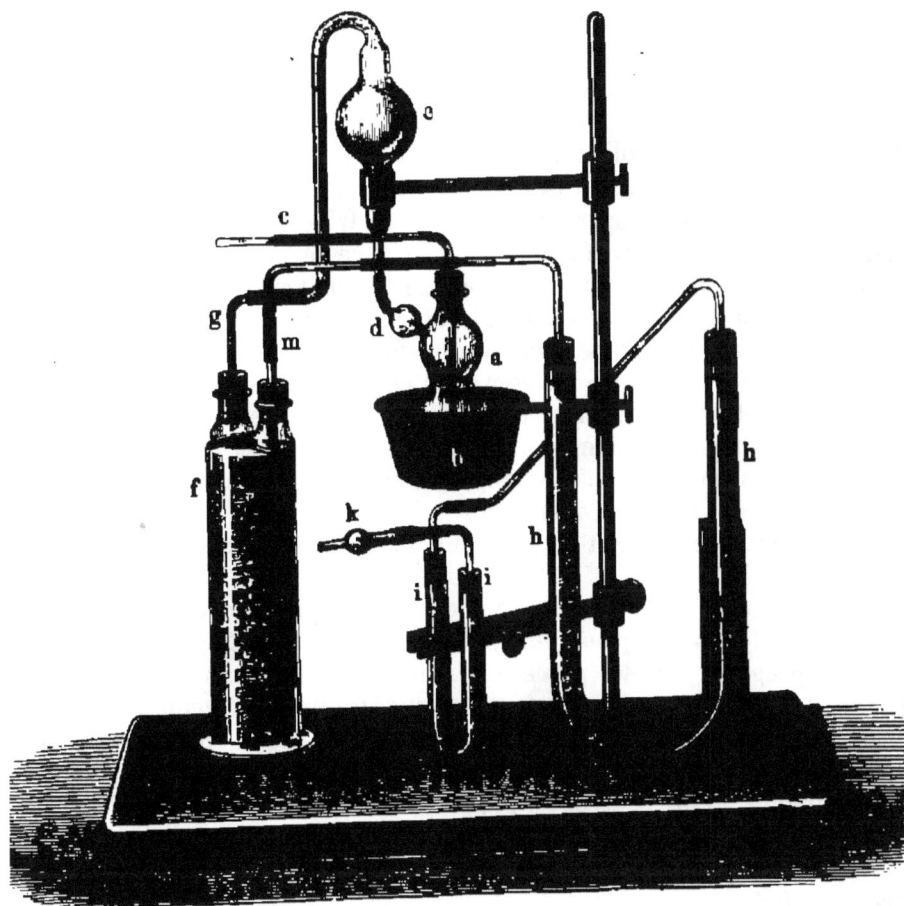

Fig. 210.

toile métallique. Pendant la réaction le tube c est fermé par un morceau de
baguette en verre, que l'on remplace par un tube à potasse lorsqu'on aspire
l'air dans l'appareil. Sur le côté du ballon est soudé un petit tube d renflé
en boule en son milieu et qui communique avec un tube recourbé en U
renflé en e en boule de 70 à 80 C. C. Celle-ci a pour but de condenser la
majeure partie de la vapeur d'eau. L'éprouvette f, à deux tubulures et de 1/4
de litre de capacité, est remplie avec de la pierre ponce imbibée d'acide sulfurique. On a soin de chauffer cette pierre ponce avec de l'acide sulfurique,

(*) *Ullgren* a préféré l'acide chromique, l'acide sulfurique et l'eau au mélange de bichromate de potasse et d'acide sulfurique des frères *Rogers* et de *Brunner*, parce qu'avec
ces derniers réactifs il se forme du sulfate double de potasse et de chrome anhydre qui
se dépose sous forme de poudre verte boueuse, presque insoluble dans l'eau, les
acides et les alcalis, qui gêne l'oxydation et empêche de voir la fin de l'opération.

pour chasser tout l'acide chlorhydrique et l'acide fluorhydrique qui proviendraient des chlorures et fluorures mélangés au silicate. Le tube *g* qui amène le gaz dans le vase cylindrique s'arrête au-dessous du bouchon, tandis que le tube *m* qui emporte le gaz plonge jusqu'au fond. Le tube en U *h* est rempli de chlorure de calcium et a $0^m,6$ de longueur : *i* est un tube pesé en grande partie rempli de pierre ponce imbibée de potasse (*), dont l'extrémité de sortie contient du chlorure de calcium ; pendant l'opération il est réuni à un petit tube de sûreté *k* plein de potasse.

L'appareil étant monté, on chauffe le ballon lentement jusqu'à ce que le dégagement gazeux soulève la masse, et l'on maintient cette température tant que le gaz se dégage assez vivement. Si l'effervescence diminue, on élève de nouveau la température de façon à faire apparaître des vapeurs blanches dans la boule *e*, et l'on règle le feu à ce degré de façon à continuer la dissolution jusqu'à ce que le dégagement gazeux ne soit plus que faible. Alors on réunit le tube *k* avec un aspirateur, dont on ouvre un peu le robinet avant d'avoir réuni au tube à potasse le tube *c* (que l'on a enfoncé dans le bouchon de façon à le faire plonger dans le liquide du ballon). On ouvre un peu plus le robinet de l'aspirateur, de façon à faire passer deux bulles d'air par seconde dans le liquide en *a*. Lorsqu'on a fait couler 5 à 6 litres d'eau, tout l'acide carbonique a passé dans le tube à absorption. On le pèse après refroidissement : comme contrôle on le remet en place, on fait passer de nouveau un courant d'air et l'on constate s'il y a eu un nouvel accroissement de poids.

Au lieu de mettre dans le ballon *a* le résidu obtenu par le mode de dissolution de *Ullgren*, on peut tout aussi bien traiter de la même façon les résidus préparés par les procédés indiqués en α. depuis aa. jusqu'à ee. Lorsqu'il n'y a pas de cuivre, on peut diminuer la quantité d'acide chromique ; 3 gr. suffisent pour le résidu de 1 gr. de fer. On prend comme dissolvant un mélange de 2 p. d'acide sulfurique pur concentré avec 1 p. d'eau. Bien entendu qu'on peut aussi prendre une autre disposition d'appareil que celle d'*Ullgren*. *Classen* (**) recommande celle qu'il a adoptée pour le dosage de l'acide carbonique et avec laquelle *Klein* (***) a obtenu de très bons résultats.

La figure 211 représente cet appareil. Ce qui le caractérise, c'est le réfrigérant qui remplit parfaitement le but. C'est un tube large *b* de 2,7 à 3 centimètres de diamètre, soudé à la partie supérieure à un tube de 1,5 centim, de large et à la partie inférieure à un tube de 6 à 7 millim. de diamètre. On l'enveloppe d'un tube plus large *a* dans lequel on fait circuler de l'eau froide (on peut parfaitement prendre pour cela le cylindre en verre d'un brûleur à gaz d'Argand de 25 centim. de haut et 4,5 centim. de diamètre) ;

(*) Pour préparer cette ponce potassique, on dissout 1 p. d'hydrate de potasse dans 3 ou 4 p. d'eau, on chauffe dans un vase en fer et en chauffant toujours (un peu au-dessus de 100°) on ajoute peu à peu de la pierre ponce en petits grains jusqu'à ce que le mélange forme presque une masse sèche. On la met encore chaude dans un flacon à l'émeri, dans lequel on agite pour refroidir au point où les grains ne collent plus ensemble. Cette ponce absorbe complètement et rapidement l'acide carbonique (suivant *Ulgren*, plus rapidement que la chaux sodée).

(**) *Zeitschr. f. analyt. Chem.*, XV, 288.

(***) *Zeitschr. f. analyt. Chem.*, XXIII, 76.

le réfrigérant condense si bien la vapeur d'eau sortant du ballon *f* de 200 C.C.
que le tube en U *c* suffit à lui seul pour dessécher l'acide carbonique. Il
est plein de perles en verre que l'on mouille avec de l'acide sulfurique pur
concentré, versé de façon qu'il en reste pour fermer la courbure et per-

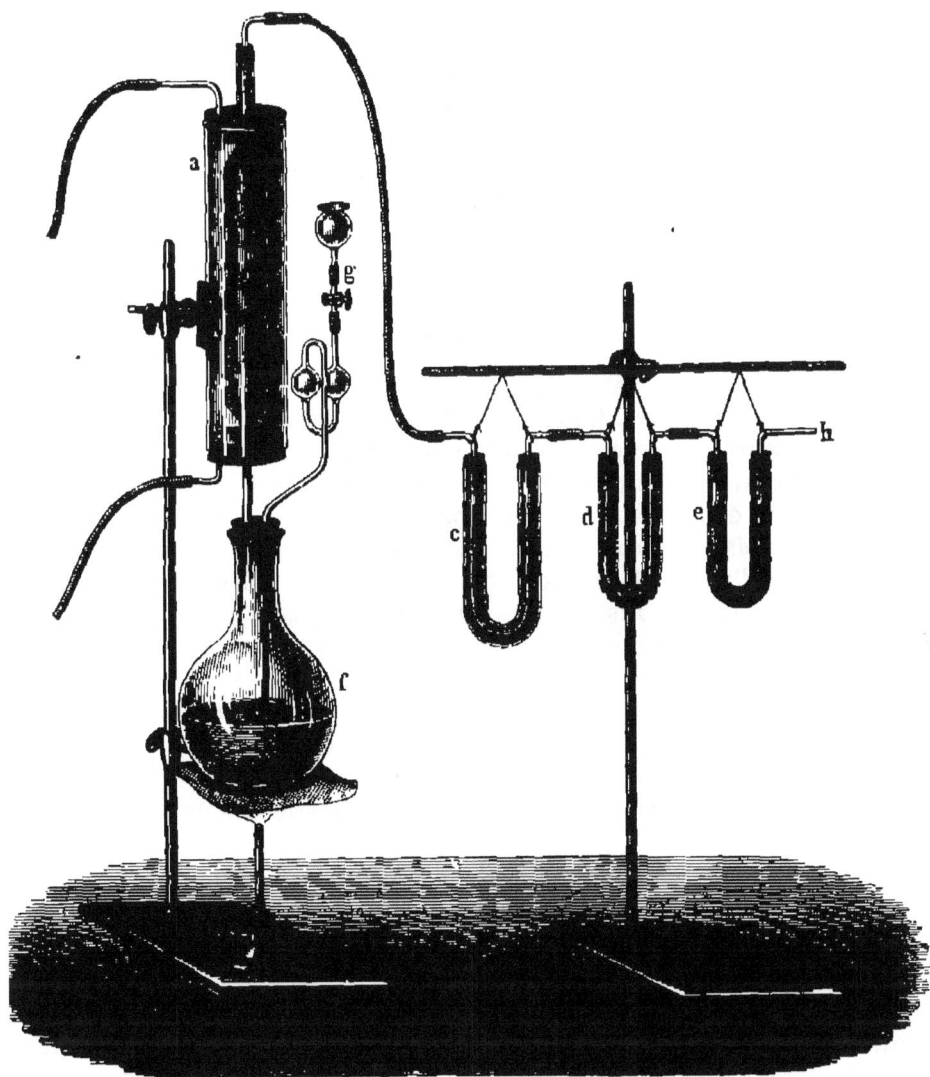

Fig. 211.

mettre par là de suivre la marche de l'opération ; *d* et *e* sont des tubes à
chaux sodée que l'on pèsera. L'acide sulfurique en *c* doit être renouvelé après
une série d'analyses.

Après avoir mis dans le ballon *f* le résidu renfermant le carbone avec la
quantité convenable d'acide chromique et environ 50 C. C. du mélange
d'acide sulfurique et d'eau indiqué plus haut, on met *g* en communication
avec un tube à chaux sodée et *h* avec un aspirateur et l'on fait passer dans

tout l'appareil un courant d'air lent et bien régulier (c'est pour empêcher l'obstruction du tube à entonnoir) : on commence ensuite à chauffer, on élève peu à peu la température, à la fin on fait bouillir le contenu du ballon pendant environ un quart d'heure et enfin, quand les tubes *d* et *e* sont froids, on les pèse.

Au lieu de l'appareil de *Classen* il vaudra mieux encore employer celui figuré à la page 853, en laissant de côté bien entendu les tubes *i* et *k*. Il est construit d'une façon plus logique que ceux de *Classen* et d'*Ullgren*, parce que l'air desséché sur du chlorure de calcium arrive et sort par des tubes à chaux sodée, tandis que dans les premiers appareils l'air desséché par de l'acide sulfurique traverse en sortant des tubes à chlorure de calcium.

cc. Troisième méthode (combustion et dosage du carbone d'après la perte de poids).

Boussingault emploie cette méthode pour doser le carbone dans le résidu qu'il obtient suivant α. cc. (page 927). On pèse la petite nacelle débarrassée du protochlorure de mercure et refroidie dans le courant d'hydrogène, on brûle le charbon, on pèse le résidu après avoir chauffé au rouge, puis laissé refroidir dans un courant d'hydrogène et l'on prend la différence des poids pour poids de carbone. Si le charbon provient de la fonte blanche (du fer ou de l'acier), il est noir, volumineux, très inflammable et brûle comme de l'amadou : mais s'il est fourni par de la fonte grise, il renferme alors du graphite, il faut chauffer longtemps dans le courant d'oxygène et encore examiner avec soin si le résidu ne garde pas encore un peu de graphite. Comme dans le résidu le carbone n'est pas la seule partie combustible, mais qu'il y a encore un peu d'hydrogène, il en résulte que dans ce procédé on est exposé à évaluer la proportion de carbone un peu plus forte qu'elle ne l'est réellement. Suivant les expériences de *Boussingault* l'erreur est faible.

γ. Dosage du carbone par la combustion directe du fer suivant *V. Regnault*.

Si l'on veut brûler le carbone directement dans la fonte, etc., il faut que celle-ci soit préalablement divisée aussi finement que possible. Avec les fontes dures on brise sur l'enclume, on broie dans le mortier en acier (*fig.* 25. Page 38) et l'on passe dans un tamis de tôle à trous très fins ; avec les fontes douces, on fait de la limaille avec un lime fortement trempée. Si un fer ne se laisse pas parfaitement diviser par l'un ou l'autre de ces moyens, on ne pourra pas appliquer la méthode γ.

Regnault, qui a employé le premier la combustion directe du fer carburé, et *Bromeis* font usage d'un mélange de chromate de plomb et de chlorate de potasse : — *Kudernatsch* (*), qui dans ce mode d'opérer a reconnu un dégagement de traces de chlore, préfère l'oxyde de cuivre. — *H. Rose* mélange avec l'oxyde de cuivre et chauffe au rouge dans un courant d'oxygène. —

_____

(') *Journ. f. prackt. Chem.*, XL, 499.

Whœler emploie la méthode indiquée page 600 a. (combustion dans un courant d'oxygène) — *Mayer* fait usage d'un mélange de bichromate de potasse et de chromate de plomb (§ **176**). Bien qu'il n'y ait pas d'eau à doser, on fera bien de mettre un petit tube à chlorure de calcium entre le tube à combustion et l'appareil à potasse.

Cette méthode du reste est peu en usage: elle donne facilement des résultats trop faibles. Voir *Tosh* (*) et *Parry* (**).

b. Dosage du graphite.

α. On traite une nouvelle portion de fonte à une douce chaleur par de l'acide chlorhydrique, moyennement concentré. Lorsqu'on ne remarque plus de dégagement de gaz, on filtre la dissolution sur de l'amiante chauffée au rouge dans un courant d'air humide, on lave la partie insoluble d'abord avec de l'eau bouillante, puis avec de la lessive de potasse, de l'alcool et enfin de l'éther (*Max Buchner* (***)), on sèche et l'on transforme le graphite en acide carbonique, de préférence en oxydant avec l'acide chromique (page 950). Nous n'indiquons pas de peser tout simplement, parce que le graphite n'est pas toujours pur.

β. *Boussingault* (****), pour doser le charbon combiné chimiquement, chauffe le résidu, obtenu après le traitement du fer par le bichlorure de mercure, d'abord à l'air à une température ne dépassant pas le rouge faible. Le carbone combiné brûle dans ces conditions, tandis que le graphite n'est pas altéré. On brûle ensuite ce dernier dans un courant d'oxygène. Comme *Boussingault* détermine la quantité de charbon combiné, aussi bien que celle de graphite par une perte de poids, il faut après chaque combustion chauffer dans de l'hydrogène pur le résidu formé en grande partie de silice, pour ramener le peu de fer qu'il pourrait contenir au même état que celui où il était dans le mélange charbonneux pesé d'abord. Le dosage du graphite peut, dans ce mode d'opérer, fournir facilement des résultats trop faibles, tandis que pour le carbone combiné ils seront trop élevés, et cela parce que le graphite très divisé n'est pas tout à fait incombustible quand on le chauffe au rouge au contact de l'air.

c. Dosage du carbone chimiquement combiné.

α. En retranchant le graphite trouvé en b. α. de la quantité totale de carbone obtenue en a., on aura le carbone combiné.

β. La méthode de *Boussingault* le donne en b. β.

γ. Si les fontes renferment si peu de carbone combiné, que sa mesure par la différence (α.) ne donne pas assez de certitude d'exactitude, il faut le doser directement. J'ai donné (*****) pour atteindre ce but une méthode qui consiste à dissoudre à chaud le fer dans l'acide sulfurique étendu, à faire

(*) *Zeitschr. f. analyt. Chem.*, VII, 498.
(**) *Zeitschr. f. analyt. Chem.*, XII, 225.
(***) *Journ. f. prackt. Chem.*, LXXII, 364.
(****) *Ann. de chim. et de phys.* [IV], XIX, 78, XX, 243.
(*****) *Zeitschr. f. analyt. Chem.*, IV, 73.

passer sur de l'oxyde de cuivre chauffé au rouge le mélange d'hydrogène et de carbures d'hydrogène additionné d'air, à arrêter dans un tube à chaux sodée et après dessiccation l'acide carbonique formé et à en déduire le carbone.

Dans le petit ballon *a* de l'appareil représenté à la page 833, on met le fer (environ 1 à 1,5 gr.) qui doit être dissous. Le tube de verre partant du petit réfrigérant *b* est relié avec un tube recourbé à angle droit à l'aide d'un tube en caoutchouc, les deux sections des tubes étant bien planes pour que la jonction soit aussi parfaite que possible. La partie horizontale du tube est reliée à l'aide d'un bouchon en caoutchouc ou en liège avec un tube à combustion placé dans un fourneau convenable. Ce tube aura 50 centimètres de longueur. Dans la partie par laquelle arrivent les gaz, sur une longueur d'environ 15 centimètres, il est rempli par de l'amiante, calciné d'abord dans de l'air humide, puis dans de l'air sec et assez tassé pour qu'on n'aperçoive pas d'espaces vides: à la suite on met de l'oxyde de cuivre en gros grains et enfin un tampon d'amiante. A cette extrémité est relié un assez gros tube à chlorure de calcium, puis un petit tube en U léger, exactement pesé, plein presque complètement de chaux sodée en grains et renfermant un peu de chlorure de calcium dans le haut de la branche de sortie du gaz. A la suite de celle-ci on mettra un tube de sûreté en U, dont la branche tournée vers l'appareil sera remplie de chlorure de calcium et l'autre de chaux sodée, puis enfin viendra l'aspirateur. On commence par porter au rouge le tube à combustion en y faisant passer un courant d'air bien débarrassé de son acide carbonique et on s'assure que l'appareil ne fuit pas et que le poids du tube à chaux sodée n'a pas changé. On remplace *v* (*fig.* 833 de la page 205), qui était d'abord réuni à *s* par un tube en caoutchouc, par un petit entonnoir, et en produisant avec l'aspirateur une aspiration convenable, on fait arriver peu à peu dans le petit ballon *a* la quantité suffisante du mélange acide qui doit produire la dissolution (1 partie HO,SO^3 plus 5 p. d'eau). On remplace l'entonnoir par *v* et en ouvrant plus ou moins le robinet de l'aspirateur on règle le courant d'air qui devra traverser l'appareil pendant toute la durée de l'opération. On porte au rouge faible la moitié du tube à combustion remplie d'oxyde de cuivre et on l'y maintient pendant tout le temps que dure l'expérience. Alors on chauffe sur une plaque de fer le ballon à dégagement, de façon que la dissolution marche régulièrement et elle est terminée au bout d'une heure et demie à deux heures. Vers la fin on porte le contenu du ballon à l'ébullition. Avec les fers pauvres en graphite on ajoute un peu de mousse de platine pour activer la dissolution. Lorsqu'il ne se dégage plus d'hydrogène, on chauffe la partie du tube remplie d'amiante, pour chasser le peu de carbure d'hydrogène qui aurait pu s'y condenser et échapper à la combustion. Enfin on laisse refroidir dans un lent courant d'air, on mesure l'augmentation de poids du tube à chaux sodée, et l'on en conclut le poids de carbone qui s'est dégagé sous forme de carbure d'hydrogène.

Bien entendu que cette façon d'opérer suppose que tout le carbone combiné est éliminé sous forme de carbures d'hydrogène volatils. C'est bien le cas pour un grand nombre de fontes, mais dans d'autres ces carbures restent plus ou moins avec le graphite (*). On reconnaît facilement qu'il en est ainsi, en lavant d'abord complètement à l'eau bouillante le résidu insoluble resté dans le ballon et en examinant s'il abandonne quelque chose à la potasse, à l'alcool ou à l'éther, c'est-à-dire s'il colore ces dissolvants, et si, après avoir bien lavé avec de l'eau pour enlever la potasse, l'alcool et l'éther laissent ou ne laissent pas par évaporation un résidu de matières organiques.

δ. Très souvent dans la pratique il n'est pas besoin d'avoir un dosage exact du carbone combiné : on se contente alors d'une appréciation colorimétrique. Cette méthode, indiquée par *Eggertz* (**), repose sur ce fait que la fonte se dissout dans l'acide azotique en un liquide d'un brun d'autant plus foncé qu'il y a plus de carbone combiné. Voir à ce sujet : *Gruner* (***), *Britton* (****), *Hermann* (*****), *Creath* (******) et *Morrel* (*******).

2. Dosage du soufre.

a. Méthode dans laquelle la majeure partie du soufre est changée en acide sulfhydrique.

Cette méthode que j'ai indiquée, fut publiée pour la première fois par *Lippert* (********); plus tard elle fut perfectionnée par moi (*********) et simplifiée par un de mes préparateurs *I. Moffat Johnston*. Elle marche fort bien avec l'appareil représenté dans la figure 212.

a est un ballon de 300 à 400 C. C. dans lequel se fera la dissolution du fer, *b* un ballon plus petit qui contient l'acide chlorhydrique pur nécessaire pour la dissolution, *c* un tube qui conduit à un appareil à refroidissement redressé, dont le tube réfrigérant n'est pas trop étroit : celui-ci communique ensuite avec un tube en U à boule, relié lui-même à un tube en U ordinaire (voir *fig.* 96, page 400). Ce tube enfin se termine par un tube en caoutchouc le reliant à un tube de verre libre ou qui plonge dans un flacon contenant une lessive de soude. Le tube *d* est en communication avec un appareil à hydrogène. Pour purifier ce gaz on le fait passer à travers une lessive de potasse, puis à travers une dissolution de permanganate de potasse et enfin dans une dissolution d'oxyde de plomb dans une lessive de potasse. Dans la partie inférieure des tubes en U on verse une solution de brome dans l'acide chlorhydrique. à 24 + ½ de Br

Après avoir mis dans le ballon *a* la fonte (environ 10 gr.) bien divisée et ajouté un peu d'eau, on fait arriver de l'hydrogène dans l'appareil de façon à le remplir de ce gaz. Jusque-là le tube *e* graissé, traversant un bouchon

(*) *Max Buchner. Journ. f. prackt. Chem.*, LXXII, 565.
(**) *Chem. News*, 1865, n° 182, p. 254. — *Zeitschr. f. analyt. Chem.*, II, 434.
(***) *Berg. und Hüttenmänn. Zeits.* 1869, 52. — *Zeitschr. f. analyt. Chem.*, X, 245.
(****) *Chem. News*, XXII. 101. — *Zeitschr. f. analyt. Chem.*, X, 245.
(*****) *Journ. of the Chem. Soc.*, [II], VIII, 575. — *Zeitschr. f. analyt. Chem.*, X, 246.
(******) *Eng. and Min. Journ.* New-York, XXIII, 168. — *Zeitschr. f. analyt. Chem.* XVI, 504.
(*******) *Amer. Chemist.*, V, 365. — *Zeitschr. f. analyt. Chem.*, XVI, 505.
(********) *Zeitschr. f. analyt. Chem.*, II, 46.
(*********) *Zeitschr. f. analyt. Chem.*, XIII, 37.

en caoutchouc, ne plongeait pas dans le liquide du petit ballon *b*, maintenant on l'y fait descendre, en le tournant dans le bouchon : la pression
produite par l'hydrogène fait monter l'acide chlorhydrique et le fait arriver

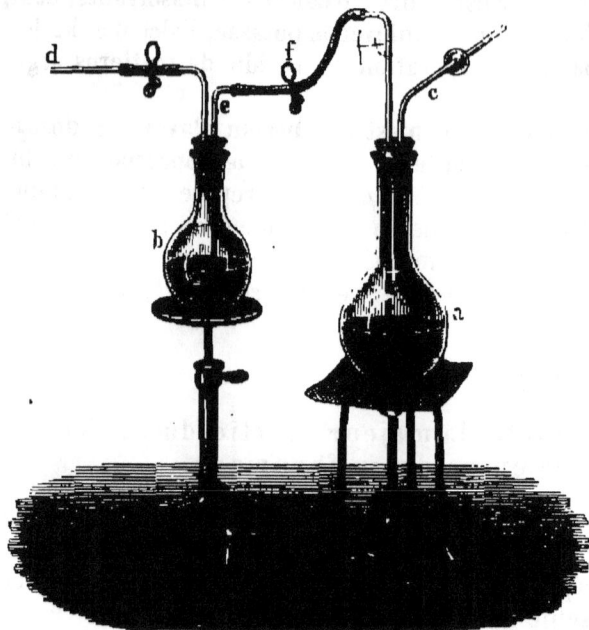

dans le ballon *a*; alors
on ferme la pince *f*, et
l'on active l'action de
l'acide sur la fonte
en chauffant un peu.
Quand le dégagement
gazeux s'affaiblit, on
fait passer, comme plus
haut, une nouvelle
quantité d'acide de *b*
en *a*, etc. La dissolu-
tion achevée, on relève
le tube *c* et en portant
le liquide presque à
l'ébullition, on fait passer dans l'appareil un
courant d'hydrogène
pour balayer tout l'hy-
drogène sulfuré.

Si l'on a eu soin de
mettre du brome en
quantité suffisante, il
ne se dépose pas de soufre dans les tubes en U et l'oxydation du soufre est
complète. L'opération terminée, on évapore au bain-marie la solution chlorhydrique bromée jusqu'à ce qu'on ait chassé presque tout l'acide chlorhydrique, on étend d'eau le résidu et l'on précipite l'acide sulfurique avec
le chlorure de baryum.

Fig. 212.

Comme il pourrait y avoir encore des combinaisons sulfurées dans le
résidu insoluble laissé par le fer, on sépare ce résidu par filtration, on le
lave, on le sèche, on le fond sur la lampe à alcool avec du carbonate de
soude et du salpêtre, on reprend par l'eau, on filtre, on acidifie la dissolution avec de l'acide chlorhydrique, on évapore au bain-marie, on ajoute
quelques gouttes d'acide chlorhydrique et de l'eau, on filtre et au liquide
filtré on ajoute du chlorure de baryum. S'il y a un précipité, on le réunit
sur le même filtre à celui obtenu plus haut, on sèche, on calcine et on
pèse.

La première condition à remplir dans un dosage, c'est que les réactifs
employés, acide chlorhydrique bromé, carbonate de soude, salpêtre, et
acide chlorhydrique ne renferment pas d'acide sulfurique. Si l'on n'en est
pas bien certain, il faut opérer avec des volumes et des poids connus des
réactifs et retrancher des résultats la petite quantité d'acide sulfurique
qu'ils ont pu y introduire.

Au lieu de faire arriver l'hydrogène entraînant l'acide sulfhydrique dans
de l'acide chlorhydrique bromé, on peut le conduire dans une dissolution
d'oxyde de plomb dans une lessive de potasse. On sépare par filtration le

sulfure de plomb, on le sèche, on l'oxyde avec de l'acide azotique fumant dont on chasse l'excès par évaporation : on fond le résidu, auquel on ajoute le résidu insoluble dans l'acide chlorhydrique, avec du carbonate de soude et du salpêtre, on ajoute un peu d'eau, on fait passer un courant d'acide carbonique pour éliminer les traces de plomb dissous, on filtre, on acidule avec de l'acide chlorhydrique, on évapore au bain-marie, on reprend le résidu par quelques gouttes d'acide chlorhydrique et de l'eau, on filtre et enfin on précipite par le chlorure de baryum.

Il est bien certain qu'il y a d'autres moyens de transformer l'hydrogène sulfuré en acide sulfurique. Ainsi *Hamilton* (*) emploie le chlore avec une lessive de potasse, *Drown* (**) une dissolution de permanganate de potasse. Tous deux en somme précipitent le soufre à l'état de sulfate de baryte. *Elliot* (***) reçoit le gaz dans une solution de soude et dose volumétriquement avec l'iode le sulfure de sodium formé (§ 148). *Koppmayer* (****) préfère une dissolution d'iode dans l'iodure de potassium et dose l'iode restant. *Hibsch* (*****) a montré que dans cette dernière manière d'opérer on obtenait des résultats faux, parce que les carbures d'hydrogène agissent aussi sur l'iode, et l'on peut faire le même reproche à la méthode d'*Elliot*.

b. Méthodes dans lesquelles le fer est dissous de façon à laisser tout le soufre dans le résidu insoluble.

α. Suivant *Gintl* (******) : Dans un ballon assez grand on met 5 à 10 gr. de fonte assez finement divisée avec environ vingt fois son poids d'une dissolution concentrée de perchlorure de fer exempte autant que possible de tout excès d'acide ; on laisse digérer en inclinant le ballon, pendant 8 à 10 heures, à une douce chaleur (25 à 50°).

La plus grande partie du fer se dissout en protochlorure en même temps qu'il se dégage un peu d'hydrogène. On étend d'eau et l'on sépare par filtration le résidu qui renferme, avec une petite quantité de fer non dissous, du carbone, du graphite, tout le soufre, le phosphore, presque tout le silicium : on lave rapidement, on sèche, on met avec le filtre dans un creuset de porcelaine, au fond duquel est une couche d'un mélange de 3 parties de salpêtre et 1 p. de potasse caustique (qui bien entendu ne doivent pas contenir de sulfate) et l'on recouvre avec le même mélange. On chauffe le creuset sur la lampe à alcool, d'abord modérément, puis peu à peu plus fortement. L'oxydation achevée, on reprend la masse fondue par un peu d'eau, on acidule avec l'acide chlorhydrique et l'on précipite avec le chlorure de baryum, etc. Les exemples d'analyses cités par *Gintl* s'écartent peu dans leurs résultats de ceux obtenus par la méthode a. E. *Richters* (*******) et J. E. *Hibsch* (********) ont aussi eu des résultats assez concordants en appliquant les deux méthodes.

(*) *Chem. News*, XXI, 147. — *Zeitschr. f. analyt. Chem.*, IX, 508.
(**) *Zeitschr. f. analyt. Chem.*, XIII, 343.
(***) *Chem. News*, XXIII, 61. — *Zeitschr. f. analyt. Chem.*, XI, 105.
(****) *Dingler's polyt. Journ.*, CCX, 184.
(*****) *Dingler's polyt. Journ.*, CCXXV, 611. — *Zeitschr. f. analyt. Chem.*, XVIII, 625.
(******) *Zeitschr. f. analyt. Chem.*, VII, 428.
(*******) *Dingl. polyt. Journ.*, CXCVII, 168. — *Zeitschr. f. analyt. Chem.*, X, 370.
(********) *Dingl. polyt. Journ.*, CCXXV, 61. — *Zeitschr. f. analyt. Chem.*, XVIII, 625.

β. *Meincke* (*) opère à peu près comme *Gintll* : seulement pour éviter le dépôt embarrassant des sels de fer basiques, il remplace la solution de perchlorure de fer par celle de perchlorure de cuivre, et active la réaction en chauffant un peu. Ensuite on dissout le dépôt de cuivre en ajoutant du chlorure de sodium au perchlorure de cuivre, on filtre et l'on dose le soufre dans le résidu lavé d'abord avec une solution chaude de chlorure de sodium, puis avec de l'eau. *Meinecke* oxyde le résidu par la voie humide avec l'acide azotique et le chlorate de potasse (page 432); il est bien clair qu'on peut aussi le fondre avec le salpêtre et le carbonate de soude (page 426).

c. Méthodes dans lesquelles on dissout le soufre et le fer avec des dissolvants oxydants et l'on dose dans la solution l'acide sulfurique avec le chlorure de baryum.

Il ne faut pas employer toutes ces méthodes dans lesquelles on dissout le fer soit dans l'eau régale, soit à l'aide du brome, ou bien on le transforme par la voie sèche en perchlorure de fer (*Hibsch*, loc. cit.), parce que lorsqu'on précipite l'acide sulfurique avec le chlorure de baryum, dans ces dissolutions contenant du perchlorure ou du perbromure de fer, un peu de sulfate de baryte reste dissous et, d'autre part, le sulfate de baryte garde toujours du fer (**).

3. *Dosage de l'azote.*

Abstraction faite de l'azote mécaniquement emprisonné à l'état gazeux (*Fr. C. G. Müller* ***), cet élément se trouve dans la fonte (le fer ou l'acier) sous deux états différents, comme cela résulte des recherches de *Bouis*, de *Boussingault*, de *Fremy* et d'*Ullgren* (****). Lorsqu'on dissout le fer dans l'acide chlorhydrique, une partie de l'azote, sous l'influence de l'hydrogène naissant, forme de l'ammoniaque et l'autre reste dans le résidu charbonneux insoluble dans l'acide. Les méthodes qui sont indiquées ici pour doser l'azote sous l'une ou l'autre de ces formes sont empruntées aux travaux récents de *Ullgren* (*****) sur ce sujet, travaux dans lesquels le savant chimiste a attiré l'attention sur des points importants passés inaperçus jusqu'ici.

a. Dosage de l'azote, qui passe à l'état d'ammoniaque pendant la dissolution du fer dans l'acide chlorhydrique.

α. On dissout le fer dans un ballon ou une cornue tubulée à l'aide de l'acide chlorhydrique, en ayant soin de faire passer l'hydrogène, qui entraîne un peu d'ammoniaque, dans un tube en U contenant un peu d'acide chlorhydrique étendu : la dissolution achevée, on réunit le liquide

---

(*) *Zeitschr. f. analyt. Chem.*, X, 280.
(**) *Zeitschr. f. analyt. Chem.*, II, 46 et 439. — VII, 129. — XIX, 53.
(***) *Beri. d. deutsch. Chem. Gesellsch.*, XIV, 6.
(****) *Zeitschr. f. analyt. Chem.*, II, 435.
(*****) *Ann. d. Chem. u. Pharm.*, CXXIV, 70. — CXXV, 40. — *Zeitschr. f. analyt. Chem.*, II, 435.

du tube en U à celui du ballon, on distille avec un excès d'hydrate de chaux jusqu'à ce qu'on ait recueilli la moitié du liquide, et l'on dose l'ammoniaque éliminée suivant le § **99**. 3. a.

β. On traite environ 2 gr. de fonte pulvérisée dans une cornue tubulée par une dissolution de 15 gr. de sulfate de cuivre cristallisé et 6 gr. de chlorure de sodium fondu. Après la dissolution du fer on ajoute le lait de chaux et l'on opère comme en α.

Ullgren donne la préférence au dernier procédé. Si l'on néglige dans la méthode α., comme on le faisait autrefois, l'ammoniaque qui part avec l'hydrogène, on en perd environ 1/5 à 1/6 de la totalité.

b. Dosage de l'azote qui reste dans le résidu charbonneux.

Si l'on calcine avec la chaux sodée suivant le § **186**, comme l'a fait *Boussingault*, le résidu charbonneux insoluble dans l'acide chlorhydrique, on obtient, suivant *Ullgren*, des résultats erronés, parce que le charbon graphitique exige une trop haute température pour s'oxyder aux dépens

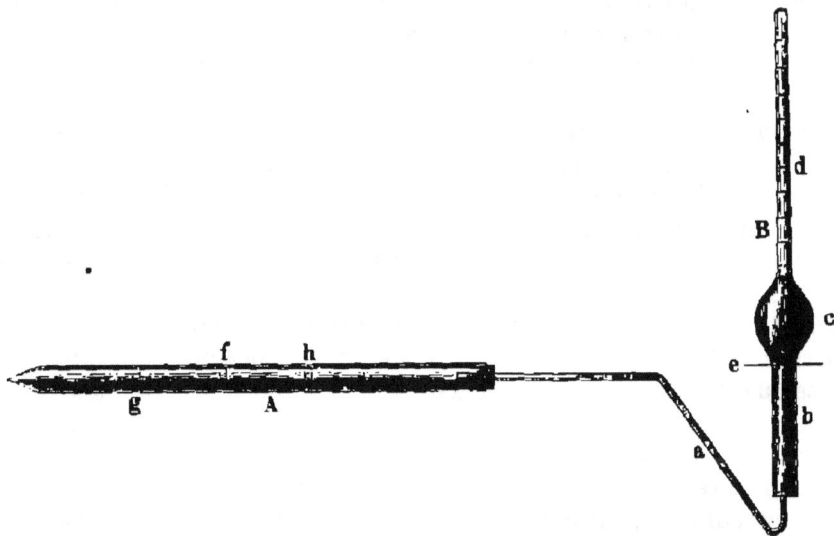

Fig. 213.

de l'eau de l'hydrate de soude, température qui dépasse de beaucoup celle à laquelle l'ammoniaque se décompose. On est forcé dès lors de séparer l'azote à l'état de gaz. *Ullgren* emploie le sulfate de bioxyde de mercure pour opérer la combustion et se sert pour cela de l'appareil de la figure 213. A est un tube à combustion ordinaire de 30 centimètres de longueur ; il est rempli jusqu'en *g* avec environ 12 gr. de magnésite ou de bicarbonate de soude (*); en *g* il y a un tampon d'amiante ; de *g* en *f* on introduit le mélange d'environ 0,1 gr. du résidu charbonneux des-

---

(*) Comme depuis la préparation de la soude par le bicarbonate d'ammoniaque, le bicarbonate de soude du commerce renferme souvent de l'ammoniaque, il faudra essayer avec soin sous ce rapport le bicarbonate de soude qu'on emploiera.

séché à 150° avec 5,5 à 4 gr. de sulfate de bioxyde de mercure débarrassé le plus qu'il est possible de sel de protoxyde et on ajoute en outre la petite quantité du sel de bioxyde qui a servi à nettoyer le petit mortier en agate dans lequel on aura fait le mélange : on enfonce alors un nouveau tampon d'amiante, puis une couche de 6 centimètres de ponce en poudre grossière (de *f* à *h*), imprégnée avec une solution de sulfate de bioxyde de mercure, puis desséchée. On arrête avec un tampon d'amiante, on remplit la partie antérieure du tube avec des morceaux de pierre ponce, qu'on a fait bouillir et qu'on a laissé refroidir dans une dissolution concentrée, de bichromate de potasse. Quand les morceaux sont bien égouttés, on les introduit encore humides dans le tube. Ils sont destinés à arrêter l'acide sulfureux, ce qu'ils font facilement et rapidement. Le tube à combustion est relié au tube à dégagement *a*, qui plonge dans une cuve à mercure (que l'on n'a pas dessinée) et dans laquelle est maintenu le tube B servant à recueillir et à mesurer le volume du gaz. La partie étroite *d* est divisée en 20 C.C. et permet d'apprécier le 1/10 de C.C. La boule *c* a une capacité d'environ 40 C.C. et la partie inférieure *b* de 20 à 30 C.C. Dans le tube d'abord rempli complètement de mercure, on fait monter une lessive de potasse formée de 1 p. d'hydrate de potasse plus 2 p. d'eau, de façon que la boule *c* soit remplie à peu près aux trois quarts, puis on ajoute 15 C.C. d'une solution saturée et limpide d'acide tannique. Le niveau du mercure est alors à peu près en *e*. L'appareil étant monté et la partie du tube à combustion qui doit être chauffée étant enveloppée d'une mince feuille de tôle, on chasse l'air de l'appareil en chauffant la moitié du carbonate qui est au bout fermé du tube. Alors on introduit le bout recourbé du tube *a* sous l'éprouvette B, on chauffe la partie *gf* du tube légèrement pour chasser l'humidité, puis la pierre ponce (*) entre *f* et *h* et qui est imprégnée de sulfate de mercure; quand elle est rouge, on porte rapidement le mélange au rouge vif. On continue à chauffer jusqu'à ce qu'il ne se dégage plus de gaz et que le liquide dans le tube mesureur cesse de descendre. On chauffe alors le reste du carbonate. Lorsque l'appareil est de nouveau rempli d'acide carbonique pur, la colonne liquide dans B reste à la même hauteur. On transporte B sur une cuve à eau, le mercure et la lessive coulent au fond, on mesure le volume du gaz en tenant compte de la température et de la pression et l'on calcule le poids.

4. Dosage du phosphore ou de l'arsenic et du cuivre.

Pour doser le phosphore il ne faut pas dissoudre le fer dans l'eau régale comme on faisait souvent autrefois, parce que, comme l'a montré *C. Stockmann* (**), il se dégage une combinaison phosphorée (***) et parce que la précipitation de l'acide phosphorique à l'état de phosphomolybdate d'ammo-

(*) Cette couche de pierre ponce a pour effet d'empêcher la formation, sans cela possible, de gaz oxyde de carbone.
(**) *Zeitschr. f. analyt. Chem.*, XVI, 174.
(***) D'après les expériences faites dans mon laboratoire, cette perte de phosphore est excessivement faible.

niaque n'est pas complète dans une dissolution renfermant des matières organiques. Les résultats sont donc trop faibles. Ces remarques rendent donc nécessaire un changement capital dans la méthode de dosage du phosphore indiquée dans l'édition précédente. Parmi les procédés indiqués ici, je donne de beaucoup la préférence au premier.

Première méthode. (Suivant *C. Stóckmann* (loc. cit.), un peu modifiée.) Elle permet aussi de doser le *cuivre* et l'*arsenic*.

Dans un ballon d'environ un litre, dans le col duquel on introduit un entonnoir, on traite environ 5 gr. de fonte divisée par 60 C.C. d'acide azotique pur de densité 1,20. On ajoute celui-ci peu à peu, et quand il n'y a plus d'effervescence on chauffe à une douce ébullition jusqu'à ce que tout le fer soit dissous. On évapore maintenant dans une capsule en porcelaine de 160 à 200 C.C. le contenu du ballon avec l'eau de lavage des parois, on ajoute vers la fin à peu près 5 gr. d'azotate d'ammoniaque, on évapore à siccité au bain de sable en remuant et ensuite on chauffe directement sur la flamme de façon à être certain de la décomposition complète des nitrates et de la matière organique. Ce dernier but est atteint et facilité par l'addition de l'azotate d'ammoniaque. On fait digérer le résidu à chaud avec de l'acide chlorhydrique fumant jusqu'à ce que tout le peroxyde de fer soit dissous, on étend d'eau, on filtre et l'on évapore de nouveau avec de l'acide azotique jusqu'à ce que l'acide chlorhydrique soit chassé (*). On ajoute alors la dissolution molybdique et l'on achève suivant la page 340. β.

Mais comme il pourrait se précipiter de l'arséniate ammoniaco-magnésien avec le phosphate, on dissout dans un peu d'acide chlorhydrique le précipité bien lavé avec de l'eau ammoniacale, on précipite à la température de 70° avec l'hydrogène sulfuré, on sépare sur un filtre le précipité formé par du sulfure d'arsenic et peut-être un peu de sulfure de molybdène, on concentre le liquide filtré avec les eaux de lavage, on précipite avec l'ammoniaque et l'on transforme en pyrophosphate de magnésie le phosphate ammoniaco-magnésien maintenant pur (page 339).

Si l'on veut aussi doser l'arsenic et le cuivre, ou si la quantité de phosphore est très petite, il faut modifier la marche de l'opération. On étend fortement d'eau la dissolution filtrée, obtenue par digestion dans de l'acide chlorhydrique du résidu de l'évaporation chauffée au rouge (à laquelle il faudrait éventuellement ajouter la dissolution chlorhydrique du résidu insoluble dans l'acide chlorhydrique et fondu avec le carbonate de soude), on y fait passer à 70° un courant d'acide sulfhydrique, on filtre, on chauffe le liquide pour chasser l'hydrogène sulfuré : on précipite alors tout le phosphore avec un peu de peroxyde de fer (suivant la méthode de la page 351, γ., de préférence en employant le carbonate de chaux), on redis-

---

(*) Si le résidu n'était pas blanc, il faudrait par précaution le désagréger avec le carbonate de soude, dissoudre la masse fondue dans l'acide azotique, séparer la silice et dans le liquide filtré chercher avec la solution molybdique s'il n'y a pas encore un peu d'acide phosphorique.

sout le précipité dans l'acide azotique, on chauffe à l'ébullition et l'on
précipite la dissolution avec l'acide molybdique (page 340, γ.).

Dans le précipité, formé par l'hydrogène sulfuré, dont la majeure partie
est du soufre que l'on enlève presque complètement avec le sulfure de
carbone, on dose le cuivre et l'arsenic suivant le § 101.

Deuxième méthode. (Suivant *Andrew A. Blair* *.)

On traite environ 5 gr. de fer par l'acide azotique comme dans la première méthode, on évapore à siccité, on ajoute 35 C.C. d'acide chlorhydrique, on couvre, on chauffe jusqu'à ce que le fer soit dissous, on évapore de nouveau à siccité et l'on chauffe vers 120° à 130° jusqu'à ce qu'on
ne sente plus l'odeur de l'acide chlorhydrique. Après refroidissement on
dissout dans 35 C.C. d'acide chlorhydrique, on ajoute 50 C.C. d'eau et l'on
fait bouillir pendant 1/2 heure pour transformer en orthophosphate le peu
de pyrophosphate qui aurait pu se former : on chasse l'excès d'acide par
évaporation, on filtre pour séparer la silice, on lave avec de l'acide chlorhydrique étendu, puis avec de l'eau chaude.

Après avoir étendu d'eau le liquide filtré pour en faire environ 400 C.C,
on y ajoute du bisulfite d'ammoniaque en quantité suffisante pour transformer le perchlorure de fer en protochlorure, on chauffe à l'ébullition et
l'on neutralise presque avec de l'ammoniaque (parce que la réduction n'est
jamais complète dans une liqueur trop acide). On verse alors dans le
liquide devenu incolore 50 C.C. d'acide chlorhydrique concentré, on fait
bouillir pour chasser tout l'acide sulfureux, on refroidit rapidement et
l'on ajoute au liquide complètement froid de l'ammoniaque jusqu'à ce
qu'en agitant il se forme un faible précipité verdâtre permanent. On le
redissout dans quelques gouttes d'acide acétique, on verse 1 à 2 C.C.
d'une solution concentrée d'acétate d'ammoniaque et 3 à 5 C.C. d'acide
acétique étendu. Après avoir étendu à 750 C.C. avec de l'eau chaude, on
ajoute, autant que le précipité formé est blanc, goutte à goutte une dissolution très étendue de perchlorure de fer (environ 7 gr. de fer dans 1000
C.C.) jusqu'à ce que le précipité soit d'un rouge mat, on chauffe à l'ébullition, on filtre rapidement le liquide maintenu chaud : on lave le précipité
avec de l'eau bouillante, on le dissout dans l'acide chlorhydrique, on
évapore presque à siccité, on ajoute de l'acide citrique en suffisante quantité pour maintenir tout le fer en dissolution (2 à 3 gr.), puis de l'ammoniaque juste ce qu'il faut pour avoir la réaction alcaline, une dissolution
de chlorure de magnésium et de chlorhydrate d'ammoniaque et enfin
encore de l'ammoniaque. Le volume du liquide ne doit pas dépasser 20 à
30 C.C. Au bout de 12 heures on filtre, on lave avec de l'eau ammoniacale, on sèche, on chauffe au rouge, on dissout dans un creuset de platine avec parties égales d'acide chlorhydrique et d'eau et l'on fait bouillir
30 minutes pour transformer le pyrophosphate en orthophosphate (**). On

---

(*) *Zeitschr. f. analyt. Chem.*, XVIII, 122. — Cette méthode est employée pour analyser le fer, l'acier, etc., dans le laboratoire d'essai que les États-Unis de l'Amérique du
Nord ont installé.

(**) Ce qui ne réussit pas toujours, voir § 74. c.

filtre, on concentre le liquide pour le ramener à 20 ou 30 C.C., on ajoute
2 ou 3 gouttes de mixture magnésienne, un peu d'acide citrique, puis de
l'ammoniaque, et enfin on pèse sous forme de pyrophosphate le phosphate
ammoniaco-magnésien maintenant pur. Si le premier précipité de phosphate ammoniaco-magnésien est en petite quantité, *Blair* conseille de
le peser après l'avoir chauffé au rouge, d'y doser l'acide silicique et de le
retrancher du poids total (*).

Troisième méthode. (De *F. Kessler* **.)

Dans une capsule de porcelaine, qu'on couvrira, on fait dissoudre
5,6 gr. de fonte suffisamment divisée dans 60 C.C. d'acide azotique de densité 1, 2 ; on évapore, à la fin, directement sur la flamme en remuant le
contenu, on porte au rouge, on met autant que possible le tout dans un
creuset de platine et l'on chauffe jusqu'à ce que tout le carbone soit
brûlé. On reverse le contenu du creuset dans la capsule et l'on ajoute 35
C.C. d'acide chlorhydrique de densité 1,19 ; on dissout ainsi le peroxyde de
fer, tandis que la silice reste. Si l'on ne doit pas doser celle-ci, il n'est pas
nécessaire de filtrer ; on met la solution de perchlorure de fer avec la silice
dans un ballon, on ajoute 200 C.C. d'eau, on réduit complètement par
un courant d'hydrogène sulfuré, on ajoute 200 C.C. d'une dissolution de
prussiate jaune (210 gr. de sel cristallisé dans un litre), et avec le tout et
de l'eau on fait un volume de 518 C.C. (Les 18 C.C. correspondent au volume du précipité abondant bleu clair de ferrocyanure double de potassium et de fer). Après avoir bien mélangé, on filtre sur un filtre à plis
dans un entonnoir couvert. On reçoit à part les premières parties du liquide, qui sont ordinairement troubles, et quand le liquide passe clair on le
recueille dans un ballon jaugé de 250 C.C. et l'on ajoute 20 C.C. de mixture
magnésienne (page 539). On filtre au bout de 12 heures, on lave avec de
l'eau ammoniacale, on dissout dans l'acide azotique de densité 1,055,
on sépare par filtration un peu de la combinaison bleue ferrocyanurée
restée non dissoute, on précipite de nouveau avec de l'ammoniaque en ajoutant un peu de mixture magnésienne et on achève comme à la page 539.
Cette méthode essayée dans mon laboratoire donne, avec des fontes assez
riches en phosphore, des résultats suffisamment concordants avec ceux
fournis par la 1re méthode : mais, suivant moi, elle ne conviendrait pas
pour des fontes pauvres en phosphore.

Quatrième méthode. (*Gintl* ***.)

Dans ce procédé le dosage du phosphore est lié à celui du soufre
(page 939). Au liquide séparé par filtration du sulfate de baryte, on ajoute
de l'acide sulfurique pour éliminer l'excès de baryte, on sursature avec de
l'ammoniaque, on se débarrasse du manganèse avec du sulfhydrate d'am-

----

(*) D'après des expériences faites dans mon laboratoire, la méthode donne des résul-
tats trop faibles.
(**) *Zeitschr. f. analyt. Chem.*, XI, 106.
(***) *Zeitschr. f. analyt. Chem.*, VII, 428.

moniaque, et dans le liquide filtré on précipite l'acide phosphorique par la mixture magnésienne (page 539).

En procédant ainsi, *E. Richters*(*) a obtenu des résultats dont l'accord avec ceux donnés par la première méthode n'est pas suffisant. Avant tout je conseille de bien s'assurer si la dissolution de perchlorure de fer ne contient pas déjà de l'acide phosphorique, et je recommande aussi de dissoudre dans l'acide azotique le résidu provenant du traitement par l'eau de la masse fondue et d'essayer le liquide avec la solution molybdique, parce que le peroxyde de fer peut retenir de l'acide phosphorique. Il est inutile de rappeler qu'on peut aussi précipiter l'acide phosphorique avec la dissolution molybdique dans le liquide séparé par filtration du sulfate de baryte (page 340).

5. *Dosage de la quantité totale de silicium, fer, manganèse, zinc, cobalt, nickel, chrome, aluminium, titane, ainsi que des métaux alcalino-terreux et alcalins* (**).

a. Méthode générale.

Avec de l'acide chlorhydrique modérément étendu, on dissout de 5 à 10 gr. de fonte dans un vase de Bohême couvert, on fait passer le tout dans une capsule en porcelaine (***), on évapore à siccité au bain-marie jusqu'à ce que la masse ne donne plus l'odeur de l'acide chlorhydrique, on humecte avec de l'acide chlorhydrique, on chauffe, on ajoute de l'eau, on sépare le précipité sur un filtre, on le lave et on le sèche. Nous le désignerons par la lettre *a*. On partage la dissolution dans deux grands ballons, on chauffe avec de l'acide azotique, on étend fortement d'eau, on précipite le peroxyde de fer par du carbonate d'ammoniaque ajouté presque à saturation, et une ébullition prolongée, suivant la page 489, 3. a., on filtre, on redissout dans l'acide chlorhydrique le précipité incomplétement lavé et on répète la précipitation de la même façon. Le précipité est lavé avec de l'eau, contenant de l'azotate d'ammoniaque, et séché. Nous l'appellerons *b*.

Après avoir évaporé le liquide séparé de *b* par filtration, on y verse de l'ammoniaque en léger excès, on filtre après avoir laissé déposer quelque temps, on dissout le précipité dans l'acide chlorhydrique et l'on précipite de nouveau de la même façon, on sépare par filtration ce précipité qu'on lave et qu'on dessèche; nous le désignerons par *c*.

On acidule avec de l'acide acétique le liquide séparé de *c*, on le concentre, on le rend alcalin avec de l'ammoniaque, puis juste acide avec de l'acide acétique, on y ajoute de l'acétate d'ammoniaque et l'on y fait passer à 70° un courant d'acide sulfhydrique. Après dépôt, on filtre pour séparer le précipité *d*.

(*) Zeitschr. f. analyt. Chem., X, 370.
(**) Voir *Lippert*, analyse de la fonte. Zeitschr. f. analyt. Chem., II, 59.
(***) S'il faut doser le silicium et l'aluminium avec toute l'exactitude possible, il faut dissoudre la fonte et évaporer dans une capsule en platine : mais dans ce cas la dissolution prend facilement un peu de platine, ce qui rend plus difficile la détermination et le dosage des autres métaux.

Le liquide séparé de *d* est versé dans un ballon qu'il devra presque remplir, on rend alcalin avec de l'ammoniaque, on ajoute du sulfhydrate d'ammoniaque, on ferme et l'on abandonne pendant 24 heures dans un lieu chaud. Ce précipité (sulfure de manganèse) sera le précipité *e*.

Enfin dans une capsule en platine on évapore à siccité le liquide séparé du précipité *e*, on chasse les sels ammoniacaux, on reprend par de l'acide chlorhydrique et de l'eau, on filtre, on précipite la chaux, s'il y en a, par l'oxalate d'ammoniaque, puis la magnésie par le phosphate d'ammoniaque, et enfin, après avoir éliminé l'acide phosphorique, on dose la potasse et la soude au cas où il y en aurait (voir §154. 6. et § 153. 4. b. *).

On procède ensuite à l'examen des précipités de *a* jusqu'à *e*.

Le résidu *a* renferme la somme des corps insolubles ou difficilement solubles dans l'acide chlorhydrique. Outre le charbon, la silice et la leucone (hydroxyde de silicium), il peut y avoir du phosphure de fer, du fer chromé, du vanadiure, de l'arséniure, du carbure de fer, du silicium (**), du molybdène, etc., et enfin les composés plus ou moins modifiés formant les scories. Il peut y avoir aussi de l'acide titanique. On fond avec le carbonate sodico-potassique additionné d'un peu de salpêtre, on sépare la silice en évaporant comme on sait, on la pèse et on s'assure de sa pureté (voir page 586) en n'oubliant pas surtout l'acide titanique. Cette silice peut provenir partie du silicium, partie aussi des scories. — Du liquide séparé de la silice on sépare tout ce qui est précipitable par l'ammoniaque en faisant une double précipitation, on obtient le précipité *c'* ; le liquide filtré correspondant, légèrement acidulé avec de l'acide acétique et additionné d'acétate d'ammoniaque, donnera à 70° avec l'hydrogène sulfuré le précipité *d'*, puis ensuite comme plus haut le précipité *e'* avec le sulfhydrate d'ammoniaque. Enfin dans le dernier liquide on cherchera s'il y a des terres alcalines, dont on ajoutera la petite quantité à celle plus grande déjà obtenue.

Les précipités *b*, *c* et *c'* renferment tout le peroxyde de fer, toute l'alumine et la portion de silice et d'acide titanique qui a passé dans la dissolution. Les précipités réunis, chauffés au rouge, sont distribués dans plusieurs nacelles en porcelaine que l'on introduit dans un tube en porcelaine. On chauffe au rouge dans un courant d'hydrogène pur, jusqu'à ce qu'il ne se forme plus de vapeur d'eau. Pour dissoudre le fer, on traite par de l'acide azotique très étendu le contenu des nacelles, où se trouve le fer réduit (page 493 [91]); on donne à la dissolution un volume de 1000 C.C. et dans une portion mesurée on dose le fer en précipitant, après addition d'acide tartrique, par l'ammoniaque et le sulfhydrate d'ammoniaque et en transformant le sulfure de fer en peroxyde (§ 113. 1. b. ***). On fond avec du sulfate acide de potasse le résidu insoluble dans l'acide

---

(*) Bien entendu que le dosage des alcalis ne peut avoir de valeur qu'autant que l'on est certain que l'ammoniaque et les sels ammoniacaux ne renferment pas d'alcalis et que toutes les opérations ont été faites dans des vases en platine. Voir mon travail dans le *Zeitschr. f. analyt. Chem.*, IV, 69.

(**) Voir *Tosh, Zeitschr. f. analyt. Chem.*, V, 430.

(***) On ne conseillera de chercher le fer dans un échantillon particulier pris à part, que lorsque le métal soumis à l'analyse sera bien homogène.

azotique très étendu, on reprend par l'eau froide, on filtre pour prendre le peu de silice qui pourrait s'être séparée et que l'on ajoute à celle déjà obtenue, on fait passer un courant d'hydrogène sulfuré : on essaie de précipiter par l'ébullition et en faisant passer un courant d'acide carbonique, l'acide titanique qu'il pourrait y avoir (§ **107**) : dans le liquide filtré ou dans celui resté limpide, après l'ébullition avec de l'acide azotique, on précipite l'alumine par l'ammoniaque et on la sépare d'avec le peroxyde de fer qui pourrait encore s'y trouver, par le moyen indiqué à la page 748. Il faut aussi tenir compte ici de l'acide phosphorique qui, contenu peut-être dans l'alumine, donnerait pour celle-ci un poids trop élevé. S'il y avait du chrome, ce serait encore dans ce précipité qu'il en faudrait chercher l'oxyde et le doser.

Les précipités *d* et *d'* contiennent ou peuvent contenir des sulfures de cuivre, de cobalt, de nickel et de zinc. On les dissout dans un peu d'acide chlorhydrique bromé, on chasse par la chaleur l'excès de brome, on précipite le cuivre par l'acide sulfhydrique et dans le liquide filtré on sépare et l'on dose le cobalt, le nickel et le zinc d'après le § **160**.

Les précipités *e* et *e'* sont formés de sulfure de manganèse. On les traite d'après le § **109**. 2. et enfin on s'assure que le sulfure de manganèse pesé est bien pur.

b. Méthodes particulières.

α. Dosage de tout le silicium.

aa. Si l'on dose le phosphore suivant 4 (première ou troisième méthode), le résidu insoluble dans l'acide chlorhydrique contient tout le silicium sous forme d'acide silicique. Pour doser celui-ci, on peut fondre avec le carbonate de soude additionné d'un peu de salpêtre et, du reste, opérer suivant la méthode générale.

bb. Pour doser tout le silicium, *Thomas M. Drown* et *Porter W. Shimer* (*) proposent de traiter la fonte par l'acide azotique, jusqu'à ce que l'on ait dissous tout ce qui est soluble, puis d'évaporer avec de l'acide sulfurique jusqu'à ce qu'on ait chassé tout ou presque tout l'acide azotique. On étend d'eau, on sépare par filtration le résidu formé de silice et de charbon, on le lave avec de l'eau, puis avec de l'acide chlorhydrique, enfin avec de l'eau chaude, on le sèche, on le chauffe au rouge dans un courant d'air et l'on pèse la silice. Ainsi obtenue elle ne renferme pas d'acide titanique.

Une autre méthode bien rapide a été aussi indiquée par les mêmes auteurs (**). (Dans un grand creuset en platine fondre la fonte avec 25 fois son poids de bisulfate de potasse, traiter la masse fondue par de l'eau et le résidu insoluble de silice par de l'eau et de l'acide chlorhydrique.) On obtient alors des résultats convenables avec certaines fontes, mais avec d'autres ils sont trop hauts ou trop bas : ce procédé ne convient du reste

(*) *Transactions of the American Institute of the Mining Engineers*, VII, 346.
(**) *Idem*, tome VIII

que lorsqu'on peut se contenter d'un dosage approximatif, qui doit être fait rapidement.

β. *Dosage du titane*.

Pour doser le titane, *Th. M. Drown* et *Porter W. Shimer* (*) chauffent dans un courant de chlore sec et pur le fer contenu dans une nacelle en porcelaine, placée dans un tube de verre. Celui-ci doit être assez long pour arrêter tout le perchlorure de fer : à l'extrémité de sortie il communique avec trois tubes en U contenant de l'eau, destinée à arrêter le chlorure de silicium et le chlorure de titane. L'opération terminée, on verse le contenu des trois tubes dans une capsule en porcelaine, on acidifie fortement avec de l'acide chlorhydrique, on ajoute 15 C.C. d'acide sulfurique de densité 1,23 et l'on évapore jusqu'à l'expulsion complète de l'acide chlorhydrique. On sépare l'acide silicique par filtration et par l'ébullition du liquide filtré étendu d'eau, on y précipite l'acide titanique (§ **197**). Le dosage du silicium, qu'on aurait occasion de faire ici, fournit toujours des résultats un peu trop faibles.

γ. *Dosage du fer*.

Le dosage du fer dans la fonte peut se faire aussi par les procédés volumétriques : le mieux est de dissoudre environ 10 gr. de fonte comme il est indiqué page 943 (première méthode). La dissolution contient tout le fer à l'état de perchlorure. S'il y avait du chlore libre, on le chasserait par ébullition : on fait du tout un litre et dans 50 C.C. on dose le fer avec la solution de protochlorure d'étain (page 242). *Kessler* (**) a indiqué une manière d'opérer différente de celle indiquée à l'endroit que nous citons. On verse d'abord du protochlorure d'étain jusqu'à ce que tout le perchlorure de fer soit réduit en protochlorure, puis un excès de bichlorure de mercure pour faire passer à l'état de bichlorure l'excès de protochlorure d'étain : alors on ajoute une dissolution titrée de bichromate de potasse jusqu'à ce que par un essai à la touche avec du prussiate rouge il ne se forme plus de coloration bleue, et enfin on revient avec une dissolution de protochlorure de fer titrée jusqu'à ce que reparaisse juste la coloration bleue. En retranchant de la quantité totale de solution de chromate de potasse la quantité correspondant à la solution de protochlorure de fer ajoutée à la fin, on a la quantité qui a transformé en perchlorure le protochlorure de fer provenant de la fonte et on en peut conclure la quantité de fer (page 257. 6.).

Si la fonte renferme des quantités appréciables d'arsenic ou de cuivre, les résultats fournis par les liqueurs titrées ne sont pas tout à fait exacts. *Kessler* conseille alors d'opérer comme il suit.

On précipite à 70° la solution chlorhydrique avec de l'hydrogène sulfuré, on filtre, on fait bouillir en faisant passer un courant d'acide carbonique pour chasser la plus grande partie de l'acide sulfhydrique : on élimine le reste à l'état de sulfochlorure de mercure à l'aide d'une quantité suffisante de

(*) *Transactions of the American Institute of the Mining Engineers*, VIII.
(**) *Zeitschr. f. analyt. Chem.*, XI, 240.

bichlorure de mercure, et, sans enlever le précipité, on titre directement comme plus haut avec le chromate de potasse.

δ. Dosage du manganèse.

Comme il est très important au point de vue technique de pouvoir rapidement, dans les usines, doser le manganèse des différentes sortes de fontes, on a indiqué un grand nombre de procédés pour atteindre ce but par les liqueurs titrées. Nous indiquerons les principaux.

aa. Méthodes de *F. Kessler* (*).

Elle repose sur les faits suivants : 1° le fer peut être précipité à l'état de sulfate de peroxyde de fer basique et séparé ainsi du manganèse. — 2° Une dissolution de protochlorure de manganèse additionnée de chlorure de zinc, puis d'acétate de soude, laisse déposer tout son manganèse sous forme de peroxyde de manganèse contenant de l'oxyde de zinc, lorsqu'on la chauffe avec de l'eau bromée.

Pour opérer il faut : de l'eau bromée (solution saturée de brome dans l'eau), une dissolution de carbonate de soude (100 gr. de sel cristallisé dans un litre), une dissolution de sulfate de soude (100 gr. de sel cristallisé dans un litre), une dissolution d'acétate de soude (500 gr. d'acétate cristallisé dans un litre), une dissolution étendue d'acétate de soude (20 C.C. de la dissolution précédente étendue d'eau pour faire un litre), une dissolution de chlorure de zinc (renfermant 200 gr. de zinc dans un litre, mais pas d'acide chlorhydrique libre), une dissolution de chlorure d'antimoine (15 gr. d'oxyde d'antimoine avec 300 C.C. d'acide chlorhydrique de densité 1,19, plus de l'eau pour faire un litre), une dissolution de permanganate de potasse (3,5 gr. dans un litre).

On dissout la quantité voulue de fer, comme il est dit à la page 945 (troisième méthode). Le liquide ne renferme pas de matière organique et contient tout le fer à l'état de perchlorure et le manganèse sous forme de chlorure. Le liquide, étant étendu de façon à faire 100 C.C. environ, est mis dans un ballon jaugé, on lui imprime un rapide mouvement de rotation et à l'aide d'une burette à insufflation on y verse la solution de carbonate de soude jusqu'à ce que le précipité cesse de se dissoudre. Il faut que le jet du liquide ne tombe pas sur les parois du vase, mais sur la périphérie du liquide. On verse maintenant avec une autre burette avec précaution et goutte à goutte de l'acide chlorhydrique de densité 1,01 jusqu'à ce que, et *cela en très peu de temps,* le liquide souvent secoué soit *juste* et complètement devenu limpide. Alors on étend d'eau, pour chaque gramme de fer on ajoute 15 C.C. de la solution de sulfate de soude, on remplit jusqu'au trait de jauge, on mélange et l'on filtre à travers un filtre à plis, sec et couvert, en recueillant le liquide dans un vase sec.

On prend un volume du liquide filtré contenant au plus 0,11 gr. de manganèse, on concentre s'il le faut pour amener à 100 C. C. Dans un ballon on verse 100 C.C. d'eau bromée, 50 C. C. de chlorure de zinc, 20 C. C. d'a-

(*) *Zeitschr. f. analyt. Chem. XVIII, 1.*

cétate de soude, et l'on y ajoute les 100 C.C. environ du liquide manganésifère. Cette opération se fait en cinq temps égaux avec intervalles de 15 minutes. Alors on ajoute encore 20 C. C. de la dissolution d'acétate de soude, on porte à l'ébullition jusqu'à ce que l'odeur du brome ait disparu, et que le liquide, au sein duquel le précipité est en suspension, soit devenu complètement incolore.

On filtre, on lave le précipité avec la solution étendue d'acétate de soude, et enfin on remet le filtre avec le précipité dans le vase où s'est faite la réaction. Sur le précipité on verse des pipettes de 5 C. C. pleines de chlorure d'antimoine jusqu'à ce qu'en remuant suffisamment et à froid le reste du précipité ne paraisse plus noir, mais brun, et brun clair, on ajoute 25 C. C. d'acide chlorhydrique, après la dissolution complète on fait passer le liquide dans un vase de Bohème, et avec une burette graduée on verse du permanganate de potasse jusqu'à ce que la couleur rouge apparaisse et persiste au moins pendant 6 heures.

On titre maintenant une quantité égale de chlorure d'antimoine avec le permanganate, en se plaçant dans les mêmes conditions. La différence entre les deux volumes de caméléon donne la quantité de permanganate de potasse équivalente par son action oxydante au peroxyde de manganèse qui se trouvait dans le précipité (1 équiv. $KO,Mn^2O^7 = 5MnO^2$). On peut d'après cela calculer facilement la quantité de manganèse. Si l'on a fixé le titre de caméléon d'après le fer (page 231, aa.), 10 équivalents de fer (280) équivalent à 1 équivalent de permanganate de potasse (158,13) ou à 5 équivalents de bioxyde de manganèse (217,5) renfermant 5 équivalents de manganèse (137,5).

Kessler préfère cependant prendre le titre de la solution de permanganate de potasse en opérant absolument comme plus haut avec une dissolution de manganèse de force connue, qu'il prépare en dissolvant dans l'acide chlorhydrique un poids connu de pyrophosphate de protoxyde de manganèse (*).

Les résultats cités par *Kessler* sont tout à fait satisfaisants.

bb. Méthode de Volhard (**).

Elle repose sur la séparation du peroxyde de fer d'avec le protoxyde de manganèse au moyen de l'oxyde de zinc et sur le dosage volumétrique, à l'aide du permanganate de potasse, du protoxyde de manganèse contenu dans le liquide filtré. Quant à cette dernière méthode de dosage (page 220, b.), *Volhard* a démontré que le précipité qu'une dissolution de permanganate

(*) Pour préparer le pyrophosphate de protoxyde de manganèse, on mélange les dissolutions de 40 gr. de sulfate de manganèse cristallisé et 60 gr. de phosphate de soude cristallisé, on ajoute de l'acide chlorhydrique pour redissoudre le précipité, puis de l'ammoniaque jusqu'à réaction alcaline. On rend limpide de nouveau par l'acide chlorhydrique, on filtre si cela est nécessaire, on étend d'eau à peu près à 1 litre, on précipite par l'ammoniaque, on lave le précipité d'abord par décantation jusqu'à disparition de la réaction du chlore, on le dissout dans l'acide azotique étendu avec addition d'un peu l'acide sulfureux, on sursature avec de l'ammoniaque, on éclaircit de nouveau par l'acide azotique, on précipite enfin encore par l'ammoniaque, on lave souvent par décantation on sèche et on calcine au rouge.

(**) *Ann. d. Chem.*, CXCVIII, 318 à 351.

de potasse produit dans une dissolution chaude et étendue de sulfate de protoxyde de manganèse ou de protochlorure n'est jamais de l'hydrate de peroxyde pur. Il contient toujours un peu de protoxyde de manganèse. Mais si l'on ajoute à la dissolution un sel de zinc, de chaux ou de magnésie, le précipité renferme tout le manganèse à l'état de peroxyde contenant de l'oxyde de zinc, de la chaux ou de la magnésie. L'équation suivante rend compte de la réaction : $3(MnO,SO^3) + Mn^2O^7 + 8.HO = 5(MnO^2,HO) + 3.(HO,SO^3)$.

Dans un ballon on dissout à l'aide de l'acide azotique une quantité de fonte telle qu'il y ait environ de 0,3 à 0,5 gr. de manganèse, on évapore à siccité dans une capsule en porcelaine en ajoutant vers la fin un peu d'azotate d'ammoniaque, puis on chauffe directement sur la flamme pour décomposer les nitrates et brûler tout le charbon : on fait digérer le résidu avec de l'acide chlorhydrique, on ajoute avec précaution une quantité suffisante d'acide sulfurique concentré et l'on évapore d'abord au bain-marie, puis sur le fourneau à gaz jusqu'à ce que l'on commence à apercevoir des vapeurs d'acide sulfurique. On introduit le tout dans un ballon jaugé d'un litre, on neutralise la majeure partie de l'acide libre avec du carbonate de soude ou de la soude caustique exempte de manganèse, et l'on ajoute alors de l'oxyde de zinc délayé dans l'eau (*) jusqu'à ce que tout le fer soit précipité, c'est-à-dire que la dissolution devenue peu à peu d'un brun plus foncé se sépare tout d'un coup en deux parties et que le liquide au-dessus du précipité paraisse blanc laiteux. On remplit alors jusqu'au trait de jauge avec de l'eau, on mélange, on laisse déposer et à travers un filtre à plis sec on filtre dans un flacon sec. Dans un ballon on met 200 C. C. du liquide, on acidule avec 2 à 4 gouttes d'acide azotique et l'on porte à l'ébullition. On retire du feu, on verse une dissolution de permanganate de potasse pur (environ 3,8 gr. dans un litre) jusqu'à coloration rouge persistante. On répète la même opération avec 200 nouveaux C.C.

Si l'on a fixé la valeur de la solution de permanganate de potasse par le fer (page 231), il faut remarquer que 1 équivalent de permanganate fait passer 10 équivalents de fer de l'état de protoxyde à celui de peroxyde, et seulement 5 équivalents de manganèse de protoxyde en bioxyde. Dès lors 280 gr. de fer en protoxyde équivalent à 82,5 gr. de manganèse aussi en protoxyde. On aura donc le titre en manganèse en multipliant le titre en fer par $\dfrac{83.5}{280} = 0,2946$. On peut aussi prendre le titre du permanganate avec une dissolution de manganèse de force connue ou, comme le préfère *Volhard*, par le procédé iodométrique. Les résultats cités par *Volhard* sont très satisfaisants.

(*) *Volhard* emploie simplement le blanc de zinc du commerce. On le chauffe longtemps et fortement au rouge dans un creuset de *Hesse* en remuant : on le délaye dans l'eau et on laisse reposer. Il faut s'assurer que la partie inférieure du dépôt ne renferme pas de zinc métallique. Pour cela on dissout dans de l'acide sulfurique étendu coloré avec une goutte de permanganate de potasse. La couleur ne doit pas disparaître, même en chauffant. L'oxyde de zinc délayé dans l'eau est conservé pour l'usage.

cc. Méthode de *John Pattinson* (*).

Elle repose sur le fait suivant : Si dans une dissolution de protochlorure
de manganèse, renfermant une quantité suffisante de perchlorure de fer,
on verse une dissolution de chlorure de chaux ou de l'eau bromée, que l'on
chauffe à 60 ou 70° et qu'on ajoute un excès de carbonate de chaux, tout
le manganèse se précipite à l'état de peroxyde. Il suffit que la solution renferme moitié moins de fer que de manganèse, mais quantité égale est préférable. Un excès de fer n'a pas d'influence fâcheuse. On dose le peroxyde
de manganèse dans le précipité, en le traitant par un excès d'une dissolution
acide de sulfate de protoxyde de fer et en dosant l'excès de ce dernier.
Voici l'équation de la réaction :

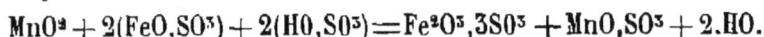

$$MnO^2 + 2(FeO,SO^3) + 2(HO,SO^3) = Fe^2O^3,3SO^3 + MnO,SO^3 + 2.HO.$$

Pour appliquer la méthode il faut :

Une *dissolution de chlorure de chaux* (15 gr. de bon chlorure dans un litre).
On fait usage du liquide clarifié par dépôt ; — du *carbonate de chaux* (préparé en précipitant à 80° une dissolution de chlorure de calcium par du carbonate de soude) ; — Une *dissolution acide de sulfate de protoxyde de fer*,
renfermant environ 10 gr. de fer par litre. (On dissout 53 gr. de sulfate
de fer dans un mélange de 1 p. d'acide sulfurique monohydraté et 3 p.
d'eau, de façon à faire un litre). — Une *dissolution de bichromate de potasse*
(voir page 237, b.) contenant exactement 14,761 gr. de sel par litre.
1000 C.C. de cette solution ont, par rapport à une dissolution de protoxyde
de fer, la même action oxydante que 13,05 gr. de bioxyde de manganèse et
correspondent dès lors à 8,25 gr. de manganèse.

On fait une dissolution chlorhydrique exempte de matières organiques
avec une quantité de fonte qui contiendra de 0,1 à 0,15 gr. de manganèse
(page 951, bb.). On y ajoute du carbonate de chaux jusqu'à ce que le liquide prenne une teinte rouge foncé, on acidifie alors de nouveau avec
quelques gouttes d'acide chlorhydrique, on ajoute environ 60 C. C. de la
solution de chlorure de chaux, puis de l'eau chaude de façon à porter la
température à 60 ou 70°, et enfin encore 1,5 gr. environ de carbonate de
chaux. On remue jusqu'à ce qu'il ne se dégage plus d'acide carbonique et
on laisse déposer. Si le liquide, au fond duquel se dépose bientôt un précipité brun foncé, est coloré en rouge par l'acide permanganique, on
ajoute quelques gouttes d'alcool jusqu'à décoloration complète. On rassemble le précipité sur un filtre, on le lave avec de l'eau chaude, jusqu'à ce que l'eau de lavage ne renferme plus de chlore, ce que l'on reconnaît en essayant avec le papier amidonné et à iodure de potassium
(page 844). Maintenant dans le vase de Bohême, dans lequel on a fait la
précipitation et aux parois duquel ont pu rester attachées des parcelles
du précipité, on verse un volume exactement mesuré (de 50 à 60 C. C.) de
la dissolution acide de sulfate de protoxyde de fer, et l'on y met le filtre
avec le précipité : celui-ci se dissout promptement. On étend, si c'est né-

(*) *Journ. of the Chem. Soc.* 1879, juin, 385. — *Zeitschr. f. analyt. Chem.*, XIX, 346.

cessaire, avec de l'eau froide et l'on titre l'excès de sulfate de protoxyde de fer avec la dissolution de bichromate de potasse (page 257). Pour connaître la relation entre ces deux dissolutions, on titre directement avec le bichromate de potasse un volume de la solution acide de vitriol vert égal à celui qu'on a employé, en y mettant un filtre semblable à celui qui a servi (*). Il ne faut pas que dans la solution il y ait, à moins que ce ne soient que des traces, du plomb, du cuivre, du nickel ou du cobalt. Le calcul se fait très facilement : du nombre de centimètres cubes de bichromate de potasse correspondant au volume de la solution de sulfate de fer employé, on retranche les centimètres cubes de bichromate représentant l'excès de protoxyde de fer resté. La différence donne la quantité de bichromate dont l'action oxydante est équivalente à celle du manganèse à l'état de peroxyde, et dès lors la quantité de manganèse est donnée par l'égalité : $\dfrac{1000}{8,25} = \dfrac{\text{différence}}{x}$.

Les analyses de contrôle citées par *Pattinson* ne laissent rien à désirer (**).

ε. Dosage du chrome et de l'aluminium.

a. Suivant *Andrew A. Blair* (***). (Très modifié.)

Dans un ballon d'un demi-litre on met 5 gr. de fer avec 20 C. C. d'acide chlorhydrique fort, étendu de 3 à 4 fois son volume d'eau, et l'on ferme le ballon avec un bouchon en caoutchouc, portant une soupape qui s'ouvre de dedans en dehors (****). Tout le fer étant dissous, on remplace le bouchon à soupape par un autre ordinaire, on laisse refroidir, on ajoute de l'eau pour remplir le ballon aux 3/4 et ensuite, en ouvrant de temps en temps le bouchon, on fait tomber dans le ballon du carbonate de baryte pur jusqu'à excès. Au bout de 12 heures on filtre et on lave avec de l'eau froide le résidu qui renferme maintenant tout le chrome et toute l'alumine. On le fond avec du carbonate de soude et du salpêtre, on traite la masse fondue par l'eau et l'acide chlorhydrique, on sépare la silice, on précipite la solution chlorhydrique par l'ammoniaque, on sépare par filtration le précipité qui renferme du peroxyde de fer, l'alumine et l'oxyde de chrome, et l'on y dose le chrome et l'alumine comme il est dit page 487, 2.

b. Dosage du chrome suivant *Rud. Schœffel* (*****).

Si le fer (ou un alliage de fer et de chrome) ne contient pas plus de 8 pour cent de chrome, on le dissout dans le chlorure double d'ammonium

(*) *Pattinson* regarde cette précaution comme indispensable, car il a reconnu que bien des échantillons de papier ont une action faiblement réductrice, dont l'influence se trouve ainsi éliminée.

(**) Bien d'autres méthodes ont été données pour doser le manganèse dans les fontes, par *Thom. M. Chatard* (*Zeitschr. f. analyt. Chem.*, XI, 308). — *Classen* (*Idem*, XVIII, 175). — *C. Rœsler* (*Idem*, XIX, 75). — *F. Beilstein u. L. Jawein* (*Idem*, XIX, 77) et d'autres.

(***) *Americ. Journ. of Sciences and Arts*, CXIII, 421. — *Zeitschr. f. analyt. Chem.*, XX, 138.

(****) On peut, bien entendu, faire la dissolution dans un courant d'acide carbonique.

(*****) *Bericht. d. deutsch. Chem. Gesellsch.*, XII, 1865.

et de bichlorure de cuivre (page 925, a. aa.); on filtre et l'on fond avec
du salpêtre et du carbonate de soude le résidu insoluble qui renferme tout
le chrome. On fait digérer la masse fondue avec de l'eau jusqu'à ce que le
résidu soit pulvérulent; ce qui décompose le peu d'acide permanganique
formé, et l'on filtre. Si la dissolution renferme très peu d'acide silicique, on
peut la neutraliser avec précaution et complètement avec de l'acide azotique et précipiter l'acide chromique à l'état de chromate de protoxyde de
mercure (page 520, a. β.). Si au contraire il y a beaucoup de silice, on
évapore avec de l'acide chlorhydrique et un peu d'alcool, on sépare la
silice et l'on précipite, dans le liquide filtré, le chrome à l'état d'oxyde
hydraté (page 207, 1. a.). Après la pesée, on s'assure que l'oxyde de
chrome est bien exempt d'alumine. Si cela n'était pas, on doserait cette
dernière et on en retrancherait le poids du résultat.

Si l'alliage contient plus de 8 pour cent de chrome, en traitant par le chlorure double de cuivre et d'ammonium, le fer n'est pas suffisamment dissous. Dans ce cas il faut dissoudre dans l'acide chlorhydrique, filtrer, fondre
le résidu insoluble avec le carbonate de soude et le salpêtre, reprendre la
masse fondue par l'eau et l'acide chlorhydrique et réunir les deux dissolutions. On neutralise presque complètement et, au liquide encore nettement
acide, on ajoute assez d'acétate de soude pour être certain qu'il n'y a plus
que de l'acide acétique libre. Il ne doit pas pendant toutes ces opérations
se former de précipité. Maintenant on verse du brome en excès, on abandonne quelques heures en secouant fréquemment le ballon bouché, on
fait bouillir pour chasser tout l'excès de brome, on ajoute du carbonate de
soude pour précipiter l'oxyde de fer et l'on filtre. Tout le chrome a passé
à l'état de chromate dans le liquide filtré. On l'y dose comme plus haut.

6. Dosage des métaux du cinquième et du sixième groupe.

Comme on l'a vu dans ce qui précède, on peut lier le dosage du cuivre et
de l'arsenic à celui du phosphore (page 942). Mais s'il y a d'autres métaux
du cinquième et du sixième groupe, ou bien si la proportion d'arsenic ou
de cuivre est tellement faible qu'on ne puisse pas bien l'apprécier dans
5 gr. de fer, il faut prendre un essai plus considérable, environ 20 gr.
On dissout dans l'acide azotique, on évapore après addition de 52 C. C.
d'acide sulfurique pur jusqu'à ce que tout l'acide azotique soit chassé, on
étend d'eau et l'on filtre. On fond le résidu insoluble avec un peu de carbonate de soude et de salpêtre, on reprend par l'eau, on ajoute de l'acide
sulfurique, on évapore jusqu'à expulsion complète de l'acide azotique, on
étend d'eau, on filtre, on réunit les deux dissolutions sulfuriques, on les
fait bouillir avec du bisulfite d'ammoniaque pour réduire la majeure partie
du peroxyde de fer, on précipite à 70° avec l'acide sulfhydrique, s'il le faut
on débarrasse le précipité du soufre à l'aide du sulfure de carbone et suivant les procédés donnés aux §§ 164 et 165 on sépare et l'on dose dans
le résidu insoluble le cuivre, l'arsenic et les métaux des groupes 5 et 6,
qui pourraient s'y trouver.

7. *Dosage du tungstène.*

Comme dans le traitement du n° 6 le tungstène ne peut pas être dosé, on opère sur une nouvelle portion de fer ; dans le cas où l'on voudrait le chercher, *Rud*, *Schœffel*(*) emploie une des méthodes suivantes.

a. On traite le fer très finement divisé, ou l'alliage de fer et de tungstène par le bichlorure de cuivre et le chlorure d'ammonium (page 925, α. aa.), on filtre : on fond le résidu avec le carbonate de soude, on dissout dans l'eau, on filtre, on neutralise presque avec de l'acide chlorhydrique, on précipite avec l'azotate de protoxyde de mercure, on filtre, on sèche, on chauffe au rouge, on pèse l'acide tungstique siliceux qui reste, on le fond avec du bisulfate de potasse, on traite la masse fondue par l'eau, on pèse la silice qui reste pour la retrancher du poids obtenu plus haut. — S'il y avait en même temps du chrome, l'acide tungstique renfermerait aussi de l'oxyde de chrome et il faudrait les séparer.

b. On traite le fer ou l'alliage très divisé par l'eau régale jusqu'à ce qu'il n'y ait plus d'action, on étend d'eau et on abandonne pendant un ou deux jours. Tout le tungstène, même celui qui s'était tout d'abord dissous, se trouve maintenant dans le résidu insoluble. On filtre, on sèche, on chauffe d'abord au rouge au contact de l'air, puis on fond avec le carbonate de soude et l'on achève comme en a.

8. *Dosage du vanadium.*

Si par exception le fer contenait du vanadium, on en traiterait une grande quantité par l'acide sulfurique étendu jusqu'à ce qu'il n'y ait plus d'action, on filtrerait, on dessécherait le résidu, on le fondrait avec 1 p. de carbonate de soude et 2 p. de salpêtre, on reprendrait par l'eau et on chercherait le vanadium suivant la page 917. 15.

9. *Dosage du laitier contenu dans la fonte, et du silicium,*
de l'aluminium et des métaux alcalino-terreux et alcalins combinés
tels quels avec le fer.

Il n'est pas rare que la fonte contienne un peu de laitier. Le dosage de ce dernier et la connaissance de ses éléments ne sont pas sans avoir une certaine importance, car on en peut conclure quelle proportion de silicium, d'aluminium, de calcium, de magnésium, de potassium, etc., est contenue dans la fonte sous forme métallique. Les procédés de dosage indiqués plus haut fournissent la quantité totale de ces éléments, l'analyse des scories mélangées à la fonte donne la quantité des éléments à l'état d'oxydation, la différence fera connaître ce qui est à l'état métallique. Pour doser les scories et connaître les corps qui les composent, on emploie les méthodes suivantes.

(*) *Bericht. d. deutsch. Chem. Gesellsch.*. XII. 1868.

a. *Chauffage du fer dans un courant de chlore*(*).

On chauffe un poids connu (environ 5 gr.) de fonte en petits morceaux dans un courant de chlore très sec, privé complètement d'air et d'acide chlorhydrique libre. La fonte est contenue dans une petite nacelle en porcelaine introduite dans un tube en verre. Avant de commencer l'expérience l'air a été chassé complètement de l'appareil par un courant d'acide carbonique, et le gaz chlore arrivant de l'appareil à dégagement traverse d'abord un tube en U rempli de fragments de bioxyde de manganèse, puis un appareil desséchant à acide sulfurique. On chauffe jusqu'à ce qu'il ne se dégage plus de chlorure de fer, de silicium, de soufre, de phosphore, etc. Pour éviter que l'appareil ne s'obstrue, on prend un tube assez long pour que tout le perchlorure de fer puisse s'y condenser, et pour ne pas être incommodé par l'excès du chlore, on en fait arriver l'excédent au moyen d'un tube dans un grand ballon rempli d'hydrate de chaux. Après refroidissement on débarrasse la nacelle de tout ce qui peut se dissoudre dans l'eau (chlorure de manganèse, de calcium, etc.), on sèche et l'on chauffe au rouge dans un courant d'oxygène pour brûler tout le graphite. Pour plus de certitude, on chauffe de nouveau au rouge d'abord dans un courant d'hydrogène, puis ensuite encore dans un courant de chlore, on reprend par l'eau, on chauffe encore, s'il le faut, dans un courant d'oxygène, on pèse le résidu formé par les scories et l'on détermine ensuite ses principes constituants. — Si l'on a à sa disposition le laitier coulé avec la fonte, il vaudra mieux analyser ce dernier, doser la silice dans le laitier trouvé dans la fonte et calculer les autres éléments, d'après ce poids de silice, dans l'analyse faite du laitier. La raison pour laquelle il faut donner la préférence à cette façon d'opérer, c'est que le laitier peut être un peu attaqué par le chlore sec et pur, de façon, par exemple, que l'eau peut lui enlever des quantités appréciables de chlorure de calcium, etc. Le résidu du laitier laissé par la fonte ne contient donc plus toute la chaux, etc., du laitier véritable tandis que la silice y est restée intacte.

b. *Traitement du fer par les dissolvants.*

On voit de suite qu'il faut choisir des dissolvants qui, tout en attaquant le fer, n'agissent pas ou aussi peu que possible sur le laitier. On peut faire usage : d'acide chlorhydrique très étendu aidé d'un courant électrique (**), ou d'iode ou de brome en présence de l'eau (***) ou d'une dissolution de bichlorure de mercure (****). Le résidu, après la dissolution complète du fer, contient ou peut contenir du carbone combiné, du graphite, de la silice, de la leucone (*****), des scories, etc. Il faudrait alors déterminer d'abord par la combustion le carbone combiné et le graphite : mais en procédant

---

(*) Voir *Fresenius, Zeitschr. f. analyt. Chem.*, IV, 72.
(**) *Lipper, Zeitschr. f. analyt. Chem.*, II, 48.
(***) *V. Eggertz, Zeitschr. f. analyt. Chem.*, VII, 500.]
(****) *H. Rose, Traité d'analyse chimique*, 6ᵉ édit., II, 757.
(*****) C'est le nom que *Wœhler* et *Buff* ont donné à l'hydroxyde de silicium ; $Si^4O^3H^8$ (O = 16).

ainsi on pourrait introduire de la silice dans les scories. (*Eggertz*, loc. cit.). Il vaut mieux dès lors enlever d'abord la silice et la leucone en chauffant le résidu avec une dissolution saturée de carbonate de soude. Pour enlever maintenant les dernières traces de peroxyde de fer, il faut chauffer au rouge d'abord dans un courant d'hydrogène, puis dans un courant de chlore. On reprend le résidu par l'eau, on chauffe encore une fois avec une solution de carbonate de soude, on lave de nouveau avec de l'eau et l'on pèse. Si l'on avait fait usage du bichlorure de mercure comme dissolvant, il faudrait, après avoir lavé le résidu, enlever le protochlorure de mercure avec de l'eau chlorée exempte d'acide chlorhydrique ou avec de l'eau bromée. On voit que les méthodes indiquées en b. ne sont pas plus simples et sont moins exactes que celle décrite en a. et que par conséquent on pourra donner la préférence à cette dernière.

II. Acier et fer.

L'acier et le fer marchand renferment essentiellement les mêmes éléments que la fonte, mais en général ils y sont combinés en bien moindre proportion. Ainsi dans l'acier la quantité totale de charbon varie entre 2,0 et 0,65 pour cent, — dans le fer entre 0,60 et 0,016. — La proportion de silicium dans l'acier comme dans le fer ne dépasse pas 0,6 pour 100, etc.; d'ordinaire on ne recherche quantitativement que les éléments suivants : carbone (chimiquement combiné et, s'il y en a, mélangé mécaniquement), silicium, soufre, phosphore, manganèse et cuivre. En opérant sur de grandes quantités de fer ou d'acier on pourrait aussi y doser d'autres éléments comme le nickel, le cobalt, l'arsenic, le tungstène, etc.

Bien que les méthodes à employer soient identiquement les mêmes que pour la fonte, il est cependant bon de compléter la question par quelques remarques.

1. Dosage du carbone.

a. Si l'on dissout de l'acier non trempé lentement et sans chauffer dans de l'acide chlorhydrique étendu ou de l'acide sulfurique étendu, on obtient un résidu charbonneux (*Caron* * — *Rinmann* **), tandis que le même acier non trempé ne laisse pas ce résidu charbonneux si on le dissout à chaud dans de l'acide chlorhydrique de densité 1,12 et si l'on fait encore bouillir pendant une demi-heure après la dissolution. Le même acier trempé ne donne pas de résidu si on le traite dans les acides étendus et froids. Le carbone contenu dans ces résidus ne peut donc pas être du graphite. *Rinmann* le nomme carbone de cémentation. *Debrunner* (***) est arrivé au même résultat (savoir que dans l'acier et en général dans les diverses sortes de fer, le carbone se trouve à un troisième état, qui diffère du graphite et du carbone combiné). Il a trouvé en effet qu'en dissolvant de l'acier fondu (acier au creuset ou acier Bessemer) dans de

(*) *Compt. rend.*, 1863.
(**) *Zeitsch. f. analyt. Chem.*, IV, 159. — VII, 499.
(***) *Iron*, XII, 775. — *Zeitschr. f. analyt. Chem.*, XVIII, 624.

l'acide azotique de densité 1,2, il y avait dans le liquide un précipité brun, floconneux, que la chaleur faisait disparaître. En traitant de même de l'acier naturel ou de l'acier de cémentation, il se dépose au contraire une poudre noire veloutée, qui ressemble extérieurement au graphite, mais qui se dissout aussi complètement par la chaleur. *Debrunner* regarde ce dernier carbone comme à demi combiné et applique cette manière d'agir de l'acide azotique sur les diverses sortes d'acier pour établir entre eux une différence. Je devais appeler l'attention sur les résultats de ces nouvelles recherches, pour prévenir qu'il ne fallait pas de suite regarder comme du graphite le carbone, qui se sépare par la dissolution de l'acier ou du fer dans l'acide chlorhydrique (ou azotique) froid et étendu. On ne doit plutôt considérer comme tel que le carbone qui se dépose par la dissolution rapide du fer dans l'acide chlorhydrique chaud, et qui ne se redissout pas soit par l'ébullition prolongée du liquide, soit par un traitement ultérieur par l'alcool ou une lessive alcaline. Quant à savoir si l'on peut doser exactement ce carbone de cémentation (à demi combiné), résidu de la dissolution de l'acier ou du fer dans l'acide chlorhydrique étendu et froid et qui reste insoluble avec un peu de graphite, il faudrait faire à ce sujet des expériences nouvelles et plus concluantes.

b. Pour doser la quantité totale de carbone dans le fer ou l'acier, on traite le plus souvent par les sels de cuivre (pages 925 à 927) et l'on transforme le carbone en acide carbonique soit par combustion directe avec l'oxygène, soit par l'action de l'acide chromique (pages 929 à 934). Comme la proportion de carbone est bien plus faible que dans la fonte, on opère sur 5 à 10 gr. de matière.

c. Si pour dissoudre le fer ou l'acier on fait usage de la méthode de *Weyl* (page 927), il faut appliquer la modification décrite à la page 928 et prendre alors l'appareil représenté dans la figure 209 : sans cela on aurait des résultats trop faibles, pour les raisons données à la page 928. Voir *Rinmann* (*), *Schnitzler* (**), *Weyl* (***).

d. La méthode colorimétrique d'*Eggertz* (page 937), pour mesurer approximativement le carbone combiné, rend surtout de bons services dans les affineries, où l'on travaille presque toujours sur des matières premières semblables et où l'on obtient par conséquent des aciers qui ne diffèrent essentiellement que par la proportion de carbone. Elle a été souvent modifiée dans son application. Voir *Gruner* (****). *J. B. Britton* (*****) et *Morrell* (******).

2. Dosage des autres éléments.

Nous n'avons rien à ajouter à ce qui est dit au § **255**, si ce n'est qu'il faut opérer sur des quantités d'autant plus grandes que l'élément à doser est en moindre proportion.

(*) *Zeitschr. f. analyt. Chem.*, III, 356.
(**) *Zeitschr. . analyt. Chem.*, IV, 78.
(***) *Zeitschr. f. analyt. Chem.*, IV, 157.
(****) *Berg. u. Hüttenm. Zeit.*, 1869, 52.
(*****) *Chem. News*, XXII, 101. — *Zeitschr. f. analyt. Chem.*, X, 245.
(******) *Amerik. Chem.*, V, 365. — *Zeitschr. f. analyt. Chem.*, XVI, 305.

C. Pyrites de fer.

Les pyrites, que l'on emploie maintenant presque exclusivement à la fabrication de l'acide sulfurique, sont à cause de cela soumises très fréquemment à l'analyse. On cherche aussi s'il n'y aurait pas du cuivre et de petites quantités d'argent ou d'or que l'on pourrait avantageusement en extraire. Il faut dans ces recherches tenir compte surtout des éléments suivants : *soufre, sélénium, acide sulfurique, fer* à l'état de sulfure (le plus souvent FeS²) parfois aussi en peroxyde ou en protoxyde, *cuivre, zinc, plomb*, bismuth, thallium, cobalt, nickel, *arsenic*, antimoine, *chaux, magnésie, acide carbonique*, résidu insoluble dans les acides (*gangue*) contenant parfois du *sulfate de baryte* et du charbon, et enfin de l'*eau* combinée. — Dans certaines pyrites, surtout celles d'Espagne, on trouve aussi des traces d'or et d'argent. En général, même dans les analyses complètes, on ne détermine quantitativement que les éléments écrits en italique.

I. *Analyse complète.*

On sèche à 100° le minéral réduit en poudre fine.

1. *Dosage du soufre, de l'acide sulfurique et de l'arsenic et recherches de l'antimoine.*

Dans un creuset de platine assez grand on mêle aussi parfaitement que possible environ 1 gr. de pyrite en poudre avec 10 parties d'un mélange intime de 2 p. de carbonate de potasse pur et 1 partie d'azotate de potasse pur, et l'on recouvre le tout d'une couche de ce dernier mélange : on chauffe peu à peu sur une lampe à alcool de *Berzélius*(*) jusqu'à fusion complète, que l'on maintient quelque temps : on laisse refroidir, on met le creuset avec son contenu dans un verre de Bohême, on ajoute de l'eau, on chauffe assez longtemps pour dissoudre tout ce qui est soluble : avec des pyrites plombifères on fait passer un courant d'acide carbonique pour précipiter le peu de plomb qui aurait pu passer en dissolution dans le liquide alcalin; on jette le liquide sur un filtre et l'on reçoit dans un ballon jaugé de 500 C.C. : on fait bouillir le résidu avec une solution de carbonate de potasse pur, on filtre et on lave avec de l'eau bouillante à laquelle on a ajouté un peu de carbonate de potasse, jusqu'à ce que le liquide qui passe ne donne plus trace d'acide sulfurique. On laisse refroidir, on remplit jusqu'au trait de jauge et l'on mélange en agitant.

a. Dans un grand ballon on verse 250 C.C. du liquide alcalin avec 30 C.C. d'acide chlorhydrique pur de densité 1,15, on chauffe la dissolution fortement acide jusqu'à ce qu'il ne se dégage plus d'acide carbonique : on évapore à siccité et l'on se débarrasse ainsi de tout l'acide azotique. On humecte le résidu avec deux gouttes d'acide chlorhydrique concentré, on

---

(*) En faisant usage de gaz de l'éclairage sulfuré, on peut commettre une erreur non négligeable en augmentant la quantité d'acide sulfurique dans le produit fondu. (*Price Zeitschr. f. analyt. Chem.. III. 483.*)

verse de l'eau, on chauffe, on filtre et l'on précipite la dissolution chaude avec un excès modéré de solution chaude de chlorure de baryum. On filtre après dépôt, on lave très bien le précipité avec de l'eau bouillante, on sèche, on incinère le filtre, on ajoute le précipité, on chauffe au rouge et l'on pèse. Dans le creuset de platine on humecte le précipité avec de l'acide chlorhydrique, on ajoute de l'eau, on chauffe, on jette sur un petit filtre, on recommence cette opération trois fois, on évapore, au bain-marie presque à siccité, le liquide filtré additionné de quelques gouttes de dissolution de chlorure de baryum, on reprend par l'eau, on filtre à travers un petit filtre, on lave, on brûle le petit filtre à l'aide d'un fil de platine au-dessus du creuset dans lequel se trouve la plus grande partie du sulfate de baryte desséché, on chauffe au rouge et l'on pèse. Ce dernier poids, qu'il faut considérer comme le plus exact, diffère en général du premier seulement de quelques milligrammes.

Si le mélange de carbonate de potasse et de salpêtre, la dissolution de carbonate de potasse ou l'acide chlorhydrique ne sont pas tout à fait exempts d'acide sulfurique, on en dose la petite quantité dans ces réactifs et l'on opère avec des quantités mesurées de ces mêmes réactifs, pour retrancher du poids de sulfate de baryte fourni par l'analyse précédente, le poids contenu dans les réactifs, avant d'en déduire le soufre.

Cette manière d'opérer fournit la quantité totale de soufre que renferme la pyrite. Pour savoir maintenant la quantité combinée à l'état de *sulfures métalliques* il faut, dans le cas où la pyrite renfermerait des *sulfates*, retrancher le soufre de ces derniers de la quantité totale. S'il n'y avait que du sulfate de baryte, on pourrait en déduire la proportion d'après la baryte trouvée dans le résidu du traitement par l'eau de la masse fondue : pour cela on le dissout dans l'acide chlorhydrique, on neutralise le trop grand excès de ce dernier avec de l'ammoniaque, et dans la dissolution, qui ne renferme plus maintenant un trop grand excès d'acide chlorhydrique libre, on précipite la baryte avec l'acide sulfurique (page 194). Le sulfate de baryte ainsi obtenu entraîne un peu de peroxyde de fer. S'il y en avait trop il faudrait, pour avoir un résultat exact, fondre avec du carbonate de soude et traiter le produit par l'eau bouillante. On a alors le choix de doser le peroxyde de fer dans le résidu ou l'acide sulfurique dans la dissolution.

S'il y a encore d'autres sulfates (sulfate de chaux, sulfate de protoxyde de fer, etc.) on en mesure l'acide sulfurique, en faisant bouillir à plusieurs reprises dans un courant d'acide carbonique avec de l'acide chlorhydrique étendu, un nouvel essai plus grand de pyrite et en précipitant par le chlorure de baryum après avoir neutralisé avec l'ammoniaque la majeure partie de l'acide en excès (page 329).

b. On évapore au bain-marie les 250 C.C. restant avec de l'acide sulfurique pur jusqu'à ce qu'on ait chassé tout l'acide azotique; on reprend le résidu par de l'eau acidifiée avec de l'acide chlorhydrique et en chauffant à 70° on fait passer un courant non interrompu d'acide sulfhydrique en excès notable. S'il se forme un précipité on le laisse déposer à une douce chaleur, on le recueille sur un petit filtre séché à 110° et pesé, on le lave, le mieux en faisant usage de la trompe, et cela en remplissant le petit filtre huit fois avec de l'alcool, quatre fois avec du sulfure de carbone et, pour terminer, encore trois fois avec de l'alcool. Après dessiccation à 110°, on pèse et l'on regarde le précipité comme du pentasulfure d'arsenic (*Bunsen* *). Après l'avoir pesé on peut y rechercher l'*antimoine*, que d'ordinaire on n'y trouve pas ou qu'on n'y trouve qu'en quantité qu'on ne peut pas peser ; s'il fallait cependant le doser on pourrait choisir la méthode de *Bunsen* (loc. cit.). On dissout sur le filtre dans un excès de dissolution d'hydrate de potasse pur (purifié par l'alcool) les sulfures encore humides et pas encore traités par l'alcool et le sulfure de carbone et dans la dissolution, à laquelle on a ajouté les eaux de lavage concentrées par évaporation, on fait passer un courant de chlore jusqu'à décomposition complète de tout l'alcali. On chauffe alors au bain-marie, on ajoute peu à peu un grand excès d'acide chlor-hydrique concentré, en évitant les pertes par projection, on réduit à moitié du volume par évaporation, on remplace le liquide évaporé par un volume égal d'acide chlorhydrique concentré, on réduit encore par évapo-ration à la moitié ou au tiers pour chasser tout le chlore libre. On mélange maintenant avec de l'acide chlorhydrique très étendu, ajoute une solution *saturée* d'acide sulfhydrique, fraîchement préparée (100 C.C. environ pour chaque décigramme au moins d'acide antimonique prévu), on attend que le précipité de pentasulfure d'antimoine se soit bien déposé, avec la soufflerie, on fait passer dans le liquide, pour chasser l'acide sulfhydrique, un courant d'air violent filtré à travers du coton, tandis qu'on maintient le vase de Bohême couvert avec un verre de montre percé d'un trou. Après 15 à 20 minutes on rassemble le précipité sur un filtre pesé, on le lave avec de l'alcool et du sulfure de carbone, comme on a fait plus haut avec le sulfure d'arsenic, on le sèche à 110° et l'on pèse le pentasulfure d'*antimoine* ainsi obtenu. Au liquide filtré rénfermant l'arsenic on ajoute quelques gouttes d'eau de chlore, on chauffe au bain-marie et l'on y dose l'arsenic comme plus haut. S'il faut faire une séparation absolue des deux métaux, on dissout encore dans la lessive de potasse le précipité de sulfure d'antimoine avant de le laver à l'alcool et au sulfure de carbone et l'on renouvelle la séparation comme on vient de l'indiquer.

S'il ne s'agit que de doser l'*arsenic* on peut, suivant *F. Muck* (**), traiter la solution alcaline de la masse fondue de la façon suivante. On la rend acide, on y ajoute assez d'une dissolution de perchlorure de fer pour que l'ammoniaque y produise un précipité brun-rouge, c'est-à-dire, renfermant un excès de peroxyde de fer, on évite d'ajouter un trop grand excès d'ammoniaque, on chauffe de façon que le précipité se rassemble bien, on le sépare par filtration, on le lave, on le dissout dans l'acide chlorhydrique, on réduit avec l'acide sulfureux, on chasse l'excès de ce dernier en faisant bouillir, on précipite avec l'acide sulfhydrique, on oxyde le sulfure d'arsenic avec l'acide azotique fumant, on *concentre fortement* et l'on précipite l'acide arsénique avec la mixture magnésienne (page 311).

(*) *Ann. d. Chem.* CXCII, 305. —*Zeitschr. f. analyt. Chem.*, XVIII, 266.
(**) *Zeitschr. f. analyt. Chem.*, V, 312.

2. *Dosage du fer, du cuivre, du plomb, du zinc, etc., et du résidu insoluble dans les acides.*

On fait digérer 2 ou 3 gr. de la pyrite en poudre aussi fine que possible avec de l'eau régale jusqu'à complète décomposition et jusqu'à ce que tout le soufre soit dissous, on évapore à plusieurs reprises avec de l'acide chlorhydrique pour chasser l'acide azotique, on ajoute de l'eau, on filtre à travers un filtre séché à 100° et pesé, on lave le résidu insoluble par décantation et sur le filtre, et, dans le cas où il contiendrait du sulfate de plomb, on le ferait bouillir plusieurs fois avec de l'acétate d'ammoniaque, puis on laverait enfin le résidu. On sèche à 100° le filtre contenant ce résidu, on le pèse, on brûle le filtre et l'on pèse de nouveau. La différence de poids du résidu simplement séché et du résidu chauffé au rouge donne le poids de l'*eau* combinée et, si le résidu est noirâtre, en même temps la proportion de *carbone*. Si en 1. on a trouvé du sulfate de baryte, on le retranche du poids du résidu chauffé au rouge et on regarde la différence comme représentant la *gangue* proprement dite, si l'on n'a pas de raison pour pousser son analyse plus loin. Si le résidu renfermait du sulfate de plomb, on précipiterait le *plomb* par l'hydrogène sulfuré dans la dissolution par l'acétate d'ammoniaque, on dissoudrait le sulfure de plomb dans l'acide azotique après avoir lavé et l'on doserait le plomb à l'état de sulfate (page 264). On traite la dissolution chlorhydrique chauffée à 70° par l'acide sulfhydrique, on filtre, on épuise le précipité à chaud avec une dissolution de sulfure de sodium, on le dissout dans l'acide azotique, on sépare un peu de plomb, qu'il peut y avoir, en évaporant avec de l'acide sulfurique, on ajoute de l'ammoniaque presque à neutralité, puis du carbonate d'ammoniaque en excès suffisant, on chauffe, on filtre si cela est nécessaire (ce précipité peut contenir du *bismuth*), on acidifie, on précipite par l'acide sulfhydrique et l'on dose le *cuivre* à l'état de sulfure (page 281).

On concentre le liquide séparé par filtration du précipité formé par l'acide sulfhydrique, on peroxyde en chauffant avec de l'acide azotique, et l'on sépare le fer comme il est dit à la page 905, On acidifie le liquide filtré avec de l'acide acétique, on ajoute de l'ammoniaque en léger excès S'il se forme encore un faible précipité d'hydrate de peroxyde de fer peut-être aussi d'hydrate d'alumine, on filtre, on redissout le précipité dans l'acide chlorhydrique, on précipite de nouveau par l'ammoniaque, on acidule le liquide filtré ammoniacal avec de l'acide acétique, on ajoute de l'acétate d'ammoniaque, et l'on précipite à 70° avec de l'hydrogène sulfuré S'il se forme un précipité, c'est du sulfure de *zinc*, souvent avec un peu de sulfure de *cobalt* et de sulfure de *nickel*. On le pèse d'abord tel que (page 213), et avec ce sulfure de zinc pesé, mais pas tout à fait pur, on peut, par un simple traitement par l'acide chlorhydrique étendu et la pesée du résidu insoluble, avoir avec une suffisante exactitude la petite quantité de sulfure de cobalt et de sulfure de nickel.

Dans le liquide séparé par filtration du sulfure de zinc, etc., on précipite le *manganèse* avec l'ammoniaque et le sulfhydrate d'ammoniaque. On évapore enfin à siccité le liquide filtré, on chauffe au rouge, et, s'il y a un résidu, on y dose la *chaux* et la *magnésie*.

On redissout dans l'acide chlorhydrique le précipité, ou les précipités réunis, renfermant le peroxyde de fer et peut-être aussi de l'alumine ; on étend la dissolution pour en faire 500 C.C. : dans 100 C.C, on dose le *fer et l'alumine* en précipitant avec l'ammoniaque et dans 100 ou 200 autres C.C. ; on mesure le *fer* soit volumétriquement avec le protochlorure d'étain (page 242), ou par pesée suivant la page 487.

3. *Dosage de l'acide carbonique.* •

On chauffe une quantité convenable de pyrite en poudre fine avec de l'acide chlorhydrique très étendu, et l'on fait passer le gaz qui se dégage d'abord à travers un tube à chlorure de calcium, puis sur de la pierre ponce imprégnée de sulfate de cuivre, et enfin à travers des tubes pesés pleins de chaux sodée. L'augmentation de poids de ces derniers donne l'acide carbonique (page 832, d).

4. *Dosage des composés oxygénés du fer.*

Si une pyrite cède à l'eau un peu de sulfate de protoxyde de fer, ou à l'acide chlorhydrique froid et étendu du peroxyde ou du protoxyde de fer, sans qu'il y ait en même temps dégagement d'acide sulfhydrique, on peut doser directement les composés oxydés du fer dans ces dissolutions (pages 230 et 238). Dans le cas contraire il faut renoncer au dosage *direct* des oxydes de fer et trouver leur présence par le calcul.

5. *Recherche de l'or et de l'argent.*

On grille une grande quantité (environ 500 gr.) de pyrite dans un moufle, et dans le cas où l'on n'en a pas à sa disposition, dans un creuset de Hesse ouvert et incliné : on continue jusqu'à ce qu'il ne se dégage plus d'acide sulfureux ; à la fin on chauffe fortement au rouge, on pulvérise le résidu, on l'épuise avec de l'eau chaude, et on essaye si dans le liquide filtré il n'y aurait pas de l'argent, en ajoutant quelques gouttes d'acide chlorhydrique. Si après un long repos il s'est fait un précipité (n° I) de chlorure d'argent on le sépare par filtration. Ensuite on fait digérer long-temps dans l'obscurité le résidu épuisé par l'eau avec de l'eau bromée (*) ; on filtre à l'abri de la lumière, on évapore la dissolution après addition de quelques gouttes d'acide chlorhydrique, jusqu'à ce que tout le brome soit chassé et que le volume soit réduit à environ 200 C.C. On ajoute une dissolution limpide de sulfate de protoxyde de fer au liquide souvent coloré en vert par des sels de cuivre, puis on y fait passer en chauffant un cou-

---

(*) C'est *Skey* (*Chem. News*, XXII, 245. — *Zeitschr. f. analyt. Chem.*, X, 221) qui le premier a remplacé l'eau chlorée par l'eau bromée ou la teinture d'iode pour l'extraction de l'or.

rant d'hydrogène sulfuré et on laisse reposer au moins pendant 24 heures.
On ramasse le précipité sur un filtre, on le lave et on le sèche (précipité II).
Le résidu du traitement par l'eau bromée est chauffé longtemps au bain-
marie avec une dissolution concentrée de chlorhydrate d'ammoniaque,
pour dissoudre le bromure d'argent qui aurait pu se produire. On filtre
encore chaud dans un ballon, on lave avec une dissolution chaude de
sel ammoniac, on ajoute quelques gouttes de bichlorure de mercure (*),
puis un peu d'ammoniaque pour rendre la liqueur nettement alcaline,
enfin du sulfhydrate d'ammoniaque en excès. On ferme le ballon, on l'a-
bandonne dans un lieu chaud jusqu'à ce que le précipité soit rassemblé
complètement, on le recueille sur un filtre, on le lave et on le sèche (précipité III).

Les précipités I, II et III sont grillés sous une bonne cheminée d'appel,
jusqu'à ce que les filtres soient brûlés et que le sulfure de mercure soit volatilisé. On broie avec un peu de borax déshydraté le résidu, qui renferme
tout l'or et l'argent de la pyrite grillée on met le tout dans une petite coupelle avec la quantité nécessaire de plomb pur, et l'on achève exactement
comme il est dit à la page 977. Après avoir pesé le bouton d'or et d'argent
on y dose l'or suivant la page 531 (169), et l'on trouve l'argent par différence.

6. Recherche du thallium.

On peut souvent reconnaître la présence du *thallium* en mettant dans la
flamme du spectroscope un peu du minéral en poudre, collé à un fil de platine mouillé. On voit alors briller passagèrement la ligne verte, intense,
coïncidant avec Baδ et caractéristique du thallium. Si l'on chauffe la pyrite
thallifère en poudre fine au rouge dans un tube et en empêchant autant
que possible l'action de l'air, il se sublime avec du soufre du sulfure de
thallium. Si l'on fait presque complètement brûler le sublimé à l'extrémité
en anneau d'un fil de platine et qu'on essaye le résidu au spectroscope on
voit bien nettement la ligne verte.

Suivant *Crookes* et *Böttger*, on peut aussi reconnaître avec netteté le
thallium par la voie humide. On dissout la pyrite en poudre dans l'acide
chlorhydrique, en ajoutant le moins possible d'acide azotique; on fait
bouillir avec du sulfite de soude jusqu'à réduction du peroxyde de fer,
et l'on ajoute au liquide filtré une ou deux gouttes d'une dissolution
d'iodure de potassium. S'il y a du thallium, il se forme un précipité jaune
clair d'iodure de thallium. Pour plus de certitude, je conseille toutefois de
l'essayer au spectroscope.

(*) L'addition du bichlorure de mercure a pour effet de faciliter le dépôt du sulfure
d'argent qui en général ne forme qu'un très faible précipité.

II. *Dosage spécial du soufre.*

I. Méthode par voie sèche, dans laquelle on pèse le soufre sous forme de sulfate de baryte.

Bien que cette méthode ait été déjà décrite exactement et complètement en A. 1., nous y reviendrons cependant ici, pour faire remarquer que, lorsqu'il s'agit de ne doser que le soufre, le mieux est de mélanger 0^{gr},5 de la pyrite séchée à 100 avec 10 p. d'un mélange formé de 2 p. de carbonate de soude (*) desséché et 1 p. d'azotate de potasse, de recouvrir le tout d'une couche du mélange et de prendre une dissolution de carbonate de soude pour y faire bouillir le résidu insoluble dans l'eau. Du reste la manipulation est en tous points la même que plus haut, et surtout il ne faut pas oublier d'essayer si les réactifs sont bien exempts d'acide sulfurique : il faut en outre de la quantité totale de soufre trouvée retrancher celle du soufre, qui se trouverait dans la pyrite sous forme de sulfate, s'il s'agit surtout de connaître la quantité de soufre uni directement aux métaux lourds.

Au lieu du mélange de salpêtre et de carbonate de soude, *B. Deutecom* (**) fait usage d'un mélange renfermant du chlorate de potasse. Il chauffe 1 gramme de pyrite avec parties égales de chlorate de potasse, carbonate de soude et chlorure de sodium, dans un grand creuset en porcelaine, d'abord lentement pour produire une dessiccation complète, puis fortement jusqu'à fusion bien homogène. Après refroidissement la masse est reprise par l'eau bouillante : on verse le tout dans un ballon jaugé, on laisse reposer, et dans une partie aliquote claire du liquide on dose l'acide sulfurique. — *F. Böckmann* (***) emploie des proportions un peu différentes : 0^{gr},5 de pyrite (éventuellement 2 gr. de déchets) et 25 gr. d'un mélange de 6 p. de carbonate de soude avec 1 p. de chlorate de potasse.

2. Méthodes par voie humide, dans lesquelles le soufre est pesé sous forme de sulfate de baryte.

Ces méthodes reposent sur ce fait, qu'en traitant la pyrite en poudre par de l'eau régale, par de l'acide chlorhydrique ou azotique, avec addition de chlorate de potasse, ou par tout autre dissolvant oxydant analogue, tout le soufre combiné aux métaux se change en acide sulfurique, que l'on précipite par le chlorure de baryum dans la liqueur qui renferme le fer à l'état de perchlorure ou d'autre sel de peroxyde. Dans la *Zeitschr. f. analy. Chem.*, XIX, 53, j'ai fait la critique de ces méthodes et j'ai démontré qu'elles offrent deux causes d'erreur : d'une part, le précipité de sulfate de baryte est toujours plus ou moins rouge, et renferme du peroxyde de fer ; d'autre part, le sulfate de baryte n'est pas complètement précipité

(*) On peut ici faire usage de carbonate de soude, parce qu'on n'a pas à se préoccuper de l'antimoine.
(**) *Zeitschr. f. analyt. Chem.*, XIX, 315.

parce qu'il en reste un peu en dissolution dans le liquide acide contenant du perchlorure de fer. Ces deux erreurs possibles sont de sens contraires, mais elle ne se compensent pas complètement et agissent tantôt dans un sens, tantôt en sens contraire.

En général on peut dire que trop d'acide chlorhydrique libre et une filtration rapide favorisent la solubilité du sulfate de baryte et diminuent la proportion de fer qu'il conserve : tandis que s'il y a peu d'acide chlorhydrique libre, si l'on ne filtre qu'après avoir laissé longtemps reposer, on diminue la quantité de sulfate de baryte restant dissous, mais on augmente sa teneur en fer. Il faut donc étendre convenablement les liquides à précipiter; mais en tous cas les résultats obtenus sont trop faibles.

Après mes observations sur ces méthodes, *Lunge* (*) a un peu modifié la marche qu'il suivait auparavant (**), et suivant lui voici la meilleure manière d'opérer le dosage du soufre par la voie humide.

a. S'il s'agit d'opérer vite, plutôt que d'avoir une rigueur absolue.

On place le minéral ($0^{gr},5$), en poudre extrêmement fine et tamisée dans un ballon d'*Erlenmeyer* ou dans un verre de Bohême assez grand, que l'on couvrira le premier avec un entonnoir, le second avec un verre de montre; on y verse 50 p. 100 d'une eau régale faite avec 1 p. d'acide chlorhydrique fumant et 3 ou 4 p. d'acide azotique de densité 1,36 à 1,40. Si la réaction ne se produit pas de suite, on chauffe légèrement au bain-marie, sous une bonne cheminée d'appel, jusqu'à ce que la réaction commence à être assez vive, et on retire le vase du bain-marie. Si la réaction se ralentit, on replace dans le bain-marie. En général la désagrégation est complète au bout de 10 minutes. Si cependant cela n'arrivait pas après avoir longtemps chauffé, on ajouterait encore un peu d'eau régale et l'on chaufferait de nouveau. Si enfin le but n'est pas encore complètement atteint, ou s'il y a du soufre déposé, il faudra recommencer l'opération avec de la substance plus finement pulvérisée.

Maintenant on évapore le tout à siccité au bain-marie, avec un excès d'acide chlorhydrique, pour chasser l'acide azotique et rendre insoluble le peu de silice soluble qu'il pourrait y avoir : on couvre le résidu avec un peu d'acide chlorhydrique, on chauffe et l'on examine s'il se dégage encore des gaz provenant de l'eau régale. Si cela était on recommencerait l'évaporation à sec avec de l'acide chlorhydrique, jusqu'à ce qu'on ait atteint le but, c'est-à-dire l'expulsion complète de l'acide azotique. Lorsque par évaporation on a chassé presque tout l'acide chlorhydrique libre, on ajoute 3 ou 4 gouttes du même acide concentré, on chauffe, on verse 100 C.C. d'eau, on filtre, on fait bouillir, on précipite avec une dissolution également bouillante de chlorure de baryum de force connue (1 : 10), ajoutée en léger excès; on retire la lampe, on laisse le précipité déposer pendant 20 à 30 minutes, on décante à travers un filtre, et on lave quatre

(*) *Zeitschr. f. analyt. Chem.*, XIX, 421.
(**) *Lunge, Traité de l'industrie soudière*, I, 92.

fois l'une après l'autre, par décantation, avec chaque fois 100 C.C. d'eau bouillante, en ayant soin chaque fois, avant d'ajouter l'eau dans le vase renfermant le précipité, d'humecter celui-ci avec 2 C.C. d'acide chrorhydrique normal (page 960). Même après cette purification le précipité reste toujours plus ou moins rougeâtre.

> b. S'il s'agit moins d'épargner son temps que d'avoir une grande exactitude.

On fait la désagrégation et l'évaporation avec l'acide chlorhydrique comme en a., on traite le résidu par un peu d'acide chlorhydrique, on ajoute de l'eau, on ajoute au liquide un peu chaud de l'ammoniaque pas en [trop grand excès, on filtre après environ 10 minutes, on lave à fond avec de l'eau bouillante le précipité d'hydrate de peroxyde de fer, jusqu'à ce qu'un essai du liquide filtré additionné de chlorure de baryum ne se trouble pas au bout d'un certain temps. Le liquide filtré et les eaux de lavage sont légèrement acidulés avec de l'acide chlorhydrique, puis portés à l'ébullition, et l'on y verse un léger excès d'une solution chaude de chlorure de baryum : le précipité est lavé plusieurs fois par décantation, puis lavé sur le filtre et chauffé au rouge. On n'a pas ici à se préoccuper de la purification du précipité par l'acide chlorhydrique, etc., puisqu'il n'y a pas de sels alcalins fixés. Dans les analyses de *Lunge* les résultats suivant la méthode b. sont plus élevés de 0,18 p. 100 en soufre que ceux obtenus suivant a.

Dans les méthodes par voie humide il faut aussi, bien entendu, que les réactifs, surtout les acides, soient exempts de toute trace d'acide sulfurique. L'essai ne sera rigoureux qu'en évaporant complètement les acides, à la fin au bain-marie, ajoutant un peu d'eau dans la capsule, et essayant ce liquide avec le chlorure de baryum.

Il faut encore faire attention dans ces procédés par voie humide que le soufre faisant partie du sulfate de baryte, que pourrait contenir le minéral, est tout d'abord complètement séparé ; — au contraire le sulfate de chaux passe en partie en dissolution, et même complètement s'il n'y en a qu'un peu : quant au soufre de la galène, comme le sulfate de plomb formé reste en grande partie insoluble, on n'en dose qu'une minime partie.

> 3. Méthodes industrielles par voie humide, dans lesquelles le soufre est dosé indirectement (alcalimétriquement).

a. Méthode de *Pelouze*(*).

On mélange 1 gr. de pyrite *bien finement* réduite en poudre avec 5 gr. (exactement pesés) de carbonate de soude pur et anhydre (**); on ajoute

---

(*) *Compt. rend.*, LIII, 685.
(**) Si l'on n'en avait pas sous la main, on pourrait opérer aussi avec du carbonate de soude pas tout à fait pur, seulement il faudrait mesurer combien il faut d'acide normal pour en saturer 5 gr.

7 gr. de chlorate de potasse (pesés à peu près) et 5 gr. (pesés aussi à peu près) de chlorure de sodium fondu ou tout au moins tout à fait privé d'eau : on mélange intimement et l'on chauffe dans une cuiller en fer pendant 8 à 10 minutes, peu à peu, jusqu'au rouge sombre. Après refroidissement on traite cinq à six fois par de l'eau *chaude*. A l'aide d'une pipette on verse la dissolution sur un filtre. A la fin on fait bouillir le résidu avec de l'eau et on le lave complètement sur le filtre avec de l'eau *bouillante*. On mesure alors suivant le § **219** ou le § **220** l'alcalinité du liquide filtré et des eaux de lavage.

On calcule la quantité de soufre contenue dans la pyrite d'après les considérations suivantes. Pour neutraliser la quantité totale de carbonate de soude ajoutée tout d'abord, il faudrait une quantité déterminée d'un acide titré ; pour neutraliser la lessive fournie en lavant la masse fondue avec de l'eau chaude, il faut moins d'acide, et d'autant moins que la quantité de soufre transformée en acide sulfurique est plus grande. Dès lors la différence entre ces deux quantités d'acide normal correspond au soufre contenu dans la pyrite, dans la proportion de 1 équivalent de soufre pour l'équivalent d'acide. C'est ainsi que 1000 C.C. de l'acide préparé au § **219** correspondent à 30,19 gr. de soufre, et 1000 C.C. de celui du § **220** à 16 gr. de soufre.

A la fin pour plus de certitude, on essaye si le résidu insoluble dans l'eau ne renferme plus de soufre, en en traitant une partie par l'acide chlorhydrique, etc.

L'expérience exige 30 à 40 minutes et donne des résultats qui, suivant *Pelouze*, ne diffèrent de l'exactitude que de 1 à 1,5 pour cent. Si l'on perd du carbonate de soude, la proportion de soufre trouvée est trop forte.

Il est inutile d'ajouter du sel marin si l'on opère sur de la pyrite grillée. On prend dans ce cas 5 gr. de pyrite grillée, 5 gr. de carbonate de soude pur anhydre, et 5 gr. de chlorate de potasse.

Dans ce procédé le soufre sous forme de sulfate se comporte comme celui combiné aux métaux.

Barreswill, Bottomley, Bocheroff, Lunge, et tout particulièrement *J. Kolb* (** ont démontré que cette méthode appliquée encore dans bon nombre de fabriques, fournissait des résultats peu satisfaisants, et le dernier a surtout donné les causes des irrégularités du procédé. De ce que pendant l'opération il se dégage du chlore, de ce qu'il peut se dégager de l'acide sulfurique du sulfate de peroxyde de fer formé et pas encore de nouveau decomposé, et qu'il peut se produire aussi du chlorure de soufre, enfin que la masse fondue peut renfermer du sulfure de sodium, il résulte que le titrage alcalimétrique de la masse fondue doit être trop élevé, et alors la quantité de soufre calculée trop faible. Mais d'autre part l'arsenic, qui passe à l'état d'arséniate de soude, et la silice, qui à une température élevée peut donner naissance à des silicates doubles renfermant de la soude et insolubles, donnent lieu à des erreurs qui élèvent trop la proportion de soufre.

(*) On peut changer la proportion de sel marin suivant la composition de la pyrite et l'augmenter de façon que l'oxydation se fasse sans dégagement de lumière.

(**) *Journ. de Pharm. et de Chim.*, [IV], X, 401. — *Zeitschr. f. analyt. Chem.* IX, 407.

Ces erreurs, d'autant plus sensibles que la pyrite ou les résidus de fabrique renferment moins de soufre, peuvent être évitées (au moins en grande partie) en opérant, suivant *Kolb*, de la façon suivante :

b. Méthode de *J. Kolb*. (Loc. cit.).

On mélange environ 1 gr. de pyrite ou de 5 à 10 gr. de résidus, réduits en poudre très fine, avec 50 gr. d'oxyde de cuivre pulvérulent et 5 gr. de carbonate de soude; puis l'on chauffe. La transformation du soufre en sulfate de soude se fait, suivant *Kolb*, sans qu'il y ait fusion, et à une température assez basse pour que l'on n'ait pas à craindre la décomposition des sulfates difficilement décomposables ou l'action de la silice sur le carbonate de soude.

Le calcul est le même que dans le procédé de *Pelouze*. Je ferai toutefois remarquer que dans ce procédé l'arsenic agit encore comme une quantité équivalente de soufre, et que les sulfates facilement décomposables, comme le gypse, produisent la même erreur que dans la méthode de *Pelouze*.

15. Composés d'urane.

§ 257.

Pour essayer rapidement le minerai d'urane, au point de vue de la teneur en métal, on peut employer la méthode de *Patera*(*). On dissout dans l'acide azotique un poids connu du minerai, en évitant autant que possible de mettre un excès d'acide. On étend d'eau la solution acide, on la sursature avec du carbonate de soude, on chauffe à l'ébullition, pour mettre en dissolution complète l'oxyde d'urane et décomposer le bicarbonate de chaux, ou de protoxyde de fer, qui pourrait se trouver là : on sépare par filtration le précipité, qu'on lave avec de l'eau chaude. Le liquide filtré, qui outre l'urane, ne renferme que des traces de métaux étrangers, est précipité avec la lessive de soude, et le précipité couleur orange d'uranate acide de soude est un peu lavé et séché. On le sépare alors du filtre, on le chauffe au rouge dans un creuset de platine, et l'on y ajoute les cendres du filtre brûlé à part. On met alors le contenu du creuset dans un petit filtre, on lave, on sèche et l'on calcine. Le produit est $NaO,2Ur^2O^3$. 100 parties renferment, suivant *Patera*, 88,3 d'oxyde salin d'urane (Ur^3O^4). La méthode donne des résultats assez satisfaisants pour qu'on l'applique, dans l'usine de Joachimsthal, à la réception des minerais d'urane.

Cl. Winkler (**), qui a souvent l'occasion d'appliquer ce procédé, le regarde comme exact et dit que, comparé à des analyses faites autrement, il fournit des résultats assez concordants pour qu'on puisse le regarder comme suffisamment rigoureux, au moins pour les essais industriels. *Winkler* a eu des résultats un peu trop élevés avec des minerais renfermant de fortes proportions de cuivre. Dans ce cas il y a toujours un peu de cuivre qui

(*) *Dingler's polyt. Journ.*, CLXXX, 242. — *Zeitschr. f. analyt. Chem.*, V, 228.
(**) *Zeitschr. f. analyt. Chem.*, VIII, 587.

passe dans la dissolution alcaline et qui, par l'addition subséquente de la soude caustique, se précipite avec l'uranate de soude.

16. Composés d'argent.

§ 258.

Les composés d'argent qui sont le plus souvent soumis aux recherches de laboratoire sont ou des minerais argentifères ou des alliages.

A. MINERAIS D'ARGENT.

Les minerais d'argent sont analysés par la voie sèche et par la voie humide. S'il ne s'agit que de doser l'argent, surtout lorsqu'il est en petite quantité, les méthodes par la voie sèche conduisent le plus rapidement et aussi très exactement au but. Mais s'il faut doser tous les éléments du minerai, il faut alors dans tous les cas procéder par la voie humide. On commence d'abord par une analyse qualitative sérieuse et l'on procède ensuite à la séparation de chaque métal en suivant la marche indiquée dans le 5e chapitre de la 1re partie. Si par l'action de l'acide azotique le minerai donne une dissolution qui renferme tout l'argent, on commence tout d'abord par analyser cette dissolution. Mais s'il n'en est pas ainsi, surtout dans l'analyse des minerais antimoniés et arséniés (antimoniure d'argent, psathurose, argents rouges, myargyrite, polybasite, cuivre gris, etc.), il vaut mieux chauffer le minerai en poudre dans un courant de chlore, afin de séparer ainsi les chlorures métalliques non volatils de ceux qui le sont. Voir page 536, 8. (où se trouve décrit l'appareil à employer) et § 261.

Quant à l'analyse des minerais d'argent par la voie sèche, le mieux est de le soumettre avec du plomb pur à une fusion oxydante ; les éléments accompagnant l'argent, ou bien se volatilisent sous forme d'oxydes ou d'acides, ou bien sont scorifiés en fondant avec l'oxyde de plomb. On arrête l'opération quand l'oxydation a été poussée assez loin, on sépare des scories le plomb non oxydé renfermant l'argent, et on le soumet à la coupellation. Pour les détails de l'expérience, voir au § 259 (Dosage de l'argent dans les galènes).

B. ALLIAGES D'ARGENT.

De tous les alliages d'argent, les plus nombreux (ceux qu'on a le plus souvent à examiner) sont ceux d'argent et de cuivre. On a vu à la page 254 et à la page 526, 11, qu'on peut les analyser par la voie sèche et par la voie humide, et on y indique aussi la marche à suivre dans l'une ou l'autre des méthodes.

Je profite cependant de cette circonstance pour ajouter à ce qui a été dit dans la méthode volumétrique (*) de *Volhard*, qui se recommande par

---

(*) *Journ. f. prackt. Chem.*, [N. F.], IV, 217. — *Ann. d. Chem.*, CXC, 1. — *Zeitschr. f. analyt. Chem.*, XIII, 171. — XVII, 182.

sa simplicité, sa rigueur et aussi parce qu'elle ne suppose pas, comme le fait la méthode de *Gay-Lussac*, la connaissance du titre approximatif de l'alliage.

La méthode repose sur la précipitation de l'argent sous forme de sulfocyanure dans une solution azotique et sur la réaction du sulfocyanure de fer pour reconnaître le moment précis où commence à dominer le sulfocyanure de potassium ou d'ammonium employé pour la précipitation.

Pour préparer le liquide titré, *Volhard* prend le sulfocyanhydrate d'ammoniaque ; d'autres, par exemple *B. Lindemann* (*), préfèrent le sulfocyanure de potassium. Les deux sels se conservent également bien en dissolution étendue. Très peu de chlore dans le sulfocyanure n'a pas d'influence, mais s'il y en a un peu trop, cela nuit à la réaction. Aussi la raison pour laquelle *Volhard* préfère le sulfocyanure d'ammonium, c'est qu'on peut l'avoir exempt de chlore plus facilement que le sel de potasse (**).

On dissout 7,5 à 8 gram. de sulfocyanhydrate d'ammoniaque (approximativement pesées) dans de l'eau de façon à faire un litre, et l'on mesure le titre en faisant agir sur une dissolution d'argent de force bien connue. A cet effet on pèse bien exactement 10 gram. d'argent chimiquement pur, on les dissout dans 160 à 200 C.C. d'acide azotique pur de densité 1,2 : après dissolution complète de l'argent on chasse complètement les composés nitreux en chauffant longtemps : on laisse refroidir et l'on étend d'eau pour faire juste un litre. Avec une pipette on prend 50 C.C. (contenant 0,5 gram. d'argent), on étend avec environ 150 C.C. d'eau et l'on ajoute 5 C.C. d'une dissolution saturée à froid d'alun ammoniacal de fer : si par là la couleur du sel de peroxyde de fer devient sensible, on ajoute encore un peu d'acide azotique pour la faire disparaître. On verse alors la dissolution de sulfocyanhydrate d'ammoniaque à l'aide d'une burette. Au commencement il ne se forme qu'un précipité blanc qui, restant en suspension dans le liquide, donne à celui-ci l'apparence laiteuse. A mesure qu'on ajoute du sulfocyanure, chaque goutte produit bientôt un nuage rouge de sang, qui disparaît promptement par l'agitation du liquide en le faisant tournoyer. Lorsqu'on approche de la précipitation complète de l'argent, le sulfocyanure d'argent se rassemble en flocons, et le liquide commence à s'éclaircir sans cependant devenir tout à fait limpide tant qu'il reste une trace d'argent en dissolution. Mais aussitôt que tout l'argent est précipité, le précipité floconneux se dépose. On continue donc à ajouter le sulfocyanure vers la fin goutte à goutte, jusqu'à ce que le liquide soit devenu limpide et ait pris une teinte brunâtre claire, aussi pâle que possible et qui ne disparaît plus par l'agitation. La coloration se reconnaît surtout avec netteté, non pas en exposant le liquide directement à la lumière, mais en le regardant en tournant le dos à la fenêtre et en plaçant le vase devant un mur blanc. On recommence l'expérience, et, si les

---

(*) *Zeitschr. f. analyt. Chem.*, XVI, 552.

(**) Comme on prépare le sulfocyanure d'ammonium avec des matières premières tout à fait ou presque tout à fait exemptes de chlore, ce sel en général ne contient pas de chlorures ou des quantités très minimes, que l'on peut éliminer facilement et complètement par une nouvelle cristallisation à l'aide de l'eau bouillante. Le sulfocyanure de potassium du commerce renferme toujours plus de chlore que le sel d'ammoniaque.

résultats sont concordants, on étend la solution de sulfocyanure d'ammonium, d'après les nombres trouvés, de façon que 50 C.C. correspondent
juste à 50 C.C. de la solution d'argent, soit 1 C.C. de sulfocyanure à
0,010 gram. d'argent.

Pour doser l'argent dans les alliages, on opère exactement comme pour
fixer le titre de la solution de sulfocyanure. Si l'on pèse juste 1 gram. d'alliage, chaque dixième de C.C. correspond à 1 pour 1000 d'argent.

Dans l'application de la méthode, il faut tenir compte des remarques
suivantes :

1. Il ne doit pas y avoir d'acide azoteux ni dans la dissolution, ni dans
l'acide azotique. que l'on doit quelquefois ajouter. Si ce dernier en renferme, il faut l'en débarrasser en chauffant et conserver l'acide purifié à
l'abri de la lumière.

2. Il faut faire agir le sulfocyanure à froid, car à chaud l'acide sulfocyanhydrique serait décomposé par l'acide azotique, ce qui ferait disparaître la couleur du sulfocyanure de fer.

3. La dissolution d'alun de fer doit toujours être en grand excès et
toujours à peu près dans la même proportion par rapport à la quantité
totale du liquide.

4. La quantité plus ou moins grande d'acide azotique libre n'a pas d'influence sur les résultats.

5. La présence du cuivre dans les alliages ne gêne pas, tant que la
proportion de cuivre ne dépasse pas 70 pour 100. Avec les alliages plus
riches en cuivre, on ajoute un poids connu d'argent pur de façon que, dans
l'essai pesant 1 gram., il n'y ait pas plus de 0,7 gram. de cuivre.

6. Il ne faut pas qu'il y ait de mercure dans la dissolution. Aussi si l'alliage en renferme, on le chassera d'abord en chauffant au rouge.

7. Le palladium est une cause d'erreur ; il compte comme argent.

8. En présence du nickel ou du cobalt, il y a quelque difficulté à saisir
la réaction finale. On ajoute facilement quelques gouttes de sulfocyanure
de trop. Si alors on revient avec précaution avec la solution d'argent, on
voit apparaître la couleur pure de la solution de nickel ou de cobalt si subi-
tement ou si nettement, que l'on peut alors inversement reconnaître facilement le point où la couleur de la dissolution passe au brun jaunâtre
par le mélange avec la couleur du sulfocyanure de fer.

17. Composés du plomb.

§ 259.

A. Galène

La galène, le plus important et le plus abondant des minerais de plomb,
contient outre le plomb et le soufre, fréquemment ou seulement quelquefois, de plus ou moins grandes quantités de zinc, de cuivre d'antimoine,
d'arsenic, de fer, d'argent, des traces d'or et ordinairement plus ou moins
de gangue insoluble dans les acides.

Dans ce qui suit nous indiquerons au n° 1 le dosage de tous les éléments d'une galène, au n° 2 le dosage seul du plomb, au n° 3 celui de l'argent par la voie sèche et au n° 4 le même par la voie humide.

1. Dosage de tous les éléments contenus dans une galène.

a. Avec de l'acide azotique rouge, fumant, bien exempt de chlore et d'acide sulfurique, on oxyde un poids connu (1 à 2 gram.) de la galène (voir page 431, a). Pour cela on se sert d'un ballon d'une assez grande capacité, fermé pendant l'opération avec un verre de montre, et l'on ne met pas dans le ballon le petit tube de verre dans lequel on a pesé la galène. Si l'acide est suffisamment concentré, tout le soufre s'oxyde. Après avoir chauffé doucement et assez longtemps, on fait passer le contenu du ballon dans une capsule en porcelaine, on ajoute 3 à 4 C.C. d'acide sulfurique concentré, pur et étendu préalablement d'un peu d'eau et l'on chauffe au bain-marie jusqu'à ce que tout l'acide azotique soit chassé. On étend de 50 à 60 C.C. d'eau, on filtre, on lave le résidu avec de l'eau contenant de l'acide sulfurique, et l'on déplace celle-ci par de l'alcool. On recueille à part l'alcool qui passe.

a. Lorsque le *résidu* est sec, on le chauffe au rouge et on le pèse page 431. a.). Il consiste en sulfate de plomb, gangue indécomposée par les acides, silice, etc. On le chauffe à l'ébullition avec de l'acide chlorhydrique soit tout entier, soit seulement une partie pesée ; au bout de quelque temps on jette le liquide sur un filtre, en évitant toutefois d'y laisser arriver du précipité : on ajoute de nouveau de l'acide chlorhydrique au résidu, on fait bouillir et l'on continue ainsi jusqu'à ce que tout le sulfate de plomb soit dissous ; à la fin on jette tout sur le filtre, on lave avec de l'eau bouillante jusqu'à ce qu'on ait enlevé toute trace de chlorure de plomb, on sèche, on chauffe au rouge et on pèse ce *nouveau résidu*. En retranchant son poids de celui du premier trouvé plus haut, on aura la quantité de sulfate de plomb que renfermait le premier. Au lieu d'enlever le sulfate de plomb avec l'acide chlorhydrique, on pourrait aussi chauffer avec une dissolution aqueuse de tartrate ou d'acétate d'ammoniaque additionnée d'ammoniaque, ou avec une dissolution d'acétate de soude. On pourrait aussi le transformer en carbonate de plomb en faisant digérer avec une dissolution de carbonate de soude, lavant et dissolvant dans l'acide azotique. Il faut nécessairement employer un de ces derniers moyens de séparer le sulfate de plomb, lorsque l'on a à craindre que la gangue soit attaquée par l'acide chlorhydrique.

β. Si l'on a bien opéré, la *dissolution sulfurique* ne doit plus contenir de trace appréciable de plomb : elle renferme les autres métaux. D'abord on ajoute un peu d'acide chlorhydrique pour essayer s'il y a de l'*argent*. S'il y a un trouble ou un précipité on abandonne longtemps le liquide au chaud jusqu'à ce que tout le chlorure d'argent se soit déposé. On le filtrera et on pourra le mesurer comme il est indiqué à la page 250.

Lorsqu'il n'y a que très peu d'argent, je préfère incinérer le petit filtre avec le chlorure d'argent dans un creuset en porcelaine, chauffer encore quelque peu le résidu au rouge dans un courant d'hydrogène, dissoudre dans l'acide azotique la petite quantité d'argent métallique, évaporer la dissolution à sec dans le creuset, reprendre le résidu par l'eau et dans le liquide doser l'argent par la méthode de *Pisani* (page 260). — En général la galène renferme si peu d'argent, qu'une détermination exacte de ce dernier métal n'est pas possible avec 1 ou 2 gr. de minerai : aussi pour doser l'argent il faut en traiter une plus grande quantité suivant le § **259**. 3 ou 4.

On précipite avec l'acide sulfhydrique le liquide resté clair après l'addition d'acide chlorhydrique ou celui qu'on a séparé du chlorure d'argent. Le précipité contient la plus part du temps un peu de *sulfure de cuivre* et de *sulfure d'antimoine* et parfois aussi d'autres *sulfures métalliques*. On les sépare, ainsi que les métaux précipités par le sulfhydrate d'ammoniaque dans le liquide filtré (fer, zinc, etc.) par les procédés donnés au cinquième chapitre de la première partie. Quant à la séparation de l'antimoine d'avec l'arsenic voir aussi pages 961 et 962.

b. Pour doser le *soufre* on prend une nouvelle portion de la galène pulvérisée et on la traite comme il est dit à la page 426. 1. a. — On ne négligera pas, comme c'est du reste indiqué, de traiter par l'acide carbonique, avant de filtrer, la solution de la masse fondue. Si l'on préfère opérer par voie humide, il faudra choisir la méthode donnée à la page 452. b.

2. Dosage du plomb seul dans la galène.

Le procédé indiqué par *F. Stolba* (*) pour analyser les sels de plomb, — précipitation du plomb par le zinc par voie humide — a été employé aussi par *Storer* (**) et *Mascazzini* (***) pour le dosage du plomb dans la galène. Tous deux pèsent le plomb précipité tel quel, le premier après l'avoir séché dans un courant de gaz de l'éclairage, le dernier après l'avoir fondu avec un fondant réducteur. *Storer* traite directement la galène en poudre par l'acide chlorhydrique et le zinc, tandisque *Mascazzini*, avant de faire agir le zinc avec l'acide chlorhydrique, transforme le sulfure de plomb en sulfate en chauffant avec du sulfate d'ammoniaque. Ces méthodes cependant ne semblent pas dignes de confiance, au moins d'après les essais qu'en firent *G. C. Wittsstein* et *A. B. Clark* jeune (****), qui en appliquant la méthode de *Storer* n'obtinrent par de bons résultats. *Fr. Mohr* (*****) aussi, soit en séchant le plomb précipité, soit en le fondant avec un agent reducteur, n'eut que des résultats peu satisfaisants.

En se fondant sur la décomposition de la galène par le zinc, *Fr. Mohr* (loc, cit.) a donné un moyen d'y doser le plomb. On pèse environ 2 gr. des minerais en poudre fine, on le met dans une capsule ou une petite bassine en porcelaine, on y verse de l'acide chlorhydrique ordinaire (densité $=1,12$), on couvre avec un verre de montre, on chauffe et à la fin on fait bouillir. Il se dégage de l'hydrogène sulfuré et il se dépose du chlorure de plomb. Lorsque l'action de l'acide s'arrête, parce que le chlorure de plomb enveloppe la galène non encore décomposée et parce que l'acide est saturé de

---

(*) *Journ. f. prackt. Chem.*, CI, 150. — *Zeitschr. f. analyt. Chem.*, VII, 102.
(**) *Chem. News.*, XXI, 137. — *Zeitschr. f. analyt. Chem.*, IX, 514.
(***) *Zeitschr. f. analyt. Chem.*, X, 491.
(****) *Zeitschr. f. analyt. Chem.*, XI, 460.
(*****) *Zeitschr. f. analyt. Chem.*, XII, 145.

chlorure de plomb, on ajoute une petite balle de zinc. Aussitôt il se produit un vif dégagement d'hydrogène et le plomb se dépose sur le zinc. En chauffant un peu il se dissout toujours une nouvelle quantité de chlorure de plomb, jusqu'à ce qu'enfin il ne se dégage plus d'hydrogène sulfuré et que le liquide paraît clair et incolore. On décante et on lave le plomb complètement avec de l'eau(*), ce qui se fait très facilement par simple décantation. On dissout le plomb séparé dans l'acide azotique étendu, on sépare par filtration de la gangue non dissoute, on évapore avec de l'acide sulfurique et on achève comme il est dit à la page 264 a. β.

3. Dosage de l'argent dans la galène et recherche de l'or (méthode par la voie sèche).

Pour trouver et doser les petites quantités d'argent (**) et les traces d'or que l'on rencontre fréquemment (suivant *Percy* et *Smith* (***) dans les galènes, la méthode du § **259**, 1. ne suffit pas. Pour arriver au but il vaut mieux le plus souvent fondre un régule qui renferme en tout ou en partie le plomb de la galène, mais contient la totalité de l'argent et de l'or et traiter ensuite ce régule par la voie sèche.

Préparation du régule.

a. *Méthodes applicables aux galènes pauvres.*

α. On mélange intimement 20 gr. de galène en poudre, 60 gr. de carbonate de soude anhydre et 6 gr. de salpêtre : on place le mélange dans un creuset de Hesse, on le couvre avec une couche de 8^{mm} d'épaisseur environ de sel marin décrépité et on fond, en poussant à la fin au rouge blanc, afin que les scories soient en pleine fusion. On laisse refroidir très lentement, on casse le creuset, on aplatit sur une enclume le régule qui doit être pur et compact, et on le nettoie en le faisant bouillir dans de l'eau. Suivant *Berthier* (et nos propres expériences), on obtient ainsi avec de la galène pure environ 75 à 78 pour 100 de plomb, au lieu de 86,6 qu'elle renferme réellement, mais tout l'argent est dans le pomb. — Pour se rendre compte de cette opération, il faut se rappeler qu'en fondant le sulfure de plomb avec le carbonate de soude à l'abri du contact de l'air, il se forme du plomb et une scorie composée de sulfate de soude et de sulfure double de plomb et de sodium (4. $NaO,CO^3 + 7.PbS = 4.Pb + 3 (PbS,NaS) + NaO,SO^3 + 4.CO^2$). Par l'addition du salpêtre on décompose le sulfosel, le plomb est mis en liberté et le sodium et le soufre sont oxydés.

β. On mélange 20 gr. de galène en poudre, 30 gr. de flux noir (****) et 5 à 6 gr. de petits clous en fer : on fond le tout dans un creuset de Hesse

---

(*) Suivant *Stolba* (*Zeitschr. f. analyt. Chem.*, VII, 105) l'eau distillée ne convient pas pour laver le plomb à l'état spongieux, parce qu'elle dissout toujours un peu de plomb, quand même elle aurait été préalablement bouillie et refroidie à l'abri du contact de l'air. Il faut employer de l'eau de fontaine.

(**) Les galènes argentifères renferment d'ordinaire de 0,03 à 0,18 pour 100 d'argent : mais il y en a beaucoup qui restent encore au-dessous de ce minimum.

(***) *Philos. Mag.*, VII, 126. — *Journ. f. prackt. Chem.*, LXI, 435.

(****) Obtenu en faisant détoner 1 partie de salpêtre avec 2 1/2 de crème de tartre.

au rouge vif, avec de la gangue difficilement fusible on ajoute 2 à 3 gr. de borax. La galène est d'abord décomposée par le carbonate alcalin et le charbon, avec élimination de plomb et formation de sulfure double de plomb et de sodium : puis ce dernier est désulfuré à une haute température par le fer, et le plomb s'en sépare. Après le refroidissement on casse le creuset et on achève comme en α. On a soin qu'il n'y ait pas de clous emprisonnés dans le plomb. Suivant *Berthier*, on obtient ainsi de 72 à 79 pour 100 de plomb ; toutefois, avec de la galène pure et à une température pas trop élevée, on peut obtenir jusqu'à 85,5 pour 100.

2. *Méthode applicable aux galènes riches* (*).

Il faut pour cela un petit têt en argile cuite (*fig.* 214) et un bon fourneau à moufle d'une construction particulière (**).

On mélange dans le têt 4 gr. de minerai en poudre fine avec 32 gr. de plomb bien exempt d'argent (***), de façon que la moitié à peu près du métal soit mêlée au minerai et que l'autre moitié recouvre le tout. Suivant la nature des gangues il faudra ajouter un fondant : du borax, du quartz ou du verre. On le fera quand le minerai contiendra beaucoup de chaux, de magnésie, de zinc, etc. La quantité de fondant dépend de la proportion des bases étrangères, et parfois elle pourra s'élever à 2,5 gr.. Si le minerai renferme du quartz ou des silicates, il ne faut pas ajouter de borax ou n'en mettre que très peu, au plus 0,5 gr. — S'il n'y a pas de silice ou s'il y en a peu, libre ou combinée, on ajoute une petite proportion de verre ou de quartz.

Le rapport que nous avons indiqué plus haut entre le minerai et le plomb peut être regardé comme normal, mais s'il y avait une quantité notable de blende ou de pyrite de fer, au lieu de 52 gr. de plomb il faudrait en prendre de 48 à 67, et même encore davantage en présence de composés de cuivre ou d'étain.

On introduit le têt dans un moufle (*fig.* 218) chauffé au rouge vif, et que l'on ferme en avant avec des charbons ardents pour déterminer la fusion rapide du plomb. Ce métal entre en fusion, le minerai, plus léger, flotte à sa surface et se grille. Les vapeurs qui se dégagent sont différentes suivant les produits du grillage : le soufre donne des vapeurs gris clair ; avec le zinc elles sont blanches et épaisses ; avec l'arsenic blanc grisâtre ; blanc bleuâtre avec l'antimoine.

Fig. 214.

Au bout de 15 à 20 minutes, il s'est formé une scorie fluide qui entoure le métal fondu, duquel se dégagent des vapeurs de plomb. Avec les essais difficiles à fondre il faut au moins 35 minutes avant qu'on ait atteint le but et que la surface soit parfaitement unie.

On enlève les charbons qui sont devant l'ouverture du moufle, on ferme

(*) Voir le remarquable ouvrage de *Balling, Traité de l'art de l'essayeur.* Édition française, 1881. — En outre, les *Essais métallurgiques de Kerl* (1866).
(**) Je n'en donnerai pas ici la description, que l'on trouvera dans l'ouvrage de *Bodemann-Kerl.*
(***) Dans les laboratoires, on le préparera facilement en précipitant par le zinc une solution d'acétate de plomb.

les ouvertures du fourneau et on laisse le plomb s'oxyder au contact de l'air, jusqu'à ce que la couche d'oxyde couvre complètement ou presque complètement la surface du métal : on donne alors pendant 5 minutes un nouveau coup de feu, pour rendre toutes les scories bien fluides. Il faut en général une demi-heure, au plus une heure, pour amener à bonne fin la scorification.

On retire le têt du moufle à l'aide d'une pince particulière (*fig.* 215) et on verse métal et scorie dans le goulot frotté d'ocre et de craie d'une lingotière en fer ou en cuivre qu'on aura chauffée d'avance (*).

L'alliage de plomb ainsi obtenu doit former un régule qu'on pourra séparer facilement des scories. On l'aplatit au marteau, de façon qu'on puisse le prendre sans difficulté avec une pince (*fig.* 216) pour le poser dans une coupelle sans qu'il en dépasse les bords.

Dans cette opération le minerai est d'abord grillé : la litharge qui se forme décompose les sulfures, le soufre brûle en acide sulfureux et les métaux sont mis en liberté ; en outre l'oxyde de plomb dissout les terres et les oxydes étrangers et les entraîne dans les scories.

Fig. 215.   Fig. 216.

Dosage de l'argent dans le régule de plomb argentifère.

Le dosage de l'argent peut se faire par la voie humide ou par la voie sèche. Dans les laboratoires de chimie, où l'on n'a pas toujours des fourneaux à moufle convenables, on préfère le plus souvent la voie humide (voir § 259. 4. a.), tandis que dans les ateliers métallurgiques on opère presque exclusivement par la voie sèche.

Il faut pour cette opération de petites coupelles (*fig.* 217) faites avec des cendres d'os et que l'on peut facilement se procurer dans le commerce.

Fig. 217.

Bien qu'une partie en poids de la coupelle puisse absorber l'oxyde provenant de deux parties de plomb, cependant on admet qu'elle ne prend l'oxyde que d'une seule partie de métal, par conséquent le régule ne doit pas être beaucoup plus lourd que la coupelle. Aussitôt que le moufle (*fig.* 218) est au rouge blanc sur la moitié de la sole, on y introduit les coupelles vides et on les pousse peu à peu vers le fond jusqu'à ce qu'elles soient au rouge vif, car il est nécessaire que l'alliage de plomb entre rapidement en fusion, sans quoi de petites parcelles de plomb pourraient rester après les bords supérieurs de la cou-

(*) C'est une plaque métallique avec des cavités hémisphériques de 5 à 6 centimètres de diamètre.

pelle. Si le fourneau est très chaud, la surface du plomb fondu se met
rapidement en mouvement : si cela n'arrivait pas, il faudrait placer devant
l'ouverture du moufle des charbons rouges. Aussitôt
que ce mouvement superficiel a commencé, on ferme
les ouvertures du fourneau et on ne laisse qu'un petit
charbon en avant du moufle. Il faut alors laisser le
départ s'opérer à une température convenable et
assez basse, car si l'essai était trop chaud, la coupelle absorberait un peu d'argent avec la litharge.
Mais il ne faut pas cependant laisser la température

Fig. 218.

s'abaisser trop, car le plomb cesserait d'être absorbé. Si l'on voulait soumettre plus tard à la coupellation un essai solidifié, les résultats ne seraient pas exacts.

Quand l'opération marche bien, on voit sortir du milieu de l'essai des
vapeurs de plomb, qui s'élèvent en serpentant jusqu'au milieu du moufle,
et se former sur le bord de la coupelle chauffée au rouge brun un cercle
de très petits cristaux d'oxyde de plomb. Si la fumée de plomb disparaît immédiatement au-dessus de la coupelle, si celle-ci est au rouge vif, et s'il ne
se forme pas de ces petits cristaux de litharge, c'est que la température
est trop élevée. Si la fumée de plomb s'élève jusqu'à la voûte du moufle et si
les bords de la coupelle paraissent brun foncé, la température est trop
basse et l'essai se solidifie facilement.

Vers la fin de l'opération il faut de nouveau élever la température, parce
que le bouton métallique devient d'autant moins fusible que la proportion
d'argent y est plus considérable, et aussi parce que les dernières traces de
plomb ne se transforment complètement en litharge et ne sont absorbées
par la coupelle qu'à une température un peu élevée. Mais il ne faut pas activer la chaleur trop tôt et il ne faut l'augmenter que peu à peu, sans toutefois faire fondre les petits cristaux de litharge qui sont sur le bord de la
coupelle. Enfin les dernières traces d'oxyde de plomb disparaissent sur la
surface du métal, en même temps les couleurs irisées cessent de se manifester, le bouton d'argent apparaît dans toute sa pureté, en projetant dans
le moufle un vif éclat qui produit ce qu'on appelle l'*éclair*. On laisse
refroidir lentement pour empêcher la projection de l'argent, qui aurait lieu
par suite du dégagement trop rapide de l'oxygène absorbé par le métal
fondu.

Le bouton d'argent doit avoir une surface parfaitement brillante, il doit
être presque hémisphérique ou rond et d'un beau blanc d'argent. On doit
pouvoir le détacher facilement de la coupelle avec une petite pince, et la
partie qui touchait cette dernière, sans être brillante, doit cependant avoir
la blancheur et la pureté du métal après qu'on l'a nettoyée avec une petite
brosse. Les boutons qui offrent des aspérités renferment du plomb. Après
avoir nettoyé le bouton on le pèse. — Si le plomb ajouté n'était pas absolument exempt d'argent, il faudrait déterminer la proportion de ce dernier
et corriger le résultat obtenu.

Après avoir pesé le bouton d'argent on peut chercher s'il renferme de
l'or, que l'on dosera, si c'est possible, voir page 531 (169).

Il y a toujours une légère perte d'argent dans la coupellation. D'après les expériences de *Burbidge Hambly* (*) elle varie suivant la proportion du plomb par rapport à l'argent ; calculée sur 1000 parties d'argent, cette perte est de 5,5 pour 1 de plomb et 1 d'argent : de 16,2 pour 1 d'argent et 15 de plomb : de 18,8 pour 1 d'argent et 35 de plomb.

4. Dosage de l'argent dans la galène par la voie humide.

a. On prépare suivant le § **259**. 3. *a. α.* ou β. un régule de plomb renfermant tout l'argent, on le nettoie le mieux possible, on le dissout dans de l'acide azotique exempt de chlore moyennement étendu, on étend fortement la dissolution, et l'on y ajoute alors un peu d'acide chlorhydrique très étendu, ou une dissolution de chlorure de plomb. On abandonne le liquide trouble en un lieu chaud jusqu'à ce que le chlorure d'argent se soit déposé, on le sépare par filtration, on le lave à fond avec de l'eau bouillante et enfin on transforme en argent métallique pour la pesée (p. 974. β). Pour des quantités d'argent pas trop petites j'ai obtenu ainsi de bons résultats ; mais l'on ne peut plus employer ce moyen s'il n'y a que de très petites proportions d'argent, parce que de petites quantités de chlorure d'argent restent en dissolution dans un liquide renfermant beaucoup d'azotate de plomb *Hampe* (**). Voir page 984, 14, à propos de la concentration de l'argent dans le plomb.

b. On peut traiter la dissolution azotique du régule d'après la méthode de *Pisani* (page 260). Il faut avoir bien soin que l'acide sulfurique qu'on emploiera pour précipiter le plomb, et le carbonate de chaux destiné à neutraliser les acides, soient tous deux bien exempts de chlore. Je n'ai pas fait d'expériences pour essayer ce procédé.

c. *C. A. M. Balling* (***) opère de la façon suivante sans préparer préalablement de régule. On mélange de 2 à 5 gr. de la galène en poudre fine avec trois à quatre fois son poids d'un mélange à parties égales de carbonate de soude et d'azotate de potasse ; on met le tout dans un creuset en porcelaine suffisamment grand, on le ferme, on chauffe pour amener à fusion, et l'on remue bien avec une baguette en verre préalablement chauffée. Après refroidissement on humecte la masse fondue avec de l'eau, on vide le contenu du creuset dans une capsule en porcelaine, on chauffe, on filtre, on lave, on remet dans la capsule, on dissout dans de l'acide azotique étendu pur l'oxyde de plomb renfermant l'argent, on évapore à siccité, on reprend le résidu par de l'eau additionnée d'un peu d'acide azotique, on chauffe, on filtre la dissolution dans un ballon, on lave avec de l'eau chaude, on laisse refroidir, on ajoute de la solution d'alun ammoniacal de fer et l'on titre l'argent avec le sulfocyanure d'ammonium par la méthode de *Volhard* (page 972). On prendra une dissolution de sulfocyanure étendue de façon que 1 C.C. corresponde à 1 C.C. d'une solution d'argent renfermant 1 gr. d'argent par litre, de sorte que chaque C.C. de sulfocyanure représente 1 milligramme d'argent. Je n'ai pas essayé la méthode.

(*) *Chem. Gazette*, 1856, 185. — *Chem. Centralblatt*, 1857, 109.
(**) *Zeitschr. f. analyt. Chem.*, XI, 221.
(***) *Chem. Centralbl.*, 1879. 490.

B. DIFFÉRENTES SORTES DE PLOMB.

Le plomb métallique offre des degrés de pureté très différents. Nous indiquerons dans ce qui suit l'analyse du plomb raffiné (plomb mou), du plomb d'œuvre et du plomb dur.

a. *Analyse du plomb raffiné (plomb mou).*

Ce plomb contient de 99,96 à 99,99 de plomb métallique et seulement alors des quantités excessivement faibles d'autres métaux, surtout argent, cuivre, bismuth, cadmium, antimoine, arsenic, fer, nickel, cobalt, zinc et manganèse.

Première méthode (*).

1. On coupe le plomb à analyser en gros morceaux, on racle la surface de chacun avec une lame de couteau bien polie jusqu'à ce qu'elle soit tout à fait nette et brillante, on chauffe les morceaux avec de l'acide chlorhydrique étendu, on les lave avec de l'eau chaude et on les sèche rapidement. Si l'on négligeait cette purification préalable, il y aurait à craindre que les impuretés adhérentes à la surface, troublassent l'exactitude des résultats.

2. On pèse exactement 200 gr. des morceaux ainsi nettoyés, et on les dissout dans un ballon de 1 à 1 litre 1/2 avec de l'acide azotique pur étendu, de densité 1,2 et dont il faut environ 500 C.C., en y ajoutant assez d'eau (à peu près 500 C.C.) pour qu'il ne se dépose pas d'azotate de plomb. On favorise la dissolution en chauffant convenablement : il faut éviter un excès inutile d'acide azotique. On abandonne pendant 12 à 24 heures.

Comme 200 gr. de plomb donnent 310 gr. d'azotate et que 1 p. du dernier exige 2 p. d'eau pour se dissoudre, en donnant un volume de 1 litre à la solution on n'a pas à craindre que le sel cristallise. Si cela arrivait cependant c'est qu'on aurait mis trop d'acide azotique, car on sait que l'azotate de plomb est bien moins soluble dans l'acide azotique étendu que dans l'eau.

3. En général (c'est-à-dire avec tous les plombs les plus purs) les dissolutions sont parfaitement limpides. Il n'y a qu'avec les plombs un peu plus riches en antimoine qu'il se forme de suite ou après repos un précipité blanc plus ou moins apparent. Je traiterai ce cas particulier, plus bas au n° 15 ; ici nous supposons que la dissolution reste bien claire.

4. On verse tout le liquide dans un ballon jaugé de 2 litres, on ajoute 115 gr. (environ 62 à 63 C.C.) d'acide sulfurique concentré parfaitement pur — qu'on pèse ou mesure approximativement ; — on laisse refroidir, on remplit jusqu'au trait de jauge, on agite bien et on laisse déposer. L'acide sulfurique ajouté est calculé de façon qu'il en reste un excès de 10 à 12 gr. Lorsque le sulfate de plomb s'est déposé, on soutire avec un siphon le liquide clair ou à peu près, en amorçant le siphon avec le liquide lui-

(*) R. Frésénius, *Analyse du plomb raffiné. Zeitschr. f. analyt. Chem.*, VIII, 148.

même. On peut, de cette façon, soutirer plus de 1750 C.C. On peut aussi filtrer à travers un filtre sec. On mesure exactement 1750 C.C. de ce liquide, que l'on évapore sous une cheminée avec un bon tirage et sans le couvrir avec du papier, jusqu'à ce qu'apparaissent d'abondantes vapeurs blanches d'acide sulfurique, indice que l'acide azotique est bien éliminé. On laisse refroidir, on ajoute environ 60 C.C. d'eau, on jette la petite quantité de sulfate de plomb précipité sur un petit filtre parfaitement lavé avec de l'eau et de l'acide chlorhydrique et on lave le précipité avec de l'eau.

5. Le faible précipité de sulfate de plomb ainsi obtenu contient fréquemment un peu des acides de l'antimoine. On le dissout dans l'acide chlorhydrique, on ajoute au moins dix fois autant de dissolution d'acide sulfhydrique qu'on a employé d'acide chlorhydrique pour opérer la dissolution, on chauffe et l'on fait passer un courant d'hydrogène sulfuré.

Après dépôt on sépare le précipité par filtration, on le lave, on étale le filtre dans une capsule, et en chauffant presque à l'ébullition on traite pendant peu de temps le précipité par une dissolution de sulfure de potassium ou d'ammonium pur, en ajoutant un peu de soufre pur. On filtre, on lave, on acidule le liquide filtré avec de l'acide chlorhydrique et on laisse déposer à une douce chaleur le précipité formé.

6. Dans la dissolution sulfurique obtenue en 4, étendue d'eau, s'il le faut, de façon à faire 200 C.C. et chauffée à 70°, on fait passer un courant de gaz hydrogène sulfuré jusqu'à ce que le précipité se rassemble; on laisse reposer 12 heures à une douce chaleur, on filtre sur un petit filtre et on lave. On opère suivant le n° 9 avec le liquide filtré et les eaux de lavage; quant au léger précipité on le chauffe comme au n° 5 avec une dissolution de sulfure de potassium additionnée d'une trace de soufre. On acidule avec de l'acide chlorhydrique le liquide filtré contenant du sulfure de potassium, et on laisse déposer le précipité dans un lieu chaud.

7. Le précipité, insoluble dans le sulfure de potassium et renfermant les métaux du 5° groupe, est traité, à la température voisine de l'ébullition, par de l'acide azotique étendu (environ 1 p. d'acide de densité 1,2 avec 2 p. d'eau), et cela en opérant dans une petite capsule sur laquelle on aura étalé le filtre. Lorsque le précipité est dissous on filtre, on lave le petit filtre, on le dessèche, on l'incinère, on met les cendres dans la dissolution azotique, que l'on évapore, en ajoutant 2 C.C. d'acide sulfurique étendu, jusqu'à ce que, l'acide azotique soit éliminé; on ajoute un peu d'eau, on sépare par filtration les traces de sulfate de plomb qui ont pu se déposer; on neutralise presque avec une lessive de potasse pure; on ajoute du carbonate de soude et un peu de cyanure de potassium exempt de sulfure de potassium, et l'on chauffe un peu. S'il se forme un précipité, on le sépare par filtration, on le lave, on le dissout dans l'acide azotique étendu et dans la dissolution; on dose le bismuth en le précipitant par le carbonate d'ammoniaque et en le pesant à l'état d'oxyde. Dans la dissolution, contenant du cyanure de potassium, séparée par filtration du bismuth, ou qui est restée limpide, on ajoute un peu plus de cyanure de potassium, puis quelques gouttes de sulfure de potassium. S'il se forme un précipité, il peut contenir du sulfure de cadmium et du sulfure d'argent. On le sépare

par filtration, on le dissout dans l'acide azotique chaud et étendu : par quelques gouttes d'acide chlorhydrique on précipite l'argent s'il y en a ; on évapore presque à siccité le liquide filtré, et l'on cherche, avec le carbonate de soude, s'il y a du cadmium à précipiter. S'il y en a, on le dose sous forme d'oxyde. Le mieux, c'est de redissoudre le précipité très bien lavé dans l'acide azotique, d'évaporer à siccité, de chauffer au rouge et de peser le résidu. Le liquide séparé par filtration du sulfure de cadmium et du sulfure d'argent, ou celui qui est resté limpide sous l'action du sulfure de potassium, est évaporé après addition d'un peu d'acide sulfurique et d'acide azotique, et aussi quelques gouttes d'acide chlorhydrique, jusqu'à ce que toute odeur d'acide prussique ait disparu : on précipite le liquide clair ou filtré, si c'est nécessaire, par l'acide sulfhydrique, et l'on dose le cuivre à l'état de sulfure (p. 281). On contrôle le résultat ; si la proportion de cuivre est faible, par une analyse volumétrique, en redissolvant le sulfure de cuivre dans l'acide azotique, évaporant à siccité avec de l'acide sulfurique, et décomposant le sulfate de cuivre par l'iodure de potassium (p. 282 a).

S'il n'y a pas de cadmium, la séparation du bismuth d'avec le cuivre par l'ammoniaque et le carbonate d'ammoniaque est bien plus simple ; mais s'il y a du cadmium, ce qu'en général on ne peut pas savoir, l'analyse est rendue par là plus difficile, parce que l'on peut avoir le cadmium, partie dans le précipité avec le bismuth, partie dans la dissolution avec le cuivre. Il ne faudra pas oublier non plus, avant la dernière précipitation avec l'acide sulfhydrique, d'essayer avec l'acide chlorhydrique la solution acide de cuivre pour voir s'il n'y a pas d'argent : on pourrait, sans cette précaution, avoir facilement du sulfure d'argent dans le sulfure de cuivre.

8. Sur un petit filtre on rassemble les précipités obtenus en 5. et en 6. en acidifiant par l'acide chlorhydrique les dissolutions dans le sulfure de potassium ; on les dissout encore humides, dans un excès de lessive de potasse, on traite par le chlore gazeux et l'on dose l'antimoine et l'arsenic d'après le procédé de *Bunsen* (p. 961 et 962). On fera bien de rassembler le sulfure d'antimoine dans un petit tube à amiante, de le traiter suivant qu'il est dit à la page 299, et de le peser sous forme de trisulfure noir.

9. Le liquide filtré obtenu en 6. et réuni aux eaux de lavage, est versé dans un ballon, rendu juste alcalin avec de l'ammoniaque, puis additionné de sulfhydrate d'ammoniaque. Si son volume dépassait 500 C.C., il faudrait le concentrer par évaporation. On ferme le ballon rempli jusqu'au col, et on l'abandonne pendant 24 heures au moins. Du reste on ne filtre que lorsque le faible précipité s'est complètement déposé. On acidule le liquide filtré avec de l'acide acétique, on ajoute de l'acétate d'ammoniaque et on fait évaporer à une douce chaleur, afin que, s'il y avait encore quelques traces de sulfure de nickel dissoutes dans le sulfhydrate d'ammoniaque, elles se déposassent avec le soufre précipité. Après dépôt on filtre.

10. Le précipité obtenu en 9. par le sulfure d'ammonium est traité immédiatement après la filtration et sur le petit filtre, par un mélange d'environ 6 p. de dissolution aqueuse d'hydrogène sulfuré avec 1 p. d'acide chlorhydrique de densité 1,12 et en reversant dans le filtre le liquide qui passe. On arrive ainsi à redissoudre le sulfure de fer et celui de zinc, tandis que les sulfures de nickel et de cobalt restent non dissous. On

incinère ensemble ce petit filtre et celui du n° 9, qui peut renfermer du soufre avec du nickel, on traite par un peu d'eau régale, on évapore pas tout à fait à siccité, on rend juste alcalin avec de l'ammoniaque, on ajoute un peu de carbonate d'ammoniaque, on filtre et l'on chauffe le liquide filtré ammonical avec léger excès de lessive de potasse pure dans une capsule en platine, jusqu'à ce qu'il ne se dégage plus d'ammoniaque. S'il se sépare des flocons que l'on puisse peser, on les sépare par filtration, on lave, on sèche, on incinère, on chauffe au rouge, on pèse et on cherche au chalumeau s'il n'y a pas de protoxyde de cobalt mélangé avec celui de nickel.

11. On concentre par évaporation, en ajoutant à la fin un peu d'acide azotique, le liquide séparé par filtration après le traitement au n° 10 par l'acide chlorhydrique très étendu du précipité fourni par le sulfhydrate d'ammoniaque ; on précipite par l'ammoniaque, après avoir chauffé on sépare par filtration les flocons d'hydrate de peroxyde de fer, on les redissout dans l'acide chlorhydrique, on reprécipite par l'ammoniaque, on lave, on sèche, on incinère, et l'on pèse le peroxyde de fer. Comme contrôle, on peut le fondre avec un peu de bisulfate de potasse, réduire avec le zinc, et doser volumétriquement le protoxyde de fer avec le permanganate de potasse.

12. Au liquide filtré, séparé d'avec le peroxyde de fer hydraté, on ajoute un peu de sulfhydrate d'ammoniaque et l'on abandonne pendant au moins 24 heures à une douce chaleur. S'il se sépare des flocons que l'on puisse peser, on filtre, on lave, et on les traite de suite sur le petit filtre avec de l'acide acétique étendu, pour enlever le sulfure de manganèse qui pourrait s'y trouver mélangé. S'il reste alors des traces de sulfure de zinc sur le filtre, pour pouvoir les peser on transforme le sulfure en oxyde par la méthode de *Volhard* (p. 880). Quant à la solution acétique, on l'évapore pour concentrer, et l'on cherche à y précipiter par un peu de lessive de potasse le peu de manganèse qui pourrait s'y trouver.

13. Dans le calcul des éléments trouvés jusqu'ici, il ne faut pas oublier que les quantités trouvées se rapportent à 179 gr. et non pas à 200. Car dans le flacon de 2 litres rempli jusqu'au trait de jauge, on a 45 C.C. de sulfate de plomb et il n'y a que 1955 C.C. de dissolution, dont on n'a employé que 1750 C.C. Or $\dfrac{1950 \text{ C.C.}}{200 \text{ gr.}} = \dfrac{1750 \text{ C.C.}}{179,05}$ ou, en nombre rond, 179 gr.

14. Le dosage de l'argent (*) se fait le mieux par la coupellation (p. 978 et 979), parce que dans la dissolution azotique du plomb l'acide chlorhydrique ne peut plus précipiter les traces d'argent (p. 980, 4. a). Comme certains plombs pauvres, par exemple les plombs raffinés de l'Oberharz (*Hampe*), ne renferment que 0,0005 pour 100 d'argent, il faut coupeller 200 gr. de plomb pour obtenir 1 milligr. d'argent. Si l'on n'est pas installé pour pouvoir coupeller une aussi grande quantité de plomb, on

---

(*) Les différences que l'on trouve dans le dosage de l'argent dans les saumons de plomb sont dues à l'inégale distribution de l'argent dans ces saumons. Ce dernier métal se concentre davantage dans les parties qui so solidifient les premières, et c'est pourquoi les couches extérieures et la couche supérieure sont plus riches. *Schweitzer* (*Zeitschr. f.*

peut, suivant *Merrick* (*), réduire la proportion de plomb en fondant le plomb dans un assez grand creuset de Hesse, et en y ajoutant la moitié de son poids d'azotate de potasse. On élève ensuite la température jusqu'à ce que le creuset soit chauffé au blanc jusqu'aux bords, on remue le contenu avec une baguette pointue en fer, on retire du feu avant que le creuset soit rongé par l'oxyde de plomb, on laisse refroidir et on le casse. De cette façon l'argent se concentre assez dans le plomb, pour qu'on puisse le doser par la voie humide.

15. Enfin, les plombs peuvent contenir un peu plus d'antimoine. Dans ce cas, pendant la dissolution ou en abandonnant cette dissolution, il se forme déjà un précipité blanc d'oxyde d'antimoine et d'antimoniate d'antimoine, qui peut aussi contenir de l'arsenic et des traces d'autres métaux. On sépare par filtration, on lave, on dissout dans l'acide chlorhydrique, on étend pour faire juste 100 C.C. avec de l'eau contenant de l'acide tartrique, on prend de ce liquide 89,5 C.C. (dans le rapport de 1955 à 1750. Voir plus haut, 13.). On précipite avec l'acide sulfhydrique, et l'on traite ce précipité avec celui obtenu par l'hydrogène sulfuré au n° 6.

16. Si le plomb, outre les métaux dont nous nous sommes occupés, en renfermait encore d'autres, il faudrait naturellement modifier la marche de l'analyse.

17. On déduit par différence la quantité de plomb. Un dosage direct du plomb n'offre aucun avantage, car il ne peut servir en rien comme contrôle de l'analyse des métaux étrangers.

Deuxième méthode de *W. Hampe* (**).

1. Le métal, nettoyé avec soin, est étendu en lame mince avec un marteau d'acier poli, sur une enclume également en acier poli; puis avec des ciseaux on le coupe en petits morceaux. Il faut en prendre 400 gr. pour pouvoir doser les métaux étrangers, sauf l'argent. On dissout deux portions de 200 gr. chacune dans un grand vase de Bohême couvert, dans un mélange de 1/2 litre d'acide azotique de densité 1,2 et 1/2 litre d'eau, et dans chacune des dissolutions encore chaudes, pour précipiter le plomb, on verse 70 C.C. d'acide sulfurique pur concentré, étendu auparavant avec un peu d'eau. On laisse refroidir, on décante les deux liquides clairs dans une même capsule en porcelaine, on lave les précipités réunis, avec de l'eau additionnée d'acide sulfurique, et cela par 8 ou 10 décantations successives ou dans un entonnoir à succion dont le petit cône en platine est recouvert d'un tout petit filtre. On concentre les eaux de lavage par ébullition, on les ajoute au liquide décanté, et enfin on évapore le tout et l'on chauffe jusqu'à ce que la plus grande partie de l'acide sulfurique soit chassée.

2. La masse obtenue en 1. étant refroidie, on y ajoute de l'eau, ce qui occasionne encore la précipitation d'un peu de sulfate de plomb; on

---

analyt. Chem., XVI, 504) a trouvé dans 1 tonne de plomb des différences allant de 79.83 onces (partie moyenne) à 104,54 onces (sens de la longueur dans la partie supérieure).

(*) *Zeitschr. f. analyt. Chem.*, X, 496.

(**) *Zeitschr. f. das Berg., Hütten, — und Salinenwesen in dem preussischen Staate*, XVIII, 195. — *Zeitschr. f. analyt. Chem.*, XI, 215.

fait bouillir quelque temps le liquide fortement acide, afin qu'il ne reste pas de sulfate basique de bismuth dans le sulfate de plomb, on ajoute une goutte d'acide chlorhydrique pour précipiter l'argent; on filtre et on lave avec de l'acide sulfurique étendu.

3. On fait bouillir avec du sulfure de potassium le précipité obtenu en 2., qui contient un peu d'antimoniate de plomb, et l'on filtre. Désignons la dissolution par A.

4. La dissolution obtenue en 2., séparée du sulfate de plomb et du chlorure d'argent, est traitée comme dans la première méthode 6. et 7.) pour précipiter les métaux du cinquième et ceux du sixième groupe. On obtient ainsi un précipité et un liquide filtré contenant les métaux du quatrième groupe. En traitant le premier par la dissolution de sulfure de potassium, on a un résidu insoluble et une dissolution sulfo-alcaline (B) contenant le reste de l'antimoine et de l'arsenic.

5. Dans les deux dissolutions (A) et (B) obtenues en 3. et en 4. on précipite les sulfures métalliques par l'acide sulfurique étendu, on élimine l'hydrogène sulfuré en évaporant, on filtre et on lave avec de l'eau à laquelle on a ajouté un peu d'azotate d'ammoniaque et quelques gouttes d'acide azotique (parce que sans cela, en lavant avec de l'eau pure, le sulfure d'antimoine rend trouble le liquide qui passe). Avec du sulfure de carbone, si cela est nécessaire, on enlève au précipité du soufre en excès qu'il pourrait contenir; on le dissout dans une solution concentrée et récemment préparée de sulfure d'ammonium, on évapore la solution au bain-marie; on traite le résidu à une douce chaleur par l'acide chlorhydrique et le chlorate de potasse, et l'on sépare l'arsenic d'avec l'antimoine suivant la page 544 (204). Dans le liquide séparé par filtration de l'arséniate ammoniacomagnésien, on précipite le sulfure d'antimoine par l'acide sulfhydrique, on le dissout après lavage dans du sulfure d'ammonium chaud et fraîchement préparé; on évapore la dissolution dans un creuset en porcelaine pesé, d'abord à une très douce chaleur au bain-marie; on oxyde le résidu de l'évaporation par l'acide azotique fumant, on chauffe au rouge et l'on pèse l'antimoniate d'oxyde d'antimoine ainsi obtenu.

6. La séparation des métaux du cinquième groupe, dont les sulfures forment le résidu insoluble dans le sulfure de potassium, se fait comme dans la première méthode (7.). Cependant *Hampe* préfère dissoudre dans l'acide azotique chaud les carbonates de bismuth et de cadmium, évaporer les dissolutions dans un petit creuset en porcelaine pesé, chauffer au rouge les résidus et peser les oxydes ainsi obtenus.

7. Dans le liquide filtré obtenu en 4., après évaporation et addition d'ammoniaque jusqu'à réaction alcaline, on précipite les métaux du quatrième groupe par le sulfhydrate d'ammoniaque; on fait bouillir si le liquide paraît brun par la présence du sulfure de nickel dissous jusqu'à ce que la couleur brune ait disparu; on filtre, on lave d'abord avec de l'eau, puis avec de l'alcool, on enlève le soufre mélangé par le sulfure de carbone, et l'on sépare le nickel, le cobalt, le fer, le manganèse et le zinc comme dans la première méthode (9. à 12.). S'il le faut, on séparera le cobalt d'avec le nickel par l'azotite de potasse.

8. On dose l'argent par coupellation.

b. *Analyse du plomb d'œuvre et du plomb dur.*

Le plomb d'œuvre renferme de 95 à 99 pour 100 de plomb plus 0,01 à 0,18 d'argent, et une proportion un peu plus grande des métaux étrangers que nous avons rencontrés dans le plomb mou. Le plomb dur diffère surtout des autres plombs par une proportion relativement plus considérable d'antimoine et qui varie entre 2 et 6 pour 100. Pour analyser le plomb d'œuvre on en prend, suivant le degré de pureté, de 50 à 200 gr. ; avec le plomb dur 5 à 10 gr. suffisent. On traite les deux sortes de plomb à chaud, par un mélange à parties égales d'acide azotique de densité 1,2 et d'eau, jusqu'à ce que tout ce qui est soluble soit dissous. On étend d'eau, on laisse déposer, on filtre pour séparer le précipité, toujours blanc, formé en majeure partie de composés oxygénés d'antimoine et d'antimoniate de plomb. Après lavage, on sépare le précipité du filtre, sans détruire celui-ci, en faisant usage de la fiole à jet avec précaution, ou en séchant et en détachant le précipité par friction. Dans le premier cas, on évapore dans un creuset en porcelaine l'eau qui a entraîné le précipité, puis on le fond en creuset couvert, avec 3 ou 4 parties de foie de soufre. On dissout la matière fondue dans l'eau chaude, on filtre à travers le premier filtre employé, et l'on traite ensemble le précipité formé par l'acide sulfurique étendu dans la dissolution des sulfosels, ainsi que le résidu insoluble dans le foie de soufre, consistant, suivant *Hampe*, en sulfure de plomb, sulfure d'argent et sulfure de bismuth, ainsi que les précipités analogues que l'on obtiendra des dissolutions sulfuriques.

Dans la dissolution azotique on précipite le plomb par un léger excès d'acide sulfurique, on laisse le précipité déposer, on décante, on lave le précipité par décantation ou sur un filtre à succion (voir a., deuxième méthode 1), et l'on évapore jusqu'à ce que l'on ait chassé la majeure partie de l'acide sulfurique. On traite alors, suivant *Hampe*, le résidu de la capsule de la façon suivante : on ajoute un peu d'eau et d'acide chlorhydrique, on fait bouillir, on laisse refroidir, on ajoute de l'alcool, on filtre après 12 heures, et on lave avec de l'alcool additionné d'acide chlorhydrique. On a de cette façon en dissolution tout l'arsenic, l'antimoine, le cuivre, le bismuth, le cadmium, le fer, etc., avec de petites quantités de plomb. On laisse évaporer l'alcool, on précipite avec l'hydrogène sulfuré, on sépare les métaux du cinquième et du sixième groupe en fondant avec le sulfure de potassium, et l'on dose chaque métal comme nous l'avons dit pour le plomb mou. — Si l'on choisit la méthode de *Bunsen* pour séparer l'antimoine de l'arsenic, comme la proportion d'antimoine est relativement grande, il faudra redissoudre encore une fois dans la lessive de potasse le sulfure d'antimoine, précipité le premier, et recommencer la séparation, pour être certain d'avoir le sulfure d'antimoine bien exempt d'arsenic. Le dosage du fer, du zinc et de l'argent se fait comme en a.

C. Oxydes et sels de plomb.

Les sels et les oxydes de plomb que l'on trouve dans le commerce, massicot, litharges, blanc de plomb, sulfate de plomb, n'offrent pas de difficultés à l'analyse. Nous dirons seulement deux mots à propos des miniums et différentes espèces de sucres de plomb (sucre de Saturne, acétate neutre).

a. Miniums.

Les miniums sont fréquemment l'objet d'analyses dans les laboratoires industriels, non seulement pour y rechercher, mais surtout aussi pour y déterminer la proportion dans laquelle s'y trouvent l'oxyde pur et l'oxyde basique. — Les impuretés insolubles dans les acides forment un résidu lorsque l'on dissout le minium dans l'acide azotique étendu avec addition d'un peu d'alcool, de sucre ou d'acide oxalique. En donnant à la dissolution un volume connu, on en prendra une portion pour faire une analyse qualitative, et l'autre partie pour doser quantitativement le plomb dissous, suivant la page 264,3. S'il y a de l'acide carbonique, on pourra le doser en opérant sur une quantité suffisamment grande de minium et en employant l'acide azotique pour chasser l'acide carbonique (page 378). Quant à la quantité de peroxyde de plomb, on peut, comme pour le dosage du bioxyde de manganèse dans la pyrolusite, soit prendre l'acide oxalique avec l'acide sulfurique (page 896 et 899) ou bien iodométriquement page 900, b).

Enfin, *Fr. Lux* (*) a indiqué le moyen suivant, qui est assez rapide et suffit, dans la pratique, pour donner une analyse suffisamment exacte du minium. Il repose également sur l'action de l'acide oxalique sur le peroxyde de plomb, d'après l'équation : $PbO^2 + 2 (C^2O^3, HO) = PbO, C^2O^3 + 2. CO^2$, dans laquelle l'acide oxalique est regardé comme monobasique. Connaissant la quantité primitive d'acide oxalique employée, et déterminant, après la réaction achevée, ce qui reste d'acide oxalique non décomposé, on aura par différence l'acide oxydé par le bioxyde de plomb, et par conséquent la quantité de ce dernier, puisque 1 équivalent de C^2O^3 décomposé correspond à 1 équivalent de PbO^2. Pour savoir ce qui reste d'acide oxalique non décomposé, c'est facile en dissolvant l'oxalate de plomb dans l'acide azotique et en traitant la solution par le permanganate de potasse.

Il est très commode de prendre une dissolution d'acide oxalique normale au $1/5 \left(\dfrac{N}{5} \right)$, renfermant par conséquent dans un litre $\dfrac{65}{5} = 12,6$ gr. d'acide oxalique cristallisé, et une dissolution équivalente de permanganate de potasse, dont par conséquent 1 C.C. correspond à 1 C.C. de la solution oxalique (p. 233 et 234). Dans une capsule en porcelaine d'environ 300 C.C. on met 2,07 gr. du minium à essayer (la cinquantième partie de l'équivalent du plomb, évalué en grammes) avec 20 à 30 C.C. d'acide azotique (de densité 1,2) étendu, et l'on chauffe doucement en remuant. Au bout de quelques minutes le minium s'est transformé en oxyde basique dissous et en bioxyde insoluble. On ajoute alors 50 C.C. d'acide oxalique et l'on fait bouillir. L'oxyde pur est aussitôt décomposé et dissous, tandis que les éléments insolubles ajoutés (spath pesant, sulfate de plomb, argile, sable, peroxyde de fer, grande quantité de gypse) restent non dissous. On maintient le liquide en ébullition, sans en séparer le résidu insoluble, et l'on verse de 5 à 10 C.C. de permanganate de potasse. Lorsque la décoloration est produite, on ajoute une nouvelle quantité de caméléon, jusqu'à la décomposition complète de l'acide oxalique libre resté dans la dissolution. On regarde l'opération comme terminée quand la coloration rose produite par 2 gouttes de permanganate n'a pas complètement disparu au bout d'une demi-minute. (Si on n'ajoutait au début le permanganate que goutte à goutte, la décomposition de l'acide oxalique se ferait trop lentement.) On retranche de 50 les C.C. de permanganate employés, et la différence donne la quantité pour cent de plomb à l'état de peroxyde.

On décolore le liquide par une goutte d'acide oxalique, on y ajoute de l'ammoniaque presque jusqu'à neutralisation, puis une quantité suffisante d'acétate d'ammoniaque ou d'acétate de soude, et l'on dose le plomb volumétriquement avec une solution de chromate de potasse, comme il est indiqué page 268, b. En retranchant de la quantité totale du plomb celle qui est à l'état de peroxyde, on aura le plomb contenu dans le minium sous forme d'oxyde basique. Le dosage du bioxyde n'est entravé par aucune des substances qu'on mélange le plus ordinairement au minium pour le falsifier, ou par les impuretés qu'il peut renfermer; mais celui du plomb ne peut réussir par le moyen que nous venons d'indiquer qu'autant qu'il n'y a pas de carbonate de baryte (qu'on ne rencontre du reste presque jamais dans les miniums).

b. Acétate de plomb (sucre de Saturne).

Outre l'acétate neutre cristallisé, on trouve dans le commerce du sucre de Saturne presque pur : mais il y a aussi des produits qui, suivant le mode de préparation, renferment tantôt plus, tantôt moins d'oxyde de plomb et d'acide acétique. A ceux-ci appartiennent le sucre de plomb blanc amorphe, ainsi que le sucre de plomb jaune et brun (préparé en dissolvant de la litharge dans du vinaigre de bois plus ou moins rectifié et non pas avec de l'acide acétique pur).

Toutes ces différentes sortes de sels de plomb peuvent être analysées d'une façon simple par un moyen que j'ai indiqué (*) et qui est une combinaison d'analyse en poids et d'analyse en volume. Voici le principe de la méthode.

On dissout le sel dans l'eau dans un ballon jaugé, et l'on ajoute de l'acide sulfurique normal en léger excès ; on a de cette façon tout le plomb à l'état de sulfate dans le précipité et tout l'acide acétique avec l'excès d'acide sulfurique dans la dissolution. On remplit le ballon jusqu'au trait de jauge, et l'on ajoute encore en plus un volume d'eau égal à celui du sulfate de plomb (ce dernier peut être évalué avec une suffisante exactitude, parce qu'en général la quantité d'oxyde de plomb ne varie dans les sucres de Saturne que dans des limites assez restreintes). On a ainsi les acides libres dans un volume connu de liquide. En mesurant dans un volume donné du liquide clair la quantité d'acide sulfurique par le chlorure de baryum. on pourra facilement calculer la quantité de plomb, puisque, par diffé-

(*) *Zeitschr. f. analyt. Chem.*, XIII, 50.

rence, on aura l'acide sulfurique combiné à l'oxyde de plomb, et que pour 1 équivalent d'acide sulfurique on calculera 1 équivalent d'oxyde de plomb.

On connaîtra d'une manière aussi simple la quantité d'acide acétique (avec la petite proportion d'acide propionique, d'acide butyrique, etc.). On mesure le nombre de C.C. de soude normale nécessaire pour saturer un volume connu du liquide renfermant l'acide acétique, etc., et l'excès d'acide sulfurique; on en retranche ce qu'il faudrait pour neutraliser l'acide sulfurique primitivement employé, et la différence donne les C.C. de soude normale correspondant à l'acide acétique.

Dans la pratique on prend un ballon d'un demi-litre portant non seulement un trait correspondant à 500 C.C., mais un second mesurant 501,3 C.C.

On pèse 10 gr. de sel de plomb à essayer, on les dissout dans l'eau dans le ballon jaugé, on ajoute 60 C.C. d'acide sulfurique normal: on achève de remplir avec de l'eau jusqu'au trait de 501,3 C.C. ; on ferme le ballon avec un bouchon en caoutchouc, on secoue et on laisse déposer.

1. On prend 100 C.C. du liquide clair pour y doser l'acide sulfurique avec le chlorure de baryum, et l'on rapporte le poids trouvé à 500 C.C.; on retranche ce poids de 2,400 gr. d'acide sulfurique, quantité contenue dans 60 C.C. d'acide normal, et l'on calcule la quantité d'oxyde de plomb correspondant à la différence. Comme cela se rapporte à 10 gr. en multipliant par 10 on aura la quantité pour cent.

2. On prend de nouveau 100 C.C. de la solution limpide, on y ajoute quelques gouttes de teinture de tournesol, puis de la soude normale jusqu'à neutralisation : on rapporte les C.C. trouvés à 500 C.C. de la solution première, on en retranche le nombre des C.C. de lessive de soude correspondant à l'acide sulfurique trouvé en 1. et qui est encore dans les 500 C.C. de la solution, et l'on calcule d'après la différence l'acide acétique contenu dans les 10 gr. d'acétate de plomb.

18. Composés du mercure.

§ 260.

A. MINERAIS DE MERCURE.

L'analyse des minerais de mercure nécessite à peine une mention particulière, car tout ce qu'il y a d'important a été dit dans les §§ 118, 162, 163, et 164. En général, c'est le procédé de dosage du mercure indiqué au § 118. 1. a. qui conduit le mieux et le plus exactement au but. Nous pensons cependant qu'il est bon de rapporter ici la méthode de A. Eschka [*], pour doser le mercure dans les minerais, parce qu'elle conduit au but plus rapidement, et qu'elle donne, surtout pour l'essai des minerais pauvres, des résultats suffisamment exacts au point de vue industriel.

[*] Oesterr. Zeitschr. f. Berg. u. Hüttenwesen, 1872, n° 9. — Dingl. polyt. Journ. CCIV 47. — Zeitschr. f. analyt. Chem., XI, 344.

Il faut pour cela un creuset en porcelaine, avec les bords bien dressés, au besoin même usés à l'émeri, sur lequel on peut mettre, pour le bien fermer, un couvercle fait avec une lame d'or bien dressée. On met le minerai en poudre dans le creuset, en en prenant environ 5 gr., si le minerai renferme de 1 à 10 pour 100 de mercure, 2 gr. s'il y a de 10 à 30 pour 100, et 1 gr. s'il y en a plus de 30 pour 100. On mélange à l'aide d'une baguette en verre avec environ moitié de son poids de limaille de fer pur, surtout débarassée de graisse; on couvre le mélange d'une couche bien uniforme de limaille de fer de 0,05 à 0,10 centim., on pèse le couvercle en or, on le pose sur le creuset; on remplit la partie concave, suffisamment profonde du couvercle avec de l'eau distillée, pour le refroidir, et l'on chauffe pendant 10 minutes avec une flamme, dont la pointe seule atteint la partie inférieure du creuset. Cela suffit pour chasser tout le mercure du minerai et amener les vapeurs sur la lame d'or. On enlève le couvercle, on le lave avec de l'eau, on lave avec de l'alcool le miroir de mercure qui s'est formé sur la partie convexe, on sèche à 100° et l'on pèse après refroidissement complet sous le dessiccateur. L'augmentation de poids du couvercle donne le poids de mercure fourni par le minerai. On pèse le couvercle en lui donnant pour support un creuset en porcelaine que l'on pèse chaque fois avec lui.

L'essai terminé, on chauffe le couvercle sous une bonne cheminée d'appel d'abord doucement, puis peu à peu on porte jusqu'au rouge vif pour chasser tout le mercure et préparer le couvercle pour un autre essai. Le poids du couvercle ne change que très peu après des essais répétés, si l'on a soin de prendre des précautions quand on le porte au rouge.

S'il se volatilise une assez forte quantité de mercure, on obtient un amalgame fluide, qui glisse de côté et d'autre quand on incline le couvercle. Lorsque cela arrive, il faut naturellement recueillir l'alcool qui sert à laver pour ne pas perdre de mercure.

Les résultats de *Eschka* sont toujours un peu trop faibles. La perte est, par exemple, de $0^{gr},002$ de mercure pour $0^{gr},083$ de cinabre, de $0^{gr},005$ de mercure pour un essai de $0^{gr},2855$.

B. MERCURE MÉTALLIQUE.

L'analyse du mercure métallique offre certaines difficultés, parce qu'il faut opérer sur une assez forte quantité de métal pour trouver et doser les métaux étrangers, qui n'y sont souvent qu'en très petite proportions. Suivant mes propre recherches (*), on peut facilement arriver au but de la façon suivante.

1. Dans un ballon en verre on dissout 100 gr. du mercure à essayer dans un excès d'acide azotique pur, assez fort, et l'on chauffe assez longtemps à une douce ébullition pour transformer complètement le protoxyde en bioxyde. S'il y a un résidu insoluble on le sépare par filtration, on le fond, après lavage et dessiccation, avec du foie de soufre; on traite la masse fondue par de l'eau; on filtre pour séparer du sulfure

(*) *Zeitschr. f. analyt. Chem.*, II, 343.

de plomb, etc., qui pourrait se trouver là, et l'on acidifie la solution avec de l'acide chlorhydrique.

Après dépôt on filtre dans un petit tube contenant de l'amiante, on lave, on sèche et l'on chauffe dans un courant de chlore (p. 541. 2. a.). On précipite par l'acide sulfhydrique les chlorures métalliques rassemblés dans le récipient : on traite par l'eau régale le contenu du petit tube servant de filtre, et l'on essaye la dissolution pour y chercher de l'or (p. 294. b. β.).

2. Dans une capsule en porcelaine on évapore à siccité la dissolution acide d'azotate de bioxyde de mercure, après y avoir ajouté 56 gr. d'acide sulfurique pur, concentré, auxquels on a préalablement ajouté 120 gr. d'eau : on chauffe jusqu'à ce que tout l'acide azotique soit expulsé. On étend le résidu d'eau, et on verse le tout dans un flacon à l'émeri de 3 à 4 litres. On a alors tout le mercure, partie dissous, à l'état de sulfate de bioxyde, partie précipité sous forme de sulfate basique. Tous les métaux étrangers sont mélangés avec ces sels, sous forme de sulfates solubles ou insolubles.

3. On verse dans le flacon de l'ammoniaque jusqu'à réaction alcaline, puis un grand excès de sulfure d'ammonium, et on laisse digérer à une douce chaleur pendant 24 heures, en agitant souvent. Le liquide qui recouvre le précipité noir, dense, doit être jaune et répandre fortement l'odeur du sulfhydrate d'ammoniaque. À travers un grand filtre sans plis on sépare le précipité noir, dense de sulfure de mercure de la dissolution sulfurée, qui renferme les métaux du sixième groupe (antimoine, étain, arsenic, etc.), et on lave sur le filtre avec de l'eau additionnée de sulfhydrate d'ammoniaque.

4. On acidifie avec de l'acide chlorhydrique la solution des sulfures, on y ajoute le précipité obtenu (voir 1.) dans la dissolution des chlorures volatils fournis par le courant de chlore, on laisse reposer 2 ou 3 jours : au moyen d'un siphon on soutire le liquide clair qui recouvre le précipité formé en majeure partie de soufre, et l'on rassemble le précipité sur un filtre. Après l'avoir lavé avec de l'eau, puis avec de l'alcool, on le traite par le sulfure de carbone. Le résidu que l'on obtient doit, en général, être traité encore une fois à chaud par le sulfure d'ammonium, pour enlever le plus possible toute trace de mercure et de cuivre, et dans le liquide filtré, par une des méthodes du § 165, on dose l'étain, l'antimoine et l'arsenic, s'il y en a. Voir aussi à la page 961 b. un moyen plus convenable pour séparer l'antimoine d'avec l'arsenic.

5. Dans le liquide obtenu en 4. séparé du soufre et des sulfures métalliques du sixième groupe, on essaye s'il y a des alcalis ou des terres alcalines, dans le cas où l'on pourrait penser que le mercure contient de ces métaux.

6. On fait passer avec la fiole à jet, dans un ballon, le précipité obtenu en 3., formé par le sulfure de mercure, etc., ainsi que les traces possibles de sulfure de plomb, de sulfure de cuivre et de sulfure de mercure, qui se sont déposées en 1. et en 4. Si pour cette opération on a dû employer beaucoup d'eau, on laisse déposer, on filtre le liquide à travers un petit filtre, et l'on réunit au précipité principal le peu de précipité qu'il y a

maintenant sur le petit filtre. Dans le ballon, dont la capacité sera d'environ 500 C.C., on verse 50 C.C. d'acide azotique pur, de densité 1,2 et l'on ajoute environ 1 gr. d'azotate d'ammoniaque, puis on chauffe pendant une heure à une douce ébullition. On laisse le liquide s'éclaircir, on filtre, on lave, on évapore la dissolution azotique jusqu'à un faible reste; on étend d'eau et avec quelques gouttes d'acide chlorhydrique étendu on précipite le peu d'argent qu'il pourrait y avoir. On évapore le liquide, resté limpide ou séparé du chlorure d'argent par un long repos, après addition d'un excès d'acide sulfurique pur, jusqu'à expulsion complète de l'acide azotique; on étend d'eau, on chauffe, on sépare par filtration le sulfate de plomb, qu'on lave d'abord avec de l'eau contenant de l'acide sulfurique, puis avec de l'alcool et l'on mesure le plomb suivant la p. 264.

a. β. Le liquide séparé du sulfate de plomb, additionné d'un peu d'acide chlorhydrique, est précipité par l'acide sulfhydrique et dans le précipité on dose, s'ils s'y trouvent, le bismuth, le cuivre et le cadmium, comme il est dit à la page 982. 7.

7. Dans un ballon, choisi pour être presque complètement rempli, on ajoute au liquide, séparé du précipité fourni par l'acide sulfhydrique, de l'ammoniaque, du sel ammoniac et du sulfhydrate d'ammoniaque; on laisse reposer 12 heures, et dans le précipité rassemblé au bout de ce temps on dose les métaux du 4ᵉ groupe, surtout le zinc. Le fer que l'on pourrait trouver ici ne pourrait être regardé comme provenant du mercure qu'autant qu'on se serait assuré que les réactifs et le papier des filtres ne renferme pas de ce métal.

8. Enfin, sous une bonne cheminée d'appel et dans un creuset de porcelaine, on chauffe au rouge un essai du sulfure de mercure, épuisé par de l'acide azotique étendu et bouillant et séché. Si l'on a bien opéré, il ne doit pas y avoir de résidu.

9. Si en agitant le mercure avec de l'acide chlorhydrique étendu, on a du liquide renfermant du bichlorure de mercure, c'est que le métal contenait du bioxyde de mercure. On en détermine la quantité d'après le mercure que donne la dissolution chlorhydrique.

19. Composés du cuivre.

A. Minerais de cuivre

§ 261.

Les minerais de cuivre renfermant du cuivre natif, du protoxyde, du bioxyde ou des sels de cuivre n'offrent rien de particulier. Mais il faut entrer dans quelques détails pour les analyses plus compliquées des minerais sulfurés (pyrite cuivreuse, cuivre panaché, etc.), et de ceux qui renferment de l'antimoine et de l'arsenic en grande quantité (Fahlerz, etc.).

I. *Méthode d'analyse complète.*

a. Minerais de cuivre sulfurés.

Les minerais de cuivre sulfurés, dont le principal et le plus souvent soumis à l'analyse est la chalcopyrite, renferment toujours ou presque toujours du cuivre, du fer, du soufre et de la gangue. Quant à la présence des autres métaux (nickel, cobalt, zinc, manganèse, arsenic, antimoine, argent, etc.), c'est l'analyse qualitative qui l'apprendra.

On sèche à 100° le minerai réduit en poudre très fine.

1. On détermine la quantité de *soufre* d'après la méthode donnée pour la pyrite de fer (p. 960.1 et 966.1).

2. Pour doser le *cuivre, le fer* et la *gangue* on traite 1 gr. environ de minerai par l'acide azotique concentré dans un ballon à long col incliné ; on ajoute au bout de quelque temps de l'acide chlorhydrique fort ; on laisse digérer jusqu'à décomposition complète et à la fin on évapore à une douce chaleur, presque à siccité. Si l'acide chlorhydrique ajouté n'a pas suffi pour expulser tout l'acide azotique, on en verse une nouvelle quantité et l'on évapore de nouveau. Au résidu on ajoute de l'acide chlorhydrique, on chauffe, on étend d'eau, on filtre, on sèche, on chauffe au rouge et on pèse la *gangue* restée ainsi non dissoute.

Si le minerai était mélangé à de la galène, le résidu pourrait contenir du sulfate de plomb. Il faudrait, avant la dessiccation et la calcination, l'éliminer avec l'acétate ou le tartrate d'ammoniaque.

On étend d'eau la solution chlorhydrique, on la précipite à chaud par l'hydrogène sulfuré, on filtre après dépôt, on lave le sulfure de cuivre avec de l'eau contenant de l'acide sulfhydrique, on étale le filtre dans le fond d'une capsule, on chauffe avec une dissolution de sulfure de potassium, on étend d'eau, on filtre, on lave : on dissout le sulfure de cuivre dans l'eau régale, on étend d'eau, on filtre, on incinère le filtre lavé : on traite aussi les cendres par l'eau régale, on concentre fortement la liqueur contenant le cuivre, on y ajoute de l'ammoniaque pour saturer l'acide libre, puis du carbonate d'ammoniaque, on laisse reposer longtemps à une douce chaleur, on filtre, on acidifie avec l'acide chlorhydrique, on précipite à chaud avec l'acide sulfhydrique et l'on dose le *cuivre* suivant la page 281. 5. a.

On concentre par évaporation le liquide séparé par filtration du sulfure de cuivre encore impur, précipité la première fois par l'acide sulfhydrique, on oxyde avec l'acide azotique, on précipite le fer suivant la page 489 (82), et on le dose dans la dissolution chlorhydrique du précipité, soit d'après la méthode 2, page 487, soit volumétriquement (p. 242. a).

3. Pour doser les substances qui ne sont qu'en petite quantité, il faut traiter par l'acide azotique fumant environ 10 gr. de minerai en poudre très fine, évaporer, pour chasser l'acide azotique, avec un léger excès d'acide sulfurique, jusqu'à ce que ce dernier commence à se dégager en vapeurs, laisser refroidir, ajouter de l'eau, chauffer, filtrer dans un ballon pesé, d'environ un litre, et laver le résidu avec de l'eau additionnée d'acide sulfurique. On a ainsi le *plomb* qui pourrait se trouver dans le

minerai, sous forme de sulfate dans le résidu. On l'extrait avec une solution chaude d'acétate d'ammoniaque légèrement ammoniacale, et on dose le plomb en le précipitant de cette dissolution par l'acide sulfhydrique et transformant le sulfure de plomb en sulfate. On chauffe avec de l'acide chlorhydrique le résidu épuisé par l'acétate d'ammoniaque, on étend d'eau, on filtre dans la première dissolution sulfurique déjà obtenue, et, que le liquide reste clair ou se trouble par la précipitation d'un peu de chlorure d'argent, on précipite à chaud par l'hydrogène sulfuré, on ajoute de l'eau de façon à remplir presque le ballon, on mélange, on laisse assez longtemps déposer et l'on pèse. Comme on connaît le poids du ballon vide et d'après 2. le poids du sulfure de cuivre, la différence donnera le poids de la dissolution renfermée dans le ballon. Avec un siphon on soutire autant que l'on peut du liquide clair, et l'on pèse de nouveau le ballon avec le résidu. On filtre le liquide soutiré, dont on connaît le poids; s'il ne paraît pas tout à fait limpide, on fait bouillir cette partie de la dissolution avec de l'acide azotique, on précipite par un excès d'ammoniaque, on dissout dans l'acide chlorhydrique le précipité un peu lavé, on précipite le fer à l'état de sel basique page 489 (82); on essaie si le liquide filtré par addition d'ammoniaque donne encore un précipité d'hydrate d'alumine, et dans la dissolution, séparée, s'il l'a fallu, du précipité d'hydrate d'alumine par filtration, acidulée avec de l'acide acétique, on dose, s'il y en a, le *nickel*, le *cobalt*, le *zinc* et le *manganèse* (p. 916. 8). Dans les précipités obtenus par le carbonate d'ammoniaque et l'ammoniaque, on dosera l'*alumine* comme il est indiqué à la page 487 (78). Comme les poids d'alumine, de cobalt, nickel, etc., trouvés ne proviennent que d'une partie de la dissolution, il ne faudra pas oublier d'en calculer les résultats pour la solution tout entière.

A ce qui reste dans le ballon pesé et qui contient le sulfure de cuivre, on ajoute de la lessive de potasse ou de soude, jusqu'à réaction alcaline, puis du sulfure de potassium ou de sodium, et l'on chauffe longtemps. On étend d'eau jusqu'à ce que le ballon soit presque plein ; on mélange, on laisse refroidir et l'on pèse. Si l'on retranche de ce poids ceux du ballon, du sulfure de cuivre et du sulfure de fer, on a le poids de la dissolution alcaline contenant les métaux du 6e groupe. A l'aide d'un siphon on soutire autant de liquide clair que l'on peut, on en détermine le poids en pesant le ballon avec son résidu, ou filtre la dissolution si c'est nécessaire, on précipite par l'acide chlorhydrique, on laisse le précipité se déposer, on le lave, on le fait digérer avec de l'acide chlorhydrique bromé, on filtre, on fait disparaître l'excès de brome en ajoutant avec précaution de l'acide sulfureux, on précipte à 70° avec l'acide sulfhydrique et l'on dose l'*arsenic* et l'*antimoine*, comme il est dit à la page 961 et à la page 962. Si le minerai contenait un peu de *mercure*, il passerait à l'état de sulfure dans la dissolution par le sulfure de potassium ou de sodium : il serait mélangé avec le sulfure d'antimoine et celui d'arsenic, dont on le séparerait par le sulfhydrate d'ammoniaque.

4. Si outre le cuivre, le plomb et le mercure, il y avait encore d'autres métaux du 5e groupe, il faudrait à la fin laver le sulfure de cuivre, le dissoudre dans l'acide azotique et employer cette dissolution pour chercher

les autres métaux du 5ᵉ groupe. Voir § **263**. S'il y a un peu d'*argent*, on le
déterminera le mieux par la coupellation (pages 977 et 978).

5. Quant au *thallium*, voir page 965. b.

b. Minerais renfermant de l'antimoine et de l'arsenic (Fahlerz, etc.).

Dans l'analyse des fahlerz, il faut avoir en vue le dosage du cuivre, de
l'argent, du mercure, du fer, du zinc, de l'antimoine, de l'arsenic, du
plomb, du soufre et de la gangue, bien que cependant tous ces métaux ne
se rencontrent pas toujours dans tous les minerais de ce genre. La meilleure manière de procéder à l'analyse, c'est de soumettre environ 1 gr.
de minerai en poudre fine à l'action d'un lent courant de chlore et à
chaud (*). On se sert à cet effet de l'appareil représenté à la page 525,
et dans lequel on change seulement le tube à boule D en un autre ayant
deux boules. On place le minerai en poudre dans la boule du côté
de l'appareil à chlore et l'on ne réunit le tube à boules, un peu relevé
vers le haut, avec C que lorsque l'air a été complètement chassé de l'appareil à dégagement et des appareils de dessiccation. On garnit les tubes
B et F d'une dissolution d'acide tartrique additionné d'un peu d'acide
chlorhydrique. La décomposition du fahlerz commence aussitôt, la boule
s'échauffe et les chlorures volatils arrivent en partie dans la seconde
boule vide au début, en partie en E et en F. Lorsque la boule renfermant le
minerai est presque froide, on la chauffe très doucement avec une petite
flamme, en continuant un courant lent de chlore, pour chasser les chlorures volatils dans la seconde boule. Il ne faut pas chauffer jusqu'à ce
que tout le perchlorure de fer soit passé dans la seconde boule, il vaut
bien mieux cesser de chauffer lorsqu'il ne passe plus que des vapeurs de
chlorure de fer. Lorsque la partie du tube entre les deux boules est propre
et que l'appareil est froid, on coupe à la lime et avec un charbon rouge le
tube entre les deux boules et l'on ferme le bout resté à la boule contenant
le sublimé avec un tube de verre court fermé à un bout et mouillé avec de
l'eau. On laisse l'appareil pendant vingt-quatre heures afin que le sublimé
puisse attirer l'humidité et alors se dissoudre dans l'eau sans qu'il soit
besoin de chauffer. Au bout de ce temps, on traite le contenu de la boule
par une dissolution d'acide tartrique étendue additionnée d'acide chlorhydrique. Si le liquide se troublait par suite d'une précipitation de composés
oxygénés d'antimoine, on chaufferait jusqu'à dissolution de ces derniers :
s'il s'est séparé du soufre il faudra filtrer.

L'analyse doit porter maintenant sur le résidu contenu dans la première
boule, sur la dissolution des chlorures métalliques volatils et enfin sur un
dosage spécial du soufre.

1. Ce *résidu* renferme ou peut renfermer du chlorure d'argent, du chlorure de plomb, du chlorure de cuivre, une partie du perchlorure de fer,
tout ou presque tout le chlorure de zinc et la gangue. On le fait digérer
longtemps avec de l'acide chlorhydrique étendu, on étend fortement avec

---

(*) Voir *J. Post. Traité d'analyse chimique*. Édit. française, 1884. — *F. Wœhler, Analyse minérale*, 2ᵉ édit., 75.

de l'eau, on laisse reposer longtemps, on filtre pour séparer du chlorure d'argent, on lave avec de l'eau bouillante jusqu'à ce que tout le chlorure de plomb soit enlevé, on sépare s'il le faut le chlorure d'argent de la *gangue* avec l'ammoniaque, on précipite le chlorure d'argent de la solution ammoniacale par l'acide azotique et l'on dose l'*argent* d'après la page 254. On précipite le liquide filtré avec l'acide sulfhydrique page 510 et dans le précipité on sépare le *cuivre* du *plomb* d'après la page 519. On met de côté le liquide filtré.

2. On précipite à 70° par l'acide sulfhydrique la *solution* qui contient le mercure, l'antimoine, l'arsenic et une partie du fer, aussi du zinc et peut-être un peu de plomb : on filtre et on lave. Dans le précipité on sépare par le sulfhydrate d'ammoniaque le sulfure de mercure d'avec le sulfure d'antimoine et le sulfure d'arsenic (page 529. 2.) et l'on dose le *mercure* à l'état de bisulfure (page 273. 3.); on sépare l'*antimoine* et l'*arsenic* d'après la méthode de *Bunsen* (pages 961 et 962). On fait bouillir le sulfure de mercure avec de l'acide azotique étendu et dans le liquide filtré on dose le peu de *plomb* qui pourrait y être.

Le liquide séparé par filtration du précipité formé par l'acide sulfhydrique est ajouté à la dissolution analogue obtenue en 1. avec le résidu, et dans ces liquides réunis on dose le *fer* et le *zinc* (page 963) et éventuellement les terres alcalines.

3. Pour doser le *soufre*, le mieux est de fondre un nouvel essai avec du carbonate de soude et du salpêtre, comme pour la pyrite de fer (page 966. 1.).

II. *Dosage du cuivre dans les minerais.*

1. Par la méthode analytique en poids ordinaire.

On opère exactement comme il est dit au § **261**. 1. a.; on pèse le cuivre à l'état de sulfure.

2. Dosage du cuivre par électrolyse.

Si l'on a journellement à faire beaucoup de dosages de cuivre dans des minerais en général de constitution semblable, le procédé électrolytique est préférable à tous les autres.

Il a été décrit pour la première fois par *Wolcott Gibbs* (*) et par *Luckow* (**) et il est d'un usage journalier à la direction des mines de Mansfeld (***), où l'on traite des minerais ne renfermant ni antimoine, ni arsenic, ni bismuth.

Pour les minerais contenant ces derniers métaux, la méthode n'est pas applicable, parce que ces métaux se précipitent sur le cuivre et le noircissent.

(*) *Zeitschr. f. analyt. Chem.*, III, 534.
(**) *Dingl. polyt. Journ.*, CLXXVII, 296. — *Zeitschr. f. analyt. Chem.*, XIX. 1.
(***) *Zeitschr. f. analyt. Chem.*, VIII, 23 ; XI, 1; et XIV, 350.

On trouvera dans la note (*) les différentes communications qui ont été faites sur le dosage électrolytique du cuivre.

a. Production du courant.

Pour obtenir le courant, on se servait d'abord dans les laboratoires de la direction de Mansfeld des éléments de *Meydinger* et plus tard de ces mêmes éléments modifiés par *Pincus*. Maintenant on fait usage de la pile thermo-électrique construite d'abord par *Mure* et *Clamond* (**), perfectionnée plus tard par *Clamond* (***). *Herpine* (****), qui a travaillé avec des éléments *Bunsen*, avec une petite machine de *Gramme* et la pile de *Clamond*, donne la préférence à cette dernière. Pour l'usage des labora-

Fig. 219.

toires, la pile de *Clamond* est sans contestation l'appareil le plus commode pour se procurer un courant convenable. Aussi, quant aux éléments *Meydinger-Pincus* et à leur emploi, je renvoie aux publications de la direction

---

(*) *Merrik. Americ. Chem.*, II, 136. — *Wrightson (Zeitschr. f. analyt. Chem.*, XV, 299). — *Herpin (Bull. de la Soc. d'encourag.*, 1874, 595). — *Monit. scientif.* [3ᵉ série], V, 41. — *Ohl (Zeitschr. f. analyt. Chem.*, XVIII, 523). — *A. Classen* et *M. A. v. Reis (Ber. d. deutsch. Chem. Gesellsch.*, 1881, n° 13, 1627). — *A. Riche (Comptes rendus*, LXXXV, 226. — *Ann. de phys. et de chim.*, 5ᵉ série, XIII, 508).
(**) *Dingl. polytech. Journ.*, CCVII, 125.
(***) *Dingl. polytech. Journ.*, CCXV, 427.
(****) *Zeitschr. f. analyt. Chem.*, XIV, 350.

des mines de *Mansfeld* (*) et je me bornerai ici à décrire la pile de *Clamond* (**). Elle est représentée dans les figures 219, 220 et 221.

La figure 219 est une représentation en perspective, la figure 220 une section par un plan vertical passant par l'axe, la figure 221 une vue théorique des baguettes réunies avec les armatures.

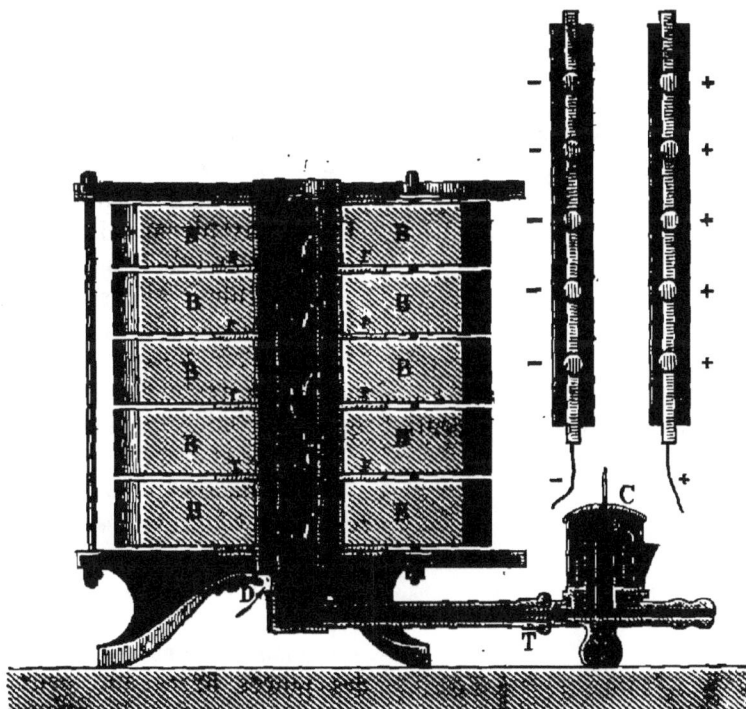

Fig. 220.

Les éléments sont formés de fer et d'un alliage de zinc et d'antimoine. Pour que les tiges de ce dernier aient une plus longue durée, il faut les couler dans des moules chauffés un peu au-dessous du point de fusion de l'alliage ; il ne faut pas non plus que ce dernier soit trop surchauffé. Les éléments sont disposés suivant les rayons d'un cercle, comme le montre la figure 221, de sorte que la pile est formée par plusieurs de ces couronnes d'éléments superposées.

Dans la figure 221, B désigne les baguettes de l'alliage zinc-antimoine et L les lames de fer étamé. Celles-ci servent en même temps de conducteurs d'un élément à l'autre et sont posées pour cela sur la face supérieure des baguettes B. Comme ces dernières se dilatent plus fortement que le fer, les contacts augmentent de surface pendant l'échauffement. Les éléments sont séparés les uns des autres par une couche d'amiante (voir *r*, fig. 220), de même que les différents disques superposés B. Le tout forme un cylindre creux dans l'intérieur duquel sont tournées toutes les soudures. Celles-ci

(*) *Zeitschr. f. analyt. Chem.*, XI, 4.
(**) *Zeitschr. f. analyt. Chem.*, XV, 334.

sont protégées contre l'action directe de la flamme du gaz par une enveloppe d'amiante qui garnit l'intérieur du cylindre. On chauffe au gaz à

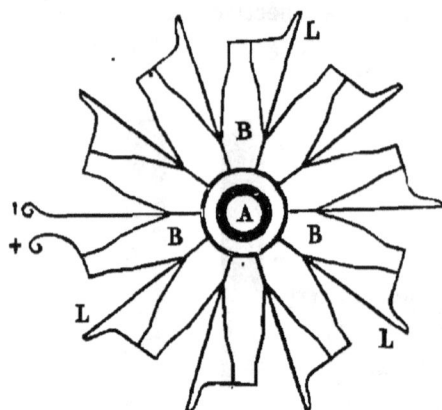

Fig. 221.

l'aide d'un tube en porcelaine percé de trous A (fig. 220 et 221). Le gaz traverse d'abord un régulateur *Giroud* C (fig. 220), afin d'avoir toujours une flamme bien identique, malgré les variations de pression dans la conduite et par conséquent un courant constant. En sortant du régulateur, le gaz arrive dans le tube T où il se mélange avec de l'air arrivant par des trous ménagés dans ce tube, puis de là il vient dans le tube A et sort en brûlant par les ouvertures de A. Le supplément d'air nécessaire à la com-

bustion arrive par un espace annulaire D, qui reste entre le tube A et la paroi interne du cylindre central (fig. 220). On allume par en haut en enlevant le couvercle.

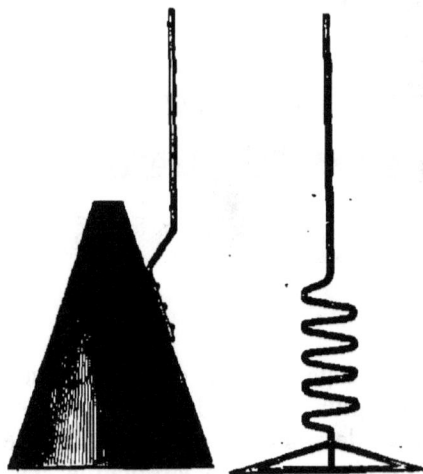

Les éléments d'une couronne sont reliés entre eux, mais les différentes couronnes peuvent être réunies différemment suivant la résistance extérieure du circuit. A cet effet les pôles de chaque couronne aboutissent à des pinces fixées sur deux lames métalliques verticales, comme on le voit en perspective dans la figure 219, où tous les éléments sont reliés les uns à la suite des autres, tandis que dans la figure 220 ce sont les couronnes qui communiquent pôle de même nom à pôle de même nom.

b. Forme des électrodes.

Quant à la forme des électrodes à employer pour les analyses électrolytiques, *Luckow* se servait d'abord, comme pôle négatif, d'un cylindre en feuille de platine et comme pôle positif d'une spirale en épais fil de platine. Des expériences suivies faites au laboratoire d'Eisleben ont conduit

Fig. 222.

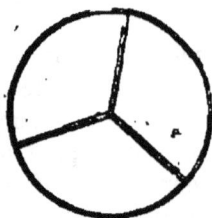

Fig. 223.

à prendre des électrodes des formes représentées dans la figure 222 et la figure 223. La hauteur du cône creux en platine pesant 20 gr. est de 75 millim., le diamètre supérieur est de 9 et le diamètre inférieur de 58.

Le cône offre sur son contour plusieurs fentes. Ces fentes ont pour pour effet, quand on opère avec des dissolutions riches en fer, de permettre à l'oxygène mis en liberté dans l'intérieur du cône de sortir extérieurement et par suite, avec un courant suffisamment fort. d'empêcher la réduction du peroxyde de fer en protoxyde et celle de l'acide azotique

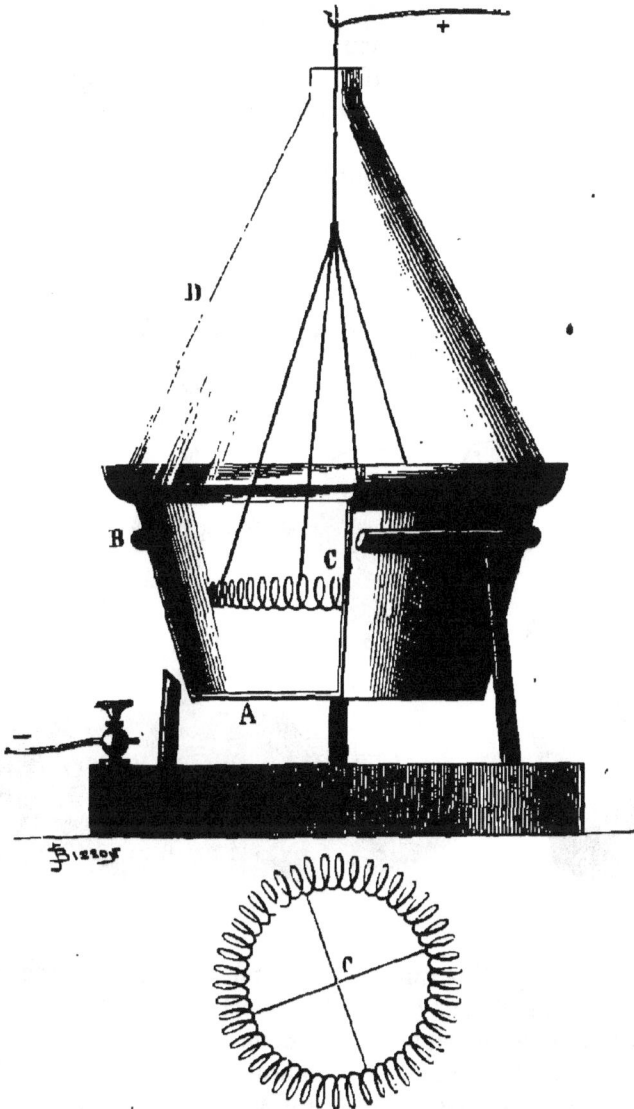

Fig 224 et Fig. 225.

libre en bioxyde d'azote, ce qui produirait dans la liqueur une coloration noir brun. La spirale de platine pèse 16 gr.

Dans le laboratoire de *Christofle et Cie*, à Paris, où l'on opère, pour les analyses d'alliages de nickel et de cuivre et de neusilber, avec des dissolutions plus concentrées, on donne aux électrodes d'autres formes que

Herpin a décrites et que les figures 224 et 225 représentent. L'appareil consiste en une capsule en platine A, supportée par un trépied B en communication avec le pôle négatif de la pile : l'électrode positif est formé par une spirale en platine C. Le tout est couvert par l'entonnoir en verre D pour éviter les pertes par projection provenant des petites bulles de gaz qui se dégagent.

A. Classen et *M. A. von Reis* (*) se servent aussi pour électrode négatif d'une capsule en platine un peu profonde couverte avec un verre de montre ; mais pour pôle positif ils prennent un disque en platine de $0^m,045$ de diamètre attaché à un fil de platine assez fort par une petite pince en platine.

Riche (**), pour de petites quantités de liquide à électrolyser, le met

Fig. 226.   Fig. 227.

dans un creuset en platine qui servira de pôle positif. Comme pôle négatif il prend un cône de platine (fig. 226), ouvert aux deux bouts, muni d'une anse et dont la forme se rapproche de celle du creuset. Dans le cône sont pratiquées de longues fentes, pour maintenir pendant l'électrolyse une concentration uniforme. La distance qui sépare le cône de la paroi interne du creuset est de 2 à 4 millim. La figure 227 représente l'ensemble de l'appareil et ne demande aucune explication, nous dirons seulement que la tige A n'est pas conductrice ; c'est une baguette en verre. Si le courant doit agir à chaud, on plonge le creuset dans une capsule remplie d'eau

(*) *Ber. d. deutsch. chim. Gesellsch.*, 1881, n° 13, p. 1623, et aussi *Traité d'analyse par J. Post.* Édit. française, 1884.
(**) *Ann. de chim. et de phys.* (5° série), XIII, 508.

que l'on chauffe. S'il faut opérer sur une grande quantité de liquide, *Riche* la met dans un vase de Bohème, prend pour électrode négatif un cylindre en platine et pour électrode positif une toile métallique en fil de platine roulée en cylindre et obtient encore une plus grande rapidité dans la réaction en mettant, outre le cylindre en toile de platine placé en dehors du cylindre en lame, dans l'intérieur de ce dernier une spirale de platine qui servira d'électrode positif complémentaire.

c. Dissolution du minerai et préparation des dissolutions propres à l'électrolyse (*).

α. Minerai ne contenant pas d'argent.

L'électrolyse a toujours lieu dans une dissolution azotique; de petites quantités d'acide sulfurique libre, comme il y en a dans la dissolution quand on électrolyse une dissolution azotique de sulfate neutre de cuivre, n'ont pas d'inconvénient; mais il ne doit pas y avoir d'acide chlorhydrique, sans quoi le cuivre se dépose au pôle négatif non pas avec sa belle couleur, mais avec une teinte noirâtre.

Si le minerai renferme des substances bitumineuses il faudra griller avant de dissoudre. Si l'acide azotique suffit pour opérer la dissolution, on n'emploiera que lui; on évaporera l'excès, et l'on dissoudra le résidu dans 20 C.C. d'acide azotique de densité 1,2 et assez d'eau pour faire en tout 200 C.C. *Il faut dans tous les dosages électrolytiques de cuivre conserver ce volume de liquide et le même rapport entre l'acide et l'eau.*

Si l'acide azotique ne suffit pas, on emploiera l'acide azotique et mieux encore l'eau régale, avec addition d'acide sulfurique.

Avec les minerais riches en cuivre on opère sur 2 gr. On fait la dissolution dans une capsule en porcelaine demi-sphérique de 14 centimètres de diamètre, 6 centimètres de profondeur, et l'on prend pour cela 40 C.C. d'acide azotique ou d'eau régale et 4 C.C. d'acide sulfurique concentré préalablement étendu d'une égale quantité d'eau. On couvrira la capsule avec une capsule en verre pendant la réaction, que l'on aidera en chauffant au bain de sable. On lave la capsule en verre avec la pissette, en recevant l'eau dans la capsule en porcelaine, on évapore avec précaution à siccité, on chasse l'excès d'acide sulfurique et s'il y a du soufre libre, on le fait brûler. On dissout le résidu dans 20 C.C. d'acide azotique de densité 1,2, on étend d'eau, on filtre dans un vase de Bohème de 8 centimètres de diamètre et 12 centimètres de hauteur, et qui porte un trait de jauge à la hauteur correspondant à un volume de 200 C.C.; en outre à 9,5 centimètres au-dessus du fond il y a une ouverture latérale de 11 millimètres de diamètre pour décanter le liquide acide lorsque la décomposition électrolytique est achevée. Après avoir lavé le résidu insoluble, on étend la dissolution jusqu'au trait de jauge. Si l'on veut après le dépôt du cuivre employer le liquide à doser d'autres corps, on choisit des verres

(*) Tout ce qui suit sous la rubrique c. est extrait des communications faites par le laboratoire de la direction des mines de Mansfeld, où depuis douze ans on dose le cuivre par voie galvanique. Plus loin (en f.) j'indique les procédés qui s'éloignent de la méthode de Mansfeld.

de Bohème qui sont munis, à 20 millimètres au-dessous du bord supérieur, d'un tube de verre recourbé.

β. Minerai contenant de l'argent.

Si le minerai contient de l'argent et si l'acide azotique et l'acide sulfurique sont bien exempts de chlore, ce métal passe dans la dissolution avec le cuivre, et est précipité et pesé avec lui. Il faudra donc le séparer et en retrancher le poids. Si l'on ne veut pas opérer ainsi, on peut, dans une dissolution faite seulement avec de l'acide azotique pur, précipiter l'argent avec un volume connu d'acide chlorhydrique très étendu, et tel que 1 C.C. précipite 0,001 gr. d'argent. — Si l'acide azotique ne suffit pas pour dissoudre le minerai on prend de l'eau régale, on évapore à siccité, on traite le résidu par l'acide azotique, on étend d'eau et l'on filtre. La solution maintenant débarrassée de l'argent est évaporée à siccité avec addition d'acide sulfurique et l'on opère ensuite comme en α.

d. Précipitation électrolytique du cuivre.

La dissolution étant bien préparée, on y plonge d'abord la spirale de platine (électrode positif), puis ensuite l'enveloppe en platine (électrode négatif). Entre la spirale et le cylindre en platine on mettra un intervalle d'à peine 5 millim., quand le liquide renfermera une forte proportion de fer. S'il y a beaucoup de cuivre, la distance pourra être portée à 10 millim.

Avant de relier les électrodes à la pile thermo-électrique, il faut s'assurer que le courant est assez fort. Or, si l'essai contient peu de cuivre, il faut un courant qui en 30 minutes donne de 16 à 25 C.C. de gaz de la pile avec de l'eau acidulée d'acide sulfurique. Mais s'il faut précipiter de plus grandes quantités de cuivre, il faudra 75 à 100 C.C. en 30 minutes avec des liqueurs pauvres en fer, et 100 à 120 C.C. s'il y a beaucoup de fer. — Au lieu du voltamètre on peut, bien entendu, mesurer l'intensité du courant avec une boussole des tangentes.

Peu après que les électrodes sont réunis à la pile, le cuivre commence à se déposer sur le cylindre en platine. Si le métal est pur, il offre la belle couleur du cuivre et si le courant a l'intensité convenable, le dépôt est brillant et adhérent. Il faut laisser tout le temps au cuivre pour se précipiter ; pour les dissolutions très riches en cuivre il faut plus de 12 heures ; on fera bien, pour elles, de laisser agir le courant pendant 18 heures.

Quand la précipitation semble achevée, on élève le niveau du liquide dans le vase en y versant de l'eau avec la pipette. Si les parties du cylindre en platine, qui avant ne plongeaient pas dans le liquide et qui maintenant en sont recouvertes ne se recouvrent pas de dépôt rougeâtre au bout d'une demi-heure, l'opération doit être regardée comme terminée. On peut du reste pour être plus certain, prendre avec une pipette un peu de liquide, et l'essayer avec l'acide sulfhydrique.

Maintenant, pendant que le courant passe, on dirige un courant d'eau au fond du vase de Bohème pour déplacer complètement le liquide acide. Lorsque l'eau qui coule n'a plus du tout de réaction acide, on détache les pièces, on retire le cylindre en platine, on le lave avec de l'alcool, on le sèche entre 90° et 95° et on le pèse après refroidissement. L'augmentation de poids donne la quantité de cuivre déposé.

e. Cas où le dépôt de cuivre est noirâtre.

Si les dissolutions de cuivre renferment de l'arsenic, de l'antimoine, du sélénium ou aussi du bismuth, le cuivre se couvre d'un dépôt brun ou noir, ce qui nuit à la rigueur des résultats. Ces colorations gris noirâtre du cuivre, qui parfois figurent une queue de paon, peuvent aussi provenir de ce qu'il y a des traces d'acide chlorhydrique dans la liqueur.

Si les éléments qui produisent cette couche noirâtre sont en petite quantité et peuvent se volatiliser, par l'action de la chaleur, au contact de l'air, comme cela arrive avec l'arsenic, l'antimoine ou le sélénium, on lave le cylindre en platine avec la pipette; on le sèche et on le chauffe au rouge dans la flamme du gaz ou de l'alcool ou bien dans un moufle. L'arsenic et l'antimoine se volatilisent, et le cuivre, sans subir de perte, se change en bioxyde ou en protoxyde. On met alors le cylindre en platine dans un verre de Bohème, on suspend un plus grand cylindre pesé autour du premier, on le réunit au pôle négatif de la batterie, tandis que le premier est relié au pôle positif et l'on verse dans le vase de Bohème une suffisante quantité d'acide azotique étendu (1 p. acide pour 6 p. eau). Les oxydes de cuivre se dissolvent, le cuivre pur se dépose sur le cylindre extérieur, et on le dose à la manière ordinaire. — Si les éléments étrangers sont en plus forte proportion, il faut saisir le moment où ils commencent à couvrir le dépôt de cuivre. On déplace alors la dissolution acide, et l'on opère comme plus haut avec le cylindre en platine dont le dépôt commençait à se teinter en noir.

Si la solution de cuivre contient du plomb, il ne se dépose pas avec le cuivre au pôle négatif, mais au pôle positif, à l'état de peroxyde, et l'on peut, si la quantité de plomb n'est pas trop considérable, le doser d'après l'augmentation de poids de la spirale séchée à 100°. Mais s'il y a beaucoup de plomb, le peroxyde ne s'attache qu'en partie à la spirale de platine, l'autre partie se détache en minces lamelles.

f. Méthodes qui s'écartent de celle de l'usine de Mansfeld :

Je dirai ici quelques mots de certaines modifications apportées au procédé décrit plus haut.

α. *Wrightson* (*) opère la précipitation dans un vase de Bohème ordinaire, et tout en maintenant le courant il enlève le liquide acide avec un siphon, pendant qu'il le remplace par de l'eau : il ne lave pas la spirale de cuivre avec de l'alcool, et il sèche entre 100° et 120°.

β. *A. Classen* et *M. A. v. Reis* (**) précipitent le cuivre dans des solutions qui le renferment à l'état d'oxalate double d'ammoniaque, et qui sont

(*) *Zeitschr. f. analyt. Chem.*, XV, 299.
(**) *Ber. d. deutsch. Chem. Gesellsch.* 14° année, n° 13, p. 1627.

additionnées d'un grand excès d'oxalate d'ammoniaque. Pour de grandes quantités de cuivre ils emploient un courant correspondant à 530 C.C. de gaz de la pile en une heure, et font déposer alors 0,15 gr. de cuivre dans environ 25 minutes. — Pour séparer le cuivre d'avec le zinc, *Al. Classen* (*) préfère opérer avec une solution sulfurique acide, plutôt qu'avec une dissolution azotique acide (p. 1010 e.).

γ. *Riche* (**) emploie *un* élément *Bunsen*. On évapore presque à siccité la dissolution sulfurique ou azotique, on reprend le résidu par l'eau, et l'on électrolyse le liquide entre 60° et 90°. Le cuivre se dépose rapidement sous forme d'une couche d'un beau rouge et très adhérente. La précipitation achevée, on enlève le cône (p. 1002) sans interrompre le courant, et on le plonge aussitôt dans l'eau distillée. On sèche entre 50° et 60° et l'on pèse.

δ. *Lecoq de Boisbaudran* (***), pour doser le cuivre dans une liqueur contenant beaucoup de sulfate de protoxyde de fer, opère comme il suit. Il prend le courant produit par *trois* éléments *Bunsen* faiblement chargés ; l'électrode positif est formé par une lame de platine recourbée en demi-cylindre, et l'électrode négatif par un creuset en platine. Pour empêcher que le sel de peroxyde de fer formé au pôle positif n'attaque le cuivre, ce qui arrive facilement dans un liquide acide, on enlève rapidement, quand la précipitation du cuivre est achevée, le sel de fer au moyen d'un siphon, tandis qu'on rapproche beaucoup l'électrode positif du fond du creuset en platine, de façon à ce que le courant ne soit pas interrompu pendant qu'on soutire le liquide. Ensuite, toujours sans interrompre le courant, on lave avec de l'acide sulfurique étendu et enfin avec de l'eau bouillante.

3. Autres méthodes de dosage du cuivre.

a. *Fr. Mohr* (****) emploie les méthodes suivantes pour doser le cuivre dans les minerais.

α. *Minerais oxydés* (bioxyde, protoxyde, malachite, phosphate). Dans une capsule en porcelaine de 10 centimètres de diamètre, on met avec de l'eau et de l'acide azotique 5 gr. de minerai riche ou 10 gr. de minerai pauvre réduit en poudre fine : on chauffe à l'ébullition, en recouvrant la capsule avec un grand verre de montre. Lorsque la masse est presque à siccité et qu'il n'y a plus de projections, on enlève le verre de montre et on donne plus de flamme. D'abord, la température augmentant, il se dégage de l'acide sulfurique hydraté, puis de l'acide sulfurique anhydre provenant du sulfate de peroxyde de fer : on élève encore la température jusqu'à ce qu'il n'y ait plus de fumée, on laisse refroidir, on ajoute de l'eau distillée, on porte à l'ébullition, on filtre dans une petite capsule en platine, on lave avec de l'eau chaude et l'on concentre les eaux de ce lavage pour les reverser dans la capsule en platine ; enfin on précipite le cuivre par le zinc (p. 279), après s'être assuré que le résidu insoluble dans l'eau ne cède

(*) Son *Traité d'analyse*, p. 12.
(**) *Ann. de chimie et de phys.* (5° série), XIII, 508.
(***) *Bulletin de la Soc. chim. de Paris*, 1869, 35.
(****) *Zeitschr. f. analyt. Chem.*, I, 143.

plus de cuivre aux acides. — La couleur rouge clair du cuivre est un indice de sa pureté. — On voit que le procédé de désagrégation a pour but
d'éliminer autant que possible les métaux (plomb, antimoine, étain) précipitables par le zinc.

β. *Minerais sulfurés, produits métallurgiques mélangés, mattes cuivreuses.*
Il faut pulvériser avec le plus grand soin. On opère comme en α., en prenant 5 gr. de matière, et l'on chauffe comme plus haut avec de l'acide sulfurique, de l'eau et une grande quantité d'acide azotique. On laisse la réaction
se produire à une douce chaleur dans une capsule en porcelaine couverte ; il
y a de nombreuses projections, et le liquide projeté ou les vapeurs condensées coulent le long du verre de montre. Il y a beaucoup de soufre éliminé et ce soufre enveloppe le minerai en poudre. On dessèche en élevant
la température ; on enlève le verre de montre, on chauffe de façon à allumer
le soufre, et à volatiliser les acides libres. Après refroidissement on ajoute
une nouvelle portion d'acide azotique et très peu d'acide sulfurique : s'il
se dégage des vapeurs rutilantes, c'est une preuve qu'il y a encore du minerai non décomposé. On évapore de nouveau à siccité, on laisse refroidir,
on humecte encore avec de l'acide azotique et on oxyde pour la troisième
fois. Avec les minerais riches il faut répéter trois fois l'opération. Le lavage
du résidu et le dosage du cuivre se font comme en α.

b. *Storer* (*) et *Pearson* (**), pour avoir une dissolution sans soufre libre,
chauffent au bain-marie le minerai en poudre fine, préalablement mélangé
avec du chlorate de potasse, avec de l'acide azotique concentré, et ajoutent
de temps en temps une nouvelle quantité d'acide azotique et de chlorate,
jusqu'à ce qu'on ne voie plus de soufre. Après refroidissement on ajoute
de l'acide chlorhydrique fort en excès suffisant, on évapore à siccité au
bain-marie, on reprend le résidu par de l'acide chlorhydrique et de l'eau et
l'on filtre.

Pearson, qui à la fin précipite le cuivre par le fer, pour avoir une dissolution exempte d'acide azotique, fait passer le résidu de l'évaporation dans
un vase de Bohème au moyen de la fiole à jet, il chauffe presque à l'ébullition, ajoute environ 25 C.C. d'une dissolution concentrée de sulfate de
protoxyde de fer légèrement acidulée avec de l'acide sulfurique, et chauffe
environ 5 minutes presque à l'ébullition. Si après cela il y a encore du sel
de protoxyde de fer, ce qu'on reconnaît avec une goutte de ferricyanure de
potassium, le but est atteint : sinon il faut ajouter de nouveau du sulfate de
protoxyde de fer. Le cuivre est enfin précipité dans la liqueur filtrée par
une bande de tôle, puis chauffé au rouge dans un creuset en porcelaine
et dans un courant d'hydrogène et pesé.

c. Pour préparer des dissolutions contenant tout le cuivre on peut aussi
employer différentes méthodes par fusion. C'est ainsi que *Fleischer* (***) fond
le minerai sulfuré en poudre fine avec un mélange de 5 p. de chlorate de
potasse, 4 p. de carbonate de soude et 5 p. de chlorure de sodium. On
chauffe de façon à amener le tout en fusion tranquille, et l'on dissout la

(*) *Zeitschr. f. analyt. Chem.*, IX, 71.
(**) *Zeitschr. f. analyt. Chem*, IX, 101.
(***) *Zeitschr. f. analyt. Chem.*, IX, 258.

masse fondue dans de l'acide chlorhydrique et de l'eau. — *W. Gibbs*(*)
conseille de chauffer peu à peu au rouge faible, le mieux dans un moufle,
le minerai en poudre, introduit dans un creuset en porcelaine, avec trois
ou quatre fois son poids d'un mélange à équivalents égaux de bisulfate de
potasse et de salpêtre : l'oxydation se fait dans ces circonstances sans
écumer. La masse refroidie est traitée par une quantité d'acide sulfurique
suffisante pour changer tout le sulfate de potasse en sel acide, puis on
chauffe de nouveau jusqu'à ce que le contenu du creuset soit fondu en une
masse fluide, que l'on reprend par l'eau après refroidissement.

d. Lorsque, d'une façon ou d'une autre suivant, page 994. 2. ou suivant 3.
a. b. ou e, on a dissous tout le cuivre, on peut le doser par liqueur
titrée. Les anciens procédés ont déjà été indiqués aux pages 282 à 286 ;
parmi les nouveaux ou les perfectionnements j'indiquerai encore les suivants :

α. *Fr. Weil* (**), pour compléter sa méthode exposée à la page 285 a fait
les remarques suivantes : On fait dissoudre 5 gr. de minerai dans de
l'acide chlorhydrique ou sulfurique exempt d'acide azotique et l'on étend
pour faire 250 C.C. : d'autre part on dissout 4,5 à 5 gr. de protochlorure
d'étain cristallisé dans environ 100 C.C. d'eau en ajoutant à peu près 30 C.C.
d'acide chlorhydrique, et on donne à la dissolution un volume de 500 C.C.,
en ajoutant un mélange de 40 C.C. d'acide chlorhydrique pour 100 d'eau.
— On prépare aussi une dissolution normale de cuivre dont 80 C.C. renferment 0,1 gr. de cuivre. — Pour déterminer la valeur de la dissolution
de protochlorure d'étain, on la fait agir, dans une fiole à fond plat sur
10 C.C. de la dissolution normale de cuivre, additionnés de 25 C.C. d'acide
chlorhydrique et chauffés à l'ébullition. On fait agir de la même façon la
solution de protochlorure d'étain sur 10 C.C. de la dissolution du minerai,
également additionnée de 25 C.C. d'acide chlorhydrique et chauffée à
l'ébullition. S'il fallait, pour opérer la dissolution, faire usage d'acide
azotique ou d'eau régale, il faudrait évaporer à siccité, redissoudre le
résidu dans l'acide chlorhydrique étendu à 250 C.C., prendre avec une
pipette 10 C.C., évaporer à siccité avec de 5 à 10 C.C. d'acide chlorhydrique,
dissoudre dans 25 C.C. d'acide chlorhydrique le résidu, bien débarrassé
maintenant d'acide azotique, et achever comme plus haut. En maintenant
à la température de l'ébullition, la vapeur d'acide chlorhydrique qui remplit le ballon empêche l'oxydation que produirait l'air atmosphérique.

Nous avons déjà dit à la page 285 comment il faut opérer lorsque la
dissolution renferme du perchlorure ou du sulfate de peroxyde de fer.

Si le minerai contient de l'antimoine, on opère la dissolution avec de
l'acide chlorhydrique ou un mélange de beaucoup d'acide chlorhydrique
avec un peu d'acide azotique ; on ajoute du permanganate de potasse
jusqu'à coloration rouge persistant ; on chauffe à l'ébullition jusqu'à décoloration et jusqu'à ce que les vapeurs qui se dégagent ne bleuissent plus
le papier amidonné à l'iodure de potassium. On étend le liquide avec une
dissolution aqueuse d'acide tartrique de 5 à 10 pour 100, ou avec de l'eau

---

(*) *Zeitschr. f. analyt. Chem.*, VII, 257.
(**) Dosage volumétrique du cuivre, du fer et de l'antimoine.

additionnée d'acide chlorhydrique, de façon à faire du tout 250 C.C. La dissolution renferme le cuivre à l'état de bichlorure et l'antimoine à l'état d'acide antimonique. Si l'on fait maintenant agir la solution de protochlorure d'étain, comme plus haut, sur 10 C.C. de la dissolution additionnée de 25 C.C. d'acide chlorhydrique et chauffées à l'ébullition, le cuivre est réduit en protochlorure, le perchlorure d'antimoine passe à l'état de trichlorure, et le volume de protochlorure d'étain employé correspond à la fois au cuivre et à l'antimoine, d'après les équations : $SbCl^5 + 2.SnCl = 2.SnCl^2 + SbCl^3$, et $4.CuCl + 2.SnCl = 2.SnCl^2 + 2.Cu^2Cl^3$. On voit que sous le rapport du pouvoir réducteur de la solution de protochlorure d'étain, 4 équivalents de cuivre ($4.31,7 = 126,8$) équivalent à 1 équivalent d'antimoine (122). Pour obtenir maintenant la quantité seule de cuivre, on abandonne douze heures le liquide réduit dans une capsule en porcelaine, au contact de l'air. Tout le protochlorure repasse à l'état de perchlorure. On titre de nouveau avec le protochlorure d'étain, ce qui donne le cuivre seul et la différence entre les deux volumes de liqueur d'étain, correspond à l'antimoine. Suivant *Weil* l'acide arsénique ne peut pas être réduit pendant le peu de temps que dure l'opération du titrage.

β. *Volhardt* (*) dose le cuivre volumétriquement en le précipitant sous forme de sulfocyanure, et en dosant l'excès de sulfocyanure d'ammonium (pages 971 et 972 à la méthode de dosage de l'argent reposant sur le même principe). Il emploie des dissolutions normales décimes, c'est-à-dire une dissolution d'azotate d'argent contenant 10,793 d'argent dans un litre et une solution de sulfocyanure d'ammonium préparée de telle façon qu'en mêlant des volumes égaux des deux solutions et en présence du sulfate de peroxyde de fer il ne reste qu'une coloration à peine visible. 1 C.C. du sulfocyanure correspond alors à 0,00634 gr. de cuivre.

On fait une dissolution sulfurique ou azotique du minerai, et l'on chasse par évaporation l'excès d'acide. Si celui-ci n'est pas trop fort, on peut le neutraliser par le carbonate de soude, ajouté jusqu'à ce qu'il se forme un trouble permanent. On met le liquide à titrer dans un ballon jaugé de 300 C.C. On y ajoute une solution aqueuse d'acide sulfureux, jusqu'à ce que l'odeur persiste nettement : cela détermine la dissolution d'un précipité de sous-carbonate de cuivre, qui se forme quelquefois. On chauffe à l'ébullition et l'on verse avec une burette la dissolution de sulfocyanure jusqu'à ce qu'une nouvelle addition ne produise plus de changement de couleur, et pour plus de certitude on verse encore 3 à 4 C.C. et on note le volume total de sulfocyanure. On laisse refroidir le liquide, dans lequel se trouve le sulfocyanure de cuivre, presque blanc; on remplit d'eau jusqu'au trait de jauge, on mélange, on filtre à travers un filtre sec, dans un ballon sec : on prend avec une pipette 100 C.C., on ajoute 10 C.C. d'une dissolution saturée à froid d'alun ammoniacal de fer et un peu d'acide azotique, on titre avec la solution d'argent jusqu'à ce que le liquide soit incolore, et l'on ajoute alors avec précaution, à l'aide d'une burette ou d'une pipette donnant le 1/20 de C.C., la solution de sulfocyanure d'ammonium, jusqu'à ce que le liquide prenne une teinte rougeâtre permanente. On multiplie par 3 le

(*) *Zeitschr. f. analyt. Chem.*, XVIII, 285.

nombre des C.C. de la solution d'argent, après en avoir retranché le nombre des C.C. de sulfocyanhydrate d'ammoniaque employés avant eux et l'on soustrait de la dissolution de sulfocyanure d'ammonium employée tout d'abord. La différence donne les C.C. de sulfocyanure qui ont servi à précipiter le cuivre.

En présence du fer on ne peut pas reconnaître si la précipitation du cuivre est complète à ce qu'il n'y a pas de changement de couleur. Le peroxyde de fer, même quand tout le cuivre est précipité, détermine, là où tombe la solution de sulfocyanhydrate d'ammoniaque, une coloration foncée qui disparaît en agitant sous l'action de l'acide sulfureux.

Pour reconnaître si la précipitation du cuivre est complète, il faut alors prendre dans un tube à essai un peu du liquide presque limpide surnageant le précipité et en chauffant laisse couler de la burette une goutte de sulfocyanure. Si le trouble n'augmente pas, c'est que tout le cuivre est précipité. On rejette l'essai dans la dissolution, et l'on achève comme plus haut.

La méthode ne peut pas s'appliquer en présence des halogènes, du mercure et de l'argent.

e. *Classen* (*) emploie la méthode par l'acide oxalique, déjà décrite à propos du zinc (page 908) et du nickel (page 884), pour doser le cuivre dans les dissolutions qui, comme cela arrive dans les solutions de minerai de cuivre, renferment du perchlorure de fer, du protochlorure d'antimoine, d'arsenic, etc. — S'il y a peu d'antimoine, on évapore à siccité la dissolution acétique; on y ajoute en excès une solution concentrée d'oxalate de potasse, on filtre chaud et on lave le résidu avec de l'eau additionée d'oxalate de potasse. On concentre le liquide filtré à 50 C.C., ce qui fait cristalliser la plus grande partie du cuivre sous forme d'aiguilles bleues d'oxalate double de cuivre et de potasse; on ajoute 27 volumes d'acide acétique à 80 pour 100 et l'on abandonne pendant quelque temps. On filtre alors, on lave le précipité avec un mélange à volumes égaux d'acide acétique, d'alcool et d'eau, on sèche, on chauffe au rouge *faible* dans un creuset de platine; on dissout le résidu dans l'acide sulfurique, et dans cette dissolution on précipite le cuivre électrolytiquement et on l'obtient ainsi exempt de zinc, de nickel de magnésium, etc.

Si avec l'arsenic il y a de l'antimoine en quantité notable, on mêle la substance en poudre fine ou le résidu de l'évaporation de la dissolution, avec environ quatre fois son poids de chlorhydrate d'ammoniaque, et l'on chauffe *très modérément* dans un creuset fermé. De cette façon on volatilise presque tout d'arsenic et l'antimoine et aussi beaucoup de perchlorure de fer. Dans le résidu on dosera alors le cuivre comme plus haut.

(*) *Zeitschr. f. analyt. Chem.*, XVIII, 390 et 397.

B. Différentes sortes de cuivre.

I. *Cuivre de cémentation.*

§ 262.

Depuis que l'on exploite sur une grande échelle les pyrites d'Espagne, qui contiennent du cuivre, surtout pour la fabrication de l'acide sulfurique et que des résidus on extrait le cuivre par cémentation, on rencontre fréquemment celui-ci dans le commerce, et comme il offre de grandes différences sous le rapport de la proportion de cuivre et de celle de l'humidité, il est souvent l'objet d'analyses.

Les espèces que l'on trouve dans l'industrie sont en général sous forme de poudre fine, homogène, tantôt rouge, avec 5 à 15 pour 100 d'humidité, ou bien noire et dans ce cas presque anhydre lorsque la précipitation n'a pas été faite par du fer forgé, mais par de la fonte, ou bien que le cément a été déshydraté à une haute température. Mais parfois aussi c'est un mélange de poudre fine, demi-fine avec des morceaux de cuivre plus ou moins gros. Il faut dès lors traiter différemment les variétés homogènes et celles qui ne le sont pas, si l'on veut que l'analyse donne une idée exacte de la richesse moyenne.

1. Cuivre de cémentation en masse pulvérulente homogène, rouge ou noire.

a. *Dosage de l'eau.*

On en sèche environ 75 gr. à 100° jusqu'à ce que le poids soit constant. J'emploie pour cela une petite boîte demi-cylindrique (fig. 228), en tôle de 16 centimètres de long, 40 millimètres de large et 22 millimètres de pro-

Fig. 228.

fondeur, munie d'un couvercle à coulisse (*). On l'introduit sans son couvercle dans un tube de cuivre un peu plus large, plongé dans un bain-marie de façon qu'il soit complètement enveloppé par l'eau bouillante ou par la vapeur d'eau. Au bout d'une heure on retire la boîte, on la ferme avec le couvercle, on laisse refroidir sous le dessiccateur, on pèse, on enlève de nouveau le couvercle et on replace dans le tube chauffé, et l'on s'assure au

---

(*) Ces petites boîtes peuvent encore servir pour tout autre sorte de minéraux, ou d'autres substances, dont il faut employer des poids un peu considérables pour avoir une moyenne exacte de la quantité d'humidité qu'ils renferment.

bout d'une heure si le poids n'a pas changé. Alors seulement le dosage est achevé.

b. Dosage du cuivre.

On traite environ 60 gr. soit du cément séché à 100°, soit du cément non desséché, si l'on veut faire marcher en même temps la dessiccation et la dissolution, par de l'acide chlorhydrique de densité 1,12 auquel on ajoute peu à peu, en chauffant, de l'acide azotique jusqu'à ce qu'il n'y ait plus de réaction : on étend d'eau et l'on filtre dans un ballon jaugé de deux litres, pesé. Le résidu insoluble, la plupart du temps charbonneux, est chauffé au rouge dans un courant d'air pour brûler tout ce qui est combustible, puis traité à chaud par l'acide chlorhydrique additionné d'acide azotique : on étend d'eau, on filtre dans la première solution ; on laisse refroidir on remplit le ballon jusqu'au trait de jauge ; on mélange entièrement et l'on pèse. Dans une portion mesurée de cette dissolution on dose le cuivre. La méthode que je vais décrire élimine tous les métaux étrangers, qui pourraient se trouver dans le produit et conduit à un résultat tout à fait satisfaisant. Bien entendu que l'on pourrait faire usage de l'un des procédés plus simples donnés au § 261, II. pour le dosage du cuivre ; mais il ne faut pas perdre de vue qu'il pourrait y avoir dans le cément des impuretés (plomb, antimoine, fer, etc.), qui rendraient le dosage inexact.

α. On prend 30 C.C. de liquide avec une pipette, et on les introduit dans un petit tube léger, fermant avec un bouchon à l'émeri, pesé d'avance avec son bouchon ; puis on pèse de nouveau. Le poids de la solution donne seul des résultats exacts ; la mesure des volumes n'a que l'avantage de donner facilement et avec exactitude une partie déterminée du liquide pour faire l'analyse.

β. Dans un ballon de 400 à 500 C.C. on verse le contenu du tube pesé, qu'on lave bien avec de l'eau ; on ajoute 20 C.C. d'acide chlorhydrique de densité 1,12, on précipite à chaud avec de l'acide sulfhydrique, on sépare le précipité par filtration, on le lave avec de l'eau additionnée d'acide sulfhydrique et d'un peu d'acide acétique. Le lavage est fini quand le liquide ne donne plus, avec l'ammoniaque et le sulfhydrate d'ammoniaque, de sulfure de fer ou de coloration produite par une cause semblable.

γ. On met dans un vase de Bohème le précipité de sulfure de cuivre avec le filtre ; on ajoute 10 à 20 C.C. d'une dissolution de sulfure de sodium, environ 50 C.C. d'eau ; on chauffe cinq minutes, on étend avec 100 C.C. d'eau ; on filtre et on lave avec de l'eau additionnée d'un peu de sulfure de sodium. On acidifie avec de l'acide chlorhydrique le liquide filtré, réuni aux eaux de lavage, pour s'assurer que le soufre éliminé ne renferme pas de sulfure de cuivre, ce que l'on reconnaîtrait déjà à la couleur du précipité.

δ. On remet le sulfure de cuivre avec le filtre dans le vase de Bohème où il a déjà été traité par le sulfure de sodium ; on ajoute 20 C.C. d'acide azotique de densité 1,2 et 20 à 30 C.C. d'eau ; on chauffe jusqu'à la dissolution complète du sulfure de cuivre, on étend d'eau, on filtre dans un ballon et on lave le filtre. On brûle avec précaution dans un creuset en porcelaine le filtre desséché; on chauffe le résidu avec un peu d'acide chlorhydrique et un peu d'acide azotique, on étend d'eau et l'on filtre dans la précédente dissolution. Si celle-ci se troublait par suite de la formation d'un peu de chlorure d'argent, il faudrait laisser déposer, puis filtrer. En général, cela n'est pas nécessaire. On ajoute alors au liquide resté clair, ou filtré, de l'ammoniaque jusqu'à réaction faiblement alcaline, puis du carbonate d'ammoniaque; on laisse reposer douze heures en chauffant un peu, on filtre, on acidifie le liquide filtré avec de l'acide acétique, on précipite à chaud par l'acide sulfhydrique, et l'on dose le cuivre à l'état de sulfure (page 281).

ε. Si le cément de cuivre renfermait une proportion relativement forte de plomb, il serait préférable de l'éliminer d'abord en évaporant la portion pesée de la dissolution azotique avec un excès d'acide sulfurique étendu.

2. Cément de cuivre non homogène.

Si le cément est formé de poudre fine, demi-fine avec des fragments de métal, le mélange ne suffit pas pour obtenir un échantillon moyen (*). Il faut dans ce cas, après avoir fait une détermination de l'humidité sur la totalité de l'essai, séparer dans celui-ci avec un tamis les différentes parties, peser chacune de celles-ci après l'avoir de nouveau séchée à 100°, puis prendre de chacune encore une certaine fraction, soit 1/10, pesée exactement et en faire la dissolution. Ainsi dans une analyse d'un cuivre de cémentation (*) j'ai trouvé qu'un essai de 4558^{gr},7 était formé de 3197^{gr},5 de poudre fine, 747 gr. de poudre demi-fine et 414^{gr},2 de fragments de cuivre. On pesa alors 1/10 de chaque partie et l'ensemble pesant 435^{gr},87 fut dissous dans l'acide azotique et donna 7845^{gr},3 de dissolution, dont une partie aliquote servit à doser le cuivre.

II. *Cuivre d'œuvre, cuivre raffiné.*

§ 263.

Si pour le cuivre de cémentation il suffit de doser le cuivre, pour le métal raffiné il faut doser tous les éléments. Une pareille analyse est d'autant plus difficile que dans ce cuivre il y a beaucoup d'éléments étrangers, la plupart du temps en minime quantité et en outre pour être éclairé sur la valeur du cuivre, il ne suffit pas de connaître la nature et la proportion de ces éléments, mais il faut encore savoir dans quelle forme de combinaisons ils sont engagés.

Les éléments étrangers que l'on trouve ou qui peuvent se trouver dans le cuivre sont les suivants : argent, or, arsenic, antimoine, étain, bismuth, plomb, fer, cobalt, nickel, zinc, soufre, phosphore et oxygène.

Je vais d'abord décrire deux méthodes propres à déterminer quantitativement ces éléments, dont l'ensemble ne représente environ que 0,5 à 1,0

(*) Fresenius. *Zeitsch. f. analyt. Chem.* XV. 63.

p. 100, puis j'indiquerai les essais qui servent à fixer sous quelle forme sont contenues ces substances étrangères.

a. Première méthode, dans laquelle on ne fait pas usage de la précipitation électrolytique du cuivre (*).

1. On traite 100 gr. de cuivre, parfaitement nettoyé, par de l'acide azotique tout à fait pur de densité 1,20, et en quantité suffisante pour tout dissoudre. — Si l'on a de la tournure de cuivre on ajoutera de l'eau. On fait agir l'acide jusqu'à ce que, même en chauffant, il ne se produise plus d'action, puis on étend d'eau, on filtre et on lave le résidu insoluble. On rassemble le liquide filtré dans un ballon jaugé de deux litres, que l'on a pesé, on remplit jusqu'au trait de jauge et l'on mélange.

2. Avec la fiole à jet on fait passer le résidu dans une capsule en porcelaine, on ajoute les cendres du filtre, on évapore à siccité, on met le tout dans un creuset de porcelaine, on détache les parcelles adhérentes en frottant avec un peu de carbonate de soude, que l'on met aussi dans le creuset, on ajoute du foie de soufre, on fond en empêchant l'accès de l'air ; après refroidissement on traite par l'eau, on sépare par filtration la dissolution jaune du résidu insoluble noir et on lave celui-ci.

3. Le résidu noir obtenu en 2., ainsi que les cendres du petit filtre, sont chauffés avec de l'acide azotique modérément étendu : on filtre, on lave, on incinère le filtre, on en chauffe les cendres avec de l'acide azotique, on étend d'eau, on filtre, on réunit ce liquide filtré à la première dissolution obtenue, on incinère le filtre et l'on conserve les cendres du filtre qui peuvent contenir une partie de l'or. On ajoute à la dissolution un peu d'acide chlorhydrique. S'il se forme un précipité de chlorure d'argent on le laisse déposer, on filtre et l'on transforme pour la pesée, le chlorure d'argent en *argent* métallique, dont on essaye la pureté. La dissolution restée limpide ou celle qu'on a séparée par filtration du chlorure d'argent est évaporée avec de l'acide sulfurique pour séparer le *plomb* ; dans le liquide filtré, s'il y en a, on précipite le *cuivre* et le *bismuth* avec l'acide sulfhydrique et dans le liquide filtré, on précipite avec le sulfhydrate d'ammoniaque les métaux du quatrième groupe.

4. On précipite avec de l'acide chlorhydrique la solution obtenue avec le foie de soufre ; on traite par l'acide chlorhydrique bromé le précipité mélangé de beaucoup de soufre avec le filtre, jusqu'à ce que tout ce qui est soluble soit dissous, on filtre, on lave, on enlève avec l'ammoniaque le brome qui pourrait rester libre, on acidifie avec l'acide chlorhydrique, on précipite à 70° avec l'acide sulfhydrique, on sépare par filtration les sulfures métalliques, on les dissout dans du sulfhydrate d'ammoniaque faiblement jaune, on filtre, on évapore à siccité la dissolution dans un creuset de porcelaine, on oxyde le résidu avec précaution au moyen de l'acide azotique fumant, on évapore à siccité, on ajoute de l'hydrate de soude et un peu d'azotate de soude, on fond et on opère la séparation de l'*antimoine*, de l'*étain* et de l'*arsenic*, dans le cas où ils se trouvent tous réunis, par le

(*) Voir le travail de *Fresenius* dans le *Zeitschr. f analyt. Chem.*, XXI. 229.

procédé de *H. Rose* donné à la page 543 (201). On incinère, après lavage, les petits filtres à travers lesquels on a filtré la dissolution des sulfures métalliques dans le sulfhydrate d'ammoniaque et la dissolution de l'antimoniate de soude opérée par l'acide chlorhydrique et l'acide tartrique : on traite ensuite par l'eau régale ces cendres auxquelles on a ajouté celles conservées plus haut. On étend d'eau, on filtre, on évapore avec de l'acide chlorhydrique pour chasser l'acide azotique et l'on précipite l'or par le protochlorure de fer dans le liquide suffisamment concentré.

S'il n'y a pas d'étain, il vaudra mieux séparer dans la dissolution obtenue avec l'acide chlorhydrique bromé, et débarrassée de l'excès de brome par l'ammoniaque, l'*antimoine* et l'*arsenic* d'après la méthode de *Bunsen* (pages 961 et 962) ; mais il faudra s'assurer que les sulfures métalliques ne renferment pas d'or.

5. Dans environ 20 gr. de la dissolution préparée en 1., on dosera le *cuivre* d'après le procédé employé pour le cuivre de cémentation (page 1012, b.).

6. Dans un litre du liquide préparé en 1. et représentant 50 gr. de cuivre à analyser, on ajoute 4 gouttes d'acide chlorhydrique. Si cela produit un trouble ou un précipité de chlorure d'argent, on laisse déposer à chaud et l'on examine avec une nouvelle goutte d'acide chlorhydrique si tout l'argent est précipité. S'il se forme un nouveau trouble on versera encore une ou deux gouttes d'acide chlorhydrique, mais il faut éviter d'en mettre un excès. Pour la pesée on transforme le chlorure d'argent en *argent* métallique. On double la quantité trouvée, on y ajoute celle déjà obtenue en 5. et on a la proportion d'argent pour cent.

7. On verse dans une capsule en porcelaine la dissolution restée limpide après addition d'acide chlorhydrique ou celle séparée par filtration du chlorure d'argent, on ajoute avec précaution 85 gr. d'acide sulfurique concentré pur, préalablement étendu d'eau, on évapore jusqu'à ce que tout l'acide azotique soit chassé, on ajoute de l'eau, on chauffe pour redissoudre tout le sulfate de cuivre, on filtre dans un ballon jaugé de 2 litres, on lave le sulfate de plomb qui reste non dissous d'abord avec de l'eau contenant de l'acide sulfurique, puis avec de l'alcool (que l'on conservera à part), on le pèse et l'on essaye sa pureté en le faisant bouillir dans une dissolution d'acétate d'ammoniaque additionnée d'un peu d'ammoniaque libre. Si, après avoir fait bouillir suffisamment longtemps, il restait un résidu insoluble, il faudrait le retrancher du sulfate de plomb et en étudier la nature.

8. La dissolution séparée du sulfate de plomb, obtenue en 7., est amenée à occuper 2 litres, bien mélangée, et partagée en quatre portions de un demi-litre (*), versée chacune dans un ballon de 1 litre et demi. On étend avec environ 1 demi-litre d'eau dans chaque ballon, on ajoute 50 C.C. d'acide chlorhydrique de densité 1,12, on chauffe environ à 70° et l'on précipite le cuivre, etc., avec l'hydrogène sulfuré. Après refroidissement on verse dans un flacon à l'émeri d'environ 6 litres et pesé, le contenu des quatre ballons, on lave ceux-ci à plusieurs reprises avec de l'eau chargée

---

(*) Je conseille de mesurer exactement le liquide que l'on met dans chaque ballon afin que tout ce long travail ne soit pas perdu si par hasard un des ballons venait à se briser ou à se renverser.

d'acide sulfhydrique, de façon que tout passe bien dans le grand flacon ; on mélange intimement et l'on pèse le flacon. Si du poids total on retranche celui du ballon vide et celui du sulfure de cuivre, calculé d'après la quantité de cuivre déjà trouvée, on aura le poids de la dissolution contenue dans le flacon. Après dépôt on retire le plus que l'on peut de la dissolution limpide, on pèse le flacon avec le précipité et le reste du liquide et l'on a la quantité du liquide décanté : on le filtre, on l'évapore dans une capsule en porcelaine, jusqu'à ce que la plus grande partie de l'acide sulfurique ait été chassée ; on chauffe à la fin avec un peu d'acide azotique, on ajoute de l'ammoniaque, on filtre, on dissout le précipité dans l'acide chlorhydrique, on précipite de nouveau avec l'ammoniaque et dans le précipité on détermine le *fer*, s'il y en a, d'après la page 487 (77.). Dans le liquide filtré, après avoir ajouté de l'acétate d'ammoniaque et avoir acidulé ensuite avec de l'acide acétique, on précipite le *nickel*, le *cobalt*, et le *zinc*, qu'il faudra séparer et doser comme il est dit aux pages 906 et 907 et 879. Comme les quantités de fer, de nickel, de cobalt et de zinc ainsi obtenues ne proviennent que d'une portion de la liqueur séparée du sulfure de cuivre, il faudra les rapporter à la totalité de la dissolution.

9. Au précipité ainsi qu'au reste de la dissolution, qui sont dans le grand flacon, on ajoute de la lessive de potasse ou de soude, jusqu'à forte réaction alcaline, puis une dissolution de sulfure de potassium ou de sodium, contenant un peu de bisulfure alcalin, en quantité suffisante pour être certain que tout le sulfure d'antimoine et le sulfure d'arsenic sont dissous et l'on chauffe doucement et assez longtemps. On étend d'eau fortement, on mélange, on pèse et on soutire autant de liquide clair que l'on peut, on pèse le flacon avec le précipité et le reste de la dissolution et l'on a encore de cette façon la quantité de liquide soutiré. On le filtre, on l'acidule avec de l'acide chlorhydrique et on laisse déposer. D'après ce qui est indiqué en 8., on peut facilement calculer la proportion du cuivre d'où proviennent les sulfures métalliques du sixième groupe, précipités de la dissolution par les sulfures alcalins. Comme ces sulfures du sixième groupe sont mélangés avec beaucoup de soufre, on sépare le précipité par filtration après dépôt, on le lave, on le traite encore humide par de l'acide chlorhydrique bromé, on étend d'eau, on filtre, on ajoute de l'ammoniaque jusqu'à ce que la dissolution soit incolore, puis de l'acide chlorhydrique, après avoir chauffé doucement et pendant longtemps. Alors dans la dissolution limpide on précipite les métaux du sixième groupe avec l'acide sulfhydrique et on les sépare comme il est indiqué en 4. Il faut encore ici rapporter au tout ce que l'on obtient avec une partie seulement de la substance à étudier.

10. Sur le filtre à travers lequel on a fait passer le liquide soutiré au n° 9, on rassemble le précipité de sulfure de cuivre séparé déjà de la majeure partie du liquide contenant les sulfures alcalins ; on le lave avec de l'eau contenant du sulfure de potassium ou de sodium, on le dissout dans de l'acide chlorhydrique additionné d'acide azotique, on filtre, on évapore à siccité au bain-marie après addition d'un excès d'acide chlorhydrique ; on reprend la masse saline par l'eau et on filtre après avoir laissé reposer assez longtemps. On redissout dans l'acide chlorhydrique le résidu inso-

luble, qui renferme tout le bismuth sous forme de chlorure basique ; on ajoute de la lessive de potasse jusqu'à réaction alcaline, puis du cyanure de potassium en excès et du sulfure de potassium. Le *bismuth* se précipite à l'état de sulfure, tandis que le cuivre qui y est encore mélangé reste dissous. Comme le sulfure de bismuth peut renfermer un peu de sulfure de nickel, on le redissout dans l'acide azotique, on précipite la dissolution étendue par l'acide sulfhydrique et l'on pèse le sulfure de bismuth, maintenant pur, soit tel quel (page 289, 3.), soit après l'avoir transformé en oxyde.

11. A 400 C.C. de la dissolution préparée en 1., correspondant à 20 gr. de cuivre, on ajoute de l'ammoniaque de façon à neutraliser la plus grande pártie de l'acide azotique libre, puis quelques gouttes d'une solution d'azotate de baryte et on abandonne longtemps dans un lieu chaud. Si le cuivre contient quelque peu d'acide sulfureux (le soufre se rencontre parfois à cet état dans le cuivre, *Hampe* *), il se produit un précipité de sulfate de baryte qu'il faudra séparer par filtration et peser. Cependant on ne pourrait pas de cette façon trouver des traces d'acide sulfureux parce que le sulfate de baryte n'est pas tout à fait insoluble dans une dissolution d'azotate de cuivre. Il faut, dans ce cas chauffer le cuivre (30 à 40 gr.) dans un courant de gaz chlore pur et sec (*Hampe* **) et chercher l'acide sulfurique dans les produits volatils. On place le cuivre dans un tube en verre de Bohême difficilement fusible, qui vers l'extrémité de sortie est d'abord recourbé vers le bas, puis une seconde fois redressé vers le haut par une seconde courbure. Le tube est légèrement incliné à l'extrémité de sortie. A celle-ci on adapte un tube à boules de *Peligot*, puis un second à la suite. Il faut, pour monter l'appareil, ne pas employer du tout de caoutchouc vulcanisé. Les tubes de *Peligot* sont en partie remplis d'eau, saturée de chlore avant l'expérience. Le gaz doit être pur et sec et pour cela on le lave bien et on le fait passer sur du chlorure de calcium. L'appareil monté, on chauffe un peu le cuivre. Il s'unit au chlore avec dégagement de lumière et forme du protochlorure qui se rassemble dans la partie recourbée du tube. Lorsqu'il ne reste plus qu'un peu de cuivre on chauffe de nouveau le tube et l'on modère le courant gazeux. A la fin on réunit le contenu des récipients, on chauffe pour chasser le chlore et l'on dose l'acide sulfurique avec le chlorure de baryum.

Voir au n° 13 une autre méthode pour doser l'acide sulfureux dans le cuivre raffiné.

12. On évapore à plusieurs reprises 400 C.C. de la solution du n° 1 avec de l'acide chlorhydrique pour chasser l'acide azotique, on étend avec 1200 C.C. d'eau, on précipite à 70° avec de l'acide sulfhydrique, on verse le tout dans un flacon d'environ deux litres et pesé, on lave, on mélange et on pèse. On laisse déposer, on soutire autant de liquide que l'on peut, on pèse le flacon avec le précipité et le reste du liquide et l'on obtient ainsi à quelle quantité du cuivre correspond la dissolution soutirée (8.). On filtre, on évapore jusqu'à un faible volume en ajoutant de l'acide azotique à

(*) *Zeitschr. f. analyt. Chem.*, XIII, 222.
(**) *Zeitschr. f. analyt. Chem.*, XIII, 223.

plusieurs reprises et dans le résidu on dose, suivant la page 340, β. l'acide phosphorique qu'il pourrait y avoir et qui proviendrait du *phosphore* renfermé dans le cuivre.

13. Pour doser dans le cuivre d'œuvre, etc., l'oxygène qui s'y trouve, oxygène que *Hampe* a démontré y être partie combiné au cuivre à l'état de protoxyde, partie avec les autres métaux en oxydes ou en acides et partie enfin avec le soufre sous forme d'acide sulfureux, on se sert de la méthode suivante indiquée par *Hampe* (*) et qui, en prenant toutes les précautions indiquées et seulement alors, donne de très exacts résultats.

Avec une lime anglaise pas trop grosse on réduit le cuivre parfaitement poli en limaille, que l'on passe à travers un tamis de crins : on enlève avec un aimant les parcelles de fer, et l'on fait bouillir la limaille de cuivre avec une lessive de potasse étendue, ce qui élimine les traces de matières grasses par dissolution et les filaments de papier par décantation. On lave complètement le cuivre ainsi purifié et on le sèche promptement.

Le dosage de l'oxygène se fait par la perte de poids que subit la poudre de cuivre chauffée au rouge dans un courant d'hydrogène. La réduction se fait dans un tube à boule en verre de Bohême étiré aux deux extrémités. On le chauffe d'abord dans un courant d'air sec dans lequel on le laisse refroidir : on ferme aussitôt les deux extrémités avec des bouts de tubes en caoutchouc fermés eux-mêmes par des morceaux de baguettes en verre; on pèse, on introduit dans la boule la poudre de cuivre (environ 30 gr.) et l'on pèse de nouveau. On fait alors passer dans le tube un courant continu d'acide carbonique sec et pur. Ce gaz est produit dans un appareil continu par l'action de l'acide chlorhydrique sur de marbre (*). On fait marcher l'appareil à dégagement au moins 2 heures avant de s'en servir et pour purifier et dessécher l'acide carbonique on le fait d'abord passer dans une dissolution de bicarbonate de soude, puis dans un tube contenant de ce sel en morceau, dans un flacon couvert renfermant de l'azotate d'argent dissous, un tube rempli de pierre ponce imprégnée de la même dissolution, un flacon d'acide sulfurique concentré et enfin un tube plein de chlorure de calcium poreux. Lorsque l'acide carbonique a passé pendant environ 5 minutes dans le tube à boule contenant le cuivre, on chauffe doucement celui-ci pour chasser toute trace d'humidité : il ne faut pas que pendant cette période il se dégage de produits empyreumatiques. Il faut aussi éviter de chauffer trop fortement le cuivre, parce qu'avec les cuivres renfermant des arséniates il pourrait se produire une efflorescence d'acide arsénieux.

Après refroidissement dans le courant d'acide carbonique, on remplace celui-ci par de l'air sec, on ferme le tube et on le pèse. La différence entre ce poids et le précédent ne doit pas dépasser quelques milligrammes. On fait alors passer sur le cuivre un courant très lent d'hydrogène pur, en chauffant tout d'abord très peu et lentement on élève la température jusqu'au rouge, température que l'on maintient environ un quart

---

(*) Suivant A. *Bertnhsen* (*Zeitschr. f. analyt. Chem.*, XXI, 63) on élimine l'air contenu dans le marbre, en couvrant les morceaux d'eau dans un flacon à parois épaisses et en faisant ensuite le vide dans ce flacon avec une pompe à air ou tout autre pompe pneumatique.

d'heure. Pendant l'opération il se forme de l'eau et lorsqu'on opère sur des cuivres impurs, on a dans la partie supérieure de la boule et aussi derrière elle un sublimé noir soit d'arsenic, d'antimoine ou de plomb. Il faut pour cette raison que le tube qui suit la boule soit assez long pour que dans aucun cas une partie du sublimé puisse sortir de l'appareil.

Les cuivres, qui contiennent de l'acide sulfureux, dégagent avec la vapeur d'eau un peu d'acide sulfhydrique, dont il faut mesurer la quantité. Pour cela on fait passer le gaz qui sort de l'appareil dans une dissolution alcaline d'oxyde de plomb, ou aussi dans de l'acide chlorhydrique bromé et on dose (*) comme il est dit à la page 938.

Lorsque le cuivre est complètement refroidi dans le courant d'hydrogène, et que l'on a remplacé ce gaz par de l'air sec, on ferme le tube et on le pèse. La perte de poids, diminuée du poids du soufre parti sous forme d'acide sulfhydrique, donne la quantité d'oxygène.

b. Seconde méthode dans laquelle le cuivre est précipité électrolytiquement, suivant Hampe (**).

1. Pour l'analyse principale on prend des morceaux de cuivre bien brillants enlevés au ciseau et on en pèse deux portions, chacune de 25 gr. On les traite à une douce chaleur dans un vase de Bohême avec un mélange de 176 à 180 C.C. d'acide azotique de densité 1,2 et 200 C.C. d'eau. Lorsque tout est dissous, on évapore à siccité au bain-marie chaque liquide, sans préalablement enlever par filtration le résidu insoluble, qui pourrait parfois rester, mais en ayant ajouté 25 C.C. d'acide sulfurique concentré pur étendu d'eau : on chauffe ensuite plus fort de façon à chasser tout l'acide sulfurique libre. On couvre avec une capsule en verre chaque capsule bien refroidie, on ajoute avec précaution 20 C.C. d'acide azotique de densité 1,2 puis peu à peu 350 C.C. d'eau. Lorsque tout le sulfate de cuivre est dissous, on ajoute de l'acide chlorhydrique titré (1 C.C. = 0,001 gr. d'argent) en quantité exactement mesurée, juste pour précipiter tout l'argent qui peut se trouver dans le cuivre et dont on connaît déjà la proportion par une coupellation antérieure (pages 977 et 978). On laisse reposer 24 heures, puis à travers de petits filtres on sépare les précipités formés de sulfate de plomb, chlorure d'argent, acide antimonique, parfois des antimoniates : puis on lave parfaitement les vases et les filtres. Nous désignerons les précipités par I, a et b. On lave ensuite les vases avec de l'acide chlorhydrique concentré chaud pour enlever plus sûrement les parcelles d'acide antimonique adhérentes aux parois. On réunit ces deux dissolutions, on étend d'eau, on précipite par l'acide sulfhydrique et l'on met de côté provisoirement ce liquide avec le précipité de sulfure d'antimoine, etc., que nous désignerons par II.

2. Les deux dissolutions de cuivre obtenues en 1, ainsi que les eaux de lavage, formant chacune de 400 à 450 C.C., sont mises séparées dans des

(*) Dans les analyses faites par *Hampe* (*Zeitschr. f. analyt. Chem.*, XIII, 226) les quantités de soufre ainsi trouvées s'accordent parfaitement avec les résultats obtenus en chauffant le cuivre dans un courant de chlore.

(**) *Zeitschr. f. analyt. Chem.*, XIII, 180.

cylindres en verre de 9,5 centimètres de diamètre et 15 centimètres de hauteur, et l'on y précipite le cuivre électrolytiquement (page 1004). Le courant doit être d'une intensité telle qu'en 30 minutes il dégage 130 C.C. de gaz de la pile dans de l'acide sulfurique étendu (1 : 22). Il est important que l'intensité soit maintenue à peu près constante. La précipitation du cuivre dans une des dissolutions exige environ 72 heures. Lorsque le liquide est devenu incolore ou presque incolore, et que, en plongeant un peu plus le cône de platine dans le liquide, il ne se dépose plus par l'action ultérieure du courant qu'une pellicule de cuivre, on fait couler le liquide, sans interrompre le courant dans un ballon d'environ 4 litres et on lave jusqu'à ce que tout dégagement de gaz ait cessé au pôle positif et que le liquide ne soit plus du tout acide. On interrompt maintenant le courant, on plonge le cône recouvert du cuivre déposé d'abord dans de l'eau, puis dans de l'alcool, on sèche promptement (le mieux en le suspendant dans le courant d'air chaud, qui s'élève au-dessus d'une grande capsule en argent ou en platine chauffée) et l'on pèse le *cuivre*. Ces deux dosages faits simultanément doivent se contrôler. Si le cuivre a une couleur pure et claire, c'est un indice certain qu'il n'y a pas eu d'antimoine et d'arsenic précipité avec lui, ce qui arriverait si on laissait le courant continuer à agir sur la dissolution après la précipitation complète du cuivre. Il faut garder le cuivre pour s'assurer qu'il ne contient pas de bismuth (p. 1022, 8.).

3. A l'aide de la fiole à jet on lave les siphons, dont on s'est servi en 2., et les spirales de platine avec de l'eau que l'on recueille dans les grands ballons; on dissout les petites quantités de peroxyde de plomb adhérent aux spirales de platine dans de l'acide chlorhydrique chaud, en réunissant ces liquides dans une seule et même capsule en porcelaine : on évapore à siccité avec de l'acide sulfurique cette dissolution qui renferme aussi un peu de chlorure de platine, on chauffe le résidu au rouge, on dissout le sulfate de plomb dans l'acide chlorhydrique chaud, on ajoute de l'ammoniaque jusqu'à réaction alcaline, puis de l'acide azotique de façon que ce soit tout juste acide, on précipite par l'hydrogène sulfuré, et l'on met de côté le liquide avec le précipité que nous désignerons par III.

4. On fait bouillir dans leurs ballons respectifs les liquides préparés en 2., on les réunit dans une capsule en porcelaine et on évapore d'abord au bain-marie : à la fin on chauffe plus fortement de façon à volatiliser presque complètement l'acide sulfurique libre et à ne laisser dans la capsule que quelques gouttes de liquide. Après refroidissement on verse de l'acide chlorhydrique concentré, on chauffe, on étend d'eau, on sépare par filtration la petite quantité de silice qui provient des parois des vases ; on sature avec de l'acide sulfhydrique, on laisse reposer 24 heures à 75°, on renouvelle la saturation avec le gaz sulfuré et on laisse évaporer l'excès à une douce chaleur pour être certain de la précipitation complète de tout l'arsenic. Maintenant sur un petit filtre convenable on sépare du liquide électrolysé : a.) le précipité de sulfure de plomb III (voir 3.), b.) le précipité de sulfure d'antimoine, etc. II (voir 1.) et enfin c.) — après avoir mis de côté les liquides séparés par filtration d'avec III et II. — le précipité formé par l'acide sulfhydrique.

On lave bien ce précipité, sans le sécher : appelons-le IV. Quant au liquide on le chauffe jusqu'à ce que tout l'hydrogène sulfuré soit chassé, on le fait bouillir avec un peu d'acide azotique et l'on y verse de l'ammoniaque en excès. S'il se forme un précipité d'hydrate de peroxyde de fer, on le redissout dans l'acide chlorhydrique, on le précipite de nouveau par l'ammoniaque, on pèse le peroxyde de fer et l'on contrôle par une analyse volumétrique, ce dosage en poids du *fer*. Dans la dissolution ammoniacale on précipite électrolytiquement le *nickel* et le *cobalt* (page 910) et on les sépare par l'azotite de potasse (page 495. 9).

5. On sépare aussi complètement que possible des filtres les précipités I. a. et b. (voir 1.), que l'on réunira, on les traite dans un creuset en porcelaine par de l'acide azotique fumant, on évapore à siccité, on ajoute un peu d'azotate d'ammoniaque pour décomposer complètement les matières organiques, on chauffe avec précaution. Après refroidissement on fond le contenu du creuset avec trois fois son poids environ de carbonate de soude et de soufre en évitant autant que possible l'accès de l'air. On laisse la masse fondue se délayer complètement dans l'eau, on filtre la dissolution jaune et chaude à travers le filtre qui renferme le précipité IV encore humide (voir 4.) et on lave d'abord avec une dissolution de sulfure de potassium, puis avec une solution aqueuse d'hydrogène sulfuré. Le liquide filtré renferme tout l'arsenic, l'antimoine et l'étain (et aussi des traces d'or) sous forme de sulfosels et le précipité (V) tout le plomb, l'argent et parfois des parties de bismuth et de cuivre.

6. On précipite avec de l'acide sulfurique étendu la dissolution des sulfosels obtenue en 5., on filtre, on redissout le précipité dans du sulfure d'ammonium fraîchement préparé et l'on évapore la dissolution à siccité. Si maintenant il n'y a que de l'*antimoine* et de l'*arsenic*, on chauffe le résidu avec de l'acide chlorhydrique et du chlorate de potasse, on ajoute de l'acide tartrique, puis de l'ammoniaque, on filtre, on reprécipite l'acide arsénique avec la mixture magnésienne, on filtre après avoir laissé déposer longtemps, on dissout dans l'acide chlorhydrique, on reprécipite par l'ammoniaque et l'on pèse l'arséniate ammoniaco-magnésien (page 311. 2.) ; ou bien ou le dissout dans l'acide chlorhydrique, ou précipite l'arsenic par l'hydrogène sulfuré, on dose la magnésie (page 202. 2.) dans le liquide filtré préalablement concentré et du poids de la magnésie on conclut la quantité d'acide arsénique. *Hampe* emploie surtout ce dernier procédé lorsque la quantité d'arsenic est un peu notable. On acidule le liquide séparé par filtration de l'arséniate magnésien, on précipite l'antimoine par l'acide sulfhydrique et on dose l'antimoine sous forme d'antimoniate d'antimoine (page 299) lorsqu'il y en a peu, et de sulfure anhydre lorsqu'il y en a une assez forte proportion (p. 299). S'il y avait aussi de l'étain (cas que *Hampe* ne considère pas d'une façon spéciale), il faudrait évaporer à siccité la dissolution dans le sulfhydrate d'ammoniaque des trois sulfures métalliques, oxyder le résidu avec de l'acide azotique fumant et séparer l'antimoine, l'étain et l'arsenic suivant la méthode donnée à la page 543. a.

7. On dissout le précipité V, obtenu en 5, dans un entonnoir fermé dans de l'acide azotique chaud, modérément étendu, que l'on fait passer

à plusieurs reprises à travers le filtre, on lave, on sèche, on incinère le filtre, dont on ajoute les cendres à la solution azotique, on fait bouillir, on filtre et l'on précipite, dans le cas où il y aurait peu de bismuth, l'*argent* par l'acide chlorhydrique; on dose le *plomb* en évaporant avec de l'acide sulfurique et enfin dans le liquide filtré on sépare le cuivre d'avec le *bismuth* par le carbonate d'ammoniaque. S'il y a passablement de bismuth, on neutralise la solution azotique avec du carbonate de soude, on ajoute du cyanure de potassium en excès, on sépare par filtration le précipité qui renferme l'oxyde de plomb et celui de bismuth : dans le liquide filtré on précipite l'*argent* à l'état de cyanure en acidifiant avec précaution avec de l'acide azotique (page 253. 3.); on évapore le liquide filtré à siccité avec de l'acide sulfurique pour décomposer les composés cyanogénés et l'on précipite le cuivre de sa solution chlorhydrique à l'état de sulfure. Quant au mélange d'oxyde de plomb et de bismuth on le dissout dans l'acide chlorhydrique chaud; on évapore à faible résidu que l'on verse dans beaucoup d'eau. Au bout de 24 heures on recueille sur un filtre le précipité de chlorure basique de bismuth qui renferme tout le bismuth : on le dissout dans l'acide azotique, on précipite le *bismuth* avec le carbonate d'ammoniaque, on fait bouillir, on filtre au bout de 24 heures et l'on dose le *bismuth* sous forme d'oxyde (page 286. 11 a.). Dans le liquide filtré qui renferme le *plomb*, on précipite celui-ci par le sulfhydrate d'ammoniaque et l'on transforme le sulfure de plomb en sulfate.

8. Le bismuth dosé de 7. est celui qui se trouve dans le résidu du traitement du cuivre par l'acide azotique : mais le *bismuth* passé dans la solution azotique se trouve dans le cuivre précipité électrolytiquement et il faut l'y doser. A cet effet on dissout ce cuivre dans l'acide azotique (pour 0 gr. de cuivre il faut environ 350 C.C. d'acide de densité 1,2) et l'on fait bouillir la dissolution dans un grand ballon en ajoutant un grand excès d'acide chlorhydrique jusqu'à ce que tout l'acide azotique soit chassé. On évapore au bain-marie dans une capsule en porcelaine pour éliminer l'excès d'acide chlorhydrique et l'on continue jusqu'à ce que le résidu ait pris une couleur brune : on verse alors dans une grande quantité d'eau bouillante. Tout le bismuth se précipite à l'état de chlorure basique avec un peu de sel de cuivre basique. On filtre au bout de 24 heures et l'on sépare les deux métaux soit directement, soit en les précipitant encore une fois de leur solution chlorhydrique par une dissolution de carbonate d'ammoniaque.

9. J'ai déjà indiqué plus haut (pages 1016 et 1017) les méthodes employées par *Hampe* pour doser le *soufre* et l'*oxygène total.* Quant au *phosphore*, *Hampe* n'en parle pas.

c. Détermination de la forme sous laquelle les métaux étrangers se trouvent dans le cuivre (suivant *Hampe*(*).

On admettait autrefois que, dans le cuivre, les métaux étrangers y étaient à l'état métallique. Mais on sait maintenant qu'ils y sont en partie sous la

(*) *Zeitschr. f. analyt. Chem.* XIII. 189.

forme d'oxydes ou d'acides. C'est *Fleitmann*[*] qui, à propos d'un travail de *Reischauer*[**], a le premier appelé l'attention sur ce fait. *Hampe*[***] en a fait l'objet d'une étude importante et a indiqué les méthodes qui permettent de savoir sous quelle forme se trouvent les métaux étrangers dans le cuivre. Il faut pour cela faire deux séries d'expériences, savoir l'analyse quantitative des résidus que l'on obtient :

1. En traitant le cuivre par l'acide azotique.
2. En traitant le cuivre par l'azotate d'argent.

En outre il faut connaître la quantité d'oxygène contenu dans le cuivre, savoir la quantité totale et la proportion unie au cuivre à l'état de protoxyde.

Je me contente ici d'indiquer la manière d'opérer, renvoyant au travail original de *Hampe* pour les raisons qui font agir ainsi.

1. Dans un ballon d'environ 10 litres on traite à une douce chaleur 300 gr. de morceaux de cuivre, bien nettoyés à la lime, par un mélange de 4 litres d'eau et 2,5 litres d'acide azotique de densité 1,2. Lorsque tout le cuivre a disparu, on laisse déposer, on décante d'abord le liquide limpide dans un autre vase et avec la fiole à jet on fait passer le précipité, dans un vase de Bohême, on le lave par décantation, mais on jette sur un petit filtre le liquide décanté en évitant soigneusement toute perte. On réunit avec la fiole à jet le contenu du filtre avec le résidu resté insoluble, on fait bouillir à plusieurs reprises avec de l'acide azotique concentré, ce qui dissout encore un peu de cuivre, avec de l'eau de chlore on enlève le peu d'or qui pourrait se trouver dans le résidu et on le débarrasse du chlorure d'argent par digestion répétée avec de l'ammoniaque. Comme le résidu, outre des antimoniates, peut renfermer de l'hydrate d'acide antimonique provenant de l'antimoine métallique contenu dans le cuivre, on traite, pour enlever l'acide antimonique hydraté, par de l'acide chlorhydrique chaud, assez concentré, et dans lequel on a dissous de l'acide tartrique et on le fait agir jusqu'à ce que le liquide filtré essayé par l'acide sulfhydrique ne donne plus trace d'antimoine. Le résidu ainsi traité et complètement lavé est enfin rassemblé sur un filtre séché à 100° et on le pèse. On le fait tomber autant qu'on peut dans un creuset en porcelaine, on pèse de nouveau le filtre avec les parcelles qui y restent adhérentes et l'on a ainsi la quantité du résidu qui va servir à une analyse ultérieure. Cette quantité est fondue avec trois fois son poids d'un mélange de parties égales de carbonate de soude et de soufre : on traite la masse fondue par de l'eau, on filtre et dans le liquide on mesure l'*antimoine* et éventuellement l'*arsenic* et l'*étain* suivant les méthodes du § 263: b. Quant au résidu on le dissout dans l'acide azotique, on sépare la silice en évaporant et reprenant le résidu par l'acide azotique, on précipite la dissolution par l'acide sulfhydrique, on redissout le précipité dans l'acide azotique, on évapore presque à siccité la dissolution avec de l'acide chlo-

[*] *Dingler. Polytechn. Journ.* CLXXV. 32.
[**] idem. CLXXIII. 498. — *Journ. f. prakt. Chem.*, XCII. 508.
[***] *Zeitschr. f. analyt. Chem.*, XIII. 188).

rhydrique et l'on étend de beaucoup d'eau. On dissout dans l'acide azotique le précipité de chlorure basique de bismuth, on précipite avec le
carbonate d'ammoniaque et l'on dose le bismuth à l'état d'oxyde. Quant
au *plomb*, au *cuivre*, au *nickel*, au *cobalt* et au *fer* on les détermine suivant les méthodes du § **263**. b.

Dans les analyses du cuivre de Oker faites par *Hampe*, le résidu, insoluble dans l'acide azotique, contenait environ 75 pour 100 d'antimoniate
de bismuth (Bi O^5,3 SbO^5) et le reste était des antimoniates de plomb, de
protoxyde de cuivre, d'oxyde de fer, de protoxyde de cobalt et de protoxyde
de nickel. La petite quantité de silice trouvée provenait très probablement des
vases. Quant à prouver que les antimoniates sont bien réellement contenus
dans le cuivre et ne sont pas le résultat de l'action de l'acide azotique,
Hampe le fait avec les diverses sortes de cuivre qu'il a analysées en chauffant 50 gr. à fusion dans un courant d'hydrogène et en dissolvant le cuivre restant dans l'acide azotique. Il se dissout alors complétement, sauf
quelques traces d'or. Il faudra faire le même essai dans toute analyse de
cuivre, si l'on veut avoir quelque certitude sur la forme de combinaison
des métaux étrangers.

2. Pour beaucoup de métaux, surtout pour l'arsenic, le plomb et le fer,
l'expérience indiquée en 1. ne suffit pas pour savoir s'ils sont dans le cuivre à l'état métallique ou sous forme d'oxyde ou même de sels. Il faut
compléter de la façon suivante ce qui est dit en 1. :

On prend 8 à 10 gr. de cuivre sous forme de lame mince laminée; il est
moins bon de prendre de la limaille (celle-ci du reste devrait être débarrassée à l'aide d'un aimant du fer qui y est mécaniquement mélangé et
dégraissée par ébullition avec une lessive de potasse étendue). On verse
sur le métal 100 à 150 fois son poids d'eau distillée dans laquelle on a dissous de l'azotate d'argent *tout à fait pur* et neutre, et en quantité un peu
plus que suffisante pour être décomposé complétement par le cuivre, on
remue longtemps, jusqu'à ce qu'on ne distingue plus de parcelles de
cuivre, et on renouvelle l'agitation de temps en temps pendant 24 heures.
On filtre, on lave complétement par succion, on sèche, on enlève du filtre
que l'on incinère, on ajoute les cendres du précipité, on traite par l'acide
azotique, on sépare par filtration une poudre insoluble qui reste quelquefois, et l'on précipite l'argent par l'acide chlorhydrique en évitant d'en
mettre un excès notable. On étend d'eau, on décante, on filtre, on évapore
le liquide filtré à petit reste, on étend d'eau et on précipite en chauffant
par l'acide sulfhydrique. Dans le précipité on dose l'*arsenic*, l'*antimoine*, le
plomb, le *bismuth* et le *cuivre* suivant les méthodes données au § **236**. b..
en tenant compte de cette circonstance que le précipité peut encore renfermer un peu de sulfure d'argent.

Quant à l'*antimoine* que l'on trouve ici, il faut remarquer que si tout
l'antimoine n'est pas contenu dans le cuivre sous forme d'antimoine insoluble, un peu de l'antimoine des composés antimoniés, qui se trouvent
dans le précipité d'argent, passe dans la solution azotique. Quant au cuivre
que l'on trouve ici il provient du protoxyde du cuivre, contenu dans le
cuivre analysé et il sert à doser ce protoxyde (voir plus bas 4.).

sulfhydrique, on dose le *fer*, qui se trouve dans le cuivre à l'état d'oxyde ou de sel.

Il est inutile de faire l'analyse du liquide séparé par filtration du précipité d'argent. Ce liquide, outre l'excès d'azotate d'argent et l'azotate de cuivre, renferme les quantités de nickel, de cobalt et d'arsenic contenus à l'état métallique dans le cuivre. On pourrait les doser comme contrôle.

3. On détermine la quantité totale d'oxygène, comme il est dit à la page 1021.

4. Pour savoir la quantité d'oxygène qui se trouve dans le protoxyde de cuivre, ce qui servira à doser celui-ci, il faut connaître la décomposition qui se produit quand on fait agir le protoxyde de cuivre sur une dissolution neutre d'azotate d'argent. Déjà *H. Rose* avait étudié cette question et montré que, dans ces circonstances, il se comporte exactement comme un mélange d'équivalents égaux de cuivre métallique et de bioxyde de cuivre, c'est-à-dire, qu'il se précipite un mélange d'argent métallique et de sel basique de bioxyde de cuivre. *Hampe*, qui a repris l'étude complète de cette réaction, a trouvé que le sel basique de cuivre a une composition bien définie $(4\,CuO, AzO^5 + 3.\,HO)$ et que la décomposition se fait suivant l'équation :

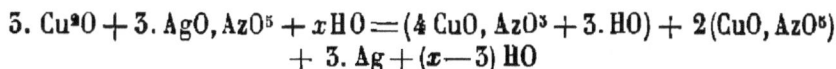

$$5.\ Cu^2O + 3.\ AgO, AzO^5 + x\,HO = (4\,CuO, AzO^5 + 3.\,HO) + 2\,(CuO, AzO^5)$$
$$+ 3.\ Ag + (x-3)\,HO$$

Par conséquent en multipliant par 1,5 la quantité de cuivre trouvée au n° 2 dans le précipité d'argent, on aura le cuivre qui se trouve dans le métal essayé à l'état de protoxyde. En multipliant par 1,6895 on aura le protoxyde lui-même et par 0,1895 la proportion d'oxygène contenu dans ce protoxyde.

5. Le soufre que l'on trouve dans le cuivre marchand n'est pas à l'état de sulfure de cuivre là où il y a des composés oxygénés, car ce sulfure serait décomposé par le protoxyde de cuivre dans le métal en fusion. En outre, le protosulfure de cuivre ne donnait pas lieu au dégagement d'acide sulfhydrique, qui fut observé aussi bien par *Hampe*, qu'auparavant déjà par *Abel* (*) et par *Dick* (**) lorsqu'on chauffe le cuivre raffiné dans un courant d'hydrogène. Voir p. 1022.

6. Pour montrer comment on peut, d'après les résultats obtenus, calculer la vraie constitution d'un cuivre, je donne ici la composition d'un cuivre raffiné d'Oker, d'après les analyses de *Hampe* (***), et j'indique dans les remarques sur quelles données analytiques reposent les résultats adoptés (voir le tableau).

Remarques :

D'après le résidu obtenu en c. 1. on reconnait : le nickel, le cobalt et l'antimoine qui sont à l'état d'oxyde (pour l'antimoine lorsqu'il n'est pas sous forme d'antimoniate décomposable), en outre le bismuth qui est à l'état d'antimoniate d'oxyde de bismuth. — Du résidu obtenu en c. 2. on

(*) *Polytech. Centralbl.*, 1864, 904.
(**) *Berg-und Hüttenmännische Zeit.*, 1856, 329.
(***) *Zeitschr. f. analyt. Chem.*, XIII, 228.

reconnaît les quantités de nickel, de cobalt, d'arsenic, de fer et de plomb qui sont oxydés, ainsi que la quantité de cuivre à l'état de protoxyde.

D'après cela, dans le tableau :

1. Quantité de cuivre métallique, différence entre la quantité totale de cuivre obtenue en b. 2. et la proportion sous forme de protoxyde trouvée en c. 4.

2. Trouvé en c. 4.

5. Arsenic métallique, différence entre la quantité totale d'arsenic trouvée en b. 6 et l'arsenic sous forme d'acide arsénique obtenu en c. 1 et en c. 2.

4. Trouvé en c. 2.

5. Antimoine métallique, différence entre la quantité totale d'antimoine trouvée en b. 6 et celle sous forme d'acide antimonique suivant c. 1.

6. Trouvé en c. 1.

7. 8 et 9. Trouvé en c. 1 et en c. 2 d'accord avec les données de b. 4, b. 7 et b. 8.

10 et 12. Différence entre les quantités totales de nickel et de cobalt trouvées en b. 4 et les quantités sous forme de protoxydes obtenues en c. 1.

11 et 13 trouvés en c. 1

C. Alliages de cuivre.

§ 264.

Nous nous occuperons ici du laiton, de l'alliage monétaire avec le nickel et de l'argentan. Pour les alliages d'argent et de cuivre je renvoie à la page 254 et à la page 971. Nous indiquerons l'analyse des alliages de cuivre et d'étain à propos des composés de ce dernier métal.

I. *Laiton.*

Le laiton est composé de 25 à 40 pour 100 de zinc et 75 à 60 pour 100 de cuivre. Outre cela il renferme en général de petites quantités de plomb, parfois un peu d'étain et des traces de fer. On en peut faire l'analyse de bien des façons.

Première méthode.

1. On en dissout environ 2 gr. dans l'acide azotique, on évapore à siccité au bain-marie, on humecte le résidu avec de l'acide azotique, on ajoute un peu d'eau, on chauffe, on étend davantage et on sépare par filtration le résidu d'oxyde d'étain s'il y en a, et que l'on dosera suivant la page 305.1. a. Au liquide filtré, ou bien s'il n'y a pas d'étain ou seulement des traces, à la solution première on ajoute environ 20 C.C. d'acide sulfurique pur étendu, on évapore à siccité au bain-marie, on ajoute 50 C.C. d'eau et l'on chauffe. S'il reste du sulfate de plomb non dissous, on filtre et on lave avec de l'eau contenant de l'acide sulfurique. On met de côté le vase ren-

COMPOSITION DU CUIVRE RAFFINÉ DE OKER.

EN CORPS SIMPLES	PROPORTIONS DES ÉLÉMENTS TROUVÉS SOUS FORME DE COMBINAISONS.	
Cu = 99,325 pour 100	En métal 99,1774 pour 100 (1)	
Ag = 0,072 »	En protoxyde 0,1476 » (2)	= 0,1662 pour 100 Cu²O contenant 0,0186 pour 100 d'oxygène.
Au = 0,0001 »	Métal	
Ar = 0,130 »	0,0467 » » (3)	= 0,1275 » ArO⁵ » 0,0440
	Acide 0,0855 » » (4)	
	combiné à BiO³,PbO,Fe²O³,Cu²O, etc.	
Sb = 0,095 »	Métal 0,0531 » » (5)	= 0,0855 » SbO⁵ » 0,0205
Bi = 0,052 »	Acide 0,0619 » » (6)	= 0,058 » BiO³ = 0,006
Pb = 0,061 »	Oxyde (7) combiné partie à SbO⁵, partie à ArO⁵	= 0,0630 » PbO = 0,0040
Fe = 0,063 »	(8) » SbO⁵ » ArO⁵	= 0,090 » Fe²O³ = 0,0270
	(9) » SbO⁵ » ArO⁵	
	Métal (10) 0,0113 pour 100	
Co = 0,012 »	Protoxyde (11) 0,0007 »	= 0,0008 » CoO = 0,0001
Ni = 0,064 »	Métal (12) 0,0631 »	= 0,0012 » NiO = 0,0003
S = 0,001 »	Protoxyde (13) 0,0009 »	= 0,0020 » SO² = 0,0010
	Acide sulfureux	
O = 0,1166 »	dont { 0,0186 pour 100 en protoxyde de cuivre.	
	0,0010 » en acide sulfureux.	
	0,0970 » combiné aux métaux étrangers,	
Somme = 99,9917 pour 100		Somme 0,1215 pour 100 d'oxygène.

fermant le liquide filtré et l'eau de lavage, on déplace l'acide sulfurique étendu par de l'alcool et l'on pèse le sulfate de plomb (page 264, 5).

2. Dans le liquide filtré, suffisamment étendu, on précipite le cuivre par le sulfocyanure de potassium, après avoir ajouté une dissolution d'acide sulfureux, et pour peser on transforme le sulfocyanure de cuivre en sulfure (p. 281 3. b.). Je ferai observer que, pour être certain d'avoir bien brûlé tout le charbon du filtre, il faut chauffer longtemps au contact de l'air les cendres du filtre sur lequel on devra rassembler le sulfocyanure de cuivre : en outre, on fera bien de chauffer d'abord au contact de l'air le sulfo-cyanure de cuivre avant de le mêler au soufre et de le chauffer au rouge (*) dans le courant d'hydrogène.

3. On chauffe dans un grand ballon le liquide séparé par filtration du sulfocyanure de cuivre, en y ajoutant peu à peu de l'acide azotique, jusqu'à ce que le dégagement d'acide carbonique et de bioxyde d'azote, provenant de la décomposition de l'acide sulfocyanhydrique, ait cessé, on évapore presque à siccité, on étend d'eau, on filtre, si cela est nécessaire, et l'on neutralise l'acide libre, dans un ballon pour éviter les pertes par projec-tion ; on chauffe le liquide presque neutre jusqu'à ce que l'acide carboni-que soit chassé, on verse dans une capsule en porcelaine et l'on précipite le zinc par le carbonate de soude (page 211, 1. a.) On s'assure avec le sulf-hydrate d'ammoniaque que le liquide filtré ne renferme plus de zinc en quantité appréciable à la balance et d'autre part on essaye si l'oxyde de zinc pesé est bien pur. Pour cela on le fait bouillir à plusieurs reprises avec de l'eau, on filtre dans une capsule en platine, on évapore à siccité, on chauffe légèrement au rouge le faible résidu de sels alcalins, qui reste presque tou-jours et l'on retranche son poids de celui de l'oxyde de zinc, en supposant que ce dernier résidu se dissolve complètement dans l'eau, sans quoi il faudrait encore filtrer et évaporer la solution limpide. Ensuite on s'assure que l'oxyde de zinc se dissout complètement dans l'acide chlorhydrique et, si cela n'arrive pas, on dose la silice qui reste insoluble pour la retrancher aussi du poids d'oxyde de zinc. Enfin après avoir concentré la solution de chlorure de zinc, on la laisse refroidir et on la sursature avec de l'ammo-niaque, pour voir s'il n'y aurait pas des traces appréciables de peroxyde de fer. S'il y en avait il faudrait filtrer, laver, redissoudre dans l'acide chlor-hydrique et précipiter de nouveau par l'ammoniaque, pour avoir le peroxyde de fer bien exempt d'oxyde de zinc.

Au lieu de doser le zinc comme nous venons de le dire on peut, suivant la méthode de *Zimmermann*, le précipiter à l'état de sulfure et le peser sous cette forme (p. 1031, première méthode).

Deuxième méthode.

On opère en tout comme dans la première, mais on sépare le cuivre du zinc par l'acide sulfhydrique (p. 210). A cette occasion, je ferai observer que, suivant *Gerh. Larsen* (**), on peut obtenir la séparation complète par une seule précipitation, si on lave le sulfure de cuivre d'abord avec de

(*) Voir *Busse* (Zeitschr. f. analyt. Chem., XVII, 56).
(**) *Zeitschr. f. analyt. Chem*, XVII, 312.

l'acide chlorhydrique de densité 1,05 saturé d'acide sulfhydrique, puis ensuite avec de l'eau pure saturée aussi d'acide sulfhydrique.

Troisième méthode (en partie électrolytique).

On dissout environ 2 gr. de laiton dans l'acide azotique, on évapore la dissolution, on dissout le résidu dans 20 C.C. d'acide azotique de densité 1,2, on étend avec un peu d'eau, on sépare par filtration le peu d'oxyde d'étain qui pourrait rester non dissous, on étend d'eau de façon à faire 200 C.C. et l'on soumet à l'électrolyse (voir p. 1004). Le cuivre se dépose du pôle négatif et le plomb à l'état de peroxyde au pôle positif. On sèche ce dernier à 100° et on le pèse (p. 1004 et 1005). La dissolution, débarrassée du cuivre et du plomb, est évaporée à siccité, on traite le résidu par l'eau et l'on dose le zinc comme dans la première méthode en le précipitant par le carbonate de soude, etc.

Quatrième méthode (complètement électrolytique).

Comme on connaît maintenant des moyens de précipiter très exactement le zinc par voie électrolytique on peut l'appliquer à l'analyse du laiton. Mais les trois différentes manières d'opérer la précipitation galvanique du zinc montrent déjà que ce procédé n'est pas aussi simple qu'on pourrait le croire et ne réussit pas aussi facilement qu'avec le cuivre. Après avoir éliminé le cuivre et le plomb comme il est dit dans la troisième méthode, il s'agit maintenant de précipiter électrolytiquement ce zinc. Dans ce qui suit, j'indique la méthode qui, parmi toutes celles recommandées (*), s'est trouvée la meilleure: c'est celle de *H. Reinhardt* et *R. Ihle* (**), qui du reste ne diffère de celle de *Classen* et de *Reis* (***), que parce que, dans le procédé des premiers, on fait la précipitation dans une dissolution d'oxalate double de zinc et de potasse, tandis que les derniers prennent l'oxalate double de zinc et d'ammoniaque.

On prend 2 gr. de laiton environ, on en sépare l'étain, le cuivre et le plomb comme dans la troisième méthode; on évapore avec de l'acide sulfurique, pour chasser l'acide azotique, la dissolution azotique soutirée au moyen d'un siphon et séparée du cuivre et du peroxyde de plomb, on neutralise avec une lessive de potasse : à la dissolution dont le volume est d'environ 10 C.C. on ajoute 50 C.C. d'une dissolution d'oxalate de potasse (1 à 6), puis 100 C.C. d'une dissolution saturée de sulfate de potasse et l'on fait agir le courant. L'intensité de celui-ci est suffisant s'il fournit 90 C.C. de gaz de la pile en une heure. Le courant décompose l'oxalate de zinc en zinc et acide carbonique et l'oxalate de potasse en potassium et acide carbonique : mais comme le potassium décompose l'eau, il se produit au pôle négatif un abondant dégagement d'hydrogène. La potasse, qui se

---

(*) *Luckow. Recherches sur les analyses électrométalliques. Dingl. polytech. Journ.*, CLXXVII et CLXXVIII. — *Zeitschr. f. analyt. Chem.*, XIX, 16. — *Parodi et Mascazzini. Zeitschr. f. analyt. Chem.*, XVI, 469 et XVIII, 587. — *Riche. Comptes rendus.*

(**) *Beilstein u. Jawein. Zeitschr. f. analyt. Chem.*, XVIII, 588. — *A. Classen et M. A. von Reis Ber. d. deutsch. Chem. Gesellsch.*, XIV, 1625. — *Zeitschr. f. analyt. Chem.*, XXI, 55 et enfin : *Analyse par Post*, 1884.

(***) *Journ. f. prackt. Chem.* (N. F.) XXIV, 193. — *Zeitschr. f. analyt. Chem.*, XXI, 253.

forme en même temps est transformée en bicarbonate par l'acide carbonique mis en liberté au pôle positif. Lorsque le dégagement de gaz au pôle positif a complètement ou presque complètement cessé, et qu'un essai de la liqueur ne donne plus de précipité avec le sulfhydrate d'ammoniaque, la précipitation du zinc est achevée. Comme le bicarbonate de potasse qui se forme augmente la résistance du circuit, il faut de temps en temps ajouter un peu de sulfate neutre pur de potasse pour relever la conductibilité de la dissolution. Le zinc déposé est blanc bleuâtre et adhère fortement à l'électrode ; mais on peut l'en détacher tel quel. On le lave d'abord dans de l'eau chaude, puis à plusieurs reprises dans de l'eau froide privée d'air; ensuite on prend de l'alcool, et enfin de l'éther pur non acide, et on sèche sous le dessiccateur suivant *Reinhardt* et *Reiss*, ou au bain d'air suivant *Classen*.

Comme le zinc ne se laisse pas séparer sans difficultés du platine (*), il est bon, avant d'employer l'électrode négatif de platine, de le recouvrir d'une couche de cuivre (environ 5 gr.). Après avoir pesé, on met l'électrode dans de l'acide azotique froid un peu étendu. Le zinc se dissout rapidement à la température ordinaire, tandis que la couche de cuivre est à peine attaquée et conserve sa surface parfaitement polie, en sorte que l'électrode lavé et séché peut servir de nouveau. Si la couche de cuivre n'est pas parfaitement polie, le zinc paraît couvert de nombreux grains noirs, peu adhérents, qui se détachent facilement par le lavage et occasionnent des pertes. L'emploi d'électrode cuivré permet aussi de reconnaître facilement si tout le zinc est précipité : il suffit de plonger un peu plus le cône dans le liquide et de regarder si, sur la surface rougeâtre de l'enveloppe en cuivre, il se fait un dépôt gris clair de zinc.

II. *Métal des monnaies de nickel.*

Les monnaies de nickel de l'empire allemand doivent renfermer 75 pour 100 de cuivre et 25 de nickel. La loi ne permet pas un écart de plus de 1/2 pour 100 pour le nickel et pas plus de 1 pour 100 de métaux étrangers. Lorsque l'on n'emploie pour l'analyse que 1 gr. d'alliage, ce qui suffit pour reconnaître si les exigences de la loi sont respectées, il faut renoncer à un dosage exact des autres éléments (soufre, plomb, fer, zinc, arsenic, etc.), qui ne sont qu'en petite quantité. Si l'on voulait cependant les connaître il faudrait, pour l'analyse des principaux métaux étrangers, employer une des méthodes suivantes, et pour ceux qui ne seraient qu'en minime proportion, on appliquerait un des procédés donnés au § **252** et au § **263**.

Première méthode.

On dissout environ 1 gr. de l'alliage dans l'acide azotique. S'il surnage à la surface de petits flocons noirâtres de sulfure de nickel, on chauffe jusqu'à ce qu'ils soient dissous : s'il le faut, on ajoute un peu d'acide chlor-

---

(*) Si l'on dissout dans les acides le zinc déposé sur du platine non cuivré, il reste presque toujours une couche gris foncé, rugueuse. Le meilleur moyen de l'enlever c'est

hydrique. On évapore la dissolution avec un léger excès d'acide sulfurique pour chasser l'acide azotique (1 C.C. d'acide sulfurique concentré suffit pour 1 gr. d'alliage), on précipite le cuivre sous forme de sulfocyanure, (p. 281 et 1026), dans le liquide filtré on décompose l'excès d'acide sulfocyanhydrique en chauffant avec précaution avec de l'acide azotique, on chasse la majeure partie de l'acide azotique libre par évaporation et l'on dose le nickel suivant la page 906. Si, en séparant le nickel pesé des impuretés qu'il renferme, on trouve dans celles-ci une quantité appréciable de fer, on peut la doser par une double précipitation avec l'ammoniaque. (On fera attention que l'hydrate de peroxyde de fer peut contenir un peu d'hydrate d'alumine, qui provient de la lessive de potasse et des parois des vases.) Voir *Busse* (Zeitschr. f. analyt. Chem. XVII. 62.).

Deuxième méthode.

On dissout comme dans la première méthode, on précipite le cuivre par voie électrolytique (page 1004 et page 1029 troisième méthode, et dans le liquide soutiré avec un siphon, après en avoir chassé par évaporation l'excès d'acide azotique, on dose le nickel soit comme dans la première méthode, soit électrolytiquement (p. 909).

Al. Classen et *M. A. von Reis* (*), emploient pour séparer électrolytiquement le nickel une dissolution limpide d'oxalate double de protoxyde de nickel et d'ammoniaque dans un excès d'oxalate d'ammoniaque. *Classen* (**) indique la façon suivante d'opérer pour analyser un alliage de cuivre et de nickel. On précipite le cuivre électrolytiquement d'une solution sulfurique préparée en évaporant la solution azotique avec de l'acide sulfurique : on concentre par vaporisation le liquide clair décanté avec un siphon, on neutralise avec de l'ammoniaque ou une lessive de potasse, on ajoute de l'oxalate d'ammoniaque en excès, on chauffe, l'on ajoute encore 3 à 4 gr. d'oxalate d'ammoniaque en cristaux et on soumet à chaud à l'action du courant. Le nickel se dépose promptement en couche bien adhérente et brillante.

III. *Argentan* (Neusilber).

L'argentan est un alliage formé de cuivre, de zinc et de nickel en proportion variable. Parfois aussi, abstraction faite des impuretés que peut y apporter chacun des métaux, il renferme de petites quantités de plomb et de fer, rarement d'étain, qui ont été ajoutées avec intention. Pour faire l'analyse on peut procéder comme il suit.

Première méthode.

On dissout environ 2 gr. dans l'acide azotique : s'il y a de l'étain il se sépare comme il est dit à la page 334 ; quant au plomb on l'élimine en évaporant la dissolution avec un léger excès d'acide sulfurique. On précipite alors le cuivre par le sulfocyanhydrate d'ammoniaque (p. 1028, 2), on chasse l'acide sulfureux en chauffant, on neutralise autant que possible le liquide

---

(*) *Ber. d. deutsch. Chem. Gesellsch.*, XIV 1624.
(**) *Traité d'analyse chimique par J. Post.*

filtré avec le carbonate de soude et l'on précipite le zinc, après addition nouvelle de sulfocyanhydrate d'ammoniaque, par l'acide sulfhydrique d'après la méthode de *Zimmerman* (p. 879). Dans le liquide filtré on décompose l'excès d'acide sulfocyanhydrique en chauffant avec précaution avec de l'acide azotique et, pour cela, on verse le liquide dans l'acide azotique étendu et chauffé : on chasse la plus grande partie de l'excès d'acide azotique et l'on dose le nickel, éventuellement le fer, comme à la page 1030 (Première méthode).

Deuxième méthode.

On dissout dans l'acide azotique, on sépare l'étain comme dans la première méthode, mais on précipite le cuivre et le plomb électrolytiquement (page 1029). Ensuite on précipite le zinc suivant la page 492 (88). ou page 497 (100), ou bien encore comme dans la première méthode, et dans le liquide filtré on dose le nickel électrolytiquement (page 1031. deuxième méthode) : s'il y avait du fer, il faudrait préalablement l'éliminer. Si l'on veut aussi doser le zinc électrolytiquement, on dissout le sulfure de zinc dans l'acide chlorhydrique et l'on précipite le zinc comme. il est dit à la page 1029 (quatrième méthode).

20. Composés du bismuth.

§ 265.

A. Minerais de bismuth.

Les minerais de bismuth les plus importants sont le bismuth natif, le sulfure de bismuth, le sulfure double de bismuth et de cuivre et l'ocre de bismuth. Dans leur analyse, surtout pour les trois premiers, il faut tenir compte des éléments suivants : bismuth, plomb, cuivre, argent, or, antimoine, arsenic, étain, cobalt, nickel, zinc, soufre, tellure. Il faut donc avant tout faire précéder l'analyse quantitative d'une analyse qualitative exacte.

Je supposerai un minerai de la composition la plus compliquée possible parce que la marche à suivre s'appliquera à tous les cas, seulement elle se simplifiera s'il n'y a que peu ·d'éléments étrangers ou s'il ne s'agit que de déterminer la proportion de bismuth.

On sèche d'abord à 100° le minerai réduit en poudre fine.

1. On traite de 2 à 5 gram. avec de l'acide azotique pur de densité 1,2 d'abord à froid, puis à chaud, et s'il le faut, en ajoutant de l'acide azotique plus fort jusqu'à ce que tout ce qui est soluble soit dissous : on étend avec de l'eau additionnée d'acide azotique. S'il y a un résidu insoluble, on le sépare par filtration, on le lave complètement, on chauffe le petit filtre qui le contient avec de l'acide chlorhydrique, on étend avec de l'eau contenant un peu d'acide tartrique, on filtre, on lave complètement avec de l'eau, on sèche, on chauffe au rouge et l'on pèse la *gangue* insoluble. Comme elle pourrait contenir de l'or, on la traite après la calcination par

l'eau régale, on étend d'eau, on filtre, on évapore avec de l'acide chlorhydrique et l'on cherche l'*or* avec le protochlorure de fer.

2. On précipite à 70° avec de l'acide sulfhydrique la solution chlorhydrique obtenue en 1 et contenant de l'acide tartrique, et l'on met de côté (précipité *a*).

3. Dans la dissolution azotique préparée en 1, on verse une dissolution aqueuse d'acide sulfhydrique et, sans chauffer, on y fait encore passer un courant d'acide sulfhydrique. Après avoir laissé reposer longtemps on filtre, on lave avec de l'eau contenant de l'acide sulfhydrique, et l'on traite à chaud le filtre contenant ce précipité *b*, auquel on ajoutera aussi le précipité *a* (voir 2), par une dissolution de sulfure de potassium ou de sulfure de sodium. Après avoir étendu, on filtre, on précipite par addition d'acide chlorhydrique les sulfures métalliques du sixième groupe et on laisse déposer le précipité (*c*.)

4. En chauffant avec de l'acide azotique étendu, on dissout les sulfures métalliques du cinquième groupe obtenus en 3., on filtre, on incinère le filtre lavé, on chauffe le résidu avec de l'acide azotique et l'on filtre cette dissolution dans la première obtenue. S'il reste encore un faible résidu, ce peut être du sulfate de plomb. Il faudrait le peser et s'assurer, avec l'acétate d'ammoniaque, si c'est bien du sulfate de plomb. Aux dissolutions azotiques réunies on ajoute du carbonate de soude jusqu'à ce qu'il commence à se faire un précipité qui ne se redissout plus, puis du cyanure de potassium, on laisse digérer assez longtemps à une douce chaleur, et l'on filtre. On dissout dans l'acide azotique le précipité lavé, formé de carbonate de plomb et de carbonate de bismuth (alcalins) et l'on sépare le *plomb* et le *bismuth* d'après la page 516 (146) ou bien la page 521 (152).

5. Dans le liquide filtré obtenu en 4. et contenant du cyanure de potassium, il faut encore chercher de l'argent, du cuivre et de petites quantités de bismuth. On y ajoute un peu de sulfure de potassium ou de sodium, on sépare par filtration le précipité noir, on le lave, on le dissout dans l'acide azotique, on précipite l'*argent*, qui pourrait y être, en ajoutant de l'acide chlorhydrique avec précaution, on sépare par filtration le chlorure d'argent, qu'on lavera d'abord avec de l'eau acidifiée avec de l'acide chlorhydrique, puis avec de l'eau pure, et dans le liquide filtré on dose le peu de *bismuth* à l'état de sulfure (page 289). Dans le liquide filtré contenant du cyanure de potassium, on dose enfin le *cuivre*, et, si c'est nécessaire, l'*argent* qui peut encore s'y trouver suivant la page 520 (148).

6. Le liquide, séparé en 3. par filtration du précipité *b* renferme les métaux du quatrième groupe; mais, comme la précipitation a été faite à froid, il peut encore en général contenir de l'arsenic. On évapore donc d'abord à siccité avec un excès d'acide sulfurique pour chasser l'acide azotique, on reprend le résidu par l'acide chlorhydrique et l'eau, on traite à 70° par l'acide sulfhydrique, on sépare par filtration du précipité qu'on lave et dans le liquide on dose le *fer*, le *cobalt*, le *nickel* et le *zinc*. A cet effet on concentre par évaporation, on chauffe à la fin avec de l'acide azotique, on précipite à froid avec un excès d'ammoniaque, on redissout le précipité dans l'acide chlorhydrique et l'on précipite maintenant le fer à l'état de sel basique (page 489 (82)). On acidule avec de l'acide acétique les dissolutions ammoniacales réunies, après les avoir filtrées s'il y avait un précipité d'alumine, et on les traite à chaud par l'acide sulfhydrique. S'il se produit un précipité, il peut être formé par les composés sulfurés de *zinc*, de *cobalt* et de *nickel*, que l'on séparera comme il est dit à la page 492 (88) ou page 963. — Si le précipité obtenu par la double précipitation par l'ammoniaque est de l'hydrate d'oxyde de fer pur, on y dose le *fer* par une simple calcination au rouge : mais s'il y avait de l'alumine, il faudrait les séparer (p. 487 (77)).

7. On rassemble le précipité c conservé en 5. sur le même filtre qui a servi en 6. pour filtrer le sulfure d'arsenic supplémentaire, on traite le filtre après lavage par un peu d'acide chlorhydrique bromé, on filtre, on ajoute de l'ammoniaque, on chauffe, on acidifie avec de l'acide chlorhydrique, on précipite à chaud par l'acide sulfhydrique et enfin l'on sépare l'*arsenic* et l'*antimoine*, s'il n'y a qu'eux, suivant les pages 961 et 962. Mais s'il y a de l'*étain* il faut suivre la méthode de la page 1014, 4.

8. Pour mesurer le *soufre*, on prend un nouvel essai du minerai et l'on opère suivant la page 966.

9. Pour chercher le *tellure* et s'il y en a, le doser, on peut choisir une des deux méthodes suivantes.

a. Dans l'appareil représenté à la page 525, on chauffe dans le tube, à boule et dans un courant de chlore le minerai finement pulvérisé, on reçoit les chlorures volatils dans le récipient contenant de l'acide chlorhydrique, on évapore la solution chlorhydrique à siccité au bain-marie, on reprend le résidu par de l'acide chlorhydrique et de l'eau, et dans cette dissolution qui ne contient que de l'acide tellureux, on précipite le tellure par une solution aqueuse concentrée d'acide sulfureux. S'il se forme d'abord un précipité blanc de chlorure de bismuth basique, il faut ajouter de l'acide chlorhydrique, jusqu'à ce qu'il se redissolve. Si la liqueur renferme de l'acide tellureux, il se forme peu à peu un précipité noir de tellure. On laisse la réaction se continuer quelques jours dans un lieu chaud, puis on filtre (*H. Rose* [*]). Comme le précipité peut contenir du bismuth, on le dissout dans l'hypochlorite de soude additionné d'acide chlorhydrique, on évapore, on précipite encore une fois comme plus haut avec l'acide sulfureux et on pèse le tellure qu'il faut laver rapidement et sécher à 100°.

b. Dans un creuset brasqué on chauffe pendant une heure au rouge le minerai en poudre fine, intimement mélangé avec trois fois son poids de tartre calciné. Le tellure se change en tellurure de potassium. La masse refroidie est broyée, mise sur un filtre et lavée bien complètement d'abord avec de l'eau bouillie, exempte d'air et refroidie. S'il y a du tellure, le liquide qui passe est rouge et à l'air laisse déposer peu à peu du tellure en poudre grise (*Wœhler* [**]).

---

[*] *Analyse chim.*, édition *von Finkener*, t. II, p. 459.
[**] « Exemples d'analyses minérales » 2ᵉ édit., p. 109.

B. ALLIAGES DE BISMUTH.

Comme exemple nous prendrons le métal de *Wood*, formé d'étain, de plomb, de bismuth et de cadmium.

1. On traite l'essai pesé avec de l'acide azotique de densité 1,2 jusqu'à ce qu'il n'y ait plus de réaction, on évapore au bain-marie à siccité, on chauffe le résidu avec de l'acide azotique et de l'eau, on sépare par filtration l'acide métastannique impur (contenant de l'oxyde de plomb et de l'oxyde de bismuth), on le chauffe au rouge et on le pèse. On le fond ensuite avec du carbonate de soude et du soufre ou avec du foie de soufre à l'abri de l'air (page 530. β), on traite la masse fondue par l'eau, on filtre pour séparer le sulfure de plomb et le sulfure de bismuth non dissous et après avoir lavé le précipité on le dissout dans l'acide azotique étendu et chaud. S'il restait encore de l'oxyde d'étain, il faudrait de nouveau le fondre avec le foie de soufre, etc. Les parties de *plomb* et de *bismuth* passées dans la solution azotique sont séparées et dosées suivant (146) page 519, on retranche le poids de leurs oxydes du poids de l'acide stannique impur et on en conclut la proportion d'*oxyde d'étain* pur.

2. Dans la dissolution azotique, séparée de l'acide métastannique, on sépare le *plomb* du *bismuth* et du *cadmium* suivant (152), page 521 : ou bien on précipite le plomb sous forme de sulfate (page 519 (146), le bismuth à l'état de chlorure basique (page 289. 4.) et dans le liquide filtré et concentré par évaporation on dose le cadmium, suivant la page 291. 1. ou 2.

Au lieu de transformer en métal le chlorure basique de bismuth en le fondant avec le cyanure de potassium, on peut y arriver par la voie électrolytique. Pour cela, suivant *Classen* et *V. Reiss* (*), on dissout le chlorure basique dans l'acide chlorhydrique, on évapore la dissolution additionnée d'un excès d'acide sulfurique, on reprend par l'eau, on ajoute un excès d'oxalate d'ammoniaque et on électrolyse. Il faut remplir jusqu'au bord la capsule de platine (page 1001) qui sert d'électrode négatif, pour offrir la plus grande surface au dépôt. En général on remarque sur l'électrode positif un dépôt de peroxyde de bismuth (voir aussi *Luckow* **), mais qui disparaît lentement. Pour préserver le métal réduit de l'oxydation, il est nécessaire d'enlever les dernières traces d'eau par un lavage abondant à l'alcool, puis à l'éther anhydre.

On peut aussi doser le cadmium électrolytiquement dans le liquide séparé par filtration du chlorure basique de bismuth. On élimine par évaporation l'acide chlorhydrique libre, on ajoute de l'oxalate d'ammoniaque en excès et l'on électrolyse. Le cadmium se sépare en dépôt gris, peu adhérent, de sorte qu'il faut prendre des précautions pour le lavage (*Classen* et *V. Reiss* ***).

(*) *Ber. d. deutsch. Chem. Gesellsch*, XIV, 1626. — *Zeitschr. f. analyt. Chem.*, XXI, 256. — *Analyse quantitativ électrolyt.* de *Classen*, p. 18. — *Analyse chim. de Post.*
(**) *Zeitschr. f. analyt. Chem.*, XIX, 16.
(***) *Ber. d. deutsch. Chem. Gesellsch.*, XIV, 1628.

C. Sels de bismuth.

Le sous-nitrate de bismuth (azotate basique, magisterium bismuthi, blanc de bismuth) est souvent soumis à l'analyse, parce que non seulement il est impur par sa préparation même, mais parce qu'on le falsifie avec du spath pesant, du talc, etc., et qu'on le mélange à dessein dans le commerce avec du chlorure basique de bismuth.

I. Analyse complète.

Les corps dont il faut tenir compte dans une analyse complète sont, outre les éléments normaux, oxyde de bismuth, acide azotique et eau, parmi les bases surtout les oxydes de plomb, de zinc, de fer, la chaux et la magnésie, et parmi les acides, les acides arsénique, chlorhydrique, sulfurique et carbonique. Enfin il peut encore y avoir des matières falsifiantes insolubles dans l'acide azotique.

1. On dessèche un essai à 100° et l'on dose l'*eau* qui se dégage à cette température. (Suivant *Philips* et *Ménigaud*, la totalité de l'eau part à 100°, suivant *Gmélin* (*), il en reste encore 3 pour 100.)

2. Si dans la substance déjà desséchée à 100°, il fallait encore chercher de l'*eau* directement, on chaufferait au rouge un poids connu de la matière, dans un tube de verre au milieu d'un courant lent de gaz acide carbonique desséché et l'on conduirait les vapeurs d'abord sur des spirales de cuivre chauffées au rouge, puis dans un tube pesé à chlorure de calcium (page 613).

3. On traite 1 à 2 gram. de la substance séchée à 100° avec environ 8 fois son poids d'acide azotique froid de densité 1,2. S'il se dégage de l'*acide carbonique*, on le dose dans un essai spécial ; s'il reste un *résidu insoluble*. il met sur la trace d'une falsification. On le sépare par filtration, on le lave d'abord avec de l'eau mélangée d'acide azotique, puis avec de l'eau pure, on le chauffe au rouge et on le pèse.

4. A la solution azotique obtenue en 3. on ajoute une dissolution aqueuse d'acide sulfhydrique, puis on y fait encore passer à froid un courant de gaz sulfhydrique : après dépôt on filtre, on traite le précipité (a) lavé à chaud par le sulfhydrate d'ammoniaque, on étend d'eau, on filtre, on lave, on dissout le précipité noir en chauffant dans de l'acide azotique étendu et l'on sépare le *plomb* du *bismuth* suivant (146) page 519. Le liquide filtré. renfermant du sulfhydrate d'ammoniaque, est additionné d'acide chlorhydrique en léger excès et on abandonne le liquide précipité (b), qui contient peut-être du sulfure d'arsenic.

5. Le liquide séparé en 4. du précipité (a) est évaporé avec un léger excès d'acide sulfurique pour éliminer l'acide azotique : on étend d'eau, on précipite à 70° par l'acide sulfhydrique, on filtre, s'il se forme un précipité (c) qu'on lave et que l'on met sur le même filtre que le précipité (b) obtenu en 4.; on dissout le contenu du filtre dans la lessive de potasse et l'on y dose l'*arsenic*, qui pourrait s'y trouver, suivant la page 961 b.

(*) L. *Gmélin. Handb der chimie*, 4° édit., II, 858.

6. Dans le liquide resté limpide duquel on a séparé par filtration le précipité c, on précipite le *fer* et le *zinc* par le sulfhydrate d'ammoniaque et dans le liquide filtré on dose la *chaux* et la *magnésie*. La séparation des premiers métaux se fera suivant le § **160** et celles des terres alcalines d'après les méthodes données au § **154**.

7. Si l'analyse qualitative a décelé la présence du chlore ou celle de l'acide sulfurique, on fond un nouvel essai avec quatre fois son poids de carbonate sodico-potassique, on filtre, on lave avec de l'eau chaude additionnée d'un peu de carbonate de soude, on donne au liquide filtré un volume déterminé et dans une moitié on dose le *chlore* (page 593) tandis que l'autre sert pour l'*acide sulfurique* (page 520).

8. En général on peut trouver la proportion d'*acide azotique* par la perte de poids que subit au rouge un essai desséché à 100°, diminué de la quantité d'eau trouvée en 2. Si pour une raison ou pour une autre on ne pouvait pas procéder ainsi, il faudrait avoir recours à une des méthodes indiquées au § **149**.

II. *Dosage du bismuth contenu dans le blanc de bismuth sous forme d'azotate basique*, suivant *Buisson* et *Ferray**.

C'est un procédé volumétrique, basé sur la précipitation du bismuth par l'acide iodique dans une dissolution acétique. Le précipité blanc d'iodate de bismuth est insoluble dans l'eau et dans les acides étendus et surtout l'acide acétique libre n'en dissout pas trace.

Il faut une dissolution d'acide iodique, renfermant environ 50 gr. d'acide cristallisé dans un litre, une dissolution saturée d'iodure de potassium pur et une dissolution d'hyposulfite de soude d'une force telle qu'il en faille 50 à 40 C.C. pour transformer en acide iodhydrique l'iode mis en liberté par 50 C.C. de la solution d'acide iodique ajoutés à l'iodure de potassium.

On établit d'abord le rapport entre la solution d'hyposulfite de soude et celle d'acide iodique. Pour cela on ajoute à 10 C.C. de la solution d'acide iodique de l'acide sulfurique étendu et un excès suffisant d'iodure de potassium, puis l'on mesure combien il faut de C.C. d'hyposulfite de soude pour détruire la coloration produite par l'iode, ou, si l'on a ajouté de l'empois d'amidon, pour décolorer l'iodure d'amidon (page 412). Après cela on fixe le titre de la solution d'acide iodique. Pour cela on dissout 0,3 gr. de bismuth pur ou 0,4 d'oxyde pur dans l'acide azotique, on étend avec un peu d'eau, on ajoute du bicarbonate de soude jusqu'à ce qu'apparaisse un léger précipité persistant, on redissout celui-ci dans un excès d'acide acétique en assez grande quantité pour empêcher un précipité ultérieur par l'eau, on verse dans un ballon jaugé de 250 C.C., on ajoute 25 C.C. de la solution d'acide iodique, on remplit d'eau jusqu'au trait de jauge, on mélange, on laisse déposer et l'on filtre à travers un filtre sec. À 100 C.C. du liquide filtré limpide on ajoute de l'acide sulfurique étendu, puis assez de la dissolution d'iodure de potassium pour redissoudre tout l'iode mis en

(*) *Moniteur scientif.* (3ᵉ série III, 900.

liberté*, enfin de l'hyposulfite de soude jusqu'à décoloration (soit de l'iode soit de l'iodure d'amidon). Ce second titrage donne la quantité d'acide iodique restant en dissolution et on aura par différence celle de l'acide employé à précipiter le bismuth.

Pour essayer le blanc de bismuth, on en dissout environ 0,5 dans quelques gouttes d'acide azotique, on opère comme plus haut, mais l'on fait bouillir après l'addition de l'acide acétique. S'il y a alors un résidu insoluble, chlorure basique de bismuth ou sel basique de peroxyde de fer, on filtre dans le ballon jaugé de 250 C.C. et on opère comme pour fixer le titre de la solution d'acide iodique. On calcule alors d'après la quantité d'acide iodique employée pour la précipitation la proportion de bismuth qui se trouve sous forme d'azotate basique.

21. Composés d'Antimoine.

§ 266.

A. Minerais d'antimoine.

Nous prendrons comme exemple le sulfure d'antimoine (stibine) qui est le minerai le plus important et le plus abondant. Outre l'antimoine et le soufre on y trouve le plus souvent du plomb, du fer et de l'arsenic, parfois aussi du cuivre et fréquemment de la gangue insoluble dans les acides.

I. Analyse complète.

S'il y a beaucoup de plomb, on décompose le minerai en poudre séché à 100°, en le chauffant dans un courant de chlore, et l'on opère exactement comme pour les fahlerz (p. 996). — S'il y a peu de plomb on arrive facilement au but par la voie humide de la façon suivante.

1. On met dans un ballon 2,5 gr. du minerai en poudre fine séché à 100°, on ajoute trois ou quatre fois son poids de chlorate de potasse et alors, sans chauffer, de l'acide chlorhydrique de densité 1,12 (mais pas plus concentré, sans quoi il pourrait y avoir explosion). Le liquide se colore en jaune et le minerai se dissout peu à peu. Après avoir laissé réagir longtemps à froid, on chauffe un peu au bain-marie, jusqu'à ce que tout le minerai ait disparu. Alors on ajoute une dissolution concentrée d'acide tartrique puis l'on étend d'eau. Ordinairement il reste un peu de gangue et fréquemment aussi un peu de soufre non oxydé. On filtre, à travers un filtre séché à 100° et pesé, on reçoit le liquide dans un ballon jaugé de 250 C.C., on lave, on sèche à 100°, on pèse, puis on chauffe au rouge, on pèse de nouveau et l'on obtient ainsi le poids de la *gangue* et celui du *soufre* qui ne s'est pas dissous.

2. On étend d'eau jusqu'au trait de jauge le liquide filtré en 1., on mé-

---

(*) La réaction est représentée par l'équation

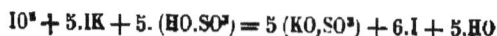

$$IO^5 + 5.IK + 5.(HO.SO^3) = 5(KO,SO^3) + 6.I + 5.HO$$

lange, on en prend 100 C.C., on étend d'eau, on chauffe à 70° et l'on y fait passer un courant d'hydrogène sulfuré. Après dépôt on filtre : dans le liquide on dose le *fer* et, s'il y en a, les métaux lourds, les terres ou les terres alcalines ; quant au précipité, après l'avoir lavé, on le traite à chaud par une dissolution de sulfure de potassium ou de sodium jusqu'à ce que tout le sulfure d'antimoine soit dissous ; on étend d'eau, on filtre, on lave, on précipite le liquide filtré par l'acide chlorhydrique, on filtre, on lave, on dissout le précipité dans une lessive de potasse, on y fait passer un courant de chlore et l'on dose l'*antimoine* et l'*arsenic* suivant les pages 961 et 962.

3. Le sulfure de plomb resté en 2 non dissous, et qui peut être mélangé avec du sulfure de cuivre, est dissous dans l'acide azotique étendu et chaud et l'on sépare le *plomb* et le *cuivre* suivant (146), page 519.

4. On précipite par le chlorure de baryum 100 C.C. de la dissolution obtenue en 1., après avoir en partie saturé par l'ammoniaque l'excès d'acide, on chauffe au rouge le sulfate de baryte au contact de l'air, on le traite par de l'acide chlorhydrique très étendu, pour enlever le carbonate de baryte qui aurait pu se produire par suite du tartrate de baryte mélangé avec le sulfate, on lave, on chauffe au rouge et l'on pèse. On obtient ainsi la majeure partie du *soufre*, qui s'est dissous à l'état d'acide sulfurique par suite du traitement du minerai par l'acide chlorhydrique et le chlorate de potasse.

II. *Méthodes pour ne doser que l'antimoine des minerais.*

Première méthode.

Elle repose sur la fusion du minerai réduit en poudre fine avec du carbonate de soude et du soufre (récemment employée de nouveau par *Fr. Becker* (*), avec de l'hyposulfite préalablement desséché avec soin (employée par *A. Froehde* (**) et par *Ed. Donath* (***) pour attaquer les minerais d'antimoine) ou bien enfin avec le foie de soufre. On opère la fusion dans un creuset en porcelaine fermé. La masse fondue, épuisée avec de l'eau chaude, fournit un liquide jaune, qui renferme à l'état de sulfosels tout l'antimoine et tout l'arsenic. On précipite par l'acide chlorhydrique, on filtre, on lave le précipité complètement, on ferme l'entonnoir par en bas, on le remplit avec une dissolution de carbonate d'ammoniaque, on laisse reposer douze heures, on ouvre l'entonnoir, on laisse couler le liquide qui a dissous le sulfure d'arsenic, on lave avec de l'eau contenant du carbonate d'ammoniaque et l'on dose l'antimoine soit comme antimoniate d'oxyde d'antimoine (page 299 ****), ou mieux comme sulfure noir (page 298). Dans le

(*) *Zeitschr. f. analyt. Chem.*, XVII, 185.
(**) *Poggendorffs. Ann.* CXIX, 317. *Zeitschr. f. analyt. Chem.*, II, 362.
(***) *Zeitschr. f. analyt. Chem.*, XIX, 25.
(****) Il résulte d'un dernier travail de *Bunsen* sur le dosage de l'antimoine (*Liebig's. Ann. d. Chem.* CXCII, 305. — *Zeitschr. f. analyt. Chem.*, XVIII, 267) que la méthode qu'il employait autrefois, et qui consiste à transformer le sulfure en antimoniate d'antimoine (p. 299) ne donne pas des résultats exacts, parce que la température à laquelle l'acide antimonique se change en antimoniate d'oxyde ne diffère pas assez de celle à laquelle ce

dernier cas on rassemble le précipité sur un filtre séché à 100°: on lave avec de l'eau contenant du carbonate d'ammoniaque, on sèche à 100°, on pèse et l'on chauffe ensuite une partie aliquote dans un courant d'acide carbonique.

Deuxième méthode de *Fr. Weil* (*).

Bien que ce procédé découle de ce qui a été déjà dit à la page 285, il est bon de l'exposer encore ici brièvement. Il faut pour l'appliquer une dissolution normale de bichlorure de cuivre, telle qu'elle est indiquée à la page citée plus haut et une dissolution correspondante de protochlorure d'étain.

On dissout de 2 à 5 gr. de minerai dans beaucoup d'acide chlorhydrique en ajoutant un peu de chlorate de potasse, puis du permanganate de potasse jusqu'à coloration rouge permanente et l'on fait bouillir jusqu'à ce que la couleur rouge ait disparu et que les vapeurs ne bleuissent plus le papier amidonné à l'iodure de potassium. On étend pour faire 250 C.C. avec une dissolution aqueuse d'acide tartrique de 5 à 10 pour 100, on mélange, on verse 10 C.C. dans une capsule en porcelaine, on ajoute 10 C.C. de la dissolution normale de bichlorure de cuivre, on réduit le volume à moitié par évaporation, on ajoute 25 C.C. d'acide chlorhydrique, puis avec une burette du protochlorure d'étain jusqu'à décoloration. Du volume employé on retranche celui correspondant au bichlorure de cuivre et on a la quantité ayant servi à la réduction du pentachlorure d'antimoine en trichlorure, d'où l'on déduira l'antimoine d'après l'équation donnée à la page 427.

Troisième méthode de *Tamm* (**).

Cette méthode repose sur ce que, dans une dissolution concentrée et faiblement acide renfermant l'antimoine à l'état de protochlorure, ce métal est complètement précipité par l'acide gallique en gallate d'antimoine, tandis que dans les mêmes conditions les autres métaux ne sont pas précipités.

On dissout environ 1 gr. du minerai en poudre dans l'acide chlorhydrique en ajoutant de petites quantités de chlorate de potasse, on chasse en chauffant le chlore libre, on ajoute de l'iodure de potassium pour réduire le perchlorure d'antimoine en protochlorure, on chauffe et l'on chasse ainsi l'iode libre en même temps qu'on amène le liquide à un degré convenable de concentration. La présence du chlorure de potassium empêche, suivant *Tamm*, toute perte d'antimoine par volatilisation. On ajoute alors une dissolution concentrée et fraîchement préparée d'acide gallique en excès et on laisse déposer. On reconnaît si l'acide est en excès en mettant sur du papier à filtre une goutte du liquide qui surnage le précipité et en observant si une goutte d'ammoniaque qu'on ajoute produit une coloration rougeâtre. On ne peut pas laver sur un filtre le précipité blanc de gallate

dernier composé dégage de l'oxygène et se change en oxyde. On a dès lors des poids différents suivant que l'on chauffe plus ou moins et plus ou moins longtemps.

(*) Procédés pour le dosage volumétrique du cuivre, du fer et de l'antimoine.

(**) *Chem. News*, XXIV, 207 et 221. — *Zeitschr. f. analyt. Chem.*, XIV, 351.

d'antimoine. Il faut le faire par trois ou quatre décantations successives avec de l'eau chaude, en jetant le liquide sur un double filtre: à la fin on fait passer le précipité sur le filtre et on le lave encore deux ou trois fois. Si on le dessèche à 100° il a, suivant *Tamm*, la composition $SbO^3, C^{14}H^6O^9$, il attire fortement l'humidité et contient 40,85 pour 100 d'antimoine[*]; si l'on ne sèche qu'à 80° il a 2 équivalents d'eau de plus et renferme 38,77 pour 100 [**] d'antimoine. On peut aussi dissoudre le gallate d'antimoine dans l'acide chlorhydrique, ajouter de l'acide tartrique, étendre d'eau, précipiter par l'acide sulfhydrique et doser l'antimoine à l'état de sulfure. S'il faut doser les autres métaux, il faut les précipiter d'abord avec l'acide sulfhydrique ou le sulfhydrate d'ammoniaque dans le liquide qui renferme un excès d'acide gallique.

Quatrième méthode (électrolytique).

Parodi et *Mascazzini* [***], *Luckow* [****], et *Classen* avec *V. Reis* [*****] se sont occupés de la précipitation électrolytique de l'antimoine. Son dépôt sous forme de couche solide sur l'électrode se fait le mieux dans la dissolution d'un sulfoantimoniate. Dès lors on dissout le minerai dans l'acide chlorhydrique avec du chlorate de potasse, on ajoute de l'acide tartrique, on précipite à froid par l'acide sulfhydrique la dissolution étendue, on lave le précipité d'abord avec de l'eau, puis avec de l'eau additionnée de carbonate d'ammoniaque pour enlever le sulfure d'arsenic : il n'y a plus qu'à redissoudre le précipité à chaud dans une dissolution un peu jaune de sulfure de potassium ou de sodium et de séparer par filtration les sulfures non dissous du cinquième groupe et de soumettre les liqueurs à l'électrolyse. On lave ensuite avec de l'eau, de l'alcool et de l'éther l'électrode recouvert d'antimoine, on sèche et on pèse.

B. Alliages d'antimoine.

Comme exemple je choisirai le plus important des alliages, celui qui forme les caractères d'imprimerie, qui ne renferme tantôt que du plomb et de l'antimoine, tantôt du plomb, de l'antimoine et de l'étain. On y rencontre parfois un peu de cuivre.

On traite l'alliage divisé par l'acide azotique, en ajoutant de l'acide tartrique, on ajoute de l'ammoniaque en léger excès, puis un excès de sulfhydrate d'ammoniaque jaune, et on laisse digérer dans un ballon fermé jusqu'à ce que l'on soit certain que tout le sulfure d'antimoine et tout le sulfure d'étain sont dissous. On sépare par filtration le sulfure de plomb, qui peut être mélangé d'un peu de sulfure de cuivre, on lave et, pour doser le plomb, ou le séparer du cuivre, on procède suivant ce qui est dit à la page 264, à la page 519 ou à la page 1029 (troisième méthode).

---

[*] La formule correspond à 59,74 pour 100 (Sb = 122).
[**] La formule correspond à 37,54 pour 100 (Sb = 122).
[***] *Zeitschr. f. analyt. Chem.*, XVIII, 587.
[****] *Zeitschr. f. analyt. Chem.*, XIX, 13.
[*****] *Bericht der deutsch. chem. Gesellsch.*, XIV. 1629. — *Classen. Quant analys. auf electrolyt. Wege* p. 15 et 42.

Dans le liquide filtré s'il n'y a que de l'antimoine, on peut le précipiter électrolytiquement, voir plus haut. Mais on peut aussi le précipiter dans le liquide filtré par l'acide chlorhydrique et doser le métal sous forme de sulfure noir (page 298). Si avec l'antimoine il y a de l'étain, on opère comme il est indiqué à la page 1014. On donnera au § **267** la méthode de Cl. *Winkler* pour séparer l'antimoine d'avec l'étain.

<h2 style="text-align:center">22. Composés d'étain.</h2>

<h3 style="text-align:center">§ 267.</h3>

<h4 style="text-align:center">A. MINERAIS D'ÉTAIN.</h4>

Parmi les minerais d'étain nous ne nous occuperons ici que des deux plus importants : la cassitérite, ou étain oxydé, et la stannine ou étain sulfuré. Dans l'analyse du premier il faut se rappeler que l'oxyde d'étain peut être accompagé de peroxyde de fer, d'oxyde de manganèse, d'alumine et de silice. Dans quelques variétés on a aussi trouvé de l'oxyde de plomb, de l'acide tantalique, de l'acide tungstique et un peu d'argent. L'étain sulfuré de son côté contient, outre l'étain et le soufre, toujours du cuivre, du fer et du zinc et fréquemment de la gangue.

<h4 style="text-align:center">I. Minerai d'étain oxydé (Cassitérite).</h4>

Comme ce minerai ne se dissout pas dans les acides, il faut commencer par le désagréger. Cette opération peut se faire en fondant dans un creuset d'argent avec de l'hydrate de potasse ou de soude ou au moyen du foie de soufre. La dernière méthode est de beaucoup préférable.

1. Le minerai doit être pulvérisé aussi finement que possible. On le mélange intimement suivant *H. Rose*, avec 3 parties de carbonate de soude et 3 parties de soufre, et l'on fond dans un creuset de porcelaine bien fermé. Au lieu de prendre le mélange précédent, on peut faire usage du foie de soufre tout préparé. Après refroidissement on traite par l'eau, on sépare par filtration le liquide jaune du résidu noir, qu'on lave avec de l'eau contenant du sulfhydrate d'ammoniaque.

2. On traite par de l'acide azotique un peu étendu et chaud le résidu obtenu en 1. S'il restait encore du minerai non désagrégé, il faudrait le séparer par filtration, le fondre de nouveau avec du foie de soufre après l'avoir chauffé au rouge, et traiter la masse fondue comme plus haut. Dans la solution azotique on sépare d'après les méthodes décrites aux §§ **160** jusqu'à **164** les mélanges du cinquième, du quatrième et du troisième groupe, reconnus déjà par une analyse qualitative. Si après deux fusions on avait encore un résidu insoluble dans l'acide azotique, il pourrait être de l'acide tantalique et de la gangue. On le fond avec du bisulfate de potasse, on traite par l'eau et l'on essaye si par l'ammoniaque on peut précipiter de l'*alumine*. Après avoir de nouveau pesé le dernier résidu insoluble, on le traite par l'acide fluorhydrique et l'acide sulfurique. S'il y a

encore un résidu, il faut voir si ce ne serait.pas de l'*acide tantalique*. La *silice* s'obtient par différence.

3. On précipite avec de l'acide chlorhydrique les solutions de sulfosel d'étain obtenues en 1 et en 2 ; on laisse déposer, on sépare par filtration le sulfure d'étain, on le lave, on le dissout dans de l'acide chlorhydrique bromé, on précipite la dissolution avec de l'azotate d'ammoniaque et l'on dose l'*étain* à l'état d'oxyde (page 305, b.). Si la cassitérite renfermait de l'acide *tungstique* la plus grande partie du tungstène est dans le sulfure d'étain. Il faut alors séparer les deux métaux d'après une des méthodes décrites à la page 104*4*. *1044*

4. Comme dans le liquide séparé par filtration du sulfure d'étain il peut y avoir encore de la silice et de l'acide tungstique, parce que le tungstène n'est pas complètement précipité par les acides à l'état de sulfure dans les dissolutions de ses sulfosels alcalins, il faut évaporer le liquide à siccité, chauffer le résidu à 120°, traiter de nouveau par l'acide chlorhydrique et l'eau, évaporer de nouveau à siccité et recommencer cette opération plusieurs fois. A la fin le résidu contient tout l'acide tungstique (*H. Rose*) et, s'il y a de l'acide silicique, il se trouve avec l'acide tungstique. On filtre, on lave avec de l'acide chlorhydrique étendu ; on chauffe au rouge, on pèse, et l'on sépare enfin l'*acide tungstique* en fondant avec du bisulfate de potasse, et en reprenant par l'eau, qui laisse l'*acide silicique* insoluble.

II. *Étain sulfuré (Stannine)*.

1. On traite 2 à 3 gr. du minerai en poudre fine, séchée à 100°, par l'acide chlorhydrique avec du chlorate de potasse ou bien par l'eau régale, jusqu'à décomposition complète ; on étend d'eau, on chauffe pour chasser le chlore libre, on filtre sur un filtre séché à 60° dans un ballon jaugé de 250 C.C. et dans le résidu séché à 60° et pesé, on sépare le soufre de la gangue en chauffant.

2. On étend d'eau la dissolution pour faire 250 C.C. ; on mélange et, dans 100 C.C., on dose le soufre dissous à l'état d'acide sulfurique en saturant avec de l'ammoniaque la plus grande partie de l'acide libre, ajoutant du chlorure de baryum et pesant le sulfate de baryte. Comme celui-ci peut contenir de l'oxyde d'étain, ou bien l'on y dose l'acide sulfurique suivant la page 335 b. *a.*, ou bien après l'avoir chauffé au rouge on le fait bouillir avec une dissolution souvent renouvelée de carbonate de soude, pour décomposer complètement le sel de baryte. Lorsque le dernier liquide filtré ne contient plus d'acide sulfurique, on lave le précipité et l'on dissout le carbonate de baryte dans l'acide azotique étendu. S'il y a de l'oxyde d'étain il reste non dissous : alors on le lave, on le chauffe au rouge, on le pèse et l'on en retranche le poids de celui du sulfate de baryte impur.

3. Dans 100 nouveaux C.C. de la dissolution du minerai on dose les métaux. On précipite à chaud par l'acide sulfhydrique, dans le précipité lavé ; on sépare le cuivre de l'étain par le sulfure de potassium (167) page 529 et dans le liquide filtré le fer et le zinc d'après la page 489 (82).

B. ÉTAIN MARCHAND.

Dans le commerce l'étain offre différents degrés de pureté. Le plus pur est celui de Banca : il contient de 99,90 à 99,96 pour 100 d'étain pur, tandis que les étains ordinaires n'en ont souvent que 94 pour 100. Les éléments étrangers dont il faut tenir compte dans une analyse sont : le plomb, le cuivre, le bismuth, l'antimoine, l'arsenic, le tungstène, le molybdène, le fer, le zinc, le manganèse, le nickel, le chrome et le soufre. Comme il faut opérer sur une quantité considérable d'étain pour doser les métaux étrangers, qui ne sont qu'en petite quantité, on comprend que c'est un travail assez difficile de faire une analyse complète d'un étain. S'il ne s'agit que du dosage des métaux étrangers, qui sont en plus grande proportion, tels surtout que le *cuivre*, le *plomb* et le *fer*, la marche suivante conduit bien au but.

On traite environ 3 gr. de l'étain finement divisé par l'acide azotique jusqu'à ce que tout l'étain soit oxydé, on évapore à siccité dans un grand creuset en porcelaine et l'on fond avec à peu près 10 gr. de foie de soufre en évitant avec précaution l'accès de l'air. On traite la masse refroidie par de l'eau à chaud et l'on a ainsi l'étain (avec l'antimoine et l'arsenic s'il y en a) en dissolution sous forme de sulfosel, tandis que les métaux du cinquième et ceux du quatrième groupe restent non dissous. L'analyse se termine comme pour l'étain oxydé (page 1042).

Si l'étain renferme du *tungstène*, celui-ci passe aussi dans la dissolution des sulfosels, et lorsqu'on précipite la dissolution par l'acide sulfurique étendu (qu'il faut préférer à l'acide chlorhydrique lorsque le sulfure d'étain doit être directement transformé en oxyde), le sulfure d'étain contient du sulfure de tungstène. Si l'on change les sulfures en oxydes en les humectant avec de l'acide azotique et en chauffant au rouge, puis qu'on chauffe à plusieurs fois avec du chlorhydrate d'ammoniaque, l'étain finit par se volatiliser complètement sous forme de chlorure, tandis que l'acide tungstique reste (*H. Rose*). Suivant *Talbot* (*) on peut encore opérer cette séparation en fondant les oxydes avec cinq fois leur poids de cyanure de potassium et en traitant la masse fondue par l'eau. L'étain reste à l'état métallique tandis qu'il se dissout du tungstate de potasse. Dans ce dernier on dose facilement l'acide tungstique par le procédé donné plus haut (page 1041).

Nous avons donné page 548, *c* et *d* la manière de mesurer de petites quantités d'*antimoine* et d'*arsenic* dans l'étain métallique. Quant à la séparation de l'antimoine et de l'arsenic précipités, voir aussi pages 96 et 962.

S'il s'agit de déterminer les proportions de métaux dont les chlorures ne sont pas volatils, ou ne le sont qu'à une température relativement très haute, on peut fondre l'étain divisé dans une cornue ou une nacelle au milieu d'un courant de chlore. Dans ces conditions l'étain (avec l'antimoine, l'arsenic, etc.) part à l'état de chlorure, que l'on condense dans un récipient refroidi, tandis que les chlorures de cuivre, de plomb, etc., restent. Page 524 et page 996 *b*.

_____

(*) *Zeitschr. f. analyt. Chem.*, X, 343.

Dans l'étain métallique on pourra d'après *Balling* (*) doser le *protoxyde d'étain*, et en même temps le *tungstène* et le *molybdène*, en mettant de 10 à 20 gr. de métal finement divisé dans un litre d'une dissolution de perchlorure de fer (20 gr. de fer dans un litre) exempte d'acide et chauffée à 30°. On abandonne (vingt-quatre heures) à la température ordinaire en remuant de temps en temps, on ajoute, s'il le faut, encore du perchlorure de fer, et on laisse digérer jusqu'à ce que tout l'étain soit changé en proto-chlorure. On sépare par filtration le protoxyde d'étain qui reste non dissous sous forme de grains fins de couleur foncée (il offre parfois des taches blanchâtres d'hydrate d'acide tungstique et d'hydrate d'acide molybdique et aussi d'oxyde d'antimoine : il peut aussi renfermer du plomb avec les étains riches en ce métal). Si ce protoxyde d'étain ne renferme pas de métaux étrangers, on le lave, on le transforme en oxyde en le chauffant au rouge à l'air et on le pèse. S'il renferme du plomb, il faut l'en séparer (page 530 β.) : s'il contient de l'acide tungstique ou de l'acide molybdique, *Balling* conseille de le traiter par une dissolution d'ammoniaque; les acides se dissolvent, tandis que le protoxyde d'étain reste (ainsi que l'oxyde d'antimoine s'il y en avait). On évapore la solution dans un creuset en porcelaine, et l'on chauffe modérément le résidu formé des acides du tungstène et du molybdène, que l'on peut peser.

Pour les séparer on peut procéder comme l'indique *H. Rose*. On ajoute à la dissolution ammoniacale des acides de l'acide tartrique, puis de l'acide chlorhydrique : on précipite le *molybdène* par l'action prolongée de l'acide sulfhydrique à chaud, on filtre, on évapore à siccité, on chauffe le résidu au rouge au contact de l'air, s'il le faut en ajoutant de l'azotate d'ammoniaque, jusqu'à ce que tout le charbon soit brûlé et l'on pèse l'*acide tungstique* qui reste. Si l'on n'a à séparer l'oxyde d'étain que de l'acide tungstique, on peut chauffer plusieurs fois au rouge le mélange avec du chlorhydrate d'ammoniaque, jusqu'à ce que tout l'étain ait disparu en vapeurs à l'état de chlorure, ou bien prendre le procédé de séparation de *Talbot* (page 1044).

Si l'on avait de l'étain renfermant du *soufre*, on le dissout à chaud dans l'acide chlorhydrique et dans l'hydrogène qui se dégage on dose l'acide sulfhydrique suivant un des procédés indiqués pour le dosage du soufre dans la fonte (page 938).

C. ALLIAGES D'ÉTAIN.

Nous avons déjà indiqué l'analyse d'un de ces alliages, le métal de *Wood* (page 1035) : nous allons en passer encore quelques-uns en revue.

I. *Alliages formés surtout de cuivre et d'étain*. (Bronze antique, bronze des canons, métal des cloches, métal des miroirs, bronze des médailles et des monnaies, bronze phosphoré, etc.)

Les alliages ci-dessus énumérés, de beaucoup les plus importants, sont formés d'étain et de cuivre en diverses proportions. Les autres éléments

---

(*) *Œsterr. Zeitschr. f. Berg-u. Hüttenwesen*, 1878, 169.

s'y trouvent soit par hasard, à cause de l'impureté des métaux alliés, soit parce qu'on les a introduits à dessein dans l'alliage pour lui communiquer certaines qualités particulières.

Outre le cuivre et l'étain on aura à tenir compte du plomb, de l'argent, du bismuth, de l'antimoine, de l'arsenic, du fer, du cobalt, du nickel et du zinc. Il peut y avoir aussi un peu de soufre. Dans le bronze phosphoré le phosphore entre comme élément essentiel. Il y a différents procédés pour analyser les bronzes.

Première méthode.

1. On traite de 2 à 5 gr. de l'alliage divisé par l'acide azotique, comme cela est dit à la page 305, 1. *a* On reprend par l'eau la masse évaporée presque à siccité, et l'on sépare par filtration l'hydrate d'acide métastannique. *Busse* (*) conseille, pour analyser les monnaies, généralement pauvres en étain, de prendre 1 gr. que l'on met dans un petit vase de Bohême, avec 6 C.C. d'acide azotique de densité 1,5, puis d'ajouter peu à peu 3 C.C. d'eau et de couvrir rapidement. La dissolution se fait au fur et à mesure que l'eau arrive dans l'acide. Lorsqu'elle est achevée, on chauffe à l'ébullition, on ajoute 50 C.C. d'eau bouillante, on laisse déposer et l'on filtre.

Que la dissolution soit faite avec l'acide azotique par l'un ou l'autre de ces moyens, ou aussi par le procédé de *Brunner*, donné à la page 533, il faudra toujours essayer la pureté de l'oxyde d'étain que l'on obtient en lavant complètement l'acide métastannique hydraté, le chauffant au rouge et le pesant. Cet oxyde en effet peut contenir de l'oxyde de plomb, de l'oxyde de cuivre, du peroxyde de fer et d'autres oxydes du quatrième et du cinquième groupe, et en outre de l'acide arsénique, de l'acide phosphorique et de l'acide silicique. D'après cela on le broie et l'on en fond une portion avec du foie de soufre (page 630 β) afin de trouver, dans le résidu du traitement par l'eau de la masse fondue, l'oxyde de cuivre, l'oxyde de plomb, l'oxyde de fer, etc., dont il faudra retrancher les poids de celui de l'oxyde d'étain impur. Dans une seconde portion on cherche la silice d'après la méthode de *Khittel* (page 533). — Si le bronze renferme des quantités appréciables d'antimoine et d'arsenic elles se trouvent dans la dissolution des sulfosels. Dans ce cas il faut précipiter celle-ci par l'acide chlorhydrique étendu et séparer l'étain d'avec l'arsenic et l'antimoine (page 1014, 4.)

S'il y a du phosphore, il se trouve en totalité avec l'oxyde d'étain sous forme d'acide phosphorique (pages 542 et 543.). Il faudra donc retrancher du poids de l'oxyde d'étain celui de l'acide phosphorique trouvé comme nous allons le dire en 3.

2. Si la dissolution azotique renferme tous les métaux énumérés plus haut comme pouvant se trouver dans le bronze, il faut procéder comme nous l'avons dit à propos du cuivre (page 1014 *a*). Mais si, comme cela arrive en général, la dissolution ne renferme que du cuivre, du plomb, du fer et du zinc, on prendra la méthode donnée pour le laiton (page 1026).

(*) *Zeitschr. f. analyt. Chem.*, XVII p. 64.

3. Si un bronze renferme du phosphore, on le dissout en le traitant d'abord par l'acide azotique, comme cela est indiqué en 1. Ensuite, après avoir par évaporation éliminé la majeure partie de l'acide azotique, or. humecte le résidu avec de l'acide chlorhydrique fumant et on laisse er. contact, en remuant de temps en temps, à la température ordinaire ou à une douce chaleur. On ajoute de l'eau, dans laquelle tout doit se dissoudre si l'opération a été bien conduite. On précipite à chaud par l'hydrogène sulfuré les métaux du cinquième, ceux du sixième groupe, on filtre, on lave, on évapore plusieurs fois le liquide filtré avec de l'acide azotique, on précipite avec la solution molybdique l'acide phosphorique provenant du phosphore, et on dose l'acide comme il est dit à la page 340 β.

4. Si le bronze contient un peu de soufre, on le dose suivant la troisième méthode.

Deuxième méthode.

On opère la dissolution de l'alliage comme on l'indique à la page 534, et l'on précipite l'étain d'après la méthode de *Lœwenthal*, par l'azotate d'ammoniaque, ou suivant celle de *H. Rose*, avec l'acide sulfurique étendu dans une liqueur très étendue (page 305). Dans le liquide filtré on trouve tous ou presque tous les autres métaux. Bien entendu que dans cette deuxième méthode on aura encore à essayer, comme dans la première méthode, la propriété de l'oxyde d'étain pesé.

Troisième méthode.

1. On traite l'alliage divisé dans un courant de chlore à une douce chaleur (page 535 et page 996) et suivant les méthodes exposées chapitre v on analyse d'une part les composés chlorés, facilement volatils, de l'étain, de l'antimoine, de l'arsenic, du bismuth, etc., qui sont condensés dans le récipient, et d'autre part les chlorures pas ou peu volatils du cuivre, du plomb, etc.

2. Le traitement du bronze dans un courant de chlore convient aussi pour y doser de petites quantités de soufre. Le récipient refroidi contient alors le soufre à l'état d'acide sulfurique. On a à prendre toutes les précautions indiquées plus haut, page 1018. Comme le sulfate de baryte retient facilement de l'oxyde d'étain, il faudra doser son acide sulfurique comme il est dit page 335 b. α.

    Quatrième méthode, qui repose sur la précipitation électrolytique de l'étain, en supposant la seule présence du cuivre et de l'étain, et aussi du cuivre, de l'étain, du phosphore et du zinc, suivant *Classen* (*).

1. On traite l'alliage par l'acide azotique comme dans la première méthode, on filtre l'acide métastannique hydraté, on le lave, on le fait digérer avec de l'acide chlorhydrique concentré, on chasse par évaporation la majeure partie de cet acide, on ajoute de l'eau et on détermine

---

(*) « *Analyse électrolyt.*, page 9. — *Post analyse*, trad. fr. 1884.

ainsi la dissolution du métachlorure d'étain formé. Dans ce liquide on précipite l'étain électrolytiquement, ce qui se fait facilement, et on lave sans interrompre le courant. On évapore à plusieurs reprises, avec de l'acide azotique, le liquide séparé de l'étain, on l'ajoute à la dissolution azotique obtenue d'abord, et l'on y dose le *cuivre* (page 997, 2).

2. Si le bronze contient du *phosphore*, il se trouve tout entier à l'état d'acide phosphorique dans le liquide séparé de l'étain précipité électrolytiquement. On réunit ce liquide avec la dissolution azotique, qui contient la majeure partie du cuivre ; en évaporant au bain-marie, on chasse l'acide libre, on transforme le cuivre en oxalate double de cuivre et d'ammonium (1005, p. β), on précipite électrolytiquement, et dans le liquide on dose l'acide phosphorique.

3. Si le bronze renferme du *zinc*, il sera précipité avec le cuivre dans l'opération faite en 2. Alors on prend d'abord le poids des deux métaux, on en fait une solution azotique ou sulfurique, on précipite alors électrolytiquement le cuivre seul, et l'on obtient le zinc par différence.

II. *Alliages formés essentiellement de plomb et d'étain* (soudure, etc.)

Première méthode.

On traite environ 1,5 gr. de l'alliage divisé par l'acide azotique suivant la page 305, 1. *a* ; on évapore presque à siccité et on sépare par filtration l'acide métastannique. On évapore le liquide filtré, en y ajoutant de l'acide sulfurique pur et étendu, jusqu'à ce que tout l'acide azotique soit chassé, et l'on dose le plomb à l'état de sulfate (page 265, 3. *a*. β). Si l'alliage contient d'autres métaux, on les trouve au moins en partie dans le liquide séparé du sulfate de plomb, c'est pourquoi il faut essayer ce liquide avec l'acide sulfhydrique et le sulfhydrate d'ammoniaque.

On transforme l'acide métastannique en oxyde d'étain, que l'on pèse (page 305, 1). On en prend une partie aliquote avec du foie de soufre ou un mélange de soufre et de carbonate de soude (page 530, β) ; on traite la masse fondue par l'eau, on dissout dans l'acide azotique étendu et chaud le sulfure de plomb resté non dissous et lavé ; on dose dans la solution le plomb sous forme de sulfate et l'on essaye si le liquide filtré renferme encore du fer, etc. Si, en chauffant le sulfure de plomb avec l'acide azotique il reste un résidu insoluble, il faudrait après l'avoir chauffé au rouge le fondre encore avec le foie de soufre, etc. — Dans une autre portion aliquote de l'oxyde d'étain on cherche la silice suivant la méthode de *Khittel* (page 533) : on retranche alors du poids de l'oxyde d'étain impur le poids trouvé de l'oxyde de plomb et celui de la silice, pour avoir le poids de l'oxyde d'étain pur.

Deuxième méthode.

On fond l'alliage, finement divisé, avec 3 p. de soufre et 3 p. de carbonate de soude, ou bien avec 4 p. de foie de soufre, à l'abri de l'air, et l'on chauffe la masse fondue avec de l'eau. Dans la dissolution, on précipite par l'acide sulfurique étendu le sulfure d'étain mélangé avec du soufre, et après l'avoir lavé et desséché on le change en oxyde en le chauffant convenablement au rouge (page 306). Le sulfure de plomb, qui reste dans le traitement de la masse fondue par l'eau, est chauffé avec de l'acide azotique étendu, et en évaporant avec de l'acide sulfurique on précipite le plomb (page 265 3. a. β.) : on essaye si le liquide filtré ne renferme pas d'autres métaux.

Troisième méthode (électrolytique) suivant *Classen* (*).

On traite l'alliage par l'acide azotique, en opérant exactement comme dans la première méthode : on fait digérer, avec de l'acide chlorhydrique concentré, l'acide métastannique, qui retient du plomb, puis on évapore la plus grande partie de l'acide, on ajoute de l'eau ; dans la dissolution ainsi obtenue on verse un excès d'oxalate d'ammoniaque et l'on soumet à l'électrolyse. On obtient ainsi l'étain au pôle négatif, et le plomb qui lui est encore mélangé se dépose au pôle positif à l'état de peroxyde. On sèche les électrodes à 100° et leur augmentation de poids donne les poids des dépôts.

III. Alliages formés surtout d'étain et d'antimoine.
(métal anglais, pewter, etc.)

Ces alliages, d'un usage fréquent renferment, les deux métaux en proportions très variables. Dans leur analyse il faut tenir compte du plomb, du cuivre, du bismuth, du zinc, du nickel, qui parfois sont ajoutés à dessein, et dans des recherches rigoureuses il ne faudrait pas négliger les autres éléments, en petites quantités, surtout l'arsenic, qui font partie des impuretés que renferment l'étain et l'antimoine. On pourra pour faire l'analyse prendre l'une ou l'autre des méthodes suivantes.

Première méthode.

On opère exactement suivant la page 543, *a*. Si l'alliage contient d'autres métaux que l'antimoine, l'étain et l'arsenic, on les trouve en partie dans l'antimoniate de soude, tels sont l'oxyde de cuivre, celui de bismuth, le protoxyde de nickel ; et en partie dans le liquide filtré alcalin contenant l'oxyde d'étain et l'acide arsénique, tels sont le plomb, le zinc. On reconnaît facilement dans la suite de l'analyse que l'on retrouve le cuivre et le bismuth à l'état de sulfure dans le sulfure d'antimoine, mais le fer et le nickel dans le liquide séparé par filtration d'avec le sulfure d'antimoine ; quant au plomb et au zinc, on peut les précipiter en ajoutant avec précaution du sulfure de sodium dans la dissolution renfermant encore un grand excès de soude, et cela avant de la saturer avec de l'acide chlorhydrique et d'y faire passer un courant d'hydrogène sulfuré.

(*) *Traité d'analyse chimique*, par *Post*, trad. Gautier.

Deuxième méthode (suivant Cl. *Winckler* (*).

On dissout de 1 à 1,5 gr. de l'alliage divisé dans un mélange de 4 p. acide chlorhydrique, 1 p. acide azotique et 5 p. eau, et en ajoutant de l'acide tartrique ; on étend pour faire 300 à 400 C.C. (ce qui ne doit pas produire de trouble s'il y a assez d'acide tartrique), on ajoute une solution de chlorure de calcium en proportion telle que pour 1 p. d'étain il y ait environ 8 p. de chaux, on neutralise avec du carbonate de potasse, on ajoute du cyanure de potassium puis de nouveau du carbonate de potasse pour précipiter toute la chaux. On chauffe alors à l'ébullition, on laisse déposer, on décante à travers un filtre, on fait bouillir le précipité avec de la nouvelle eau ajoutée, on laisse encore déposer et on jette sur le premier filtre en réunissant les deux liquides filtrés. De cette façon presque tout l'antimoine se trouve dans ceux-ci. Pour l'y faire passer complétement, on redissout le précipité dans un peu d'acide chlorhydrique concentré, on ajoute un peu d'acide tartrique, on neutralise de nouveau avec le carbonate de potasse et l'on précipite une seconde fois avec le cyanure de potassium et une nouvelle addition de carbonate de potasse. On fait bouillir, on décante à travers le filtre, on fait bouillir en renouvelant trois fois l'eau par décantation toujours à travers le filtre, enfin on y fait passer le précipité et on achève le lavage. Maintenant tout l'antimoine et l'arsenic sont dans le liquide, tout l'étain avec l'oxyde d'étain hydraté ainsi que le carbonate de chaux sont dans le précipité. On dessèche celui-ci, on le chauffe fortement au rouge avec les cendres du filtre dans un creuset en porcelaine, on le met dans un vase de Bohême, on ajoute un peu d'eau, puis de l'acide azotique étendu dans lequel se dissout la chaux, tandis que l'oxyde d'étain reste. On filtre, on chauffe au rouge et l'on pèse.

Dans le liquide filtré on dose l'antimoine à l'état de sulfure. S'il y a de l'arsenic, on le sépare par la méthode de *Bunsen* (pages 961 et 962).

IV. *Alliages servant de coussinets* (métal blanc).

Le métal blanc est formé en grande partie d'étain, mais les autres métaux sont fort différents. Parfois avec l'étain il y a souvent de l'antimoine, d'autres fois du zinc. Le cuivre et le plomb y sont la plupart du temps en faible proportion, mais quelquefois ils y sont en grande quantité : certains métaux blancs contiennent aussi du mercure, peu ont du nickel. Les éléments que l'on y rencontre encore, comme l'arsenic, le fer, ne doivent être généralement regardés que comme des impuretés. Le phosphore ne s'y rencontre que lorsqu'on a pris du bronze phosphoré pour faire l'alliage. On comprend d'après cela la nécessité de procéder d'abord par une analyse qualitative.

Voici le meilleur moyen de faire l'analyse quantitative.

1. On traite 1 à 3 gr. par l'acide azotique (page 305 1. *a*.) on évapore

(*) *Zeitschr. f. analyt. Chem.*, XIV, 163.

presque à siccité au bain-marie, et l'on traite le résidu par l'acide azotique étendu. Si le précipité ne se dépose pas, on ajoute un peu d'azotate d'ammoniaque. On filtre l'acide métastannique hydraté impur, et on le lave avec de l'eau à laquelle on a ajouté un peu d'azotate d'ammoniaque.

2. Le résidu insoluble contient tout l'étain, presque tout l'antimoine et en général de petites quantités de plomb, de cuivre, de zinc, etc. — On le sépare du filtre, on trempe celui-ci dans une dissolution d'azotate d'ammoniaque, on le sèche, on l'incinère, on ajoute les cendres au précipité, on chauffe au rouge, on pèse, on fond avec du carbonate de soude et du soufre (page 530, β), on traite la masse fondue par l'eau, on filtre, on lave le résidu insoluble, on l'épuise par l'acide azotique étendu et chaud, on fond de nouveau avec du carbonate de soude et du soufre le résidu qui pourrait rester encore, et on répète les opérations indiquées plus haut.

3. Dans la dissolution azotique obtenue en 2 on dose les petites proportions de *plomb*, de *cuivre*, de *zinc* et de *fer*, qui s'y trouvent en général, en employant une des méthodes décrites à propos du laiton (page 1026).

4. Avec de l'acide sulfurique étendu on acidifie la dissolution des sulfosels, préparée en 2, on laisse déposer, on filtre, on lave le précipité, on évapore le liquide filtré, et l'on y dose avec la solution molybdique l'acide phosphorique produit par le *phosphore* que pourrait contenir l'alliage. — La proportion d'*étain* s'obtient en retranchant du poids de l'oxyde d'étain impur les poids des oxydes métalliques trouvés en 5, et de l'acide phosphorique. On peut du reste l'obtenir directement en transformant l'oxyde en sulfure d'étain, que l'on pèse (page 306 c.).

5. S'il y a de l'*antimoine* et peut-être aussi de l'*arsenic*, il faut oxyder avec de l'acide azotique fumant le sulfure d'étain obtenu en 4. et qui renferme du soufre, du sulfure d'antimoine et peut-être aussi du sulfure d'arsenic. On évapore l'excès d'acide et on opère la séparation et le dosage des métaux suivant la page 543 a.

6. Pour séparer et doser le *plomb*, on évapore avec un excès d'acide sulfurique étendu (page 549, 2.) la dissolution azotique obtenue en 1. et séparée par filtration de l'acide métastannique. Au liquide séparé du sulfate de plomb on ajoute environ 62 pour 100 d'acide chlorhydrique de densité 1,1 : on y fait passer à 70° un courant d'acide sulfhydrique, on filtre, on lave le précipité, on le traite par une solution de sulfure de sodium ou bien de sulfhydrate d'ammoniaque s'il y avait du mercure, on filtre et on verse de l'acide chlorhydrique dans le liquide filtré. On traite par un peu d'acide chlorhydrique bromé le précipité formé en majeure partie de soufre et qui peut contenir le reste de l'antimoine et de l'arsenic, on filtre, on ajoute un excès d'ammoniaque et, après avoir acidifié avec l'acide chlorhydrique et laissé longtemps digérer, on précipite par l'hydrogène sulfuré. On rassemble dans un petit tube à amiante le peu de *sulfure d'antimoine* obtenu et on le dose (page 299). S'il y a de l'*arsenic* il suffit souvent de traiter le précipité encore humide par le carbonate d'ammoniaque pour le séparer.

7. Le précipité resté insoluble en 6. après le traitement par le sulfure

alcalin, et qui contient en général encore un peu de sulfure de zinc, est dissous dans l'acide chlorhydrique bromé ; pour compléter la séparation du zinc dans les métaux du cinquième groupe, on fait digérer avec un excès d'ammoniaque, on ajoute 12 pour 100 d'acide chlorhydrique de densité 1,1, on précipite de nouveau à 70° avec l'acide sulfhydrique, on filtre, on réunit le liquide avec le liquide analogue obtenu en 6, on concentre par évaporation et par la méthode de *Zimmermann* (page 879), on sépare le *zinc* du *fer*, et s'il le faut aussi du *nickel*.

8. Le précipité obtenu en 7. par l'acide sulfhydrique, lorsqu'il ne contient que du *sulfure de cuivre*, est transformé en protosulfure de cuivre page 281 *a*) et pesé. Mais s'il contient aussi du sulfure de mercure il faut les séparer tous deux suivant le procédé indiqué page 521, 3. c.

9. Le dosage du *mercure* fait en 8. donne généralement un résultat un peu trop faible, parce qu'une partie du mercure peut passer dans le précipité d'acide métastannique et est alors perdu dans le traitement ultérieur de celui-ci. Il faut donc pour doser le mercure prendre un nouvel essai de l'alliage, pour le chauffer dans un courant d'hydrogène dans une petite nacelle introduite dans un tube de verre. La perte de poids obtenue de cette façon donne exactement la quantité de mercure.

D. Préparations d'étain

Nous avons déjà dit au § 126 comment il faut analyser les composés l'étain. Quant à l'essai du protochlorure, du sel d'étain, je vais ajouter ci quelques nouveaux procédés.

1. Pour essayer si le sel d'étain n'est pas falsifié (par du sulfate de zinc, u du sulfate de magnésie, du chlorure de sodium, etc.). *G. Merz* (*) opère insi : on en prend un certain poids, environ 2 gr., que l'on met avec inq fois son poids d'alcool absolu et l'on remue environ 5 minutes. Si le el d'étain est récemment préparé et n'est pas additionné de substances nsolubles dans l'alcool, on a une dissolution limpide. Mais si le sel a subi action de l'oxygène de l'air, il se produit un précipité pulvérulent dur u floconneux, mais qui, lorsqu'il n'est pas abondant, se dissout facilement en chauffant le liquide, ou bien, lorsqu'il est en plus grande quantité, isparaît par l'addition d'acide chlorhydrique dans l'alcool. Mais si le sel 'étain renferme les substances étrangères avec lesquelles on le falsifie 'ordinaire, elles restent non dissoutes en formant un magma cristallin, ue l'on peut séparer par filtration, laver avec de l'alcool et peser.

2. Si l'on veut doser la proportion de protochlorure d'étain on peut, utre les méthodes données à la page 307 appliquer un des procédés uivants, indiqués par *Fr. Goppelsrœder* et *W. Trechsel* (**).

a. Dans un petit ballon on dissout dans peu d'eau un poids connu de ichromate de potasse, on ajoute à la dissolution chaude, mais non bouillante, de l'acide chlorhydrique puis un poids connu du sel d'étain, mesuré e façon à ne pas suffire pour réduire tout l'acide chromique. Lorsque le

(*) *Pharm., Centralblat.*, XVII. 105. — *Zeitschr. f. analyt. Chem.*, XV, 487.
(**) *Bullet. de la Soc. industr. de Mulhouse*, XLIV, 297.

sel est dissous on ajoute une plus grande quantité d'acide chlorhydrique fort, on chauffe, on reçoit le chlore qui se dégage dans une dissolution d'iodure de potassium et l'on dose l'iode mis en liberté (page 321). Cette quantité d'iode donne celle de bichromate non réduit par le sel d'étain, tandis que la proportion de bichromate réduit fait connaître celle de sel d'étain d'après l'équation suivante :

$$3. \; SnCl + KO, 2 \, CrO^5 + 7.HCl = 3.SnCl^2 + Cr^2Cl^5 + KCl + 7HO.$$

b. On dissout à froid le sel d'étain dans l'acide chlorhydrique avec addition d'un poids connu de bichromate de potasse et cela dans un flacon à l'émeri : la réaction terminée on ajoute un excès d'une dissolution d'iodure de potassium, on laisse reposer cinq minutes et l'on dose l'iode précipité avec l'hyposulfite de soude. Ce procédé repose, comme on le voit, sur le dosage de l'acide chromique donné par *K. Zulkowsky* (*) et dont la rigueur laisse encore quelque chose à désirer. Dans leurs expériences *Goppelsræder* et *Trechsel* répétèrent plusieurs fois, d'après la méthode 3, l'analyse d'un même sel d'étain et eurent en somme des résultats assez concordants : la plus grande différence fut de 0,51 pour 100 dans un sel contenant 96 pour 100 de protochlorure.

3. S'il faut doser tout l'étain du sel, on le dissout dans l'acide chlorhydrique avec un peu de potasse et, après avoir saturé la majeure partie de l'acide libre, on précipite par l'azotate d'ammoniaque (page 305), ou bien on dissout dans l'acide chlorhydrique et l'on dose par voie électrolytique (page 1047).

23. Composés de l'arsenic.

§ 268.

Le dosage de l'arsenic et sa séparation d'avec les autres éléments ont été traités dans les §§ **127, 164** et **165** et à propos de l'analyse des minerais arsénifères, des alliages, etc., surtout en parlant de la pyrite ferrugineuse (page 962), des fahlerz (page 996), des diverses sortes de cuivre (pages 1015 et 1026), des minerais de bismuth (page 1033), des minerais d'antimoine (page 1039). Il ne serait donc pas nécessaire d'y revenir ici. Toutefois si nous en parlons, c'est pour attirer l'attention sur une méthode tout à fait convenable pour doser de petites quantités d'arsenic dans les ocres et autres couleurs, renfermant comme falsification des composés arsenicaux. Cette question, surtout depuis ces derniers temps, est assez importante, car souvent les chimistes ont à rechercher si de pareilles matières colorantes sont employées dans la teinture des étoffes, la fabrication des tapis, etc.

Il faut opérer sur une assez grande quantité de substance, de 50 à 100 gr., quantités qui ne permettent pas facilement soit de fondre avec le carbonate et l'azotate alcalin, ou avec le foie de soufre, soit de traiter la dissolution renfermant un acide fort par l'acide sulfhydrique.

(*) *Zeitschr. f. analyt. Chem.*, VIII, 74.

Ce qu'il y a de mieux alors,. c'est de prendre la méthode par distillation de. *Schneider* (*) et *Fyfe* (**), qui du reste a été souvent appliquée et étudiée par d'autres chimistes (***). On emploiera surtout la modification de *Hager* (****), qui dans ces derniers temps a été de nouveau l'objet d'un travail de *E. Fischer* (*****), et essayée dans le cas où il y aurait aussi en présence de l'antimoine et de l'étain. Cette modification rend possible, lorsqu'il y a de l'acide arsénique, d'obtenir tout l'arsenic sous forme de protochlorure et ainsi de le trouver dans le produit de la distillation.

On commence par traiter la substance (environ 100 gr.), dans un ballon à fond rond et à long col, par 100 C.C. d'acide chlorhydrique de densité 1,15 et bien exempt d'arsenic. Si l'on craignait de ne pas obtenir ainsi la décomposition et la dissolution complètes de la combinaison arsenicale cherchée, on ajouterait quelques grammes de chlorate de potasse. Après avoir laissé réagir assez longtemps à froid, on ajoute 50 C.C. d'eau et l'on chauffe un peu et assez longtemps, jusqu'à ce que tout ce qui est soluble soit dissous. Si l'on avait dû employer le chlorate de potasse il faudrait ajouter une dissolution de protochlorure de fer (******), tout à fait exempt d'arsenic, jusqu'à ce que ce sel domine, puis encore 20 C.C. de la même dissolution : si l'on n'a fait usage que de l'acide chlorhydrique 20 C.C. suffisent. On soumet alors à la distillation. Comme les bouchons en liège noircissent facilement le liquide distillé, et qu'il vaut mieux aussi laisser de côté ceux en caoutchouc, on fait l'opération dans une cornue tubulée. Le col est redressé, étiré à son extrémité et recourbé de façon à pouvoir être introduit facilement et assez loin dans le tube serpentin de l'appareil réfrigérant. Comme récipient on prend un petit ballon dans lequel plonge le bout du tube refroidi. On chauffe à l'ébullition, de façon que dans une minute il passe 2 ou 3 C.C. de liquide, et l'on continue jusqu'à ce que l'on ait recueilli 30 à 40 C.C. de liquide distillé. Après un refroidissement suffisant on reverse dans la cornue 100 C.C. d'acide chlorhydrique de densité 1,1 tout à fait pur d'arsenic, et l'on distille de nouveau comme plus haut. On recommence l'opération une troisième fois, en ajoutant toujours 100 C.C. d'acide chlorhydrique, mais l'on reçoit le liquide qui distille dans un autre vase. Ces liquides sont traités chacun séparément par l'acide sulfhydrique, après avoir été étendus d'eau. Si le dernier ne donne pas de précipité jaune, c'est que tout l'arsenic est dans les premiers. Mais si le dernier donne aussi un précipité, il faut refaire une quatrième

(*) *Wiener. akadem. Berichte*, VI, 409. — *Pogg. Ann.*, LXXXV, 433.
(**) *Journ. f. prackt. Chem.*, LV, 103.
(***) *Zeitschr. f. analyt. Chem.*, XIV, 250.
(****) *Hager. Handbuch der pharm. Praxis*, 1, 492.
(*****) *Zeitschr. f. analyt. Chem.*, XXI, 266.
(******) Pour préparer le protochlorure de fer, on traite un excès de petites aiguilles ou de limaille de fer par de l'acide chlorhydrique de densité 1,12, on chauffe lorsque le dégagement tumultueux d'hydrogène a cessé, jusqu'à ce qu'il ne se produise plus de gaz, et l'on filtre. On ajoute à la dissolution 100 C.C. d'acide chlorhydrique pur de densité 1,1 et l'on chauffe dans une cornue relie à un réfrigérant et à un récipient jusqu'à ce que 80 C.C. soient passés. Si ce liquide distillé étendu d'eau ne donne pas la réaction de l'arsenic avec l'acide sulfhydrique, le chlorure peut être employé : dans le cas contraire, il faut ajouter une nouvelle quantité d'acide chlorhydrique et recommencer la distillation, jusqu'à ce que le dernier liquide distillé soit exempt d'arsenic.

distillation avec une nouvelle addition d'acide chlorhydrique de densité 1,1.

On rassemble tous les sulfures d'arsenic sur un petit filtre, on lave, on fait digérer avec une dissolution concentrée de carbonate d'ammoniaque, on filtre, on acidifie avec de l'acide chlorhydrique, au bout de quelque temps on fait passer un courant d'acide sulfhydrique, on rassemble le sulfure d'arsenic sur un petit filtre séché à 100° et pesé, on lave, on sèche et l'on pèse (page 313).

Si la substance soumise à l'analyse renferme du plomb, du cuivre, du bismuth, du cadmium, et du mercure, ces métaux restent tous dans le résidu de la distillation, mais s'il y a de l'antimoine et de l'étain, il en passe un peu dans le liquide distillé. On redistille alors celui-ci, après l'avoir additionné de quelques C.C. de protochlorure de fer, on recueille 30 C.C. de liquide condensé, qui renferment dans ce cas tout l'arsenic à l'état de protochlorure, tandis que l'antimoine et l'étain seront dans les résidus réunis des distillations. Pour être plus certain d'atteindre le but, il vaut mieux, d'après *Fischer*, distiller la première moitié de tout le liquide distillé obtenu au commencement et qui renferme la plus grande partie de l'arsenic, après l'avoir additionné de 3 à 5 C.C. de protochlorure de fer, et s'arrêter lorsqu'on a 30 C.C. ; puis on ajoute la seconde moitié et on ramène au même volume.

24. Composés du phosphore.

§ 269.

Phosphore rouge (amorphe).

Le phosphore rouge, que l'on fabrique en grand et dont on consomme des quantités considérables, n'est en général pas pur. Il renferme fréquemment plus ou moins de phosphore incolore ordinaire, et comme celui-ci s'oxyde peu à peu à l'air, il se forme peu à peu des quantités variables d'acide phosphorique et d'acide phosphoreux, qui communiquent à la marchandise une réaction acide et un degré de déliquescence assez prononcé.

Pour doser tous ces éléments la méthode suivante de *T. Leick* (*) est très convenable.

1. Dosage de l'acide phosphorique et de l'acide phosphoreux contenus dans le phosphore amorphe.

Dans un petit tube-filtre à amiante on place environ 5 C.C. du phosphore amorphe à essayer, en écrasant les grumeaux, et au moyen d'une trompe on lave avec de l'eau, tant que le liquide qui passe a une réaction acide. On fait alors 250 C.C. avec ce liquide.

1). On évapore au bain-marie 100 C.C. additionnés de 5 C.C. d'acide azotique concentré, jusqu'à ce que le résidu ne soit plus que de 1 C.C.,

(*) *Zeitschr. f. analyt. Chem.*, **XI**, 63.

on ajoute quelques gouttes d'acide azotique fumant, on chauffe encore
un peu, puis on précipite l'acide phosphorique avec la mixture magnésienne (s'il arrivait qu'*avant* la précipitation par le sel de magnésie la
sursaturation par l'ammoniaque produisît un trouble, ce qui indiquerait
que l'acide phosphorique n'est pas pur, il faudrait préalablement faire une
précipitation par la solution molybdique (page 340 β).

Le poids de pyrophosphate de magnésie donnera le poids de l'acide
phosphorique existant déjà dans le phosphore rouge et le poids de celui
produit par l'oxydation de l'acide phosphoreux.

2). Dans un vase de Bohême on met 100 nouveaux C.C. de l'eau de
lavage du phosphore amorphe, on ajoute un peu d'acide chlorhydrique et
un excès d'une dissolution de bichlorure de mercure, et l'on chauffe lentement au bain-marie à environ 60°, laquelle on maintient assez longtemps. On décante un peu du liquide limpide, pour y verser encore du
bichlorure de mercure et s'assurer en chauffant s'il y a encore une nouvelle précipitation : dans ce cas il faudrait tout reverser dans le vase et
continuer d'ajouter du bichlorure.

On rassemble le précipité de protochlorure sur un filtre pesé, on sèche
à 100° et l'on calcule la quantité d'acide phosphoreux correspondant au
poids de protochlorure d'après l'équation suivante : $PhO^5,3HO + 4.HgCl$
$+ 2.HO = 2.Hg^2Cl + 2.HCl + PhO^5,3HO$. — 2 équivalents de protochlorure
de mercure $= 470,92$ correspondent donc à un équivalent d'acide phosphoreux anhydre $= 55$ ou d'acide hydraté $= 82$.

Dans la précipitation du protochlorure de mercure il faut se mettre à
l'abri des rayons directs du soleil, sans quoi le précipité prend une teinte
grise produite par du métal réduit.

En transformant l'acide phosphoreux trouvé en acide phosphorique et
en le retranchant de celui trouvé en 1, la différence donne l'acide phosphorique existant tel quel dans le phosphore.

2. Dosage de la totalité du phosphore rouge et du phosphore incolore.

Comme plus haut on lave avec de l'eau environ $0^{gr},5$ du phosphore à
essayer dans un tube-filtre à amiante pour enlever tout l'acide phosphorique et l'acide phosphoreux ; on introduit le contenu du tube (avec
l'amiante) dans un petit ballon, qui communique par un tube deux fois
recourbé avec un tube en U. Dans ce dernier il y a 5 C.C. d'acide azotique
rouge fumant ; on chauffe peu à peu jusqu'à l'ébullition le phosphore avec
l'acide jusqu'à ce que tout soit dissous ; on réunit le liquide à l'acide qui
s'est condensé dans le tube en U ; on évapore dans une capsule en ajoutant
encore un peu d'acide fumant et on reprend par l'eau le résidu sirupeux.
On filtre, on précipite par la mixture magnésienne, et du poids d'acide
phosphorique on conclut celui des deux modifications du phosphore.

3. Dosage du phosphore rouge.

Dans le tube à amiante on lave encore $0^{gr},5$ environ de phosphore
jusqu'à ce que l'eau n'ait plus la moindre réaction acide, puis on transporte

le tube sur un autre petit ballon et on chasse l'eau qui mouille le phosphore avec de l'alcool absolu, puis celui-ci avec de l'éther anhydre. On met de côté le liquide alcoolique de lavage ainsi que l'éther et on lave le phosphore avec du sulfure de carbone pur, jusqu'à ce qu'une goutte du liquide qui passe, évaporée sur un verre de montre, ne donne plus de lueur dans l'obscurité. On rassemble dans un petit ballon bien sec la dissolution de phosphore incolore dans le sulfure de carbone, et on la met de côté.

À travers le petit tube qui ne contient plus maintenant que le phosphore rouge, on fait passer un courant d'acide carbonique sec d'abord à la température ordinaire, puis à 40° ou 50°, et l'on prend directement le poids du phosphore rouge, ou mieux, après l'avoir changé en acide phosphorique par l'acide azotique, on le dose sous forme de pyrophosphate de magnésie.

4. Dosage du phosphore ordinaire (incolore).

On verse la dissolution du phosphore dans le sulfure de carbone préparée en 3. Dans une petite cornue tubulée, réunie à un tube réfrigérant, on ajoute assez d'iode pour avoir un liquide légèrement violet et l'on distille au bain-marie presque à siccité. Le sulfure de carbone doit passer un peu coloré par l'iode pour que l'on soit bien certain que la quantité d'iode ajoutée a été suffisante (pour 1 équivalent de phosphore il en faut au moins 3 d'iode).

Dans la petite cornue on ajoute au résidu l'alcool et l'éther avec lesquels on a lavé le phosphore pour éliminer l'eau, qui l'empêcherait d'être mouillé par le sulfure de carbone, et l'on distille de nouveau. On a alors dans le résidu, sous forme de triiodure de phosphore, le phosphore soluble dans le sulfure de carbone. Le plus souvent cependant le peu d'eau qui peut se trouver dans les dissolutions suffit pour décomposer l'iodure en IH et PhO^5,3HO parfois en PhO^5,3IIO. — On ajoute encore un peu d'eau, on chasse par distillation une partie de l'excès d'iode, on verse le contenu de la cornue dans une capsule, on ajoute de l'acide azotique, on chauffe au bain-marie jusqu'à ce que tout l'iode soit expulsé, on reprend par de l'eau, on précipite l'acide phosphorique avec la dissolution molybdique (*), on le dose à l'état de pyrophosphate de magnésie et l'on en déduit le poids de phosphore ordinaire.

5. Quant aux *matières étrangères*, telles que du sable, etc., mélangées avec la marchandise, le moyen le plus simple d'en déterminer la proportion consiste à mettre l'essai dans un ballon avec de l'iode et de l'eau, à séparer le résidu par filtration et à le peser.

Connaissant les proportions des deux modifications du phosphore, de l'acide phosphoreux, de l'acide phosphorique et les mélanges mécaniques, on en conclut par différence la quantité d'*eau*.

(*) L'iode du commerce renferme souvent une petite quantité de fer, qui peut altérer l'exactitude des résultats si l'on précipite directement la solution d'acide phosphorique par la mixture magnésienne.

25. Composés du soufre.

§ 270.

A. Soufre du commerce

On trouve le soufre dans le commerce soit à l'état de soufre brut (provenant du traitement des terres sulfurées, des sulfures métalliques ou des résidus des fabriques de soude par le procédé *Leblanc*), soit à l'état de soufre raffiné (en bâtons ou en fleurs). Le soufre raffiné ne renferme en général que très peu de substances étrangères, mais il n'en est pas de même du soufre brut. Dans la manière de procéder à l'analyse d'un soufre que nous allons indiquer, nous tenons compte de toutes les substances que l'on peut rencontrer.

1. Pour mesurer l'*humidité*, on met de 3 à 5 gr. de soufre grossièrement pulvérisé dans un tube léger, on sèche à 70° (pas plus longtemps qu'il ne le faut) et l'on prend la perte de poids. S'il fallait opérer sur une plus grande quantité, on se servirait de la petite boîte métallique décrite à la page 1011, fig. 228.

2. Pour doser l'*arsenic*, on dissout environ 10 gr. du soufre dans une lessive de potasse pure et l'on y fait passer un courant de chlore, préparé avec des matières premières bien exemptes d'arsenic, jusqu'à ce que le liquide qui surnage le soufre éliminé soit limpide. On additionne le liquide filtré d'acide chlorhydrique et l'on dose l'arsenic (et aussi l'antimoine s'il y en a) par la méthode de *Bunsen* (page 962).

Si l'on trouve de l'arsenic, il faut chercher s'il est à l'état d'acide arsénieux ou de sulfure (*). Pour cela on traite une nouvelle portion du soufre broyé avec de l'acide chlorhydrique étendu à une douce chaleur et assez longtemps, on filtre et l'on essaye si la dissolution donne du sulfure d'arsenic avec l'acide sulfhydrique. Ce sulfure provient de l'arsenic contenu dans le soufre à l'état d'acide arsénieux. — S'il y a encore du sulfure d'arsenic, on l'enlèvera, mais bien difficilement en totalité, en épuisant avec de l'ammoniaque le soufre déjà traité par l'acide chlorhydrique : on acidifie avec de l'acide chlorhydrique le liquide filtré ammoniacal et l'on précipite par l'hydrogène sulfuré.

3. Pour doser l'acide *sulfurique*, le *chlore*, ainsi que pour rechercher l'acide *sulfureux* et l'acide *hyposulfureux*, on agite 100 gram. de soufre réduit en poudre fine dans 500 C.C. d'eau, on laisse déposer et l'on filtre.

a. A 100 C.C. du liquide on ajoute un peu d'acide azotique et d'azotate d'argent, et s'il y a du chlorure d'argent formé, on le réduit en argent métallique pour la pesée (page 254). Si, par suite de la présence d'un peu de sulfure d'argent, le chlorure était noirâtre, il faudrait le traiter par l'ammoniaque, acidifier le liquide filtré avec de l'acide azotique et alors réduire le chlorure ainsi purifié.

b. On acidule juste avec de l'acide chlorhydrique 100 C.C., et avec le chlorure de baryum, on précipite l'acide sulfurique (page 326).

(*) *H. Hager Pharm. Centralb.*, XV, 149. — *Zeitschr. f. analyt. Chem.*, XIII, 346.

c. On essaye d'abord la réaction de 100 C.C., puis avec une goutte d'iodure d'amidon on cherche l'acide sulfureux ou l'acide hyposulfureux. On pourrait aussi au besoin dans 100 nouveaux C.C. doser quantitativement ces acides avec une dissolution titrée d'iode (pages 327 et 328).

4. Pour doser les *substances non volatiles* (bismuth, sable, etc.), on chauffe avec précaution au bain de sable et dans un creuset en porcelaine 10 à 15 gr. de soufre, jusqu'à ce que presque tout le soufre soit vaporisé (il faut éviter la combustion du soufre). On ferme alors le creuset avec un couvercle percé d'un trou, traversé par un tube amenant un courant d'air pur et sec et l'on chauffe plus fort, jusqu'à ce que tout le soufre soit volatilisé. On pèse le résidu (charbon des matières organiques et sels). On chauffe ensuite ce résidu avec précaution au contact de l'air; on pèse après refroidissement, on a ainsi les matières minérales et la différence donne le charbon de la matière organique. On peut, au besoin, achever l'analyse par la recherche des substances inorganiques (peroxyde de fer, chaux. magnésie, soude, etc.).

5. S'il y avait du *sélénium*, on pourrait le doser par une des méthodes suivantes :

a. On chauffe longtemps, avec une dissolution de cyanure de potassium en grand excès le soufre réduit en poudre très fine : il ne faut pas chauffer trop fort pour éviter que le soufre se ramasse en pelotes; à la fin cependant on fait bouillir et l'on sépare par filtration le soufre resté non dissous. Le liquide renferme du sulfocyanure de potassium et aussi du sélénocyanure de potassium s'il y a du sélénium. On sursature avec de l'acide chlorhydrique, ce qui précipite le sélénium, mais il ne faut pas oublier que dans des dissolutions étendues la précipitation complète ne se fait que lentement, et même seulement au bout de quelques jours. On rassemble sur un petit filtre pesé, on sèche à une température inférieure à 100° et l'on pèse (*Oppenheim* (*), *H. Rose* (**)).

b. Si l'état physique du soufre faisait craindre que le sélénium ne fût pas complètement dissous par la solution de cyanure, on le ferait fondre avec 8 à 10 fois son poids de cyanure de potassium dans un ballon à long col dans lequel on ferait passer un courant d'hydrogène, et l'on achèverait comme il est dit à la page 326.

c. On broie le soufre avec 3 p. de salpêtre et 3 p. de carbonate de soude et l'on introduit le mélange par petites portions dans un creuset chauffé au rouge faible. On chauffe dans de l'eau la masse fondue, renfermant tout le soufre à l'état de sulfate et tout le sélénium en séléniate alcalin; on filtre, on sursature avec de l'acide chlorhydrique, on chauffe assez longtemps pour que l'acide sélénique soit réduit en acide sélénieux et l'on précipite enfin le sélénium par l'acide sulfureux (page 326).

B. Acide sulfurique fumant.

Depuis ces derniers temps, l'acide sulfurique fumant est souvent employé dans les fabriques de couleurs; il a aussi beaucoup d'autres usages et ren-

(*) *Journ. f. prackt. Chem.*, LXXI, 280.
(**) *Pogg. Ann.*, CXIII, 621. — *Zeitschr. f. analyt. Chem.*, I, 76.

ferme en général bien plus d'acide anhydre qu'autrefois. Comme la proportion de ce dernier est très variable et qu'il n'y a, en définitive, que lui qui ait ici de la valeur, on a souvent l'occasion d'avoir à analyser à ce point de vue l'acide sulfurique fumant. Cette opération présentant quelques difficultés, j'ai pensé qu'il ne serait pas inutile d'indiquer ici une marche à suivre.

1. Si l'acide fumant, comme cela arrive fréquemment, est plus ou moins solidifié, il faut d'abord le liquéfier complètement pour pouvoir en prendre un essai. Le mieux est de chauffer avec précaution le flacon au bain de sable ou sur une plaque de fer (il serait dangereux de chauffer dans un bain d'eau). Il faut, pendant le chauffage, que le bouchon joue librement dans le goulot. — Une fois l'acide liquéfié, on agite légèrement pour bien mélanger et avec une pipette on en fait couler environ 25 gram. dans deux petits flacons à large goulot, en verre mince, que l'on a pesés d'avance ; on ferme aussitôt avec le bouchon à l'émeri, creux pour être plus léger et qui doit bien fermer ; on laisse refroidir, si c'est nécessaire, et l'on pèse.

Suivant que l'on veut faire un seul essai ou deux simultanément, on place un des petits flacons, ou chacun d'eux, dans un vase de Bohême d'environ un litre de capacité, on enlève le bouchon, que l'on pose aussi dans le vase, au moyen d'une grosse pipette on verse de l'eau dans le vase, en quantité telle que le flacon ne chavire pas et en prenant la précaution de n'en pas laisser s'introduire dans l'acide. On ferme avec une lame de verre bien dressée sur les bords du vase de Bohême et dont la face inférieure est mouillée avec de l'eau, et enfin on abandonne au moins 24 heures afin que l'acide ait le temps d'absorber de l'eau. Ce but atteint, on verse une nouvelle quantité d'eau dans le vase de Bohême ; on renverse le petit flacon de façon que l'acide se trouve tout d'un coup en contact avec la masse entière de l'eau, tout en laissant le vase de Bohême fermé.

Quant à la meilleure manière de faire la dissolution dans l'eau, les opinions varient : toutefois il est souvent désirable de la faire aussi rapidement qu'il est possible dans une expérience de ce genre. — *Fr. Becker* (*) pèse dans un petit creuset en platine d'une capacité de 10 C.C. et muni d'un couvercle fermant hermétiquement ; puis, en donnant du jeu au couvercle, il laisse glisser le creuset dans un vase de Bohême contenant environ 100 C.C. d'eau et que l'on ferme aussitôt avec une lame de verre. — *Cl. Winkler* (**) conseille de peser les produits riches en anhydride dans des flacons à l'émeri pesés exactement et pouvant contenir de 10 à 15 C.C. de l'acide, puis de laisser couler l'acide dans l'eau ; on peut aussi faire usage du tube à robinet qu'il a fait construire et qui est représenté dans la figure 229. — Le robinet doit fermer hermétiquement sans l'emploi de graisse, et la pointe doit être tirée bien régulièrement. Au moyen d'une disposition convenable, on fait arriver de l'acide par aspiration dans la moitié ou les deux tiers de la partie étirée du tube, on ferme le robinet, on retourne le tube la pointe en haut, on nettoie l'extérieur avec du

(*) *Chem. Zeitung*, IV, 600. — *Zeitschr. f. analyt. Chem.*, **XX**, 302.
(**) *Chem. Industr.*, 1880, n° 6. — *Zeitschr. f. analyt. Chem,*, **XX**, 302.

papier, on pèse le tube dans la position horizontale, on le plonge la pointe
en bas, dans de l'eau ou, pour les acides très riches en anhydride, dans
une couche de sulfate de soude cristallisé, bien neutre et
grossièrement pulvérisé, puis on laisse couler lentement le
contenu du tube. A la fin on projette avec la fiole à jet une
goutte d'eau dans le tube, on l'y laisse quelques instants et
on lave bien. — *Lunge* (*) regarde comme fort commode ce
procédé. N'ayant pas de tube à robinet, il prend un tube à
boule de 2 centim. de diamètre, dont les deux bouts sont
étirés en tubes capillaires. Par aspiration on fait arriver de
3 à 5 gr. d'acide dans la boule, qui ne doit pas être remplie tout à fait à moitié ; après avoir nettoyé l'extérieur,
on fond un des tubes capillaires pour le fermer et l'on
pèse dans la position horizontale (le mieux en soutenant le
tube dans un petit creuset en platine). On vide le contenu
dans l'eau en cassant la pointe.

Clar et *Gaior* (**) emploient aussi de semblables boules
de verre. Pour peser l'*anhydride*, ils prennent un petit
flacon en verre de 58 millimètres de haut, 17 millimètres
de large, avec un bouchon usé à l'émeri, haut, élargi en
haut en forme de boule, ayant à sa pointe une petite ouverture fermée avec un petit bouchon en verre. L'intérieur
du bouchon est garni d'un peu de coton de verre humide.
Le flacon étant rempli et pesé, on le laisse glisser retourné
dans un ballon incliné d'environ 2 litres et contenant à
peu près 500 C.C. d'eau à 50° ou 60°. Lorsque le mélange
s'est bien effectué par la petite ouverture du bouchon,
après refroidissement et absorption des vapeurs on étend
le liquide au volume d'un litre.

Fig. 229.

Que l'on ait employé un moyen ou un autre, on a maintenant en dissolution tout l'acide sulfurique et, s'il y a de l'acide sulfureux, une partie
seulement de celui-ci, l'autre s'étant échappée par suite de l'échauffement
du liquide. — Supposons d'abord le cas le plus simple, où il n'y a pas
d'acide sulfureux. Après complet refroidissement, on verse le liquide acide
dans un ballon jaugé, on ajoute de l'eau jusqu'au trait de jauge, et l'on
titre très exactement une partie aliquote avec la dissolution normale de
soude (page 791). On en conclut la quantité d'acide sulfurique anhydre
(SO^3) contenue dans tout le liquide ; on retranche ce poids de celui de
l'acide fumant employé; la différence donne l'eau d'hydratation et d'après
celle-ci on calcule l'acide monohydraté. Le poids de ce dernier retranché
du poids de l'acide fumant fait connaître le poids d'anhydride sulfurique.

Maintenant, pour apprécier l'influence de l'acide sulfureux, admettons :

a. Que l'acide sulfureux est tout entier dans la liqueur acide : nous
calculerons d'après la soude normale neutralisée une quantité d'acide
sulfurique anhydre qui sera la somme de l'acide sulfurique et de l'acide

(*) *Lunge. Taschenbuch f. Soda, etc. Fabrication.* Berlin, 1885, p. 120.
(**) *Chem. Industr.*, IV, 251. — *Zeitschr. f. anályt. Chem.*, XXI, 441.

sulfureux. En retranchant ce poids de l'acide fumant employé, nous aurons un trop petit nombre pour l'eau d'hydratation, par conséquent aussi par l'acide monohydraté, et dès lors une évaluation trop forte pour l'acide anhydre.

b. Admettons, au contraire, que tout l'acide sulfureux se soit complètement échappé, nous avons alors, au lieu de l'eau d'hydratation, la somme de cette eau et de l'acide sulfurique. L'acide monohydraté calculé est trop fort et l'anhydride trop faible.

Comme, en réalité, en procédant à l'analyse, une partie de l'acide sulfureux part, tandis que l'autre reste, on obtient un résultat approximatif compris entre celui de *a*, trop fort, et celui de *b*, trop faible. En général on s'en contente, le dosage de l'acide sulfureux exigeant trop de temps.

Si cependant on voulait une grande exactitude, il faudrait doser l'acide sulfureux soit avec une solution d'iode (page 327), soit avec une dissolution de permanganate de potasse titrée avec le fer (Winkler (*). Comme on opère avec des liquides très étendus, il faudra retrancher des volumes des liqueurs titrées employées les volumes de ces liqueurs nécessaires pour colorer, soit avec l'iodure d'amidon, soit avec le permanganate, des volumes d'eau pure acidulée égaux aux volumes soumis à l'analyse.

Voici comment on fait le calcul :

Après avoir mesuré l'acidité de la dissolution acide et sa teneur en acide sulfureux, on calcule celui-ci en acide sulfurique anhydre que l'on retranche de l'anhydride correspondant aux C.C. de soude normal trouvés. En retranchant alors du poids de l'acide fumant employé le poids de l'acide anhydre corrigé, puis le poids de l'acide sulfureux, on a le poids de l'eau d'hydratation, avec lequel on calcule l'acide monohydraté. Retranchant enfin ce dernier, plus l'acide sulfureux de l'acide fumant, on a l'anhydride sulfurique.

Et encore on n'a un résultat absolument exact que si l'on fait la dissolution de l'acide fumant avec assez de précaution et en évitant le contact de l'air, de façon à être certain que tout l'acide sulfureux a bien réellement passé dans la dissolution acide.

26. Combinaisons de l'azote.

§ 271.

A. Nitrose.

On désigne sous le nom de nitrose le liquide acide qui, dans la fabrication de l'acide sulfurique anhydre, se rassemble au bas de la tour de *Gay-Lussac*. Il consiste essentiellement en une dissolution de ce que l'on appelle les cristaux des chambres de plomb, acide nitrosulfurique ou nitrosyle sulfurique dans l'acide sulfurique à environ 76 pour 100 d'acide monohydraté ; on peut aussi le regarder comme une solution d'acide azoteux dans l'acide sulfurique au degré que nous venons de dire. Suivant

(*) *Zeitschr. f. analyt. Chem.*, **XI**, 504.

Lunge (*), l'acide azotique ne contient pas de nitrose normal. Comme la proportion d'acide azoteux varie de 1 à 2,5 pour 100 et que la connaissance de cette proportion est importante à connaître pour la marche de l'opération des chambres de plomb, le nitrose est fréquemment l'objet d'analyses chimiques.

On peut pour doser l'acide nitreux choisir une des méthodes suivantes :

1. Méthode de *Feldhaus* (page 328), modifiée par *Lunge* (**).

Il faut pour l'appliquer une dissolution de permanganate de potasse, contenant exactement 15^{gr},813 de sel solide dans un litre. 1 C.C. de cette dissolution peut donner 0^{gr},004 d'oxygène et par conséquent transformer 0^{gr},0095 d'acide azoteux en acide azotique.

Pour opérer on chauffe 100 C.C. d'eau à 40°, au plus à 45°; on y verse 20 C.C. de la dissolution de permanganate, et au moyen d'une burette à robinet on laisse couler peu à peu le nitrose à analyser en remuant constamment ou en secouant fréquemment, jusqu'à ce que le liquide soit juste décoloré. Comme 20 C.C. de permanganate correspondent à 0^{gr},170 d'acide azoteux, le nombre de centigrammes de nitrose employés pour la décoloration renfermera 0^{gr},190 d'acide azoteux. — Avec des nitroses concentrés, on prend 40 C.C. de caméléon qu'on étend avec 200 C.C. d'eau.

Cette méthode ne peut évidemment s'appliquer qu'autant qu'il n'y a pas, ou qu'il n'y a que des traces d'autres substances pouvant réduire le permanganate (acide arsénieux, acide sulfureux). La modification de *Lunge* se borne à verser le nitrose dans le permanganate jusqu'à décoloration, tandis que *Feldhaus* verse le permanganate dans la dissolution très étendue d'acide nitreux.

2. Méthode de *Walter Crum*, développée par *John Watts*, et dont l'application a été rendue très facile par l'emploi du nitromètre construit par *Lunge* (***).

Elle repose sur ce fait que les composés acides de l'azote dissous dans l'acide sulfurique, agissant sur le mercure métallique, sont réduits à l'état de bioxyde d'azote, dont la mesure permet de calculer la quantité correspondante des composés nitreux acides. Il résulte de là que la méthode ne donne la proportion exacte d'acide azoteux qu'autant qu'il n'y a pas avec lui d'autres composés oxygénés de l'azotate : de sorte que s'il y a en même temps de l'acide azoteux et de l'acide azotique, on a l'azote des deux sous forme de bioxyde d'azote.

La figure 230 représente le nitromètre de *Lunge* dans sa forme la plus nouvelle.

Le tube gradué cylindrique *a* mesure plus de 50 C.C. et est divisé en dixièmes de centimètre cube. La clef du robinet en verre est à double

---

(*) *Ber. d. deutsch. Gesellsch.*, X, 1078.
(**) *Ber. d. deutsch. Gesellsch.*, X, 1075. — Lunge. *Taschenbuch f. die Soda-Fabricat.* Berlin, 1883, p. 114.
(***) *Handbuch der Soda-Industrie*, t. I, p. 59, et t. II, p. 952. — *Taschenbuch für die Soda-Fabrication.* Berlin, 1883, p. 116 — *Ber. d. deutsch. Chem. Gesellsch.*, XI, 458. — *Zeitschr. f. analyt. Chem.*, XIX, 207.

voie, l'une en ligne droite, qui fait communiquer l'entonnoir avec le vase gradué, l'autre courbé de façon que le liquide de l'entonnoir peut s'écouler au dehors, dans la direction de l'axe du robinet. On peut aussi tourner ce dernier de façon que l'entonnoir ne communique avec aucun des deux canaux. Pour que la clef ne puisse pas sortir on la fixe avec un fil de cuivre fin lié à l'étranglement de l'entonnoir et pour rendre la fermeture hermétique on frotte la clef avec un peu de vaseline, en ayant soin de n'en pas laisser pénétrer dans les canaux. — Le tube *b* est un fort tube en verre à peu près du même diamètre et de la même capacité que le tube *a*. Les deux tubes sont réunis par un tube en caoutchouc à fortes parois. La figure suffit pour faire comprendre le reste de l'appareil.

Pour opérer, on soulève le tube *b* de façon que sa partie inférieure soit un peu au-dessus du robinet de *a*, et celui-ci étant ouvert, on verse du mercure par *b* jusqu'à ce qu'il pénètre juste dans l'entonnoir de *a*. On

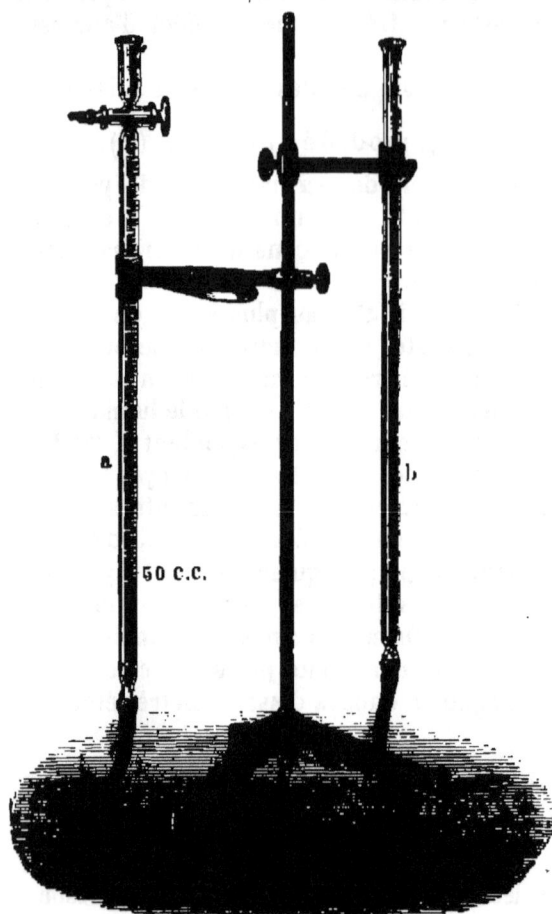

Fig. 230.

ferme alors le robinet; on fait couler par le canal latéral le mercure qui est dans l'entonnoir, on abaisse *b*; avec une pipette on introduit dans l'entonnoir un volume connu de nitrose : 2 à 5 C.C. si le liquide est faible, seulement 0,5 C.C. s'il est très concentré : en ouvrant le robinet avec précaution, on laisse arriver le liquide dans *a*, en ayant bien soin que l'air ne puisse pas pénétrer, et on lave deux fois l'entonnoir de la même façon, c'est-à-dire, en faisant passer le liquide en *a*, la première fois avec 2 à 3 C.C. d'acide sulfurique pur concentré, la seconde avec 1 à 2 C.C. du même acide. Il ne faut pas qu'il y ait, en tout, plus de 8 à 10 C.C. d'acide; il vaut mieux en avoir moins. La quantité de bioxyde d'azote ne devra en aucun cas dépasser 50 C.C. et l'espace non divisé au-dessous de 50 C.C. dans *a* doit être assez grand pour que, même quand il a 50 C.C. de bioxyde d'azote, le liquide acide ne puisse pas s'introduire dans le tube en caoutchouc. Dans tous les cas il faut, pour que la réaction réussisse, un excès d'acide sulfurique fort, et quand l'acide à analyser est riche en acides de l'azote, il faut employer pour laver l'entonnoir beaucoup d'acide sulfurique concentré, environ 5 C.C., sans quoi le tube divisé serait trop fortement sali par la précipitation du sulfate de protoxyde de mercure qu'il faut éviter.

En ouvrant la pince à ressort on saisit le tube *a* et on le secoue. Le dégagement de gaz commence aussitôt, en même temps que l'acide se colore en violet. (Avec de l'acide sulfurique qui ne renferme pas d'acide azoteux comme le nitrose, mais seulement de l'acide azotique, le dégagement gazeux ne se produit pas de suite). Le dégagement est plus rapide si l'on place plusieurs fois le tube presque horizontalement, pour le redresser brusquement dans la verticale, de façon que le mercure coule en quelque sorte au milieu du liquide. Une fois qu'on a une atmosphère gazeuse, l'agitation du liquide se fait faiblement. La réaction est terminée au bout d'une à deux minutes (il en faut rarement cinq). On attend maintenant que l'acide se soit clarifié et refroidi et que la mousse ait disparu, ce qui en général n'exige pas beaucoup de temps : en faisant glisser le tube *b*, on fait en sorte que le niveau du mercure y soit plus haut que dans *a*, de la quantité correspondant à la colonne d'acide sulfurique (7 millimètres d'acide pour un millimètre de mercure); on lit le volume du bioxyde d'azote, on le ramène à 0° et à la pression 760 millimètres, et l'on calcule la proportion correspondante d'acide azoteux (ou d'acide azotique si c'est celui-ci que le liquide contient), en comptant pour chaque centimètre cube de bioxyde d'azote à 0° et à 760 millimètres $1^{gr},701$ de AzO^3 (ou $2^{gr},417$ de AzO^5 (*).

Après la lecture, on s'assure si la colonne d'acide dans le tube gradué fait bien équilibre à l'excès de la colonne de mercure dans le tube voisin, en ouvrant le robinet. Si le niveau de l'acide monte, la force élastique du gaz au moment de la lecture était plus grande que la pression atmosphérique ; on aurait donc dû lire pour le bioxyde un plus grand volume : si au contraire le niveau baisse, on aurait dû avoir un plus petit volume. Si, par exemple, on a trouvé un volume de 15,3 C.C. et que, en ouvrant le robinet, le niveau remonte 15,2 C.C., le vrai volume sera $15,3 + 0,1 = 15,4$ C.C. — On soulève maintenant le tube *b*, ce qui chasse d'abord le bioxyde d'azote, puis fait arriver dans l'entonnoir l'acide rendu trouble par le sulfate de protoxyde de mercure. Lorsque le mercure apparaît dans l'entonnoir, on ferme le robinet, on le tourne ensuite pour laisser couler le liquide dans le canal axial, on nettoie avec du papier à filtre, et l'on tourne le robinet de façon que l'entonnoir ne communique ni avec le tube ni latéralement avec le dehors : l'appareil est prêt pour une autre analyse. — L'exactitude des résultats ne serait pas altérée par la présence de l'acide arsénieux, des matières organiques, etc. — S'il y avait une quantité notable d'acide sulfureux, on ajouterait à l'acide, dans l'entonnoir du nitromètre, un peu de permanganate de potasse en poudre.

(*) *Lunge* a construit des tables spéciales pour l'usage du nitromètre, autant pour ramener à 0° et 760ᵐᵐ un volume donné de gaz, que pour calculer les composés oxygénés d'azote correspondant à un volume connu de bioxyde d'azote.

B. Acide sulfurique des chambres de plomb, etc.

Je veux parler ici des produits formés dans la fabrication de l'acide sulfurique anglais et qui renferment de l'acide azoteux et de l'acide azotique, comme c'est le cas, par exemple, pour l'acide sulfurique sortant des chambres. Quant aux liquides qui contiennent de l'acide hypoazotique, on peut les considérer comme renfermant 1 équivalent d'acide azotique pour 1 équivalent d'acide azoteux.

Le dosage des acides de l'azote, dans l'acide sulfurique renfermant de l'acide azoteux avec de l'acide azotique, exige toujours des analyses séparées, dont l'une fixe la quantité d'acide azoteux, et l'autre la somme des deux acides, évalués comme acide azoteux ou comme acide azotique.

1. Mesure de l'acide azoteux.

On opère tout simplement suivant le § **271**, A. 1. Si les acides renferment d'autres substances (acide arsénieux, acide sulfureux) pouvant réduire le permanganate de potasse, le dosage ne sera naturellement exact que si l'on tient compte de ces substances. Cette remarque s'applique du reste à tout procédé reposant sur la transformation de l'acide azoteux en acide azotique (méthode par l'acide chromique, méthode par le chlorure de chaux (*).

2. Mesure de l'acide azoteux et de l'acide azotique.

Le dosage se fait très facilement au moyen du nitromètre de *Lunge*, § **271**, A. 2. On peut aussi appliquer presque toutes les méthodes décrites dans le § **149**, mais surtout suivant le § **149**, *d. α*, ou β (page 438) ou suivant le § **149**, *e.* (page 443). Dans le procédé de *Pelouze* (§ **149**, *d. α.*). *Lunge* (**), au lieu du protochlorure de fer, opère avec le sulfate de protoxyde de la façon suivante.

On prend une dissolution de fer contenant dans un litre 100 gr. de sulfate de fer pur avec 50 gr. d'acide sulfurique pur, et pour prendre le titre, une dissolution de 15,813 gr. de permanganate de potasse cristallisé dans un litre. On contrôle comme c'est indiqué à la page 231, *aa*. On commence d'abord par établir exactement combien il faut de la dissolution de permanganate pour peroxyder 25 C.C. de la solution de fer, puis on met 25 C.C. de cette dernière dans un ballon fermé par un tube de verre avec une soupape en caoutchouc de *Bunsen* (***) (fig. 231). On y verse la dissolution, obtenue suivant le § **271**, B. 1. pour le dosage de l'acide azoteux (qui con-

---

(*) Voir *Lunge. Handbuch der Soda-Industrie*, t. I, p. 58 et 59.
(**) Voir *Lunge. Handbuch der Soda-Industrie*, t. I, p. 49 à 51.
(***) On le fait avec un morceau de tube de caoutchouc à paroi épaisse, que l'on ferme à un bout avec un bout de baguette en verre et qui porte une fente latéralement. Pour faire cette dernière on ploie le tube en caoutchouc autour de l'index de la main gauche, et dans la paroi en dessus du doigt, avec un rasoir trempé dans l'eau on fait une section de 20 à 15 mm. de long, dans le sens de l'axe du tube. (Voir *Krönig. Zeitschr. f. analyt. Chem.*, IV, 95.)

tient maintenant à l'état d'acide azotique tout l'azote combiné à l'oxygène), en y ajoutant une nouvelle quantité pas trop faible d'acide sulfurique pur, puis 1 à 2 gr. de bicarbonate de soude, pour chasser l'air par l'acide carbonique. Après avoir fermé rapidement avec le bouchon à soupape, on chauffe à l'ébullition, assez longtemps (souvent pendant une heure) pour chasser tout le bioxyde d'azote et obtenir un liquide tout à fait clair. On refroidit, on étend d'eau et l'on titre de nouveau avec le permanganate. D'après la différence entre les deux quantités de permanganate employées, on calcule l'acide azotique (1 C.C. de la solution de caméléon du titre donné plus haut correspond à 0,009 gr. de AzO⁵).

Quant au calcul des résultats nous ferons les remarques suivantes. Si l'on a dosé les deux acides sous forme d'acide azotique, comme nous venons de le voir dans la méthode de *Pelouze* modifié par *Lunge*, ou dans une des méthodes où le total des acides azotés est transformé d'abord en ammoniaque ou en bioxyde d'azote pour être ensuite calculé en acide azotique, on augmente la quantité d'acide azoteux trouvé en 1. dans le rapport de 38 à 54, c'est-à-dire qu'on transforme cette quantité d'acide azoteux (AzO³ = 38) en acide azotique (AzO⁵ = 54) : on retranche le résultat de l'acide azotique total et la différence donne l'acide azotique en réalité dans l'acide analysé. — Si l'on a fait l'analyse avec un essai de l'acide non modifié d'après l'oxydation du fer, le plus simple est de calculer comme si la peroxydation n'avait été opérée que par l'acide azoteux, c'est-à-dire, que pour 56 de fer transformé de protochlorure en perchlorure ou de protoxyde en sesquioxyde, on calcule 38 parties d'acide azoteux : on retranche de cette quantité d'acide azoteux celle trouvée en 1. et on abaisse la différence dans la proportion de 114 à 54, pour la transformer en acide azotique, c'est-à-dire dans la proportion de $3 AzO^3 (= 114)$ à $AzO^5 (= 54)$, parce que 3 équivalents d'acide azoteux cèdent autant d'oxygène pour peroxyder $(3. AzO^5 = 3. AzO^2 + O^3)$ que 1 équivalent d'acide azotique $(AzO^5 = AzO^2 + O^3)$.

Fig. 231.

27. Composés du carbone.

§ 272.

Nous indiquerons ici l'analyse du graphite, ainsi que celle de la houille et du coke.

A. Graphite.

Le graphite naturel, qui a de nombreux usages, qui sert surtout à fabriquer les crayons et les creusets, est livré à l'industrie à des états de pureté différents et est dès lors assez souvent soumis à l'analyse. Mais celle-ci ne suffit pas pour donner une idée de la valeur du graphite, parce que l'état physique, la finesse du charbon le rendent plus ou moins propre à la confection des crayons, et d'un autre côté il faut prendre en considération ses différents degrés de combustibilité dans la fabrication des creusets. Il faut donc compléter l'analyse chimique par des essais pratiques.

I. Analyse complète exacte.

1. Pour doser l'*humidité* on dessèche un essai vers 150°. — Si l'on fait la dessiccation dans un tube à boule (page 49), on peut dans le même essai doser aussi l'*eau chimiquement combinée* (probablement dans l'argile). Pour cela on chauffe l'essai au rouge faible dans un courant d'air sec et l'on recueille l'eau dans un tube à chlorure de calcium (page 58).

2. Pour mesurer le *carbone* contenu dans le graphite, le procédé le plus certain (applicable à *toutes* les espèces de graphite) consiste à le changer par l'acide sulfurique et l'acide chromique en acide carbonique qu'on absorbe dans un tube à chaux sodée que l'on pèse. L'opération se fait dans l'un des appareils décrits aux pages 930 à 934 et tout à fait d'après la méthode de la page 930, c'est-à-dire que l'on emploie 2 p. d'acide sulfurique avec 1 p. d'eau, puis un excès d'acide chromi   en 5 à 10 gr. d'acide chromique pour 0,25 à 0,50 de graphite.

On peut aussi avec certains graphit   le carbone e   lant dans un courant d'oxygène, à la manièr   s anal ses organiques   60). Mais avant d'appliquer cette méthode av c certitud , il faut s'assurer par un essai préliminaire que le carbone sera bien complètement brûlé dans les conditions où il faut se placer pour faire une analyse organique. Si un graphite renferme des carbonates, par exemple du carbonate de chaux, il faut en doser l'acide carbonique, que l'on retranchera de celui fourni par la combustion du carbone du graphite.

3. La quantité totale des *éléments minéraux* sera donnée par différence en retranchant de 100 le carbone, l'humidité et l'eau chimiquement combinée. Si on voulait la mesurer directement, il suffirait pour beaucoup de graphites d'en chauffer pendant assez longtemps une petite quantité en poudre fine, à peu près 0,5 gr. dans un creuset de platine au contact de l'air à la plus haute température que peut fournir une lampe à gaz de *Bunsen* ou de *Masto* (page 90, fig. 77). F. *Stolba* (*) se sert d'un creuset en platine muni d'un couvercle percé d'un trou et d'un diamètre un peu plus grand que le creuset. L'ouverture au centre du creuset a 5 millimètres de diamètre. Le creuset est incliné et couvert au trois quarts par le couvercle. On accélère la combustion du graphite en renouvelant de temps en temps sa surface, soit en tournant le creuset, soit en remuant avec un fil de platine. Comme l'opération dure 3 à 4 heures et que ce chauffage au rouge si prolongé peut changer le poids du creuset, il faut à la fin le peser encore une fois. Si l'on a un moufle à sa disposition, on peut brûler le graphite dans une capsule en platine peu profonde que l'on introduit dans le moufle

(*) *Dingl. polytech. Journ.*, CXCVIII, 213. — *Zeitschr. f. analyt. Chem.*, X, 569.

chauffé au rouge. Cette méthode, qui permet l'incinération d'une grande quantité de graphite, s'emploie surtout lorsqu'on veut soumettre les cendres à une analyse ultérieure.

Si le graphite renferme du carbonate de chaux, l'acide carbonique s'en va pendant la calcination au rouge : pour le réintégrer, il faut à plusieurs reprises humecter les cendres avec une dissolution concentrée de carbonate d'ammoniaque, sécher et chauffer au rouge faible. — On ne retrouve pas toujours un accord parfait entre les éléments minéraux trouvés indirectement et ceux obtenus directement, même après traitement par le carbonate d'ammoniaque; c'est ce qui arrive, par exemple, si le graphite renferme du sulfure de fer ou du peroxyde de fer hydraté. *J. Stingl* (*) a attiré l'attention sur cette influence en donnant des exemples à l'appui.

Stolba n'a pas obtenu de résultats satisfaisants en brûlant le graphite dans un creuset de platine avec un courant d'oxygène : il y a des matières minérales entraînées avec le courant gazeux et il se forme de petits globules fondus, au milieu desquels il reste du graphite. — Pour s'assurer si les cendres ne renferment plus de carbone, on mélange un poids connu des cendres finement pulvérisées avec du bioxyde de mercure pur, on chauffe au rouge sous une hotte à bon tirage, et l'on pèse. Il ne doit pas y avoir de perte de poids, si les cendres ne renferment pas de charbon. Mais le meilleur moyen de s'en assurer c'est de traiter un essai des cendres ●●●●ant 2., par l'acide chromique et l'acide sulfurique et examiner s'●● ●u non dégagement d'acide carbonique.

4. ●●●●ser *chacun des éléments minéraux* on peut, pour ce qui regarde la sili●●● alumine, le fer, etc., prendre les cendres obtenues en 3. et les traiter à la façon des silicates (page 386 b.). Mais on peut aussi désagréger immédiatement le graphite. Suivant *Wittstein* (**), on mélange environ 1 gr. de graphite en poudre fine avec 3 gr. de carbonate de soude et de potasse dans un creuset en platine, on recouvre le mélange avec à peu près 1 gr. d'hydrate de potasse et l'on chauffe lentement au rouge. De temps en temps avec un fil de platine fort on enfonce la croûte qui se forme à la surface de la matière fondue. Au bout d'une demi-heure on laisse refroidir, on ajoute de l'eau et l'on chauffe pour faire bouillir pendant un quart d'heure, on filtre et on lave. On traite par de l'acide chlorhydrique de densité 1,12 le contenu du filtre avec ses cendres, on laisse digérer une heure, on ajoute de l'eau, on sépare par filtration du charbon non dissous, on réunit cette dissolution chlorhydrique avec le liquide alcalin obtenu plus haut, on sature avec un léger excès d'acide chlorhydrique, on évapore à siccité au bain-marie, on sépare la silice et dans la dissolution filtrée on dose les bases (pages 385 et 386). Pour plus de sécurité, on brûle le carbone séparé par filtration pour s'assurer qu'il ne renferme plus d'éléments minéraux. La pesée de ce charbon n'offre aucun intérêt parce qu'il ne représente pas la totalité du carbone que renfermait le graphite employé, mais seulement environ les quatre cinquièmes.

(*) *Ber. d. deutsch. Chem. Gesellsch. zu Berlin*, VI, 391. — *Zeitschr. f. analyt. Chem.* XIV, 397.
(**) *Dingl. polyt. Journ.*, CCXVI, 45. — *Zeitschr. f. analyt. Chem.*, XIV, 395.

5. Si les graphites renferment des carbonates, on en dose l'*acide carbonique* sur un essai un peu fort (page 378).

6. S'il y a des sulfures métalliques (pyrite de fer, pyrite cuivreuse), on traite un essai pour doser le *soufre*, comme il est dit à la page 966, 1. ou 2. En appliquant la méthode 1., il ne faut pas s'étonner si le carbone de graphite reste non oxydé en totalité ou seulement en partie, parce que certaines variétés de graphites ne sont pas attaquées par le salpêtre fondu (*Rammelsberg*) (*).

II. *Méthode pour ne doser que le carbone.*

Parmi les méthodes employées pour doser rapidement le carbone dans le graphite, nous n'indiquerons que celle de *Gintl* (**). Il faut pour cela un tube de verre difficilement fusible, à paroi épaisse, de 10 à 12 centimètres de long, environ 1 cm. de diamètre intérieur, fermé à un bout, et, ce qui vaudrait mieux, renflé en boule épaisse à cette extrémité. On y introduit 0,05 à 0,10 gr. de graphite desséché à 150° ou 180°, on ajoute 1,5 à 3 gr. d'oxyde de plomb pur, en poudre, préalablement chauffé au rouge, on pèse, on mélange avec soin l'oxyde de plomb avec le graphite à l'aide d'un fil métallique comme celui employé pour les analyses organiques, et enfin l'on chauffe la portion du tube contenant le mélange d'abord sur une lampe *Bunsen*, puis sur le chalumeau, jusqu'à ce que tout soit en pleine fusion et qu'il n'y ait plus de mousse. Suivant *Gintl*, l'opération dure environ 10 minutes. On laisse refroidir, on pèse, et d'après la perte de poids, provenant du départ de l'acide carbonique, on calcule le charbon. Naturellement les résultats n'ont de valeur qu'autant que le graphite ne renferme pas d'eau combinée, qui ne part pas encore à 150 ou 180°, ni de carbonate, et si par fusion avec l'oxyde de plomb tout le carbone est bien oxydé.

La méthode de *Gintl* est une transformation de celle donnée par *Schwarz* (***), dans laquelle on fond encore le graphite avec un excès de litharge, mais on pèse le plomb réduit (c'est la méthode de *Berthier* pour évaluer le pouvoir calorifique des combustibles appliqués au graphite). En opérant de cette façon, *Gintl* (loc. cit.) n'a pas obtenu de bons résultats.

Je renvoie au travail de *C. Bischof* (****) pour ce qui regarde la valeur pyrométrique aussi bien du graphite pur que du graphite mélangé avec l'argile et la silice.

B. Houilles et Coke.

La houille, soit telle quelle, soit transformée en coke, est souvent soumise à l'analyse parce qu'elle est d'une composition très variable et que ses caractères extérieurs ne suffisent pas souvent pour tirer des conséquences sur sa valeur et l'avantage de son emploi. Mais pour que de telles recherches

(*) *Rammelsberg. Handbuch d. mineral Chem.* 2ᵉ éd. Leipzig.
(**) *Zeitschr. f. analyt. Chem.*, VII, 425.
(***) *Breslauer Gewerbeblat.* 1865, n° 18. — *Zeitschr. f. analyt. Chem.*, III, 215.
(****) *Dingl. polyt. Journal*, CCIV, 139.

aient de la valeur, il faut avant tout que les essais sur lesquels on opère
représentent bien la valeur moyenne de la houille ou du coke analysé. Il
faut donc en concasser une assez grande quantité et mélanger bien uniformément. Puis, en prenant une partie de ce premier mélange, le pulvériser de nouveau pour avoir des essais, formés de morceaux gros comme des
haricots pour la houille, ou comme des noisettes pour le coke, que l'on
gardera dans des flacons à l'émeri.

1. Dosage de *l'eau*. — Les *houilles*, chauffées à une température croissante, donnent d'abord de l'eau, puis des composés volatiles : beaucoup de
variétés abandonnent aussi de l'oxygène à une haute température. Comme
la houille desséchée a une grande tendance à reprendre de l'humidité à l'air,
il n'est pas facile de doser l'eau dans cette substance. — En général, on se
contente de mesurer la perte de poids produite par la dessiccation, bien que
Britton(*) fasse remarquer que de cette façon on n'a pas de résultats
exacts, à cause de la raison donnée plus haut et parce que dans la houille
toute l'eau n'est pas également retenue fortement.

Pour doser l'eau dans la *houille* par la perte de poids, les petites boîtes
en métal décrites à la page 1011 sont fort commodes : on en remplit plusieurs à moitié avec le charbon concassé en morceaux gros comme des
haricots. On pèse les boîtes ensemble, on chauffe au bain-marie (page 1011)
pour sécher à 100°. On pèse d'heure en heure jusqu'à ce qu'il n'y ait plus
de perte de poids.

La température de 100° est celle que *Muck*(**) trouve la meilleure ;
Lunge (***) préfère 105° et *Hinrichs* (****) 115°.

Si l'on préfère doser l'eau directement, on fait passer un courant d'air
sec sur la houille chauffée au bain d'air dans un tube de verre et l'on fait
passer le courant gazeux dans un tube à chlorure de calcium, dont l'augmentation de poids donne la quantité d'eau. On peut dans ce cas élever la
température notablement au-dessus de 100°, en prenant soin toutefois
qu'il ne se dégage pas de produits volatils provenant de la décomposition
de la houille.

Avec le *coke* on peut avec exactitude avoir la proportion d'eau d'après la
perte de poids. *Muck* (loc. cit.) recommande de chauffer à une température qui peut atteindre 200° ; *Lunge* préfère 110° (loc. cit.). — On n'a pas
à craindre avec le coke le danger de chasser avec l'eau des produits volatils
de décomposition.

2. Dosage des *cendres*. Cette opération du dosage des éléments minéraux de la houille et du coke se fait fréquemment. Avant d'indiquer la meilleure méthode d'incinération, je ferai observer que les cendres fournies
par un même charbon peuvent varier de nature et de quantité suivant la
température, le plus ou moins de temps pendant lequel on chauffe, l'accès
plus ou moins facile de l'air. Ainsi avec des carbones riches en soufre
le poids variera nécessairement suivant la proportion de carbonate de
chaux changé en sulfate, le plus ou moins de sulfure de fer changé en per-

---

(*) *Engineering and Mining Journ.*, XX, 7. — *Zeitschr. f. analyt. Chem.*, XVI, 501.
(**) *Handb. der Soda-Industrie.*
(***) *Traité complet d'analyse chimique de Post.* Édition française, 1884, p. 22.
(****) *Zeitschr. f. analyt. Chem.*, VIII, 133.

oxyde, etc. — Cependant, suivant *Muck* (*), les variations dues à ces causes ne produisent pas de différences supérieures à 0,1 à 0,2 pour 100.

Ce à quoi il faut surtout faire attention pendant l'incinération, c'est que la houille ne se concrète pas, sans quoi la combustion complète du carbone serait fort difficile. D'après cela, si l'opération doit se faire sur la lampe à gaz, on met le charbon (1 à 3 gr.) réduit en poudre fine, desséché à 100°, dans un creuset de platine fermé ou dans une capsule couverte et l'on chauffe d'abord longtemps faiblement, ce qui évite d'abord les pertes par suite de décrépitation et empêche le charbon de se concréter plus tard : ensuite on chauffe au rouge faible au contact de l'air jusqu'à ce que tout le carbone paraisse brûlé. — Pour abréger cette opération toujours fort longue, *Lunge* place le creuset dans un trou rond pratiqué dans une plaque d'argile ou dans un morceau de carton d'amiante que l'on tient incliné, et l'on chauffe la portion du creuset qui passe par dessous. L'air, nécessaire à l'oxydation, ne se mêle plus de cette façon avec les gaz de la flamme, et il agit bien plus énergiquement. — On verse un peu d'alcool sur les cendres en apparence pures et on reconnaît à la couleur et à des parcelles de charbon non brûlées qui voudraient flotter à la surface si l'opération est bien achevée (*Muck*, loc. cit., page 133). On brûle l'alcool, s'il le faut on chauffe encore au rouge jusqu'à ce qu'on ait atteint le but, et enfin on contrôle le poids du vase en platine.

Si l'on peut disposer d'un moufle, on peut faire plusieurs incinérations à la fois. On met les essais dans des capsules plates en platine ou en porcelaine, le mieux dans de petites boîtes rectangulaire faites avec une feuille de platine : on place dans le moufle froid, on élève peu à peu la température au rouge et on la maintient jusqu'à la fin.

Pour brûler complètement le carbone du *coke*, il faut une température bien plus élevée. On emploie de préférence des moufles. On peut aussi chauffer l'essai dans une nacelle dans un courant d'oxygène.

3. Dosage du *soufre*. Les houilles renferment du soufre sous trois formes de combinaisons différentes, savoir : en sulfures métalliques, en sulfates et dans des matières organiques. Il faut donc distinguer le dosage du soufre total et le dosage du soufre dans chaque combinaison particulière.

a. *Dosage du soufre total*. Pour atteindre ce but la méthode de *Eschka*, décrite à la page 645, convient parfaitement. *Muck* (**) reprend par de l'eau chaude la masse provenant de la calcination au rouge avec de la magnésie et du carbonate de soude et y ajoute de l'eau bromée, jusqu'à ce que le liquide soit légèrement jaunâtre. On fait alors bouillir, on décante à travers un filtre, on lave avec de l'eau chaude, on acidifie le liquide filtré avec de l'acide chlorhydrique, on chauffe jusqu'à décoloration et enfin on précipite avec le chlorure de baryum l'acide sulfurique (correspondant à la totalité du soufre du charbon).

Si les réactifs n'étaient pas exempts d'acide sulfurique, il faudrait y doser celui-ci et le retrancher du résultat.

b. *Dosage simultané du soufre combiné aux métaux et de celui entrant dans*

(*) *Zeitschr. f. analyt. Chem.*, XIX, 137.
(**) *Traité complet d'analyse chimique*, par Post, éd. française 1884.

le la matière organique. Cette quantité de soufre peut se mesurer soit *indi-rectement* en dosant d'après c. le soufre à l'état de sulfate et le retranchant de la quantité totale obtenue en *a.*, ou bien *directement* par une des mé-thodes décrites à la page 639, 5. Suivant *Tschirikow* (*) il est bon, en employant l'oxygène, d'introduire dans le tube à combustion un tampon en toile métallique de fils de platine, aussi bien dans la partie antérieure du tube, qu'en arrière de la petite nacelle en platine, surtout lorsque l'on traite des charbons riches en principes volatils. De cette façon on rend la com-bustion complète et on empêche l'arrivée dans les récipients des produits de décomposition organique.

c. *Dosage du soufre dans les sulfates (surtout dans le gypse).* On applique le procédé de *Crave-Calvert* (page 646).

d. *Dosage simultané du soufre des sulfures et des sulfates.* — Pour faire cette opération, et dès lors avoir par différence le soufre des matières organiques, on peut procéder comme l'indique *Th. M. Drown* (**) (je n'ai pas expérimenté par moi-même). On prépare une dissolution saturée de brome dans une lessive de soude, de densité 1,25, à laquelle on ajoute autant d'hydrate de soude qu'il y en a déjà, pour être certain qu'il n'y a plus de brome libre. Avec ce liquide, environ 10 C.C., on humecte à peu près 1 gram. du charbon *très finement* pulvérisé, on chauffe, on acidifie le tout avec de l'acide chlorhydrique. Au bout de 10 minutes, en maintenant toujours chaud, on ajoute une seconde fois 20 C.C. de la solution bromée et de nouveau de l'acide chlorhydrique jusqu'à réaction acide. On évapore à siccité, on chauffe de 110° à 115° pour éliminer l'acide chlorhydrique, on chauffe avec de l'acide chlorhydrique, on filtre, on étend d'eau et l'on précipite par le chlorure de baryum. Dans ce traitement le soufre entrant dans les matières organiques ne doit pas être attaqué. Si le sulfate de baryte était rougeâtre, c'est qu'il renfermerait du fer : il faudrait dans ce cas le fondre avec du carbonate de soude pour le purifier (page 330).

4. *Dosage du phosphore.* — Il réussit le mieux dans les cendres de la houille. On traite longtemps ces cendres au bain-marie avec de l'acide chlorhydrique concentré, à la fin on évapore à siccité, on ajoute de l'acide chlorhydrique, puis un peu après de l'eau, on chauffe, on filtre, on évapore de nouveau à siccité en ajoutant à plusieurs reprises de l'acide azotique, on reprend avec de l'eau et de l'acide azotique, on précipite avec la dissolution molybdique et l'on dose l'acide phosphorique suivant le § **134**, b. β.

5. *Dosage de l'azote.* — On l'effectue d'après l'une des méthodes indiquées aux pages 625 à 627 en opérant sur de la houille séchée à 100°.

6. *Dosage du carbone de l'hydrogène et de l'oxygène.* — Avec du charbon séché à 100°, ce qui convient le mieux c'est de le brûler avec du chromate de plomb (page 636) ou dans une nacelle, dans un courant d'oxygène (page 600). Si l'on opère d'après ce dernier procédé, il faut mettre dans la partie antérieure du tube une couche d'environ 10 C.C. de chromate de plomb, ou, suivant *Muck*, de morceaux de pierre ponce gros comme

(*) *Pharm. Zeit. f. Russland*, XIX, 333. — *Zeitschr. f. analyt. Chem.*, XX, 304.
(**) *Chem. News* XLIII, 87.

des pois, que l'on aura roulés dans du chromate de plomb en poudre et qui naturellement doivent être aussi complètement anhydres : de cette façon les produits de la combustion passent d'abord sur l'oxyde de cuivre en grains, puis sur le chromate de plomb maintenu au rouge faible. Cela suffit en général pour arrêter tout l'acide sulfureux. Cependant cela n'arriverait pas avec des charbons riches en soufre : il faudrait dans ce cas s'aider encore d'un petit tube à bioxyde de plomb (page 636).

Avant de calculer, d'après cette analyse élémentaire, l'acide carbonique obtenu, en carbone, et l'eau en hydrogène, il faut s'assurer si la houille ou le coke séché à 100° ne renferme ni carbonate, ni eau, ce qu'il faut chercher dans un essai particulier. Si l'on en trouvait, il faudrait, bien entendu, les retrancher de ceux fournis par l'analyse élémentaire.

On trouve l'oxygène par différence. Toutefois ce dosage n'est pas tout à fait exact, parce que la quantité de cendres, de soufre, d'azote, d'hydrogène, de carbone et aussi d'eau pouvant rester dans le charbon séché à 100°, ont de l'influence sur lui. — Voir au § 198 le dosage *direct* de l'oxygène.

7. *Rendement en coke.* — On entend par là le dosage du résidu non gazéifiable, obtenu lorsque l'on chauffe la houille dans un creuset imparfaitement fermé, jusqu'à ce qu'il ne se dégage plus de gaz combustibles. L'expérience apprend que dans cette opération on obtient des résultats fort différents, suivant la quantité de matière sur laquelle on opère, l'espèce de creuset qu'on emploie et la manière de chauffer.

Muck (*), qui s'est beaucoup occupé de cette question, donne les règles à suivre pour obtenir des résultats constants. On n'opérera pas sur plus d'un gramme, et sur moins encore avec un charbon qui se concrète fortement ; on choisira donc un creuset fermant bien, dont la surface intérieure sera bien uniforme, et qui devra avoir plus de 3 C.C. de hauteur pour les charbons qui boursouflent beaucoup ; on le placera sur un triangle en fils de platine ; le fond sera à 3 centimètres de l'ouverture d'un brûleur de *Bunsen*, garni de sa cheminée, et l'on chauffera jusqu'à ce qu'il ne se produise plus de flamme entre le couvercle et les bords du creuset. En suivant ces prescriptions, les variations dans les rendements n'atteignent pas un pour 100. — En chauffant plus fortement avec le chalumeau à gaz, on n'abaisse les résultats que d'une façon tout à fait insignifiante.

Pour obtenir ces résultats comparables, il faut rapporter la proportion de coke au charbon exempt de cendres. Voir le travail de *Muck* (loc. cit., page 15) pour l'influence des matières minérales sur la proportion de coke.

J'avais l'intention d'intercaler ici une méthode d'analyse en poids pour les mélanges gazeux renfermant de l'acide carbonique et des carbures d'hydrogène (page 367), mais j'y ai renoncé devant la publication du remarquable ouvrage de *Cl. Winckler*, « Méthode d'analyse des gaz de l'industrie », dans lequel se trouve le procédé en question avec tous les détails désirables. Voir à la page 192 de la seconde édition.

(*) *Chem. Beit. zur Kenntniss d. Steink.* Bonn, 1876, p. 14.

28. Composés de l'hydrogène,

§ 273.

Eau oxygénée.

Dans ces derniers temps l'eau oxygénée a été employée comme agent de blanchissement et aussi en chirurgie et en médecine; il en est résulté qu'on l'a préparée industriellement et qu'on la trouve dans le commerce en dissolutions plus ou moins concentrées. Je dirai tout d'abord que ce composé n'est pas aussi instable qu'on l'a cru et que si l'on a soin de conserver à l'abri de la lumière et à une température inférieure à 30°, il ne perd que très peu de sa concentration (*).

De tous les procédés de dosage dans les liquides qui ne renferment pas de matières organiques, le plus simple et le plus exact est encore celui qui repose sur la décomposition de l'eau oxygénée en dissolution acide par le permanganate de potasse. La réaction qui se produit dans ce cas (KO,Mn^2O^7 $+ 5.HO,SO^3 + 5.HO^2 = KO,SO^3 + 2.MnO,SO^3 + 8HO + 10 O$) a été observée pour la première fois par *Brodie* et employée par *Schœnbein* pour un dosage approximatif et par *Aschoff* pour le dosage rigoureux de l'eau oxygénée. *E. Schœne*, parmi d'autres nombreux chimistes, a surtout soumis cette méthode et aussi toutes les autres relatives à l'eau oxygénée, à une critique sérieuse.

Pour opérer il faut une dissolution de permanganate de potasse dont il faut choisir la force d'après la richesse de l'eau oxygénée. Pour l'eau du commerce il faut environ 3 gr. de caméléon dans un litre. On fixe le titre avec le fer métallique (page 231). Pour faire le calcul on s'appuie sur ce que 100 C.C. d'une dissolution de caméléon qui font passer 0,56 gr. de fer de l'état de protoxyde à celui de peroxyde correspondent à 0,17 gr. d'eau oxygénée.

La marche de l'opération est très simple. Avec une pipette on introduit de 2 à 10 C.C. d'eau oxygénée dans environ 300 C.C. d'eau fortement acidifiée avec de l'acide sulfurique, et en remuant, on laisse couler la dissolution de caméléon jusqu'à coloration rougeâtre persistante. Parfois, surtout, suivant *Schœne* (**), quand l'eau oxygénée a subi l'action de la lumière du soleil, les premières portions de permanganate ne sont pas de suite décolorées (comme on le remarque quand on titre le caméléon avec l'acide oxalique); mais une fois la réaction commencée, les nouvelles additions de caméléon sont aussitôt décolorées. *Brodie*, qui fit le premier cette remarque (***), crut pouvoir attribuer cela au degré de dilution de la substance, mais *Schœne* observa la même chose avec les liquides relativement concentrés.

(*) Voir *P. Evell. Das Wasserstoffhyperoxyd u. seine Verwendung in d. Technik, Chirurgie u. Medicin*, rapport fait au Congrès des ingénieurs allemands du Hanovre, le 9 décembre 1881.

(**) *Zeitschr. f. analyt. Chem.*, XVIII, 140.

(***) *Pogg. Ann.*, CXX, 318.

Le permanganate de potasse peut servir non seulement pour des liqueurs concentrées, mais aussi pour des dissolutions étendues, et *Schœne* a obtenu de bons résultats avec des dissolutions qui ne contenaient que quelques milligrammes.

Outre ce procédé, il y en a plusieurs autres : on peut employer l'iodure de potassium dans une dissolution acide et évaluer avec l'hyposulfite de soude l'iode éliminé, ou bien mesurer l'oxygène mis en liberté par la décomposition de l'eau oxygénée par le noir de platine (ce qu'on peut faire avec l'appareil de *Scheibler* (page 381); etc. Mais toutes ces méthodes sont moins simples et moins exactes que celle par le permanganate.

S'il s'agit de doser le bioxyde d'hydrogène dans des liquides renfermant des matières organiques, alors il faut donner la préférence à la décomposition par le noir de platine. A ce sujet je rappellerai que, d'après les expériences de *Ebell* le noir non calciné décompose très rapidement le bioxyde, celui qui l'a été, agit plus lentement mais aussi complètement.

Lorsqu'il faut mesurer l'eau oxygénée dans des dépôts d'eau atmosphérique, là où elle se trouve en très faible proportion, les méthodes précédentes ne sont plus applicables. *Schœne* (*), qui a cherché à résoudre cette question, fait usage d'un procédé colorimétrique qui repose sur l'élimination de l'iode par le bioxyde d'hydrogène dans une dissolution *neutre* d'iodure de potassium, sans addition de sulfate de protoxyde de fer ou de tout autre réactif agissant de même. Je renvoie à l'original pour les détails sur la méthode.

APPENDICE AU CHAPITRE II DES SPÉCIALITÉS

I. *Dosage du sucre de raisins (dextrose), du sucre de fruits (lévulose), du sucre interverti, du maltose, du sucre de lait, du sucre de cannes (saccharose), de l'amidon et de la dextrine.*

Comme ces composés se présentent fréquemment dans les analyses des produits agricoles et industriels, dans les préparations pharmaceutiques, et qu'ils ont une grande importance dans les recherches sur les urines diabétiques, je donnerai dans cet appendice quelques-unes des meilleures méthodes qui servent à doser ces substances.

En laissant de côté les procédés purement physiques basés sur le poids spécifique des dissolutions sucrées (**) ou sur leur action sur la lumière

---

(*) *Ber. d. deutsch. Chem. Gesellsch.*, VII, 1693. — *Zeitschr. f. analyt. Chem.*, XIV, 90 et 91 et surtout XVIII, 154.

(**) Pour doser le *sucre de cannes* d'après la densité de ses dissolutions on peut faire usage des tables de *Balling*, surtout de celles de *Balling-Brix*. On en trouve dans beaucoup d'ouvrages, surtout dans : le *Traité de fabrication et raffinage du sucre de betteraves* de *Walkhoff*, trad. *Mérijot, Paris*, 1874, 2 vol. avec 180 gravures et tableaux. — Le *Manuel de fabrication et raffinage du sucre de betteraves, par L. Gautier*, 1880, 1 vol. avec gravures et tables. — Le *Traité complet d'analyse chimique appliquée aux essais industriels, par J. Post*, traduit de l'allemand, 1884, 1 vol. gr. in-8 de 1150 pages avec 274 grav. et nombreux tableaux d'analyse. — Le *Manuel pratique d'essais et de recherches chimiques de Bolley et Kopp*, 4ᵉ édition, 1877, avec 126 gravures et tableaux. — *Nouveau Traité de Chimie industrielle de Wagner et Gautier*, trad. française, 2ᵉ édition, 1878-1879, 2 vol. gr. in-8, avec 487 gr. — *Fleischer, Traité pratique d'analyse chimique*.

polarisée (*), les méthodes qui s'offrent surtout pour le dosage des diverses sortes de sucre sont les suivantes :

A. Méthodes basées sur la réduction du bioxyde de cuivre en protoxyde.

B. Méthodes reposant sur la réduction des composés mercuriels.

C. Méthodes qui s'appuient sur la décomposition du sucre dans la fermentation alcoolique.

Nous allons les exposer successivement.

A. Méthodes basées sur la réduction du bioxyde de cuivre en protoxyde.

§ 274.

I. *Principes généraux.*

C'est *Barreswill* (**) qui a le premier appliqué au dosage du sucre ce fait qu'une dissolution de sulfate de cuivre, additionnée de tartrate de potasse ou de soude avec de l'hydrate de potasse ou de soude (qui faite en proportion convenable, ne change pas par l'ébullition), est décomposée par le sucre de raisins à la température de l'ébullition en déposant du protoxyde de cuivre. Plus tard la méthode fut étudiée surtout par *Fehling* (***), qui perfectionna particulièrement le procédé indiqué par *Barreswill* pour la préparation de liqueur alcaline de cuivre (****). Puis *Neubauer* (*****) et d'autres confirmèrent ce fait que 1 équivalent de sucre de raisins $(C^{12}H^{12}O^{12}) = 180$ réduit 10 équivalents d'oxyde de cuivre $= 39,7$. Cette méthode importante fut par la suite étudiée de tous côtés et modifiée de mille façons. Dans ces derniers temps *Soxhlet* (******) l'a soumise à des essais très rigoureux. Les

---

1880, 1 vol. in-8 avec figures. — Bien que les tables de *Balling-Brix* aient été établies pour le sucre de canne, on les emploie cependant souvent pour le sucre de raisin, parce que, à proportion égale de sucre, les différences de densités des solutions de ces deux sortes de sucre sont très faibles : voir *Graham, Hofmann* et *Redwood. Jahresb. d. Chem.*, 1852, 803. — *Pohl, Ber. d. Wien. Acad.*, 1854, II, 664. — *Hoppe-Seyler. Zeitschr. f. analyt. Chem.*, XIV, 505. On trouve dans le *Manuel* de *Bolley* un tableau comparatif des différences de densités. Quant à une table particulière pour le dosage du sucre de raisin d'après les densités de ses dissolutions aqueuses, il y en a une de *Salomon* dans le *Ber. d. deustch. Chem. Gesellsch. zu Berlin*, XIV, 2711, et une correspondance de *Chancel* pour le sucre *interverti*.

(*) Le dosage du sucre par la polarisation se trouve également décrit dans les ouvrages cités dans la note précédente, mais les instructions les plus détaillées se trouvent dans l'ouvrage de *Landolt* : « Pouvoir rotatoire optique des substances organiques, etc. ». Brunswick.

(**) *Archives d'anatomie*, 1846, 50. — *Journ. de pharm.*, XXV, 556.

(***) *Ann. d. Chem. u. Pharm.*, LXXII, 106 et CVI, 75.

(****) Voici comment au début on préparait la liqueur dite de *Fehling*. Dans environ 160 C.C. d'eau on dissolvait 40 gr. de sulfate de cuivre pur cristallisé, débarrassé de toute humidité. — Dans un autre vase on dissolvait dans peu d'eau 160 gr. de tartrate neutre de potasse, on ajoutait 600 à 700 gr. d'une lessive de soude pure de densité 1,12, on versait peu à peu la première solution dans la seconde et on étendait le liquide limpide bleu foncé à 1154,4 C.C. à 15°. Cela correspond, en rapportant à 1000 C.C. et en prenant au lieu de l'équivalent 124,75 de sulfate de cuivre celui 124,0 admis maintenant, à 34,639 gr. de sulfate de cuivre, 136,6 gr. de tartrate de potasse et 54,68 à 63,67 d'hydrate de soude solide.

(*****) *Arch. de Pharm.*, II, série 72, 278.

(******) *Chem. Centralbl.*, 3° série, IX, 218 et 256. — *Journ. f. prackt. Chem.*, N. F., XXI, 227. — *Zeitschr. f. analyt. Chem.*, XVIII, 348 et XX, 425.

travaux les plus importants sont en outre ceux de *Gratama* (*), *Ulbricht* (**), *Maercker, Behrend* et *Morgen* (***), *Rodewald* et *Tollens* (****), *Allihn* (*****)ᵣ *Degener* (******), *Meisel* (*******), etc. De toutes ces études on peut d'abord conclure les résultats suivants, formulés par Soxhlet :

1. Lorsqu'on dit que 1 équivalent de sucre de raisins (180) réduit 10 équivalents de bioxyde de cuivre et que par conséquent 10 C.C. de la liqueur de *Fehling* correspondent à 0,050 gr. de sucre de raisins anhydre, cela n'est exact ou, plus rigoureusement, à peu près exact, qu'avec des liquides étendus comme ceux de *Fehling* (10 C.C. de solution de cuivre + 40 C.C. d'eau) et avec des liquides sucrés de 1/2 à 1 pour 100 de sucre. En opérant sur une dissolution de sucre de raisins à 1 pour 100, *Soxhlet*, au lieu du rapport de 1 équivalent à 10, a trouvé 1 équivalent à 10,11. — Dès lors 10 C.C. de la liqueur de *Fehling* ne correspondent plus à 0,05, mais à 0,0495 gr. de sucre de raisins.

2. Si l'on change la concentration de la liqueur, on modifie aussi sa puissance réductrice : c'est ainsi que *Soxhlet*, avec la liqueur non étendue et un liquide sucré à 1 pour 100, a obtenu le rapport de 1 équivalent à 10,52.

3. En faisant réagir la solution sucrée sur la solution de cuivre, la quantité de cette dernière agissant sur la première a aussi de l'influence. Ainsi en laissant couler la solution de sucre dans celle de cuivre bouillant, les premières portions en présence d'un grand excès de sel de cuivre réduisent plus que les suivantes. Le pouvoir réducteur n'est donc pas constant, mais varie continuellement.

4. Le sucre de raisins, le sucre de fruits, le sucre interverti, le maltose n'ont pas le même pouvoir réducteur : ainsi avec les proportions indiquées en 1., c'est-à-dire en employant une dissolution à 1 pour 100 de sucre et de la liqueur de *Fehling* étendue de quatre fois son volume d'eau, on trouve que 10 C.C. de liqueur de *Fehling* correspondent à

0,0495 gr. de sucre de raisins ($C^{12}H^{12}O^{12}$)
0,0515 gr. de sucre interverti ($C^{12}H^{12}O^{12}$)
0,0740 gr. de maltose ($C^{12}H^{11}O^{11}$)

On savait depuis longtemps que l'action réductrice du sucre de lait différait essentiellement de celle du sucre de raisins, mais on n'était pas d'accord sur la valeur du pouvoir réducteur. *Soxhlet* a trouvé que

10 C.C. de liqueur de *Fehling* correspondent à 0,0676 gr. de sucre de lait séché à 100° ($C^{12}H^{12}O^{12}$).

En outre avec ce sucre la concentration des deux liquides, sucré et cuprique, n'a pas ou presque pas d'influence sur les résultats.

(*) *Zeitschr. f. analyt. Chem.*, XVII, 155.
(**) *Chem. Centralbl.*, 3ᵉ série, IX, 392. — *Landwirthschaftl-Versuchsstat.* XXVII, 81.
(***) *Chem. Centralbl.*, 3ᵉ série, IX, 584.
(****) *Zeitschr. f. analyt. Chem.*, XVIII, 605.
(*****) *News Zeitschr. f. Rübenzucker-Industrie*, III, 239 et *Zeitschr. d. Vereins f. Rübenzucker-Industrie*, XIX, 865. — *Zeitschr. f. analyt. Chem.*, XX, 434 et XXII, 448.
(******) *Zeitschr. d. Vereins f. Rübenzucker-Industrie*, XVIII, 349. — *Zeitschr. f. analyt. Chem.*, XXII, 414.
(*******) *Zeitschr. d. Vereins f. Rübenzucker-Industrie*. 1879, 1034.

5. Si l'on fait agir sur des dissolutions à 1 pour 100 des divers sucres de la liqueur de *Fehling non étendue,* on a, suivant *Soxhlet,* les rapports de réduction suivants : 50 C.C. de liq. de *Fehling* correspondent à

0,2375 gr.	sucre de raisins	$(C^{12}H^{12}O^{12})$
0,2470 gr.	sucre interverti	$(C^{12}H^{12}O^{12})$
0,2572 gr.	lévulose	$(C^{12}H^{12}O^{12})$
0,3890 gr.	maltose	$(C^{12}H^{11}O^{11})$
0,3380 gr.	sucre de lait cristallisé	$(C^{12}H^{11}O^{11})$

6. Les différents sucres ne mettent pas le même temps à produire leur effet réducteur à la température de l'ébullition : c'est ainsi que

pour le sucre de raisins il faut	2	minutes
sucre interverti	2	»
lévulose	2	»
maltose	3 à 4	»
sucre de lait	6 à 7	»

En tenant compte de ces nouveaux faits, *Soxhlet* a modifié le procédé de *Fehling,* de façon que les résultats qu'on en obtient ne laissent rien à désirer du côté de l'exactitude. D'autre part *Mœrcker,* en collaboration avec *Behrend* et *Morgen,* ont montré, *Soxhlet* a reconnu et *Allihn* avec *Meissl* ont plus rigoureusement prouvé qu'on pouvait aussi arriver à des dosages exacts en employant des pesées.

II. *Méthodes de dosage des sucres.*

Dans ce qui suit je décrirai :

1. La méthode volumétrique de *Fehling* dans sa forme primitive ou seulement un peu modifiée, parce que telle, elle suffit parfaitement pour le dosage du sucre dans les moûts et l'urine des diabétiques, etc.

2. La modification apportée par *Soxhlet* au procédé de *Fehling* pour le dosage exact des divers sucres également par les liqueurs titrées.

3. La méthode par les pesées.

1. *Méthode de Fehling.*

Comme la liqueur primitive de *Fehling,* dont nous avons donné la préparation dans une note de la page 1077, ne se conserve pas, il est préférable de la remplacer par deux dissolutions, savoir : *a.* une dissolution aqueuse de sulfate de cuivre pur, cristallisé, renfermant 34,639 gr. du sel par litre ; et *b.* une dissolution que l'on prépare en mettant dans un ballon d'un litre 173 gr. de tartrate double de potasse et de soude cristallisé avec de l'eau, puis 572 gr. de lessive de soude de densité 1,12 (contenant 60 *gr.* d'hydrate de soude) et étendant d'eau jusqu'au trait de jauge. — Quant à ce liquide *b* (qui ne se conserve pas non plus longtemps), on peut n'en préparer que 250 C.C. avec 43,3 gr. de tartrate double, 143 C.C. de lessive de soude de densité 1,12 ou 15 gr. d'hydrate.

On reconnaît qu'on aura exactement le même rapport de réactif et le même degré de dilution, qu'on prenne 10 C.C. de la liqueur primitive de *Fehling* (page 1078, note 1) étendus de 40 C.C. d'eau, ou bien qu'on ajoute à 10 C.C. de la solution aqueuse de sulfate de cuivre (*a*) 10 C.C. de la solution alcaline de tartrate double de potasse et de soude (*b*) et qu'on étende avec 30 C.C. d'eau.

Chacun des deux liquides correspond donc, dans les conditions convenables (§ **274**. I. 1), presque exactement à 0,05 gr. de sucre de raisins.

Maintenant on étend la dissolution sucrée à analyser de façon qu'elle ne renferme que de 0,5 à 1 pour 100 de sucre, ce que l'on peut obtenir en général d'après la densité. Pour faciliter cette opération, je donne ici un extrait de la table de *Salomon*, relatif aux cas les plus ordinaires.

SUCRE DE RAISINS, EN GRAMMES, DANS 100 C.C. DE SOLUTION AQUEUSE A 17°,5.

GRAMMES DE SUCRE	DENSITÉS.	GRAMMES DE SUCRE.	DENSITÉS.
1	1,00375	14	1,0553
2	1,0075	15	1,0571
3	1,0115	16	1,0610
4	1,0153	17	1,0649
5	1,0192	18	1,0687
6	1,0230	19	1,0725
7	1,0267	20	1,0762
8	1,0305	21	1,0800
9	1,0342	22	1,0838
10	1,0381	23	1,0876
11	1,0420	24	1,0910
12	1,0457	25	1,0946
13	1,0495	26	1,0985

Dans un petit ballon, on porte à l'ébullition l'une des dissolutions de cuivre I ou II, étendue, en quantité correspondant à 0,05 gr. de sucre, et à l'aide d'une pipette divisée en 1/10 de C.C. on y laisse couler lentement et par portions la dissolution de sucre. Après l'addition des premières gouttes le liquide paraît brun verdâtre, à cause du protoxyde de cuivre hydraté et anhydre en suspension dans le liquide bleu : plus on ajoute de sucre, plus le précipité est abondant et rouge et plus promptement il se dépose. Lorsqu'il apparaît très rouge, on enlève la lampe, on le laisse un instant déposer et l'on place le petit ballon sur une feuille de papier blanc ou bien on l'élève entre l'œil et une fenêtre et l'on regarde le liquide éclairé par la lumière qui le traverse horizontalement. De cette façon on peut saisir très facilement la moindre teinte vert bleuâtre. Si l'on veut être tout à fait certain de la fin de l'opération, on décante un peu du liquide clair dans un tube à essais, on y fait tomber une goutte du liquide sucré et l'on chauffe. Avec la moindre trace de sel de cuivre non décomposé il se forme un précipité rouge jaunâtre qui a d'abord un aspect floconneux. S'il s'en forme un, on rejette l'essai dans le ballon, et l'on continue à ajouter de la solution sucrée jusqu'à ce que la réaction soit complète. Le volume de la liqueur sucrée employée renferme 0,050 gr. de sucre de raisins.

L'expérience achevée, on s'assure que l'on a bien réellement atteint la limite de la réduction complète, c'est-à-dire qu'il n'y a dans le liquide ni cuivre, ni sucre ou produit brun de sa décomposition. A cet effet on filtre rapidement un essai du liquide encore très chaud. Il doit être tout à fait incolore ou très faiblement jaunâtre, mais pas brun ; en outre, en prenant deux portions de ce liquide filtré elles ne doivent pas changer lorsqu'on les chauffe, l'une avec une goutte de la liqueur de cuivre, l'autre avec un peu de la dissolution de sucre de raisins ; ou bien lorsqu'on ajoute à l'une, acidulée avec de l'acide chlorhydrique, de l'acide sulfhydrique, et à l'autre, acidulée avec de l'acide acétique, du ferrocyanure de potassium. Si l'on trouve qu'il y a soit du cuivre, soit du sucre encore en excès appréciable, il faut recommencer l'essai. En général le premier dosage ne fournit qu'un résultat approché. Dans le second essai il vaudra mieux verser tout d'abord dans la liqueur de cuivre la quantité à peu près convenable de liquide sucré, connue par le premier essai, puis chauffer, maintenir deux minutes en ébullition et achever avec précaution, en n'ajoutant que deux gouttes de sucre à la fois jusqu'à la fin.

Les résultats sont d'accord et très approximativement exacts. Si la dilution de la solution sucrée est convenable, il n'en faut guère que de 5 à 10 C.C. pour un dosage. Il faut que la liqueur de cuivre soit toujours fortement alcaline. Si le liquide sucré était acide, il faudrait, avant de l'étendre d'eau, le rendre faiblement alcalin.

Si l'on applique le procédé à l'*urine* de diabète, il ne faut pas oublier que par l'ébullition de l'urine avec la lessive de soude il se dégage de l'ammoniaque qui maintient le protoxyde de cuivre en dissolution. Comme cette dissolution bleuit au contact de l'air, il faut autant que possible l'empêcher en n'abandonnant le liquide chaud pour saisir la couleur que juste le temps nécessaire pour avoir une couche de liquide exempte de protoxyde de cuivre. Pour la même raison, il ne faudra pas filtrer le liquide, et du reste les essais du liquide filtré avec le ferrocyanure ou l'acide sulfhydrique n'auraient aucun intérêt, car on peut y trouver du cuivre (à l'état de protoxyde de cuivre dissous dans l'ammoniaque), et l'on en trouve souvent, quand bien même tout le bioxyde de cuivre aurait été réduit par le sucre.

2. *Modification de Soxhlet à la méthode de Fehling.*

a. On dissout 34gr,639 de sulfate de cuivre (*) dans de l'eau, de façon à faire 500 C.C.

(*) *Soxhlet* recommande de faire recristalliser le sulfate dit pur dans le commerce, en remuant jusqu'à refroidissement la solution saturée de chaux et filtrée ; on étale ensuite en couche mince dans un endroit chaud, pendant 24 heures, la farine cristalline pressée à sec entre deux feuilles de papier à filtre. Alors le sel renferme la proportion exacte d'eau.

b. On dissout 173 gr. de tartrate double de potasse et de soude cristallisé dans 400 C.C. et l'on ajoute 100 C.C. de lessive de soude faite avec 500 gr. d'hydrate de soude dans un litre. — On peut faire tout simplement la même solution en mettant dans un ballon jaugé de 500 C.C. 173 gr. de tartrate double alcalin, 400 C.C. d'eau, 50 gr. d'hydrate de soude et, quand tout est dissous et froid, complétant avec de l'eau les 500 C.C. (*).

c. Dans une capsule en porcelaine profonde on verse 25 C.C. de la dissolution de sulfate de cuivre (a.) et 23 C.C. de la solution alcaline de sel de Seignette (b.) (**); on porte à l'ébullition, et l'on ajoute par portions successives de la liqueur sucrée, jusqu'à ce que le liquide n'offre plus de teinte bleue après une durée d'ébullition suffisante, correspondant à l'espèce de sucre essayé (§ 274. I. 6). D'après cet essai préliminaire, en calculant d'après le § 274. I. 5., la quantité de l'espèce de sucre employé correspondant à 50 C.C. de la liqueur de *Fehling*, on étend la dissolution de sucre de façon à ce qu'elle contienne 1 pour 100 ou, plus exactement, à peu près 1 pour 100 de sucre.

d. Alors on chauffe de nouveau un mélange de 25 C.C. de la liqueur de cuivre (a.) et 25 C.C. de la solution alcaline de sel de Seignette (b.), mais sans étendre d'eau, et l'on y verse autant de liquide sucré, préparé plus haut de façon à contenir à peu près 1 pour 100 de sucre (environ 25 C.C. pour le sucre de raisin, 24 pour le sucre interverti, 25 pour la lévulose, 38 pour le maltose, ou 33 pour le sucre de lait), qu'il en faut pour l'espèce de sucre (§ 274. I. 6.), et enfin on jette le tout sur un filtre à plis. Si le liquide filtré est vert, ou verdâtre bien net, il est inutile d'essayer s'il renferme du cuivre, mais s'il est jaune il peut encore y avoir un peu de cuivre dissous. Pour s'en assurer, lorsqu'un tiers du liquide a passé, on l'acidule avec de l'acide acétique et on ajoute du ferrocyanure de potassium. S'il y a beaucoup de cuivre, il se produira une coloration rouge foncée, tandis que ce ne sera qu'une teinte rose pâle s'il n'y a que des traces du métal : si la couleur ne change pas, c'est que tout le cuivre a été précipité. S'il y a du cuivre dans la dissolution, on prend pour faire une nouvelle expérience, en tout du reste semblable à la précédente, une plus grande quantité de liquide sucré, que l'on appréciera d'après l'intensité de la réaction du cuivre ; — si au contraire le liquide filtré est exempt de cuivre, on mettra dans le second essai 1 C.C. environ de liquide sucré en moins.

On recommence ces expériences jusqu'à ce que, dans deux essais, pour lesquels on a employé des quantités de liqueur sucrée ne différant que de 0,1 C.C., on a des liquides filtrés dont l'un contient du cuivre tandis que l'autre n'en contient pas. La quantité de dissolution sucrée comprise entre ces deux limites est considérée comme celle juste néces-

(*) *Soxhlet* fait chaque jour une dissolution fraîche de tartrate double alcalin et il dit que l'on ne doit pas employer une solution de sel de Seignette préparée depuis longtemps, pas plus qu'une liqueur de *Fehling* complète, quand bien même le flacon serait bien bouché. D'après mes propres expériences, dit *Fresenius*, il n'est pas nécessaire de préparer chaque jour une dissolution fraîche de sel de *Seignette*.

(**) On reconnaît facilement que les 50 C.C. contenus dans la capsule renferment autant de sel de Seignette et de sulfate de cuivre que 50 C.C. de la liqueur de *Fehling* préparée directement.

saire pour décomposer 50 C.C. de liqueur de *Fehling*. En général on atteint le but après 5 ou 6 pareils essais. Le calcul est fait ensuite en partant des rapports indiqués au § **274**. I. 5. Si par exemple on a employé 24 C.C. de sucre de raisins, ils renferment 0^{gr},2375 de sucre de raisins : 40 C.C de maltose contiennent 0^{gr},389 de ce sucre.

Avec des liquides colorés on ne peut que difficilement reconnaître le cuivre dans le liquide filtré au moyen du ferrocyanure et l'essai par l'acide sulfhydrique est encore plus incertain. Dans ces circonstances *Soxhlet* fait bouillir pendant environ une minute le liquide filtré dans un vase de Bohême, avec quelques gouttes de la dissolution de sucre; il laisse reposer 3 à 4 minutes, puis il décante le liquide et essuie le fond du vase avec un morceau de papier à filtre blanc enveloppé autour d'une baguette en verre : s'il y avait du cuivre dans le liquide filtré, le papier se colore en rouge par le protoxyde de cuivre qui y adhère. S'il y avait beaucoup de cuivre, on le reconnaîtrait déjà au dépôt rouge adhérent aux parois et sur le fond du vase.

e. La méthode de *Soxhlet* est aussi en général applicable à l'urine des diabètes : mais il faut se contenter, après une ébullition de deux minutes, de ne laisser déposer que très peu de temps, pour voir si le liquide surnageant est encore vert, car il ne faut pas compter pouvoir s'assurer de la présence du cuivre dans le liquide filtré. (Voir plus haut, la méthode de *Fehling*.)

f. Comme dans le procédé modifié par *Soxhlet* la durée de l'ébullition est tout à fait déterminée, et qu'il ne faut pas la prolonger au delà du temps nécessaire, les résultats obtenus sont encore bons si, à côté du sucre réducteur, il y a dans la liqueur des *corps qui réduisent la liqueur de Fehling après une action prolongée*. C'est ainsi que l'on pourra doser, par exemple, du sucre de raisins ou du sucre interverti, en présence du sucre de cannes. (Voir § **277**. I.)

3. *Dosage des sucres par pesées.*

a. Dosage du sucre de raisins.

Il repose sur un fait reconnu par *Mœrcker*, que si dans la réaction du sucre de raisins sur la liqueur de *Fehling* à l'ébullition il n'y a pas de proportionnalité en équivalents entre la quantité de sucre et celle de protoxyde de cuivre précipité, il y a cependant une relation constante entre ces quantités si, dans tous les cas, on fait intervenir des quantités égales de dissolution de cuivre, dans les mêmes conditions. La méthode a donc un point de départ tout à fait empirique. *Mœrcker*, pour établir la formule qui sert à faire les calculs, s'appuie sur trois dosages faits avec des quantités différentes de sucre. *Allihn* a donné au procédé plus de rigueur en faisant onze déterminations; il a singulièrement facilité l'application de la méthode en calculant une table qui donne de suite le rapport entre le poids de protoxyde précipité et celui de sucre de raisins. Pour que cette table ait de la valeur, il ne faut en rien l'écarter des prescriptions que nous allons donner pour l'application de la méthode d'*Allihn*, car celle-ci, nous le répétons, ne repose que sur une donnée purement empirique. 1 faut pour opérer : a) une *dissolution* de 34gr,6 *de sulfate de cuivre* pur cris tallisé dans de l'eau occupant 500 C.C. ; b) une *dissolution de sel de Sei- gnette*, préparée en dissolvant 173 gr. de sel et 125 gr. d'hydrate de potass dans 500 C.C. — On conserve les deux liquides dans des flacons séparés

Dans un vase de Bohême d'environ 300 C.C. on verse 30 C.C. de la solu- tion (b) de sel de *Seignette* et 30 C.C. de la solution (a) de sulfate de cuivre et l'on chauffe à l'ébullition à feu nu ou au bain de sable. Au liquid bouillant on ajoute avec une pipette, à chaque expérience, 25 C.C. de l liqueur sucrée (qui ne doit pas renfermer plus de 1 pour 100 de sucre) on fait encore une fois bouillir et l'on filtre aussitôt le protoxyde de cuivr précipité. *Soxhlet* recommande de prendre pour cette opération un tub à filtrer avec de l'amiante. *Allihn* le fait avec un bout de tube à combus- tion de 10 C.C. de longueur, que l'on réduit à un bout à un diamètr moitié à peu près en l'étirant. On remplit le quart environ de la parti large avec de l'amiante en longs fils, souple et récemment chauffé a

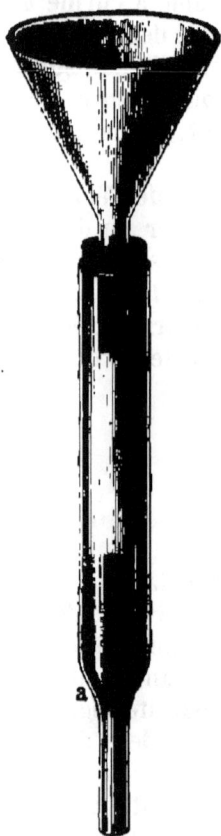

rouge. Au-dessous de l'asbeste, dans la portion coni que du tube, on place un petit tampon en charpie d verre pour arrêter les petites parcelles d'amiant qui pourraient être entraînées (fig. 232). Il ne fau pas que l'amiante soit trop lâche, ni trop comprimé dans le premier cas, un peu de protoxyde de cuivr pourrait passer avec le liquide ; dans le second, la fil tration serait trop lente. On fera bien de mettre su l'amiante convenablement tassé un tampon de l même matière mais non tassé. Le protoxyde se dissé mine dans ce tampon au lieu de former une couch qui rend difficile la filtration.

Le tube à filtration préparé, on le fait traverse par un courant d'air sec à l'aide de la trompe, e même temps qu'on le chauffe avec précaution ave une lampe, jusqu'à ce que l'on ait enlevé toute l'hu midité. On le pèse après refroidissement sous le des siccateur. Pour faire l'opération, on ferme le tube ave un petit entonnoir, comme le montre la figure, et l'o active la filtration en reliant le ballon qui reçoi le liquide avec la trompe. Après avoir lavé à plusieur reprises par décantation, on jette le protoxyde sur l filtre, on lave avec de l'eau froide, que l'on déplac ensuite avec de l'alcool, puis de l'éther pour rendr plus prompte la dessiccation. On enlève avec un baguette en verre, dont l'extrémité est couverte ave un bout de tube en caoutchouc, les parcelles de pr

Fig. 252.

toxyde adhérentes aux parois du vase de Bohême On fera la dessiccation dans un bain d'air chaud et elle ne devra pas dure plus d'un quart d'heure (*).

(*) Voir page 1086.

TABLE

POUR TROUVER LE POIDS DE SUCRE DE RAISINS CORRESPONDANT A UN POIDS
DONNÉ DE CUIVRE DOSÉ ANALYTIQUEMENT.

CUIVRE.	SUCRE DE RAISINS.	CUIVRE.	SUCRE DE RAISINS.	CUIVRE.	SUCRE DE RAISINS.	CUIVRE.	SUCRE DE RAISINS.	CUIVRE.	SUCRE DE RAISINS.
m.m. gr.	m.m. gr.	m.m. gr.	m.m. gr.	m.m. gr.	m.m. gr.	m.m. gr.	m.m. gr.	m.m. gr.	m.m. gr.
10	6,1	61	31,3	112	57,0	163	83,3	214	110,0
11	6,6	62	31,8	113	57,5	164	83,8	215	110,6
12	7,1	63	32,3	114	58,0	165	84,3	216	111,1
13	7,6	64	32,8	115	58,6	166	84,8	217	111,6
14	8,1	65	33,3	116	59,1	167	85,3	218	112,1
15	8,6	66	33,8	117	59,6	168	85,9	219	112,7
16	9,0	67	34,3	118	60,1	169	86,4	220	113,2
17	9,5	68	34,8	119	60,6	170	86,9	221	113,7
18	10,0	69	35,3	120	61,1	171	87,4	222	114,3
19	10,5	70	35,8	121	61,6	172	87,9	223	114,8
20	11,0	71	36,3	122	62,1	173	88,5	224	115,3
21	11,5	72	36,8	123	62,6	174	89,0	225	115,9
22	12,0	73	37,3	124	63,1	175	89,5	226	116,4
23	12,5	74	37,8	125	63,7	176	90,0	227	116,9
24	13,0	75	38,3	126	64,2	177	90,5	228	117,4
25	13,5	76	38,8	127	64,7	178	91,1	229	118,0
26	14,0	77	39,3	128	65,2	179	91,6	230	118,5
27	14,5	78	39,8	129	65,7	180	92,1	231	119,0
28	15,0	79	40,3	130	66,2	181	92,6	232	119,6
29	15,5	80	40,8	131	66,7	182	93,1	233	120,1
30	16,0	81	41,3	132	67,2	183	93,7	234	120,7
31	16,5	82	41,8	133	67,7	184	94,2	235	121,2
32	17,0	83	42,3	134	68,2	185	94,7	236	121,7
33	17,5	84	42,8	135	68,8	186	95,2	237	122,3
34	18,0	85	43,4	136	69,3	187	95,7	238	122,8
35	18,5	86	43,9	137	69,8	188	96,3	239	123,4
36	18,9	87	44,4	138	70,3	189	96,8	240	123,9
37	19,4	88	44,9	139	70,8	190	97,3	241	124,4
38	19,9	89	45,4	140	71,3	191	97,8	242	125,0
39	20,4	90	45,9	141	71,8	192	98,4	243	125,5
40	20,9	91	46,4	142	72,3	193	98,9	244	126,0
41	21,4	92	46,9	143	72,9	194	99,4	245	126,6
42	21,9	93	47,4	144	73,4	195	100,0	246	127,1
43	22,4	94	47,9	145	73,9	196	100,5	247	127,6
44	22,9	95	48,4	146	74,4	197	101,0	248	128,1
45	23,4	96	48,9	147	74,9	198	101,5	249	128,7
46	23,9	97	49,4	148	75,5	199	102,0	250	129,2
47	24,4	98	49,9	149	76,0	200	102,6	251	129,7
48	24,9	99	50,4	150	76,5	201	103,1	252	130,3
49	25,4	100	50,9	151	77,0	202	103,7	253	13 ,8
50	25,9	101	51,4	152	77,5	203	104,2	254	131,4
51	26,4	102	51,9	153	78,1	204	104,7	255	131,9
52	26,9	103	52,4	154	78,6	205	105,3	256	132,4
53	27,4	104	52,9	155	79,1	206	105,8	257	133,0
54	27,9	105	53,5	156	79,6	207	106,3	258	133,5
55	28,4	106	54,0	157	80,1	208	106,8	259	134,1
56	28,8	107	54,5	158	80,7	209	107,4	260	134,6
57	29,3	108	55,0	159	81,2	210	107,9	261	135,1
58	29,8	109	55,5	160	81,7	211	108,4	262	135,7
59	30,3	110	56,0	161	82,2	212	109,0	263	136,2
60	30,8	111	56,5	162	82,7	213	109,5	264	136,8

CUIVRE.	SUCRE DE RAISINS.	CUIVRE.	SUCRE DE RAISINS.	CUIVRE.	SUCRE DE RAISINS.	CUIVRE.	SUCRE DE RAISINS.	CUIVRE.	SUCRE DE RAISINS.
m.m. gr.	m.m. gr.	m.m. gr.	m.m. gr.	m.m. gr.	m.m. gr.	m.m. gr.	m.m. gr.	m.m. gr.	m.m. gr.
265	137,3	305	159,3	345	181,5	385	204,3	425	227,5
266	137,8	306	159,8	346	182,1	386	204,8	426	228,0
267	138,4	307	160,4	347	182,6	387	205,4	427	228,6
268	158,9	308	160,9	348	183,2	388	206,0	428	229,2
269	159,5	309	161,5	349	183,7	389	206,5	429	229,8
270	140,0	310	162,0	350	184,3	390	207,1	430	230,4
271	140,6	311	162,6	351	184,9	391	207,7	431	231,0
272	141,1	312	163,1	352	185,4	392	208,3	432	231,6
273	141,7	313	163,7	353	186,0	393	208,8	433	232,2
274	142,2	314	164,2	354	186,6	394	209,4	434	232,8
275	142,8	315	164,8	355	187,2	395	210,0	435	233,4
276	143,3	316	165,3	356	187,7	396	210,6	436	233,9
277	143,9	317	165,9	357	188,3	397	211,2	437	234,5
278	144,4	318	166,4	358	188,9	398	211,7	438	235,1
279	145,0	319	167,0	359	189,4	399	212,3	439	235,7
280	145,5	320	167,5	360	190,0	400	212,0	440	236,3
281	146,1	321	168,1	361	190,6	401	213,5	441	236,9
282	146,6	322	168,6	362	191,1	402	214,1	442	237,5
283	147,2	323	169,2	363	191,7	403	214,6	443	238,1
284	147,7	324	169,7	364	192,3	404	215,2	444	238,7
285	148,3	325	170,3	365	192,9	405	215,8	445	239,3
286	148,8	326	170,9	366	193,4	406	216,4	446	239,8
287	149,4	327	171,4	367	194,0	407	217,0	447	240,4
288	149,9	328	172,0	368	194,6	408	217,5	448	241,0
289	150,5	329	172,5	369	195,1	409	218,1	449	241,6
290	151,0	330	173,1	370	195,7	410	218,7	450	242,2
291	151,6	331	173,7	371	196,3	411	219,3	451	242,8
292	152,2	332	174,2	372	196,8	412	219,9	452	243,4
293	152,7	333	174,8	373	197,4	413	220,4	453	244,0
294	153,2	334	175,3	374	198,0	414	221,0	454	244,6
295	153,8	335	175,9	375	198,6	415	221,6	455	245,2
296	154,3	336	176,5	376	199,1	416	222,2	456	245,7
297	154,9	337	177,0	377	199,7	417	222,8	457	246,5
298	155,4	338	177,6	378	200,3	418	223,3	458	246,9
299	156,0	339	178,1	379	200,8	419	223,9	459	247,5
300	156,5	340	178,7	380	201,4	420	224,5	460	248,1
301	157,1	341	179,3	381	202,0	421	225,1	461	248,7
302	157,6	342	179,8	382	202,5	422	225,7	462	249,3
303	158,2	343	180,4	383	203,1	423	226,3	463	249,9
304	158,7	344	180,9	384	203,7	424	226,9		

On procède alors à la réduction du protoxyde de cuivre, car c'est le métal qui sera pesé. Pour cela on fait passer un courant d'hydrogène sec et pur dans le tube légèrement incliné et un peu chauffé. La réduction commence à une température relativement faible (suivant *Soxhlet* entre 130° et 135°). Il n'est donc pas nécessaire que la flamme touche le tube et il faut éviter surtout de chauffer la partie du tube où se trouve la charpie de verre, afin de ne pas réduire l'oxyde de plomb entrant dans sa composition. Tout est fini quand le précipité a pris la couleur caractéristique du cuivre et qu'il ne se forme plus de gouttelettes d'eau à l'extrémité froide du tube (en général cela ne dure que quelques minutes). On laisse refroidir dans le courant d'hydrogène, on fait passer un courant d'air sec et l'on pèse. Dans la table précédente on cherche le poids évalué en milligrammes et on trouve à côté la quantité de sucre de raisins.

b. Dosage du sucre interverti.

Bien que le sucre interverti se comporte comme le sucre de raisins avec la solution alcaline de cuivre et de tartrate alcalin, comme son pouvoir réducteur n'est pas le même, la table précédente ne peut pas servir pour lui : il faudrait en construire une nouvelle empiriquement. C'est ce qu'a fait *Meissl* (*). Pour doser ce genre de sucre par pesée, on opérera donc exactement comme pour le sucre de raisins, mais pour déduire du poids de cuivre celui de sucre interverti, on fera usage de la table suivante :

TABLE

POUR LES DISSOLUTIONS DE SUCRE INTERVERTI PUR.

MILLIGRAMMES DE SUCRE INTERVERTI.	MILLIGRAMMES DE CUIVRE RÉDUIT.	MILLIGRAMME DE CUIVRE RÉDUIT CORRESPONDANT A UN MILLIGRAMME DE SUCRE INTERVERTI.	MILLIGRAMMES DE SUCRE INTERVERTI.	MILLIGRAMMES DE CUIVRE RÉDUIT.	MILLIGRAMME DE CUIVRE RÉDUIT CORRESPONDANT A UN MILLIGRAMME DE SUCRE INTERVERTI.
50	96,0		140	259,1	
55	105,4		145	258,1	1,744
60	114,8	1,876	150	276,8	
65	124,2		155	285,2	
70	133,5		160	295,6	
75	142,9		165	302,1	1,684
80	152,1		170	310,5	
85	161,5		175	318,9	
90	170,5	1,840	180	327,2	
95	179,7		185	335,5	
100	188,9		190	345,7	1,656
105	197,8		195	352,0	
110	206,6		200	360,5	
115	215,5	1,772	205	368,2	
120	224,4		210	376,2	
125	235,2		215	384,2	1,592
130	241,9	1,744	220	392,4	
135	250,6		225	400,1	

Exemple de l'application de cette table :

Poids du cuivre $= 0^{gr},1750$.

D'après la table 0,1705 cuivre : $= 0^{gr},090$ sucre interverti; 0,1750 — 0,1705 $= 0,0045$ de cuivre ; à 1 milligr. de sucre interverti correspond 1,84 milligr. de cuivre, donc 1 milligr. correspond à $\dfrac{1}{1,84}$ de sucre, et 4,5 à $\dfrac{4,5}{1,84} = 2,5$ milligr. de sucre. Donc $0^{gr},1750$ de cuivre $= 0,090 + 0^{gr},0025$ $0^{gr},0925$ de sucre interverti.

(*) *Zeitschrift des Vereins für Rübenzucker-Industrie*, 1879, p. 1034.

c. Dosage du sucre de lait.

Suivant les expériences de *Soxhlet*, avec le sucre de lait la concentration de la liqueur n'a pas d'influence, mais seulement le plus ou moins d'excès de solution de cuivre. Ce dernier fait a été aussi confirmé par *Rodewald* et *Tollens*. Il faut donc encore ici procéder empiriquement.

La table ci–dessous a été dressée par *Soxhlet* et suppose qu'on a opéré de la façon suivante.

A 25 C.C. de la solution (a) de cuivre (page 1084) et 25 C.C. de la solution (b) de sel de *Seignette* on ajoute de 20 à 60 C.C. d'une dissolution de sucre de lait à environ un et demi pour cent, et avec ce mélange on fait 150 C.C. On chauffe pendant 6 minutes à l'ébullition, on rassemble le protoxyde de cuivre sur le filtre en amiante, et on pèse le cuivre réduit (comme pour le sucre de raisins). On déduit la quantité de sucre de lait du poids de cuivre au moyen de la table de *Soxhlet*, que l'on complète par interpolation.

Cuivre pesé en milligrammes.	Sucre de lait correspondant en milligrammes.
392,7	300
363,6	275
333,0	250
300,8	225
269,6	200
237,5	175
204,0	150
171,4	125
138,5	100

S'il faut doser le sucre dans du lait, on précipite d'abord les matières albuminoïdes (et la graisse) avec le sulfate de cuivre et la lessive de potasse, comme l'indique *Ritthausen* (*). On étend ensuite 25 C.C. de lait avec 400 C.C. d'eau, on ajoute 10 C.C. de la dissolution de cuivre (34^{gr},639 dans 500 C.C.) indiquée à la page 1084 et ensuite 6,5 à 7,5 C.C. d'une dissolution de potasse préparée de façon que 1 C.C. de la liqueur alcaline précipite juste 1 C.C. de la solution de cuivre. Après addition de la lessive, le liquide doit avoir encore une réaction acide et contenir un peu de cuivre dissous. On remplit le vase pour faire 500 C.C., et l'on jette sur un filtre à plis. De la dissolution de sucre de lait renfermant à peu près un quart pour cent de sucre, on mélange 100 C.C. avec 25 C.C. de la dissolution alcaline de sel de *Seignette* et 25 C.C. de la dissolution de sulfate de cuivre (page 1084) dans un vase de Bohème, et l'on fait bouillir, le vase couvert et posé sur une double toile métallique. Au bout de 5 minutes d'ébullition, on filtre et l'on achève à la manière ordinaire. Supposons que l'on ait obtenu 0^{gr},294 de cuivre, cela correspondra, suivant *Soxhlet*, à 0^{gr},2236 de sucre de lait.

(*) *Journ. f. prakt. Chem.*, NF., XV, 332.

Fehling non étendue (et seulement non étendue) n'augmente pas le pouvoir réducteur du maltose, au contraire des autres sucres, et que par conséquent une quantité donnée de maltose réduit toujours la *même* quantité de bioxyde de cuivre, le dosage en poids de ce sucre est des plus simples. On opère avec une dissolution environ à un pour cent, et l'on calcule d'après le rapport trouvé par *Soxhlet*, 113 de cuivre = 100 de maltose anhydre ($C^{12}H^{11}O^{11}$). On n'aura qu'une précaution à observer : employer le mélange à volumes égaux des dissolutions (a) et (b) de sel de *Seignette* et de sulfate de cuivre, *sans l'étendre* et en excès ; on mélange à froid, on fait bouillir 4 minutes et l'on filtre.

Outre les chimistes que nous avons cités, il y en a beaucoup d'autres qui ont modifié la méthode de *Fehling*; les différences portent tantôt pour la préparation de la solution de cuivre, tantôt sur la manière de doser le protoxyde de cuivre précipité.

Pour ce qui est du premier point, je citerai les travaux de *J. Lœwe* (*), qui prend une dissolution de glycérine, soude et bioxyde de cuivre, ceux de *Lagrange* (**) et de *Degener* (***), qui donnent la préférence à des solutions de tartrate de cuivre dans une lessive de soude préparée de diverses façons, et aussi ceux de *Pavy* (****), qui ajoute de l'ammoniaque à la liqueur de *Fehling*.

Ceux qui ont modifié le dosage du protoxyde de cuivre sont surtout : *Fr. Mohr* (*****), qui redissout le protoxyde de cuivre dans une dissolution acide le sulfate de peroxyde de fer, et dose avec le permanganate de potasse le sulfate de protoxyde de fer formé. — *W. Pillitz* (******), qui remplace le sulfate de peroxyde de fer par une dissolution de chlorure de sodium dans l'acide sulfurique étendu, et oxyde directement par le caméléon la dissolution de protoxyde de cuivre. — *Fr. Weill* (*******), qui titre avec le protochlorure d'étain (page 285) l'excès de bioxyde de cuivre restant dans la dissolution et déduit de la différence le protoxyde précipité. —*Holdefleiss* (********) et *Gratama* (*********), qui transforment le protoxyde filtré en bioxyde par l'acide azotique, et *Arnold* (**********), qui dissout le protoxyde dans l'acide azotique et dose d'après la méthode de *Volhard* (page 1009).

Toutes ces modifications n'offrent aucun avantage et toutes celles qui supposent la filtration du liquide renfermant un excès de liqueur de *Fehling*, à travers du papier, ont en outre un inconvénient, c'est que le papier retient toujours un peu de cuivre dont la quantité varie suivant la concentration et la proportion de cuivre de la solution.

(*) *Zeitschr. f. analyt. Chem.*, IX, 20 et X, 452.
(**) *Comptes rendus*, 1874, 1005.
(***) *Zeitschr. d. Vereins f. Rübenzucker-Industrie*, XVIII, 349 et XIX, 736. — *Zeitschr. f. analyt. Chem.*, XXII, 444.
(****) *Chem. News*, XXXIX, 77. — *Zeitschr. f. analyt. Chem.*, XIX, 98.
(*****) *Zeitschr. f. analyt. Chem.*, XII, 296.
(******) *Zeitschr. f. analyt. Chem.*, XVI, 48.
(*******) *Zeitschr. f. analyt. Chem.*, XI, 284.
(********) *Landwirthschaftl. Jahrbuch.*, 1877. — Livraison supplémentaire.
(*********) *Zeitschr. f. analyt. Chem.*, XVII, 155.
(**********) *Zeitschr. f. analyt. Chem.*, XX, 231.

B. Méthodes fondées sur la réduction des composés de mercure

§ 275.

Il y a trois méthodes :
1. Celle de *Knapp* (*).
2. Celle de *Sachsse* (**).
3. Celle de *Hager* (***).

Les deux premières ont été plusieurs fois l'objet d'examens sérieux, surtout de la part de *Soxhlet* (****).

1. Méthode de *K. Knapp.*

Elle a servi à *Knapp*, d'après les indications de *Liebig*, à doser quantitativement le sucre de raisins. — La dissolution de mercure se prépare en dissolvant 10 gr. de cyanure de mercure pur et sec dans l'eau, ajoutant 100 C.C. d'une lessive de soude de densité 1,145 et étendant d'eau pour pour faire 1000 C.C. — La dissolution de sucre sera à peu près à un demi pour cent.

Suivant les observations de *Brumme* (*****), confirmées par *Soxhlet* le pouvoir réducteur du sucre étant plus grand si l'on ajoute d'un coup toute la dissolution, et moindre si l'on ne la verse que peu à peu, la méthode de *Knapp* sous sa forme primitive, c'est-à-dire lorsqu'on verse la liqueur sucrée peu à peu à la solution bouillante de mercure, ne donne pas de résultats satisfaisants. Mais suivant *Soxhlet*, on a des dosages exacts et concordants si, comme dans la méthode de *Fehling* modifiée, on verse d'un coup dans la dissolution de mercure, le mieux dans 100 C.C., la totalité de la dissolution sucrée (à un demi ou 1 pour 100 peu importe). on fait bouillir 2 à 3 minutes, on essaye s'il y a encore du mercure en dissolution et l'on recommence de nouveaux essais avec de nouvelles quantités de solution mercurielle additionnée de plus ou de moins de liqueur sucrée, jusqu'à ce que dans deux expériences faites avec des quantités de sucre à peine différentes on ait, d'un côté, un liquide contenant encore à peine du mercure dissous et un autre n'en renfermant plus.

Pour reconnaître s'il y a du mercure dissous, la meilleure réaction est celle indiquée par *Sachsse*. On prend quelques gouttes ou, vers la fin de l'opération, 5 C.C. environ du liquide qui recouvre le précipité et on les dépose dans une petite capsule en porcelaine, avec une dissolution alcaline de protoxyde d'étain. Alors, s'il y a encore une grande quantité de mercure, on a un précipité noir; s'il y en a moins, le précipité est brun, e et s'il y en a très peu, on n'aperçoit qu'une coloration brune. On prépare

(*) *Ann. d. Chem. u. Pharm.*, CLIV, 252. — *Zeitschr. f. analyt. Chem.*, IX, 395.
(**) *Pharmaceut. Zeitschr. f. Rusland*, 1876, 549. — *Zeitschr. f. analyt. Chem.*, XVI, 121.
(***) *Pharm. Centralbl.*, XVIII, 313. — *Zeitschr. f. analyt. Chem.*, XVII, 380.
(****) *Journ. f. prackt. Chem.*, N. F., XXI, 300. — *Zeitschr. f. analyt. Chem.*, XX, 417
(*****) *Zeitschr. f. analyt. Chem.*, XVI, 121.

la solution d'étain tout simplement en sursaturant avec une lessive de soude une dissolution de protochlorure d'étain. — *Haas* (*) recommande de filtrer le liquide dans lequel on cherche le mercure à travers un filtre à triple papier.

En opérant *comme il vient d'être dit*, voici les rapports entre les diverses espèces de sucre et la solution de *Knapp*, d'après lesquels il faudra faire les calculs.

100 C.C. de la liqueur de *Knapp* sont réduits par les quantités suivantes des divers sucres, en dissolution à un demi pour 100 :

Sucre de raisins	$(C^{12}H^{12}O^{12})$	202 milligrammes.	
Sucre interverti	$(C^{12}H^{12}O^{12})$	200	—
Lévulose	$(C^{12}H^{12}O^{12})$	198	—
Maltose	$(C^{12}H^{11}O^{11})$	508	—
Sucre de lait	$(C^{12}H^{12}O^{12})$	311	—

Suivant *Worm Muller* et *J. Hagen* (**), en ajoutant peu à peu la liqueur sucrée à un demi jusqu'à 1 pour 100, les résultats sont exacts, ce qu'ont confirmé de nouveaux travaux de *Worm Muller* (***) et *J.-G. Otto* (****).Ces derniers conseillent d'employer, avec des liqueurs sucrées à 1 pour 100,100 C.C. de la liqueur de *Knapp*, et 50 C.C. avec des liquides sucrés à un demi pour 100 : on étend de 3 ou 4 fois le volume d'eau, on chauffe à l'ébullition, on verse la dissolution de sucre, par portions de 2 C.C. pour la majeure partie, et entre chaque addition on fait bouillir une demi à une minute. Comme réaction finale, *W. Muller* prend celle de *Pillitz* (*****), *Otto* préfère celle de *Lenssen* (******).

En opérant de cette façon, les chimistes susnommés confirmèrent le rapport de réduction donné par *Knapp*, savoir que 100 C.C. de la solution de mercure correspondent à $0^{gr},250$ de sucre de raisins ; mais d'autre part, en opérant à la façon de *Soxhlet*, ils vérifièrent aussi l'exactitude de ses rapports de déduction.

2. Méthode de R. Sachsse.

Comme solution mercurielle on prend une solution alcaline de biiodure de mercure. On dissout dans l'eau à l'aide de 25 gr. d'iodure de potassium 18 gr. de biiodure de mercure pur et sec ; d'autre part on dissout 80 gr. d'hydrate de potasse dans de l'eau. On ajoute le second liquide au premier et on fait du tout 1000 C.C. — Suivant *Sachsse*, il faut verser la dissolution de sucre par portions dans la dissolution bouillante de mercure jusqu'à

(*) *Zeitschr. f. analyt. Chem.*, XXII, 216.
(**) *Pflugers. Arch. f. d. gesammte Physiol.*, XVI, 569 et 590 ; — XXIII, 220.
(***) *Journ. f. prackt. Chem.*, N. F., XXVI, 78.
(****) *Journ. f. prackt. Chem.*, XXVI, 87.
(*****) *Zeitschr. f. analyt. Chem.*, X, 459. — *Pillitz* met une goutte de la solution su du papier à filtre de Suède, ou l'expose à des vapeurs d'acide chlorhydrique puis à l'acide sulfhydrique.
(******) *Zeitschr. f. analyt. Chem.*, IX, 435. — *Lenssen* acidule l'essai filtré avec de l'acide acétique et cherche le mercure avec l'acide sulfhydrique.

ce que presque tout le mercure soit précipité. Mais, comme *Sachsse* l'a reconnu, le titrage avec additions fractionnées et interrompues de la liqueur sucrée donne d'autres résultats que si on verse la solution sucrée en une seule fois, et dès lors pour avoir un résultat exact, il faut opérer avec la liqueur de *Sachsse*, comme *Soxhlet* recommande de le faire avec celle de *Knapp*.

Une chose à remarquer, c'est que l'effet produit par la différence d'opérer n'est pas le même dans les deux méthodes : en versant le sucre peu à peu, il faut pour la réduction *plus* de sucre avec le procédé de *Knapp* et *moins* avec celui de *Sachsse*. Il faut tenir compte de cela lorsqu'on cherche par un essai préliminaire la quantité de solution sucrée avec laquelle il faudra commencer l'analyse vraie.

En outre, dans la méthode de *Sachsse*, l'action réductrice du sucre est différente si l'on prend une dissolution à un demi ou à 1 pour 100 : il ne faut pas trop s'écarter de la concentration à un demi pour 100.

Pour opérer on prendra 100 C.C. de liqueur de *Sachsse*, on fera bouillir 2 à 3 minutes et on cherchera avec la dissolution alcaline de protoxyde d'étain s'il y a encore du mercure.

Dans ces circonstances, *Soxhlet* a cherché le rapport entre la solution de *Sachsse* et les différents sucres, et il a trouvé que pour 100 C.C. de liqueur de *Sachsse* il fallait, en opérant avec des solutions sucrées à un demi pour 100, compter pour les différents sucres :

235 milligrammes	de sucre de raisins	($C^{12}H^{12}O^{12}$)
269	—	de sucre interverti	($C^{12}H^{12}O^{12}$)
213	—	de lévulose	($C^{12}H^{12}O^{12}$)
491	—	de maltose	($C^{12}H^{11}O^{11}$)
387	—	de sucre de lait	($C^{12}H^{12}O^{12}$)

Dans ces deux méthodes, fondées sur la précipitation du mercure, je ferai remarquer que les nombres donnés par *Soxhlet* se rapportent aux diverses espèces de sucres supposés purs. Avec ceux-ci, en prenant les rapports de réduction trouvés empiriquement par *Soxhlet*, on aura des résultats identiques, que l'on emploie le procédé de *Fehling*, celui de *Knapp* ou celui de *Sachsse* dans leur modification indiquée par *Soxhlet*. Mais il n'en est plus ainsi si l'on applique ces diverses méthodes à des dissolutions sucrées dans lesquelles, comme dans le sucre de raisins du commerce, il y a des produits intermédiaires entre la dextrine et le sucre ou bien à des extraits de vin, contenant de la glycérine. Cela tient à ce que ces produits réduisent les dissolutions de mercure (cela a été démontré par *Haas*, au moins pour la liqueur de *Sachsse*) (*), mais non pas celle de *Fehling*. Dès lors si l'on fait emploi, pour ces sucres impurs, de la méthode de *Sachsse* (et suivant toute vraisemblance de celle de *Knapp*), on aura des résultats trop élevés. Il est donc bon dans tous les cas de donner la préférence à la méthode de *Fehling*, avec les modifications de *Soxhlet*.

(*) Suivant *Haas*, 2gr,1618 de glycérine réduisent 20 C.C. de la solution mercurielle de *Sachsse*.

3. Méthode par pesée de *H. Hager*.

Elle n'a encore été appliquée qu'au dosage du sucre de raisins, et d'autre part je ne sache pas qu'elle ait été contrôlée.

Pour préparer le réactif, on broie 30 gr. de bioxyde de mercure avec 30 gr. d'acétate de soude, on les met dans un ballon avec 25 gr. d'acide acétique concentré (ou 100 C.C. d'acide acétique étendu de densité 1,04, on ajoute 50 gr. de chlorure de sodium et assez d'eau chaude pour faire en tout environ 1000 C.C. On secoue et on accélère la dissolution en chauffant un peu.

Après refroidissement, on filtre et l'on conserve dans un endroit frais à l'abri de la lumière.

Pour faire un dosage, on met la dissolution de sucre avec un excès de la dissolution de mercure (environ 200 C.C. pour 1 gr. de sucre de raisins) dans un ballon en verre que l'on ferme avec un bouchon traversé par un tube en verre de 15 centimètres environ de longueur et l'on chauffe soit au bain-marie, soit à feu nu pendant une ou deux heures, en ayant soin que le liquide soit toujours acide. A mesure que le sucre réagit, il se précipite du protochlorure de mercure. La réaction est terminée lorsqu'une petite portion du liquide clair se trouble par addition d'ammoniaque, preuve qu'il y a encore de l'acétate de bioxyde de mercure et qu'en outre le liquide filtré reste limpide lorsqu'on le fait bouillir. On rassemble le protochlorure de mercure sur un filtre séché à 100° et pesé ; on le lave d'abord avec de l'eau à 5 pour 100 d'acide chlorhydrique, puis avec de l'eau pure, enfin avec de l'esprit-de-vin, on sèche au bain-marie et l'on pèse. Comme suivant *Hager* 2 équivalents de sucre de raisins = 360 décomposent 18 équivalents de bioxyde de mercure = 1944 en donnant 9 équivalents de protochlorure = 2119,14, il en résulte que 5^{gr},886 de protochlorure correspondent à 1 gr. de sucre de raisins ($C^{12}H^{12}O^{12}$).

La dissolution acide d'acétate de bioxyde de mercure, additionnée de chlorure de sodium, n'agit pas sur le sucre de cannes, la glycérine, la gomme arabique, la dextrine, l'acide urique, mais sur les autres substances contenues dans l'urine. On ne peut donc pas appliquer cette méthode à l'étude des urines de diabétiques.

C. Méthode qui s'appuie sur la décomposition du sucre dans la fermentation alcoolique (*).

§ 276.

Du liquide renfermant du sucre de raisins, avec un ferment convenable ou de la levure de bière, et à une température convenable, subit la fermentation alcoolique. On admettait autrefois que les éléments d'un équivalent

(*) Voir *Krocker* sur le dosage de la fécule dans les aliments végétaux. *Ann. d. Chem. t. Pharm.*, LVIII, 212.

le sucre de raisins anhydre donnait naissance à 2 équivalents d'alcool et à 4 d'acide carbonique ($C^{12}H^{12}O^{12} = 2(C^4H^6O^2) + 4.CO^2$).

D'après cela, 48,89 p. d'acide carbonique correspondraient à 100 p. de sucre de raisins anhydre. — Mais M. *Pasteur* (*) a montré que cela n'était pas exact, parce que avec les éléments du sucre il se forme encore toute une série d'autres produits, surtout de la glycérine, de l'acide succinique, de la cellulose, de la matière grasse, outre les produits déjà connus et d'autres en petites quantités (alcool amylique, butylique, etc.).

Si donc on veut doser le sucre d'après la quantité d'acide carbonique, on ne pourra pas se baser sur l'équation chimique citée plus haut, mais il faudra le faire empiriquement. Et encore, comme les produits de la décomposition ne se forment pas toujours dans les mêmes proportions, on voit qu'on ne pourra pas baser sur le dosage de l'acide carbonique une évaluation exacte du sucre de raisins. — D'après les recherches de M. *Pasteur*, il n'y a que 95 pour 100 environ du sucre qui se décompose en alcool et acide carbonique d'après l'équation, le reste donne 2,5 à 3,6 de glycérine, 0,4 à 0,7 d'acide succinique, 0,6 à 0,7 d'acide carbonique et 1,2 à 1,5 de cellulose, de matière grasse et de produits non déterminés. D'après cela, on ne s'écartera pas trop de la vérité en calculant 100 p. de sucre anhydre pour 47 p. d'acide carbonique fourni par la fermentation.

2. Pour mesurer l'acide carbonique dégagé, on se servira avec avantage de l'appareil fig. 94, page 379; on laissera de côté le tube *b* à pierre ponce imprégnée de sulfate de cuivre et on aura soin que les tubes *u* et *o* renferment assez de chaux sodée pour arrêter tout l'acide carbonique dégagé. — Si l'on veut doser l'acide carbonique par la perte de poids de l'appareil, on prendra un ballon disposé comme en A dans la figure 90, page 374. Pour éviter le reflux du liquide, on remplacera le ballon B par un tube en U rempli de pierre ponce imbibée d'acide sulfurique. On prendra une quantité d'acide sulfurique telle que la communication des deux branches du tube en U soit juste interceptée. La branche opposée à l'appareil sera réunie à un tube à chlorure de calcium non pesé, afin que l'acide sulfurique ne puisse pas absorber d'humidité dans l'air atmosphérique.

3. On prend une quantité du liquide sucré contenant environ 2 à 3 gr de sucre anhydre. Si l'on en prend plus, la fermentation dure trop longtemps ; si l'on en prend moins, le dosage de l'acide carbonique, surtout par la perte de poids de l'appareil, est inexact, parce qu'il se dégage trop peu d'acide carbonique.

4. Quant à la concentration, il faut à peu près 1 p. de sucre pour 4 à 5 parties d'eau. Si donc on a des dissolutions plus étendues, il faut les concentrer par évaporation au bain-marie.

5. On verse la solution sucrée dans le ballon, on y ajoute quelques gouttes d'une dissolution d'acide tartrique et une quantité pesée et relativement notable de levure lavée, par exemple 20 gr. de levure fraîche ou un poids correspondant de levure comprimée (comme la levure elle-même peut dégager aussi un peu d'acide carbonique, on peut en mettre en même temps un poids connu dans un appareil semblable, pour mesurer

(*) *Comptes rendus*, XLVIII, 1149.

la quantité d'acide carbonique que ce poids peut dégager, et en déduire ce que peuvent fournir les 20 gr. employés).

6. L'appareil monté et les pesées faites, on le place, au moins le ballon contenant le sucre et la levure, dans un endroit dont la température soit à peu près constante et à 25°. Bientôt la fermentation commence; elle marche vite au début, puis plus tard se ralentit de plus en plus. L'opération est terminée quand il ne se dégage plus de bulles de gaz, à peu près au bout de 4 en 5 jours. On chauffe alors à 100° le ballon à fermentation, on aspire l'acide carbonique qui remplit l'appareil, on laisse refroidir et l'on pèse. L'augmentation de poids de l'appareil à absorption ou la perte de poids de l'appareil à fermentation, avec les tubes à dessécher, donne la quantité d'acide carbonique formé. Pour 47 p. de cet acide on calculera 100 p. de sucre de raisins anhydre.

B. Dosage du sucre de cannes, de la dextrine et de la fécule.

§ 277.

1. Sucre de cannes.

En général le dosage du sucre de cannes se fait par les procédés optiques ou par des moyens aréométriques, voir plus haut page 1076 (*). Parmi les autres méthodes, il y a encore celle par inversion et aussi par fermentation.

a. L'*inversion* se fait en général le plus simplement en chauffant le sucre de cannes avec de l'acide chlorhydrique très étendu. Les rapports les plus convenables ont été indiqués par *Nicol* (*) et confirmés par *Soxhlet* (**).

Nicol dissout dans un ballon jaugé de un quart de litre 1ᵍʳ,25 de sucre dans 200 C.C. d'eau, il ajoute 10 gouttes d'acide chlorhydrique de densité 1,11 et chauffe pendant une demi-heure au bain-marie à 100°. On neutralise ensuite avec du carbonate de soude, on remplit le ballon jusqu'au trait de jauge avec de l'eau et l'on mélange bien le liquide. — Si l'on chauffait plus longtemps, il y aurait une portion, très faible il est vrai, de sucre interverti qui serait décomposé : cela diminuerait donc un peu le pouvoir réducteur de la dissolution, par exemple dans le rapport de 100 à 99,5 après une heure et demie suivant *Soxhlet.* — Ce dernier, pour produire l'inversion, prend les rapports suivants, qui, avec du sucre de cannes pur et sec, donnent une dissolution de sucre interverti renfermant

(*) Pour le dosage optique du sucre de cannes en présence d'autres espèces de sucres ou de certains hydrates de carbone, voir *Clerget* (*Ann. de phys. et de chim.*, 3ᵉ série, XXVI, 175. — *H. Reichardt* et *C. Bittmann* (*Zeitschr. d. Vereins f. d. Rübenzucker-Industrie*, 1882, 764). — *S. Casamajor* (*Chem. News*, XLV, 150). — *K. Zulkowsky* (*Ber. der œsterr. Gesellsch. zur Förderung der chem. Industrie*, II, 1883). — *J. Kjeldahl* (*Meddelelser fra Carlsberg Laboratoriet* 3. Heft; *Kopenhagen*, bei *H. Hagerup*). — *Zeitschr. f. analyt. Chem.*, XXII, 588.
(**) *Zeitschr. f. analyt. Chem.*, XIV, 177
(***) *Journ. f. prackt. Chem.*, N. F., XXI, 228.
(****) *Journ. f. prackt. Chem.*, N. F., XXI, 235.

dans 100 C.C. juste 1 gr. ou un demi-gramme de sucre interverti. On dissout 9^{gr},5 de sucre de cannes dans 700 C,C. d'eau chaude, on ajoute 100 C.C. d'acide chlorhydrique $\frac{N}{5}$ (renfermant 0,729 d'acide chlorhydrique), on chauffe 30 minutes à 100° au bain-marie, on neutralise exactement avec la soude normale titrée, et l'on fait 1000 ou 2000 C.C.

Dans la dissolution préparée de l'une ou l'autre façon, on dose le sucre interverti soit volumétriquement, d'après le procédé de *Soxhlet*, soit en poids, d'après *Meissl* (voir plus haut pages 1081 et 1087): pour 100 p. de sucre interverti ($C^{12}H^{12}O^{12}$) on compte 95 p. de sucre de cannes ($C^{12}H^{11}O^{11}$).

S'il faut appliquer la méthode au *jus de betteraves*, aux extraits aqueux des pulpes comprimées, etc., on ajoute d'abord à une quantité connue en poids ou en volume du sous-acétate de plomb, jusqu'à ce qu'il n'y ait plus de précipité, on filtre, on enlève l'excès de plomb par une quantité convenable de sulfate de soude, et l'on fait l'inversion en chauffant avec l'acide chlorhydrique.

Si l'on avait à craindre qu'en chauffant avec l'acide chlorhydrique, d'autres substances dissoutes avec le sucre de cannes ne se transforment de façon à acquérir une action réductrice sur la liqueur de *Fehling*, par exemple la dextrine se changeant en glucose, on intervertirait avec l'invertine (le ferment intervertissant de la levure) suivant la méthode donnée par *J. Kjeldahl* (*). On emploie l'invertine soit sous forme d'extrait aqueux de la levure, auparavant bien lavée, ou bien on prend un mélange de levure lavée avec un peu d'une solution alcoolique de thymol, dont l'addition annule complètement l'action fermentante de la levure, sans avoir aucune influence sur l'invertine.

L'invertine transforme facilement et complètement le sucre de cannes en sucre interverti, sans la moindre action sur les autres hydrates de carbone (**). La température la plus convenable est entre 50° et 56°. Les sels alcalins contrarient l'action, tandis que de *petites* quantités d'acide la favorisent.

S'il s'agit de doser le *sucre de cannes en présence du sucre de raisins*, dans une partie de la dissolution on dose celui-ci d'après la méthode de *Soxhlet* (page 1081). Puis on intervertit une nouvelle quantité égale de la liqueur soit avec l'acide chlorhydrique à chaud, soit avec l'invertine. Dans cette portion on a avec le sucre de raisins le sucre interverti provenant du sucre de cannes. On mesure le volume de la liqueur de *Fehling* réduite par le mélange des deux sucres, on en retranche la partie afférente au sucre de raisins, et la différence, correspondant au sucre interverti, permet de calculer ce dernier et d'en conclure le sucre de cannes à raison de 95 p. de ce dernier pour 100 p. de sucre interverti.

On peut de même doser le *sucre de cannes en présence du sucre interverti*. *Kjeldahl*, en produisant l'inversion avec l'invertine, dose de la même

---

(*) *Meddelelser fra Carlsberg Laboratoriet, Kopenhagen*, 1881, p. 339, p. 189. *Zeitschr f. analyt. Chem.*, XXII, 588.

(**) Excepté quelques-uns que l'on rencontre très rarement, il n'y a guère encore que la Synanthrose qui soit transformée par l'invertine.

façon le sucre de cannes, non seulement en présence du sucre de raisins et du sucre interverti, mais encore avec le maltose, la dextrine, l'inuline.

Dans toutes ces méthodes on suppose que la présence du sucre de cannes est sans influence sur l'action réductrice du glucose et du sucre interverti, ce que *Soxhlet* admet à cause du peu de temps que dure l'ébullition dans sa manière d'opérer, mais ce qui semble ne pas être tout à fait vrai d'après les expériences de *Meissl*. Dans tous les cas on peut l'admettre seulement pour le procédé de *Soxhlet*, mais pas du tout pour le dosage en poids du sucre interverti (et aussi du sucre de raisins). Toutefois pour permettre le dosage en poids du sucre interverti en présence du sucre de cannes, *Meissl* (*) a calculé une table particulière dans laquelle il tient compte de l'influence du sucre de cannes, et plus tard cette table a été encore étendue par *Zulkowsky* (**).

b. *Méthode par fermentation.* La méthode décrite à la page 1093 pour doser le sucre de raisins d'après la quantité d'acide carbonique qu'il donne par la fermentation, peut s'appliquer aussi au sucre de cannes. Comme cette fermentation dans ce cas se produit plus difficilement, il faut prendre une plus grande quantité de levure.

Celle-ci agit d'abord par le ferment qu'elle contient, l'invertine, pour transformer le sucre de cannes, puis elle détermine d'abord la fermentation de la dextrose, et ensuite celle de la lévulose. Les produits sont les mêmes que dans la fermentation du sucre de raisins. Pour 49 parties d'acide carbonique, on calculera 100 parties de sucre de cannes. Le nombre 49 est la moyenne des deux valeurs 48,889 et 49,20 trouvées par *Balling* et par *Pasteur*.

2. Dextrine et fécules.

De toutes les différentes méthodes employées pour doser la dextrine et les fécules, nous ne parlerons ici que de celles qui s'appuient sur la transformation de ces substances en sucre de raisins. Autrefois on opérait la transformation avec l'acide sulfurique dans un bain-marie au chlorure de sodium (*Musculus*) ou en tube scellé (*Pillitz*) (***). On arrive au but plus simplement et plus complètement en chauffant avec de l'acide chlorhydrique. Pour cela R. *Sachsse* (****) recommande de chauffer de 2,5 à 3 gr. de fécule dans un ballon avec 200 C.C. d'eau et 20 C.C. d'acide chlorhydrique de densité 1,125 : le ballon, placé dans un bain-marie que l'on maintient en vive ébullition, est muni d'un réfrigérant ascendant et l'on fait durer l'action pendant 3 heures. Suivant *Schasse*, la réaction est complète, c'est-à-dire qu'avec un même poids de fécule, quels que soient les changements qu'on fasse subir à la proportion d'eau ou d'acide, quelles que soient la durée de la réaction et la température, on n'aura pas

---

(*) *Zeitschr. der Vereins f. Rübenzucker-Industrie*, 1879, 1034.

(**) *Bericht. der œsterreich. Gesellsch. zur Förderung der chem. Indust.*, II, 1883.

(***) *Zeitschr. f. analyt. Chem.*, XI, 57. — Voir les recherches de *Allihn* (*Journ. f. prackt. Chem.*, N. F., XXII, 84. — Suivant lui, dans les meilleures conditions (0,5 pour 100 d'acide sulfurique à 108°), 94,5 pour 100 seulement de la fécule sont saccharifiés au bout de 24 heures.

(****) *Chem. Centralbl.*, 1877, 731. — *Zeitschr. f. analyt. Chem.*, XVII, 231.

une plus grande quantité de dextrose qu'en opérant comme il est dit plus haut. On filtre, on neutralise presque complétement avec de la soude (il faut éviter que le liquide soit alcalin), on étend à 500 C.C., on dose en poids ou par la méthode volumétrique le sucre de raisins formé, et pour 1080 parties de ce dernier on calcule 990 p. de fécule ou pour 100 on compte 91,67 de fécule. Ce rapport, que *Sachsse* a trouvé dans ses expériences sur la fécule de pommes de terre, ne correspond pas à la formule $C^{12}H^{10}O^{10}$ généralement adoptée pour la fécule, mais à celle proposée par *Nægeli* $C^{36}H^{31}O^{31}$. Si pour faire le calcul on prenait la formule ordinaire de la fécule, il faudrait compter 90 parties de fécule pour 100 de sucre de raisins, c'est-à-dire le même rapport que dans le calcul de la dextrine d'après le sucre de raisins trouvé.

Salomon (*), en employant le procédé d'inversion de *Sachsse* sur de la fécule de pommes de terre séchée à 120° et en dosant le sucre formé suivant le procédé d'*Allihn*, a trouvé la proportion de sucre de raisins correspondant à la formule ordinaire ($C^{12}H^{10}O^{10}$) de la fécule (100 p. de sucre pour 90 p. de fécule) : il attribue les différences obtenues par *Sachsse* en partie à une dessiccation insuffisante de la fécule (séchée seulement de 100° à 110°), en partie au mode de dosage du sucre.

On admettait autrefois que les fécules des différentes plantes chauffées avec les acides se comportaient de la même façon, que par conséquent des poids égaux de fécule, quelle qu'en soit l'origine, donnaient le même poids de sucre. Mais maintenant, si l'on admet que les travaux de *Sachsse* et *Salomon* (**) soient complets, il n'en serait pas ainsi, au moins pour les diverses variétés de fécules du commerce. Ainsi la fécule de riz et celle de froment n'ont pas fourni autant de sucre que le même poids de fécule de pommes de terre.

Cela ne résout cependant pas la question de savoir si ces différences proviennent bien réellement de la nature même de ces fécules retirées de plantes différentes, parce qu'on pourrait les attribuer à la différence des procédés d'extraction. *Salomon* explique les résultats qu'il a obtenus, en admettant que certaines fécules, celle de riz par exemple, chauffées avec les acides étendues, se dissolvent bien complétement; seulement une partie n'est pas transformée en sucre, mais en dérivés sans action réductrice sur la liqueur de *Fehling*. Le rapport trouvé par *Salomon* pour la fécule de riz est de 100 p. de sucre pour 93,50 de fécule.

Avec la fécule des céréales, *L. Schulze* (***) a trouvé dernièrement que 100 de sucre de raisins = 90 de fécule. C'est pour cela que je pense que la question pour le riz n'est pas résolue.

Si l'on applique la méthode indiquée plus haut pour doser la fécule aux graines farineuses elles-mêmes, on obtient, suivant *G. Francke* (****), des

---

(*) *Repertor. d. analyt. Chem.*, I, 274. — *Journ. f. prackt. Chem.* (N. E.), XXV, 548). — *Zeitschr. f. analyt. Chem.*, XXII, 111.

(**) *Journ. f. prackt. Chem.* (N. F.), XXVI, 324. — *Zeitschr. f. analyt. Chem.*, XXII, 594.

(***) *Journ. f. prackt. Chem.* (N. F.), XXVIII, 311.

(****) *Zeitschr. f. Spiritus Indust.*, 1882, 506. — *Bericht. d. deutsch. Chem. Gesellsch.*, XVI, 976.

résultats trop élevés, parce qu'en chauffant avec de l'acide chlorhydrique il y a aussi de la cellulose changée en sucre. — Le traitement de la fécule par l'extrait de malt (diastase) à 65° amène, il est vrai, facilement la dissolution complète de l'amidon, mais elle ne produit pas ou seulement très lentement la transformation complète en maltose. La dissolution renferme bien plutôt avec le maltose, toujours de la dextrine ou plus exactement différentes sortes de dextrines et dans des proportions qui varient avec la température à laquelle agit la diastase (O'Sullivan) (*). Si l'on veut, d'après ce procédé, doser directement la fécule, on peut choisir une des deux méthodes suivantes, proposées dans ces derniers temps.

a. *Faulenbach* (**) emploie la dissolution suivante de diastase : on concasse 3,5 kilogr. de malt vert, on verse dans un mélange de 2 litres d'eau avec 4 litres de glycérine et en remuant souvent on laisse tremper huit jours. On presse et l'on filtre. Cinq gouttes de ce liquide dissolvent 1 gr. de fécule, 15 gouttes renferment une quantité d'hydrate de carbone correspondant à 1 milligramme de sucre de raisins. La dissolution se conserve très bien. Dans une quantité de substance alimentaire, qui pourra contenir environ 2 gr. de fécule, après avoir transformé celle-ci en empois, on en détermine la dissolution avec 15 gouttes de la solution de diastase (en faisant digérer à 63°), on sépare par filtration la cellulose non dissoute, on chauffe trois heures au bain-marie avec 20 C.C. d'acide chlorhydrique, on neutralise juste avec la lessive de soude, on dose le sucre, on en retranche 1 milligr. et d'après le sucre on conclut la fécule.

b. *O'Sullivan* (***) se sert de diastase pure (****), et pour mesurer la fécule dans les graisses de céréales, il en prend 5 gr. qu'il réduit en fine farine et qu'il traite successivement d'abord par l'éther, puis l'alcool à la température de 35° à 40° et enfin par l'eau (à la même température) : cela pour enlever les matières grasses, le sucre, les albuminates et les hydrates de carbone solubles ; il fait bouillir le résidu quelques minutes avec 40 à 45 C.C. d'eau pour changer l'amidon en empois, il laisse refroidir à 62° ou 63°, ajoute 0,025 à 0^{gr},035 de diastase dissoute dans un peu d'eau et abandonne pendant une heure à 62° ou 63°. On chauffe alors à l'ébullition, on filtre, on lave avec de l'eau chaude, on fait 100 C.C. avec le liquide filtré refroidi, et l'on y dose d'une part le maltose (§ **274**) et d'autre part la dextrine par polarisation, en retranchant de la rotation totale celle correspondant au maltose. On calcule alors maltose et dextrine en fécule et l'on fait la somme.

(*) *Journ. of the Chem. Soc.*, (2), X, 579 ; — (5) I, 478, et II, 125.
(**) *Zeitschrift f. physiol. Chem.*, VII, 510. — *Chem. Centrabl.*, 1883, p. 652.
(***) *Journal of the chem. Soc.* 1884, p. 1.
(****) On la prépare de la façon suivante : on écrase aussi finement que possible 2 à 3 kil. de malt d'orge et on les couvre juste d'eau. Après 3 ou 4 heures on presse, on filtre et l'on ajoute au liquide clair de l'alcool de densité 0,83, jusqu'à ce que le liquide qui est au-dessus d'un précipité floconneux, soit opalin ou laiteux. On lave le précipité séparé par filtration, d'abord avec de l'alcool de densité 0,86 à 0,88, puis avec de l'alcool absolu, on presse entre des linges. et l'on sèche dans le vide à côté de l'acide sulfurique.

II. *Dosage de l'alcool.*

§ 278.

Pour doser l'alcool (éthylique) dans les mélanges d'alcool et d'eau on emploie presque exclusivement les procédés aréométriques, soit que l'on se serve d'alcoomètres donnant directement la quantité pour cent en poids ou en volumes, soit qu'on fasse usage des aréomètres ordinaires pour déduire de la densité la proportion d'alcool, d'après des tables nombreuses. Celles calculées par *O. Hechner* (*), d'après le même principe que celles de *Fowne*, celles-ci ne donnant le tant pour cent qu'en nombres ronds, sont très complètes et font connaître la richesse en poids ou en volumes.

Nous n'avons aucune raison pour nous étendre davantage ici sur ce mode de dosage de l'alcool, pas plus que sur l'emploi du vaporimètre, dans lequel l'exactitude des résultats est tout entière dans la bonne installation de l'instrument (**). J'indiquerai seulement dans ce qui suit une méthode qu'on emploie pour mesurer l'alcool dans le vin et les divers liquides alcooliques obtenus par fermentation. Ce procédé, que l'on applique depuis longtemps dans mon laboratoire, est tout à fait indépendant de l'exactitude d'appareils spéciaux.

Le principe de la méthode est du reste connu. On distille le liquide alcoolique, jusqu'à ce que tout l'alcool ait passé dans le liquide condensé, en ayant soin que ce dernier ne renferme pas d'autres substances volatiles : on mesure le poids spécifique du liquide distillé pesé et au moyen de tables on conclut la quantité d'alcool.

Pour opérer on peut choisir dans un grand nombre d'appareils distillatoires. Celui représenté dans la figure 233 est très simple : il ne demande pas d'explication : il est fort commode surtout parce qu'il ne tient pas beaucoup de place et qu'il n'est pas nécessaire d'y renouveler l'eau du réfrigérant.

Si l'on a à sa disposition une grande quantité du liquide alcoolique à essayer, que l'on supposera ne pas renfermer plus de 20 pour 100 d'alcool en volumes, on en met 150 C.C. en grammes dans le petit ballon *a*, on ajoute un peu d'acide tannique, pour empêcher le liquide de mousser quand il s'agit de vin, de bière, etc. ; on distille et l'on recueille le liquide condensé dans le petit ballon *b*, pesé ou taré et qui porte sur le col un trait, marquant environ 100 C.C. (en 2/3 par conséquent du liquide employé). Lorsqu'il est rempli jusqu'à la marque on peut être certain que tout l'alcool a passé dans ce liquide condensé. On pèse le ballon *b* avec son contenu.

Pour prendre la densité du liquide, que l'on a *soin tout d'abord de bien mélanger*, on se sert d'un picnomètre de 25 à 60 C.C. comme il est

(*) *Zeitschr. f. analyt. Chem.*, XIX, 485.
(**) Voir *A. Kraft. Zeitschr. f. analyt. Chem.*, XII, 50, et *A. Salomon. Ann. d. Œno logie*, I, 374.

représenté en *c*. Le col a un diamètre de 5 à 6 millimètres. Par des mesures répétées, on détermine tout d'abord son poids (*) et le nombre de grammes d'eau distillée qu'il contient à la température de 15°,5 jusqu'à un trait tracé sur le col. Avec un petit entonnoir à bec étiré en pointe on remplit l'instrument du liquide alcoolique, un peu au-dessus du trait, et on le plonge dans un vase *d*, contenant de l'eau à 15°,5. Lorsqu'on juge que le contenu du picnomètre est à la température de l'eau ambiante, on enlève avec une petite bandelette de papier à filtre le liquide au-dessus du trait, on essuie et l'on pèse. En divisant le poids du liquide par le poids de l'eau

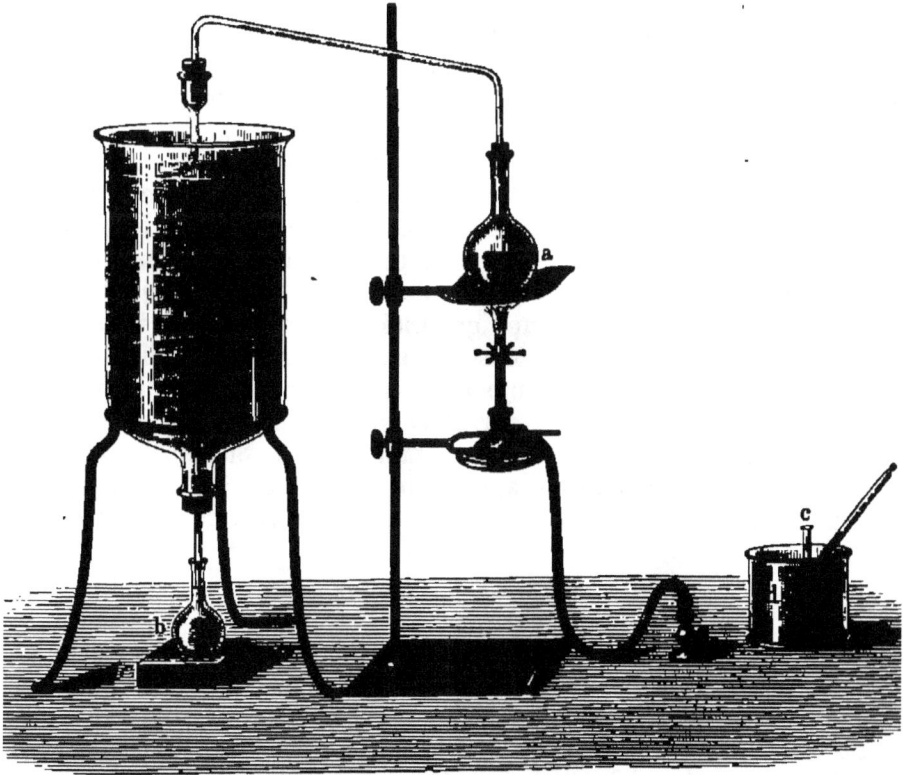

Fig. 255.

distillée à 15°,5 on aura le poids spécifique du liquide alcoolique distillé et par suite la proportion d'alcool avec les tables de *Hebner*.

Si l'on n'a que peu de liquide à essayer, on n'en distille que 50 C.C. ou grammes, et il faut alors dans le petit ballon *b* marquer le niveau correspondant à environ 35 C.C. Puis il faudra prendre un picnomètre de 25 à 30 C.C. de capacité, ou bien ajouter avant la pesée une quantité connue d'eau au liquide distillé.

Voici un exemple : 150 C.C. de vin ont donné 102gr,0 de liquide distillé de densité 0,9809 à 15°,5. Dès lors, suivant les tables de *Hebner* 100 gr. du

(*) Pour sécher un pareil picnomètre, on le chauffe et à l'aide d'un tube de verre on y fait passer un courant d'air par aspiration. On peut encore bien essuyer le col avec du papier à filtre.

liquide renferment 12,46 gr. d'alcool absolu; alors dans 102 gr. il y en a 12,709 gr. Comme tout l'alcool a passé dans le liquide distillé, il y a donc 12,709 gr. d'alcool dans les 150 C.C. de vin et alors 8ᵍʳ,47 dans 100 C.C. — Si l'on voulait savoir combien d'alcool il y a dans 100 gr. de vin, il faudrait prendre la densité du vin pour calculer le poids de 100 C.C.

S'il faut doser l'alcool dans des liquides qui n'en renferment que fort peu, on recueille le liquide distillé dans un ballon non pesé. Quand tout l'alcool a passé, on redistille le produit, comme plus haut, en prenant maintenant le poids et le poids spécifique du second produit condensé.

Si les liquides sont trop épais pour que la distillation soit facile, on opère d'abord une distillation à la vapeur (page 850 *b*). Le liquide obtenu est ensuite redistillé comme plus haut. *E. Borgmann* (*) a procédé ainsi avec succès pour doser les petites quantités d'alcool qui sont dans les extraits de malt américain.

Si les liquides à distiller renferment beaucoup d'acide carbonique comme cela est le cas avec les vins jeunes ou les vins nouveaux, avec la bière, on en enlève d'abord la majeure partie en secouant le liquide dans un flacon à moitié rempli : puis on ajoute un peu de lait de chaux, jusqu'à réaction presque alcaline et l'on distille. Il faut de même ajouter de la chaux si le liquide contient une quantité notable d'acide acétique ou de tout autre acide volatil. — Seulement, quand on opère la distillation après addition de chaux, il faut toujours s'assurer que le produit distillé ne renferme pas d'ammoniaque, car il en renfermerait certainement si le liquide à essayer contenait des sels ammoniacaux. Si l'on trouvait donc de l'ammoniaque, il faudrait ajouter au liquide distillé une dissolution aqueuse d'acide tartrique, jusqu'à réaction acide et rectifier de nouveau.

III. *Dosage de l'acide tannique.*

Le dosage de l'acide tannique dans le tan et les autres matériaux employés pour le tannage, dans les extraits renfermant de l'acide tannique, dans l'acide tannique lui-même du commerce, se présente si souvent dans les laboratoires, qu'une description des méthodes à employer doit trouver place ici. Parmi les nombreux procédés préconisés je choisirai ceux qui me semblent mériter le plus de confiance.

A. MÉTHODE DE LŒWENTHAL (**)

§ 279.

Ce procédé repose sur l'oxydation de l'acide tannique dans une dissolution sulfurique par le permanganate de potasse (au début on prenait le chlorure de chaux) en présence d'une grande quantité de carmin d'indigo. Si l'on a soin de donner à la liqueur le degré de dilution convenable, l'oxydation marche normalement(***); si l'on a soin en outre d'ajouter

---

(*) *Zeitschr. f. analyt. Chem.*, XXII, 534.
(**) Elle se trouve dans sa forme primitive dans le *Journ. f. prackt. Chem.*, 1860, III, 150.
(***) Voir *F. Gauhe. Zeitschr. f. analyt. Chem.*, III, 123.

assez d'indigo, pour que sa décoloration complète exige environ deux fois plus de l'agent oxydant qu'il en faut pour l'oxydation de l'acide tannique ; on peut être certain que la dernière trace d'acide tannique sera oxydée en même temps que l'indigo.

Au début (*), on admettait avec *Lœwenthal* que, de toutes les substances contenues dans l'extrait des matières tannantes, l'acide tannique seul s'oxydait : mais on ne tarda pas longtemps à reconnaître qu'il y avait aussi certaines substances passées dans la dissolution — et que pour abréger j'appellerai non tannantes — qui consommaient une quantité non négligeable de permanganate de potasse (**). *Neubauer* (***) dès lors modifia la méthode dans ce sens ; il mesure d'abord l'acide tannique avec les matières non tannantes, puis celles-ci, après avoir éliminé l'acide tannique avec le noir animal, et il conclut l'acide tannique par différence. *Lœwenthal* (****), dans un nouveau travail, conserva le principe de la modification de *Neubauer*, mais il remplaça, pour précipiter l'acide tannique, le noir animal par une dissolution de gélatine contenant beaucoup de chlorure de calcium, ou bien par de la raclure de peau animale préparée pour le tannage et dont *Hammer* fit usage le premier (voir la méthode B). Toutefois dans la méthode perfectionnée de *Lœwenthal* on ne fait presque usage que de la solution de colle.

Puis *Siemand* (*****) trouva que la méthode perfectionnée de *Lœwenthal*, qui donnait des résultats concordants pour des liquides de même degré de concentration, conduisait à des nombres différents si l'on faisait varier les concentrations, et cela à cause d'une certaine solubilité du tannate de gélatine. Il montre alors qu'on pouvait modifier convenablement la méthode en mesurant la proportion de caméléon réduit par le tannate de gélatine dissous, et en le retranchant de la quantité employée pour les matières non tannantes et le tannate de gélatine dissous.

Mais cette correction rend l'opération fastidieuse, parce qu'il faut la mesurer pour chaque analyse où la concentration change, et *Siemand* revint enfin au moyen employé déjà par *Lœwenthal* et indiqué par *Hammer*, savoir, enlever l'acide tannique avec un corps solide qui le retient. Il trouve que le tissu des os qui forme la colle ou le noyau d'apparence osseuse qui constitue le support des cornes et que nous appellerons noyau ou partie médullaire des cornes, est préférable aux raclures de peau proposées par *Hammer* et employées par *Lœwenthal*, parce que le premier est plus facile à préparer, cède par digestion dans l'eau moins de substances solubles (******) et enfin précipite plus rapidement l'acide tannique.

Par suite de ces divers perfectionnements la méthode de *Lœwenthal* a

(*) *Journ. f. prackt. Chem.*, 1850, 160. — *Zeitschr. f. analyt. Chem.*, III, 122.
(**) Voir *F. Gauhe. Zeitschr. f. analyt. Chem.*, III, 125.
(***) *Zeitschr. f. analyt. Chem.*, X, 1.
(****) *Zeitschr. f. analyt. Chem.*, XVI, 33 et 201 ; XX, 91.
(*****) *Zeitschr. f. analyt. Chem.*, XXII, 595.
(******) Après un traitement de 48 heures de 10 gr. de chacun de ces corps par 200 C.C. d'eau et l'évaporation de 100 C.C. du liquide filtré, *Siemand* a obtenu les résidus suivants : 0gr,25 avec les raclures de peau, 0gr,008 avec la matière gélatineuse des os et 0gr,004 avec le noyau des cornes. Mais les solutions aqueuses de ces trois substances ne renferment pas de matières oxydables par le caméléon en quantité appréciable.

gagné beaucoup en exactitude et nous allons la décrire sous sa forme la plus nouvelle et la meilleure.

I. *Objets nécessaires.*

1° *Une dissolution de permanganate de potasse.* On dissout 1 gr. de sel pur dans 1 litre d'eau.

2° *Une dissolution de carmin d'indigo.* On dissout dans de l'eau 40 gr. du plus pur carmin d'indigo en pâte, on ajoute 60 C.C. d'acide sulfurique monohydraté, on étend d'eau pour faire 1 litre et l'on filtre.

3° Du *tissu gélatineux des os* ou la partie *médullaire des cornes.*

a. D'après *Siemand*, voici comment on prépare le premier. On concasse en gros morceaux des os tubulaires, dont on a enlevé les têtes des articulations et qu'on a débarrassés de la moelle, on les laisse digérer deux jours dans une lessive de soude à 5 pour 100, on les brosse, et on les lave à plusieurs reprises avec de l'eau, dans laquelle on les laisse toujours au moins quelques heures en contact. On les concasse en morceaux comme des noix et on laisse jusqu'à ramollissement complet dans de l'acide chlorhydrique étendu contenant, dans 8 litres, 1 litre d'acide chlorhydrique brut du commerce. Alors on enlève à peu près tout l'acide avec de l'eau, et encore *humides* on les fait passer à travers un petit moulin (*). Pour enlever les dernières traces de sels calcaires et aussi un peu de peroxyde de fer, on laisse encore digérer souvent la masse tout à fait désagrégée en fibres avec de l'acide chlorhydrique plus étendu (1 : 20), puis avec de l'eau de pluie ou de fontaine, et lorsqu'il n'y a plus de réaction acide, on lave parfaitement avec de l'eau distillée, on presse et l'on sèche. Il est bon de séparer diverses grosseurs du produit au tamis et d'employer chaque sorte séparément.

b. Partie médullaire, d'apparence osseuse, des cornes.

On les débarrasse comme les os des sels calcaires. Le produit ramolli avec de l'eau a un aspect cartilagineux.

A la place de ces substances, auxquelles toutefois il vaut mieux donner la préférence, on peut aussi prendre de la raclure de peau fraîche (préparée pour le tannage) : on se les procurera dans une tannerie et, pour leur préparation ultérieure, voir la méthode B.

II. *Marche de l'opération.*

1. On prépare une dissolution aqueuse convenable de la substance dans laquelle on doit doser le tannin et l'on a soin d'avoir un liquide qui, dans un litre, renferme de 0,5 à 1 gr. d'acide tannique. Dès lors on prendra :

Écorces de sapin.	de 10 à 15	grammes.
Écorces de chêne	de 8 à 10	—
Bois de marronnier	de 6 à 8	—
Valonia.	de 3 à 4	—
Sumac.	de 6 à 8	—

(*) D'après les expériences faites dans mon laboratoire, on arrive mieux au but en prenant la matière desséchée, pour la moudre.

Les substances végétales plus ou moins herbacées, coupées en morceaux, seront bouillies au moins quatre fois avec de l'eau, puis avec les liquides on fera un litre. Avec les bois il faudra faire durer au moins un quart d'heure chaque traitement par l'eau bouillante, parce qu'ils sont moins faciles à lessiver.

Si l'on a des extraits, dont on connait en général la richesse approximative, on saura facilement évaluer la quantité qu'il en faut dissoudre dans un litre pour avoir la concentration convenable recommandée plus haut.

Si les extraits sont clairs ou se clarifient par le repos, on peut les employer directement : sinon il faut en filtrer la quantité convenable à travers un filtre sec. En prenant des extraits troubles, on aurait des résultats un peu trop forts, et dont l'inexactitude doit être attribuée à ce que les matières organiques en suspension réduisent aussi du permanganate (*).

Si les extraits tannifères renferment des substances pectiques, celles-ci, pour avoir des résultats exacts, doivent être d'abord éliminées, parce que, ainsi que l'a constaté le premier *J. Lœwe* (**), les matières pectiques sont aussi précipitées par les préparations qui précipitent le tannin (en particulier surtout par la peau en poudre). Il faudra donc, suivant *Lœwe*, évaporer à siccité au bain-marie, avec addition d'une goutte d'acide acétique l'extrait, par exemple celui de l'écorce de chêne qui contient toujours des substances pectiques : on épuise le résidu avec de l'esprit-de-vin fort (qui dissout l'acide tannique et laisse la matière pectique), on évapore de nouveau au bain-marie la solution alcoolique, jusqu'à ce que l'on ait chassé tout l'alcool, et l'on reprend le résidu par de l'eau.

2. On établit exactement le titre de la solution de caméléon soit avec le fer, soit avec l'acide oxalique (pages 232 et 233).

3. On mesure 20 C.C. de la dissolution d'indigo, on y ajoute 1 litre d'eau, on pose le vase à précipité en verre contenant le liquide dans une capsule en porcelaine blanche, puis, pendant environ quatre minutes, en remuant constamment, on fait couler goutte à goutte de la dissolution d'indigo, à l'aide d'une burette à robinet de verre. La liqueur, d'abord bleu foncé, passe peu à peu au vert foncé, puis au vert pâle, et prend plus tard un ton jaune verdâtre, d'où les dernières gouttes de caméléon font disparaître les derniers reflets verts. Pour reconnaître nettement la fin de la réaction, il faut avoir soin, vers la fin, d'ajouter le permanganate par gouttes uniques se succédant lentement. Si le passage de la nuance jaune verdâtre au jaune pur n'est pas net, c'est que le carmin d'indigo n'est pas pur et qu'il doit surtout renfermer encore du rouge d'indigo. Dans ce cas la dissolution ne peut pas servir pour des dosages exacts. Si pour 20 C.C. d'indigo il faut à peu près autant de C.C. de caméléon, la première dissolution est convenable, mais s'il en faut beaucoup moins ou

---

(*) Des expériences faites dans mon laboratoire ont donné les différences suivantes : Avec un extrait d'écorce de chêne, avec la solution filtrée 26,04, avec la liqueur non filtrée 27,52 pour 100 de tannin du chêne. Avec un extrait et la solution filtrée 12,53 et la solution trouble 13,66 pour 100 de tannin.

(**) *Zeitschr. f. analyt. Chem.*, IV, 368.

beaucoup plus, il faut à la solution d'indigo ajouter de l'eau ou du carmin pour rétablir à peu près l'équivalence et fixer de nouveau le rapport des deux dissolutions. On conserve le liquide jaune comme terme de comparaison.

4. Dans 1 litre d'eau on verse 20 C.C. de la solution d'indigo, et 10 C.C. de l'extrait de la matière tannifère ; puis dans l'espace de temps d'environ 4 minutes on ajoute le caméléon jusqu'à la production de la teinte jaune pur que l'on a obtenue en prenant le rapport entre le caméléon et l'indigo au n° 3. S'il faut sensiblement plus de 30 C.C. de caméléon la quantité d'extrait employée est trop grande. On recommence l'essai avec moins de centimètres cubes et, après avoir retranché la quantité de caméléon correspondant à l'indigo, on a la quantité de caméléon correspondant à la somme de l'acide tannique et de la matière non tannique.

5. Dans un petit ballon on humecte 5 gr. d'os gélatinisés ou de noyau de corne avec 50 C.C. d'eau, on ajoute 50 C.C. de liquide renfermant l'acide tannique, on ferme, on abandonne pendant 12 heures en secouant de temps en temps, puis on filtre un peu de liquide pour s'assurer que tout l'acide tannique est précipité. Pour cela, on concentre par évaporation le petit excès filtré et l'on y ajoute une dissolution claire de gélatine saturée de sel marin ; s'il se forme encore un précipité, on ajoute dans le petit ballon une nouvelle quantité d'os ou de noyau de corne et on laisse encore digérer jusqu'à ce que le but soit atteint. Quand tout l'acide tannique est précipité, on filtre, on prend 40 C.C., correspondant à 20 C.C. du liquide contenant l'acide à doser, on ajoute 20 C.C. d'indigo, 1 litre d'eau, puis la solution de caméléon jusqu'à production de la teinte jaune. On a ainsi la quantité de caméléon désoxydée par les matières non tanniques contenues dans 20 C.C. de l'extrait ; en prenant la moitié on aura ce qui répond à 10 C.C. d'extrait et par différence on en conclura le caméléon décoloré par le tannin lui-même.

Voici un exemple :

10 gr. de bois de châtaignier ont fourni 1000 C.C. d'extrait.

100 C.C. de la solution de permanganate correspondent à $0^{gr}, 1819$ d'acide oxalique cristallisé.

20 C.C. de la solution d'indigo exigent 21 C.C. de caméléon.

20 C.C. de la solution d'indigo + 10 C.C. d'extrait décolorent 32 C.C. de caméléon : en en retranchant les 21 C.C. correspondant à l'indigo, il reste 11 C.C. pour l'acide tannique et les matières non tanniques.

5 gr. d'os préparés + 50 C.C. d'eau + 50 C.C. d'extrait de bois de châtaignier fournirent un liquide filtré exempt d'acide tannique et dont 40 C.C. (correspondant à 20 C.C. d'extrait) + 20 C.C. d'indigo exigèrent 22,6 C.C. de caméléon. Donc les matières non tanniques décolorent, dans 20 C.C. d'extrait, 22,6 — 21 = 1,6 C.C. de caméléon, et par conséquent 0,8 C.C. dans 10 C.C. d'extrait.

En retranchant ces 0,8 C.C. des 11 obtenus plus haut, il reste 10,2 C.C. de caméléon ayant oxydé l'acide tannique contenu dans les 10 C.C. d'extrait.

III. *Calcul.*

D'après les expériences de *Neubauer*, il est bien établi que 63 gr. d'acide oxalique cristallisé (ou 56 p. de fer à l'état de protoxyde) et 41,57 gr. de tannin décolorent la même quantité de caméléon : ces poids sous ce rapport sont donc équivalents (*). Si les substances tannifères renferment le même acide que la noix de galle, c'est-à-dire le tannin proprement dit, l'acide tannique, on peut, d'après les nombres de l'exemple cité plus haut, déduire facilement de la quantité de caméléon la proportion en centièmes de tannin. Mais les différents matériaux tannifères ne contiennent en général pas un tannin identique, mais d'autres acides tanniques, différents de celui de la noix de galle, que l'on ne connaît pour ainsi dire pas à l'état pur et pour lesquels on ne sait pas dans quelle proportion ils décomposent le permanganate de potasse. C'est donc seulement par une sorte de convention que malgré cela on évalue, d'après le rapport d'équivalence indiqué plus haut, la proportion de tannin des matériaux de tannerie d'après la quantité de permanganate décolorée. C'est ainsi que dans l'exemple cité en II, on trouve 12,24 pour 100 de tannin dans le bois de châtaignier essayé. Le calcul est simple.

63 gr. d'acide oxalique étant équivalents à 41,57 gr. de tannin, 1 gr. équivaut à 0,66 gr. de tannin, et les 0,1819 gr. d'acide oxalique qui décolorent 100 C.C. de caméléon représentent $0,1819 + 0,66 = 0,120$ gr. de tannin. Ainsi 100 C.C. de caméléon correspondant à 0,120 gr. de tannin, 1 C.C. correspond à 0,0012 gr. et les 10,2 employés à $0,0012 \times 10,2 = 0,01224$ gr. de tannin contenus dans les 10 C.C. d'extrait de bois de châtaignier ou à 1,224 gr. dans un litre. Ce litre d'extrait provenait de 10 gr. de bois, donc dans 100 gr. il y en aura 12,24.

Je répète ici que ce calcul ne repose sur aucune donnée scientifique exacte et la donnée du tant pour cent de tannin ne signifie rien autre chose que ceci, savoir : la matière tannante contenue dans 100 gr. de bois de châtaignier réduit autant d'une dissolution de caméléon que 12,24 gr. d'acide tannique, en prenant pour base du calcul que sous ce rapport 41,57 de tannin de galle équivalent à 63 gr. d'acide oxalique cristallisé.

Comme *Neubauer* et d'autres l'ont fait pour le tannin, *Oser* (**) a cherché pour le tannin du chêne son rapport d'équivalence avec l'acide oxalique, par rapport à une solution de caméléon. Il a trouvé que 63 gr. d'acide oxalique cristallisé décolorent autant de caméléon que 62,3 gr. de tannin du chêne : toutefois il ne regarde pas encore ce nombre comme définitif. *Siemand* trouve le rapport 63 : 60,11.

Il n'est pas nécessaire de démontrer quelles différences on obtiendra dans le calcul de la matière tannante renfermée dans une matière première donnée, par exemple dans le bois de châtaignier, suivant que l'on prendra

---

(*) Je dois ajouter que ce rapport est confirmé par celui trouvé par *Ulbricht* (*Ann. de Œnologie*, III, 63) et par *Oser* (*Sitzungsber. d. mathem. und. naturwissensch. Classe der K Acad. in Wien*, LXXII, 186) ; mais dernièrement il a été mis en doute par *Councler* et *Schrœder* (*Ber. d. deutsch. Chem. Gesellsch. zur Berlin*, XV, 1373. — *Zeitschr. f. analyt Chem.*, XXII, 274. Ces derniers ont trouvé le rapport 63 : 34,25.

(**) *Sitzungsber. d. mathem. u. naturwissensch. Classe d. K. Academie in Wien* LXXII, 186.

pour base du calcul soit le rapport de *Neubauer*, 63 : 41,57, soit celui de *Councler* et *Schrœder*, 63 : 34,25, ou bien celui fourni pour le bois de chêne 63 : 62,32 ou 63 : 60,11. Il est donc nécessaire d'indiquer toujours avec le résultat le rapport de l'acide oxalique au [tannin que l'on a pris pour point de départ des calculs.

B. Méthode de *K. Hammer* (*).

§ 280.

Cette méthode, étudiée dans mon laboratoire en 1860, lorsqu'il s'agit des dissolutions de tannin et qu'elle est bien appliquée, donne des résultats exacts ; elle est d'une manipulation facile et convient également aux besoins scientifiques et industriels. Voyez aussi : *Fr. Gauhe* (**), *W. Hallwachs* (***), *Th. Salzer* (****), *Fr. Rathreiner* (*****), *Procter* et *Hewitt* (******). *Neubauer* (*******) s'est servi de cette méthode pour doser le tannin dans une dissolution, afin d'en déduire le rapport d'équivalence du tannin à l'acide oxalique vis-à-vis du permanganate de potasse.

S'il s'agit de dissolutions d'autres tannins que celui de la noix de galle, on peut reprocher à la méthode qu'on ne sait pas si les rapports entre les poids spécifiques et la proportion de ce tannin sont les mêmes pour les autres acides tanniques, reproche qui sans doute n'a pas un grand poids, mais qui cependant ne sera complétement écarté que lorsqu'on aura mesuré ces rapports pour les dissolutions des différentes sortes de tannins.

Avec des solutions de tannin renfermant des substances pectiques, il faut, comme l'a montré *Jul. Lœwe* (********), modifier le procédé primitif de *Hammer*, si l'on veut des résultats exacts : nous indiquerons comment, plus bas.

a. Principe. — Si l'on mesure le poids spécifique d'une dissolution d'acide tannique renfermant aussi d'autres matières dissoutes, puis si l'on enlève l'acide tannique seul et cela sans étendre le liquide et sans, en un mot, le modifier en rien, puis qu'on détermine de nouveau le poids spécifique, la diminution de ce dernier doit être proportionnelle à la quantité d'acide tannique. Il suffira d'après cela d'avoir une table exacte donnant le rapport entre les densités de dissolutions d'acide tannique à différents degrés de concentration, et ces concentrations, pour, de la différence trouvée, déduire la quantité d'acide tannique.

b. Objets nécessaires. — Pour prendre le poids spécifique on peut employer un picnomètre, ou un aréomètre sensible gradué pour donner soit les densités de 1 à 1,0201, soit les quantités de tannin correspondant à ces densités dans des dissolutions aqueuses de l'acide tannique pur (voir la table ci-contre).

(*) *Journ. f. prackt. Chem.*, LXXXI. 159.
(**) *Zeitschr. f. analyt. Chem.*, III, 128.
(***) Même recueil, V, 231.
(****) Même recueil, VII, 70.
(*****) Même recueil, XVIII, 113.
(******) Même recueil, XVIII, 115.
(*******) Même recueil, X, 2.
(********) Même recueil, IV, 368.

Pour enlever au liquide le tannin, *Hammer* emploie la peau préparée pour le tannage et réduite en poudre grossière à l'aide d'une râpe. On lave d'abord la peau avec de l'eau jusqu'à épuisement, on l'étend sur une planche, on la fait sécher à une douce chaleur et on la râpe en poudre grossière que l'on garde, pour l'usage, en flacon bien bouché. On peut remplacer avec avantage ces raclures de peau par la partie gélatineuse des os ou le noyau de la corne de bœuf, préparés comme il est dit à la page 1104 : ces substances donnent à l'eau moins de principes solubles. 4 parties de peau en poudre ou d'os ou de corne suffisent pour enlever 1 p. de tannin dans une dissolution. Pour opérer, on pèse la matière organique absorbante, on la ramollit dans l'eau, on la presse pour en extraire le plus possible l'eau, afin de ne pas diluer le liquide que l'on va analyser. — Si l'on voulait éliminer la légère cause d'erreur que cela pourrait apporter, il faudrait peser de nouveau la matière absorbante humide : on aurait le poids d'eau contenu et l'on en tiendrait compte dans le calcul (*).

La table suivante donne la proportion d'acide tannique correspondant aux diverses densités. Il faudra s'en servir, comme on a fait jusqu'à présent, pour les dissolutions des diverses sortes de tannin, tant que pour chacune d'elles on n'aura pas fait une table particulière.

TANNIN POUR 100	DENSITÉ à 15°	TANNIN POUR 100	DENSITÉ à 15°	TANNIN POUR 100	DENSITÉ à 15°
0,0	1,0000	1,7	1,0068	3,4	1,0136
0,1	1,0004	1,8	1,0072	3,5	1,0140
0,2	1,0008	1,9	1,0076	3,6	1,0144
0,3	1,0012	2,0	1,0080	3,7	1,0148
0,4	1,0016	2,1	1,0084	3,8	1,0152
0,5	1,0020	2,2	1,0088	3,9	1,0156
0,6	1,0024	2,3	1,0092	4,0	1,0160
0,7	1,0028	2,4	1,0096	4,1	1,0164
0,8	1,0032	2,5	1,0100	4,2	1,0168
0,9	1,0036	2,6	1,0104	4,3	1,0172
1,0	1,0040	2,7	1,0108	4,4	1,0176
1,1	1,0044	2,8	1,0112	4,5	1,0180
1,2	1,0048	2,9	1,0116	4,6	1,0184
1,3	1,0052	3,0	1,0120	4,7	1,0188
1,4	1,0056	3,1	1,0124	4,8	1,0192
1,5	1,0060	3,2	1,0128	4,9	1,0196
1,6	1,0064	3,3	1,0132	5,0	1,0201

c. *Manière d'opérer.* — On a soin d'abord que le tannin à doser soit en dissolution limpide et pas trop étendue. Les écorces ou d'autres matériaux

(*) *Th. Salzer* (*Zeitschr. f. analyt. Chem.*, VII, 71) a obtenu des résultats sans différences sensibles, en traitant la même dissolution de tannin une fois avec de la poudre de peau séchée à 100° et une autre fois avec la même peau ramollie dans l'eau et seulement un peu exprimée par une légère pression. Avec la peau séchée à 100° il put contrôler (et avec des résultats satisfaisants) le dosage fait par la diminution de la densité du liquide. La peau séchée à 100° ayant absorbé le tannin, fut bien lavée, mise sur un double filtre, séchée de nouveau à 100°, et son augmentation de poids donna le tannin.

analogues sont d'abord divisés en petits morceaux, puis on les fait bouillir avec de l'eau et on les épuise complètement dans un appareil à déplacement ; — les extraits de plantes secs sont broyés avec de l'eau dans un mortier, puis on filtre à travers un linge fin et on lave bien le résidu. Avec une partie de substances on fera environ 10 parties de solution. Si après complet épuisement le liquide est trop étendu, on le concentrera par évaporation. On préparera 200 à 500 C.C. de dissolution convenablement concentrée. Si l'extrait renfermait des matières pectiques, il faudrait d'abord les éliminer d'après le procédé de J. Lœwe (page 1105).

On pèsera maintenant la dissolution préparée pour le traitement ultérieur. Pour simplifier les calculs on ajoutera, s'il le faut, un peu d'eau pour avoir un poids en nombres entiers de grammes, on mélange bien uniformément et l'on prend la densité avec le picnomètre ou l'aréomètre. En prenant ce dernier, on aura soin qu'il soit bien essuyé ou mouillé avec un peu du liquide soumis à l'analyse ; on fera attention qu'il ne reste pas de bulles d'air adhérentes au verre, et pour faire la lecture on placera bien l'œil dans le même plan avec le bord inférieur du ménisque liquide.

Maintenant, dans un ballon bien sec ou lavé avec un peu du liquide, on pèse de celui-ci un peu plus qu'il n'en faut pour remplir le picnomètre ou l'éprouvette de l'aréomètre ; on pèse de la peau ou des autres préparations gélatineuses avec une quantité quatre fois plus grande que la quantité de tannin que l'on calculera d'après le poids spécifique de la solution, on ferme le ballon avec un bouchon, on secoue quelque temps avec force, et on laisse reposer 24 heures en secouant de temps en temps (*). Bien entendu que le poids du liquide à précipiter et celui de la substance précipitante ne doivent être pris qu'approximativement. — On filtre alors à travers une toile fine la dissolution débarrassée de tannin, directement dans le picnomètre ou dans l'éprouvette de l'aréomètre, et l'on prend de nouveau la densité.

Si l'aréomètre est un pèse-tannin, la différence des deux lectures donne de suite la proportion de tannin dans la liqueur. Mais si l'aréomètre ne donne que la densité ou si l'on a mesuré celle-ci avec le picnomètre, à la différence des densités on ajoute 1 et dans la table on cherche la proportion pour cent de tannin correspondant au nombre ainsi obtenu. — Connaissant par là la proportion de tannin dans 100 parties de la dissolution, on trouvera par un calcul simple la quantité d'acide tannique contenu dans le poids de la matière première employée.

d. *Exemple de calcul.* Avec 40 gr. d'écorce de chêne on a fait 500 C.C. de dissolution. A 15° l'aréomètre a donné 1,7 pour 100 de richesse apparente en tannin, ou un poids spécifique de 1,0068. On a pesé 200 C.C. de liquide, et d'après la proportion apparente 1,7 pour 100 de tannin, soit 3,4 gr., on a pris quatre fois le poids ou 13,6 gr. de peau, qu'on a ajouté au liquide après l'avoir ramollie et pressée. Après la filtration, l'aréomètre donna une richesse apparente de 0,8 ou une densité de 1,0032. — La différence des deux dosages 1,7 et 0,8 est 0,9. Donc la dissolution renferme

---

(*) Suivant *Hammer*, la précipitation du tannin est complète après qu'on a secoué le liquide quelque temps : cependant, d'après les essais faits avec la méthode de *Lœwenthal* modifiée, il est plus sage de laisser agir la peau plus longtemps.

0,9 pour 100 de tannin. Si donc 100 gr. contiennent 0,9 gr., il y en aura 4,5 gr. dans les 500 gr. Cette quantité provient de 40 gr. d'écorce de chêne : celle-ci contient donc 11,25 pour 100 de tanin. — On arrive au même résultat en prenant la différence des densités. 1,0068 — 1,0032 = 0,0036. Ajoutons 1, cela donnera 1,0036, qui correspond, suivant la table, à 0,9 pour 100.

C. Modification par pesées a la méthode de Hammer

§ 281.

Comme il est facile de le voir, on peut, tout en appliquant le principe de *Hammer*, doser le tannin en poids. Cette modification a d'abord été proposée par *A. Muntz* et *Ramspacher* (*) et de nouveau dernièrement par *Simand* (**). Ce dernier s'en est servi pour contrôler le rapport d'équivalence, vis-à-vis du permanganate de potasse, entre le tannin de la noix de galle, celui du chêne et l'acide oxalique ou le fer dissous en sel de protoxyde.

Pour opérer on prépare d'abord un extrait comme dans la méthode de *Hammer* (en ayant soin d'éliminer aussi les matières pectiques).

On évapore une quantité convenable (*Simand* prend 100 C.C.) dans une capsule en platine pesée, on sèche le résidu à 100° jusqu'à poids constant ; on pèse, on incinère, on retranche du résidu le poids des cendres minérales et l'on trouve la quantité totale des substances organiques dissoutes.

Puis dans un nouveau volume égal de l'extrait on introduit la quantité convenable de matière absorbante du tannin, on laisse agir pendant 24 heures, pour enlever tout le tannin ; au bout de ce temps on filtre, on lave complètement, on évapore comme plus haut le liquide filtré, on sèche à 100° et on incinère. On retranche encore les cendres du résidu séché à 100° et l'on a le poids de la substance organique (non tannante) non absorbée par la peau. Enfin ce dernier poids étant retranché de celui donné dans la première opération, la différence donne la quantité de tannin.

D. Méthodes particulières pour le dosage du tannin

Ce serait dépasser le but de cet ouvrage que d'indiquer les nombreuses méthodes que l'on a proposées et vantées pour doser le tannin ; on pourra les trouver dans le *Zeitschrift für analytische Chemie*, savoir : I. 103, 104. — II. 137, 287, 419. — III. 484. — V. 1, 455 à 456. — X. 1. — XIII. 243. — XIV, 204. — XV, 112. — XVI, 123. — XVIII, 112, — XXI, 414, 552.

Des travaux de critique sur ces méthodes ont été publiés surtout dans le *Zeitschrift* par *Fr. Gauhe* (III. 122). — *Hallwachs* (V, 231). — *Th. Salzer* (VII, 70). — *C. O. Cech.* (VII, 130). — *Ph. Büchner* (VII, 139). — *Neubauer* (X. 1). — *Gunther* (X, 354). — *Kathreiner* (XVIII, 113), etc.

(*) *Comptes rendus*, LXXIX, 380.
(**) *Journ. de Dingl.*, CCXLVI, 41. — *Zeitschr. f. analyt. Chem.*, XXII, 598.

IV. Essai de l'anthracène

§ 282.

Depuis que l'on fabrique industriellement l'alizarine avec l'anthracène, le dosage de ce carbure pur dans les produits bruts est une opération qui se présente assez souvent dans les laboratoires. La méthode (*) indiquée pour la première fois en 1873 par *E. Luck*, et étudiée dans le laboratoire de *Meister*, *Lucius* et *Brüning*, consistant à transformer l'anthracène en anthraquinone, s'est peu à peu modifiée ; et depuis 1876 elle est généralement employée sous la forme que lui ont donnée *Meister*, *Lucius* et *Brüning* (**). Je crois donc bon de la donner ici, en y ajoutant les modifications que son application dans notre laboratoire a montré devoir la rendre encore plus apte à remplir son but.

1° Avant tout il faut prendre un essai représentant bien la composition moyenne et, pendant qu'on le choisit, faire en sorte que l'essai ne se modifie pas par la volatilisation des carbures volatils qui adhèrent à la masse. On vide donc dans une capsule l'anthracène brut, on mélange *rapidement* avec une spatule ou une carte, en écrasant les gros grumeaux s'il y en a, et l'on reverse dans un flacon en verre à l'émeri. Pour peser l'essai on le met dans un petit tube fermé, que l'on repèse après l'introduction de l'anthracène. Pour chaque analyse on prend environ 1 gr. (0,97 à 1,03 gr.).

2° L'anthracène pesé est mis dans un ballon d'environ 500 C.C. avec 45 C.C. d'acide acétique cristallisable. Le ballon est fermé par un bouchon percé de deux trous : dans l'un passe un tube à entonnoir fermé en haut par un robinet et effilé par en bas ; dans l'autre trou est un tube recourbé à angle obtus relié à un réfrigérant ascendant. On chauffe le contenu du ballon à l'ébullition et l'on y fait tomber goutte à goutte, de façon que l'opération dure 2 heures, une dissolution de 15 gr. d'acide chromique (***) dans 10 C.C. d'acide acétique cristallisable et 100 C.C. d'eau. Après l'addition de l'acide chromique, on maintient encore l'ébullition pendant 2 heures.

3° On abandonne le ballon pendant 12 heures. On ajoute au contenu 400 C.C. d'eau froide et on laisse de nouveau pendant 3 heures. On rassemble sur un filtre l'anthraquinone qui s'est déposé, on lave d'abord avec de l'eau froide jusqu'à ce que le liquide qui passe n'ait plus de réaction acide, puis avec 200 C.C. d'une lessive de potasse étendue bouillante, renfermant 1 pour 100 d'hydrate de potasse, et enfin avec de l'eau chaude pure jusqu'à ce qu'on ne saisisse plus la réaction alcaline.

4° A l'aide d'un filet d'eau mince, mais fort, on fait passer l'anthraquinone dans une capsule en platine d'un poids approximativement connu ; à la fin on étale le filtre sur une lame de verre, on évapore au bain-marie, on sèche à 100° et l'on pèse approximativement l'anthraquinone obtenu,

---

(*) *Zeitschr. f. analyt. Chem.*, XII, 347 et XIII, 251.
(**) *Zeitschr. f. analyt. Chem.*, XVI, 61.
(***) Il faut le préparer avec l'acide sulfurique *pur* d'après la méthode de *Fritzche*.

mais pas encore tout à fait pur. On verse sur lui 10 fois son poids d'acide sulfurique fumant de 68° B. = 1,86 de densité et l'on chauffe pendant dix minutes dans une étuve à dessécher (page 44, fig. 31) dont on maintient l'eau en pleine ébullition.

5° On verse dans une large capsule en porcelaine la dissolution d'anthraquinone et on l'abandonne, ainsi que la capsule en platine, dans laquelle il reste un peu de liquide adhérent aux parois, dans un lieu humide pendant 12 heures, pour que le produit absorbe l'humidité. Au bout de ce temps on lave la capsule en platine avec 200 C.C. d'eau froide qu'on fait tomber dans la capsule en porcelaine, on sépare l'anthraquinone par filtration, on lave d'abord à l'eau froide jusqu'à ce que l'eau qui passe n'ait plus de réaction acide, puis avec 200 C.C. de la lessive de potasse étendue et bouillante, enfin de nouveau avec de l'eau chaude, pour enlever toute trace d'alcali.

6. On fait passer avec un jet d'eau dans une capsule en platine l'anthraquinone lavé, on évapore au bain-marie et l'on sèche à 100° jusqu'à ce que le poids soit constant. On chauffe ensuite avec précaution la capsule, de façon à vaporiser complètement l'anthraquinone sans que cependant il s'enflamme, et l'on pèse le peu de cendres et de charbon qui peut rester. La différence des pesées donne l'anthraquinone, dont le poids multiplié par 0,856 donnera le poids de l'anthracène.

III. ANALYSE DES CENDRES VÉGÉTALES [*].

§ 283.

Depuis que la chimie agricole a démontré ce fait que, pour le développement de chaque espèce de végétal, il faut certains éléments minéraux, on a

[*] Comme l'analyse des cendres animales se présente moins fréquemment et a le plus souvent un but purement scientifique et non pratique, je n'en ai pas donné la description complète. Je dirai toutefois que pour l'incinération des matières animales et la marche de l'analyse on peut procéder comme cela est dit pour les cendres végétales. — Si l'on a des matières qui fondent, on les chauffera d'abord, suivant *H. Rose*, dans une capsule en platine, en les remuant jusqu'à ce qu'elles aient perdu leur fluidité et que la plus grande partie de la matière organique soit détruite. Le résidu, en grande partie charbonné, sera mis ensuite dans un creuset en platine, ou sans inconvénient dans un creuset en argile qu'on fermera bien et qu'on portera au rouge sombre. Enfin on brûlera le charbon ainsi obtenu à l'aide de la mousse de platine. — On pourra aussi incinérer les substances animales avec la baryte d'après la méthode de *Strecker*. — Mais l'incinération réussit parfaitement d'après la méthode de *Slater* (*Chem. Gaz.*, 1855, 53) en chauffant au rouge la substance mélangée avec du bioxyde de baryum pur, sec et réduit en poudre fine. — Dans son travail (*Ann. d. Chem u. Pharm.*, LXXIII, 370), *Strecker* fait remarquer que dans bien des cas les cendres de substances animales renferment des quantités notables de cyanates. On détruit facilement ces derniers en humectant les cendres avec de l'eau et en les chauffant lentement au rouge. En général il suffit d'humecter une fois pour transformer les cyanates en carbonates. S'il faut doser du chlore, on incinérera les substances animales avec addition de carbonate de soude (1,5 à 2,5 gr. pour 50 gr. de matière organique) (*Behaghel von Adlerskron. Zeitschr. f. analyt. Chem.*, XII, 405). Enfin je ferai remarquer que si dans le dosage du phosphore et du

senti la nécessité de connaître quelles étaient ces substances inorganiques nécessaires à la croissance de chaque plante, surtout de celles de la grande culture et aussi des plantes parasites, car il est bon de savoir l'influence fâcheuse qu'ont ces dernières sur la constitution du sol. — On atteint ce but en faisant l'analyse des cendres obtenues soit en brûlant le végétal entier, soit seulement certaines parties (par exemple les graines). — Bien qu'il soit certain que par ce procédé on n'obtient pas des résultats tout à fait exacts, parce que la cendre ne représente pas d'une façon complète la somme des principes inorganiques renfermés dans la plante, cependant dans l'état actuel de la science, abstraction faite de quelques essais dans ce genre (*), on ne connaît pas encore de meilleur procédé, applicable à toutes les variétés végétales, qui puisse plus facilement conduire à ce but. Aussi l'analyse des cendres végétales sera toujours une question importante qui, si elle ne satisfait pas à toutes les exigences de la physiologie, rend de grands services à l'agriculture.

Dans les paragraphes suivants, je vais décrire : A. *l'analyse des cendres*, B. *des dosages complétant l'analyse*, C. *la représentation des résultats*.

A. Analyse des cendres.

L'expérience a montré que ces cendres ne renfermaient en général qu'un nombre limité de bases et d'acides : je vais indiquer le procédé d'analyse qui me semble le plus commode, celui dont on fait le plus souvent usage ; et si je ne passe pas en revue, pour les discuter, les diverses méthodes proposées, on comprendra que c'est pour ne pas m'écarter du but que je me propose en publiant cet ouvrage.

Les substances que l'on rencontre le plus ordinairement et en plus grande proportion dans les cendres des végétaux sont les suivantes :

Bases :

Potasse, soude, chaux, magnésie, peroxyde de fer, oxyde salin de manganèse.

---

soufre il faut obtenir avec certitude la totalité de ces éléments, il faudra appliquer les méthodes des §§ 188 et 189 du dosage du phosphore et du soufre dans les matières organiques. — Voir sur les cendres de substances animales : *F. Verdeil* (*Analyse des cendres du sang humain et de celui des autres animaux*). — *Liebig et Kopp* (*Jahresber.*, 1849). — *F. Keller : Sur les cendres de la viande.* (*Ann. d. Chem. u. Pharm.*, LXX, 91.)

(*) *Caillat* dit qu'il est parvenu, en traitant les végétaux herbacés (oseille, luzerne, sainfoin) par l'acide azotique étendu, à enlever si complètement les principes minéraux, que le résidu facilement combustible n'a laissé pour 10 gr. de végétaux que 18 à 22 millig. d'un résidu formé d'acide silicique et de peroxyde de fer. En outre, ce traitement fournit une bien plus grande quantité de principes minéraux, surtout d'acide sulfurique, que par l'incinération ordinaire de la plante. (*Compt. rend.*, XXIX, 137.) — *Rivot, Beudant* et *Daguin* (*Compt. rend.*, 1853, 835) proposèrent pour détruire la matière organique le traitement par une lessive de potasse et un courant de chlore. — Nous rappellerons aussi ici les expériences de *W. Knop*, qui chercha à trouver les substances minérales nécessaires au développement des plantes, en les faisant végéter dans des dissolutions de composition connue et en analysant de nouveau ces dissolutions quand l'expérience était terminée.

Acides ou corps analogues :

Silice, acide phosphorique, acide sulfurique, acide carbonique, chlore.

En outre on trouve fréquemment de la lithine, du rubidium, de la strontiane, de la baryte, de l'oxyde de cuivre, du fluor, parfois de l'alumine (en quantité assez considérable dans les cendres des lycopodiacées, par exemple), de l'iode, du brome, des cyanures et des cyanates (mais seulement dans les cendres des matières très azotées), de l'acide borique, des sulfures, des traces d'oxyde de zinc et aussi d'autres métaux lourds. Parmi ces substances il en est qui pour la plupart font sans aucun doute partie du végétal avant sa destruction ; d'autres se sont produites pendant l'incinération, mais les éléments s'en trouvaient dans le végétal ; enfin un certain nombre ne sont que des produits de décomposition. Ainsi les sulfates et par exception les carbonates des cendres peuvent se trouver comme éléments préexistants dans la plante, mais ils peuvent aussi provenir de la décomposition de sels à acides organiques et de la combustion du soufre non oxydé qui se trouve dans chaque végétal. — Les sulfures métalliques proviennent des sulfates calcinés avec le charbon à l'abri de l'air, les cyanures de l'action du charbon azoté sur les carbonates alcalins, les cyanates de l'oxydation des cyanures, etc.

La variété de ces éléments, la faible proportion de quelques-uns, rendent très difficile l'application d'une méthode générale convenable ; aussi, pour résoudre cette question, doit-on surtout avoir en vue d'arriver rapidement au but tout en obtenant le degré d'exactitude nécessaire.

Dans ce qui suit j'indiquerai *d'abord* la préparation des cendres à soumettre au travail, puis la méthode analytique.

I. Préparation des cendres.

§ 284.

Pour préparer les cendres il faut remplir les conditions suivantes :

1° Les plantes ou les parties des plantes à brûler doivent être sèches, divisées en fragments, et débarrassées de toute impureté mécaniquement adhérente ;

2° Les cendres doivent renfermer le moins possible de parties non complètement incinérées ;

3° Pendant l'incinération il faut éviter toutes les pertes.

Pour obtenir le *premier* résultat, il faut examiner attentivement le végétal et le bien laver et, s'il le faut, le diviser et le sécher. Souvent il ne suffit pas, pour enlever le sable ou l'argile, de frotter ou de brosser le végétal surtout avec les graines. — Voici comment *H. Rose* recommande de faire ce nettoyage. On met les graines dans un vase à précipité avec de l'eau distillée, on remue bien pendant quelques instants avec une baguette de verre, on jette le tout sur un tamis dont les trous ne sont pas trop grands, mais assez petits toutefois pour arrêter la graine ; on répète cette opération plusieurs fois, en ayant soin de ne pas laisser les grains trop longtemps en contact avec l'eau qui pourrait leur enlever des sels solubles. On place ensuite les semences sur un linge de toile entre les plis duquel on les frotte légèrement pour détacher le sable. De cette façon les grains étant complètement débarrassés de toutes les impuretés, on les sèche pour les incinérer.

Pour diviser il faut, bien entendu, prendre un couteau propre ou des ciseaux, et faire attention pendant la dessiccation que la poussière ne salisse pas les végétaux et qu'il n'y ait pas de perte de sucs végétaux.

Pour remplir la *deuxième* et la *troisième* condition il faut avoir soin de faire l'incinération à la plus basse température possible (au rouge sombre) sous l'action d'un courant d'air ni trop rapide ni cependant trop lent. Si ce courant est trop fort, des cendres pourront être entraînées ; s'il est trop faible, l'opération durera trop longtemps et il pourra y avoir facilement des réductions. Si l'on calcine trop fortement, non seulement on fond les chlorures, les carbonates et les phosphates alcalins et on rend bien plus difficile la combustion du carbone enveloppé par ces sels fondus, mais on peut volatiliser facilement des chlorures métalliques et des carbonates alcalins (*), et même on peut perdre de l'acide phosphorique ; car ainsi que l'a montré *Erdmann*, les phosphates acides alcalins chauffés au rouge avec du charbon se transforment en sels neutres, par suite de la réduction et de la volatilisation d'une partie de phosphore. Même en incinérant avec le plus grand soin on ne peut pas éviter une perte de chlore ; bien plus il s'en dégage toujours un peu déjà pendant la carbonisation, parce que les produits acides de la distillation sèche chassent de l'acide chlorhydrique. Voir *H. Rose* (**), *R. Weber* (***), *Behaghel von Adlerskron* (****).— On peut, il est vrai, par la méthode d'incinération ou en mélangeant, s'il le faut, la substance à brûler avec du carbonate de soude, de la baryte ou de la chaux, éviter la perte des chlorures ou des phosphates, mais cela ne réussira pas pour l'acide carbonique. Aussi le dosage de ce dernier ne peut donner rien de précis sur les éléments du végétal, car jamais la présence d'un carbonate dans les cendres d'une plante (ne renfermant pas de carbonates) n'a permis de pouvoir conclure d'une manière exacte à l'existence primitive d'un sel à acide organique : on sait en effet avec quelle facilité des carbonates alcalins peuvent se produire par l'action d'un azotate sur du charbon, ou par l'action des produits acides de la distillation sèche des substances organiques sur les chlorures alcalins et la décomposition ultérieure des composés alcalins ainsi formés. *Strecker* a montré aussi que si l'on chauffe au rouge un phosphate tribasique avec un grand excès de sucre, agissant par son carbone, il se fait un carbonate en même temps que du pyrophosphate alcalin. En tenant compte de ce fait et en remarquant de plus que réciproquement un pyrophosphate alcalin fortement calciné avec un carbonate se change en phosphate tribasique, on comprendra que la présence d'un phosphate bibasique ou tribasique dans une cendre dépend aussi de la manière dont elle aura été préparée.

(*) Voir *Landolt, Zeitschr. f. analyt. Chem.*, VII, 20, et *Vogel, Idem*, VII, 149.

(**) *Ann. de Pogg.*, LXXX, 113.

(***) *Ann. de Pogg.*, LXXXI, 407.

(****) *Zeitschr. f. analyt. Chem.* XII, 405

Les conclusions sur la proportion des sulfates sont aussi très peu certaines, même quand on fait l'incinération en ajoutant une terre alcaline. En effet, les plantes renferment d'abord de l'acide sulfurique à l'état de sulfate, puis du soufre dans des matières organiques, surtout dans l'albumine. Si l'on opère avec soin, sans doute on conservera complètement le sulfate préexistant, mais en outre la proportion en sera certainement augmentée dans beaucoup de cas par celui qui sera produit pendant la calcination. Aussi on ne peut jamais, de la proportion d'acide sulfurique trouvée, tirer des conclusions, même approchées, relativement au soufre que renferme la plante (*).

Je vais indiquer les méthodes que l'on peut suivre pour préparer les cendres.

1. Incinération dans un moufle ou un creuset.

Ce procédé, employé d'abord par *Erdmann* (**), puis plus tard par *Strecker* (***) et en usage dans mon laboratoire, a presque complètement remplacé l'ancienne méthode défectueuse de carboniser la substance dans un creuset de Hesse incliné.

Les moufles dont je me sers ont à l'intérieur 25 centimètres de profondeur, 17 centimètres de largeur et 12 centimètres de hauteur. On les introduit par en haut dans les fourneaux, ils n'ont pas de tube de tirage et sont imparfaitement fermés par un couvercle percé de trous. La circulation de l'air est suffisante pour brûler complètement la substance carbonisée.

a. On dessèche d'abord la substance (environ 100 grammes) à la température de 100 ou 110°. Pour cela on coupe les racines succulentes ou les fruits et on les place sur des lames de verre. On pèse la matière desséchée, on la met dans une capsule peu profonde en platine ou en porcelaine qu'on introduit dans le moufle et on chauffe lentement. Quand il ne se dégage plus de produits combustibles, on élève un peu la température, mais pas au delà du rouge sombre, à peine reconnaissable à la lumière du jour. À cette température, insuffisante pour fondre le chlorure de sodium et le pyrophosphate de soude, le charbon brûle en produisant une faible incandescence, et 12 heures suffisent pour avoir une quantité de cendres sans charbon suffisante pour l'analyse complète. — Les substances qui ne pourraient pas se prêter à cette opération seront d'abord carbonisées au rouge faible dans un grand creuset couvert en platine ou en argile de Hesse, puis on brûlera la masse carbonisée dans le moufle. Il faut en général éviter de remuer la matière pendant l'incinération, parce qu'on lui ferait perdre sa porosité. Dans ce procédé, *Strecker* a reconnu qu'il ne se volatilisait pas de chlorure de sodium.

La combustion terminée, on retransforme en carbonates neutres et anhydres les alcalis et les terres alcalines caustifiées par la perte d'acide

(*) Voir *Mayer. Ann. d. Chem. u. Pharm.*, CI, 136 et 154.
(**) *Ann. d. Chem. u. Pharm.*, LIV, 353.
(***) *Ann. d. Chem. u. Pharm.*, LXXIII, 366.

carbonique, on pèse les cendres, on les broie, les mélange bien et les conserve dans un flacon à l'émeri.

La transformation des alcalis ou des terres alcalines en carbonates peut se faire : α) en humectant les cendres, les plaçant sous une cloche tubulée sous laquelle on fait arriver un courant prolongé d'acide carboniq ue et on continue l'opération tant qu'il le faut en remuant de temps en temps. β) en évaporant plusieurs fois au bain-marie les cendres mouillées avec une dissolution aqueuse d'acide carbonique ou de carbonate d'ammoniaque. — A la fin on sèche et l'on chauffe modérément jusqu'à ce que toute l'eau soit chassée. — De cette façon les alcalis et la chaux (et aussi la baryte, voir plus bas 4. quand les cendres sont préparées avec l'hydrate de baryte) sont transformés en carbonates, mais pas la magnésie, qui, si elle était telle dans les cendres, se trouve aussi telle, au moins en partie, dans les cendres traitées par l'acide carbonique.

b. S'il faut faire une incinération en petit, on se sert d'un creuset en platine incliné, chauffé avec une lampe à gaz ou à alcool, et qui jusqu'aux trois quarts de sa hauteur est enfoncé dans l'ouverture circulaire faite dans un couvercle concave en argile cuite ou en carton d'amiante. Au moyen d'un trépied, dont un pied est plus court que les autres, on donne à l'appareil l'inclinaison voulue. En chauffant le creuset par-dessous, l'entrée de l'air n'y est pas gênée par les gaz de la flamme et l'incinération se fait comme dans un moufle, *J. Lœwe* (*), *G. Lunge* (**). On achève comme en a.

c. Si l'on doit traiter des végétaux riches en chlorures alcalins et dont les cendres sont dès lors facilement fusibles, il vaut mieux les carboniser d'abord dans un creuset, à la plus basse température possible, puis les traiter par l'eau pour enlever la majeure partie des sels solubles, sécher le résidu et l'incinérer dans le moufle ou le creuset en platine.

Après avoir traité les cendres de la partie insoluble par l'eau chargée d'acide carbonique ou par le carbonate d'ammoniaque et les avoir pesées, on étend la solution de façon à en faire autant de dixièmes, ou de demi-C.C., voire même de C.C. entiers qu'il y a de milligrammes de cendres dans la partie insoluble, et, quand on fera l'analyse de celles-ci, on ajoutera au poids qu'on prendra, le volume correspondant de la dissolution. J'ai souvent opéré de cette façon avec avantage et pour la première fois dans l'analyse des cendres des marguerites (***). Pour avoir la quantité totale des cendres, on prend un volume connu de la solution, on y ajoute de l'acide carbonique dissous dans de l'eau ou du carbonate d'ammoniaque, on évapore à siccité, et l'on pèse le résidu anhydre, modérément chauffé. On calcule pour la totalité de la dissolution et l'on ajoute ce poids à celui des cendres de la partie insoluble.

2. Incinération dans une capsule avec le secours d'un courant d'air artificiel, d'après *F. Schulze*.

a. Dans un creuset et au rouge faible, on carbonise la substance organique séchée à 100° et pesée. On met le charbon dans une capsule peu

(*) *Zeitschr. f. analyt. Chem.*, XX, 223.
(**) *Taschenbuch. f. die Soda-Fabricat.* Berlin, 1883 p. 83.
(***) *Journ. f. prackt. Chem.*, LXX, 85.

profonde en platine, on place par-dessus un triangle en fil de platine, et sur celui-ci un verre de lampe ordinaire (ou un col de cornue assez large; on peut aussi soutenir le cylindre avec un support à cornue au-dessus de la capsule). Il n'y a plus qu'à poser sous la capsule une lampe à alcool ou à gaz. De cette façon on peut très facilement et rapidement incinérer à une basse température même des graines de céréales, car on augmentera ou l'on ralentira le courant d'air en allongeant ou en raccourcissant le cylindre, ou en rapprochant ou éloignant son orifice inférieur de la capsule (*). On pèse ensuite les cendres et on opère comme en 1.

b. Ce mode d'incinération se recommande aussi pour les végétaux riches en sels alcalins.

3. Incinération avec un courant d'air artificiel · suivant *Hlasiwetz* (**).

Pour appliquer cette méthode il faut avoir un vase en argent, en platine ou en porcelaine ayant la forme d'une pipe. Pour les charbons difficiles à brûler, il est cylindrique, de 21 centimètres de longueur, 4,5 de largeur et terminé en pointe à la partie inférieure. Un double fond en platine percé de 6 à 8 petits trous empêche la chute du charbon ou des cendres. Pour les substances faciles à brûler, on lui donne la forme conique ou celle d'un creuset. Cette sorte de pipe est fixée à l'une des tubulures d'un flacon à deux tubulures. Le premier flacon de *Woulf* communique à un deuxième, puis à un troisième, et ce dernier est réuni à un très grand aspirateur. En ouvrant le robinet de celui-ci, l'eau coule et l'air passe à travers le vase en forme de pipe et à travers l'eau qui remplit les flacons à moitié. On carbonise d'abord la matière dans un creuset en porcelaine fermé. Quand les gaz cessent de brûler, on jette le charbon au rouge faible dans la pipe et immédiatement on laisse couler l'eau de l'aspirateur en mince filet. Il faut régler le robinet de façon que la combustion se continue régulièrement, mais pas à une trop haute température. De temps en temps on remue la masse avec un fil de platine. Enfin on chauffe quelque temps les cendres dans une capsule en platine pour brûler les dernières traces de charbon. Dans l'eau des flacons on trouve quelque peu de sels, tels que des chlorures, et en outre de l'acide carbonique et de l'ammoniaque que l'on pourra doser si la quantité en est suffisante.

4. Incinération dans un moufle avec addition de baryte, par *Strecker*.

On sèche la matière organique à 100° et on la carbonise légèrement sur la lampe dans une capsule en platine ou en porcelaine. On humecte le charbon avec une dissolution concentrée d'hydrate de baryte et de façon que les cendres qui resteront renferment environ la moitié de leur poids de baryte. On sèche de nouveau le charbon et on le brûle dans un moufle

---

(*) *F. Schulze* emploie ce moyen pour incinérer les filtres en posant le creuset avec le filtre dans la capsule.

(**) *Ann. d. Chem. u Pharm.*, XCVII, 244.

à la plus basse température possible. De cette façon les cendres ne fondent pas et restent volumineuses et poreuses, de sorte que le charbon se brûle complétement. Le résidu doit renfermer un excès de carbonate de baryte. Dans le cas où cela n'aurait pas lieu, on aurait à craindre une perte de phosphore et on ferait bien de refaire une nouvelle incinération avec une plus grande quantité de baryte. On réduit le résidu en une poudre fine que l'on mélange intimement.

E. *von Raumer* (*) ayant remarqué qu'en incinérant de cette façon des grains de maïs, les cendres renfermaient des pyrophosphates, eut l'idée, pour obvier à cet inconvénient, de tremper les graines dans de l'eau de baryte, de les sécher, puis de les incinérer. Les graines de maïs ainsi traitées donnèrent alors des cendres ne contenant que des orthophosphates.

Si en préparant ainsi les cendres avec de la baryte, on veut cependant en connaître la quantité, il faut prendre un volume mesuré d'une eau de baryte de richesse connue et ramener, comme il est dit en 1. a., à l'état de carbonates les alcalis et les terres alcalines caustifiées par la perte d'acide carbonique. Enfin il ne faut pas non plus oublier que les cendres préparées avec la baryte, si l'on n'a pas ajouté une grande quantité de cette terre alcaline, ne renferment plus tout le chlore qu'on trouverait dans la substance incinérée directement. On trouvera donc dans ce cas une quantité de cendres un peu trop faible et, pour avoir exactement le chlore, il faudra prendre une nouvelle portion de la matière organique primitive. (Voir page 1129, *Bunge* (*), *Behaghel von Adlerskron* (**).

5. Incinération à l'aide de la mousse de platine, suivant *H. Rose*.

On carbonise d'abord au rouge sombre dans une capsule en platine ou en terre environ 100 grammes de la substance desséchée à 100°; on pulvérise finement la masse charbonneuse dans un mortier en porcelaine, on y mélange intimement 20 à 30 grammes de mousse de platine, on projette la poudre par portions dans une capsule en platine plate chauffée avec une lampe à double courant d'air. Au bout de quelque temps, avant que le contenu de la capsule soit au rouge, chaque parcelle de charbon se met en ignition et la surface du mélange noir prend une teinte grisâtre. En remuant avec précaution à l'aide d'une petite spatule en platine, on renouvelle la surface et on favorise la combustion. Tant qu'il y a du charbon non brûlé, on le reconnaît à l'ignition qui se produit par places et qui cesse quand l'opération est terminée, quand bien même on chaufferait plus fort. Lorsque l'incinération est achevée, on mélange uniformément, on ramène les oxydes à l'état de carbonates anhydres (voir plus haut, 1. a.) et on pèse. En retranchant le poids de platine ajouté, on a le poids des cendres. Il peut aussi y avoir des pertes de chlore dans ce procédé d'incinération (voir page 1116).

(*) *Zeitschr. f. analyt. Chem.*, XX, 375.
(**) *Zeitschr. f. Biologie*, IX, 1ᵉʳ fascicule.
(***) *Zeitschr. f analyt. Chem.*, XII, 405.

6. Autres procédés d'incinération.

Nous n'avons pas, de 1 à 5, épuisé tous les procédés d'incinération proposés et appliqués. Ainsi *Græger* (*) et *Al. Muller* (**) se servent du peroxyde de fer, tandis que *Béchamp* (***) ajoute de l'azotate de bismuth pour incinérer les matières végétales ou animales difficilement combustibles, comme par exemple la levure de bière. Je me contenterai d'indiquer ici ces principaux modes d'opérer.

II. ANALYSE DES CENDRES.

§ 285.

Après avoir indiqué les méthodes les plus convenables pour la préparations des cendres, je dirai encore que dans la majorité des cas les méthodes 1 et 2 suffisent amplement, quand elles sont bien conduites et que surtout pour certains cas on les combine avec les procédés 1. c. ou 2. b.

Dans ce qui suit je ne parlerai que de l'analyse des cendres pures (exemptes de baryte ou de mousse de platine). Si l'on avait fait l'incinération suivant 4 ou 5, il n'y aurait à apporter aux méthodes d'analyse que je vais décrire que de légères modifications faciles à trouver.

En considérant les éléments essentiels des cendres, on peut les partager en trois groupes.

α. Les cendres où dominent les *carbonates alcalins et alcalino-terreux.* — Telles sont par exemple celles des bois, des plantes herbacées, etc.

β. Les cendres où dominent les *phosphates alcalins et alcalino-terreux.* — Ce sont presque toutes celles fournies par les graines.

γ. Les cendres où domine la *silice.* — Celles des chaumes de graminées, des tiges des équisétacées, etc.

Bien que cette classification n'ait rien d'absolu et qu'il y ait de nombreux intermédiaires entre les groupes, nous la conservons cependant pour plus de clarté, parce que la marche générale de l'analyse doit subir quelques modifications, suivant qu'elle s'applique à l'une ou à l'autre de ces espèces de cendres.

a. *Analyse qualitative.*

Comme on sait déjà d'une manière générale les éléments que renferment d'ordinaire les cendres, il serait superflu de faire chaque fois une analyse qualitative complète. — Quelques essais préliminaires suffiront pour savoir si les cendres renferment ou non certains principes qu'on y trouve plus rarement et pour reconnaître aussi dans laquelle des catégories précédentes il faut les classer. — Voici ces essais :

(*) *Jahresbericht v. Kopp u. Will*, 1859, 693.
(**) *Journ. f. prackt. Chem.*, LXXX, 118.
(***) *Comptes rendus*, LXXIII, p. 357.

1. On essaie la *réaction des cendres*.

2. *On examine si la cendre est complètement désagrégée en la chauffant avec de l'acide chlorydrique concentré.* — S'il y a une vive effervescence, on peut être presque certain que la désagrégation aura lieu. — Il n'y a guère que les cendres des graminées, très riches en silice, qui ne sont pas complètement attaquées.

3. Si à la dissolution chlorhydrique d'une cendre quelconque, séparée de la silice et débarrassée de la majeure partie de l'acide libre, on ajoute un acétate alcalin, ou si l'on neutralise par l'ammoniaque et si l'on ajoute de l'acide acétique, il se forme presque toujours un précipité gélatineux blanc jaunâtre de phosphate de peroxyde de fer. Il faut savoir encore *si outre l'acide phosphorique de ce précipité, il ne s'en trouve pas encore dans les cendres.* Pour cela on filtre, et au liquide on ajoute de l'ammoniaque en excès. — S'il ne se forme *pas* de précipité, ou si celui qui se produit est rouge, c'est que les cendres ne renferment pas davantage d'acide phosphorique; mais si le précipité est blanc (phosphate de chaux et phosphate ammoniaco-magnésien), c'est une preuve que les cendres renferment plus d'acide phosphorique que n'en contient le premier précipité de phosphate de fer, et dans ce cas elles rentrent dans la seconde classe.

4. *On cherche le manganèse* en mêlant une partie des cendres avec de la soude et en soumettant sur une feuille de platine à la flamme extérieure du chalumeau (*voir* Analyse qualittaive).

5. On s'assure si en traitant les cendres par l'acide chlorhydrique il se dégage de l'*acide sulfhydrique*.

6. *On cherche la lithine, le rubidium, la strontiane, la baryte, l'oxyde de cuivre, l'alumine, le brome, l'iode, le fluor* et les autres substances autant que cela peut offrir quelque intérêt (*voir* Analyse qualitative, page 411, V° édit.).

b. *Analyse quantitative.*

a. Cendres dans lesquelles dominent les carbonates alcalins et alcalino-terreux et dans lesquelles on peut regarder tout l'acide phosphorique comme combiné au peroxyde de fer.

§ 286.

Pour doser tous les principes, on prend deux échantillons que nous désignerons par AA et par BB.

Dans **BB** on dose l'acide carbonique (*) et le chlore;
» **AA** »   tous les autres éléments.

Toutefois si les cendres contiennent des sulfures métalliques, il faut prendre trois échantillons, un pour l'acide carbonique et l'hydrogène sulfuré, un pour le chlore et le troisième pour tous les autres éléments.

(*) Bien que ce dosage n'ait pas une grande importance par lui-même (page 1116), il faut cependant le faire pour compléter l'analyse et pouvoir s'en servir comme contrôle.

AA.

1. Dosage de la silice, du charbon et du sable.

Dans une capsule en porcelaine on met 4 ou 5 grammes de cendre avec un peu d'eau et on y verse peu à peu de l'acide chlorhydrique. Si la cendre est riche en carbonates, on couvre la capsule avec un entonnoir renversé, dont le tube soutient un plus petit entonnoir par lequel on verse l'acide. On évite ainsi les pertes par projection. On chauffe un peu. Quand tout l'acide carbonique est chassé, on lave les entonnoirs en recueillant l'eau de lavage dans la capsule. Quand on n'aperçoit plus de cendre non dissoute, sauf les parcelles de charbon et de sable qui ne manquent presque jamais et qu'on reconnaît facilement, on évapore à siccité au bain-marie, en cassant et pulvérisant les morceaux concrétés.

Après le refroidissement on humecte la masse avec de l'acide chlorhydrique concentré : on abandonne environ une demi-heure, on chauffe au bain-marie avec une quantité d'eau convenable et on filtre le liquide acide à travers un filtre en papier fort, séché à 100° et pesé.

Sur le filtre reste la silice avec le charbon et le sable, s'il y en a. Si le contenu du filtre n'est formé que de silice et de charbon, on lave bien (*), on sèche à 110°, on pèse, on incinère, on dose ainsi la *silice* et par différence on obtient le *charbon*. En chauffant ce dernier avec de l'acide fluorhydrique et de l'acide sulfurique, on s'assure qu'il est bien pur. — Mais s'il y a sur le filtre de la silice, du charbon et du sable, après avoir lavé et séché le contenu, on le fait passer dans une capsule en platine, sans endommager le filtre (ce qui est facile lorsque la poudre est bien sèche, et il reste dans ce cas si peu de matière adhérente au papier qu'il ne paraît seulement que coloré par le charbon). On maintient pendant une demi-heure la poudre en ébullition avec une dissolution étendue de soude pure (exempte de silice) ou aussi avec une dissolution concentrée de carbonate de soude ; de cette façon on dissout peu à peu tout l'acide silicique, sans attaquer le sable, ni le charbon. On filtre alors à travers le même filtre, on lave bien la partie non dissoute, on la sèche dans le filtre à 110° jusqu'à ce qu'il n'y ait plus de perte de poids. En retranchant le poids du filtre, on aura le *charbon* et le *sable* s'il y en a.

Le liquide filtré sursaturé d'acide chlorhydrique donnera, d'après le § **140**, II. a., la quantité d'*acide silicique*.

§ 140.

2. Dosage de tous les autres éléments, excepté le chlore et l'acide carbonique.

La dissolution chlorhydrique séparée de la silice, du sable et du charbone et réunie aux eaux de lavage, est bien intimement mélangée, puis partagé, par des mesures en volume ou en poids en trois parties ou mieux en quatre.

(*) Comme le charbon en quantité relativement grande se laisse difficilement laver complètement, il en résulte que des cendres riches en charbon ne sont guère propres à une analyse rigoureuse.

afin que si une opération manque on puisse la recommencer. — Le plus simple est de recueillir le liquide qui filtre dans un ballon de 200 C. C., dans lequel on reçoit aussi les eaux de lavage et qu'on achève de remplir jusqu'au trait avec de l'eau pure : on agite et on prend chaque fois 50 C. C. Désignons les trois portions par les lettres aa., bb. et cc. Dans aa., on dose le phosphate de peroxyde de fer et le peroxyde de fer qui pourraient s'y trouver encore, plus les terres alcalines et le manganèse, s'il y en a, et l'alumine. Dans bb. on dose l'acide sulfurique et dans cc. les alcalis.

aa. *Dosage du phosphate de fer*, etc., *et des terres alcalines.*

On verse de l'ammoniaque avec précaution jusqu'à ce que le précipité formé cesse de disparaître, puis de l'acétate d'ammoniaque et assez d'acide acétique pour que la réaction soit nettement acide. Le précipité blanc jaunâtre permanent qui se forme et dont on favorise le dépôt en chauffant légèrement, est du *phosphate de peroxyde de fer*. On filtre de suite. S'il est faible, si la cendre ne renferme pas de quantités appréciables de manganèse et d'alumine et si le liquide filtré n'est pas rouge, on le lave avec de l'eau chaude contenant un peu d'azotate d'ammoniaque, on le chauffe au rouge, on le pèse et on calcule le résidu de la calcination comme Fe^2O^3, PhO^5 (page 170). Si au contraire, dans les mêmes circonstances, le précipité est plus abondant, on le lave trois ou quatre fois, on le dissout dans le moins possible d'acide chlorhydrique, on ajoute de l'ammoniaque jusqu'à ce qu'il commence juste à se produire un précipité permanent, puis de l'acétate d'ammoniaque et un peu d'acide acétique. Après avoir un peu chauffé on filtre, on lave comme plus haut, on sèche, on calcine et on calcule encore le résidu d'après $Fe^2O^3 PhO^5$.

Si l'une de ces deux suppositions ne se réalise pas, soit qu'on ait directement filtré le précipité, soit qu'on l'ait filtré, un peu lavé, redissous dans l'acide chlorhydrique et reprécipité par l'acétate d'ammoniaque, on ne peut plus le peser de suite et le regarder comme $Fe^2O^3 PhO^5$, car il peut renfermer dans ce cas du protoxyde de manganèse, et de l'alumine ou, si le liquide filtré est rouge, du phosphate basique de peroxyde de fer. S'il n'y a que ce dernier, on chauffe au rouge et l'on pèse le précipité, on le redissout dans l'acide chlorhydrique, on dose le *peroxyde de fer* dans la dissolution suivant la page 350. g. β., et par différence on a l'*acide phosphorique* auquel il est combiné.

Mais s'il y a en outre dans le précipité du manganèse et peut-être aussi de l'alumine, on le dissout encore dans l'acide chlorhydrique, on précipite comme il est dit à la page 350. g. β., le *fer* et le *manganèse*, que l'on séparera d'après la page 489 [82]. On évapore le liquide filtré dans une capsule en platine en ajoutant du carbonate de soude pur jusqu'à ce qu'il ne se dégage plus d'ammoniaque : on met alors un peu de salpêtre, on évapore à siccité, on fait fondre, on humecte avec de l'eau, on fait passer dans un petit verre de Bohême, on ajoute de l'acide chlorhydrique, on chauffe et l'on filtre. On verse maintenant de l'ammoniaque jusqu'à réaction alcaline. Si cela ne produit pas de précipité, c'est qu'il n'y a pas d'alumine. Dans ce cas, on évapore à plusieurs reprises avec de l'acide azotique au bain-marie

et l'on dose l'*acide phosphorique* avec la liqueur molybdique (page 240. β.).
Si par exception l'ammoniaque avait produit plus haut un précipité, on
ajouterait de l'acide azotique jusqu'à ce qu'il fût redissous, on évaporerait
de même plusieurs fois avec de l'acide azotique, on doserait l'*acide phosphorique* avec l'acide molybdique, on précipiterait celui-ci dans le liquide
filtré avec l'hydrogène sulfuré, on filtrerait et dans le liquide filtré on
déterminerait l'alumine d'après la page 205. a.

Si la dissolution chlorhydrique de la masse fondue donne un précipité
avec l'ammoniaque, si par conséquent elle renferme de l'alumine, et si dès
lors on veut éviter la précipitation toujours ennuyeuse de l'acide molybdique, on dose l'alumine dans la dissolution chlorhydrique de la masse
fondue sous forme de *phosphate d'alumine*, en ajoutant au liquide un peu
de phosphate de soude, puis de l'ammoniaque et enfin de l'acide acétique
jusqu'à ce que ce dernier domine. On filtre pour avoir le précipité formé,
on le lave, on le sèche, on le chauffe au rouge, on le pèse et on calcule
d'après la formule Al²O³, PhO⁵. Pour avoir l'*acide phosphorique* on prend
alors les derniers 50 c. c. de la dissolution séparée par filtration avec
l'acide silicique, etc., et l'on opère suivant la page 1127, z.

Dans le liquide acidifié par l'acide acétique et séparé par filtration du
phosphate de peroxyde de fer, etc., on dose la *chaux* et la *magnésie* et le
reste de *fer* et de *manganèse* (*) s'il y en a encore. A cet effet, s'il le faut,
on précipite le peroxyde de fer par l'ammoniaque ou bien le fer et le manganèse (qu'il faudra séparer suivant la page 489 [82]) par l'ammoniaque et
le sulfhydrate d'ammoniaque et enfin on dose la chaux et la magnésie d'après
la page 471 [36], éventuellement après avoir détruit le sulfhydrate d'ammoniaque dans le liquide filtré en l'évaporant avec de l'acide chlorhydrique
et en filtrant.

bb. *Dosage de l'acide sulfurique.*

On précipite le liquide b. avec le chlorure de baryum et l'on opère avec
le précipité suivant le § **132**. 1.

cc. *Dosage des alcalis.*

Au liquide c. on ajoute juste assez de chlorure de baryum pour précipiter
tout l'acide sulfurique dosé en bb., on évapore la plus grande partie de l'acide
libre au bain-marie, on ajoute un léger excès de lait de chaux pure, on
chauffe assez longtemps au bain-marie et on filtre. De cette façon on
élimine tout l'acide sulfurique, tout l'acide phosphorique, le peroxyde de fer,
le protoxyde de manganèse et la magnésie. On lave le précipité jusqu'à ce
que l'eau de lavage ne trouble plus l'azotate d'argent; dans le liquide on
précipite l'excès de chaux par l'ammoniaque additionnée de carbonate
d'ammoniaque, on laisse déposer, on filtre, on évapore à siccité dans une
capsule de platine, on chauffe au rouge, on précipite une seconde fois et,
s'il le faut, une troisième avec l'ammoniaque et le carbonate d'ammoniaque

---

(*) Je n'ai pas parlé du cas bien rare où le liquide contiendrait encore de l'alumine
Si cela se présentait par hasard, on la précipiterait avec l'ammoniaque et le sulfhydrate
d'ammoniaque et alors il faudrait la séparer du fer ou du manganèse d'après le § **160**.

(jusqu'à ce que la dissolution du résidu de la calcination ne soit plus troublée par ces réactifs), on évapore, on chauffe légèrement au rouge, on pèse les chlorures alcalins qui restent, et s'il y a de la soude avec de la potasse, on les sépare d'après la page 459. [1]

N. B. Si la quantité de cendres est faible, on peut ne partager qu'en deux portions le liquide séparé par filtration de la silice, et dans ce cas on dose l'acide sulfurique et les alcalis dans le même essai. On précipite d'abord l'acide sulfurique en évitant de mettre un excès de chlorure de baryum, puis on achève suivant cc.

BB. Dosage de l'acide carbonique, du chlore et du soufre qui se trouve éventuellement sous la forme de sulfure métallique.

1. L'analyse qualitative a démontré l'absence de sulfures métalliques dans les cendres :

On traite une seconde portion des cendres suivant la page 375 bb. ou la page 378 pour doser l'acide carbonique. On filtre le contenu du petit ballon dans lequel on a fait la dissolution avec de l'acide azotique et l'on précipite le chlore avec l'azotate d'argent suivant le § **286** (voir la fin).

2. L'analyse qualitative a démontré la présence de sulfures métalliques dans les cendres : On traite une seconde portion des cendres pour doser l'acide sulfhydrique (et en même temps le soufre qui se trouve à l'état de sulfure métallique) qui se développe quand on traite par de l'acide chlorhydrique, et l'acide carbonique d'après *d.*, page 832). Si ce dosage de l'acide sulfhydrique doit être rigoureux, il convient d'opérer dans une atmosphère d'hydrogène (page 937, a). Pour doser le chlore on fait bouillir une troisième portion de cendres avec de l'eau, on filtre, on ajoute au liquide filtré un excès d'azotate d'argent. La partie des cendres insoluble dans l'eau est traitée par de l'acide azotique étendu, filtrée et ajoutée à la solution déjà traitée par de l'azotate d'argent; on laisse reposer à l'abri de la lumière et on recueille sur filtre le précipité de chlorure et de sulfure d'argent, on le lave, on le traite par une solution d'ammoniaque pour dissoudre le chlorure, on filtre, enfin on acidule par de l'acide azotique et on dose le chlorure d'argent ainsi purifié suivant a, p. 393).

N. B. Si l'on n'avait que très peu de cendres, on pourrait tout doser dans un seul essai. On cherche d'abord l'acide carbonique comme en BB; on filtre à travers un filtre pesé : dans le liquide, on dose le chlore avec l'azotate d'argent, on élimine l'excès d'argent avec l'acide chlorhydrique, on réunit le liquide au contenu du premier filtre, en étalant celui-ci sur une lame de verre et en enlevant les parcelles de substances avec la fiole à jet, puis on achève comme en AA. À la fin on réunit sur le filtre lavé et séché le sable, le charbon et la silice.

β. Cendres attaquables par l'acide chlorhydrique, dans lesquelles il y a encore de l'acide phosphorique outre celui combiné au fer.

§ 287.

On prend deux portions des cendres (*), une plus grande AA, une plus petite BB. Dans BB, on dose l'acide carbonique et le chlore comme au § 286, et dans AA, tous les autres éléments. Si l'on avait moins de matières, on pourrait tout déterminer dans une seule portion (voir § 286. à la fin, *N. B.*).

On traite AA par l'acide chlorhydrique et l'on sépare la silice, le sable et le charbon comme au § 286. Avec la solution chlorhydrique on fait 500 C.C. que l'on partage en deux parties *aa* de 100 C.C. et *bb* de 200.

Dans *aa* on dose d'abord l'*acide sulfurique*, en ajoutant du chlorure de baryum en moindre excès possible ; puis on verse du perchlorure de fer jusqu'à ce que la liqueur ait une teinte jaune ; on chasse par évaporation au bain-marie la plus grande partie de l'acide libre, on étend d'eau et l'on ajoute au liquide un lait de chaux pure jusqu'à ce que la solution possède une réaction alcaline, on chauffe jusqu'à l'ébullition et on filtre. Le précipité est lavé jusqu'à ce que les eaux de lavage n'accusent plus de chlore, on élimine dans le liquide la chaux et la baryte en excès au moyen du carbonate d'ammoniaque et on opère pour la détermination des alcalis comme au § 286.

A *bb* on ajoute de l'ammoniaque en excès, puis de l'acide acétique jusqu'à ce que les phosphates alcalino-terreux, d'abord précipités, soient de nouveau dissous.

Le précipité, qui est principalement constitué par du phosphate de fer, mais qui peut encore contenir de l'oxyde de manganèse, dans certains cas rares de l'alumine, et quand il est très volumineux, de petites portions de phosphates alcalins terreux, est traité comme il est dit à la page 1124, aa. On partage le liquide filtré en deux parties α et β. Dans l'une (α) on dose l'*acide phosphorique*, dans l'autre (β) la *chaux* et la *magnésie*.

α. Pour ce dosage on évapore la solution à plusieurs reprises au bain-marie avec de l'acide azotique jusqu'à siccité, on reprend le résidu avec de l'acide azotique et on dose l'acide phosphorique d'après la méthode molybdique, page 340, β. J'ai remarqué qu'après avoir dissous le phospho-molybdate d'ammoniaque dans l'ammoniaque et après neutralisation de de celle-ci par de l'acide chlorhydrique, il est utile d'ajouter de nouveau une certaine quantité d'ammoniaque (4 à 6 C.C.), puis on ajoute la mixture magnésienne goutte à goutte, et finalement une nouvelle quantité d'ammoniaque jusqu'à ce que le volume de celle-ci ait atteint le quart du volume primitif. — En opérant de la sorte, on est sûr d'avoir des résultats

---

(*) Si les cendres renferment exceptionnellement des sulfures métalliques, il est néces-saire de prendre trois portions, parce que l'analyse, en ce qui concerne la détermination du chlore, de l'acide carbonique et de l'acide sulfhydrique, doit être conduite suivant BD 2., page 1126.

exacts, que les cendres contiennent des ortho-ou des pyrophosphates.

β. Pour le dosage de la *chaux* et de la *magnésie* en β, on opère d'après la page 472 (37). Les cendres contiennent-elles une quantité de magnésie dosable, il faut avoir soin de l'éliminer de la portion β dans laquelle on veut doser la chaux et la magnésie, car elle se précipiterait avec l'une ou avec l'autre. — On traite la solution β, acidulée avec de l'acide acétique (et qui renferme en outre des acétates alcalins) par du chlore ou du brome, tout en chauffant vers 50 à 60°, on sépare par filtration l'hydrate de peroxyde de manganèse, on lave le précipité, on le dissout dans l'acide chlorhydrique, on le précipite et on le dose à l'état de sulfure. Le liquide filtré qui renferme encore des traces de terres alcalines (page 483, α) est évaporé avec de l'acide chlorhydrique, filtré et ajouté à celui duquel on a séparé l'hydrate de peroxyde de manganèse. On dose dans ce liquide la chaux et la magnésie comme il a été dit plus haut.

Parmi les nombreux traitements qu'on pourrait faire subir au liquide β, s'il ne renferme pas de manganèse, je rappellerai encore le suivant. Après avoir séparé le phosphate de fer, on précipite d'abord la chaux par le phosphate d'ammoniaque dans la solution acétique page 472 (37). On fait deux parts égales avec le liquide filtré : dans l'une on dose la magnésie avec l'ammoniaque et le phosphate de soude ou d'ammoniaque, dans l'autre, après addition d'acide azotique et évaporation, l'acide phosphorique avec l'ammoniaque et le sel ammoniac additionné de chlorure de magnésium.

γ. Cendres non attaquables par l'acide chlorhydrique.

§ 288.

On trouve rarement de l'acide carbonique dans de pareilles cendres : si cependant il y en avait, on le doserait suivant le § 286, ainsi que le chlore. Quant au dosage des autres éléments, il faut le faire précéder d'une désagrégation qu'on peut opérer de plusieurs façons.

1. On peut, ainsi que *Will* et moi l'avons indiqué les premiers, évaporer les cendres à siccité avec une lessive de soude pure dans une capsule en platine ou en argent. (L'expérience montre que de cette façon on désagrège complètement les combinaisons siliceuses des cendres, sans attaquer le sable mélangé, ou tout au plus en le modifiant fort peu. — A la fin il ne faut pas pousser la température au point de faire fondre la masse.) — On reprend le résidu par l'acide chlorhydrique étendu, on évapore, on traite de nouveau par l'acide chlorhydrique et on opère avec le résidu insoluble (silice, charbon et sable) comme plus haut, § 286. AA. 1., et avec la dissolution comme au § 286. AA. 2. ou § 287 AA. Bien entendu qu'on ne pourra pas doser les alcalis dans ce liquide, mais qu'il faudra, pour déterminer ces éléments, opérer sur une portion nouvelle, qu'on fondra avec de l'hydrate de baryte ou qu'on désagrégera par l'acide fluorhydrique.

2. *Way* et *Ogston* (*) mélangent les cendres exemptes de sable avec un

---

(*) *Journ. of the Royal Agricult. Soc. of England*, VIII, part. 1. — *Jahresber. v. Liebig u. Kopp*, 1849, 600.

poids égal d'azotate de baryte, et projettent par portions dans un grand creuset de platine. Par là les cendres sont rendues facilement décomposables par l'acide chlorhydrique, et deviennent tout à fait blanches si elles renferment du charbon. La silice est éliminée comme au § **286**, AA. 1, et l'on tient compte du sulfate de baryte qu'elle pourrait renfermer et qu'il faudra déterminer. On prend une portion de la dissolution chlorhydrique pour le dosage des alcalis (§ **286**. AA. 2. cc); on précipite le reste avec un léger excès d'acide sulfurique (on calcule d'après le poids de sulfate de baryte obtenu la petite quantité de sulfate de chaux qu'il a entraînée, car on a pesé l'azotate de baryte employé) : on partage le liquide filtré en deux parties, pour doser dans l'une le phosphate de fer, la chaux et la magnésie (§ **287**), et dans l'autre l'acide phosphorique d'après le § **134**. d. α.

En ce qui concerne d'autres méthodes d'analyse de cendres de plantes en général et de cendres particulières, je citerai encore les travaux de E. *Reichardt* (*), R. W. *Bunsen* (**), J. *König* (***) et R. *Ulbricht* (*Analyse des cendres des moûts et des vins*) (****).

B. Méthodes complémentaires pour déterminer certaines substances inorganiques qui se trouvent dans les plantes.

§ **289**.

Il résulte de ce qui a été dit au commencement du § **284**, que l'analyse des cendres d'une plante ou d'une partie de plante, analyse qui peut avoir de l'intérêt pour soi, nous apprend la composition des cendres, mais non pas la teneur des plantes ou des parties des plantes en éléments, éléments qui, comme le chlore, le soufre, et dans bien des cas le phosphore, peuvent se perdre dans le cours d'une incinération.

S'agit-il de déterminer ces éléments dans les plantes ou les parties des plantes, il convient d'employer les analyses complémentaires suivantes.

1. *Détermination du chlore.*

On imprègne 10 gr. de la plante ou des parties de plante, préalablement divisées, avec une solution d'environ 1 gramme de carbonate de soude, et on dessèche. On incinère ensuite le tout dans une capsule de platine en chauffant modérément et pendant longtemps; si on ne dépasse pas le rouge, il ne se volatilise pas de chlorure alcalin. Dès qu'on ne remarque plus de particules de charbon incandescent, on humecte les cendres (qui contiennent toujours encore un peu de charbon) avec de l'eau, on les broie, on les épuise avec de l'eau bouillante et on filtre.

(*) *Arch. d. Pharm.* [2], CXXXII, 88. — *Jahresber. v. H. Will*, 1867, 831.
(**) *Ann. d. Oenologie*, I, 3. — *Zeitschr. f. analyt. Chem.*, IX, 283.
(***) *Landwirtschaftl. Versuchsstationen*, X, 396. — *Zeitschr. f. analyt. Chem.*, IX, 288.
(****) *Landwirtschaftl. Versuchsstationen*, XXV, 399.

Après avoir lavé le filtre, on l'introduit dans la capsule de platine conte-nant le restant du résidu insoluble des cendres, et après l'avoir séché et incinéré complètement, on traite le résidu par de l'acide azotique étendu et froid, on filtre, on ajoute le liquide à la solution filtrée plus haut, on introduit, s'il est besoin, une nouvelle quantité d'acide azotique jusqu'à excès; enfin on dose dans la solution le chlore à l'état de chlorure d'ar-gent suivant p. 393 a. (*Beaghel v. Adlerskron*) (*). On indiquera plus loin, en 3, une autre méthode de dosage du chlore.

2. *Dosage du soufre*,

avec lequel on peut, s'il est nécessaire, combiner celui du phosphore.

a. Méthode de *W. Knop* et *R. Arendt* (**).

On traite les parties de plantes découpées (environ 4 à 5 gr.) par de l'acide azotique très concentré; on évapore à sec au bain-marie, on humecte de nouveau avec de l'acide azotique, on évapore de même, mais non pas jusqu'à siccité complète; on ajoute un peu d'eau, puis 2 à 3 gr. de carbonate de soude pur et exempt d'eau (celui-ci doit neutraliser tout l'acide libre), enfin on dessèche en ayant soin de remuer la masse. On humecte avec de l'eau la masse se détache ainsi facilement de la capsule, on ajoute une nouvelle quantité d'eau, de façon que le tout prenne une consistance de bouillie claire, on introduit 20 à 25 gr. de carbonate de soude pulvérisé et sec, et après avoir bien mélangé le tout, on sèche et on pulvérise la masse en une poudre fine; enfin on lave la capsule, préalablement humectée avec de la vapeur d'eau, avec du car-bonate de soude sec. La poudre est ensuite chauffée à la lampe à alcool, par petites portions, dans une capsule d'argent ou de platine, jusqu'à ce que la masse, qui ne doit pas être amenée à fusion, soit complètement blanche. Si l'on n'atteint pas ce but, on pulvérise de nouveau la substance, en y introduisant quelques décigrammes de salpêtre et on chauffe à nou-veau.

On traite finalement la masse par l'eau, on sursature avec de l'acide chlorhydrique et, après avoir séparé la silice, on précipite de la solution acide l'acide sulfurique par du chlorure de baryum, et on calcule, d'après le sulfate de baryte purifié obtenu, le *soufre* suivant page 329. S'agit-il de doser dans la solution filtrée l'*acide phosphorique*, on peut employer, suivant *Knop*, la méthode à l'urane, après avoir réduit au préalable la petite quantité de chlorure ferrique au moyen du chlorure d'uranium page 344, b.).

D'autres méthodes, signalées aux § **188** et **189**, peuvent aussi être employées pour le dosage du soufre et du phosphore dans les substances organiques, et parmi elles il convient de rappeler avant tout celle de Liebig § **188**. 1). La matière fondue est reprise par l'eau; la solution sursaturée

---

(*) *Zeitschr. f. analyt. Chem.*, XII, 395.
(**) Voir *R. Arendt. Le développement des plantes fibreuses* (communication privée de M. D. G. Brügelmann).

par de l'acide chlorhydrique est filtrée et l'acide sulfurique est précipité par du chlorure de baryum. S'agit-il de doser aussi l'*acide phosphorique*, on pourra employer, indépendamment de la métho designalée en *a.*, celle qui consiste à presque neutraliser le liquide, duquel on a séparé le sulfate de baryte, par du carbonate de soude, à ajouter un peu de perchlorure de fer et finalement un léger excès de carbonate de baryte. On filtre après repos, on lave le précipité contenant tout l'acide phosphorique, et après l'avoir dissous dans l'acide azotique, on y dose l'acide phosphorique d'après la méthode molybdique (page 340, β).

5. *Dosage de l'acide sulfurique et éventuellement du chlore contenus dans les plantes.*

S'agit-il de décider la question de savoir quelle part du soufre trouvé en 2. revient à l'acide sulfurique contenu dans la plante, on épuise celle-ci par de l'eau acidulée avec de l'acide azotique, comme l'a déjà recommandé *Caillat* (voir Remarque, page 1114). *E. Wolff* (*) recommande à cet effet l'emploi d'un tube en verre de $0^m,60$ de long sur 1,5 à 2 cent. de diamètre et effilé à l'une de ses extrémités. La partie effilée et ouverte de ce tube communique avec un petit tube en verre par l'intermédiaire d'un tube en caoutchouc muni d'une pince. On introduit dans la partie rétrécie du tube un tampon de coton bouilli avec une solution étendue d'acide azotique, puis environ 10 gr. de substance végétale, finement divisée; enfin on remplit l'appareil fermé par la pince, avec un mélange de 20 parties d'eau et de 1 partie d'acide azotique de densité 1,2. Au bout de quelques heures on soutire un peu du liquide, de façon à permettre à une nouvelle couche d'acide étendu d'être en contact avec la substance. On remplit de nouveau le tube et on continue ainsi jusqu'à ce qu'une partie du liquide écoulé n'accuse plus qu'un faible louche opalin après addition d'azotate d'argent. Si l'on n'a à doser dans le liquide que l'acide sulfurique, il vaut mieux réduire le liquide au bain-marie, étendre ensuite le produit réduit d'eau, précipiter par du chlorure de baryum et purifier le sulfate de baryte suivant page 530. Mais doit-on doser dans le liquide le chlore, on y ajoutera d'abord de l'azotate d'argent, puis on séparera par filtration le chlorure d'argent (contenant de la matière organique). On élimine ensuite au moyen d'acide chlorhydrique l'excès d'azotate d'argent; on évapore le liquide filtré jusqu'à ce que la majeure partie de l'acide soit chassée, on étend d'eau et on dose l'acide sulfurique comme ci-dessus. Le chlorure d'argent souillé de matière organique est, après lavage, dissous dans l'ammoniaque, puis la solution est additionnée de carbonate de soude, évaporée, le résidu chauffé jusqu'à fusion, puis repris par l'eau; la solution est acidulée par de l'acide azotique, puis précipitée par de l'azotate d'argent, on dose le chlorure d'argent suivant page 393, a .Ces sortes de dosage du chlore et de l'acide sulfurique ne fournissent néanmoins pas des résultats bien rigoureux, les substances végétales se laissant difficilement épuiser en totalité par de l'eau acidulée par de l'acide azotique.

(*) Instruction pour la détermination chimique des principaux éléments qui ont rapport à l'agronomie, 3e édit., p. 167.

C. Représentation des résultats.

§ 290.

Comme d'après la composition des cendres on ne peut rien conclure de certain sur la manière dont les bases et les acides sont unis dans le végétal, ce qu'il y a de plus rationnel est d'indiquer isolément les bases et les acides en centièmes et en poids. Seulement pour le chlore, on se rappellera qu'il faut le regarder comme étant à l'état de chlorure de sodium et, s'il n'y a pas assez de sodium, à l'état de chlorure de potassium; puis on calculera le sodium uni au chlore en soude que l'on retranchera de la quantité totale trouvée. Si l'on ne faisait pas cela, on aurait toujours un excès dans les analyses, car on n'indiquerait pas le chlorure de sodium des cendres comme chlore et comme sodium, mais comme chlore et soude. Dans toutes les cendres renfermant des carbonates alcalino-terreux, le manganèse existe à l'état d'oxyde salin, autrement on le considérera comme protoxyde.

Si l'on indique les résultats tels qu'on les a trouvés, ils ne sont pas comparables avec d'autres, car on aura fait entrer des éléments purement accidentels tels que le charbon et le sable. Il faudra donc, pour que les analyses soient comparables, ne pas tenir compte de ces principes non essentiels, et calculer la composition en centièmes en n'y comprenant que les éléments réellement propres à la cendre.

S'il faut caractériser une cendre comme cendre (par exemple la cendre de bois, qui doit servir comme engrais ou pour la préparation de la potasse), l'acide carbonique, bien qu'il ne provienne pas de la substance organique de la plante, doit être représenté. La simple énumération des éléments contenus dans les cendres ne suffit pas pour savoir la nature des substances inorganiques que la plante enlève au sol (voir page 1114); il faut ajouter les résultats fournis par les analyses complémentaires et ramener les nombres à 100 parties de la substance végétale sèche.

Les déterminations complémentaires fournissent les quantités de chlore, de soufre et éventuellement de phosphore, tandis que les analyses des cendres donnent tous les autres éléments. Dans cette énumération on fait abstraction de l'acide carbonique.

Autrefois on déterminait la quantité totale des cendres fournies par l'incinération d'une petite partie pesée d'une portion d'un végétal desséché avec soin, ensuite on brûlait une plus grande quantité non pesée et moins soigneusement desséchée de la plante, afin d'avoir la quantité de matières suffisante pour faire l'analyse. Celle-ci achevée, par un calcul simple on ramenait le tout au poids du végétal. Si, par exemple, des grains de froment donnaient 5 pour 100 de cendres, et si celles-ci renfermaient 5 pour 100 d'acide phosphorique, on en concluait que sur 100 parties de grains il y avait 1,5 d'acide phosphorique, etc.

Cette méthode sans doute est fort commode, mais il faut faire attention qu'elle ne donnera pas toujours des résultats exacts, car la quantité totale des cendres, pour les raisons citées au § 284, n'est pas constante : elle varie entre certaines limites suivant la durée, l'intensité et le mode de calcination. Dès lors, comme on ne peut pas être certain que la petite portion pesée pour connaître la proportion des cendres est identique en composition et en quantité à la portion plus grande servant à l'analyse, il vaut mieux, chaque fois, prendre d'une part le poids total de la substance qu'on incinérera, et de l'autre le poids total des cendres obtenues et qu'on analysera, ainsi que je l'ai indiqué dans la méthode. On peut encore avoir des résultats exacts d'une autre façon. On incinère un poids quelconque, assez grand et non pesé, du végétal pour avoir des cendres que l'on analyse et dans lesquelles on fixe exactement le rapport des éléments. Ensuite on incinère une moindre portion de la plante séchée à 100° et pesée; dans ces dernières cendres on dose un des éléments dont la proportion ne dépend pas du mode d'incinération, par exemple de la chaux: alors on connaît le rapport entre cet élément et le poids de la plante d'une part, et de l'autre le rapport entre le même élément et les autres principes composant les cendres. On peut facilement calculer le rapport des autres éléments à la substance incinérée.

IV. ANALYSE DES TERRES.

§ 291.

Abstraction faite de l'influence du climat, la fertilité d'une terre dépend de sa composition chimique et de ses propriétés mécaniques et physiques. La nature chimique n'est pas caractérisée seulement par la nature et le rapport des éléments qui composent le sol, mais encore par leur solubilité et par la manière dont ils sont combinés.

Si donc une analyse doit éclairer sur la fertilité du sol, elle doit autant que possible tenir compte de toutes ces particularités. Je dis autant que possible, parce qu'il est bien certain que d'une part nous ne pouvons pas dans les laboratoires faire agir les dissolvants comme ils agissent dans la nature; et d'un autre côté les recherches physico-chimiques ne nous permettent pas de tirer des conclusions suffisantes sur l'influence du mode de combinaison des corps dans le sol, influence qui se dévoile par exemple dans ce fait, qu'un terrain non encore cultivé, bien que contenant déjà les principes nécessaires à la nutrition d'une espèce particulière de plante, ne pourra pas la nourrir, tandis qu'il permettra le développement d'espèces différentes qui exigent les mêmes principes et même d'autres encore. La combinaison des éléments minéraux est donc une résistance qui s'oppose à ce que le sol livre certaines substances aux végétaux, résistance que des espèces peuvent surmonter, mais que d'autres ne peuvent vaincre et que la culture cependant diminue, ainsi que le prouve l'expérience (*).

Pour répondre au but de cet ouvrage, j'exposerai d'après les meilleurs travaux les procédés d'analyse chimique et mécanique du sol : mais quant

(*) Voir *Traité complet d'analyse chimique par J. Post*, trad. française par *L. Gautier*, 1884, chap. Engrais commerciaux.

à l'étude de ses propriétés physiques les plus importantes, je renvoie aux sources les plus sérieuses. Dans ce qui va suivre je me suis appuyé non seulement sur mes propres recherches, mais encore j'ai consulté d'autres mémoires, et surtout le travail d'ensemble sur l'analyse des sols par E. *Wolff* (*).

I. Choix de l'échantillon de terres.

§ 292.

On peut regarder comme sol agraire la couche superficielle jusqu'à une profondeur de 30 centimètres et comme sous-sol la couche qui s'étend au-dessous jusqu'à 60 centimètres. S'il faut étudier soit l'un soit l'autre en une place déterminée, on creuse un trou rectangulaire de 30 centimètres carrés, à parois verticales et dont le fond sera autant que possible horizontal : sur l'une des parois on détache une bande *verticale* ayant partout la *même épaisseur*. On opérerait de même avec le sous-sol. Si la terre analysée doit représenter la composition moyenne d'un champ, on prend de ces échantillons en divers points et on les mélange bien intimement. — On laisse dessécher le tout à l'air : cela se fait facilement en été en mettant la terre au grenier dans une caisse plate ; en hiver on la place dans une étuve dont la température est de 30 à 50°.

Pour une analyse complète, il faut prendre au moins 5 kilogrammes de terre.

II. Analyse mécanique.

§ 293.

1. On pèse toute la terre séchée à l'air, on enlève les *cailloux* et les *pierres*, après les avoir brossés, et on les pèse.

2. On dépose la terre dans un tamis dont les trous ont 3 millimètres, et tant qu'il passe quelque chose, on recueille la partie tamisée. On concasse sous une faible pression, dans un mortier avec un pilon en bois, les morceaux plus gros et on tamise de nouveau. On conserve avec soin la terre tamisée, que E. *Wolff* appelle la terre fine. On pose maintenant le tamis sur une capsule, on y verse de l'eau de façon à couvrir le contenu et l'on remue avec la main, jusqu'à ce que toute l'argile soit détachée de petits cailloux. A la fin on lave ceux-ci avec de l'eau, on jette le résidu du tamis dans une capsule, on le sèche à 100° et on le pèse. On a ainsi le *gravier*. Si après l'avoir bien desséché on le chauffe au rouge, la perte de poids donnera la quantité de matière organique qu'il fournit, en admettant qu'il soit formé de pierres ou de débris de roches qui ne peuvent pas perdre d'éléments minéraux au rouge. On laisse dessécher lentement, à la fin de 30 à 50°, le contenu de la capsule dans laquelle se trouve la terre enlevée par l'eau au gravier, on mélange bien uniformément ce résidu à la terre tamisée, on abandonne

---

(*) Ce travail du professeur *Émile Wolff* a été fait d'après les conseils de MM. *Bretschneider, Growen, Knop, Peters, Stohmann* et *Zœller*, membres de la commission du congrès chimico-agricole allemand du mois de mai 1865.

à la température moyenne et pendant quelques jours le tout étalé en couche mince dans un lieu sans poussière et l'on conserve dans un flacon bien
bouché cette *terre fine séchée à l'air.*

On connaît déjà le rapport de la terre fine au gravier et aux pierres ou
cailloux.

Pour opérer une séparation plus intime de la terre fine, on la passait de
nouveau, suivant le conseil de *F. Schulze* (*), à travers un tamis dont les
trous avaient $0^{mm},66$ de diamètre, afin d'arriver, comme il est dit au § **238**.
A., à séparer le sable grossier, le sable fin et les parties les plus ténues.

Mais on y parvient bien plus facilement et bien plus rapidement par un
simple lavage ou débourbage, au moyen de l'appareil de *Nœbel* (*fig.* 234)
employé par *Grouven* et *E. Wolff.*

Le réservoir à eau A a une capacité d'au moins 9 litres : au commencement de l'opération on y met 9 litres d'eau. Le robinet est relié à un tube

Fig. 234.

en caoutchouc, que l'on remplit d'eau. La colonne *bc* produit une pression
de 70 centimètres. Les quatre entonnoirs à débourber sont en verre et ont
ensemble une capacité de 4 litres : leurs volumes respectifs sont à peu près
comme

$$1 : 8 : 27 : 64 \text{ ou comme } 1^3 : 2^3 : 3^3 : 4^3.$$

5 est un vase en verre de 5 litres environ de capacité.

(*) *Journ. f. prakt. Chem.*, LXVII, 241

On prend 50 grammes pesés de la poudre fine préparée comme nous l'avons dit, et pendant quelques heures on les fait bouillir avec de l'eau, en broyant légèrement s'il le faut avec un pilon en bois, afin de diviser complètement tous les morceaux. On laisse reposer quelques minutes, on verse la plus grande partie du liquide trouble dans l'entonnoir 2, on remue le dépôt avec le moins d'eau possible, on le fait tomber tout entier dans l'entonnoir 1. On réunit alors 1 avec le tube en caoutchouc, on monte rapidement l'appareil et l'on ouvre le robinet du réservoir A, de façon qu'en 20 *minutes*, ce qu'on peut savoir par un essai préalable, on laisse couler juste les 9 *litres* sans qu'il soit nécessaire pendant l'opération de toucher au robinet.

Au bout de 20 minutes on ferme le réservoir : les entonnoirs contiennent ensemble 4 litres d'eau, tandis que dans le vase en verre il y en a 5 d'eau trouble. On laisse la terre se reposer dans tous les vases et le liquide se clarifier complètement et l'on fait passer les dépôts sur des filtres pesés, ce qui est très facile par les ouvertures *a*. Comme avec le contenu du vase 5, la filtration ne se fait généralement pas bien, on peut, après avoir décanté l'eau claire, faire tomber le dépôt dans une capsule et évaporer à siccité. On sèche tous les dépôts à 125°. Après la pesée, on mesure la perte de poids que chaque partie éprouve par la calcination (*) et l'on désigne de la façon suivante chaque élément séparé mécaniquement :

Contenu de 1 : petits fragments de roches, petites pierres, ou, d'après *Schulze*, sable graveleux.
Contenu de 2 : sable grossier.
    »   3 : sable fin.
    ɒ   4 : sable argileux.
    »   5 : parties les plus fines (substance argileuse).

En ajoutant les diverses parties ainsi obtenues et en les calculant en centièmes, on ne trouve pas 100 pour la somme ; la différence représente l'*humidité* contenue dans la terre fine. En déterminant celle-ci comme il est indiqué au § 294. 1., on aura une expérience de contrôle.

Voici la meilleure manière de représenter les *résultats* de l'analyse mécanique.

100 parties de terre fine séchée à 100° renferment (par exemple) :

(*) Cette perte de poids ne peut pas être attribuée simplement à la combustion de matières organiques, car l'argile séchée à 125° perd de l'eau au rouge, le sable calcaire perd de l'acide carbonique, etc. On peut rendre au résidu l'acide carbonique qu'il a perdu en l'humectant avec une solution de carbonate d'ammoniaque, le desséchant et le chauffant de nouveau légèrement au rouge.

		Parties fixes.	Substances volatiles ou combustibles.
7,51	Sable graveleux.	6,91	
	Contenant en substances organiques, etc.		0,60
30,9	Sable grossier	30,05	
	Contenant en substances organiques, etc.		0,91
32,71	Sable fin	31,61	
	Contenant en substances organiques, etc.		1,10
17,63	Sable argileux	16,77	
	Contenant en substances organiques, etc.		0,87
11,19	Partie fine ou argileuse	10,36	
	Contenant en substances organiques, etc.		0,82
100,00		95,70	4,30

7,16 de gravier pour 100 de terre fine séchée à l'air.
2,10 de pierres pour 100 de terre fine séchée à l'air.
5,03 d'humidité pour 100 de terre fine séchée à l'air.

III. Analyse chimique.

§ 294.

Si dans l'analyse chimique on veut traiter le sol tout simplement comme un mélange chimique, et si l'on veut savoir combien il y a de chaux, de potasse, de silice, d'acide phosphorique, d'alumine, etc., on arrivera rapidement au but, mais les résultats ne nous apprendront rien sur la solubilité des divers éléments. — Si au contraire on fait agir sur lui successivement divers dissolvants, par exemple, d'abord de l'eau, puis de l'eau contenant de l'acide carbonique et des sels ammoniacaux, en outre l'acide acétique, l'acide chlorhydrique froid, l'acide chlorhydrique bouillant et enfin l'acide sulfurique concentré, on pourra avoir quelque idée sur la solubilité relative des divers éléments ; mais l'analyse devient alors très compliquée et exige beaucoup de travail et de temps. D'autre part cette propriété du sol de retenir certains corps plus que d'autres, s'oppose à ce qu'un dissolvant faible enlève complètement un élément, qui cependant y est soluble, et il en résulte encore une certaine incertitude sur la meilleure manière de procéder à l'analyse chimique du sol.

Ce qui est certain, c'est que les analyses de terrains ne sont pas comparables si elles sont faites à l'aide de dissolvants différents, et que dès lors les chimistes devraient s'entendre sous ce rapport. Malheureusement les expériences ne sont pas suffisantes pour résoudre la question avec quelque exactitude, pour savoir surtout comment il faudrait diriger l'analyse pour pouvoir donner à ses résultats la meilleure forme pratique.

Je vais donner la méthode analytique que je regarde, avec tous les chimistes ou presque tous, comme la plus convenable dans la plupart des cas.

J'indiquerai aussi brièvement de quelle manière on peut procéder en employant les divers dissolvants.

1. Dosage de l'humidité.

Dans une boîte plate en tôle et munie d'un couvercle, on pèse 500 grammes de terre fine séchée à l'air, on la sèche à 125° dans un bain d'air ou de paraffine (§ **20**), on détermine la perte de poids : on pèse aussitôt 450 grammes de la terre desséchée pour faire la solution chlorhydrique indiquée au n° 3 et l'on garde le reste dans un flacon bien bouché.

2. Dosage de l'acide carbonique.

Dans des essais desséchés à 125°, que l'on prendra plus ou moins considérables suivant la quantité d'acide carbonique, on dose celui-ci d'après une des méthodes du § **139**; la plus convenable est celle de la page 378, e.

3. Dosage des éléments solubles dans l'acide chlorhydrique froid.

Dans un assez grand flacon à l'émeri, on met les 450 grammes de terre séchée à 125° et pesés en 1. avec 1500 C.C. d'acide chlorhydrique concentré (densité 1,15 correspondant à 30 parties d'acide pur), en faisant attention d'ajouter en plus autant de fois 50 C.C. d'acide chlorhydrique que la terre contiendra de fois 2,2 pour 100 d'acide carbonique sous forme de carbonate (ce qui correspond à 5 grammes de carbonate de chaux). On laisse 48 heures la terre en contact avec l'acide en agitant de temps en temps, et quand le liquide est aussi clair que possible, on en décante juste les deux tiers. Si donc on a pris 1500 C.C. d'acide, on versera 1000 C.C.; mais si, à cause des carbonates, il a fallu augmenter la proportion d'acide, on augmentera le liquide décanté des 2/3 de cet acide ajouté en plus. Cette solution chlorhydrique correspond donc à 300 grammes de terre séchée à 125°. Après avoir étendu d'un volume d'eau égal, on filtre et on évapore le liquide filtré à siccité au bain-marie, en ajoutant vers la fin quelques gouttes d'acide azotique. Après avoir humecté et chauffé avec l'acide chlorhydrique, on sépare la *silice* (page 385) et on amène le liquide filtré à avoir un volume de 1000 C.C.

a. 200 C.C. (correspondant à 60 grammes de terre fine séchée à 125°) servent à doser le *peroxyde de fer* (*), le *protoxyde de manganèse*, l'*alumine*, la *chaux* et la *magnésie*. On emploie une des méthodes décrites au § **161** : en présence de beaucoup de fer on choisira de préférence celle du § **161**. 2. (113). Il faut avoir soin que par l'acétate de soude tout l'acide phosphorique soit précipité avec le peroxyde de fer et l'alumine et ne pas oublier de retrancher

---

(*) Si la terre contient du protoxyde de fer, il faut en traiter une portion particulière par l'acide chlorhydrique et doser le protoxyde dans la dissolution d'après le § **160**, 2, b. En rapportant le résultat au poids de terre employé dans l'analyse générale et en retranchant le fer à l'état de protoxyde de la quantité totale de fer trouvée en *a*, on aura le fer à l'état de peroxyde.

du poids du précipité calciné le poids de cet acide pour avoir celui du peroxyde de fer et de l'alumine.

b. 300 C.C. (correspondant à 90 grammes de terre séchée à 125°) servent à doser l'*acide sulfurique* et les *alcalis*. On précipite d'abord le premier par un très léger excès de chlorure de baryum. Pour doser les alcalis on chasse par évaporation la presque totalité de l'acide libre, on précipite avec un lait de chaux pure et on opère en général comme à la page 749. On peut aussi précipiter par l'ammoniaque, puis par le carbonate et l'oxalate d'ammoniaque, et enfin séparer la magnésie d'avec les alcalis d'après le § **153** (18) ou (20). Mais cette méthode suppose que l'acide oxalique et l'oxalate d'ammoniaque sont tout à fait purs, tandis qu'ils renferment souvent de la potasse et laissent par calcination au rouge un résidu à réaction alcaline.

.c. 300 C.C. serviront enfin à doser l'*acide phosphorique*. À cause de la grande quantité de fer qui se trouve presque toujours dans la dissolution, on précipite d'abord l'acide phosphorique combiné avec un peu de peroxyde de fer et une partie de l'alumine d'après la méthode de la page 351, γ. : on dose ensuite l'acide dans le précipité dissous dans l'acide chlorhydrique, ainsi qu'il est dit à la page 340 6.

Avec les terres très riches en humus ce procédé ne conduit pas au but, parce que la grande quantité de matière organique dissoute empêche la précipitation des hydrates et des phosphates de fer et d'alumine. On pourrait se débarrasser de cette matière organique en évaporant et en calcinant, mais alors le fer et l'alumine passent à l'état de sels basiques très difficilement solubles. Il vaut mieux dans ce cas opérer ainsi qu'il suit :

1. 300 C.C. de la solution chlorhydrique servent à doser l'acide sulfurique et les alcalis : il n'y a rien à changer à ce que nous avons dit en b.

2. On évapore presque à siccité 500 C.C. dans une capsule en platine, puis on ajoute un fort excès de lessive de potasse. On évapore le tout à siccité après addition d'un peu de carbonate de soude et de salpêtre : on chauffe au rouge jusqu'à décomposition complète des matières organiques, on reprend par l'eau, on décante dans un ballon ; on chauffe jusqu'à dissolution complète avec de l'acide chlorhydrique le résidu insoluble dans l'eau, qu'on a fait passer dans un vase en verre ou en porcelaine, on réunit la solution aqueuse à la solution chlorhydrique, on fait du tout 500 C.C. dont 200 serviront à doser les éléments énumérés en a. et 300 à déterminer l'acide phosphorique, en appliquant les méthodes données plus haut.

4. Dosage des parties du sol insolubles dans l'acide chlorhydrique froid, mais décomposables par l'acide sulfurique concentré (*).

On ramasse sur un filtre le résidu insoluble du traitement 3, par l'acide chlorhydrique froid, on lave jusqu'à ce que la réaction acide ait disparu, on

---

(*) *E. Wolff* épuise par l'acide chlorhydrique bouillant avant de traiter par l'acide sulfurique. Comme l'acide chlorhydrique bouillant dissout environ 5 à 6 fois plus d'alcalis et beaucoup plus de peroxyde de fer et d'alumine que l'acide froid, 150 grammes de terre fine séchée à l'air suffisent en général pour préparer cette dissolution. On met donc ce

sèche d'abord avec le filtre, puis après l'avoir enlevé, on brûle le filtre, on mêle intimement ses cendres au résidu, on pèse le tout et on en prend des essais de 8, de 10 et de 15 grammes. On puise pour cela au milieu de la masse avec une petite cuiller. On fera bien attention de ne pas trop secouer ce résidu pulvérulent, car il perdrait bientôt son homogénéité, les parties les plus grossières allant au fond et les parties les plus fines venant à la surface.

a. On chauffe au rouge l'essai de 8 grammes et au contact de l'air, puis on pèse le résidu. En calculant ce poids par rapport à la masse totale on a la quantité des principes minéraux du sol qui sont insolubles dans l'acide chlorhydrique.

b. On fait bouillir l'essai de 10 grammes avec une dissolution concentrée de carbonate de soude en ajoutant à plusieurs reprises un peu de lessive de soude. Dans le liquide filtré on dose la silice (§ 140). Elle peut provenir de la silice hydratée éliminée des silicates décomposés dans le traitement de la terre par l'acide chlorhydrique, ou de celle mélangée à l'état d'hydrate dans l'argile du sol (§ 288. B. f.).

c. A l'essai de 15 grammes, on ajoute 75 grammes d'acide sulfurique concentré pur et on chauffe jusqu'à ce qu'on ait évaporé presque complètement tout l'excès d'acide et que la masse ait pris l'aspect d'une poudre sèche. Après avoir humecté avec de l'acide chlorhydrique concentré, on fait bouillir à plusieurs reprises avec de l'eau et on filtre. Dans le liquide on dose d'après les méthodes du n° 3. la silice, l'alumine, le peroxyde de fer, la chaux, la magnésie et les alcalis qui ont pu se dissoudre.

On sèche (mais on ne chauffe pas au rouge) le résidu du traitement par l'acide sulfurique concentré, on y ajoute les cendres du filtre, on fait bouillir à plusieurs reprises avec une dissolution concentrée de carbonate de soude, additionnée de lessive de soude, et chaque fois on filtre chaud. Dans cette solution on dose la silice (§ 140). Celle qu'on obtient ici, diminuée de celle trouvée en 4. b., provient de l'argile du sol, car c'est presque toute l'argile du sol qui résiste à l'acide chlorhydrique froid, maïs qui est décomposée par l'acide sulfurique.

Le résidu du traitement par ébullition avec le carbonate de soude et la lessive de soude est lavé avec soin, séché, calciné et pesé. En ramenant ce poids au poids total, on a les éléments insolubles dans l'acide chlorhydrique et indécomposables par l'acide sulfurique.

poids dans un grand ballon en verre avec 300 grammes d'acide chlorhydrique concentré et on chauffe à l'ébullition en maintenant cette température pendant une heure; on étend ensuite avec un volume égal d'eau chaude et on verse sur le filtre. On fait bouillir trois fois le résidu dans le ballon avec de l'eau, on jette sur le filtre et on lave encore complètement avec de l'eau chaude. Après avoir enlevé la silice, on donne à la solution un volume de 1000 C.C. ; on y dose les diverses substances comme cela est indiqué pour le traitement par l'acide chlorhydrique froid. Toutefois, afin d'avoir une plus grande quantité de matière pour le dosage de l'acide phosphorique, on peut ajouter au liquide c. le précipité ammoniacal obtenu en b. et préalablement redissous. — Dans le calcul, en retranchant le poids des éléments obtenus dans le traitement par l'acide chlorhydrique froid de celui des éléments fournis par l'acide bouillant, la différence fait connaître la proportion des éléments enlevés par ce dernier et qui résistent à l'acide froid.

5. Analyse des éléments insolubles dans l'acide chlorhydrique et indécomposables par l'acide sulfurique.

On pulvérise autant qu'on peut - dans un mortier en agate 4 à 5 gr. du résidu insoluble en 4. c., et par lévigation on en fait une poudre impalpable que l'on sèche, que l'on chauffe légèrement au rouge et qu'on mélange intimement. On en traite 3 grammes par l'acide fluorhydrique (page 388 ou 389) et l'on y dose les bases. — Si au lieu de déterminer la silice par différence on voulait la trouver directement, on traiterait le reste de la poudre suivant la page 386, α.

6. Dosage des éléments solubles dans les dissolvants faibles comme complément de l'analyse.

Comme les agents naturels de dissolution qui agissent sur le sol sont bien plus faibles que ceux qu'on a employés dans l'analyse précédente, il est bon, pour compléter les résultats obtenus, de chercher quels sont les corps qui pourront se dissoudre dans l'eau pure ou dans l'eau contenant soit de l'acide carbonique seul, soit de l'acide carbonique et du chlorhydrate d'ammoniaque.

a. On met 500 grammes de terre fine séchée à l'air dans un flacon et on y ajoute de l'*eau*, de façon qu'avec celle que renferme la terre seulement séchée à l'air, cela fasse en tout 1500 C.C. On agite fréquemment et, après trois fois 24 heures, on filtre 750 C.C. du liquide clair. On évapore le liquide filtré dans une capsule en platine pesée; en achevant l'opération au bain-marie, on sèche le résidu à 123°, on le pèse; on le calcine, et après avoir traité par du carbonate d'ammoniaque et chauffé au rouge faible, on le pèse de nouveau. Le premier poids donne la quantité totale de matières enlevées par l'eau à 250 grammes de terre, le second fait connaître la proportion non combustible et non volatile de ces substances solubles dans l'eau.

b. Si l'on veut étudier de plus près les principes que peut enlever *l'eau chargée d'acide carbonique*, on traite, suivant *Wolff*, 2500 grammes de terre fine séchée à l'air par 8000 C.C. d'eau pure, en tenant compte de l'humidité contenue dans la terre séchée seulement à l'air, et on ajoute 2000 C.C. d'eau saturée d'acide carbonique à la température ordinaire. On abandonne pendant sept jours dans un vase fermé en agitant de temps en temps, on décante les 3/4 du liquide, par conséquent 7500 C.C., que l'on filtre, s'il le faut, à travers un double filtre. On évapore à siccité le liquide clair auquel on a ajouté un peu d'acide chlorhydrique et à la fin quelques gouttes d'acide azotique. Après avoir séparé la silice, on dose dans la liqueur, sans la diviser, ce qu'elle pourrait contenir de peroxyde de fer et d'alumine, la chaux, l'acide sulfurique, la magnésie, la potasse et la soude. Ordinairement cet extrait renferme si peu d'acide phosphorique qu'on peut le négliger.

c. On peut employer le traitement b. pour étudier l'action de l'eau contenant du *chlorhydrate d'ammoniaque* ou *à la fois de ce sel et de l'acide carbonique*. *Wolff* conseille d'ajouter à l'eau, soit pure, soit chargée d'acide carbonique, 0^{gr},5 de sel ammoniac pour 1000 C.C.

7. Dosage du carbone des éléments organiques.

Le carbone se trouve dans le sol non-seulement à l'état d'acide carbonique, mais encore dans des matières organiques, en grande partie dans l'humus provenant de la décomposition et de la putréfaction (ulmine, humine, acide ulmique, acide humique, acide géique, etc.). On peut se contenter de déterminer la quantité totale de carbone des matières organiques : on peut aussi faire des dosages qui complètent l'analyse en opérant sur la partie soluble dans le carbonate de soude (acide de l'humus), sur la partie soluble dans une lessive bouillante de potasse (carbone de l'humus), et enfin sur les substances céroïdes et résinoïdes qu'on rencontre parfois dans le sol.

a. *Dosage du carbone contenu dans l'ensemble des éléments organiques.* Il peut se faire en soumettant la terre séchée à 125° à une analyse organique ordinaire (§ **191**), en ayant soin de retrancher de l'acide carbonique total celui qu'on a déjà déterminé à l'état de carbonate ; — on peut aussi oxyder le carbone avec l'acide chromique en employant la méthode et l'appareil de la page 930, bb. Pour 1 gramme de matière organique (qu'on connaît déjà à peu près par la perte produite par la calcination à l'air) on prendra 17 grammes d'acide chromique, 25 C.C. d'acide sulfurique concentré et environ 14 C.C. d'eau. En présence des carbonates, on chauffe d'abord la terre avec de l'eau et un peu d'acide sulfurique. Pour absorber le chlore provenant des chlorures, on interpose entre e et f (*fig.* 210, page 931) un tube rempli de fil de fer et de fer en poudre. — Suivant *Fr. Schulze*, 58 parties de charbon correspondent en moyenne à 100 parties de matière organique dans le sol. 60 parties correspondent à 100 parties de substances humiques. Si d'après b. et c. on dose ces dernières, on obtient la proportion de matières organiques non encore passées à l'état d'humus en calculant, d'après les données précédentes, combien de carbone correspond aux substances humiques trouvées et en calculant 100 parties de matières organiques pour 58 parties de carbone restant.

b. *Dosage des acides de l'humus* (*) (acides ulmique, humique, géique). On fait digérer de 10 à 100 grammes de la terre séchée à l'air (suivant que l'analyse qualitative a indiqué qu'il y avait plus ou moins de ces acides) pendant plusieurs heures et à une température de 80 à 90° avec une dissolution de carbonate de soude et on filtre. — Dans le liquide on verse de l'acide chlorhydrique jusqu'à faible réaction acide. — Les acides de l'humus se séparent en flocons bruns. — On filtre sur un filtre pesé, on lave jusqu'à ce que l'eau commence à se colorer, on sèche et on pèse. On incinère, on retranche du premier poids le poids des cendres (diminué du poids des cendres du filtre) et on regarde la différence comme donnant les acides de l'humus.

c. *Dosage de ce que l'on appelle le charbon humique* (ulminé et humine). Dans une capsule en porcelaine on fait bouillir avec de la lessive de potasse pendant quelques heures, en remplaçant l'eau qui s'évapore, une quantité

(*) Quant au dosage des éléments organiques, voir *Otto* dans l'ouvrage de *Sprengel, Études du sol*, p. 430, ainsi que *Fr. Schulze* (*Journ. f. prakt. Chem.*, XLVII, 241).

de terre égale à celle prise en b., on étend d'eau (*), on filtre et on lave. — Dans le liquide filtré on dose comme en b. la quantité totale des acides de l'humus. La différence entre les résultats de b. et ceux de c. donne la quantité des acides de l'humus qui proviennent de la transformation subie par l'humine et l'ulmine en bouillant avec de la potasse. On la regarde comme donnant *le charbon de l'humus* (**).

d. *Dosage des matières céroïdes et résinoïdes.* Si l'on veut déterminer exactement la proportion de ces substances, qu'on ne rencontre en quantité notable que dans certains sols (terre de bruyère, sol marécageux, etc.), on sèche 100 grammes de terre au bain-marie : on les fait bouillir à plusieurs reprises avec de l'alcool concentré, on verse le liquide filtré dans un ballon et on distille de façon à chasser la moitié de l'alcool. — On laisse refroidir. — S'il y a de la cire, elle se sépare. On la rassemble sur un filtre pesé, on la lave avec de l'alcool froid et on la pèse — On évapore le liquide filtré en ajoutant de l'eau à la fin, jusqu'à ce que tout l'alcool soit chassé, on lave avec de l'eau la résine qui se dépose, on la sèche et on la pèse. — (Si la proportion de ces matières est notable, il faut retrancher leurs poids de celui des acides de l'humus, car ceux-ci ont été pesés plus haut avec les substances résinoïdes.)

8. Dosage des éléments azotés du sol.

L'azote peut se trouver dans le sol à trois états différents de combinaison ; sous forme d'acide azotique (ou d'acide nitreux), sous forme d'ammoniaque et dans des composés organiques. Il ne suffit pas de connaître la quantité totale d'azote, mais il faut que l'analyse indique l'état de la combinaison et la proportion de chaque composé.

a. *Dosage de l'acide azotique.*

On prend une quantité de terre fine séchée à l'air correspondant à 1000 grammes de terre desséchée à 125° : on y ajoute de l'eau de façon qu'en tenant compte de l'humidité que renferme déjà la terre on ait en tout 1500 C.C. d'eau. On laisse reposer 48 heures en agitant fréquemment, on filtre à travers un filtre sec 1000 C.C., que l'on réduit à un petit volume par évaporation. On verse dans un tube gradué et on ajoute de l'eau pour

---

(*) Si la proportion de charbon est considérable, on ne verse sur le filtre que le liquide, on fait bouillir le résidu avec de nouvelle lessive de soude et ensuite seulement on jette le tout sur le filtre.

(**) Dans l'ouvrage de *Wolff* cité à la page 1135, il n'est indiqué qu'un dosage complémentaire des éléments carburés du sol, à savoir la recherche des parties de l'humus solubles dans l'eau et dans l'alcool : il n'y a pas de doute que cela suffit le plus souvent. A cet effet, *Fr. Schulze* fait bouillir 5 gram. de terre avec 100 C.C. d'une lessive de potasse (de 1/10 à 1 pour 100 suivant la richesse de la terre en humus) : il verse le mélange sur un filtre mouillé (au lieu de papier on peut prendre du sable fin calciné, dont on remplit la pointe de l'entonnoir) et prend 1 ou 2 C.C. du liquide filtré. On y dose la quantité d'humus en faisant bouillir avec un excès d'une solution alcaline de permanganate de potasse, ce qui transforme complétement et rapidement les acides de l'humus en acide carbonique et en eau, et après avoir acidulé avec de l'acide sulfurique, on mesure avec une solution titrée d'acide oxalique combien il reste de permanganate non décomposé : la partie de caméléon détruite est proportionnelle à la quantité des acides de l'humus.

faire 40 C.C., et en prenant deux essais de 20 C.C. (dont chacun représente 333^{gr},33 de terre séchée à 125°), on y dose l'acide azotique. — Comme dans l'extrait aqueux il y a des matières organiques, il faut employer une méthode dans laquelle ces substances n'ont pas d'influence. Parmi les anciens procédés, celui qui convient le mieux est celui de *Schlœsing*, page 441, et parmi les nouveaux, je recommande celui de *F. Schulze* (*).

b. *Dosage de l'ammoniaque.*

Il résulte des recherches de *W. Knop* et de *W. Wolff* (**) que l'ammoniaque se rencontre dans le sol en beaucoup plus petite quantité qu'on ne le croyait autrefois. Cette différence entre les anciennes expériences et les nouvelles tient aux méthodes employées, attendu que *Knop* et *Wolff* ont opéré de façon à ne pas transformer en ammoniaque les matières azotées du sol. — Si l'on veut doser l'ammoniaque réelle ou celle qui se produit facilement à froid par l'action des alcalis ou de la chaux, on peut opérer d'après la méthode de *Schlœsing*, page 191, b. *E. Wolff* conseille de prendre 100 grammes de terre que l'on humectera bien uniformément avec 75 C.C. d'une *lessive de soude froide et très concentrée*. En général au bout de 48 heures toute l'ammoniaque qu'on peut obtenir de cette façon est chassée. On remue la masse avec une baguette en verre, on remet sous la cloche une autre capsule contenant une nouvelle quantité d'acide titré et au bout de 48 heures on regarde s'il y a encore eu de l'ammoniaque éliminée.

Mais si l'on ne voulait avoir que la quantité d'ammoniaque existant réellement à cet état dans le sol, il n'y a que la méthode de *Knop* et *Wolff* (***) qui puisse fournir de bons résultats.

On prend un vase en cristal à fond plat, une sorte d'éprouvette à pied, ayant une capacité de 500.C.C. environ, 15 centimètres de hauteur et 8 de diamètre. Le col court, rétréci, a 4,5 centimètres de diamètre et l'ouverture est parfaitement dressée. Sur celle-ci on pose un disque de plomb de l'épaisseur du doigt, arrondi sur les côtés et sur la partie supérieure. Ce disque est percé de deux trous qui correspondent aux deux ouvertures d'une calotte en caoutchouc bitubulée avec laquelle on couvrira le vase. Dans celui-ci on met la quantité de terre séchée à l'air correspondant à 200 grammes séchés à 125°, on mélange avec 250 C.C. d'une dissolution limpide et saturée de borax (****), on pose le couvercle en plomb, on l'assujettit avec la calotte en caoutchouc, après avoir mis dans les tubulures des tubes de verre de 16 centimètres environ, étirés en pointe à l'extrémité supérieure, mais cependant encore ouverts aux deux bouts. On assure par

(*) *Zeitschr. f. analyt. Chem.*, II, 300.
(**) *Chem. Centralbl.*, 1860, 540.
(***) Elle repose sur l'action connue des hypochlorites alcalins en excès sur les sels ammoniacaux, d'où résulte la mise en liberté de tout l'azote de l'ammoniaque.
(****) La dissolution de borax a pour but de s'opposer à la contraction que l'on remarque toujours quand on agite des liquides alcalins avec de la terre et qui est causée par la combinaison de l'alcali avec les éléments de l'argile. Le borax empêche cela complètement, sans cependant enlever au liquide alcalin son aptitude nécessaire ici d'absorber complètement l'acide carbonique (*Chem. Centralbl.*, 1860). Si la solution de borax contenait de l'ammoniaque, il faudrait en déterminer la proportion pour la retrancher des résultats.

des ligatures la fermeture exacte des tubulures avec les tubes et de la calotte en caoutchouc elle-même, et on plonge le flacon pendant 20 minutes dans un grand vase plein d'eau, de façon à recouvrir la partie supérieure, l'eau ayant bien exactement la température de la salle : on ferme ensuite à la lampe les tubes effilés, sans chauffer le vase, et on agite pendant 5 minutes (*). On brise alors la pointe de l'un des tubes, ce qui en général détermine la rentrée d'un peu d'air, parce que la dissolution de borax absorbe les gaz condensés dans la terre et surtout l'acide carbonique. On enlève la calotte en caoutchouc, on met dans le flacon un petit vase en verre contenant 50 C.C. d'une dissolution alcaline d'eau de Javelle bromée, capable de décomposer complètement 0^{gr},2 de chlorhydrate d'ammoniaque (**).

On fixe de nouveau solidement le capuchon en caoutchouc, on plonge pendant 15 minutes l'appareil sous de l'eau à la température ordinaire connue, on ferme la pointe du tube à la lampe, sans chauffer le vase, on agite pendant 5 minutes (ce qui fait tomber la lessive de Javelle et en présence d'un sel ammoniacal détermine le développement de gaz azote qui fait gonfler le caoutchouc); on replonge l'appareil pendant 15 minutes dans l'eau, on le réunit au tube en caoutchouc p de l'azotomètre (page 448), on casse la pointe du tube introduit dans le tube en caoutchouc p et on mesure le volume de l'azote quand on s'est assuré que le caoutchouc est bien appliqué de nouveau sur le disque en plomb et que la température est bien la même qu'auparavant. En ramenant le volume du gaz à 0° et à la pression de 760 millimètres, on en calcule le poids, sachant que 1000 C.C. pèsent 1^{gr},25456 (***).

c. *Dosage de l'azote à l'état de composés organiques.*

On détermine la quantité totale d'azote dans un poids déterminé de terre séchée à l'air en le calcinant avec de la chaux sodée (§ 187), et on en retranche l'azote trouvé sous forme d'acide azotique et d'ammoniaque. La différence donne le poids d'azote qui, sous forme de matière organique, devra être ajouté à cette dernière substance calculée suivant 7. a. d'après la quantité de carbone trouvée.

9. Dosage de l'eau fixée à l'état solide.

Dans un creuset de platine incliné on chauffe au rouge quelques grammes de la terre fine séchée à 125°, jusqu'à ce que toute la matière organique

---

(*) On peut facilement acquérir le tour de main pour ne pas boucher les tubes quand on agite la terre avec le liquide. — On met deux tubes dans le capuchon en caoutchouc, pour que l'appareil puisse servir plus longtemps sans y rien changer. Quand l'un des deux petits tubes est devenu trop court parce qu'il a été souvent fermé et ouvert, on fait usage de l'autre.

(**) Pour la préparer, on dissout 1 partie de carbonate de soude dans 15 parties d'eau, on refroidit le liquide avec de la glace, on le sature complètement de chlore en le maintenant toujours froid et on y ajoute une forte lessive de soude (à 25 pour 100), jusqu'à ce que le mélange paraisse onctueux entre les doigts. Avant l'usage, on ajoute à la portion dont on se servira 2 à 3 grammes de brome par litre et on agite.

(***) Pour de petites quantités de gaz, la correction de la température est en général suffisante; la variation de pression et l'humidité produisant une différence à peine sensible.

soit brûlée : on reprend le résidu par une solution concentrée de carbonate d'ammoniaque, on évapore à siccité, on recommence le traitement précédent, on chauffe légèrement au rouge, on pèse et l'on évalue la perte de poids en grammes. Cette perte provient de l'eau combinée, non chassée à 125°, des matières organiques, et en partie des sels ammoniacaux et des azotates. On obtient la proportion d'eau, d'une manière approchée toutefois, en admettant que dans la matière organique il y a 58 pour 100 de charbon, c'est-à-dire en multipliant le carbone trouvé par 1,724, ajoutant tout l'azote du sol et retranchant la somme de la perte produite par la calcination (*E. Wolff*).

10. Dosage du chlore.

A plusieurs reprises, on agite avec 900 C.C. d'eau un poids de terre fine séchée à l'air correspondant à 300 grammes de terre séchée à 125°. Au bout de 48 heures on reprend par filtration 450 C.C., on les réduit à 200 par évaporation et l'on précipite avec la solution d'argent (§ **141**).

11. Dosage du soufre non oxydé.

Fréquemment le sol renferme de petites quantités du soufre non oxydé, en grande partie à l'état de sulfure métallique (de pyrite). On le reconnaît facilement en faisant un dosage d'acide sulfurique dans la terre non chauffée au rouge et en le répétant avec de la terre préalablement calcinée. La quantité d'acide sulfurique est souvent plus forte dans le dernier cas (*E. Wolff*). Si l'on veut doser ce soufre non oxydé, dans une capsule en platine on humecte 50 grammes de la terre fine séchée à l'air avec une solution concentrée de salpêtre pur, on dessèche et l'on porte peu à peu au rouge. L'oxydation de la matière organique est complète. Après refroidissement on reprend par l'eau, on chauffe dans une capsule en porcelaine avec de l'acide chlorhydrique et un peu d'acide azotique, la silice se dépose, on dose l'acide sulfurique et on en retranche la quantité trouvée au § **294**, 5. Le reste permet de calculer le soufre non oxydé.

12. Réaction du sol.

Enfin, pour compléter l'analyse, il faut chercher quelle est la réaction du sol. Pour cela on pose une petite motte de terre humide sur du papier réactif sensible, ou bien sur un entonnoir; on sursature une portion de terre fraîche avec de l'eau et l'on essaie les premières gouttes qui passent. Si la réaction est acide, il faut observer si le papier taché en rouge perd ou conserve sa nuance. Dans le premier cas la réaction ne peut être produite que par l'acide carbonique libre.

13. Représentation des résultats.

Les résultats de l'analyse doivent être représentés avec méthode, si l'on veut qu'ils offrent quelques données intéressantes sur la composition du sol. Je crois que le tableau suivant remplit le mieux ce but. Les nombres ne sont là que comme exemple de la disposition à choisir : ils sont arbitraires, mais correspondent à ceux que nous avons déjà donnés comme exemple d'une analyse mécanique.

100 parties de terre fine séchée à 125° renferment :

95,70 parties de principes fixes	solubles dans l'acide chlorhydrique à froid.	Chaux . . . . Magnésie. Potasse. Soude. Oxyde de fer. Acide phosphorique. Acide carbonique. etc.	1,80
	décomposés par l'acide sulfurique concentré.	Alumine . . . . . . Silice. Potasse. etc.	12,00
	inattaquables par les acides.	Alumine. Silice. etc.	

		Proportion d'azote.	Proportion de carbone.	
4,30 de substances combustibles, décomposables au rouge ou volatiles.	Ammoniaque.	0,016	—	0,02
	Acide azotique	0,036	—	0,14
	Acides de l'humus	—.	1,20	2,00
	Carbone de l'humus.	—	0,20	0,35
	Substances organiques indéterminées	0,050	0,58	1,00
	Eau chimiquement combinée et perte.	—	—	0,50
	Somme	0,102	1,98	100,0

7,16 gravier provenant de 100 parties de terre fine séchée ;
2,10 pierres provenant de 100 parties de terre fine séchée ;
5,03 humidité provenant de 100 parties de terre fine (séchée à l'air).

On complétera enfin en indiquant les éléments solubles dans les dissolvants faibles, la réaction, etc.

Aux résultats de l'analyse mécanique et à ceux de l'analyse chimique, il faudra nécessairement joindre les propriétés physiques les plus importantes du sol. A celles que l'on considérait seules autrefois (la densité réelle et apparente, la faculté d'absorber l'eau, etc., etc.) on ajoutera l'aptitude variable des divers sols à prendre aux solutions aqueuses certains principes nutritifs des végétaux, tels que l'ammoniaque, la silice dissoute, les sels de potasse, les phosphates, etc. — Je me contente d'attirer l'attention sur ce point. *Schübler* (*) et *Fr. Schulze* (**) ont donné à ce sujet des détails pré-

(*) *Principes de chimie agricole,* 2ᵉ partie.
(**) *Journ. f. prackt. Chem.,* XLVII, 241.

cieux. On pourra appliquer la méthode de *J. Liebig* (*) pour mesurer le pouvoir absorbant de la terre pour les diverses substances. — L'ouvrage de *E. Wolff* que nous avons cité au commencement de ce chapitre donne un aperçu complet de cette question.

V. ANALYSE DES ENGRAIS

§ 295.

Je considérerai dans ce chapitre tous les engrais qui proviennent de l'urine, des excréments, du sol, des os, etc., des animaux, ou qui sont préparés en désagrégeant par les acides le phosphate basique de chaux naturel (phosphorite, ostéolithe), etc. — Ces analyses, ayant une grande importance industrielle, exigent pour cette raison des méthodes simples. La valeur d'un engrais dépend de la nature et de l'agrégation de ses éléments. Les principes qui ont le plus de valeur sont les matières organiques (caractérisées par leur carbone et leur azote), les sels ammoniacaux, les azotates, les phosphates, les sulfates, les silicates, les chlorures alcalins et alcalino-terreux (potasse, soude, chaux, magnésie). — Il est plus facile de connaître les principes qui font la richesse d'un engrais, que de savoir l'état sous lequel les mêmes principes produiront le meilleur effet, car tantôt on désire que la plupart des substances actives soient en dissolution, afin qu'elles agissent plus promptement (mais alors si elles sont en trop grande quantité et si l'on n'a pas eu soin de les étendre d'une quantité suffisante d'eau, elles nuiront aux plantes délicates par un temps sec); tantôt au contraire il faut un engrais qui ne cède que lentement au sol ses principes nutritifs. — Quant aux matières fertilisantes insolubles, on admet toujours que leur valeur est en raison de leur plus grande facilité de désagrégation.

Dans ce qui suit, j'indique d'abord une méthode analytique générale (applicable à presque tous les engrais), puis je fais connaître ensuite les meilleurs moyens pour rechercher les parties essentielles dans le guano, les os, les phosphates naturels, etc. (*).

A. PROCÉDÉ GÉNÉRAL.

§ 296.

On mélange intimement l'engrais en le hachant, le broyant et ensuite on en prend les poids nécessaires pour faire les divers essais.

1. *Dosage de l'eau.* On sèche 10 grammes à 125° et on mesure la perte de poids (§ 28). (Ce n'est que dans des cas fort rares qu'il faudra faire

(*) *Ann. d. Chem. u. Pharm.*, CV, 113. Voir *Traité d'analyse par J. Post, trad. française par L. Gautier*, 1884, chap. *Engrais commerciaux.*

une correction à cause du carbonate d'ammoniaque qui peut se dégager avec l'eau (*).

2. *Totalité des éléments fixes.* Dans une capsule en platine, ou dans un grand creuset incliné (§ 884, 2.), on incinère à une température peu élevée un poids déterminé du résidu obtenu en 1., on humecte les cendres avec du carbonate d'ammoniaque, on fait sécher, on chauffe au rouge faible et on pèse.

3. *Éléments solubles et éléments insolubles dans l'eau.* On fait digérer 10 grammes d'engrais humide avec 550 C.C. d'eau environ, on filtre à travers un filtre pesé (§ 50), on lave le résidu, on le sèche à 125° et on le pèse. On a ainsi la quantité totale des éléments insolubles dans l'eau, et par différence on aura les principes solubles, en retranchant aussi l'eau trouvée en 1. — On incinère ensuite le résidu insoluble, on le traite par le carbonate d'ammoniaque comme en 2., on le pèse et on obtient la totalité des éléments fixes qui sont dans la partie insoluble, et par différence avec 2. on connaîtra ceux de la partie soluble.

4. *Éléments fixes.* On dessèche une assez grande quantité d'engrais, et on la traite absolument comme nous l'avons dit pour la préparation et l'analyse des cendres végétales.

5. *Totalité de l'ammoniaque.* On traite un poids connu par la méthode de *Schlœsing* (§ 99, 3. b.) (**).

6. *Azote en totalité.* On humecte un poids déterminé d'engrais avec une solution étendue d'acide oxalique, de façon que la masse ait une faible réaction acide, on sèche, et dans la totalité ou dans une partie pesée on dose l'azote suivant le § 137. En retranchant de la totalité la quantité qui correspond à l'ammoniaque et à l'acide azotique, on obtient celle qui est contenue dans la matière organique. En général il suffit de connaître la quantité totale d'azote.

7. *Carbone en totalité.* On soumet une partie du résidu séché en 1. à l'analyse organique élémentaire (§ 191). Si l'engrais desséché contient des carbonates, il faut mesurer l'acide carbonique dans un essai particulier. En retranchant ce dernier de celui trouvé dans l'analyse élémentaire, on obtient celui fourni par le carbone de la matière organique. — On peut aussi employer la méthode décrite à la page 929, aa., dans laquelle on oxyde la matière organique avec l'acide chromique additionné d'acide sulfurique. En présence des carbonates, on fait d'abord agir l'acide sulfurique seul jusqu'à ce que tout l'acide carbonique soit chassé, puis on ajoute seulement après l'acide chromique et l'on réunit les tubes à absorption au ballon à dégagement.

(*) Si l'on voulait faire cette correction, on dessécherait l'engrais dans une nacelle enfermée dans un tube de verre. On chaufferait le tube à 100° dans un bain d'eau ou d'air et on y ferait passer un courant d'air au moyen d'un aspirateur. L'air arrivant serait desséché dans de l'acide sulfurique concentré, et à sa sortie du tube on le ferait passer dans deux tubes en U contenant de l'acide oxalique titré. La dessiccation achevée, on doserait l'ammoniaque dégagée et arrêtée par l'acide oxalique (§ 99, 3).

(**) Pour de petites quantités d'ammoniaque on ne prend pas l'acide sulfurique normal, mais l'acide normal décime. L'acide oxalique convient moins bien parce que sous l'influence de la lumière il subit une notable décomposition.

8. *Acide azotique*. On traite par l'eau un poids connu d'engrais, on évapore la solution après addition de carbonate de soude pur jusqu'à réaction alcaline, on sépare le précipité qui se forme au bout de quelque temps, on réduit le liquide à un petit volume et on le subdivise en parties aliquotes dans lesquelles on dose l'acide azotique. Comme le liquide renfermera toujours des matières organiques, on fera usage de la méthode indiquée dans l'analyse des terres (page 1143).

9. *Composés sulfurés*. — Si les engrais renferment du soufre non oxydé (comme cela arrive, par exemple, avec ceux qui proviennent des matières extraites des égouts des villes), on dosera d'abord dans un essai la quantité totale de soufre, comme 'on le fait dans l'analyse des sols (page 1146). On chauffera un second essai avec de l'acide chlorydrique étendu, on filtrera, et dans le liquide on déterminera l'acide sulfurique qui existe tel quel dans la matière : par différence, on aura le soufre non oxydé.

B. Analyse du guano.

§ 297.

Le guano n'est rien autre chose que des excréments plus ou moins modifiés d'oiseaux marins : on sait que c'est un engrais très puissant. Non seulement il arrive des îles avec une composition très variable, mais fréquemment aussi on le mélange frauduleusement avec de la terre, de la brique pilée, du carbonate de chaux et d'autres substances inutiles. Cette circonstance et cette autre que le guano est un article de commerce très-important, expliquent comment cet engrais est fréquemment l'objet d'analyses chimiques.

On mélange aussi intimement que possible le guano et l'on enferme dans un flacon à l'émeri la portion prise pour faire l'analyse.

1. *Dosage de l'eau.* On opère comme au § 296, 1. Dans les essais exacts, il faudra faire attention à ce que nous disons dans la note. — Les guanos vrais perdent de 7 à 18 pour 100.

2. *Éléments fixes en totalité.* On incinère un poids connu dans un creuset en porcelaine ou en platine incliné et l'on pèse les cendres. — Le bon guano en fournit de 30 à 35 pour 100, les qualités inférieures en donnent de 60 à 80, ceux qui sont falsifiés en laissent beaucoup plus encore. La cendre des bonnes qualités est blanche ou grisâtre. Une couleur jaune ou grisâtre décèle une falsification avec de l'argile, du sable, de la terre. Au commencement de la décomposition par la chaleur, les bons guanos dégagent une forte odeur ammoniacale et des vapeurs blanches.

3. *Éléments solubles et éléments insolubles dans l'eau.* On chauffe 10 grammes de guano avec à peu près 200 C.C. d'eau, on filtre ensuite à travers un filtre pesé, on lave avec de l'eau chaude jusqu'à ce qu'elle ne se colore plus en jaune et jusqu'à ce qu'elle ne laisse plus de résidu quand on l'évapore sur une lame de platine, on sèche le résidu et on le pèse. En retranchant du poids primitif de guano le poids du résidu et celui de l'eau, on aura la proportion des parties solubles : en incinérant la partie insoluble et en pesant les cendres, on aura par différence la somme des sels fixes solubles. Avec les

très bons guanos, le résidu insoluble dans l'eau est de 50 à 55 pour 100, tandis qu'au contraire la proportion monte de 80 à 90 avec les mauvaises qualités. L'extrait aqueux brunâtre des bons guanos dégage de l'ammoniaque par l'évaporation, a une odeur urineuse et laisse une masse saline brunâtre composée de sulfate de soude et de potasse, de chlorhydrate d'ammoniaque, d'oxalate et de phosphate d'ammoniaque (*).

4. *Éléments fixes séparés.*

5. *Ammoniaque en totalité.*

6. *Azote en totalité.*

7. *Carbone et totalité.*

8. *Acide azotique,* s'il y en a.

> On opère suivant les méthodes données au § **296.**

9. *Acide carbonique.* On le dose suivant un des procédés du § **139,** II. Les meilleurs résultats sont donnés par celui de la page 378, e. Les bons guanos renferment peu d'acide carbonique. Aussi lorsqu'en traitant un guano par de l'acide chlorhydrique étendu il y a une vive effervescence, on peut en conclure qu'il est falsifié avec du carbonate de chaux.

10. *Acide urique.* Si l'on veut doser l'acide urique dans un guano, on en traite la partie insoluble par une lessive faible de soude à une douce chaleur, on filtre, on précipite en acidulant faiblement avec de l'acide chlorhydrique, on rassemble l'acide urique précipité sur un filtre pesé, on lave avec soin en employant le moins d'eau froide possible, on sèche et l'on pèse.

11. *Acide oxalique.* L'oxalate d'ammoniaque que renferme le guano a une grande influence sur la solubilité du phosphate de chaux, ainsi que nous l'avons indiqué dans la note du n° 5. Il y aura donc souvent de l'intérêt à le doser. On y parviendra le plus facilement d'après la méthode du § **137,** d., β. On fait agir sur le guano un peu d'acide sulfurique étendu, jusqu'à ce que tout l'acide carbonique soit chassé, on neutralise l'acide sulfurique par une lessive de soude exempte de carbonate, on mélange avec du peroxyde de manganèse et l'on décompose par un excès d'acide sulfurique étendu. Je conseille de faire la décomposition dans l'appareil représenté à la page 378 et de recueillir l'acide carbonique dans un tube pesé plein de chaux sodée.

(*) Bien que le dosage des éléments solubles et de ceux qui sont insolubles dans l'eau ne soit pas sans importance, il faut cependant faire attention que les éléments solubles déterminés qualitativement et quantitativement n'ont rien de caractéristique relativement à la nature du guano. *Liebig* en effet a montré (*Ann. d. Chem. u. Pharm.,* CXIX, 13) que la nature des sels dans la solution est différente suivant qu'on a filtré plus ou moins promptement. Dans le premier cas le liquide contient beaucoup d'oxalate et peu de phosphate, avec un peu de sulfate d'ammoniaque ; dans le second l'oxalate d'ammoniaque est remplacé plus ou moins complètement par le phosphate d'ammoniaque, et l'acide oxalique reste combiné à la chaux dans le résidu. Cette curieuse différence provient de ce que le phosphate de chaux, qui ne subit pas de changement au contact de l'oxalate d'ammoniaque et de l'eau, se transforme bientôt en oxalate de chaux et phosphate d'ammoniaque, lorsqu'il y a du sulfate d'ammoniaque (ou du chlorhydrate d'ammoniaque) qui rend le phosphate de chaux un peu soluble. La portion dissoute de ce dernier est aussitôt précipité par l'acide oxalique, et le sulfate d'ammoniaque redevient propre à dissoudre une nouvelle quantité de phosphate de chaux.

Comme pour établir la valeur d'un guano il suffit le plus souvent de connaître ce qu'il renferme d'acide phosphorique et d'azote, on abrège ordinairement l'analyse et l'on ne fait que les dosages suivants :

a. *Proportion d'eau* (voir 1).

b. *Proportion de cendres* (voir 2).

c. *Proportion d'acide phosphorique.* On mélange une partie du guano (de 1 à 2 grammes) avec une partie de carbonate de soude et une de salpêtre, on chauffe au rouge avec précaution, on dissout le résidu dans l'acide chlorhydrique, on évapore à siccité au bain-marie, on traite par l'acide chlorhydrique et l'eau, on filtre, on ajoute de l'ammoniaque en excès, puis de l'acide acétique, jusqu'à ce que le phosphate de chaux soit de nouveau dissous ; enfin sans séparer avant la très petite quantité de phosphate de fer, on verse de l'acétate d'urane et l'on dose l'acide phosphorique d'après la page 344, c.

d. *Proportion d'azote,* suivant le § 187. Comme en mélangeant le guano avec la chaux sodée dans le mortier, il se dégage une quantité notable d'ammoniaque, il vaut mieux faire le mélange dans le tube même au moyen d'un fil de fer, voir page 596 (*).

C. Analyse de la poudre d'os ordinaire.

§ 298.

Sous le nom de poudre d'os, on comprend :

I. La poudre souvent très grossière obtenue en broyant des os plus ou moins frais.

II. La poudre provenant du broyage d'os plus ou moins décomposés.

III. La poudre d'os qui ont déjà subi l'action de l'eau bouillante ou de la vapeur d'eau à forte tension.

I. est une poudre grossière caractérisée par une forte proportion de matières grasses et gélatineuses. II. est bien moins riche en matières organiques, et enfin III. est presque complètement dégraissée, plus pauvre en gélatine et bien plus divisée que I. et II.

1. On commence d'abord par bien examiner l'état physique, puis en tamisant et par la lévigation, on mesure le degré de division de la poudre et l'on s'assure de la présence des matières étrangères.

2. On *dose l'eau* en séchant un essai à 125°.

3. *Éléments fixes en totalité.* On calcine au rouge environ 5 gram. au contact de l'air, jusqu'à ce que les cendres soient blanches ; on humecte celles-ci

---

(*) Je ne conseille pas de doser l'azote du guano en le traitant par l'hypochlorite de soude et en mesurant le volume de l'azote, car ce procédé est tout à fait défectueux pour les bons guanos (ceux riches en azote). De cette façon on ne recueille qu'une partie de l'azote à l'état gazeux, parce que l'oxalate d'ammoniaque et l'acide urique ne sont pas complètement décomposés. (*W. Knop.* et *W. Wolff.*, **Chem. Centralbl.**, 1860, 269).

avec du carbonate d'ammoniaque, on sèche on chauffe légèrement au rouge et l'on pèse le résidu.

4. *Eléments fixes séparément*. On traite la cendre obtenue en 3. par de l'acide chlorhydrique étendu, on sépare par filtration la partie insoluble (sable, etc.) et l'on traite la dissolution suivant le § **287**, pour y doser le fer, la chaux, la magnésie et l'acide phosphorique.

5. *Proportion d'azote*. On calcine $0^{gr},5$ à $0^{gr},8$ avec de la chaux sodée suivant le § **181**.

6. *Proportion de matière grasse*. On épuise 5 grammes d'os réduits en poudre aussi fine que possible en les chauffant avec de l'éther et on sèche le résidu à 125°. La perte de poids diminuée de l'humidité trouvée en 1. donne la proportion de graisse. Comme contrôle, on peut évaporer l'éther et peser la graisse qui reste (en faisant attention qu'il n'y ait pas de gouttes d'eau sur la matière grasse).

7. On obtient la *matière gélatineuse* par différence, en retranchant du poids total les éléments fixes, l'acide carbonique, l'eau et la graisse.

8. On dose l'*acide carbonique* d'après la page 378, e.

D. Analyse des superphosphates.

§ 299.

Si des substances renferment du phosphate basique de chaux difficilement soluble, on rend l'acide phosphorique plus soluble et par conséquent plus facilement assimilable par les plantes, en transformant les premiers sels en superphosphates, c'est-à-dire qu'on fait agir sur eux une certaine quantité d'acide, en général de l'acide sulfurique (plus rarement de l'acide chlorhydrique), et l'on forme ainsi du sulfate de chaux ou du chlorure de calcium et de l'acide phosphorique hydraté.

Les substances qu'on emploie de préférence pour préparer ces superphosphates sont surtout : le noir animal ayant servi dans les raffineries de sucre, les coprolithes, les phosphorites, le guano, le phosphate de chaux basique précipité dans la fabrication de la colle de gélatine et rarement la poudre d'os.

Comme on n'emploie presque jamais assez d'acide pour mettre tout l'acide phosphorique en liberté, les superphosphates sont le plus souvent des mélanges de sulfate de chaux (ou chlorure de calcium), de phosphate basique de chaux, de phosphate de fer, d'acide phosphorique, d'eau, fréquemment aussi de charbon et de matières organiques qui peuvent contenir de l'azote. Ils sont d'une composition très variable suivant les matériaux employés et le mode de préparation, mais ils se ressemblent tous en ce sens qu'ils contiennent tous : a. des principes facilement solubles dans l'eau : b. des principes difficilement solubles dans l'eau, et c. des éléments complètement insolubles. Comme pour avoir une idée de la valeur des superphosphates, il ne suffit pas seulement de connaître les substances qui les constituent, mais encore leur mode de combinaison et la manière dont ils se comportent avec les dissolvants, leur analyse offre une certaine difficulté.

1. On en sèche environ 3 grammes de 160 à 180°. La perte de poids fait connaître l'*humidité* et l'*eau contenue dans le gypse*.

2. Avec un pilon, on broie dans une capsule avec de l'eau froide 10 grammes de superphosphate desséché, jusqu'à ce qu'on ait fait disparaître tous les grumeaux : on laisse déposer, on décante le liquide clair à travers un filtre et l'on recommence l'action de l'eau froide jusqu'à ce que le liquide n'ait plus de réaction acide. On réduit la solution aqueuse au volume de 500 C.C. et on sèche le résidu à environ 100°.

3. Dans la *solution aqueuse*, on prend quatre essais, savoir : a., b., et c., de 100 C.C., et d., de 200 C.C.

On évapore a. dans une capsule en platine, au bout de quelque temps on ajoute avec précaution du lait de chaux jusqu'à commencement de réaction alcaline, on sèche le résidu à 180°, on pèse, puis on calcine au rouge, et la perte de poids fait connaître la proportion de *matières organiques* passées dans la solution aqueuse. On fait bouillir le résidu d'abord avec de l'eau de chaux pure, puis avec de l'eau : dans le liquide filtré, on précipite l'acide sulfurique par un peu de chlorure de baryum, puis la baryte et la chaux par le carbonate d'ammoniaque et l'on dose les *alcalis* à l'état de chlorures, § **153** (16).

On précipite b. par le chlorure de baryum, ce qui donne l'*acide sulfurique* (§ **132**, I. 1.).

c. sert à doser l'*acide chlorhydrique*, s'il y en a, suivant le § **141**. S'il y avait beaucoup de matières organiques, on les détruirait comme on fait pour l'essai d.

d. Dans une capsule en platine, on évapore d. à siccité, après addition d'un léger excès de carbonate de soude et de salpêtre. On chauffe légèrement au rouge le résidu, on le reprend avec de l'eau, on fait tout tomber dans un vase à précipité, on verse de l'acide chlorhydrique et l'on chauffe jusqu'à ce que tout soit dissous. Au liquide clair on ajoute de l'ammoniaque, puis de l'acide acétique en excès, on sépare par filtration le *phosphate de peroxyde de fer*, on partage le liquide filtré en deux parties égales, et dans l'une on dose l'*acide phosphorique* en poids par la solution d'urane suivant le § **134**, c. Ou bien, quand on tient plutôt à opérer promptement qu'à obtenir un résultat tout à fait rigoureux, on fait usage de la méthode volumétrique du § **134**, g.; dans l'autre portion du liquide, on dose la *chaux* et la *magnésie*, § **154**, 6. b. (37).

4. On met le résidu insoluble dans l'eau dans une capsule en platine pesée, on ajoute les cendres du filtre, on sèche à 180° et l'on pèse. On a ainsi la quantité totale des substances insolubles dans l'eau. On chauffe ensuite au rouge faible au contact de l'air jusqu'à ce que toute la matière organique et le charbon soient brûlés, et la perte de poids fait connaître la proportion de ces dernières substances.

5. On fait bouillir le résidu de 4. avec de l'acide chlorhydrique étendu que l'on fait agir longtemps, on étend d'eau, on filtre, on donne au liquide un volume de 1/4 de litre en employant les eaux de lavage, et l'on sèche le résidu.

6. On mesure d'abord 50 C.C., puis 100 C.C. de la solution chlorhydrique préparée en 5. Dans les premiers, on dose l'*acide sulfurique* et dans les derniers on dose le *phosphate de fer* (s'il y a lieu), la *chaux*, la *magnésie* et l'*acide phosphorique* suivant les méthodes données en 3 pour b. et d.

7. On sèche le résidu insoluble dans l'acide chlorhydrique, on le chauffe au rouge et on le pèse. Ce n'est ordinairement que du *sable*, de l'*argile* et de l'*acide silicique*. Pour plus de certitude, on le fait bouillir avec de l'acide chlorhydrique concentré et l'on examine s'il ne se dissout pas encore du *sulfate de chaux* qu'il faudrait doser. Dans le résidu insoluble on pourra séparer l'acide silicique de l'argile et du sable, d'après le § **238**.

8. Enfin dans $0^{gr},8$ à $1^{gr},0$ de superphosphate on détermine la quantité d'*azote* (§ **187**). Dans la représentation de l'analyse, cet azote ne sera indiqué que comme élément secondaire, car il est déjà compris dans la proportion des matières organiques.

9. S'il y avait un sel ammoniacal, on doserait l'ammoniaque suivant le § **90**, 3. a.

Quant à la manière de représenter les résultats, le tableau suivant me semble donner une assez bonne idée de la composition de la matière.

		Acide phosphorique anhydre.	Azote.
Éléments facilement solubles dans l'eau.	Acide phosphorique hydraté ($3HO, PhO^5$).	16,15 11,70	—
	Chaux. . /dissous par l'acide\ Magnésie \ phosphorique libre, Peroxyde) ou qui peuvent être de fer \ combinés à cet Potasse (acide.	0,50 —	—
Éléments difficilement solubles dans l'eau.	Sulfate de chaux (CaO, SO^5 + 2Aq).	42.00 —	—
Éléments solubles dans les acides	Acide phosphorique.	3,02 2,19	
	Chaux. . /unis à l'acide phos-\ Magnésie) phorique à l'état de Peroxyde) sels plus ou moins de fer (basiques..	1,01 —	—
Éléments insolubles dans les acides.	Argile et sable.	2,49 —	—
Matières organiques et charbon.		6,51 —	0,41
Humidité		28,32 —	—
		100,00 13,89	0,41

Dans ce tableau, on calcule en sulfate de chaux l'acide sulfurique **trouvé** dans la solution et dans le résidu et l'on ajoute ces quantités de gypse. Ce qu'il reste de chaux dans le résidu et dans la dissolution, c'est-à-dire ce qui n'est pas uni à l'acide sulfurique, est ensuite indiqué comme on le voit. Si le superphosphate a été préparé avec de l'acide sulfurique et de l'acide chlorhydrique, le chlore qu'on trouve dans la dissolution est transformé en chlorure de calcium, et l'on retranche la chaux correspondante et celle du sulfate de la quantité totale trouvée dans la solution aqueuse. Le reste est alors regardé comme dissous par l'acide phosphorique, ou bien comme combiné avec lui.

E. Analyse du noir animal.

§ 300.

Le noir animal est employé en très grande quantité soit pour décolorer les jus de betteraves et leur enlever la chaux dans les fabriques de sucre indigène, soit aussi dans les raffineries pour décolorer les sirops. Récemment préparé, c'est un mélange des sels terreux des os avec 7 à 10 pour 100 de charbon : par l'usage il absorbe de la chaux, de la matière colorante, des substances albuminoïdes, etc., dont on peut le débarrasser par la revivification, en le lavant, le traitant par l'acide chlorhydrique, le lavant de nouveau, le séchant et le calcinant au rouge. Enfin quand il ne peut plus servir dans les sucreries, il passe dans les fabriques d'engrais, où on le transforme généralement en superphosphate. Les diverses opérations auxquelles est soumis le noir animal avant de devenir engrais le modifient essentiellement et le rendent fort impur; aussi le trouve-t-on dans le commerce avec des compositions très variables, et l'analyse seule peut faire connaître sa valeur. Mais ce n'est pas le seul motif qui fait que cette matière est souvent soumise à l'analyse : il y en a une seconde, c'est la nécessité où l'on est dans les sucreries d'essayer chaque fois le noir animal avant sa revivification. En effet, pour savoir par combien d'acide chlorhydrique il faut le traiter, il faut dans chaque cas doser la quantité de chaux non unie à l'acide phosphorique (et qui est en général sous forme de carbonate).

J'indiquerai d'abord la méthode ordinaire d'analyse du noir animal, puis je décrirai le procédé de *Scheibler*, que l'on emploie dans presque toutes les fabriques de sucre, pour trouver la quantité de carbonate de chaux contenu dans ce charbon.

1. On sèche de 2 à 3 grammes de 160 à 180°, et la perte de poids fait connaître l'*humidité*.

2. On dissout 5 grammes dans le ballon *a* de l'appareil représenté à la page 379, et l'on dose l'*acide carbonique* comme cela est indiqué à cet endroit.

3. On filtre la dissolution 2. à travers un filtre séché à 100° et pesé, on lave le résidu, on le sèche, on le pèse et l'on a la somme du charbon, des composés organiques insolubles et des impuretés minérales (sable, argile insolubles dans l'acide chlorhydrique). On chauffe le filtre au rouge au contact de l'air, il reste le *sable* et l'*argile*, et par différence on en conclut le *charbon* et la *matière organique* insoluble.

4. Avec le liquide filtré en 3, on fait 250 C.C. Dans 100 C.C., on dose le *fer*, la *chaux*, la *magnésie* et l'*acide phosphorique*, dans 50 C.C., l'*acide sulfurique*, s'il y en a, et dans les 100 derniers C.C., on cherche le poids d'*alcalis* qu'il pourrait y avoir : on opère ici comme cela est indiqué au § **287**.

5. On dissout dans de l'acide azotique étendu une nouvelle portion pesée de noir, on étend d'eau, et dans le liquide filtré on dose l'*acide chlorhydrique*, s'il y a lieu.

§ 301.

Pour doser les *carbonates*, surtout le carbonate de chaux et la chaux libre dans le noir animal, on fait ordinairement usage dans les fabriques de sucre de la méthode volumétrique de *Scheibler*.

L'appareil très ingénieux qui sert dans cette opération est représenté dans la figure 235. Dans le flacon A on met le carbonate à décomposer. La décomposition se fait en soulevant ce vase, parce qu'alors l'acide chlorhydrique contenu dans un petit tube en gutta-percha S et d'abord relevé, coule sur la matière quand on incline le flacon. Le bouchon en verre de A usé à l'émeri et graissé ferme hermétiquement : il est percé d'un trou central dans lequel est mastiqué un bout de tube de verre recourbé à angle droit. L'acide carbonique qui se dégage arrive par le tube en caoutchouc r dans une vessie mince en caoutchouc qui se trouve dans le flacon B. Le bouchon de ce dernier est percé de deux autres trous, l'un traversé par le petit tube q fermé avec une pince, l'autre par le tube u qui communique avec le tube à mesurer le gaz. C'est un tube C, ayant une capacité d'environ 150 C.C., partagé en demi-centimètres cubes, et qui communique par le bas avec le tube D non divisé. Dans le bouchon inférieur en caoutchouc de celui-ci passe un second tube, réuni par un bout de tube en caoutchouc et une pince p à un autre tube qui plonge au fond du flacon E à deux tubulures ; la seconde tubulure est munie d'un tube en caoutchouc v. Le flacon E est le réservoir à eau. En ouvrant p, l'eau de D coule en E : mais en soufflant par le tube v on fait monter l'eau dans D. Au commencement on remplit presque complètement E avec de l'eau distillée qu'on verse par D.

Comme toutes les pièces, sauf le flacon à décomposition, sont montées à demeure, on fixe l'appareil sur un support avec des colliers en laiton. A côté du tube à gaz on attache un thermomètre.

Au commencement de chaque expérience, on remplit d'eau les tubes D et C, de façon que le niveau coïncide avec le zéro de C. Pour cela on débouche A et l'on souffle par v jusqu'à ce que le niveau soit un peu au-dessus du zéro : on produit l'affleurement exactement en ouvrant la pince p avec précaution. Si par hasard l'eau passait par le tube u et arrivait dans le vase B, il faudrait démonter l'appareil et le nettoyer. Pendant que l'eau monte en C, l'air est chassé dans B et comprime la vessie K qui doit complètement se vider et s'aplatir ; si cela n'arrivait pas, on soufflerait avec précaution par le tube q. Si au contraire la vessie K était vide avant que le liquide eût atteint le zéro dans C, on ouvrirait q pour amener l'affleurement, le niveau étant le même dans les deux tubes. — On posera l'appareil dans une salle de température aussi constante que possible et on le préservera de l'action directe des rayons du soleil, ainsi que du rayonnement des fourneaux, car les variations subites de température nuisent à l'exactitude des résultats.

On peut appliquer cette méthode à l'analyse de tous les carbonates dé-

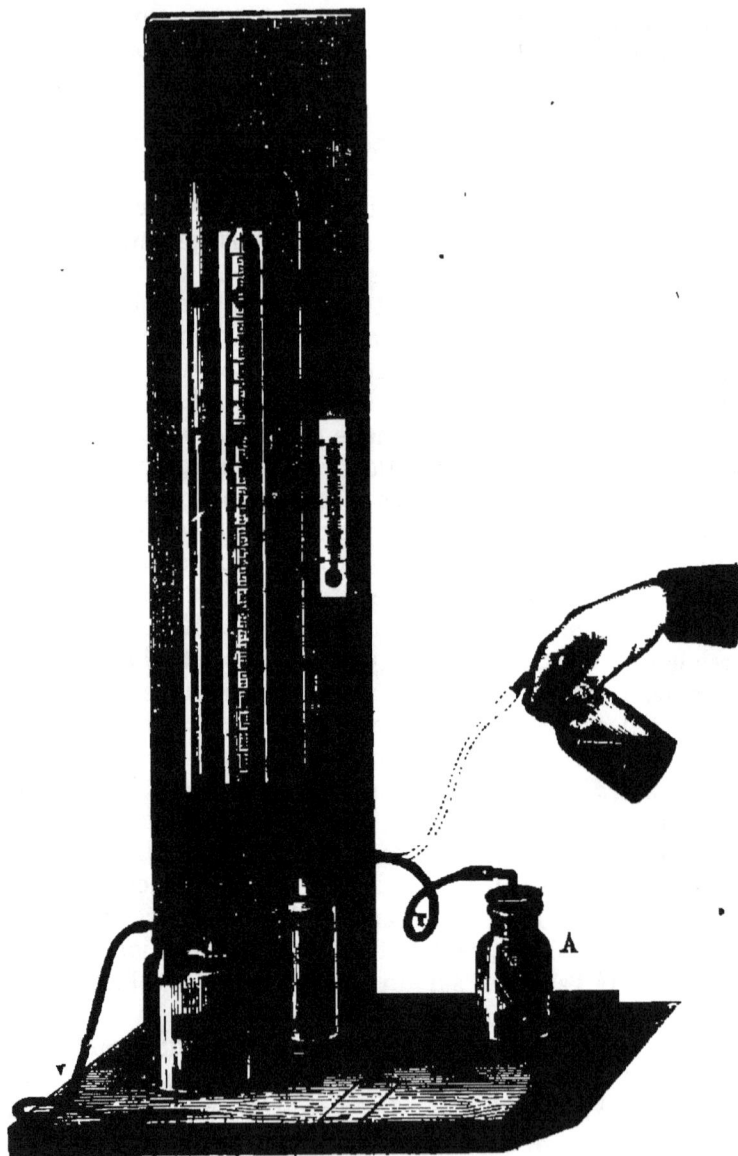

Fig. 235.

composés à froid par l'acide chlorhydrique. On met l'essai finement pulvérisé dans le flacon A bien sec, on verse dans le cylindre S en gutta-percha, 10 C.C. d'acide chlorhydrique de densité 1,12, on l'introduit avec précaution dans le flacon et on ferme hermétiquement le bouchon graissé. Par cette opération le niveau du liquide baisse un peu en C et monte en D: on rétablit l'équilibre en ouvrant un instant le tube q. On observe le thermomètre

et le baromètre, on saisit le flacon A de la main droite et par le col pour
éviter l'échauffement, on l'incline pour faire couler l'acide sur le sel et en
même temps on ouvre la pince *p* avec précaution, de façon que le niveau de
l'eau *soit le même* dans les deux tubes : on continue *sans interruption* tant
qu'il se dégage de l'acide carbonique. L'essai est terminé quand le liquide
conserve quelques secondes son niveau en C. On amène alors très exactement les deux niveaux dans les deux tubes à être sur le même plan horizontal, on fait la lecture du volume et on observe si la température a varié.
Si elle est restée constante, les C.C. observés donnent le volume d'acide carbonique dégagé. Toutefois, comme une petite quantité de gaz reste dissous
dans l'acide chlorhydrique, il y a une correction à faire. *Scheibler* a déterminé ce qui pouvait rester de gaz dissous dans les 10 C.C. d'acide chlorhydrique à la température moyenne, et il a trouvé qu'il fallait ajouter 0,8 C.C.
au volume mesuré directement avant de ramener à 0°, à la pression 760 et
à l'état sec (§ 198). Pour 1000 C.C. d'acide carbonique dans ces conditions
normales, on comptera 1^{gr},97146.

Si l'on voulait éviter toute correction, on pourrait avant chaque série
d'expériences chercher, pour le jour où l'on opère, le rapport entre l'acide
carbonique obtenu (augmenté des 0,8 C.C. de gaz resté dissous) et celui
que donnerait un poids connu de carbonate de chaux pur (du spath
d'Islande sec et finement pulvérisé). Supposons, par exemple, que 0^{gr},2737
de carbonate de chaux pur, contenant 0^{gr},120428 d'acide carbonique, aient
fourni 63,8 C.C. de gaz, y compris les 0,8 de correction, et que dans les
mêmes conditions 0^{gr},2571 de dolomie en aient donné 57,5 C.C., y compris
aussi les 0,8 de correction, la proportion

$$63,8 : 0,120428 = 57,5 : x$$

fournit $x = 0^{gr},10816$ d'acide carbonique; donc il y en a 45,62 pour 100
dans la dolomie.

Le dosage du carbonate de chaux dans le noir animal se fait de la même
manière. On sèche d'abord la matière et on la réduit en *poudre aussi fine
que possible*. Il faut en prendre assez pour n'avoir pas trop peu d'acide carbonique : en général 5 grammes suffisent. *Scheibler* a donné un poids normal pour son appareil et a calculé des tables pour abréger les opérations.
— Si le noir contient de la chaux libre hydratée, on en humecte un essai
pesé avec 10 à 20 gouttes de carbonate d'ammoniaque dans une petite capsule en porcelaine, on évapore à siccité, on chauffe le résidu un peu fort
(mais pas jusqu'au rouge) et on introduit, sans rien perdre, le contenu de
la capsule dans le flacon à décomposition.

Lorsqu'on opère avec adresse les résultats sont parfaitement concordants
et exacts, et en peu de temps on peut faire beaucoup d'essais.

VI. ANALYSE DE L'AIR ATMOSPHÉRIQUE

§ 302.

Dans les analyses de l'air on ne s'occupe en général que des éléments suivants : oxygène, azote, acide carbonique et vapeur d'eau. Le dosage des
autres principes, de l'ammoniaque, des autres gaz, des corps dont on ne
rencontre que des traces, ne se fait qu'exceptionnellement.

Il ne conviendrait pas au but que je me propose dans cet ouvrage de décrire toutes les méthodes qui ont été appliquées dans les remarquables travaux de *Brunner, Bunsen, Dumas* et *Boussingault, Regnault* et *Reiset,* ces
savants ayant eu surtout en vue de fixer d'une manière rigoureuse la composition exacte de notre atmosphère. On pourra les trouver dans les mémoires originaux ou dans les ouvrages particuliers de chimie, tels que le
Traité de chimie appliquée à la physiologie, à la pathologie et à l'hygiène
par le docteur A. Gautier, le remarquable *Traité de chimie de Graham-
Otto;* le *Dictionnaire de chimie de Liebig, Poggendorff et Wœhler.*

Je me bornerai ici à indiquer les procédés qu'on pourra le plus facilement employer pour faire l'analyse de l'air dans un but purement médical
ou industriel.

DOSAGE DE L'EAU ET DE L'ACIDE CARBONIQUE.

§ 303.

Ce dosage se faisait en général autrefois d'après la méthode indiquée tout
d'abord par *Brunner:* au moyen d'un aspirateur on faisait passer assez lentement un volume d'air connu à travers des appareils remplis de substances
pouvant absorber et arrêter l'eau et l'acide carbonique et dont l'augmentation de poids donnait la quantité de ces éléments.

La figure 256 représente l'aspirateur, tel que le décrit *Regnault.*

La vase V est en tôle galvanisée ou en zinc: sa capacité est de 50 à 100
litres : il est soutenu par trois pieds et placé dans un bassin qui peut recevoir toute l'eau écoulée. En *a* est mastiqué un tube en laiton à robinet :
l'ouverture *b* par laquelle on verse l'eau est fermée hermétiquement par
un bouchon trempé dans de la cire (mieux en caoutchouc) à travers lequel
passe la tige d'un thermomètre, dont la boule descend jusqu'au milieu
du vase V.

Le robinet inférieur *r* porte un tube d'écoulement recourbé vers le haut,
afin que de l'air ne puisse pas monter dans l'aspirateur. On détermine une
fois pour toutes la capacité de tout le vase, en le remplissant d'eau et en le
vidant dans un flacon jaugé. L'extrémité du tube *c* est reliée avec un bout
de tube en caoutchouc au tube F, et celui-ci est réuni aux autres tubes E,
D, C, B, A de la même façon, ainsi que ces tubes entre eux. A, B, E et F sont
remplis de fragments de verre mouillés avec de l'acide sulfurique concentré.

C et D contiennent des morceaux d'hydrate de chaux humide (*). Enfin on attache à A un long tube qui va déboucher dans l'endroit dont on veut analyser l'air. Les bouchons des tubes sont couverts avec de la cire à cacheter. Les tubes A et B destinés à arrêter la vapeur d'eau de l'air sont pesés ensemble. On pèse également C, D et E : C et D absorberont l'acide carbonique. E arrêtera l'humidité enlevée à la chaux par le courant d'air sec. Il n'est

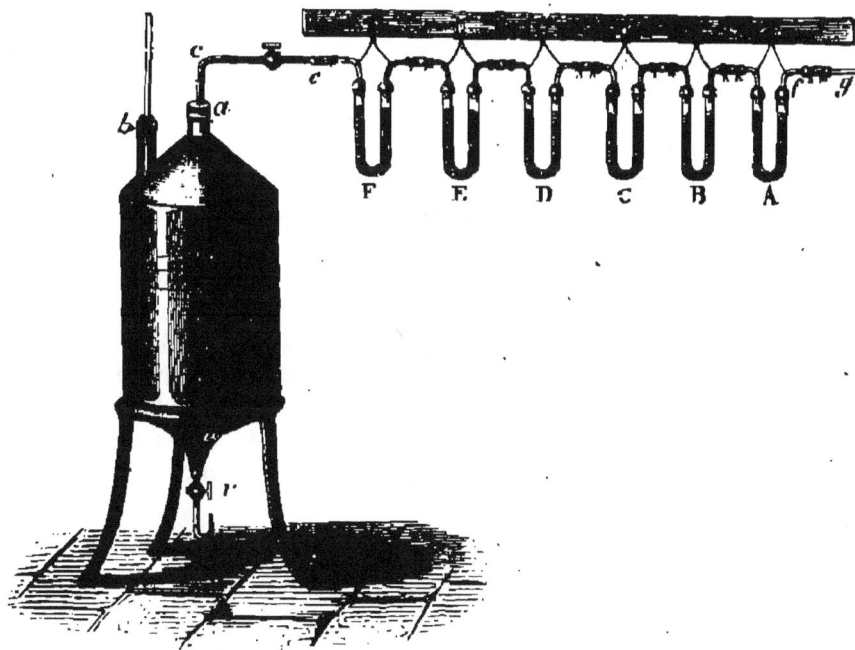

Fig. 236.

pas nécessaire de peser F, qui n'a d'autre but que de retenir la vapeur qui pourrait venir de V.

L'aspirateur étant rempli, on réunit c à F et à tout le système, et en ouvrant convenablement le robinet r on laisse couler l'eau lentement. Comme la hauteur de la colonne d'eau diminue peu à peu et par conséquent la pression qu'elle produit, il faut de temps en temps ouvrir un peu plus le robinet, afin que l'eau sorte à peu près avec la même vitesse. Le vase étant vide, on note le baromètre et le thermomètre, on pèse de nouveau les tubes A, B et C, D, E et on fait les calculs.

L'augmentation de poids de A, B et celle de C, D, E donnant la vapeur

(*) J'ai de nouveau adopté ce mode de remplissage avec de la chaux, comme l'avait d'abord indiqué *Brunner*, au lieu de pierre ponce imbibée de potasse, parce que, comme *Hlasiwetz* l'a montré (*Chem. Centralbl.*, 1856), la lessive de potasse n'absorbe pas seulement l'acide carbonique, mais aussi de l'oxygène ; du reste *H. Rose* l'avait déjà signalé. Je préfère, avec *Pettenkofer* (*Compt. rend. de l'Acad. bavaroise*, 1862), absorber l'eau avec l'acide sulfurique concentré. Je n'ai pas trouvé exact ce qu'annonce *Hlasiwetz*, savoir : que cet acide arrête de l'acide carbonique. Le chlorure de calcium ne dessèche pas l'air complètement ; en outre, suivant *Hlasiwetz*, l'ozone de l'air en chasse des traces de chlore.

d'eau et l'acide carbonique, et le volume de V faisant connaître le volum
d'air (débarrassé d'acide carbonique et de vapeur d'eau) qui a travers
l'appareil, le calcul est facile à faire. Il est bien entendu qu'on pourrait n
vider l'aspirateur qu'en partie, mais il faudrait recevoir l'eau dans un vas
gradué : dans les expériences exactes, il faudra faire certaines correction
indispensables.

α. Réduire le volume d'air V saturé d'humidité à ce qu'il serait s'il étai
sec, car c'est ainsi qu'il arrive en c. (§ **198**, γ.).

β. Réduire ce volume d'air sec trouvé à ce qu'il serait à 0° et à la pressio
normale (§ **168**, α. et β.).

Ces calculs faits, on en déduit le poids de l'air arrivé en V (1000 C.C
d'air sec à 0° et à la pression 760 pèsent 1^{r},29366), et comme on connai
l'acide carbonique et la vapeur d'eau aussi en poids, on peut en conclur
la proportion en centièmes : on peut aussi réduire ces données en volumes.

Comme le poids et le volume des appareils à absorption sont grands pa
rapport à l'accroissement de poids qu'ils doivent faire connaître, il fau
faire passer au moins 25 litres d'air, et dans la cage de la balance dessèche
l'air autant que possible à l'aide d'une grande quantité de chlorure de calcium, et ne faire les pesées qu'après avoir laissé les appareils quelqu
temps dans cette cage. Autrement on commettrait de graves erreurs, surtout pour l'acide carbonique, dont la quantité est en moyenne au moin:
10 fois plus faible que celle de la vapeur d'eau.

Aussi pour mesurer *exactement*, l'acide carbonique, une des deux méthode:
suivantes est bien préférable.

a. Procédé indiqué par *Fr. Mohr*, employé par *H. Gilm* (*) e
soumis à des contrôles exacts. Au moyen d'un aspirateur d'au moin:
50 litres, disposé comme dans la figure 236, mais muni d'une troisième tu
bulure portant un manomètre, *Gilm* fait passer l'air à travers un tube d
1 mètre de long et environ 15 millimètres de diamètre. Ce tube est re
courbé vers un bout sous un angle de 140 à 150° et se termine à l'autr
extrémité par un tube étroit. On le remplit à moitié de fragments de verr
et d'eau de baryte parfaitement limpide et on le réunit à l'aspirateur d
façon que la partie la plus longue fasse avec l'horizon un angle de 8 à 10°
L'air à analyser arrive par la partie large fermée avec un bouchon à traver:
lequel passe un tube étroit. Entre l'aspirateur et le tube à absorption son
deux petits ballons remplis aussi d'eau de baryte claire, qui servent de contrôle afin de s'assurer que tout l'acide carbonique est bien arrêté dans l
tube. — Après avoir fait passer lentement 60 litres d'air, on filtre le carbo
nate de baryte formé dans le tube à absorption, en évitant l'accès de l'air
on lave le précipité d'abord avec de l'eau bouillante saturée de carbonat
de baryte, puis avec de l'eau bouillie pure. On dissout avec de l'acide chlor
hydrique étendu le carbonate de baryte resté adhérent aux parois du tube
et celui qui est sur le filtre, on évapore à siccité, on chauffe légèrement a
rouge, on dose le chlore du chlorure de baryum suivant le § **141**, b. a., e
pour chaque équivalent de chlore on compte 1 équivalent d'acide carbo-

nique. On pourrait aussi doser la baryte du chlorure en la précipitant avec l'acide sulfurique. — Pour filtrer le carbonate de baryte, *Gilm* se servait d'un double entonnoir (*fig.* 237). Le bouchon intérieur, outre le trou qui laisse passer l'entonnoir, a des fentes latérales pour que l'air du flacon communique librement avec celui de l'entonnoir extérieur.

Comme ici l'air doit traverser une colonne de liquide avant de passer dans l'aspirateur, un manomètre est nécessaire pour connaître le vrai volume d'air analysé.

Fr. Mohr préfère pour liquide absorbant une dissolution de baryte dans une lessive de potasse. Pour la préparer, on met des cristaux de baryte dans une lessive faible de potasse, on dissout en chauffant et on enlève par filtration le carbonate de baryte qui se forme toujours en petite quantité pendant cette opération. Le liquide filtré limpide est déjà saturé de carbonate de baryte : *Mohr* ne met pas de fragments de verre dans le tube.

Dans les expériences de *Gilm* les résultats sont parfaitement d'accord. Cette méthode est toutefois entachée d'une cause d'erreur. En filtrant de l'eau de baryte bien claire à travers un filtre en évitant autant que c'est possible l'accès de l'air en lavant avec de l'eau jusqu'à ce que celle-ci ne donne pas la moindre réaction de la baryte, versant ensuite de l'acide chlorhydrique sur le filtre en évaporant le liquide qui passe alors, on trouve constamment une petite quantité de chlorure de baryum qui provient d'un peu de baryte que le papier à filtre retient toujours. *A. Muller* avait déjà attiré l'attention sur cette propriété du papier à filtre.

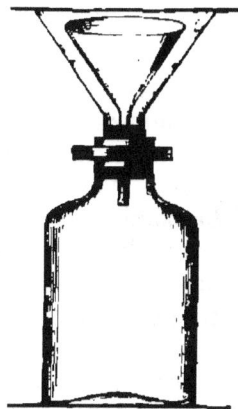

Fig. 237.

b. Procédé de *Pettenkofer* (*).

α. Principe et matériaux nécessaires. Ce procédé consiste à faire agir un volume d'air sur une quantité mesurée d'eau de baryte dont on a évalué la force avec une solution d'acide oxalique. On décante ensuite l'eau de baryte dans une éprouvette, on laisse déposer en évitant le contact de l'air, on prend une partie aliquote du liquide clair et on y dose de nouveau la proportion de baryte, dissoute. En ramenant ce résultat au volume total d'eau de baryte, la différence des quantités d'acide oxalique nécessaires avant et après l'action de l'air sur l'eau de baryte fait connaître la quantité de baryte combinée à l'acide carbonique.

Pour absorber de grandes quantités d'acide carbonique l'on prépare de l'eau de baryte contenant 21 grammes d'hydrate cristallisé dans un litre (**);

(*) Rapport de la commission technique de l'académie de Bavière, II, 1. — *Ann. de Chem. u. Pharm. Supplém.*, II, 1.

(**) L'hydrate de baryte employé pour faire cette liqueur titrée ne doit pas renfermer de trace de soude ou de potasse caustique : la plus petite quantité de ces derniers rendent impossible le titrage en présence du carbonate de baryte, parce que les oxalates neutres alcalins sont décomposés par les carbonates alcalino-terreux. Dès lors, aussitôt qu'une trace de carbonate de baryte est en suspension dans le liquide (et cela arrive toujours si l'eau de baryte a servi à absorber de l'acide carbonique et n'a pas été filtrée), celui-ci

— pour de plus faibles proportions d'acide carbonique, il suffit de 7 grammes d'hydrate de baryte par litre. 1 C.C. de l'eau la plus forte correspond environ à 3 milligrammes d'acide carbonique et 1 C.C. de la plus faible à 1 milligramme. — On conservera l'eau de baryte dans un flacon disposé de façon que l'air n'y puisse rentrer qu'en traversant des tubes pleins de fragments de pierre ponce imbibée de potasse.

Pour titrer l'eau de baryte, on prend une dissolution d'acide oxalique contenant par litre 2^r,8636 d'acide pur, cristallisé, ni humide, ni effleuri (*). 1 C.C. de ce liquide correspond à 1 milligramme d'acide carbonique. Le nombre des centimètres cubes nécessaires pour neutraliser la baryte donne donc immédiatement les milligrammes d'acide carbonique. — Pour déterminer exactement le rapport entre les deux liquides, on verse 30 C.C. d'eau de baryte dans un ballon en verre, et avec une burette munie du flotteur d'*Erdmann*, on fait couler lentement l'acide. On agite de temps en temps en fermant le ballon avec le pouce. Pour saisir la fin de la réaction, on fait usage du papier de curcuma (**) très sensible. On cesse d'ajouter de l'acide oxalique, quand une goutte de liquide prise avec une baguette en verre et déposé sur le papier n'y produit plus un petit anneau brun. Si dans un premier essai on avait été obligé d'enlever trop de gouttes pour saisir la fin de la réaction, on ne regarderait ce résultat que comme approximatif, on recommencerait une seconde opération en versant de suite 1 C.C. ou 1/2 CC. de moins d'acide qu'avant, et alors seulement on essayerait avec le papier de curcuma. Deux essais s'accordent toujours à 1/10 de C.C. près. A cause de la sensibilité de la réaction, il faut éliminer avec soin toutes les matières alcalines étrangères (poussière de cendres, fumée de tabac).

β. *Pratique de l'analyse.* On peut procéder de différentes manières.

aa. Avec un soufflet l'on remplit de l'air qu'on veut analyser un *flacon* bien sec, de 6 litres de capacité (exactement jaugé), fermant à l'émeri et très hermétiquement : on verse 45 C.C. de l'eau de baryte faible titrée et l'on fait tournoyer le flacon sans secousses afin d'étaler l'eau de baryte sur ses parois. Au bout d'une demi-heure, tout l'acide carbonique est absorbé. On verse l'eau trouble dans une éprouvette, on ferme bien et on laisse déposer : on prend 30 C.C. du liquide limpide avec une pipette, on titre avec l'acide oxalique, on multiplie le volume employé par 1,5 (puisqu'on n'opère que sur 30

a continuellement une réaction alcaline en présence d'une trace de potasse et de soude, parce que l'acide oxalique neutralisé par la potasse est de nouveau immédiatement décomposé par le carbonate de baryte. Une nouvelle addition d'acide oxalique transforme de nouveau le carbonate alcalin en oxalate, le liquide est un moment neutre, jusqu'à ce qu'en agitant avec l'air l'acide carbonique se dégage et que le carbonate de baryte transforme de nouveau l'oxalate alcalin en carbonate. — Pour reconnaître s'il y a de la potasse caustique dans l'eau de baryte, on en prend le titre avec un essai parfaitement limpide, puis avec un autre essai auquel on ajoute un peu de carbonate de baryte pur précipité : si dans le second cas il faut plus d'acide oxalique que dans le premier, c'est qu'il y a de la potasse caustique. Pour pouvoir employer une pareille eau de baryte, il faut lui ajouter un peu de chlorure de baryum.

(*) On peut l'obtenir très pur en décomposant l'oxalate de plomb par l'acide sulfurique (Pour la dessiccation, voir la page 109).

(**) On le prépare avec de la teinture de curcuma dans de l'alcool exempt d'acide et du papier de Suède non collé débarrassé de chaux. On sèche dans l'obscurité et on garantit du contact de la lumière. Il doit être jaune citron.

C.C. des 45 employés primitivement), on retranche ce nombre des C.C.
d'acide oxalique qui correspondent à 45 C.C. d'eau de baryte et la différence
donne la quantité de baryte passée à l'état de carbonaté, par conséquent la
quantité d'acide carbonique.

bb. Par un moyen convenable, on fait passer un volume connu d'air dans
un ou deux tubes contenant une quantité mesurée d'eau de baryte titrée et
l'on achève comme en aa. — En général
pour obtenir le courant d'air, on fera
usage d'un aspirateur (page 1161) : *Pettenkofer*, dans ses expériences sur la
respiration, chasse l'air dans le tube à
absorption avec une pompe à mercure,
puis de là le fait passer dans un petit
compteur. La figure 238 représente la
forme du tube à absorption et son support. Il employait deux semblables tubes ;
l'un contenant de l'eau de baryte sur une
longueur de 1 mètre, l'autre sur une
longueur de 0,3, le dernier avec l'eau de
baryte forte, le premier avec la solution
plus faible. Les tubes étaient soutenus
par des supports munis de bouchons de
caoutchouc, de vis, d'index, de façon
qu'on pouvait leur donner une position toujours la même. L'inclinaison était
telle que le gaz arrivant par le tube
étroit plongé dans la petite branche
ne pouvait pas se réunir en grosses
bulles : le mouvement de l'air produisait le mélange continuel de l'eau de
baryte.

Fig. 238.

B. Dosage de l'oxygène et de l'azote.

§ 304.

Pour les raisons que j'ai données plus
haut, je ne choisis parmi les nombreuses
méthodes recommandées pour le dosage
de l'oxygène que celle de *Liebig*.

Elle repose sur l'observation de *Che-
vreul* et de *Dobereiner*, que l'acide pyrogallique dans les dissolutions alcalines
a un pouvoir absorbant considérable pour l'oxygène.

1. On remplit de l'air à analyser les 2/3 d'un fort tube gradué de 30 C.C.
divisé en 1/5 ou en 1/10 de C.C. Le reste est occupé par du mercure et le
tube plonge dans une éprouvette à pied haute et large (*fig.* 157, page 616).

2. On mesure le volume d'air (§ **12**). — Si l'on veut y doser l'acide carbonique, ce qui ne se fera avec une certaine exactitude qu'autant que ce gaz entrera pour quelques centièmes, on sèche d'abord l'air avec une boule de chlorure de calcium (§ **17**) et l'on mesure le volume. Au moyen d'une pipette à pointe recourbée (*fig.* 239) on introduit de la lessive de potasse de densité 1,4 (1 partie d'hydrate de potasse sec et 2 parties d'eau) dont le volume sera 1/40 à 1/50 du volume de l'air, on répand le liquide alcalin dans tout le tube en agitant rapidement dans le sens vertical (page 616), et quand le volume ne diminue plus on le mesure de nouveau. Si l'on a préablement desséché avec du chlorure de calcium, la diminution de volume fait connaître l'acide carbonique, mais autrement on ne pourrait rien conclure. parce que la solution concentrée de potasse absorbe l'humidité.

Fig. 239.

3. Après avoir enlevé l'acide carbonique, on introduit dans le tube avec une autre pipette semblable à la première une dissolution d'acide pyrogallique, faite avec 1 gramme d'acide (*) et 5 à 6 C.C. d'eau, et l'on en fait passer un volume égal à la moitié de celui de la potasse. On agite comme en opérant pour l'acide carbonique, et quand il n'y a plus de diminution de volume on fait la lecture.

4. Quand la dissolution d'acide pyrogallique se mélange à la lessive de potasse, celle-ci est plus étendue et il y aurait une cause d'erreur par suite du changement dans la tension de la vapeur d'eau ; mais cette différence est si faible qu'elle n'a pas d'influence sensible sur les résultats : on peut du reste la faire disparaître en faisant passer dans le tube, après l'absorption de l'oxygène, un morceau d'hydrate de potasse solide correspondant à la proportion d'eau de la solution d'acide pyrogallique.

5. Une autre cause d'erreur vient de ce que le liquide adhérant aux parois du tube, la lecture du volume n'est pas tout à fait exacte. Dans des analyses comparatives, on peut faire disparaître l'influence de cette cause d'irrégularité en opérant sur des volumes à peu près égaux (**).

6. Malgré tout, les résultats de cette méthode laissent peu à désirer. Dans onze analyses faites par *Liebig*, les valeurs trouvées pour l'oxygène sont comprises entre 20,75 et 21,04. Ces nombres indiquent les résultats bruts. sans aucune correction.

(*) Voir la préparation très commode de l'acide pyrogallique donnée par *Liebig*.
(**) Nous avons déjà dit à la page 761 que *Bunsen* emploie l'acide pyrogallique pour absorber l'oxygène en imbibant de pyrogallate de potasse une boule de papier mâché qu'il introduit dans le mélange gazeux au moyen d'un fil de platine. En opérant de cette façon on évite la cause d'erreur signalée au n° 5.

TROISIÈME PARTIE

EXERCICES ANALYTIQUES

———

J'indique dans ce qui suit 52 exercices qui me paraissent les plus propres
à faire bien comprendre la théorie et la pratique de l'analyse quantitative
Ce sont à peu près ceux que j'ai l'habitude de donner depuis plusieurs années dans mon laboratoire, et je puis garantir qu'ils conduisent à de bons
résultats et sont bien gradués pour donner aux élèves l'habitude de ce genre
de travaux. L'ordre de succession des exemples n'est pas le même ici que
dans l'édition précédente de cet ouvrage : dans cette dernière je com-
mençais par des analyses en poids et ensuite j'indiquais toute une série
d'analyses volumétriques. Plus tard je fis bien encore commencer par les
premières, j'intercalai bientôt entre elles des analyses par les liqueurs titrées. De cette façon on rompt d'une manière utile la monotonie des opérations faites par les pesées, on combat, d'autre part, d'une façon efficace la
tendance des jeunes gens à travailler à la hâte pour obtenir promptemen
des résultats, tendance que ne ferait que favoriser l'application trop continue des méthodes volumétriques, si séduisantes par leur rapidité ; enfin
on fait bien voir que dans le domaine de l'analyse on peut arriver au même
but par différents moyens et on excite l'esprit à comparer et à critiquer
les diverses méthodes.

Dans le choix des exemples j'ai eu soin que pour presque tous, mais surtout pour les premiers, on puisse soumettre les résultats à un contrôle rigoureux. Cela est important pour les commençants, car il faut les prému-
nir avant tout contre cette trop grande confiance en soi qu'on est disposé
à avoir : aussi je crois que, dans cette circonstance, la meilleure manière
d'y arriver c'est de leur donner le moyen de se convaincre par eux-mêmes
combien les résultats qu'ils obtiennent sont loin de la vérité.

Ce contrôle exact n'est possible qu'autant que l'élève prépare lui-même
la substance à analyser en pesant ses éléments, ou travaille sur des sels
purs d'une composition connue. — Ce n'est que lorsqu'il a acquis après de
pareils travaux la confiance nécessaire et raisonnable en ses propres moyens
que je lui permets de faire l'analyse des minéraux ou des produits industriels pour lesquels il n'y a plus de contrôle rigoureux possible.

Une seconde condition que j'ai cherché à réaliser, c'est d'embrasser dans ces exemples toutes les méthodes et tous les corps les plus importants, afin que l'élève ait occasion de parcourir tout le vaste champ de l'analyse. C'est pour cela qu'on trouvera qu'il m'arrive peut-être de ne pas indiquer, pour certaines substances, la méthode la plus simple.

J'ai donné peu d'exemples d'analyse organique élémentaire, parce que les méthodes sont de beaucoup moins variées que dans les analyses minérales et qu'on en acquiert tout aussi bien l'habitude en analysant plusieurs fois la même substance, jusqu'à ce que les résultats soient tout à fait concordants, qu'en prenant chaque fois un nouveau composé.

Enfin je dirai, en terminant ces réflexions, que je ne prétends pas du tout que l'on doive faire toutes les analyses que j'indique, car le temps que l'on doit consacrer à ces exercices pour devenir un bon analyste dépend de l'habitude de chacun, et l'on peut acquérir l'habileté et les connaissances nécessaires avant d'avoir analysé toutes les substances et appliqué toutes les méthodes. — Je crois devoir conseiller encore aux jeunes gens de ne pas trop se hâter de chercher du nouveau, avant de s'être bien pénétrés des connaissances générales de la chimie et surtout aussi avant d'avoir acquis une certaine habitude dans la pratique des analyses. De pareilles prétentions dans la science n'ont souvent que des suites fâcheuses, comme j'ai eu parfois l'occasion de m'en apercevoir, car on ne bâtit rien de solide sur le sable.

EXEMPLES

A. Dosages simples par les pesées, pour acquérir l'habitude des opérations analytiques les plus ordinaires.

1. Fer.

On pèse environ $0^{gr},3$ de fil de clavecin dans un verre de montre, on le dissout dans l'acide chlorhydrique additionné d'acide azotique. On étendra les acides d'un peu d'eau.

On fait la dissolution dans un vase à précipité, fermé par un verre de montre. — Quand elle est complète et qu'on reconnaît à la couleur que tout le fer est à l'état de peroxyde (autrement on ajouterait encore un peu d'acide azotique), on lave le verre de montre, on étend d'eau, on chauffe presque à l'ébullition, on verse de l'ammoniaque en léger excès, on filtre à travers un filtre lavé à l'acide chlorhydrique, etc. (voir § **113**, I. a.). Après la pesée, on dissout l'oxyde de fer en faisant digérer avec de l'acide chlorhydrique fumant, parce qu'il renferme presque toujours un peu de silice provenant partie du silicium du fer, partie des vases en verre, on étend d'eau, on filtre sur un petit filtre, on chauffe au rouge et on pèse. Le poids est celui de la silice avec les cendres du grand et du petit filtre.

La meilleure manière de prendre les notes est la suivante, que j'indique une fois pour toutes :

Verre de montre + fer	10,3192	
» vide . . .	9,9750	
Fer . . .	0,3442	

Creuset + oxyde de fer + silice + cendres du filtre . .	17,0703
Creuset vide	16,5761
	0,4942
Cendres du grand filtre	0,0008
Peroxyde de fer + silice	0,4934
Creuset + silice + cendres des deux filtres	16,5809
Creuset vide	16,5761
	0,0048
Cendres des filtres	0,0014
Silice	0,0034

$0,4934 — 0,0034 = 0,4900$ peroxyde de fer $= 0,343$ fer $= 99,65$ pour 100.

2. Acétate de plomb.

Dosage de l'oxyde de plomb. — Les cristaux non effleuris et secs sont broyés dans un mortier en porcelaine, puis on les presse entre des feuilles de papier à filtre jusqu'à ce que celles-ci ne prennent plus d'humidité.

a. On pèse environ 1 gramme, on le dissout dans l'eau en ajoutant un peu d'acide acétique, et on opère suivant le § **116**, 1. a.

b. On pèse environ 1 gramme et on opère exactement suivant le § **113**, 6. (modification de *Dulck* à la méthode de *Berzelius*) :

PbO	111,50	58,85
$\overline{A}$	51,00 . . : .	26,91
3Aq	27,00	14,25
	189,50	100,00

3. Acide arsénieux.

Dans un ballon en verre de moyenne grandeur et fermant à l'émeri, on dissout au bain-marie à une douce chaleur environ $0^{gr},2$ d'acide arsénieux pur en petits grains, en faisant digérer avec un peu de lessive de soude ; on étend avec un peu d'eau, on ajoute de l'acide chlorhydrique en léger excès et on remplit le flacon presque complètement avec une dissolution limpide d'acide sulfhydrique. On ferme et on agite. Si l'acide sulfhydrique domine, la précipitation est complète, autrement on fait passer un courant de gaz sulfhydrique jusqu'à excès et on achève comme au § **127**, 5.

Ar	75	75,76
O³	24	24,24
	99	100,00

4. Alun de potasse.

Dosage de l'alumine. — On presse de l'alun de potasse pur en poudre entre des feuilles de papier à filtre, et on pèse à peu près 2 grammes : on les dissout dans l'eau et on dose l'alumine suivant le § **105**, a.

KO	47,11	9,95
Al²O³	51,50	10,85
4.SO³	160,00	33,71
24.HO	216,00	45,51
	474,61	100,00

5. Bichromate de potasse

Dosage du chrome. — On fond du bichromate pur à une douce chaleur, on en pèse de 0ᵍʳ,4 à 0ᵍʳ,6, on dissout dans l'eau, on réduit par l'acide chlorhydrique et l'alcool et on opère exactement suivant le § **130**, I. a. *a.*

KO	47,11	31,92
2,CrO³	100,48	68,08
	147,59	100,00

6. Chlorure de sodium.

Dosage du chlore. — On chasse l'eau du chlorure de sodium pur en le chauffant dans un creuset de platine (page 394), on en dissout 0ᵍʳ,4 et on dose le chlore suivant le § **141**, I. a.

Na	23,00	39,34
Cl	35,46	60,66
	58,46	100,00

B. ANALYSE COMPLÈTE DES SELS PAR PESÉES, CALCUL DE LEURS FORMULES D'APRÈS LES RÉSULTATS OBTENUS (§§ **202** et **203**).

7. Carbonate de chaux.

On chauffe légèrement au rouge dans un creuset de platine du carbonate de chaux pur en poudre (soit du spath d'Islande pur, soit du carbonate de chaux préparé artificiellement).

a. *Dosage de la chaux.* — Dans un vase qu'on fermera, on dissout 1 gramme de carbonate de chaux dans l'acide chlorhydrique étendu, on chauffe un peu pour chasser l'acide carbonique et on dose la chaux suivant le § **103**, 2. b. a.

b. *Dosage de l'acide carbonique.* — On le dosera dans $0^{gr},8$ de sel par le procédé du § **139**, II. c.

CaO	28		56,00
CO^2	22		44,00
	50		100,00

8. Sulfate de cuivre.

Il faut l'analyser complètement.

On pulvérise des cristaux purs dans un mortier et on presse entre des feuilles de papier à filtre.

a. *Dosage de l'eau de cristallisation.* — On pèse un tube à boule vide, on y met du sulfate de cuivre de façon à remplir la boule à moitié (*), on le pèse de nouveau : on place le tube dans le bain d'air, dont les parois sont percées d'un trou (*fig.* 38, page 49), et on opère suivant le § **29**. Lorsqu'à 120 ou 140° il ne se dégage plus d'eau et que les pesées successives du tube à boule n'indiquent plus de perte de poids, la diminution de poids du tube donne la quantité d'eau de cristallisation du sel. — Au lieu d'un tube à boule on peut prendre un tube ordinaire assez large, y introduire le sulfate de cuivre dans une nacelle et chauffer comme plus haut. Pour empêcher le sulfate déshydraté d'absorber de l'eau pendant les pesées, on peut enfermer la nacelle dans un tube fermé avec un bouchon et que l'on pèse avant et après. On aura soin que le thermomètre soit convenablement enfoncé dans le bain d'air, afin qu'il donne aussi bien que possible la température du sel.

b. *Dosage de l'eau combinée.* — On prolonge la même expérience jusqu'à ce que la température atteigne 250 à 260°. La perte de poids donne la proportion d'eau de combinaison. — Pour atteindre une température aussi élevée, il faudra se servir de deux lampes à faible pression.

c. *Dosage de l'acide sulfurique.* — Dans une nouvelle portion de sel $(1^{gr},5)$ on dose l'acide sulfurique suivant le § **132**, I. 1.

d. *Dosage de l'oxyde de cuivre.* — On prend environ $1^{gr},5$ de sulfate que l'on traite suivant le § **119**, I. a. a.

CuO	39,70		31,83
SO^3	40,00		32,08
HO	9,00		7,22
4.Aq	36,00		28,87
	124,70		100,00

(*) Pour faire cette opération, on introduit dans un des bouts du tube et jusqu'à la boule une baguette en verre entourée de papier et on verse la poudre par l'autre bout. En replaçant le tube horizontalement, on enlève la baguette; et, si c'est nécessaire, on nettoie les tubes avec une barbe de plume.

9. Phosphate de soude cristallisé.

a. *Dosage de l'eau de cristallisation.* On chauffe lentement et modérément environ 1 gramme dans un creuset en platine ; on commence avec le bain-marie, puis on continue au bain d'air et l'on achève sur la lampe, sans atteindre cependant le rouge visible : on a ainsi l'eau de cristallisation.

b. *Dosage de l'eau de constitution,* en chauffant au rouge le résidu de a.

c. *Dosage de l'acide phosphorique.*

α. Suivant le § **134**, b. α., en prenant 1gr,5 à 2gr,0 de phosphate de soude.

β. Suivant le § **134**, c., en prenant environ 1 gramme de sel.

γ. Suivant le § **134**, b. β., avec environ 0gr,2 de phosphate.

Je recommande de faire ces trois opérations, parce que ces trois méthodes sont fréquemment employées.

d. *Dosage de la soude.* On opère avec 1gr,5 de phosphate de soude suivant le § **135**, d. β. — Après avoir enlevé l'excès d'argent avec de l'acide chlorhydrique, il faut d'abord évaporer plusieurs fois à siccité dans une capsule en porcelaine avec de l'acide chlorhydrique pour chasser tout l'acide azotique. Cela fait, on dissout le résidu dans un peu d'eau, on met la dissolution dans une capsule en platine et on pèse le chlorure de sodium : voir § **89**, b. et § **98**, 3.

PhO^5	71,00	19,83
2.NaO	62,00	17,32
HO	9,00	2,51
24.Aq	216,00	60,34
	558,00	100,00

10. Chlorure d'argent.

On chauffe au rouge du chlorure d'argent fondu et pur dans un courant d'hydrogène pur et sec jusqu'à décomposition complète et l'on pèse l'argent métallique. On peut calciner dans un tube à boule léger, dans une nacelle en porcelaine introduite dans un tube, ou dans un creuset en porcelaine dont le couvercle est percé d'un trou (§ **115**, 4.).

De cette façon on détermine le chlore par différence. On peut le doser directement suivant le § **141**, II. b.

Ag	107,97	 75,28
Cl	35,46	 24,72
	143,43	100,00

11. Cinabre.

On pulvérise et l'on sèche à 100.

a. *Dosage du soufre.* Dans un petit ballon, on met 0gr,5 avec de l'acide chlorhydrique concentré, on ajoute de temps en temps du chlorate de potasse par portions, on laisse digérer assez longtemps à une douce chaleur et l'on opère d'après la page 432, β. — Ou bien on traite 0gr,5 à 1gr,0 par la méthode de *Beudant, Rivot* et *Daguin* (page 432). La lessive de potasse sera concentrée (1 partie d'hydrate de potasse exempt d'acide sulfurique et 3 parties d'eau) ; il n'est pas nécessaire de faire d'abord bouillir le cinabre avec la lessive alcaline : on amènera le chlore en courant lent dans le liquide chaud. On acidule le liquide alcalin, on chauffe jusqu'à ce qu'on ait fait disparaitre l'odeur de chlore et l'on précipite par le chlorure de baryum.

b. *Dosage du mercure.* On dissout $0^{gr},5$ comme plus haut, on étend d'eau, on laisse reposer dans un lieu chaud jusqu'à ce que l'odeur du chlore ait disparu, on filtre s'il le faut, on verse de l'ammoniaque en excès, on chauffe légèrement assez longtemps, on ajoute de l'acide chlorhydrique jusqu'à ce qu'on ait redissous le précipité de chloro-amidure de mercure qui s'est formé et l'on traite suivant le § **118**, 3. la solution qui maintenant n'a plus du tout l'odeur du chlore :

Hg. . . . ,	100,00	. . . .	86,21
S	16,00	. . . .	15,79
	116,00		100,00

12. Gypse cristallisé.

On prend un bel échantillon de gypse naturel cristallisé pur, on le pulvérise et on le sèche sous le dessiccateur (§ **27**).

a. *Dosage de l'eau* suivant le § **35**, a. *α*.

b. *Dosage de l'acide sulfurique et de la chaux* (§ **132**, II. b. *α*).

CaO	28	. . . .	32,56
SO³	40	. . . .	46,51
2.Aq	18	. . . .	20,93
	86		100,00

C. Séparation de deux bases et de deux acides et dosages par des liqueurs titrées.

13. Séparation du fer d'avec le manganèse.

On dissout dans l'acide chlorhydrique environ $0^{gr},2$ de fil de clavecin et à peu près autant d'oxyde salin de manganèse pur, préalablement calciné (préparation, § **109**, 1. a.) : on chauffe avec un peu d'acide azotique et l'on opère la séparation avec l'acétate de soude, § **180** (85). Le dosage du manganèse se fait suivant le § **109**, 1. a.

14. Dosage volumétrique du fer avec la solution de caméléon.

a. *Fixation du titre du caméléon.*

α. Avec le fer métallique (fil fin de clavecin), dont on dissout environ $0^{gr},2$ dans l'acide sulfurique étendu (page 231).

β. Avec l'acide oxalique, dont on prendra de $0^{gr},2$ à $0^{gr},3$ exactement pesés, si l'on ne veut pas faire usage d'une dissolution d'une richesse connue (page 234).

b. *Dosage du protoxyde de fer dans le sulfate double de fer et d'ammoniaque.*

α. Dans une dissolution acidulée avec de l'acide sulfurique (p. 235, β.).

β. Dans une dissolution acidulée avec de l'acide chlorhydrique (p. 236, γ.):

FeO	56	18,57
AzH⁴	26	13,26
2.SO³	80	40,82
6.Aq	54	27,55
	196	100,00

c. *Dosage du fer dans un minerai de manganèse.*

On chauffe environ 5 grammes de peroxyde de manganèse en poudre fine, séché à 100°, avec de l'acide chlorhydrique concentré jusqu'à dissolution complète, on étend d'eau, on filtre, on donne à la solution un volume de 500 C.C. et on mélange en agitant. Dans 100 C.C. on dose le fer suivant la page 921, « troisième méthode ».

15. Dosage volumétrique du fer avec le protochlorure d'étain, ou avec l'iodure de potassium et l'hyposulfite de soude.

a. Dans 50 C.C. de la solution de peroxyde de manganèse préparée plus haut (14. c.), on dose le fer suivant la page 920, « première méthode. ».

b. Dans 50 C.C. de la même solution on dose le fer suivant la page 921. « deuxième méthode ».

16. Dosage de l'acide azotique dans le salpêtre.

On chauffe du salpêtre pur, mais sans le fondre, et on l'enferme dans un tube sec bien fermé.

Dans 0ᵍʳ,2 à 0ᵍʳ,3, on dose l'acide azotique suivant la p. 459, β.

KO	47,11	46,59
AzO⁵	54,00	53,41
	101,11	100,00

17. Séparation de la magnésie d'avec la soude.

On pèse environ 0ᵍʳ,5 de magnésie pure, récemment calcinée (et qu'on obtient facilement par la décomposition de l'oxalate de magnésie au rouge) et 0ᵍʳ,5 de chlorure de sodium, pur et parfaitement desséché : on dissout dans l'acide chlorhydrique étendu, en évitant d'en mettre un grand excès et on sépare par le phosphate d'ammoniaque, p. 465 (21). Il n'est pas nécessaire d'ajouter du chlorhydrate d'ammoniaque, parce qu'il y a déjà un chlorure. On séparera l'acide phosphorique par l'acétate de plomb. On pèsera la soude à l'état de chlorure.

18. Séparation de la potasse d'avec la soude.

On prend du tartrate double de potasse et de soude (sel de Seignette) cristallisé et broyé, on le sèche entre des feuilles de papier à filtre, on en pèse environ 1gr,5, on chauffe dans un creuset de platine, d'abord à une douce chaleur, puis peu à peu jusqu'au rouge faible. On traite le résidu charbonneux, d'abord par de l'eau, puis par de l'acide chlorhydrique étendu, on évapore le liquide acide dans une capsule en platine pesée et on pèse ensemble les chlorures (§ **97**, 3). On sépare par le chlorure de platine, § **152** (1), et d'après le résultat on calcule la potasse et la soude que renferme le sel de Seignette :

KO	47,11	. . . .	16,70
NaO . . .	31,00	. . . .	10,99
$C^8H^4O^{10}$ . . .	132,00	. . . .	46,79
8.Aq. . . .	72,00	. . . .	25,52
	282,11		100,00

19. Dosage volumétrique du chlore dans les chlorures.

a. Préparation et essai de la liqueur d'argent (§ **141**, I. b. α.).

b. Dosage indirect de la potasse et de la soude dans le sel de Seignette par le dosage volumétrique du chlore dans les chlorures alcalins préparés au n° 18. Pour le calcul, voir § **200**, a. β.

20. Séparation du zinc d'avec le cadmium.

On pèse à peu près 0gr,4 d'oxyde de cadmium et autant d'oxyde de zinc purs, tous deux ayant été préalablement calcinés ; on dissout dans l'acide chlorhydrique et on fait la séparation suivant le § **162** (127).

21. Acidimétrie.

a. Préparer l'acide sulfurique normal, l'acide chlorhydrique normal et la soude normale (**215**. a.).

b. Essayer l'acide sulfurique normal avec le carbonate de soude pur et l'acide chlorhydrique normal avec le spath calcaire (§ **215**, II.)

c. Richesse d'un acide chlorhydrique d'après sa densité (pages 745 et 778).

d. Dosage du même acide par les liqueurs titrées (§ **215**).

e. Essayer avec les liqueurs titrées la richesse d'un vinaigre coloré (emploi des papiers réactifs).

f. Préparer une dissolution de cuivre ammoniacale (§ **216**), en fixer le titre avec l'acide sulfurique normal, l'employer pour essayer le même acide qu'en c. et d., et aussi en y ajoutant du sulfate neutre de zinc en proportion quelconque.

22. Alcalimétrie.

a. Préparation de l'acide d'épreuve d'après *Descroizilles* et *Gay-Lussac* (§ **219**).

b. Essai d'une potasse du commerce, desséchée au rouge faible.

   α. Suivant *Descroizilles* et *Gay-Lussac* (§ **219**).

   β. Suivant *Mohr* (§ **220**).

23. Dosage de l'ammoniaque.

On traite environ $0^{gr},8$ de sel ammoniac suivant le § **99**, 3. a.

AzH^4	. .	18,00	. . . .	33,67	AzH^3	. . 17,00	. . . .	31,80
CI	. . .	35,46	. . . .	66,33	HCI.	. . 36,46	. . . .	68,20
		53,46		100,00		53,46		100,00

24. Séparation de l'iode d'avec le chlore.

On dissout $0^{gr},5$ d'iodure de potassium pur et environ 2 à 3 grammes de chlorure de sodium pur dans 250 C.C. et on dose l'iode et le chlore :

a. Dans 50 C.C. suivant le § **169**, 2. b. (263). Calcul comme au § **200**, c.

b. Dans 50 C.C. suivant le § **169**, 2. c. (264).

c. Dans 10 C.C. suivant le § **169**, 2. d. (265).

ANALYSE DES ALLIAGES, DES MINÉRAUX, DÉS PRODUITS INDUSTRIELS, ÉTC.
PAR DES PÉSÉES OU PAR DES LIQUEURS TITRÉES

25. Analyse du laiton.

On sait que le laiton renferme de 25 à 35 pour 100 de zinc et 65 à 75 pour 100 de cuivre. En outre il contient généralement de petites quantités d'étain, de plomb, et parfois des traces de fer.

On en dissout 2 grammes dans l'acide azotique, on évapore à siccité au bain-marie, on humecte le résidu avec l'acide azotique, on ajoute un peu d'eau, on chauffe, on étend d'eau davantage et on sépare par filtration le peu d'oxyde d'étain qui pourrait rester non dissous (§ **126**, 1. a.).

Au liquide filtré ou à la solution elle-même, si la proportion d'étain est trop faible, on ajoute environ 20 C.C. d'acide sulfurique étendu, on évapore à siccité au bain-marie, on verse 50 C.C. d'eau et l'on chauffe. S'il reste un résidu insoluble (sulfate de plomb), on le sépare par filtration et on le dose suivant le § **116**, 5. Dans le liquide, on opère la séparation du cuivre et du zinc par l'hyposulfite de soude, § **162** (131). S'il y avait du fer en quantité appréciable, on le chercherait dans l'oxyde de zinc pesé (§ **160**).

26. Analyse de la soudure des plombiers
(Étain et plomb).

Dans un petit ballon on traite par l'acide azotique ordinaire environ 1ᵍʳ,5 de l'alliage coupé en petits morceaux et on opère pour séparer, et doser l'étain suivant le § **164** (175).

Le liquide filtré étant recueilli dans une capsule en porcelaine, on l'additionne d'acide sulfurique pur et étendu, on chasse l'acide azotique par évaporation au bain-marie et on traite le sulfate de plomb obtenu suivant le § **116**, 5. Si l'alliage contient d'autres métaux, on les trouve dans le liquide séparé par filtration d'avec le sulfate de plomb et que l'on traite par l'acide sulfhydrique et le sulfhydrate d'ammoniaque. — Il peut y avoir aussi dans l'oxyde d'étain de petites quantités de fer ou de cuivre. On essaye donc en fondant avec du carbonate de soude et du soufre (page 530, β.)

27. Analyse d'une dolomie.

Suivant le § **235**.

28. Analyse d'un feldspath.

a. Désagrégation par le carbonate de soude (§ **140**, II. b.), séparation de la silice, précipitation de l'alumine avec des traces de fer par l'ammoniaque suivant le § **161**, 4. (115), précipitation de la baryte dans le liquide filtré par l'acide sulfurique un peu étendu, puis de la chaux par l'oxalate d'ammoniaque, § **154** (30). Enfin séparation de l'alumine d'avec la petite quantité d'oxyde de fer qui y est souvent mélangé suivant le § **160**.

b. Désagrégation par l'acide fluorhydrique, page 388, aa. (prendre de préférence la méthode de *Mitscherlich*), ou page 389, bb. Après avoir enlevé le sulfate de baryte, on évapore après addition d'un peu d'acide sulfurique jusqu'à ce qu'il ne se dégage plus d'acide fluorhydrique, on reprend le résidu par l'eau, on ajoute du chlorure de baryum avec précaution tant qu'il se forme un précipité, puis, sans filtrer, du carbonate d'ammoniaque et de l'ammoniaque. On laisse reposer à froid, on filtre, on évapore le liquide à siccité, on calcine le résidu au rouge pour chasser les sels ammoniacaux, on dissout dans l'eau, on ajoute de nouveau un peu d'ammoniaque et de carbonate d'ammoniaque pour précipiter le reste de baryte, et enfin on dose la potasse suivant le § **97**, 3. S'il y avait aussi de la soude, on séparerait les alcalis suivant le § **152** (1).

29. Analyse d'une calamine ou d'un minerai de zinc siliceux.

Suivant le § **240**.

a. Analyse complète.

b. Dosage volumétrique du zinc suivant le § **242**, 1.

30. Analyse d'une galène.

a. Dosage du soufre, du plomb, du fer, etc., suivant le § **259**.
b. Dosage de l'argent dans une galène suivant le § **259**.

31. Essai d'un chlorure de chaux (§ **233**).

a. Suivant *Penot* (page 843).
b. Suivant *Bunsen* (page 846).
Il faudrait faire suivant le § **148**, 3. (page 596) les dissolutions et le dosage de l'iode éliminé.

32. Essai d'un manganèse (§ **246**).

a. Suivant *Frésénius* et *Will* (page 896).
b. Suivant *Bunsen* (page 900).
c. Avec le fer (page 901).

33. Analyse de la poudre à tirer.

Suivant le § **227**.

34. Analyse d'une argile (§ **238**).

a. Analyse mécanique, page 867.
b. Analyse chimique, page 869.

35. Analyse d'une soude brute.

Suivant le § **229**.

36. Analyse du kupfernickel naturel.

Suivant le § **251**.

37. Dosage du chrome dans le fer chromé.

Suivant le § **239**.

38. Analyse d'une eau minérale.

Suivant les §§ **206** à **213**. — Ce travail sera surtout utile si l'on recherche même les éléments qui ne sont qu'en petites quantités.

39. Analyse d'une cendre végétale.

Suivant les §§ **283** à **291**.

40. Analyse d'un sol forestier ou agraire.

Suivant les §§ **291** à **295**.

41. Dosage du sucre dans un fruit, dans du miel, du lait ou autre substance sucrée.

Suivant les §§ **274** à **277**.

42. Dosage du tannin dans une matière propre au tannage.

Suivant les §§ **279** à **281**.

E. MESURE DE LA SOLUBILITÉ DES SELS.

43. Solubilité du sel marin.

a. *A la température de l'ébullition.* On dissout du chlorure de sodium parfaitement pur et en poudre dans un ballon avec de l'eau distillée, on chauffe à l'ébullition, que l'on prolonge jusqu'à ce qu'une portion du sel se dépose. On filtre aussi promptement que possible dans un grand ballon jaugé, pesé, en faisant usage d'un entonnoir enveloppé d'eau bouillante et fermé avec une lame de verre; on ferme le ballon avec un bouchon aussitôt qu'on a recueilli environ 100 C.C. de liquide, on laisse refroidir et on pèse. On remplit ensuite le ballon d'eau jusqu'au trait de jauge et dans une portion mesurée du liquide ayant tout dissous, on dose le sel en évaporant dans une capsule de platine (en ajoutant un peu de sel ammoniac, qui empêche la décrépitation du sel au rouge); ou bien on dose le chlore suivant le § **141**.

b. *A 14°.* On laisse refroidir la solution saturée à l'ébullition jusqu'à la température choisie et on opère comme en a. avec le liquide.

100 parties d'eau à 109°,7 dissolvent 40,35 de sel marin.
100 » 14° » 35,87

44. Solubilité du gypse.

a. A 100°
b. A 12°.

On fait digérer du sulfate de chaux pur avec de l'eau en agitant fréquemment et à la fin on chauffe à 40 ou 50° (température à laquelle il se dissout en plus grande quantité). On décante le liquide clair avec un peu du dépôt dans deux ballons différents, et pendant quelque temps on en porte un à l'ébullition, tandis qu'on laisse refroidir l'autre en agitant souvent et on abandonne assez longtemps à 12°. On filtre et on dose le gypse dissous en évaporant à siccité et en chauffant le résidu au rouge.

100 parties d'eau à 100° dissolvent 0,217 de gypse anhydre
100 » 12° 0,233 »

F. Détermination de la solubilité des gaz dans les liqueurs
ET ANALYSE DES MÉLANGES GAZEUX

45. Chercher le coefficient de solubilité de l'acide sulfureux.

Voir § **131**, 2. et aussi *Méthode volumétrique de Bunsen.*
46. Analyse de l'air atmosphérique.
Suivant le § **302** — § **304**.

G. Analyses élémentaires organiques. détermination
DE L'ÉQUIVALENT DES SUBSTANCES ORGANIQUES, ET ANALYSES DANS LESQUELLES
ON APPLIQUE LA MÉTHODE DES ANALYSES ÉLÉMENTAIRES ORGANIQUES.

47. Analyse de l'acide tartrique.

On choisit des cristaux purs et bien blancs. On les broie et on les sèche à 100°.
a. On brûle avec l'oxyde de cuivre, suivant le procédé de *Liebig* (§ **174**).
b. On brûle avec l'oxyde de cuivre, suivant le procédé de *Bunsen* (§ **175**).
c. On brûle dans un courant d'oxygène (§ **178**).

8.C.	48	32
6.H.	6	4
12.O.	96	64
	150	100

48. Dosage de l'azote dans le ferrocyanure de potassium cristallisé.

On broie les cristaux parfaitement purs, on dessèche la poudre sous le dessiccateur (§ **27**), on dose l'azote suivant les §§ **186** et **187**.
(La formule indique 19,87 pour 100 d'azote.)

49. Analyse de l'acide urique (ou de toute autre substance organique pure contenant de l'oxygène, du carbone et de l'azote).

On sèche l'acide urique à 100°.
a. Dosage du carbone et de l'hydrogène (§ **183**).
b. Dosage de l'azote.
  α. Suivant les §§ **186** et **187**.
  β. Suivant *Dumas* (§ **185**) :

5.C.	30	35,71
2.Az.	28	33,33
2.H.	2	2,38
3.O.	24	28,58
	84	100,00

50. Analyse d'un guano.

Suivant le § **297**.

51. Analyse d'une houille.

a. Dosage de l'eau par dessiccation à 100° (§ **29**).

b. Dosage des cendres en brûlant un essai dans un creuset de platine ncliné.

c. Dosage du carbone et de l'hydrogène en brûlant avec le chromate de plomb (§ **188** et §'**176**), — ou, avec un charbon peu sulfuré, suivant le § **178,** b., en adaptant à l'appareil un petit tube plein de bioxyde de plomb (page 636).

d. Dosage de l'azote suivant les §§ **186** et **187**.

c. Dosage du soufre :

α. D'après la méthode de *Liebig* (page 636).

β. D'après la méthode de *Carius* (page 646).

52. Analyse de l'éther ordinaire.

On le déshydrate complètement avec du chlorure de calcium fondu et on 'analyse après la rectification. Opérer suivant le § **180** :

8.C.	48	64,87
10.H.	10	13,51
2.O.	16	21,62
	74	100,00

33. Analyse et équivalent de l'acide benzoïque.

a. Dosage de l'argent dans le benzoate d'argent, § **115**, 1. ou 4.

b. Dosage du carbone et de l'hydrogène dans l'acide benzoïque hydraté et séché à 100°. Calcul § **203**, 2.

54. Analyse et équivalent d'une base organique.

Analyse de la base et de son sel double de platine. Calcul § **203**, 5.

55. Détermination du poids spécifique de la vapeur de camphre.

Expérience suivant le § **194**, calcul du § **204**.

56. Analyse complète d'une fonte.

Suivant le § **255.**

APPENDICE

I

DOCUMENTS ANALYTIQUES

1. Influence de l'eau sur les vases en verre ou en porcelaine pendant l'évaporation (au § **41**, page 69).

Un grand ballon fut rempli d'eau, distillée avec précaution dans un alambic en cuivre dont le serpentin était en étain. Cette eau servit pour toutes les expériences du n° 1.

a. 300 C.C. évaporés avec précaution dans une capsule en platine laissèrent un résidu chauffé au rouge du poids de $0^{gr},0005 = 0,0017$ pour mille.

b. 600 C.C. furent évaporés presque complètement dans un grand ballon en verre de Bohême, le résidu fut transvasé dans une capsule en platine et le ballon fut lavé avec 100 C.C. d'eau distillée. Après avoir évaporé à siccité et chauffé au rouge le résidu, celui-ci pesait. . . . . $0^{gr},0104$

et en retranchant le résidu appartenant à l'eau distillée elle-même . . . . $0^{gr},0012$

la différence représentant la matière enlevée au verre est. . . $0^{gr};0092$
ou $= 0,0153$ pour mille.

Dans d'autres expériences faites de la même manière, 500 C.C. laissèrent pour résidu deux fois $0^{gr},0029$, une fois $0^{gr},0057$: ce qui fait en moyenne, sur 600 C.C. $0^{gr},0090$

et en retranchant. . . . . $0^{gr},0012$

. . . . $0^{gr},0078$

soit 0,013 pour mille.

On peut donc admettre que 1 litre d'eau, qui a bouilli longtemps dans un vase en verre, lui enlève environ 14 milligrammes de substance.

c. 600 C.C. furent évaporés presque à siccité dans une capsule en porcelaine de Berlin, et traités comme en b. Le résidu fut de. . . . . . $0^{gr},0015$

en retranchant le résidu que contient l'eau naturellement. . . $0^{gr},0012$

il reste pour la substance prise à la porcelaine. . . . . . $0^{gr},0003$
soit 0,0005 pour mille.

2. Influence de l'acide chlorhydrique sur les vases en verre ou en porcelaine pendant l'évaporation (§ **41**, page 69).

À l'eau distillée préparée au n° **1**, on ajoute 1/10 d'acide chlorhydrique pur.

a. 300 grammes évaporés dans le platine laissèrent 0^{gr},002 de résidu.

b. 300 grammes évaporés presque à siccité dans du verre de Bohême, puis dans une capsule en platine, donnèrent 0,0019 de résidu : l'acide chlorhydrique étendu n'avait donc pas attaqué le verre.

c. 300 grammes évaporés dans une capsule en porcelaine de Berlin, etc., donnèrent 0,0036, et en retranchant 0,002 on a 0,0016, par conséquent 0,0053 pour mille.

d. L'expérience c. répétée fournit 0,0034 ; en retranchant 0,002 il reste 0,0014 ou 0,0047 pour mille.

Le verre est donc moins attaqué par l'acide chlorhydrique que par l'eau, tandis que la porcelaine se comporte de même avec l'eau et l'acide chlorhydrique étendu. On voit par là que l'action de l'eau sur le verre se porte sur les silicates basiques solubles.

3. Influence de la solution de sel ammoniac sur le verre ou la porcelaine, pendant l'évaporation (§ **41**, page 69).

On fit dissoudre 1/10 de sel ammoniac dans l'eau distillée de 1, et on filtra.

a. 300 C.C. évaporés dans une capsule en platine laissent 0^{gr},006 de résidu fixe.

b. 300 C.C. ayant bouilli longtemps dans un vase en verre de Bohême, puis évaporés à siccité dans une capsule en platine donnent 0^{gr},0179 ; en retranchant les 0,006 obtenus plus haut, il reste 0,0119 = 0,0397 pour mille, pour les parties enlevées au verre.

c. 300 C.C. traités de même dans une capsule en porcelaine de Berlin laissent 0,0178 : en retranchant 0,006, il reste 0,0118 = 0,0393 pour mille.

Par conséquent la dissolution de sel ammoniac attaque le verre autant que la porcelaine.

4. Influence d'une solution de carbonate de soude sur les vases en verre ou en porcelaine (§ **41**, page 69).

À l'eau distillée en 1. on ajoute 1/10 de carbonate de soude pur cristallisé.

a. 300 C.C. sursaturés d'acide chlorhydrique et évaporés à siccité dans un vase de platine, etc., donnent 0^{gr},0026 d'acide silicique = 0^{gr},0087 pour mille.

b. 300 C.C. chauffés pendant trois heures dans du verre à une douce ébullition en renouvelant l'eau évaporée, mais de façon toutefois à produire une certaine concentration, donnèrent, traités comme en a., 0^{gr},1376, et en retranchant les 0^{gr},0026 obtenus en a., il reste 0^{gr},135, soit 0,450 pour mille.

c. 300 C.C. traités comme en b., mais dans de la porcelaine, donnèrent 0,0099, et en retranchant les 0^{gr},0026 il reste 0,0073 = 0,0243 pour mille.

Par conséquent le verre est fortement attaqué par la solution de carbonate de soude bouillante et la porcelaine l'est encore notablement.

4. Eau distillée dans les vases en verre (§ **56**, 1.).

42^{gr},41 d'eau distillée dans un ballon à long col avec un réfrigérant de *Liebig*, furent évaporés à siccité dans une capsule en platine ; le résidu chauffé au rouge pesait 0,0018, c'est-à-dire $\dfrac{1}{23561}$.

6. Sulfate de potasse et alcool (§ **68**, a.).

a. Pendant plusieurs jours on fit digérer à froid dans de l'alcool absolu du sulfate de potasse pur calciné, on agita souvent ; le liquide filtré étendu d'eau et additionné de chlorure de baryum resta d'abord tout à fait clair et ne devint un peu opalin que bien plus tard. En évaporant à siccité il resta un très léger résidu, qui offrait cependant la réaction nette de l'acide sulfurique.

b. Le même essai fut répété en ajoutant un peu d'acide sulfurique concentré et pur : le liquide filtré évaporé dans le platine laissa un résidu net de sulfate de potasse fixe.

7. Action de la chaleur et de l'air sur le chlorure de potassium (§ **68**, c.).

0^{gr},9727 de chlorure de potassium pur chauffés au rouge (mais non fondus) perdirent 0^{gr},0007, en les maintenant pendant 10 minutes au rouge sombre dans une capsule en platine ouverte ; — pendant 10 nouvelles minutes et à la même température le poids resta le même. — Chauffé au rouge vif, presque jusqu'à la fusion, le sel perdit de nouveau 0^{gr},0009 ; — porté à la fusion complète, la perte fut de nouveau de 0,0034. — Le poids du sel abandonné à l'air pendant 18 heures n'augmenta pas du tout.

8. Solubilité du chlorure double de platine et de potassium dans l'alcool (§ **68**, d.)

a. *En l'absence de l'acide chlorhydrique libre.*

α. Pendant 6 jours et en agitant fréquemment, on laissa digérer à 15° ou 20° dans un flacon fermé et avec de l'alcool à 97,5 pour 100 du chlorure double de platine et de potassium récemment précipité et tout à fait pur. — 72^{gr},5 du liquide filtré, évaporés dans une capsule en platine, laissèrent 0^{gr},0060 de résidu séché à 100°. Donc 1 partie de chlorure double se dissout dans 12 083 parties d'alcool à 97°.

β. La même expérience fut répétée avec de l'alcool à 76 pour 100. Le liquide n'était pour ainsi dire pas coloré. Pendant l'évaporation il noircit un peu et dès lors le résidu fut mesuré sous forme de platine. — 75^{gr},5 donnèrent 0^{gr},0080 de platine, soit 0^{gr},020 de sel double. — Donc 1 partie de sel se dissout dans 7375 parties d'alcool à 76 pour 100.

γ. Le même essai fut repris avec de l'alcool à 55 pour 100. Le liquide filtré était visiblement jaune. 63^{gr},2 de liquide laissèrent 0^{gr},0241 de platine, soit 0^{gr},060 de sel double. Par conséquent 1 partie de chlorure double de platine et de potassium se dissout dans 1053 parties d'alcool à 55 pour 100.

b. *En présence d'acide chlorhydrique libre.*

On fait digérer du chlorure double récemment précipité avec de l'alcool à 76 pour 100 additionné d'un peu d'acide chlorhydrique. — 67 grammes de la solution (colorée en jaune) donnèrent 0^{gr},0146 de platine ou 0^{gr},0365 de sel double. — Donc 1 partie de ce dernier se dissout dans 1835 parties d'alcool acidulé par l'acide chlorhydrique.

9. Sulfate de soude et alcool (§ **69**, a.).

Des expériences analogues à celles du n° 6, faites avec du sulfate de soude anhydre et pur, montrèrent que ce sel se comporte absolument comme le sulfate de potasse avec l'alcool pur ou additionné d'acide sulfurique.

10. Sulfate de soude calciné abandonné à l'air (§ 69, a.).

$2^{gr},5169$ de sulfate de soude anhydre abandonnés quelques minutes à l'air dans un verre de montre non couvert et pendant une chaude journée d'été ne changèrent pas de poids, — au bout de 5 heures ils pesaient $0^{gr},0061$ de plus.

11. Expériences avec le nitrate de soude (§ 69, b.).

a. $4^{gr},5479$ d'azotate de soude pur fondus, abandonnés 24 heures à l'air (en avril, par un beau temps), augmentèrent de $0^{gr},0006$.

b. $4^{gr},5479$ d'azotate de soude pur furent dissous avec de l'eau dans une capsule en platine, on y ajouta de l'acide azotique pur et on évapora avec précaution au bain-marie, puis on chauffa jusqu'à ce que la masse commençât à fondre au fond du vase. Après refroidissement, le contenu de la capsule pesait $4^{gr},5503$. — On chauffa de nouveau à fusion complète, le poids fut alors de $4^{gr},5474$

12. Action de l'air sur le chlorure de sodium (§ 69, c.).

$4^{gr},3281$ de chlorure de sodium chimiquement pur, chauffés modérément au rouge (mais non fondus) et refroidis à côté de l'acide sulfurique, augmentèrent de $0^{gr},0009$ après une exposition à l'air (un peu humide) pendant 3/4 d'heure.

13. Action de la chaleur rouge sur le chlorure de sodium seul ou mélangé à du sel ammoniac (§ 69, c.).

$4^{gr},3281$ de chlorure de sodium chimiquement pur furent dissous dans l'eau dans une capsule en platine de moyenne grandeur ; on y ajouta du sel ammoniac pur, on évapora et on chauffa modérément jusqu'à ce qu'il ne se dégageât plus de vapeurs apparentes de sel ammoniac. Le poids fut de $4,5554$. En chauffant au rouge encore pendant 2 minutes, le poids fut de $4,5314$. En maintenant quelque temps au rouge, on trouva $4,3275$. — En maintenant 2 minutes au rouge blanc (on voyait se dégager des vapeurs blanches), le sel pesait $4^{gr},3249$.

14. Action de l'air et de la chaleur rouge sur le carbonate

de soude (§ 69, d.).

$2^{gr},1061$ de carbonate de soude chimiquement pur, modérément calciné, furent abandonnés à l'air dans une capsule de platine ouverte, un jour du mois de juillet, pendant un temps couvert : au bout de 10 minutes le poids était de $2^{gr},1078$, au bout d'une heure de $2^{gr},1113$, après 5 heures de $2^{gr},1257$.

$1^{gr},4212$ de carbonate de soude chimiquement pur, légèrement calciné, furent chauffés au rouge pendant 5 minutes dans un creuset de platine fermé : on n'alla pas jusqu'à la fusion. Le poids resta de $1,4212$; — en chauffant un peu plus fort, au bout de 5 minutes il y avait un commencement de fusion et le poids fut de $1,4202$; — 5 minutes après, la fusion était complète et le sel pesait $1^{gr},4135$.

15. Effet de l'évaporation et de la dessiccation sur le sel ammoniac (§ 70, a.).

$0^{gr},5625$ de sel ammoniac pur et tout à fait sec furent dissous dans l'eau dans une capsule en platine : on évapora à siccité et on dessécha complètement. Le poids fut de $0,5622$ (rapport au poids primitif $100 : 99,94$) ; en maintenant

1/4 d'heure de plus au bain-marie, il pesait 0,5612 (100 : 99,77) ; 1/4 de plus encore à la température du bain-marie le poids fut de 0,5608 (100 : 99,69).

16. Solubilité du chlorure double de platine et d'ammoniaque dans l'alcool (§ 70, b.).

a. En l'absence de l'acide chlorhydrique libre.

α. Du chlorure double de platine et d'ammoniaque tout à fait pur, récemment précipité, fut abandonné 6 jours dans de l'alcool à 97,5 pour 100 et agité de temps en temps dans un vase fermé, à la température de 15° à 20°.

74^{gr},3 du liquide filtré tout à fait incolore, évaporés dans une capsule en platine, laissèrent après calcination un résidu de platine pesant 0^{gr},002, correspondant à 0,0028 de sel double. — 1 partie de celui-ci se dissout donc dans 26 535 parties d'alcool à 97,5 degrés.

β. La même expérience fut répétée avec de l'alcool à 76 pour 100 : le liquide avait une coloration jaune très apparente.

81^{gr},75 laissèrent 0^{gr},0257 de platine = 0,0584 de sel double. Ainsi 1 partie de sel double se dissout dans 1406 parties d'alcool à 76 pour 100.

γ. Le même essai fait avec de l'alcool à 55 degrés donna un liquide nettement jaune. Il noircit par évaporation et 56^{gr},5 abandonnèrent 0^{gr},0364 de platine = 0,08272 de sel double : donc 1 partie de sel exige seulement 665 parties d'alcool à 55 degrés.

b. En présence de l'acide chlorhydrique.

L'expérience β. fut recommencée en ajoutant un peu d'acide chlorhydrique à l'alcool. — 76^{gr},5 de liquide abandonnèrent 0^{gr},0501 de platine = 0^{gr},1139 de sel double. Donc 672 parties d'alcool acidulé d'acide chlorhydrique dissolvent 1 partie de sel double de platine et d'ammoniaque.

17. Solubilité du carbonate de baryte dans l'eau (§ 71, b.).

a. A froid. On fit digérer pendant 5 jours en agitant fréquemment avec de l'eau à 10° ou 20° du BaO,CO^2 tout à fait pur, récemment précipité : le liquide filtré était immédiatement troublé par l'acide sulfurique et ne l'était qu'après quelque temps par l'ammoniaque. 84^{gr},82 de la solution donnèrent 0,0060 de BaO,CO^2. Donc 1 partie de sel se dissout dans 14 137 parties d'eau.

b. A chaud. Le même carbonate de baryte maintenu pendant 10 minutes en ébullition dans l'eau donna un liquide filtré, qui offrit les mêmes réactions que dans le traitement par l'eau froide; il resta parfaitement limpide par le refroidissement. 84^{gr},82 de la dissolution chaude abandonnèrent par évaporation 0^{gr},0055. — Donc 1 partie de sel se dissout dans 15 421 parties d'eau bouillante.

18. Solubilité du carbonate de baryte dans l'eau qui contient de l'ammoniaque et du carbonate d'ammoniaque (§ 71, b.).

Une dissolution de chlorure de baryum chimiquement pur fut additionnée d'un excès de carbonate d'ammoniaque et d'ammoniaque, on chauffa légèrement et on laissa reposer 12 heures. — Le liquide filtré resta parfaitement clair avec l'acide sulfurique : ce ne fut qu'au bout d'un temps assez long qu'on obtint un précipité à peine visible. 84^{gr},820 du liquide évaporés laissèrent un résidu qui pesait 0^{gr},0006 après une légère calcination. Donc 1 partie de sel se dissout dans 141 000 parties de liquide.

19. Solubilité du fluosiliciure de baryum dans l'eau (§ 71, c.).

a. Pendant 4 jours et en agitant souvent on fit digérer dans de l'eau du fluosiliciure de baryum parfaitement lavé et récemment précipité. — Le liquide filtré se trouble de suite par l'acide sulfurique : avec la dissolution de gypse le trouble ne fut apparent qu'au bout de 1 à 2 heures et il y eut un précipité formé en laissant reposer assez longtemps. 84^{gr},82 du liquide laissèrent un résidu de 0^{gr},0223 bien desséché. 1 partie de sel se dissout d'après cela dans 3802 parties d'eau.

b. Du fluosiliciure de baryum d'une autre préparation, récemment précipité, fut chauffé à l'ébullition avec de l'eau, puis on laissa refroidir (ce qui détermina la précipitation du sel dissous). Le liquide, laissé assez longtemps en contact avec le dépôt produit par le refroidissement, donna avec la solution de gypse les mêmes réactions qu'en a. 84^{gr},82 abandonnèrent 0,0250. — 1 partie de sel était dissoute dans 3392 parties d'eau.

20. Solubilité du fluosiliciure de baryum dans l'eau contenant de l'acide chlorhydrique (§ 71, c.).

a. Pendant trois semaines on laissa digérer, en agitant de temps en temps, dans de l'eau acidulée avec de l'acide chlorhydrique, du fluosiliciure de baryum récemment précipité. Le liquide filtré donna avec l'acide sulfurique un précipité assez fort. 84^{gr},82 du liquide abandonnèrent 0^{gr},1155 de résidu parfaitement desséché. En en déduisant le poids correspondant de fluosiliciure de baryum, on voit que 1 partie de sel se dissout dans 733 parties du liquide acide.

b. On fit bouillir du fluosiliciure récemment précipité avec de l'eau renfermant un peu d'acide chlorhydrique. 84^{gr},82 du liquide filtré refroidi à 12° donnèrent 0^{gr},1322 de résidu : rapport de 1 à 640.

N. B. La dissolution dans l'acide chlorhydrique n'a pas lieu sans décomposition, car même après la calcination le résidu renferme beaucoup de chlorure de baryum.

21. Solubilité du sulfate de strontiane dans l'eau (§ 72, a.).

a. A 14° C. — Pendant 4 jours on fit digérer dans de l'eau à la température ordinaire du sulfate de strontiane récemment préparé. 84^{gr},82 du liquide abandonnèrent 0^{gr},0123 de sulfate de strontiane : donc 1 partie de SrO,SO^3 se dissout dans 6895 parties d'eau.

b. A 100° C. — 84^{gr},82 d'une dissolution préparée en faisant bouillir avec de l'eau du sulfate de strontiane récemment précipité donnèrent 0^{gr},0088 de résidu : donc 1 partie de SrO,SO^3 se dissout dans 9638 parties d'eau bouillante.

22. Solubilité du sulfate de strontiane dans l'eau contenant de l'acide chlorhydrique ou de l'acide sulfurique (§ 72, a.).

a. 84^{gr},82 d'une solution préparée par une digestion de 3 jours laissèrent 0^{gr},0077 de SrO,SO^3.

b. 42^{gr},41 d'une solution préparée par une digestion de 4 jours donnèrent 0^{gr},0036 de SrO,SO^3;

c. Du carbonate de strontiane pur fut dissous dans un excès d'acide chlorhydrique : la solution fut précipitée par un excès d'acide sulfurique et on abandonne pendant 15 jours. 84^{gr},82 du liquide filtré fournirent 0^{gr},0066 de résidu.

Suivant a. 1 partie de SrO,SO^3 se dissout dans. . .   11016 parties
» b.   »   »   »   . . .   11780 »
» c.   »   »   »   . . .   12791 »

Moyenne. . .   11862 »

23. Solubilité du sulfate de strontiane dans les acides azotique, chlorhydrique et acétique étendus.

a. On fit digérer pendant deux jours du sulfate de strontiane récemment précipité avec de l'acide azotique à 4,8 pour 100. 150 grammes du liquide filtré laissèrent 0^{gr},3451 de résidu : donc 1 partie de sel pour 435 parties de liquide. Dans une seconde expérience le rapport fut 1 : 429 ; en moyenne 1 : 432.

b. On fit digérer pendant deux jours et à froid avec de l'acide chlorhydrique à 8,7 pour 100 : 100 gram. laissèrent 0,2115 ; une seconde fois 100 gram. donnèrent 0,210 ; donc en moyenne 1 partie de sulfate de strontiane se dissout dans 474 parties d'acide chlorhydrique à 8,7 pour 100.

c. On fit digérer pendant 2 jours avec de l'acide acétique à 15,6 pour 100. 100 gram. donnèrent 0,0126, — 0,0129. 1 partie de sulfate de strontiane se dissout en moyenne dans 7843 parties de cet acide acétique.

24. Solubilité du carbonate de strontiane dans l'eau (§ 72, b.).

On fit digérer dans de l'eau distillée pendant plusieurs jours à froid et en agitant du SrO,CO^2 parfaitement lavé, récemment précipité. 84,820 parties du liquide filtré donnèrent par évaporation un résidu calciné pesant 0,0047. 1 partie du sel se dissout donc dans 18 045 parties d'eau.

25. Solubilité du carbonate de strontiane dans l'eau renfermant de l'ammoniaque et du carbonate d'ammoniaque (§ 72, b.).

Une portion du carbonate de strontiane du n° 24 fut mise en digestion comme au n° 24 avec le liquide en question. 84^{gr},82 du liquide donnèrent un résidu de 0^{gr},0015 de SrO,CO^2 ; donc 1 partie du sel exige 56 545 parties de liquide alcalin.

Si l'on précipite une solution de chlorure de strontiane par le carbonate d'ammoniaque et l'ammoniaque suivant le § 102, 2. a., le liquide filtré additionné d'alcool n'est pas troublé par l'acide sulfurique.

26. Solubilité de CaO,CO^2 dans l'eau froide, dans l'eau bouillante et dans l'eau qui contient de l'ammoniaque et du carbonate d'ammoniaque (§ 73, b.).

a. Une solution préparée à chaud comme au n° 26, b., fut abandonnée pendant un mois en digestion à froid avec le précipité non dissous : on agitait de temps en temps. 84^{gr},82 de liquide donnèrent 0^{gr},0080 CaO,CO^2, 1 partie de sel se dissout dans 10 601 parties d'eau.

b. On fit bouillir longtemps avec de l'eau distillée du CaO,CO^2 récemment précipité. 42^{gr},41 de la solution évaporés donnèrent 0^{gr},0048 de CaO,CO^2 chauffé au rouge faible. Donc 1 partie de CaO,CO^2 exige 8854 parties d'eau bouillante.

c. Une dissolution pure et étendue de chlorure de calcium fut précipitée par le carbonate d'ammoniaque et l'ammoniaque : on laissa reposer 24 heures, puis on filtra. 84^{gr},82 abandonnèrent 0^{gr},0013 de CaO,CO². Donc 1 partie de sel s'est dissoute dans 65 246 parties du liquide.

27. Effet sur CaO,CO² de la calcination dans un creuset de platine (§ 73, b.).

0^{gr},7955 de carbonate de chaux tout à fait sec furent portés à une température successivement croissante, à la fin la plus élevée possible, sur une bonne lampe de *Berzelius*. Le creuset, petit et léger, était ouvert et incliné. Le résidu pesa : au bout du premier 1/4 d'heure, 0,6482, — au bout d'une 1/2 heure, 0,6256, — après 1 heure, 0,5927, — après 5/4 d'heure, le poids était le même. Cela correspond à 74,5 pour 100 de chaux (par le calcul on devrait avoir 56 pour 100). Ainsi tout l'acide carbonique était loin d'être chassé.

28. Composition de l'oxalate de chaux séché à 100° (§ 73, c.).

0,8510 de carbonate de chaux pur, parfaitement desséché, dissous dans l'acide chlorhydrique, furent précipités par l'ammoniaque et l'oxalate d'ammoniaque ; on trouva 1,2461 gr. d'oxalate de chaux, après dessiccation jusqu'à poids constant sur un filtre séché à 100°. Si l'on calcule d'après la formule CaO,C²O³ + Aq, le poids trouvé contient 0,4772CaO = 56,07 pour 100 dans le carbonate de chaux. Le calcul donne 56 pour 100.

30. Action de l'air et de la chaleur rouge sur le sulfate de magnésie (§ 74, a.).

0^{gr},8135 de sulfate de magnésie anhydre, tout à fait pur, augmentèrent en 1/2 heure de 0^{gr},004 dans un creuset couvert et par une belle journée du mois de juin ; — en 12 heures l'augmentation de poids fut de 0^{gr},067. — Dans un creuset ouvert on ne peut pas faire l'expérience exactement, parce que l'accroissement de poids était en quelque sorte continu.

0^{gr},8135 exposés assez longtemps au rouge très faible ne changèrent pas de poids ; en chauffant au rouge vif pendant 5 minutes, il y eut une perte de 0^{gr},0075. Dans ce cas la dissolution aqueuse du résidu n'est pas limpide. — Environ 0^{gr},2 de sulfate de magnésie pur furent exposés 15 à 20 minutes, dans un petit creuset en platine à l'action d'un bon chalumeau à gaz : ils donnèrent avec l'acide chlorhydrique une dissolution dans laquelle le chlorure de baryum ne produisit pas le moindre trouble.

31. Solubilité dans l'eau du phosphate basique ammoniaco-magnésien (§ 74, b.).

a. On fit digérer pendant 24 heures, dans de l'eau à 15° environ et en agitant fréquemment, du phosphate ammoniaco-magnésien récemment précipité et complètement lavé avec de l'eau.

84^{gr},42 du liquide filtré donnèrent. . . . . 0^{gr},0047 de pyrophosphate de magnésie.

b. Le même précipité fut traité de même pendant trois fois 24 heures.

84^{gr},82 du liquide fournirent. . . . . 0^{gr},0043

Moyenne. . . 0^{gr},0045

ce qui correspond à 0,00552 de sel double anhydre. Par conséquent 1 partie de celui-ci se dissout dans 15 293 parties d'eau pure.

La dissolution saturée froide, additionnée d'ammoniaque, fournit au bout de peu de temps un précipité cristallin très net; — avec le phosphate de soude elle resta limpide, et au bout de deux jours il n'y avait pas trace de précipité; — le phosphate de soude et l'ammoniaque produisirent le même effet que l'ammoniaque.

32. Action de l'ammoniaque sur la solution acide de pyrophosphate de magnésie (§ **74**).

0ᵍʳ,3985 de pyrophosphate de magnésie furent traités pendant plusieurs heures et à chaud par de l'acide sulfurique concentré, qui n'agit pas d'une manière sensible. Le précipité ne put être dissous que par l'addition d'un peu d'eau. Le liquide, chauffé assez longtemps, donna un précipité cristallin avec l'ammoniaque en excès. Au bout de 18 heures on filtra et on obtint 0ᵍʳ,3805 de pyrophosphate de magnésie, c'est-à-dire 95,48 pour 100. — Le phosphate de soude produisit dans le liquide filtré un léger précipité fournissant 0ᵍʳ,0150 de pyrophosphate, c'est-à-dire 3,76 pour 100.

0ᵍʳ,3565 de pyrophosphate de magnésie furent dissous dans 3 grammes d'acide azotique de densité 1,200 : on chauffa, on étendit d'eau et on précipita par l'ammoniaque. On retrouva 0ᵍʳ,3485 de pyrophosphate, soit 98,42 pour 100. — 0ᵍʳ,4975 furent traités de même par 7ᵍʳ,6 du même acide. On retrouva 0ᵍʳ,4935, soit 99,19 pour 100.

0ᵍʳ,786, traités par 16,2 d'acide azotique, donnèrent 0ᵍʳ,7765, soit 98,79 pour 100.

Par conséquent, lorsqu'on fait agir l'acide azotique sur le pyrophosphate de magnésie dans la proportion de :

1 p. de sel pour 9 p. d'acide on retrouve 98,42 pour 100 : perte 1,58
1 » 15 » » 99,19 » » 0,81
1 » 20 » » 98,79 » » 1,21

33. Solubilité de la magnésie pure dans l'eau (§ **74**, d.).

a. *A froid*.

Du sulfate de magnésie tout à fait pur, parfaitement cristallisé, fut dissous dans l'eau; la dissolution fut précipitée par l'ammoniaque caustique et le carbonate d'ammoniaque; le précipité, lavé le plus complètement possible (malgré cela il renfermait toujours des traces d'acide sulfurique), fut dissous dans l'acide azotique pur en évitant d'en mettre un excès, puis de nouveau précipité par l'ammoniaque pure et le carbonate d'ammoniaque, et on lava complètement. — Le carbonate basique de magnésie obtenu ainsi tout à fait pur fut calciné dans un creuset de platine jusqu'à ce que le poids fût absolument constant, puis mis en digestion pendant 24 heures, en agitant de temps en temps, dans de l'eau distillée qui ne laissait aucun résidu fixe par évaporation et ne renfermait pas de trace de chlore.

α. 84ᵍʳ,82, évaporés avec précaution dans une capsule de platine, donnèrent 0ᵍʳ,0015 de résidu calciné : donc une partie de magnésie exige. . . . . 56 546 parties d'eau froide.

Ayant laissé de nouveau la magnésie 48 heures dans l'eau, on trouva que
β. 84ᵍʳ82 donnèrent 0,0016 : donc une partie exige. 53 012
γ. 84ᵍʳ82 » 0,0015 : » 56 546

donc en moyenne 55 368

· La dissolution de magnésie préparée à froid a une réaction alcaline, faible il est vrai, mais cependant appréciable et que l'on reconnaît le mieux en y mettant de la teinture de tournesol faiblement rougie ; du reste on peut aussi la reconnaître avec du papier de tournesol à peine rougi ou du papier de curcuma ou de georgine, pourvu qu'on ne laisse que peu de temps en contact avec le liquide.

La solution n'est troublée ni à froid, ni à l'ébullition, par les carbonates alcalins. Elle reste également limpide avec le phosphate de soude ; mais si l'on ajoute de l'ammoniaque, elle se trouble par l'agitation et il se dépose au bout de quelques heures un précipité appréciable de phosphate basique ammoniaco-magnésien.

b. A chaud.

Si l'on fait bouillir de la magnésie pure avec de l'eau, on obtient une dissolution qui se comporte absolument comme celle faite à froid. Elle ne se trouble pas plus par le refroidissement que la dissolution faite à froid ne se trouble par la chaleur. — 84^{gr},82 de solution faite à l'ébullition donnèrent 0^{gr},0016 de MgO.

34. Solubilité de la magnésie pure dans les dissolutions de chlorure de potassium et de chlorure de sodium (§ 74, d.).

Trois ballons de même grandeur furent préparés de la façon suivante :

1. Avec 1 gramme de chlorure de potassium pur, 200 C.C. d'eau et un peu de magnésie parfaitement pure et exempte de carbonate.

2. Avec 1 gramme de chlorure de sodium pur, 200 C.C. d'eau et un peu de magnésie pure.

3. Avec 200 C.C. d'eau et de la magnésie pure.

Le contenu des trois ballons fut porté et maintenu pendant 40 minutes à l'ébullition. Au bout de ce temps on filtra les trois liquides et on ajouta dans chacun une même quantité d'un mélange de phosphate de soude, chlorhydrate d'ammoniaque et ammoniaque. Au bout de 12 heures il y avait dans 3. un précipité très faible, tandis que dans 1. et 2. il était fort appréciable.

35. Précipitation de l'alumine par l'ammoniaque, etc. (§ 75, a.).

a. Si dans une dissolution neutre d'alumine ou d'alun on verse de l'ammoniaque, il se forme, comme on sait, un précipité gélatineux d'hydrate d'alumine. Si l'on augmente de plus en plus la quantité d'ammoniaque jusqu'à grand excès, le précipité diminue peu à peu, sans cependant disparaître tout à fait.

b. Si l'on verse une goutte d'une solution étendue d'alun dans beaucoup d'ammoniaque, on obtient par l'agitation une dissolution presque complètement limpide, mais cependant au bout de quelque temps de repos il se dépose de légers flocons.

c. Si l'on filtre une dissolution d'alumine additionnée de beaucoup d'ammoniaque,

α. et si l'on chauffe longtemps à l'ébullition le liquide filtré, il se dépose peu à peu des flocons d'alumine hydratée, à mesure que l'on chasse l'excès d'ammoniaque ;

β. et si l'on ajoute au liquide filtré une solution de sel ammoniac, il se dépose bientôt une quantité notable d'alumine hydratée, de sorte qu'avec une proportion suffisante de sel ammoniac, toute l'alumine dissoute peut se séparer de nouveau.

γ. et si l'on verse dans le liquide filtré du sesquicarbonate d'ammoniaque, on obtient les mêmes résultats qu'en β. ;

δ. et si l'on ajoute au liquide filtré une solution de chlorure de sodium ou de potassium, il ne se produit pas de précipité. Au bout de quelques jours il se dépose de légers flocons (par suite de l'évaporation qui diminue la proportion d'ammoniaque).

d. Si l'on précipite une dissolution neutre d'alumine par le carbonate d'ammoniaque ou une dissolution fortement acidulée avec de l'acide chlorhydrique ou de l'acide azotique, par de l'ammoniaque pure ou bien si l'on a une dissolution neutre et qu'outre l'ammoniaque on y verse une quantité suffisante de sel ammoniac, il ne se dissout pas d'alumine même avec un excès du précipitant, comme on le voit à ce que le liquide filtré reste parfaitement limpide même par une ébullition prolongée et par évaporation.

56. Précipitation de l'alumine par le sulfhydrate d'ammoniaque (§ 75, a.).

(D'après les expériences de *J. Fuchs.*)

a. 50 C.C. d'une dissolution d'alun ammoniacal pur, renfermant 0^{gr},5959 d'alumine, furent additionnés de 50 C.C. d'eau et 10 C.C. de sulfhydrate d'ammoniaque : on filtra au bout de 10 minutes : le précipité pesait 0^{gr},3825, après avoir été chauffé au rouge.

b. La même expérience répétée avec 100 C.C. d'eau donna 0,3759 d'alumine.

c. La même expérience répétée avec 200 C.C. d'eau donna 0.3642 d'alumine.

37. Précipitation de l'oxyde de chrome par l'ammoniaque (§ 76, a.).

On additionne d'ammoniaque en excès des dissolutions de chlorure de chrome et d'alun de chrome concentrées ou étendues, neutres ou acidulées avec de l'acide chlorhydrique. Après la filtration les liqueurs avaient toutes une couleur rouge : — en faisant bouillir avant de filtrer, tous les liquides étaient incolores, à la condition d'avoir maintenu l'ébullition pendant un temps assez long.

38. Solubilité du carbonate basique de zinc dans l'eau (§ 77, a.).

Du carbonate basique de zinc tout à fait pur, récemment précipité (à chaud), fut chauffé avec de l'eau distillée, puis laissé plusieurs semaines en digestion à froid en agitant fréquemment. La dissolution claire ne donna avec le sulfhydrate d'ammoniaque aucun précipité, même après un temps assez long.

84^{gr}.82 du liquide laissèrent 0^{gr},0014 d'oxyde de zinc, correspondant à 0^{gr},0019 de carbonate basique (qui renferme 74 pour 100 d'oxyde). Donc 1 partie se dissout dans 44642 parties d'eau.

39. Effets du lavage sur le sulfure de zinc (§ 77, c.).

Dans ces expériences, de même que dans celles des n°s 40 et 41, les sulfures métalliques furent obtenus avec les sels neutres par addition de sel ammoniac et de sulfhydrate d'ammoniaque jaune : on abandonnait le tout pendant 24 heures dans un ballon fermé, puis sur 6 filtres de même grandeur placés à la suite les uns des autres, on décantait d'abord le liquide clair et on distribuait le précipité de façon qu'il y en eût autant dans chaque filtre. On commença aussitôt le lavage, qu'on continua sans interruption, sur I avec de l'eau pure, sur II avec de l'eau contenant de l'acide sulfhydrique, sur III avec de l'eau additionnée de sulfhydrate d'ammoniaque, sur IV avec de l'eau contenant du chlorhydrate d'ammoniaque, sur V avec de l'eau contenant d'abord de l'acide sulfhydrique et du sel ammoniac, puis à la fin de l'acide sulfhydrique seul, enfin sur VI avec de l'eau contenant d'abord du sulfhydrate d'ammoniaque et du sel ammoniac et à la fin rien que du sulfhydrate.

Les liqueurs filtrées étaient d'abord limpides et incolores. Dans le lavage, les trois premiers liquides passaient troubles, II le plus et III le moins : les trois derniers étaient parfaitement limpides. L'addition du sulfhydrate d'ammoniaque ne changea pas les liquides : les trois premiers ne furent pas plus troublés, les trois derniers restèrent limpides. Le sel ammoniac est donc avantageux : on le déplace ensuite par l'eau contenant du sulfhydrate d'ammoniaque.

40. Effets du lavage sur le sulfure de manganèse (§ 78, e.).

Les liquides filtrés, préparés comme au n° 39, étaient parfaitement clairs et incolores. Le lavage ayant été prolongé quelque temps, I fut incolore, légèrement opalin, II trouble blanchâtre, III trouble jaunâtre, IV incolore un peu trouble, V faiblement jaunâtre, presque limpide, VI limpide et jaunâtre. Il est donc nécessaire que l'eau de lavage renferme d'abord du sel ammoniac pour qu'elle reste limpide ; — il ne faut pas non plus se dispenser d'ajouter du sulfhydrate d'ammoniaque.

41. Effets du lavage sur le sulfure de nickel (et sur ceux de cobalt et de fer) (§ 79, c.).

Avec le sulfure de nickel, on mit de côté les liquides filtrés limpides et on opéra les lavages. I, II et III passèrent troubles ; IV, V et VI donnèrent des eaux de lavage limpides. Le lavage terminé, I était incolore et limpide, mais devint brun par addition de sulfhydrate d'ammoniaque ; II était noirâtre et clair et resta tel malgré l'addition de sulfhydrate ; III était jaune sale et limpide et ne fut pas changé par le sulfhydrate ; IV semblait incolore et limpide, mais fut rendu noirâtre et perdit sa transparence par addition de sulfhydrate ; V était faiblement opalin, brunit par le sulfhydrate et redevint limpide ; VI était un peu brun et opalin, et parut jaune pur et limpide par addition de sulfhydrate d'ammoniaque.

Les sulfures de cobalt et de fer se comportèrent tout à fait de même. On voit d'après cela que ces sulfures s'oxydent plus promptement par les eaux de lavage en présence du sel ammoniac que lorsque ce sel manque, excepté toutefois dans le cas où il y a du sulfhydrate d'ammoniaque.

Le lavage avec de l'eau contenant du sulfhydrate d'ammoniaque est donc nécessaire et l'addition préliminaire du sel ammoniac est bonne parce qu'on évite par là d'avoir un liquide filtré trouble.

42. Solubilité du carbonate de plomb (§ 83, a.).

a. *Dans l'eau pure.* Pendant 8 jours et en agitant fréquemment on fit digérer dans de l'eau à une température moyenne le sel pur, parfaitement lavé et récemment préparé. — 84^{gr},42 du liquide filtré, évaporés avec addition d'un peu d'acide sulfurique, donnèrent 0^{gr},0019 de sulfate de plomb, correspondant à 0,0067 de carbonate. Donc 1 partie de ce sel se dissout dans 50 551 parties d'eau. — Cette solution additionnée d'acide sulfhydrique reste parfaitement incolore, tellement qu'en la regardant dans un tube à essai suivant l'axe, on ne voit pas la moindre coloration.

b. *Dans l'eau contenant un peu d'acétate d'ammoniaque et en outre du carbonate d'ammoniaque et de l'ammoniaque.* Une dissolution très étendue d'acétate de plomb pur fut additionnée d'un excès de carbonate d'ammoniaque et d'ammoniaque, un peu chauffée et abandonnée quelques jours. — 84^{gr},42 du liquide évaporés avec un peu d'acide sulfurique donnèrent 0^{gr},0041 de sulfate de plomb, qui équivalent à 0^{gr},0036 de carbonate. Donc 1 partie de ce sel exige 23 450 parties du dissolvant. — Le liquide dans un tube à essai avec de l'acide sulfhydrique paraissait à peine coloré quand on regardait perpendiculairement à l'axe du tube, mais il était nettement brun dans la direction de la longueur. Au bout d'un long repos il se déposa des traces de sulfure de plomb.

c. *Dans l'eau qui contient de l'azotate d'ammoniaque avec du carbonate d'ammoniaque et de l'ammoniaque caustique.* Une solution très étendue d'acétate de plomb fut additionnée d'acide azoti·que, puis de carbonate d'ammoniaque et d'ammoniaque en excès, légèrement chauffée et abandonnée pendant 8 jours. — Le liquide filtré, traité par l'acide sulfhydrique, était à peine coloré vu de côté, mais il était nettement brun quand on le regardait suivant la longueur du tube. La quantité de plomb dissous, qu'on ne pouvait pas déterminer, était cependant un peu plus forte qu'en b.

43. Solubilité de l'oxalate de plomb (§ 83, b.).

Une dissolution étendue d'acétate de plomb fut précipitée par l'ammoniaque et l'oxalate d'ammoniaque. On filtra après un long repos et le liquide offrit avec l'acide sulfhydrique les mêmes apparences que celui du n° 42, b., c'est-à-dire qu'il n'était faiblement brunâtre que lorsqu'on le regardait dans l'axe du tube. — La même chose eut lieu dans une seconde expérience avec addition d'azotate d'ammoniaque.

44. Solubilité du sulfate de plomb dans l'eau pure (§ 83, d.).

Du sulfate de plomb parfaitement pur et encore humide fut mis en digestion dans de l'eau distillée, puis abandonné et agité de temps en temps pendant 5 jours à une température de 10° à 15°. 84^{gr},82 du liquide filtré à 11° donnèrent 0^{gr},0037 de sulfate de plomb : donc 1 partie de sel se dissout dans 22 811 parties d'eau pure à 11°.

Avec l'acide sulfhydrique la dissolution est à peine brune quand on la regarde transversalement au tube, mais vue dans la longueur elle est nettement colorée en brun.

45. Solubilité du sulfate de plomb dans l'eau contenant de l'acide sulfurique (§ 83, d.).

Dans une dissolution très étendue d'acétate de plomb on verse un excès d'acide sulfurique pur étendu, on chauffe légèrement et on laisse le précipité se déposer pendant quelques jours. 80^{gr},31 du liquide abandonnèrent 0^{gr},0022 de sulfate de plomb : donc 1 partie de sel exige 36504 parties de dissolvant. Cette dissolution traitée par l'acide sulfhydrique reste incolore, c'est à peine si elle est un peu brunâtre quand on la regarde dans la longueur du tube.

46. Solubilité du sulfate de plomb dans de l'eau qui contient des sels ammoniacaux et de l'acide sulfurique libre (§ 83, d.).

Une solution très étendue d'acétate de plomb fut additionnée d'une assez forte proportion d'azotate d'ammoniaque, puis d'un excès d'acide sulfurique. Le liquide, filtré au bout de quelques jours, paraît tout à fait indifférent à l'action de l'acide sulfhydrique, il ne se colore pas plus que l'eau pure.

47. Action de la chaleur rouge sur le sulfate de plomb (§ 83, d.).

Dans leur travail sur la détermination de l'équivalent du soufre, *Erdmann* et *Marchand* ont dit que le sulfate de plomb perdait un peu d'acide sulfurique au rouge. — Pour m'en assurer et reconnaître si le procédé de dosage du plomb à l'état de sulfate était par là entaché d'erreur, je chauffai à la lampe à alcool à double courant d'air et au rouge le plus vif, 2^{gr},2151 de sulfate de plomb absolument pur. Je ne pus remarquer la moindre perte de poids : elle n'atteignit jamais 0^{gr},0001.

48. Effet de la dessiccation à 100° sur le sulfure de plomb (§ 83, f.).

Du sulfure de plomb, obtenu par la précipitation de l'acétate de plomb par l'acide sulfhydrique, fut après dessiccation maintenu longtemps à 100° et pesé de temps en temps. Les nombres suivants montrent l'accroissement de poids dans 5 pesées successives :

I. 0,8154, II. 0,8164, III. 0,8313, IV. 0,8460, V. 0,864.

49. Action de l'eau sur le mercure à la température ordinaire et à la température de l'ébullition (§ 84, a.).

Pour trouver comment le mercure perd de son poids pendant la dessiccation et quand on le fait bouillir avec de l'eau, et pour chercher la meilleure manière de le dessécher, je fis les expériences suivantes :

A 6^{gr},4418 de mercure parfaitement pur j'ajoutai dans un verre de montre de l'eau distillée, que j'enlevai ensuite par décantation, puis autant que possible je l'absorbai avec du papier à filtre et je pesai. Je trouvai maintenant 6^{gr},4412. Après avoir abandonné quelques heures à l'air, le poids fut 6,4411. — Je plaçai ces 6^{gr},4411 à la température de 17° sous une cloche à côté de l'acide sulfurique. Au bout de 24 heures le poids n'avait pas changé. — Je versai le mercure dans un ballon avec beaucoup d'eau distillée et je fis bouillir fortement pendant un quart d'heure. Ensuite le mercure fut remis sur le verre de montre, essuyé parfaitement et desséché : il pesait 6^{gr},4402. — Comme je remarquai qu'un peu de mercure avait été enlevé par les filaments du papier, je recommençai la même expérience avec ces 6^{gr},4402. — Après une ébullition d'un quart d'heure avec de l'eau il y eut une perte de 0^{gr},0004. Les 6^{gr},4398 restant, abandonnés pendant 6 jours à l'air pendant les fortes chaleurs de l'été, ne perdirent que 0^{gr},0005.

50. Action de la chaleur rouge sur l'oxyde de cuivre (§ 85, b.).

De l'oxyde de cuivre pur (préparé avec l'azotate) fut chauffé au rouge dans un creuset de platine, puis refroidi à côté de l'acide sulfurique. — Il pesait 3^{gr},5420. — On le maintint 5 minutes sur la lampe de Berzelius à la plus haute température possible, puis on le pesa de nouveau : il n'y avait pas de changement ; l'essai répété encore 5 minutes donna exactement le même résultat.

51. Action de l'air sur l'oxyde de cuivre (§ 85, b.).

Un creuset de platine contenant 4^{gr},3921 de bioxyde de cuivre (obtenu avec l'azotate) chauffé au rouge faible fut abandonné pendant 10 minutes avec son couvercle (dans une chambre chaude en hiver). Au bout de ce temps le contenu pesait 4^{gr},3939.

Puis cet oxyde fut chauffé aussi fort que possible sur la lampe à alcool. — En abandonnant le creuset fermé, il n'y avait pas de changement appréciable de poids au bout de 10 minutes ; après 24 heures il y avait une augmentation de 0^{gr},0036.

52. Effet de la dessiccation à 100° sur le sulfure de bismuth (§ 86, g.).

0^{gr},4558 de sulfure de bismuth préparé par la voie humide furent placés dans un verre de montre sous le dessiccateur et abandonnés à la température ordinaire.

Au bout de 3 heures le poids était de $0^{gr},4270$; au bout de 6 heures de $0^{gr},4258$ et après 2 jours il n'avait pas changé.

$0^{gr},3602$ de ce sulfure de bismuth desséché pesèrent, après 10 minutes d'exposition à 100°, $0^{gr},3596$; 1/2 heure après $0^{gr},3599$; une nouvelle 1/2 heure après 0,3603, et au bout de 2 heures 0,3626. — Dans une autre expérience la dessiccation fut prolongée 4 jours et on remarqua un accroissement graduel de poids.

$0^{gr},5081$ de sulfure desséché sous le dessiccateur furent chauffés dans une petite nacelle au milieu d'un courant d'acide carbonique. Après avoir élevé la température au rouge faible, le poids fut de 0,5002; après une seconde action de la chaleur, on trouva 0,4992. Il se volatilise donc une quantité appréciable de sulfure de bismuth quand on le calcine dans un courant d'acide carbonique.

53. Action de l'ammoniaque. etc., sur le sulfure de cadmium (§ 87, c.).

Du sulfure de cadmium pur, récemment précipité, fut mis en suspension dans l'eau.

a. A une partie on ajouta de l'ammoniaque en excès, on fit digérer à froid, puis on filtra. — La dissolution, additionnée d'acide chlorhydrique, resta parfaitement limpide.

b. Une portion fut mise en digestion à chaud avec de l'ammoniaque. La liqueur resta également limpide avec de l'acide chlorhydrique.

c Une portion fut additionnée de cyanure de potassium et filtrée après une longue digestion. La liqueur resta limpide avec l'acide chlorhydrique.

d. A une portion on ajouta du sulfhydrate de sulfure d'ammonium, on fit digérer et on filtra. — Le liquide se troubla en blanc pur par addition d'acide chlorhydrique. (J'ai fait cette expérience à propos d'une remarque de *Wackenróder* dans le Répertoire de pharmacie de *Buchner*, XLVI, 226.)

54. Effet de la dessiccation sur le sulfure d'antimoine précipité (§ 90, a.).

$0^{gr},4457$ de trisulfure d'antimoine pur, obtenu par précipitation, desséchés à 100° jusqu'à ce que le poids soit constant, chauffés dans un courant d'acide carbonique jusqu'à devenir noirs. perdirent 0,0011 d'eau. — $0^{gr},2899$ séchés sous le dessiccateur perdirent à 100° 0,0007, et $0^{gr},1032$ de ce sulfure séché à 100° perdirent encore $0^{gr},0012$ en les chauffant dans un courant d'acide carbonique jusqu'à ce que la couleur devienne noire. En chauffant davantage, jusqu'à ce qu'il commençât à se dégager des vapeurs de sulfure d'antimoine, la perte totale par rapport au sulfure séché à 100° fut de $0^{gr},0022$. — En outre $0^{gr},1670$ de matière séchée à 100° perdirent $0^{gr},0005$, après avoir été chauffés dans un courant d'acide carbonique jusqu'au moment où la couleur devient noire.

56. Dosage de la baryte par précipitation avec le carbonate d'ammoniaque (§ 101, 2. a.).

0,7553 de chlorure de baryum pur chauffé au rouge. précipités d'après le §·101, 2. a., donnent $0,7142$ BaO,CO^2, contenant 0.554719 $BaO = 75,44$ pour 100 (100 parties BaCl devraient donner 75,59) : on a donc 99,79 au lieu de 100.

57. Dosage de la baryte dans les sels organiques (§ 101, 2. b.).

0,686 de paratartrate de baryte $[2(BaO, \overline{U}v) + 5.Aq]$, traités d'après le § 106, 2. b., donnent $0^{gr},408$ de carbonate de baryte $= 0,3169$ $BaO = 46,20$ pour 100 (calculé 46,38 pour 100), c'est-à-dire 99,61 au lieu de 100.

58. Dosage de SrO à l'état de SrO,SO³ (§ **102**, 1. a.).

a. 1ᵉʳ,2398 de SrCl dissous dans l'eau, précipités par un excès d'acide sulfurique (le précipité lavé avec de l'eau), donnent 1,4113 SrO,SO³ = 0,795408 SrO=84,15 pour 100 ; le calcul donne 65,38 : donc 98,12 au lieu de 100.

b. 1,1510 SrO,CO² dissous dans un excès d'acide chlorhydrique, précipités par SO³ dans une dissolution assez étendue (le précipité lavé avec de l'eau), donnent 1,4024 SrO,SO³ = 0,79039 SrO = 68,68 pour 100, calculé 70,07, c'est-à-dire 98,02 au lieu de 100.

59. Dosage de la strontiane à l'état de SrO,SO³ avec la correction (§ **102**, 1. a.).

Le *liquide filtré* de l'expérience n° 58, b. pesait 190ᵉʳ,840. Comme, d'après les expériences du n° 22, 1 partie de sulfate de strontiane se dissout dans 11 862 parties d'eau contenant de l'acide sulfurique, les 190ᵉʳ,840 d'eau dissolvent 0ᵉʳ,0161 de sulfate. — L'*eau de lavage* pesait 63ᵉʳ,610. — D'après le n° 21, 6895 parties d'eau dissolvent 1 partie de SrO,SO³, donc les 63ᵉʳ,610 en dissolvent 0ᵉʳ,0092.

Ajoutons à la quantité 1,4024 de SrO,SO³ trouvée les poids 0,0161 et 0,0092 dissous, nous aurons en tout 1,4227, correspondant à 0,80465 SrO, c'est-à-dire 69,91 pour 100 dans SrO,CO² (calculé 70.07), donc 99,77 au lieu de 100.

60. Dosage de la strontiane à l'état de carbonate (§ **102**, 2.).

1,3104 de chlorure de strontium, précipités suivant le § **102**, 2. a., donnèrent 1,2204 SrO.CO² contenant 0,8551831 SrO =65,26 pour 100 (calculé 65,35) : on obtient donc 99,82 au lieu de 100.

61. Dosage de la chaux à l'état de sulfate par précipitation (§ **103**, 1. a.).

(Pour les expériences des n°ˢ 69 à 72 on employa du carbonate de chaux chimiquement pur, séché à l'air, dans une partie duquel on avait déterminé la quantité de carbonate de chaux anhydre en chauffant avec beaucoup de précaution. 0ᵉʳ,7647 donnèrent 0,7581, et ce poids fut constant en répétant plusieurs fois la calcination. D'après cela le carbonate de chaux séché à l'air contenait 55,516 pour 100 de chaux.)

1ᵉʳ,1860 de ce carbonate séché à l'air, dissous dans l'acide chlorhydrique et précipité suivant le § **103**, 1. a. avec de l'acide sulfurique additionné d'alcool, donnèrent 1.5949 CaO.SO³, correspondant à 0,65398 CaO, c'est-à-dire 55,31 pour 100 (calculé 55,51) : on a donc 99,64 au lieu de 100.

62. Dosage de la chaux à l'état de CaO,CO³, par précipitation par le carbonate d'ammoniaque et lavage avec de l'eau pure (§ **103**, 2. a.).

1,1347 du CaO,CO² séché à l'air (n° 61), dissous dans l'acide chlorhydrique et précipités comme il est dit, donnent 1ᵉʳ,1243 de CaO,CO² anhydre, renfermant 0ᵉʳ,629603 CaO=55,05 pour 100 (calculé 55,51) ; on a donc 99,17 au lieu de 100.

63. Dosage de chaux à l'état de CaO,CO² par précipitation avec l'oxalate d'ammoniaque dans une solution alcaline (§ **103**, 2. b. α.).

1,1734 du CaO,CO², du n° 61, dissous dans l'acide chlorhydrique et traités suivant le § **103**, 2. b. α., donnent 1,1632 CaO,CO² (sans réaction alcaline), contenant

0,651392 = 55,515 pour 100 CaO (calculé 55,516) et on obtient ici 99,99 au lieu de 100.

64. Dosage de la chaux à l'état d'oxalate dans une dissolution acide (§ **103**, 2. b. β.).

0,8570 du carbonate de chaux du n° 61 furent dissous dans l'acide chlorhydrique; la solution fut traitée suivant le § **103**, 2. b. β. et on obtint 0,8476 de CaO,CO³ (sans réaction alcaline). Cela correspond à 0,474656 CaO = 55,39 pour 100 (calculé 55,51): donc on trouve 99,78 au lieu de 100.

65. Dosage volumétrique de la chaux précipitée à l'état d'oxalate (§ **103**, 3.).

Dans une même dissolution de chlorure de calcium, on dosa la chaux dans 10 C.C., deux fois par pesées (précipitation par l'oxalate d'ammoniaque et pesée du CaO,CO²), deux fois alcalimétriquement, et deux fois par précipitation avec l'oxalate d'ammoniaque et dosage de l'acide oxalique du précipité par le caméléon. Voici les résultats obtenus :

a. par pesées.	b. alcalimétriquement.	c. avec le caméléon.
0,5617 CaO,CO³	0,5614	0,5615
0,5620 »	0,5620	0,5620

66. Précipitation de l'acétate de zinc par l'acide sulfhydrique (§ **108**, b.)

a. Une dissolution d'acétate de zinc pur est traitée par l'acide sulfhydrique gazeux en excès. Le liquide, filtré après quelque temps de repos et additionné d'ammoniaque, resta d'abord clair : au bout d'un temps assez long, il s'était formé quelques flocons à peine visibles.

b. La même chose se produisit avec un autre essai, auquel on avait ajouté assez d'acide acétique avant la précipitation par l'acide sulfhydrique.

67. Dosage du fer à l'état de sulfure (§ **13**, 2.)

10 C.C. d'une dissolution de perchlorure de fer précipités par l'ammoniaque donnèrent 0,1453 de peroxyde de fer = 0,10171 de fer.

10 C.C. avec l'ammoniaque et le sulfhydrate d'ammoniaque et traités suivant le § **113**, 2. donnèrent 0,1596 de sulfure de fer = 0,10157 de fer.

10 C.C. donnèrent encore 0,1605 de sulfure = 0,1021 de fer.

68. Dosage du plomb à l'état de chromate (§ **116**, 4.).

Dans 1ᵉʳ,0085 de nitrate de plomb pur on dosa la quantité de plomb à l'état de chromate suivant le § **116**, 4. Le précipité fut rassemblé et séché à 100° sur un filtre pesé. Les 0ᵉʳ,9871 qu'on trouva correspondent à 0,67833 d'oxyde de plomb ou 67,03 pour 100 dans l'azotate. Le calcul donne 67,4 pour 100.

0,9814 d'azotate de plomb donnèrent encore 0,9625 de chromate, soit 67,4 pour 100.

1,147 d'azotate de plomb furent précipités par le chromate de potasse, le précipité lavé fut chauffé avec 60 C.C. d'une solution acide de protochlorure de fer, contenant 0ᵉʳ,1197 de fer dans 10 C.C. En reprenant le titre après, il fallut 25 C.C. d'une solution de caméléon, dont 100 C.C. correspondent à 0ᵉʳ,55206 de fer. On trouve donc 67,18 pour 100 de plomb dans l'azotate (au lieu de 67,40).

69. Dosage du cuivre en le précipitant avec le zinc dans une capsule en platine (§ **119**, 2. a.).

30,8820 de sulfate de cuivre pur furent dissous dans 250 C.C. d'eau 10 C.C. de cette solution contenaient donc 0^{gr},31387 de cuivre métallique.

a. 10 C.C. précipités par le zinc dans une capsule en platine donnèrent 0,3140 = 100,06 pour 100.

b. 10 nouveaux C.C. donnèrent 0,3138 = 100 pour 100.

70. Action de la chaleur rouge dans un courant d'hydrogène sur le cuivre précipité par le zinc (renvoi de la page 280).

0^{gr},7961 de cuivre précipités en traitant par le zinc dans une capsule en platine une dissolution de sulfate acidulée avec de l'acide chlorhydrique, puis lavés avec de l'eau, de l'alcool, et bien desséchés, pesaient encore 0^{gr},7952 après avoir été chauffés au rouge pendant un quart d'heure dans un courant d'hydrogène.

71. Dosage du cuivre à l'état de sulfocyanure (§ **119**, 3.).

0^{gr},5965 de sulfate de cuivre pur furent dissous dans peu d'eau, additionnés d'un excès d'acide sulfureux et précipités par le sulfocyanure de potassium. Le précipité bien lavé, séché à 100°, pesait 0^{gr},2893, correspondant à 0,1892 CuO = 31,72 pour 100. Comme le sulfate de cuivre renferme 31,83 pour 100, on a obtenu 99,06 au lieu de 100.

72. Dosage du cuivre d'après la métode de *de Haen*.
(§ **119**, 4. a.).

10 C.C. d'une dissolution de sulfate de cuivre, contenant 0^{gr},0254 de cuivre métallique, sont additionnés d'iodure de potassium, puis de 50 C.C. d'une dissolution d'acide sulfureux (dont 50 C.C., correspondent à 12,94 C.C. de la solution d'iode). On ajoute de l'empois d'amidon, puis la solution d'iode jusqu'à coloration bleue.
Il faut :

a. 4,09
b. 3,95
c. 4,06
d. 3,95

Comme 100 C.C. de la solution d'iode renferment 0^{gr},58043 d'iode, on calcule les quantités de cuivre suivantes :

a. 0,0256 au lieu de 0,0254
b. 0,0260   »   »
c. 0,0257   »   »
d. 0,0260   »   »

Une expérience faite avec 100 C.C. de la même solution de cuivre donne 0,2606 au lieu de 0,2540 de cuivre. — En ajoutant aux 10 C.C. de la solution de cuivre de l'azotate d'ammoniaque et un peu d'acide chlorhydrique étendu, il fallut pour amener la couleur bleue 3,5 et 3,4 C.C. au lieu de 4,00 : la quantité d'iode mis en liberté est donc bien supérieure à celle qui correspond à l'oxyde de cuivre.

73. Action de la solution de cyanure de potassium sur la dissolution ammoniacale d'oxyde de cuivre (§ **111**, 4. b.).

a. A 10 C.C. d'une dissolution de sulfate de cuivre, contenant 0^{gr},1 de sulfate, on ajouta de l'ammoniaque et de l'eau ; on prépara ainsi plusieurs essais de 10 C.C., en ayant soin que la concentration fût toujours la même ; puis on versa goutte à goutte une solution de cyanure de potassium jusqu'à disparition de la couleur bleue. Il fallut les quantités suivantes :

Dissol. de cuivre.	Ammoniaque.	Eau.	Solution de cyanure.
10 C.C.	4 C.C.	12	6,7
10 C.C.	8 C.C.	8	6,85
10 C.C.	16 C.C.	0	7,1

Les sels ammoniacaux neutres ont aussi de l'influence, ainsi que le montrent les essais suivants, faits le lendemain avec les mêmes dissolutions.

Solution de cuivre.	Ammoniaque.	Eau, etc.	Solution de cyanure.
10 C.C.	2 C.C.	14 C.C.	6,70
10 C.C.	2 C.C.	14 C.C. Solution de sel ammoniac (1 : 10)	7,40
10 C.C.	6 C.C.	10 C.C. Eau 4 C.C. SO³ dilué (1 : 5)	7,00
10 C.C.	2 C.C.	8 C.C. AzH⁴O,AzO⁵ (1 : 10) 6 C.C. Eau.	7,30

b. On prépara plusieurs essais de 10 C.C. contenant 0ᵍʳ,1 de sulfate de cuivre et auxquels on ajouta 10 C.C. d'une solution de sesquicarbonate d'ammoniaque (1 : 10) et tantôt de l'eau, tantôt des sels ammoniacaux neutres ; puis en chauffant à 60° on versa la solution de cyanure de potassium jusqu'à décoloration.

Solution de cuivre.	Carb. d'amm.	Eau, etc.	Solution de CyK.
10 C.C.	10 C.C.	10 C.C. Eau	16,4
10 C.C.	10 C.C.	10 C.C. Eau	16,6
10 C.C.	10 C.C.	10 C.C. sulfate d'ammon. (1 : 10)	16,9
10 C.C.	10 C.C.	10 C.C. sulfate d'ammon. (1 : 10)	17,1
10 C.C.	10 C.C.	10 C.C. azotate d'ammon. (1 : 10)	17,0
10 C.C.	10 C.C.	10 C.C. azotate d'ammon. (1 : 10)	17,1
10 C.C.	10 C.C.	10 C.C. chlorhydrate d'amm. (1 : 10)	17,1
10 C.C.	10 C.C.	10 C.C. chlorhydrate d'amm. (1 : 10)	17,1

L'addition de 2 gouttes d'une dissolution de ferrocyanure de potassium (1 : 20).

comme le conseille *Fleck*, ne rend pas la fin de l'opération plus facile à saisir, parce que la solution colorée en rouge vers la fin devient d'un jaune de plus en plus faible par addition de cyanure de potassium et ne se décolore complètement, même avec un excès de cyanure, que lorsqu'on abandonne quelque temps au repos.

74. Précipitation du nitrate de bismuth par le carbonate d'ammoniaque (§ 120, 1. a.).

Dans une solution de bismuth on versa de l'eau, puis du carbonate d'ammoniaque et de l'ammoniaque, et l'on filtra sans chauffer : le liquide se colora en brun noir foncé par addition d'acide sulfhydrique; mais en chauffant presque à l'ébullition avant de filtrer le mélange trouble, le liquide ne se colora plus par l'acide sulfhydrique, et l'on vit à peine une teinte brunâtre en regardant suivant la longueur du tube à essai complètement rempli.

75. Dosage de l'antimoine à l'état de sulfure (§§ 125, 1.).

$0^{gr},559$ d'émétique pur séché à l'air, traités suivant le § 125, 1., donnèrent $0^{gr},2902$ de sulfure d'antimoine sec à 100°, qui correspondent à $0^{gr},2492$ ou 44,58 pour 100 d'oxyde d'antimoine ; en chauffant jusqu'à coloration noire dans un courant d'acide carbonique, la perte calculée sur le tout fut de $0^{gr},0079$; il reste donc $0^{gr},2825$ de sulfure d'antimoine anhydre, soit $0^{gr},24245$ ou 43,37 pour 100 d'oxyde d'antimoine. Comme l'émétique renferme 43,70 pour 100 d'oxyde d'antimoine, il en résulte qu'au lieu de 100 on trouve 102,01 par la simple dessiccation à 100° et 99,24 en séchant jusqu'à coloration noire.

76. Expériences relatives au dosage volumétrique de l'antimoine (§ 125, 3.).

$5^{gr},0822$ d'émétique chimiquement pur furent dissous dans l'eau de façon à faire 250 C.C.

Des essais de 10 C.C. furent additionnés de quantités différentes d'une dissolution de bicarbonate de soude saturée à froid et d'eau en proportions variées ; après y avoir mis 2 C.C. d'une solution d'empois d'amidon, on y versa goutte à goutte une solution d'iode (100 C.C. = 0,53064 iode = 0,30501 SbO^3) jusqu'à la réaction de l'iodure d'amidon.

1. Pour 10 C.C. de solution d'émétique additionnés de 5 C.C. de la solution de $NaO,2CO^2$, il fallut 29,9 C.C. de la solution d'iode pour qu'il se produisît une coloration rougeâtre, persistant quelques instants après agitation, et 30,1 C.C. pour la coloration bleue. Celle-ci disparut aussi au bout de quelque temps.

2. 10 C.C. de solution d'émétique + 10 C.C. de $NaO,2CO^2$. Première coloration rougeâtre, disparaissant aussitôt, avec 29,2 C.C.; avec 29,4 C.C. couleur bleue, qui disparaît au bout d'un quart d'heure.

3. 10 C.C. d'émétique + 20 C.C. de $NaO,2CO^2$. Coloration rouge avec 29,2 C.C.; avec 29,5 coloration bleue nette disparue au bout d'un quart d'heure.

4. 10 C.C. d'émétique + 20 C.C. de $NaO.2CO^2$ + 100 C.C. d'eau. Avec 29,2 C.C. première coloration rouge ; avec 29,5 couleur bleue nette.

Les trois derniers essais donnent des résultats parfaitement concordants. Comme 29,5 C.C. d'iode correspondent à 0,08988 SbO^5 qui sont contenus dans 0,20529 l'émétique, les deux derniers essais donnent 44,26 pour 100 d'oxyde d'antimoine dans l'émétique. La formule (Sb = 122) exige 43,70. — Si l'on prend pour fin de l'opération la coloration rougeâtre qui persiste quelque temps, même en agitant

il ne faudrait que 20,2 C.C. et on arriverait à la proportion plus exacte 43,81,
d'oxyde dans l'émétique.

77. Action de la solution d'iode sur celle de carbonate de soude (§ **125**, 3.).

On fit usage d'une dissolution de carbonate de soude neutre, pur, ne renfermant aucune substance réductrice (*), qui contenait 5 grammes de sel anhydre
dans 100 C.C. La solution d'iode renfermait 0^{gr},53064 d'iode dans 100 C.C. La température était de 19°,5. — Dans chaque essai on ajoutait 2 C.C. d'empois clair. On
chercha :

a. Le point où se produisait la nuance bleue la plus faible.

b. Le point où le liquide paraissait aussi bleu que 30 C.C. d'eau additionnés de
2 C.C. d'empois et une goutte de solution d'iode.

	Solution de NaO,CO^2.	Eau.	Solution d'iode ponr atteindra	
			a.	b.
1.	20 C.C.	0	0,2	0,4
2.	20 C.C.	60	0,55	0,8
3.	20 C.C.	120	0,8	1.2
4.	20 C.C.	280	1,7	2,2

Si l'on retranche de 1. une goutte, de 2. deux gouttes, de 3. 0,1 C.C. et de 4
0,2 C.C. de solution d'iode, quantités nécessaires pour colorer en bleu l'eau pure
seule, on voit qu'une même quantité de carbonate de soude empêche la formation
de l'iodure d'amidon pour une quantité d'iode d'autant plus grande qu'il y a plus
d'eau.

78. Action de la solution d'iode sur celle de bicarbonate de soude (§ **125**, 3.).

La dissolution était saturée à froid, exempte de carbonate neutre et de substances
réductrices. Les essais furent faits comme au n° 77.

	Solution de $NaO,2CO^2$.	Eau.	Solution d'iode pour atteindre	
			a.	b.
1.	20 C.C.	0		1 goutte .
2.	20 C.C.	60	1 goutte	0.05 C.C.
3.	20 C.C.	120	0,05 C.C.	0,10
4.	20 C.C.	280	0.10	0,25

On voit par là que le bicarbonate de soude n'a pas d'influence sur la réaction de
l'iodure d'amidon.

79. Dosage de l'acide arsénieux avec la solution d'iode (§ **127**, 5.).

2^{gr},5 d'acide arsénieux pur furent dissous avec du carbonate de soude pur. On
ajouta au liquide de l'acide chlorhydrique, juste assez pour qu'il commence à
dominer, et du tout on fit 220 C.C. — Tous les essais furent faits à 20°.

1. 10 C.C. de cette dissolution + 20 C.C. d'une solution saturée de bicarbonate

---

(*) On l'avait préparée avec du bicarbonate de soude parfaitement lavé. 20 C.C. étaient
colorés en rouge par une goutte d'une dissolution étendue de caméléon, et la coloration
persistait malgré l'addition d'un excès d'acide sulfurique étendu.

de soude + 2 C.C. d'empois d'amidon exigèrent 49,05 C.C. d'une solution d'iode (100 C.C. — 0^{gr},53064 iode) pour arriver à la teinte rougeâtre passagère et 49,25 pour avoir la couleur bleue.

2. Même expérience que 1. seulement avec 250 C.C. d'eau. — Première coloration bleuâtre pâle avec 49,1 C.C., nettement bleue avec 49,25.

3. Même essai que 1., au lieu de 20 C.C. de bicarbonate de soude, 10 C.C. de carbonate neutre (1 : 20). Ce dernier sel était absolument pur et préparé avec du bicarbonate lavé. — Première nuance rougeâtre avec 49,25, bleue avec 49,52.

4. Comme 3. seulement 20 C.C. de carbonate neutre au lieu de 10. Couleur bleue avec 49,27.

5. Comme 4, + 250 C.C. eau. — Couleur bleue avec 49,3.

6. Comme 5. seulement 50 C.C. de carbonate neutre au lieu de 20. — Couleur bleue avec 49,46 C.C. d'iode.

Les résultats sont concordants. 49,0 C.C. de la solution d'iode suffisent donc pour transformer l'acide arsénieux en acide arsénique : il correspondent à 0^{gr},1014 d'acide arsénieux, tandis qu'il y en a réellement 0^{gr},100 dans les 10 C.C. de la solution arsenicale.

80. Dosage de l'acide phosphorique à l'état de pyrophosphate de magnésie (§ **134**, b. α.).

1^{gr},9159 et 2^{gr},086 de phosphate de soude cristallisé et pur, traités suivant le § **134**, b. α., donnèrent 0^{gr},5941 et 0^{gr},6494 de pyrophosphate de magnésie, ce qui indique dans le phosphate de soude 19,85 et 19,91 pour 100 d'acide phosphorique au lieu de 19,83.

81. Dosage de l'acide phosphorique à l'état de phosphate d'urane (§ **131**, c.).

Une dissolution de phosphate de soude ordinaire pur, traitée suivant le § **134**, b. α., donna dans 30 C.C. 0^{gr},3269 de pyrophosphate de magnésie, — donc 10 C.C. renferment 0^{gr},06982 d'acide phosphorique.

10 C.C. furent maintenant précipités suivant le § **134**. c. avec l'acétate d'urane. Le précipité calciné, traité par un peu d'acide azotique, calciné de nouveau, pesait 0^{gr},3478, ce qui correspond à 0^{gr},06954 d'acide phosphorique.

82. Dosage de l'acide sulfhydrique libre avec la solution d'iode (§ **148**, I. a.).

Ces essais avaient pour but de résoudre les questions suivantes :

a. La quantité d'iode est-elle la même, quelle que soit la dilution du liquide

b. la méthode est-elle réellement exacte, c'est-à-dire la réaction se fait-elle bie suivant l'équation $SH + I = IH + S$?

La dissolution d'acide sulfhydrique étant dans un ballon fermé par un bouchon traversé par deux tubes, l'un était un siphon fermé par une pince et un tube en caoutchouc; l'autre était court, ouvert aux deux bouts et ne plongeait pas dans le liquide.

Question a.

α. On versa 30 C.C. environ de solution d'iode dans un flacon, on fit la tare, on laissa couler la solution sulfhydrique jusqu'à disparition de la couleur jaune, on pesa, on ajouta de l'empois, puis de la solution d'iode jusqu'à coloration bleue.

70^{gr},2 d'eau HS exigèrent 23,4 C.C. d'iode, donc 33,33 C.C. pour 100.

68^{gr},4 d'eau HS exigèrent 22,7 C.C. d'iode, donc 33,20 C.C. pour 100.

β. On opéra de même, mais en étendant avec de l'eau purgée d'air.

61^{gr},5 d'eau HS + 220 gram. d'eau exigèrent 20,7 C.C. d'iode : 35,65 C.C. pour 100.

52^{gr},4 d'eau HS + 400 gram. d'eau exigèrent 17,7 C.C. d'iode : 33,77 C.C. pour 100.

La dissolution d'iode contenait 0^{gr},00498 d'iode par centimètre cube. On peut regarder les résultats comme bons, d'autant plus qu'en augmentant la quantité d'eau, il faut nécessairement que la quantité d'iode soit un peu plus grande.

Question b.

En admettant dans a. le rapport 100 : 53,2, il en résulte que 100 gram. d'eau sulfhydrique renfermaient 0^{gr},02215 de HS.

On lit alors couler de suite 175^{gr},6 de la même eau dans une solution chlorhydrique d'acide arsénieux, au bout de 24 heures on filtra le sulfure d'arsenic, qui fut séché à 100° et pesé. Il y en avait 0^{gr},0920, correspondant à 0^{gr},05814 HS ou 0,02197 pour 100.

La seconde question se résout donc aussi par l'affirmative.

83. La solution de chlorure de magnésium dissout de l'oxalate de chaux (§ 154, 6.).

Si l'on ajoute à une solution de chlorure de magnésium un peu de chlorure de calcium, puis un peu d'oxalate d'ammoniaque, on n'a pas du tout de précipité ; en augmentant légèrement la quantité d'oxalate d'ammoniaque, il n'y a d'abord pas de précipité, mais il s'en forme peu à peu un léger.

Mais si l'on verse un excès d'oxalate d'ammoniaque, toute la chaux se précipite, en entraînant toutefois de l'oxalate de magnésie. — Il en résulte que, dans la séparation des deux bases, il faut de toute nécessité employer un excès d'oxalate d'ammoniaque, et en outre on doit s'attendre, en présence surtout d'une grande quantité de magnésie, à précipiter celle-ci avec la chaux, comme cela se voit sans aucun doute au n° 84.

84. Expériences relatives à la séparation de la chaux d'avec la magnésie (§ 154, 6.).

On fit usage pour ces essais des dissolutions suivantes : Chlorure de calcium, 10 C.C. = 0,5618 CaO,CO², — chlorure de magnésium, 10 C.C. = 0,250 MgO, — chlorhydrate d'ammoniaque (1 : 8), — ammoniaque caustique, à 10 pour 100 AzH³, — oxalate d'ammoniaque, 1 p. sel + 24 p. eau, — acide acétique renfermant 50 pour 100 Ā,HO.

La précipitation se faisait à la température ordinaire ; — le précipité d'oxalate de chaux était séparé par filtration au bout de 24 heures.

a. Influence de la dilution :

α. 10 C.C. MgCl., 10 C.C. CaCl. ; 10 C.C. AzH⁴Cl., 4 gouttes AzH⁴O,50 C.C. eau 20 C.C. AzH⁴O,Ō. On trouve 0.5705 CaO,CO².

β. Comme en α. 150 C.C. eau au lieu de 50 C.C. On trouve 0,5670 CaO,CO².

b. Influence de l'ammoniaque en excès.

Comme a. β. + 10 C.C. AzH⁴O. Trouvé 0^{gr},5614 CaO,CO².

c. Influence d'un excès de sel ammoniac.

Comme a. β. + 10 C.C. AzH⁴Cl. Trouvé 0^{gr},5652 CaO,CO².

d. Influence d'un excès de sel ammoniac et d'ammoniaque.

Comme a. β. + 30 C.C. AzH⁴Cl + 10 C.C. AzH⁴O. Trouvé 0,5613 CaO,CO².

e. Influence de l'acide acétique libre.

Comme a. β. — 4 gouttes AzH⁴O + 6 gouttes Ā. Trouvé 0,5594.

f. Influence d'un excès d'oxalate d'ammoniaque dans la dissolution faiblement alcaline.

Comme a. ß + 20 C.C. AzH⁴O. Trouvé 0,5644 CaO,CO².

g. Influence d'un excès d'oxalate d'ammoniaque dans la solution fortement alcaline.

Comme a. ß. + 10 C.C. AzH⁴O + 20 C.C. AzH⁴O.O. Trouvé 0,5644 CaO,CO².

h. Influence de l'oxalate d'ammoniaque en excès en présence de beaucoup de AzH⁴Cl et AzH⁴O.

Comme a. ß. + 10 C.C. AzH⁴O + 30 C.C. AzH⁴Cl + 20 C.C. AzH⁴O,O. Trouvé 0,5709.

i. Influence d'un excès d'oxalate d'ammoniaque dans la solution faiblement acidulée par A.

Comme a. ß. — 4 gouttes AzH⁴O + 6 gouttes A + 20 C.C. AzH⁴O,O. Trouvé 0,5661.

Lorsqu'une dissolution renferme proportionnellement beaucoup de magnésie, on a donc toujours à craindre qu'avec l'oxalate de chaux il se précipite de l'oxalate de magnésie ou de l'oxalate double ammoniaco-magnésien.

Une seconde série d'expériences faites avec une solution d'oxalate de magnésie dans de l'acide chlorhydrique et de l'ammoniaque en modifiant les conditions, et dont je ne rapporterai pas ici les détails, a montré également que lorsqu'on laisse reposer longtemps il se dépose toujours de l'oxalate de magnésie ou de l'oxalate ammoniaco-magnésien, lorsque la proportion de magnésie est assez notable, et cela qu'on abandonne à froid ou à chaud.

Enfin une troisième série d'expériences fut faite à propos de la séparation de la chaux et de la magnésie, d'après le § **154** (56), par double précipitation. Les dissolutions employées étaient les mêmes que plus haut, sauf celle de chlorure de magnésium qui renfermait 0ᵍʳ.2182 de MgO dans 10 C.C.

10 C.C. CaCl, 30 C.C. MgCl., 20 C.C. AzH⁴Cl., 300 C.C. d'eau, 6 gouttes d'ammoniaque, excès suffisant d'oxalate d'ammoniaque. Résultats obtenus : 0,5621 et 0,5652, en moyenne 0,5636 au lieu de 0,5618 CaO,CO² ; en outre 0,6660 et 0,6489 MgO, en moyenne 0,6574 au lieu de 0,6546.

104. Sensibilité de diverses solutions métalliques par rapport à l'acide sulfhydrique (page 736).

On prit des essais de 500 C.C. d'une solution aqueuse d'acide sulfhydrique très étendue, contenant 0,003 SH sur 1000 parties, et on y ajouta :

a. CuCl : coloration noirâtre.

b. ArO³ dans HCl : précipité au bout de 12 heures, mais qui ne s'était pas encore déposé complètement au bout de ce temps.

c. CdCl : au bout d'une heure précipité floconneux.

d. AgO, AzO⁵ : le liquide parut noirâtre ; au bout de 12 heures le précipité s'était complètement déposé.

e. HgCy : le liquide parut noirâtre. Le précipité s'était déposé au bout de 12 heures.

105. Essai de dosage de l'acide sulfhydrique avec la dissolution du cadmium (page 736).

230ᵍʳ,3 de l'eau sulfureuse, ayant servi aux expériences du n° 105 et qui dans 100 grammes renfermait 0,02215 HS, furent additionnés d'une dissolution de chlorure de cadmium en excès : on filtra au bout de 24 heures et le précipité séché à 100° pesait 0,2395. Si celui-ci était du sulfure de cadmium pur, il correspondrait à 0ᵍʳ,0247 d'HS pour cent, et c'est trop. On fit détoner une partie du précipité avec du carbonate de soude et du salpêtre, et dans le résidu on reconnut nettement la réaction du chlore.

107. Essais chlorométriques (§§ **233** et suiv.).

10 grammes de chlorure de chaux furent délayés dans un litre. Ce liquide servit aux expériences suivantes :

a. Essai fait suivant la méthode de *Gay-Lussac* (§ **233**); résultats : 23,42 à 23,52 pour 100.

b. Essai suivant la méthode de *Penot* (§ **233**); résultats : 23,5 et 23,5 pour 100.

c. Essai avec le fer (§ **234**, modification 1). 23,6 pour 100.

d. Essai d'après *Bunsen ;* résultats 23,6 et 23,6 pour 100.

108. Dessiccation des manganèses (pages 895).

Quatre petits poêlons contenant chacun 8 grammes de manganèse à 53 pour 100 furent d'abord chauffés au bain-marie. Au bout de 3 heures, I. avait perdu $0^{gr},145$. — au bout de 6 heures, II. $0^{gr},15$, — au bout de 9 heures, III. $0^{gr},15$, — au bout de 12 heures, IV. $0^{gr},15$. Après avoir abandonné I. et II. simplement couverts pendant 12 heures, dans la salle, II. avait repris exactement son poids primitif ; à I. il ne manquait que $0^{gr},01$.

Les quatre essais furent ensuite chauffés à 120°. Après le refroidissement la perte de chacun était de 0,180, rapportée au point primitif. En les abandonnant simplement couverts dans la chambre, I. et II. avaient repris au bout de 60 heures leur poids primitif en attirant l'humidité de l'air. III. et IV. furent chauffés pendant 2 heures à 150° : la perte de chacun fut de $0^{gr},215$. On les abandonna dans la chambre : 72 heures après ils pesaient $0^{gr},05$ de moins qu'au début. En admettant donc que toute l'eau hygroscopique est de nouveau absorbée par la simple exposition à l'air, il résulte de ce qui précède qu'à la température de 150° il y a déjà un peu d'eau de combinaison qui se dégage, et dans les dessiccations il ne faut pas dépasser la température de 120°. (Exp. de *Frésénius. Dingler's polytech. Journ.*, CXXXV, 277.)

109. Dosage de l'argent dans le plomb argentifère (p. 976).

a. 10 grammes de sulfure de plomb et $0^{gr},3$ de sulfure d'argent furent traités suivant le § **259**, 1., et dans le régule on dosa l'argent suivant la page 978, 1. Poids du régule $= 8,093$, donnant $0^{gr},3458$ de chlorure d'argent au lieu de 0,347.

b. 5 grammes de sulfure de plomb et $0^{gr},05$ de sulfure d'argent donnèrent $4^{gr},025$ de régule et $0^{gr},0562$ de chlorure d'argent au lieu de 0,0578.

c. 10 grammes de sulfure de plomb et $0^{gr},01$ de sulfure d'argent donnèrent $7^{gr},7384$ de régule et $0^{gr},0106$ de chlorure d'argent au lieu de $0^{gr},0115$.

TABLE I.   120

TABLE POUR LE CALCUL DES ANALYSES

ÉQUIVALENTS DES CORPS SIMPLES CITÉS DANS L'OUVRAGE (*)

Aluminium .	Al. .	13,75	(Dumas).
Antimoine .	Sb .	122,00	(Dumas).
Argent . .	Ag .	107,93	(Marignac).
Arsenic . .	Ar .	75,00	(Pelouze, Berzelius).
Azote . . .	Az .	14,04	(Marignac).
Baryum . .	Ba .	68,50	(Dumas).
Bismuth . .	Bi .	208,00 (**)	(Schneider).
Bore . . .	Bo .	11,00	(Berzelius).
Brome . . .	Br .	80,00	(Marignac).
Cadmium . .	Cd .	56,00	(C. de Hauer).
Cæsium . .	Cs .	133,00	(Johnson et Allen, Bunsen).
Calcium . . .	Ca .	20,00	(Dumas, Erdmann et Marchand).
Carbone . . .	C .	6,00	(Dumas, Erdmann et Marchand).
Chlore . . .	Cl .	35,46	(Marignac, Stas).
Chrome . . .	Cr .	26,24	(Berlin, Peligot).
Cobalt . . .	Co .	29,59 (***)	(Rothoff, Dumas).
Cuivre . . .	Cu .	31,70	(Erdmann et Marchand).
Étain . . .	Sn .	59,00 (****)	(Dumas).
Fer	Fe .	28,00	(Erdmann et Marchand).
Fluor . . .	Fl .	19,00	(Louyet).
Hydrogène .	H .	1,00	(Dumas).
Iode	I .	126,85	(Marignac, Dumas).
Lithium . .	Li .	7,00	(C. Diehl, Troost).
Magnésium .	Mg .	12,00	(Marchand et Scheerer).
Manganèse .	Mn .	27,50	(de Hauer, Dumas).
Mercure . .	Hg .	100,00	(Erdmann et Marchand).
Molybdène .	Mo .	46.00 (*****)	(Berlin).

(*) J'indique ici les équivalents tels qu'ils résultent des meilleures expériences anciennes ou nouvelles. Les équivalents de quelques corps diffèrent de ceux admis autrefois, bien qu'on n'ait pas de nouvelles recherches à cet égard. Cela vient de ce qu'ils soit déduits d'autres équivalents qui depuis ont été corrigés. On trouvera les principales sources de nos connaissances sur cette question dans l'article de *A. Strecker*. *Poids atomiques*, du *Handworterbuch der r. u. angew. Chem.* (2ᵉ édit., t. II).

(**) 210,00 suivant *Dumas*.

(***) Les nouvelles expériences de *W. J. Russel* donnent 29,37. (*Zeitschr. f. analyt. Chem.*, II, 470).

(****) 58,00 suivant *Mulder*.

(*****) 48,00 suivant *Dumas*.

Nickel . . .	Ni.. .	29,50 (*)	(Rothoff, Marignac, Dumas),
Or	Au. .	196,00	(Strecker).
Oxygène. . .	O.. .	8,00	
Palladium. .	Pd. .	53,00	(Berzelius, Strecker).
Phosphore. .	Ph. .	31,00	(Schrœtter).
Platine . . .	Pl.. .	98,59	(Andrews).
Plomb. . . .	Pb. .	103,50	(Berzelius, Dumas).
Potassium.	K.. .	39,13	(Marignac, Stas).
Rubidium. .	Rb. .	85,40	(Bunsen, Picard).
Sélénium . .	Se. .	39, 5 (**)	(En moyenne : Berzelius, Sacc, Erdmann et Marchand).
Silicium . .	Si.. .	14,00 (***)	(Dumas).
Sodium. . .	Na. .	23,04	(Pelouze, Stas).
Soufre . . .	S. . .	16,00	(Erdmann et Marchand).
Strontium. .	Sr . .	43,75	(Dumas).
Thallium . .	Tl. . .	203,00 (****)	(Crooker).
Titane . . .	Ti.. .	25,00	(Pierre).
Urane . . .	Ur . .	59,40 (*****)	(Ebelmen).
Zinc	Zn . .	32,55	(Alex. Erdmann).

(*) *W. J. Russell* a trouvé 29,57.
(**) *Dumas* a trouvé 39,75.
(***) Silico = SiO².
(****) Suivant *Lamy*, 204.
(*****) Voir le renvoi de la page 171.

TABLE II.   1200

TABLE IJ

COMPOSITION DES BASES ET DES ACIDES OXYGÉNÉS

a. Bases.

GROUPES :

I				
	Oxyde de cæsium	Cs.	133,00.	94,33
		O.	8,00.	5,67
		CsO.	141,00.	100,00
	Oxyde de rubidium	Rb.	85,40.	91,43
		O.	8,00.	8,57
		RbO.	93,40.	100,00
	Potasse.	K.	39,15.	83.02
		O.	8,00.	16,98
		KO.	47,13.	100,00
	Soude.	Na.	23,04.	74,19
		O.	8,00.	25,81
		NaO.	31,04.	100,00
	Lithine.	Li.	7,00.	46,67
		O.	8,00.	53,33
		LiO.	15,00.	100,00
	Ammoniaque.	AzH⁴.	18.04.	69,23
		O.	8,00.	30,77
		AzH⁴O.	26,04.	100,00

AzH^4, AzH^4O

II				
	Daryte.	Ba.	68,50.	89,54
		O.	8,00.	10,46
		BaO.	76,50.	100,00
	Strontiane.	Sr.	43,75.	84,54
		O.	8,00.	15,46
		SrO.	51,75.	100,00
	Chaux.	Ca.	20,00.	71,43
		O.	8,00.	28,57
		CaO.	28,00.	100,00
	Magnésie.	Mg.	12,00.	60,03
		O.	8,00.	39,97
		MgO.	20,00.	100,00

III				
	Alumine.	Al².	27,50.	53,40
		O³.	24,00.	46,60
		Al²O³.	51,50.	100,00

III	Sesquioxyde de chrome...	Cr²	52,48. . . .	68,62
		O⁵.	24,00. . . .	31,58
		Cr²O⁵	76,48. . .	100,00
	Oxyde de zinc	Zn	32,53. . . .	80.26
		O	8,00. . . .	19,74
		ZnO	40,53. . . .	100,00
	Protoxyde de manganèse . .	Mn	27,50. . . .	77,46
		O	8,00. . . .	22,54
		MnO	35,50. . . .	100,00
	Sesquioxyde de manganèse .	Mn²	55,00. . . .	69,62
		O⁵	24,00. . . .	30,38
		Mn²O⁵	79,00. . . .	100,00
IV	Protoxyde de nickel	Ni	29,50. . . .	78,67
		O	8.00. . . .	21,33
		NiO	37,50. . . .	100,00
	Protoxyde de cobalt	Co	29,50. . . .	78,67
		O	8,00. . . .	21,33
		CoO	37,50. . . .	100,00
	Sesquioxyde de cobalt . . .	Co²	59,00. . . .	71,08
		O⁵	24,00. . . .	28,92
		Co²O⁵	83,00. . . .	100,00
	Protoxyde de fer	Fe	28,00. . . .	77,78
		O	8,00. . . .	22,22
		FeO	36.00. . . .	100,00
	Peroxyde de fer	Fe²	56,00. . . .	70,00
		O⁵	24,00. . . .	30,0
		Fe²O⁵	80.00. . . .	100,00
V	Oxyde d'argent	Ag	107,93. . . .	93,10
		O	8,00 . . .	6,90
		AgO	115,93. . . .	100,00
	Oxyde de plomb	Pb	103,50. . . .	92,83
		O	8,00. . . .	7,17
		PbO	111,50. . . .	100,00
	Protoxyde de mercure . . .	Hg²	200,00. . . .	96,15
		O	8,00. . . .	3,85
		Hg²O	208,00. . . .	100,00
	Bioxyde de mercure	Hg	100,00. . . .	92,59
		O	8,00. . . .	7,41
		HgO	108,00. . . .	100,00

TABLE II. 1211

V	Protoxyde de cuivre.	Cu².	63,40. . . .	88,80
		O	8,00. . . .	11,20
		Cu²O.	71,40. . . .	100,00
	Dioxyde de cuivre.	Cu.	31,70. . . .	79,85
		O	8,00. . . .	20,15
		CuO.	39,70. . . .	100,00
	Oxyde de bismuth.	Bi.	208,00. . . .	89,66
		O³	24,00. . . .	10,34
		BiO³.	232,00. . . .	100,00
	Oxyde de cadmium.	Cd.	56,00. . . .	87,50
		O	8,00. . . .	2,50
		CdO	64,00. . . .	100,00
VI	Oxyde d'or.	Au.	196,00. . . .	89,09
		O³	24,00. . . .	10,91
		AuO³.	220,00. . . .	100,00
	Oxyde de platine.	Pt.	98,94. . . .	86,08
		O².	16,00. . . .	13,92
		PtO².	114,94. . . .	100,00
	Oxyde d'antimoine.	Sb.	122,00. . . .	83,56
		O³	24,00. . . .	16,44
		SbO³.	146,00. . . .	100,00
	Protoxyde d'étain.	Sn.	59,00. . . .	88,06
		O	8,00. . . .	11,94
		SnO.	67,00. . . .	100,00
	Dioxyde d'étain.	Sn.	59,00. . . .	78,67
		O²	16,00. . . .	21,33
		SnO².	75,00 . . .	100,00
	Acide arsénieux.	Ar.	75,00. . . .	75,76
		O³	24,00. . . .	24,24
		ArO³.	99,00. . . .	100,00
	Acide arsénique.	Ar.	75,00. . . .	65,22
		O⁵	40,00. . . .	34,78
		ArO⁵.	115,00. . . .	100,00

b. *Acides.*

Acide chromique.	Cr.	26,24. . . .	52,23
	O³, ...	24,00. . . .	47,77
	CrO³.	50,24. . . .	100,00

Acide sulfurique	S	16,00	40,00
	O^3	24,00	60,00
	SO^3	40,00	100,00
Acide phosphorique	Ph	31,00	43,66
	O^5	40,00	56,34
	PhO^5	71,00	100,00
Acide borique	Bo	11,00	31,43
	O^3	24,00	68,57
	BoO^3	35,00	100,00
Acide oxalique	C^4	24,00	33,33
	O^6	48,00	66,67
	C^4O^6	72,00	100,00
Acide carbonique	C	6,00	27,27
	O^2	16,00	72,73
	CO^2	22,00	100,00
Acide silicique	Si	14,00	46,67
	O^2	16,00	53,33
	SiO^2	30,00	100,00
Acide azotique	Az	14,00	25,93
	O^5	40 00	74,07
	AzO^3	54,00	100,00
Acide chlorique	Cl	35,46	46,99
	O^5	40,00	53,01
	ClO^3	75,46	100,00

TABLE III.   1213

TABLEAU III

RÉDUCTION DES COMBINAISONS TROUVÉES EN ÉLÉMENTS CHERCHÉS PAR UNE SIMPLE MULTIPLICATION OU DIVISION.

Cette table ne renferme que les combinaisons qu'on rencontre le plus fréquemment. — Les résultats précédés du signe (!) sont tout à fait exacts. Pour des recherches spéciales, on pourrait étendre cette table autant qu'on voudrait, d'après les méthodes indiquées au § **109**.

Analyses inorganiques.

Plomb

Oxyde de plomb $\times$ 0,9285 = plomb.

Chlore.

Chlorure d'argent $\times$ 0,24724 = chlore.

Fer.

! Peroxyde de fer $\times$ 0,7 = fer.
! Peroxyde de fer $\times$ 0,9 = protoxyde de fer.

Potasse

Chlorure de potassium $\times$ 0,52445 = potassium.
Sulfate de potasse $\times$ 0,5408 = potasse.

$$\left.\begin{array}{c} \text{Chlorure double de platine et de potassium} \times 0,50557 \\ \text{ou} \\ \dfrac{\text{Chlorure double de platine et de potassium.} \ldots}{3,272} \end{array}\right\} = \text{chlorure de potassium.}$$

$$\left.\begin{array}{c} \text{Chlorure double de platine et de potassium} \times 0,19307 \\ \text{ou} \\ \dfrac{\text{Chlorure double de platine et de potassium.} \ldots}{5,179} \end{array}\right\} = \text{potasse.}$$

Acide carbonique.

Carbonate de chaux $\times$ 0,44 = acide carbonique.

Cuivre.

Oxyde de cuivre $\times$ 0,79849 = cuivre.

Magnésic.

Phosphate de magnésie $\times$ 0,36036 = magnésie.

Manganèse.

Oxyde salin de manganèse $\times$ 0,72052 = manganèse.
Oxyde salin de manganèse $\times$ 0,93013 = protoxyde de manganèse.

Soude.

Chlorure de sodium $\times$ 0,53059 = soude.
Sulfate de soude $\times$ 0,43693 = soude.

Acide phosphorique.

Pyrophosphate de magnésie $\times$ 0,6396 = acide phosphorique.
Phosphate d'urane $(2\text{Ur}^2\text{O}^3, \text{PhO}^5) \times$ 0,1991 = acide phosphorique.

Soufre.

Sulfate de baryte $\times$ 0,13734 = soufre.

Acide sulfurique.

Sulfate de baryte $\times$ 0,34335 = acide sulfurique.

Analyses organiques élémentaires.

Carbone.

$$
\left.\begin{array}{c}
\text{Acide carbonique} \times 0,2727 \\
\text{ou} \\
\dfrac{\text{Acide carbonique.} \ldots}{3,666} \\
\text{ou} \\
\dfrac{1\ \text{Acide carbonique} \times 3.}{11}
\end{array}\right\} = \text{carbone.}
$$

TABLE III.   1215

Hydrogène.

$$
\left.\begin{array}{c}
\text{Eau} \times 0,11111 \\
\text{ou} \\
\dfrac{!\ \text{Eau}}{9}
\end{array}\right\} = \text{hydrogène.}
$$

Azote.

Sel double de platine et d'ammoniaque $\times$ 0.06295 = azote.
Platine $\times$ 0,1424 = azote.

ÉLÉMENTS	COMPOSÉS TROUVÉS	CORPS CHERCHÉS	1
Aluminium	Alumine Al^2O^3	Aluminium Al^2	0,53398
Ammonium	Chlorure d'ammonium AzH^4Cl	Ammoniaque AzH^3	0,31850
	Chlorure double d'ammonium et de platine $AzH^4Cl,1 tCl^2$	Oxyde d'ammonium AzH^4O	0,11676
	Chlorure double d'ammonium et de platine $AzH^4Cl,PtCl^2$	Ammoniaque AzH^3	0,07641
Antimoine	Oxyde d'antimoine SbO^3	Antimoine Sb	0,83562
	Sulfure d'antimoine SbS^3	Antimoine Sb	0,71765
	Sulfure d'antimoine SbS^3	Oxyde d'antimoine SbO^3	0,85822
	Acide antimonieux SbO^4	Oxyde d'antimoine SbO^3	0,94805
Argent	Chlorure d'argent $AgCl$	Argent Ag	0,75276
	Chlorure d'argent $AgCl$	Oxyde d'argent AgO	0,80854
Arsenic	Acide arsénieux ArO^3	Arsenic Ar	0,75758
	Acide arsénique ArO^3	Arsenic Ar	0,65217
	Acide arsénique ArO^5	Acide arsénieux ArO^3	0,86087
	Trisulfure d'arsenic ArS^3	Acide arsénieux ArO^3	0,80488
	Trisulfure d'arsenic ArS^3	Acide arsénique ArO^5	0,93496
	Arséniate ammoniaco-magnésien $2MgO,AzH^4O,ArO^5 + Aq$	Acide arsénique ArO^5	0,60526
	Arséniate ammoniaco-magnésien $2MgO,AzH^4O,ArO^5 + Aq$	Acide arsénieux ArO^3	0,52105
Azote	Chlorure double de platine et d'ammonium $AzH^4Cl,PtCl^2$	Azote Az	0,06295
	Platine Pt	Azote Az	0,14240
	Sulfate de baryte BaO,SO^3	Acide azotique AzO^5	0,46352
	Cyanure d'argent Ag,C^2Az	Cyanogène C^2Az	0,19410
	Cyanure d'argent Ag,C^2Az	Acide cyanhydrique H,C^2Az	0,20156

TABLE IV. 1217

IV

CORRESPONDANT AUX POIDS DES ÉLÉMENTS TROUVÉS.

2	3	4	5	6	7	8	9
1,06796	1,60194.	2,13592	2,66990	3,20389	3,73787	4,27185	4,80583
0,63700	0,95550	1,27400	1,59050	1,91100	2,22950	2,54800	2,86650
0,23352	0,35028	0,46704	0,58380	0,70056	0,81732	0,93408	1,05084
0,15282	0,22923	0,50564	0,58205	0,45846	0,53487	0,61128	0,68769
1,67125	2,50685	3,54247	4,17808	5,01370	5,84932	6,68194	7,52055
1,43529	2,15294	2,87059	3,58834	4,30588	5,02353	5,74118	6,45882
1,71765	2,57647	3,43530	4,29412	5,15294	6,01177	6,87059	7,72942
1,89610	2,84416	3,79221	4,74026	5,68831	6,63636	7,58442	8,53247
1,50552	2,25828	3,01104	3,76380	4,51656	5,26932	6,02208	6,77484
1,61708	2,42562	3,23416	4,04270	4,85124	5,65978	6,40832	7,27686
1,51516	2,27274	3,05032	3,78790	4,54548	5,30306	6,06064	6,81822
1,30435	1,95652	2,60870	3,26087	3,91304	4,56522	5,21739	5,86957
1,72174	2,58261	3,44548	4,30435	5,16521	6,02608	6,88695	7,74782
1,60975	2,41463	3,21951	4,02439	4,82927	5,63415	6,43902	7,24390
1,86992	2,80488	3,73984	4,67480	5,60975	6,54471	7,47967	8,41463
1,21055	1,81579	2,42105	3,02631	3,63158	4,23684	4,84210	5,44737
1,04210	1,56316	2,08421	2,60526	3,12631	3,64736	4,16842	4,68947
0,12590	0,18885	0,25180	0,31475	0,37770	0,44065	0,50360	0,56655
0,28480	0,42720	0,56960	0,71200	0,85440	0,99680	1,13920	1,28160
0,92704	1,39056	1,85408	2,31760	2,78111	3,24463	3,70815	4,17167
0,38820	0,58230	0,77640	0,97050	1,16460	1,35870	1,55280	1,74690
0,40312	0,60468	0,80624	1,00780	1,20936	1,41092	1,61248	1,81404

ÉLÉMENTS	COMPOSÉS TROUVÉS	CORPS CHERCHÉS	
Daryum	Baryte BaO	Baryum Da	0,89542
	Sulfate de baryte BaO,SO³	Baryte BaO	0,65665
	Carbonate de baryte BaO,CO²	Baryte BaO	0,77665
	Fluosiliciure de baryum BaFl,SiFl²	Baryte BaO	0,54839
Bismuth	Oxyde de bismuth BiO³	Bismuth Bi	0,89655
Bore	Acide borique BoO³	Bore Bo	0,31429
Brome	Bromure d'argent AgBr	Brome Br	0,42560
Cadmium	Oxyde de cadmium CdO	Cadmium Cd	0,87500
Calcium	Chaux CaO	Calcium Ca	0,71429
	Sulfate de chaux CaO,SO³	Chaux CaO	0,41176
	Carbonate de chaux CaO,CO²	Chaux CaO	0,56000
Carbone	Acide carbonique CO²	Carbone C	0,27273
	Carbonate de chaux CaO,CO²	Acide carbonique CO²	0,44000
Chlore	Chlorure d'argent AgCl	Chlore Cl	0,24724
	Chlorure d'argent AgCl	Acide chlorhydrique HCl	0,25421
Chrome	Sesquioxyde de chrome Cr²O³	Chrome Cr²	0,68619
	Sesquioxyde de chrome Cr²O³	Acide chromique 2CrO³	1,31381
	Chromate de plomb PbO,CrO³	Acide chromique CrO³	0,31062
Cobalt	Cobalt Co	Protoxyde de cobalt CoO	1,27119
	Sulfate de protoxyde de cobalt CoO,SO³	Protoxyde de cobalt CoO	0,48587
	Azotite de potasse et de cobalt Co²O³,3KO,5AzO³ + 2HO	Protoxyde de cobalt 2CoO	0,17348
	Azotite de potasse et de cobalt Co²O³,3KO,5AzO³ + 2HO	Cobalt 2Co	0,13648
	Sulfate de protoxyde de cobalt + sulfate de potasse 2(CoO,SO³) + 3(KO,SO³)	Protoxyde de cobalt 2CoO	0,18015
	Sulfate de protoxyde de cobalt + sulfate de potasse 2(CoO,SO³) + 3(KO,SO³)	Cobalt 2Co	0,14171
Cuivre	Oxyde de cuivre CuO	Cuivre Cu	0,79840
	Sulfure de cuivre Cu²S	Cuivre 2Cu	0,79849

TABLE IV.

1219

2	3	4	5	6	7	8	9
1,79085	2,68627	3,58170	4,47712	5,37255	6,26797	7,16340	8,05882
1,31330	1,96996	2,62661	3,28526	3,93991	4,59656	5,25322	5,90987
1,55330	2,32995	3,10660	3,88325	4,65990	5,43655	6,21320	6,98985
1,09677	1,64516	2,19355	2,74194	3,29032	3,83871	4,38710	4,93548
1,79310	2,68965	3,58620	4,48275	5,37930	6,27586	7,17240	8,06895
0,62857	0,94286	1,25714	1,57143	1,88572	2,20000	2,51429	2,82857
0,85120	1,27680	1,70240	2,12800	2,55360	2,97920	3,40480	3,83040
1,75000	2,62500	3,50000	4,37500	5,25000	6,12500	7,00000	7,87500
1,42857	2,14286	2,85714	3,57143	4,28571	5,00000	5,71429	6,42857
0,82353	1,23529	1,64706	2,05882	2,47059	2,88235	3,29412	3,70588
1,12000	1,68000	2,24000	2,80000	3,36000	3,92000	4,48000	5,04000
0,54546	0,81818	1,09091	1,36364	1,63636	1,90909	2,18181	2,45455
0,88000	1,32000	0,76000	2,20000	2,64000	3,08000	3,52000	3,96000
0,49448	0,74172	0,98896	1,23620	1,48344	1,73068	1,97792	2,22516
0,50842	0,76263	1,01684	1,27105	1,52526	1,77947	2,03368	2,28789
1,37238	2,05858	2,74477	3,43096	4,11715	4,80334	5,48954	6,17573
2,62762	3,94142	5,25523	6,56904	7,88285	9,19666	10,51046	11,82427
0,62124	0,93187	1,24249	1,55311	1,86373	2,17435	2,48498	2,79560
2,54237	3,81356	5,08474	6,35595	7,62712	8,89830	10,16949	11,44067
0,96774	1,45161	1,93548	2,41935	2,90323	3,38710	3,87097	4,35484
0,34696	0,52044	0,69392	0,86739	1,04087	1,21435	1,38783	1,56131
0,27295	0,40943	0,54591	0,68258	0,81886	0,95534	1,09182	1,22829
0,36029	0,54044	0,72058	0,90075	1,08088	1,26102	1,44117	1,62131
0,28343	0,42514	0,56686	0,70857	0,85029	0,99200	1,13372	1,27543
,59698	2,39547	3,19396	3,99244	4,79093	5,58942	6,38791	7,18640
,59698	2,39547	3,19396	3,99244	4,79093	5,58942	6,38791	7,18640

ÉLÉMENTS	COMPOSÉS TROUVÉS	CORPS CHERCHÉS	1
Étain	Bioxyde d'étain SnO^4	Étain Sn	0,78667
	Bioxyde d'étain SnO^2	Protoxyde d'étain SnO	0,89333
Fer	Sesquioxyde de fer Fe^2O^5	Fer $2Fe$	0,70000
	Sesquioxyde de fer Fe^2O^5	Protoxyde de fer $2FeO$	0,90000
	Sulfure de fer FeS	Fer Fe	0,63636
Fluor	Fluorure de calcium $CaFl$	Fluor Fl	0,48718
	Fluorure de silicium $SiFl^2$	Fluor $2Fl$	0,73077
Hydrogène	Eau HO	Hydrogène H	0,11111
Iode	Iodure d'argent AgI	Iode I	0,54049
	Iodure de palladium PdI	Iode I	0,70556
Lithium	Carbonate de lithine LiO,CO^2	Lithine LiO	0,40541
	Sulfate de lithine LiO,SO^5	Lithine LiO	0,27273
	Phosphate basique de lithine $5LiO,PhO^5$	Lithine $5LiO$	0,38793
Magnésium	Magnésie MgO	Magnésium Mg	0,60030
	Sulfate de magnésie MgO,SO^5	Magnésie MgO	0,33503
	Pyrophosphate de magnésie $PhO^5,2MgO$	Magnésie $2MgO$	0,36036
Manganèse	Protoxyde de manganèse MnO	Manganèse Mn	0,77465
	Oxyde salin de manganèse $MnO + Mn^2O^5$	Manganèse $5Mn$	0,72052
	Sesquioxyde de manganèse Mn^2O^5	Manganèse $2Mn$	0,69620
	Sulfate de manganèse MnO,SO^5	Protoxyde de mang. MnO	0,47020
	Sulfure de manganèse MnS	Protoxyde de mang. MnO	0,81609
	Sulfure de manganèse MnS	Manganèse Mn	0,63248
Mercure	Mercure $2Hg$	Protoxyde de mercure Hg^2O	1,04000
	Mercure Hg	Bioxyde de mercure HgO	1,08000
	Protochlorure de mercure Hg^2Cl	Mercure $2Hg$	400,849
	Bisulfure de mercure HgS	Mercure Hg	0,86207
Nickel	Protoxyde de nickel NiO	Nickel Ni	0.78677

TABLE IV. 1221

2	3	4	5	6	7	8	9
1,57333	2,36000	3,14667	3,93350	4,72000	5,50667	6,29334	7,08000
1,78667	2,68000	3,57333	4,46667	5,36000	6,25335	7,14666	8,04000
1,40000	2,10000	2,80000	3,50000	4,20000	4,90000	5,60000	6,30000
1,80000	2,70000	3,60000	4,50000	5,40000	6,50000	7,20000	8,10000
1,27275	1,90909	2,54546	3,18182	3,81818	3,45455	5,09091	5,72728
0,97436	1,40154	1,94872	2,43590	2,92307	3,41027	3,89743	4,38461
1,46154	2,19321	2,92308	3,65385	4,38461	5,11538	5,84615	6,57692
0,22222	0,33333	0,44444	0,55555	0,66667	0,77778	0,88889	9,00000
1,08099	1,62148	2,16198	2,70247	3,24297	3,78346	4,32396	4,86445
1,41111	2,11667	2,82222	3,52778	4,23334	4,93889	5,64445	6,35000
0,81081	1,21622	1,62162	2,02705	2,43245	2,83784	3,24324	3,64865
0,54545	0,81818	1,09091	1,36364	1,65656	1,90909	2,18182	2,45454
0,77586	1,16379	1,55172	1,93966	2,32759	2,71552	3,10345	3,49138
1,20061	1,80091	2,40121	3,00151	3,60182	4,20212	4,80242	5,40273
0,66700	1,00051	1,33401	1,66751	2,00101	2,33451	2,66802	3,00152
0,72072	1,08108	1,44144	1,80180	2,16216	2,52252	2,88288	3,24324
1,54930	2,32594	3,09859	3,87324	4,64789	5,42254	6,19718	6,97183
1,44105	2,16157	2,88210	3,60262	4,23314	5,04367	5,76419	6,48472
1,39241	2,08861	2,78481	3,48102	4,17722	4,87342	5,56962	6,26583
0,94040	1,41060	1,88080	2,35099	2,82119	3,29139	3,76159	4,23179
1,63218	2,44828	3,26437	4,08046	4,89655	5,71264	6,52874	7,34483
1,26437	1,89655	2,52874	3,16092	3,79310	4,42529	5,05747	5,68966
2,08000	3,12000	4,16000	5,20000	6,24000	7,28000	8,32000	9,36000
2,16000	3,24000	4,32000	5,40000	6,48000	7,56000	8,64000	9,72000
1,69880	2,54820	3,39760	4,24701	5,09641	5,94581	6,79521	7,64461
1,72414	2,58621	3,44828	4,31034	5,17241	6,03448	6,89655	7,75862
1,57333	2,36000	3,14667	3,93333	4,72000	5,50667	6,29334	7,08000

ÉLÉMENTS	COMPOSÉS TROUVÉS	CORPS CHERCHÉS	1
Oxygène	Alumine Al²O³	Oxygène 30	0,46602
	Antimoine (Oxyde d') SbO³	Oxygène 30	0,16438
	Argent (Oxyde d') AgO	Oxygène 0	0,06898
	Arsénieux (Acide) ArO³	Oxygène 30	0,24242
	Arsénique (Acide) ArO⁵	Oxygène 50	0,34783
	Baryte BaO	Oxygène 0	0.10458
	Bismuth (Oxyde de) BiO³	Oxygène 30	0,10345
	Cadmium (Oxyde de) CdO	Oxygène 0	0,12500
	Chaux CaO	Oxygène 0	0,28571
	Chrome (Sesquioxyde de) Cr²O³	Oxygène 30	0,31381
	Cobalt (Protoxyde de) CoO	Oxygène 0	0,21333
	Cuivre (Bioxyde de) CuO	Oxygène 0	0,20151
	Étain (Bioxyde d') SnO²	Oxygène 20	0,21333
	Fer (Peroxyde de) Fe²O⁵	Oxygène 50	0,30000
	Fer (Protoxyde de) FeO	Oxygène 0	0,22222
	Hydrogène (Oxyde d') HO	Oxygène 0	0,88889
	Magnésie MgO	Oxygène 0	0,39970
	Manganèse (Protoxyde de) MnO	Oxygène 0	0,22535
	Manganèse (Oxyde salin de) MnO + Mn²O³	Oxygène 40	0,27947
	Manganèse (Sesquioxyde de) Mn²O³	Oxygène 30	0,30380
	Mercure (Bioxyde de) HgO	Oxygène 0	0,07407
	Mercure (Protoxyde de) Hg²O	Oxygène 0	0,03846
	Nickel (Protoxyde de) NiO	Oxygène 0	0,21333
	Plomb (Oxyde de) PbO	Oxygène 0	0,07175
	Potasse KO	Oxygène 0	0,16982
	Silicique (Acide) SiO²	Oxygène 20	0,55333
	Soude NaO	Oxygène 0	0,25810

TABLE IV.   1225

3	**3**	**4**	**5**	**6**	**7**	**8**	**9**
0,93204	1,39806	1,86408	2,33010	2,79611	3,26213	3,72815	4,19417
0,32877	0,49315	0,65754	0,82192	0,98630	1,15069	1,31507	1,47946
0,13796	0,20694	0,27592	0,34490	0,41388	0,48286	0,55184	0,62082
0,48484	0,72726	0,96968	1,21210	1,45452	1,69694	1,93936	2,18178
0,69565	1,04348	1,39150	1,73915	2,08696	2,43478	2,78261	3,13043
0,20915	0,31373	0,41830	0,52288	0,62745	0,73203	0,83660	0,94118
0,20690	0,31035	0,41380	0,51725	0,62070	0,72415	0,82760	0,93105
0,25000	0,37500	5,00000	0,62500	0,75000	0,87500	1,00000	1,12500
0,57143	0,85714	1,14286	1,42857	1,71429	2,00000	2,28571	2,57143
0,62762	0,94143	1,25524	1,56905	1,88286	2,19667	2,51048	2,82429
0,42667	0,64000	0,85333	1,06667	1,28000	1,49333	1,70667	1,92000
0,40302	0,60453	0,80604	1,00756	1,20907	1,41058	1,61209	1,81360
0,42667	0,64000	0,85333	1,06667	1,28000	1,49333	1,70667	1,92000
0,60000	0,90000	1,20000	1,50000	1,80000	2,10000	2,40000	2,70000
0,44444	0,66667	0,88889	1,11111	1,33333	1,55555	1,77778	2,00000
1,77778	2,66667	3,55556	4,44445	5,33333	6,22222	7,11111	8,00000
0,79939	1,19909	1,59879	1,99849	2,39818	2,79788	3,19758	3,59727
0,45070	0,67606	0,90141	1,12676	1,35211	1,57746	1,80282	2,02817
0,55895	0,83843	1,11790	1,39738	1,67686	1,95653	2,23581	2,51528
0,60759	0,91159	1,21519	1,51809	1,82278	2,12658	2,43038	2,73417
0,14815	0,22222	0,29630	0,37037	0,44444	0,51852	0,59239	0,66667
0,07692	0,11539	0,15385	0,19231	0,25077	0,26923	0,30770	0,34616
0,42667	0,64000	0,85333	1,06667	1,28000	1,49333	1,70667	1,92000
0,14350	0,21525	0,28700	0,35874	0,43049	0,50224	0,57399	0,64574
0,33964	0,50946	0,67928	0,84910	1,01892	1,18874	1,35856	1,52838
1,06667	1,60000	2,13333	2,66667	3,20000	3,73333	4,26667	4,80000
0,51621	0,77431	1 03242	1,29052	1,54863	1,80675	2,06484	2,32294

ÉLÉMENTS	COMPOSÉS TROUVÉS	CORPS CHERCHÉS	1
Oxygène	Strontiane SrO	Oxygène O	0,15459
	Zinc (Oxyde de) ZnO	Oxygène O	0,19740
Phosphore	Acide phosphorique PhO^5	Phosphore Ph	0,43662
	Pyrophosphate de magnésie $PhO^5,2MgO$	Acide phosphorique PhO^5	0,63964
	Phosphate de fer PhO^5,Fe^2O^3	Acide phosphorique PhO^5	0,47020
	Phosphate d'argent $PhO^5,3AgO$	Acide phosphorique PhO^5	0,16949
	Phosphate d'urane $PhO^5,2Ur^2O^3$	Acide phosphorique PhO^5	0,19910
	Pyrophosphate d'argent $PhO^6,2AgO$	Acide phosphorique PhO^5	0,23437
Plomb	Oxyde de plomb PbO	Plomb Pb	0,92825
	Sulfate de plomb PbO,SO^3	Oxyde de plomb PbO	0,75597
	Sulfate de plomb PbO,SO^3	Plomb Pb	9,68317
	Chlorure de plomb PbCl	Oxyde de plomb PbO	0,80239
	Chlorure de plomb PbCl	Plomb Pb	0,74482
	Sulfure de plomb PbS	Oxyde de plomb PbO	0,93305
Potassium	Potasse KO	Potassium K	0,83018
	Sulfate de potasse KO,SO^3	Potasse KO	0,54080
	Azotate de potasse KO,AzO^5	Potasse KO	0,46590
	Chlorure de potassium KCl	Potassium K	0,52445
	Chlorure de potassium KCl	Potasse KO	0,63173
	Chlorure double de platine et de potassium $KCl,PtCl^2$	Potasse KO	0,19307
	Chlorure double de platine et de potassium $KCl,PtCl^2$	Chlorure de potassium KCl	0,30557
Silicium	Acide silicique SiO^2	Silicium Si	0,46667
Sodium	Soude NaO	Sodium Na	0,74190
	Sulfate de soude NaO,SO^3	Soude NaO	0,43693
	Azotate de soude NaO,AzO^5	Soude NaO	0,36465
	Chlorure de sodium NaCl	Soude NaO	0,53059

TABLE IV.   1225

2	3	4	5	6	7	8	9
0,30918	0,46377	0,61836	0,77295	0,92755	1,08212	1,23671	1,39150
0,39480	0,59220	0,78960	0,98700	1,18440	1,38180	1,57920	1,77660
0,87324	1,30986	1,74648	2,18309	2,61971	3,05655	3,49295	3,92957
1,27928	1,91892	2,55856	3,19820	3,83784	4,47748	5,11712	5,75676
0,94040	1,41060	1,88080	2,35099	2,82119	3,29139	3,76159	4,23179
0,33898	0,50847	0,67796	0,84745	1,01694	1,18643	1,35592	1,52541
0,39821	0,59731	0,79641	0,99551	1,19462	1,39372	1,59282	1,79192
0,46874	0,70311	0,93748	1,17185	1,40622	1,64059	1,87496	2,10933
1,85650	2,78475	3,71300	4,64126	5,56951	6,49776	7,42601	8,35426
1,47195	2,20792	2,94390	3,67987	4,41584	5,15182	5,88779	6,62377
1,36634	2,04950	2,73267	3,41584	4,09901	4,78218	5,46534	6,14851
1,60478	2,40717	3,20956	4,01195	4,81433	5,61672	6,41911	7,22150
1,48964	2,23446	2,97928	3,72409	4,46891	5,21373	5,95855	6,70337
1,86611	2,79916	3,73222	4,66527	5,59832	6,53138	7,46443	8,39749
1,66036	2,49054	3,32072	4,15090	4,98108	5,81126	6,64144	7,47162
1,08161	1,62241	2,16321	2,70402	3,24482	3,78563	4,32643	4,86723
0,93179	1,39769	1,86359	2,32949	2,79539	3,26129	3,72719	4,19309
1,04890	1,57335	2,09780	2,62225	3,14669	3,67114	4,19559	4,72004
1,26346	1,89519	2,52692	3,15865	3,79037	4,42210	5,05383	5,68556
0,38614	0,57921	0,77228	0,96535	1,15842	1,35149	1,54456	1,73763
0,61114	0,91671	1,22228	1,52785	1,83342	2,13899	2,44456	2,75013
0,93333	1,40001	1,86667	2,33333	2,80000	3,26667	3,73333	4,20000
1,48379	2,22569	2,96758	3,70948	4,45137	5,19327	5,93516	6,67706
0,87386	1,31079	1,74772	2,18465	2,62158	3,05851	3,49544	3,93237
0,72930	1,09395	1,45860	1,82325	2,18789	3,55254	2,91719	3,28184
1,06118	1,59177	2,12236	2,65295	3,18354	2,71413	4,24472	4,77531

TABLE IV.

ÉLÉMENTS	COMPOSÉS TROUVÉS	CORPS CHERCHÉS	1
Sodium	Chlorure de sodium NaCl	Sodium Na	0,39337
	Carbonate de soude NaO,CO²	Soude NaO	0,58487
Soufre	Sulfate de baryte BaO,SO⁵	Soufre S	0,13734
	Trisulfure d'arsenic ArS⁵	Soufre 3S	0,39024
•	Sulfate de baryte BaO,SO⁵	Acide sulfurique SO³	0,34335
Strontium	Strontiane SrO	Strontiane Sr	0,84541
	Sulfate de strontiane SrO,SO⁵	Strontiane SrO	0,56403
	Carbonate de strontiane SrO,CO²	Strontiane SrO	0,70169
Zinc	Oxyde de zinc ZnO	Zinc Zn	0,80260
	Sulfure de zinc ZnS	Oxyde de zinc ZnO	0,83515
	Sulfure de zinc ZnS	Zinc Zn	0,67031

TABLE IV.   1227

2	3	4	5	6	7	8	9
0,78673	1,18009	1,57346	1,96683	2,36019	2,75356	3,14692	3,54029
1,16974	1,75460	2,33947	2,92434	3,50921	4,09407	4,67894	5,26381
0,27468	0,41202	0,54936	0,68670	0,82403	0,96137	1,09871	1,23605
0,78049	1,17073	1,56097	1,95122	2,34146	2,73170	3,12194	3,51219
0,68670	1,03004	1,37339	1,71674	2,06009	2,40344	2,74678	3,09013
1,69082	2,53623	3,38164	4,22705	5,07247	5,91788	6,76329	7,60870
1,12807	1,69210	2,25613	2,82017	3,38420	3,94823	4,51226	5,07630
1,40339	2,10508	2,80678	3,50848	4,21017	4,91186	5,61356	6,31526
1,60520	2,40780	3,21040	4,01300	4,81560	5,61820	6,42080	7,22340
1,67051	2,50546	3,34062	4,17577	5,01092	5,84608	6,68123	7,51639
1,34061	2,01092	2,68123	3,35154	4,02184	4,69215	5,36246	6,03276

TABLE V

DENSITÉS RELATIVES ET DENSITÉS ABSOLUES DE QUELQUES GAZ

GAZ	POIDS SPÉCIFIQUE CELUI DE L'AIR = 1000	POIDS SPÉCIFIQUE DE 1 LITRE (1.000 cc.) à 0° et 760ᵐ
Air atmosphérique.	1,0000	1,29366
Oxygène	1,10852	1,43979
Hydrogène	0,06927	0,08961
Vapeur d'eau.	0,62345	0,80651
Vapeur de carbone.	0,8424	1,07534
Acide carbonique	1,52594	1,97146
Oxyde de carbone.	0,96978	1,25456
Gaz des marais.	0,55416	0,71689
Gaz oléfiant.	0,96978	1,25456
Vapeur de phosphore.	4,29574	5,55595
Vapeur de soufre	6,64992	8,60273
Acide sulfhydrique.	1,17759	1,52540
Vapeur d'iode.	8,78898	11,36905
Vapeur de brome.	5,55952	7,16025
Chlore.	2,45651	3,17763
Azote.	0,96978	1,25456
Ammoniaque	0,58879	0,76169
Cyanogène	1,80102	2,32991

TABLE VI

COMPARAISON DU THERMOMÈTRE A MERCURE AVEC LE THERMOMÈTRE A AIR
SUIVANT MAGNUS

DEGRÉS DU THERMOMÈTRE A MERCURE.	DEGRÉS DU THERMOMÈTRE A AIR.
100.	100,00
150.	148,74
200.	197,49
250.	245,39
300.	294,51
330.	320,92

DEUXIÈME APPENDICE

—

NOTES

Note 1. — *W. Sell (Journ. of Chem. Soc.*, **XXX**, 792) a proposé de *doser le chrome* dans son sulfate ou dans l'alun et dans le fer chromé en le changeant en acide chromique par le permanganate de potasse. La dissolution acidulée avec l'acide sulfurique est chauffée à l'ébullition : on y ajoute peu à peu une solution étendue de permanganate jusqu'à ce que la coloration rouge persiste au moins 5 minutes ; on rend faiblement alcalin avec du carbonate de soude, on ajoute de l'alcool, on sépare le précipité du liquide, qui renferme tout le chrome à l'état d'acide chromique que l'on dose par le procédé de *Bunsen* par l'iode.

Note 2. — *Dosage volumétrique du manganèse*, par *J. Pattinson (Journ. of the Chem. Soc.*, 1870, 365). — On précipite le manganèse sous forme de peroxyde avec une dissolution de chlorure de chaux ou d'eau de chlore ou de brome : on sépare le peroxyde par filtration et, après avoir bien lavé avec de l'eau chaude ou froide jusqu'à ce que l'iodure de potassium ne décèle plus de chlore ou de brome dans l'eau de lavage, on met le peroxyde de manganèse avec le filtre dans un volume connu d'une dissolution acide titrée de sulfate de protoxyde de fer. La réaction a lieu suivant l'équation

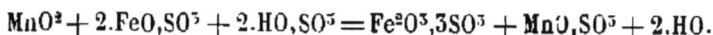

$$MnO^2 + 2.FeO,SO^3 + 2.HO,SO^3 = Fe^2O^3,3SO^3 + MnO,SO^3 + 2.HO.$$

On conclut la quantité de manganèse de la quantité de sulfate de protoxyde restant, dosé avec le bichromate de potasse.

Pour empêcher qu'une partie de manganèse ne se précipite à un état inférieur d'oxydation, on ajoute du perchlorure de fer à la solution de protochlorure de manganèse. On traite par le chlorure de chaux ou l'eau de brome ; on chauffe à 70° et on ajoute un excès de carbonate de chaux, en remuant jusqu'à ce qu'il ne se dégage plus d'acide carbonique : on laisse déposer. Le précipité formé renferme le bioxyde de manganèse avec le peroxyde de fer. Si le liquide surnageant était un peu rougeâtre, à cause d'un peu d'acide permanganique, on ajouterait quelques gouttes d'alcool, pour opérer la réduction.

Pour opérer on prépare :

1. Une solution de chlorure de chaux renfermant dans 1 litre 15 gr. de chlorure de chaux (à 35 p. 100 de chlore utilisable).

2. Du carbonate de chaux en poudre fine pouvant facilement se délayer dans le liquide.

3. Une dissolution de sulfate de protoxyde de fer : 53 gr. de sel pur cristallisé dans 1 litre de 3 p. d'eau avec 1 p. d'acide sulfurique monohydraté (10 gr. de fer dans le litre).

4. Une dissolution de bichromate de potasse dont on fixe exactement le titre de façon que 1 C.C. = 0,01 gr. de fer métallique.

Ce procédé est très commode pour doser le manganèse dans les minerais de fer, le fer spéculaire, l'acier, les scories manganésifères, etc. On dissout en chauffant de 0,5 à 0,6 gr. de la substance dans de l'acide chlorhydrique de densité 1,18. — S'il y avait du cuivre, du plomb, du nickel, du cobalt, il faudrait les précipiter d'abord.

Note 3. — Dans le procédé de *Guyard*, le précipité théorique $5.MnO^2,KO$ renferme toujours, suivant *Volhard* (*Zeitschr. f. analyt. Chem.*, XX, 271), plus ou moins de protoxyde de manganèse suivant les circonstances : cela tient à la grande tendance qu'a le bioxyde de manganèse à former des composés avec les bases, qui étant absentes sont remplacées par du protoxyde de manganèse. Mais en ajoutant un sel de chaux, de magnésie, de baryte ou d'oxyde de zinc, opérant à chaud et ajoutant peu à peu le caméléon, on a, quand tout le manganèse est précipité, une coloration nettement rose et qui persiste pendant plusieurs jours. Il faut éliminer au préalable le peroxyde de fer s'il y en a. Pour cela *Volhard* recommande l'emploi de l'oxyde de zinc (blanc de zinc du commerce), calciné d'abord pour détruire les matières organiques et délayé dans l'eau.

Suivant *Volhard*, les acides libres ne gênent pas l'action du permanganate sur les sels de protoxyde de manganèse. — La chaleur et la concentration des liquides activent la réaction ; tandis qu'en étendant les liqueurs et en ajoutant notablement de l'acide, on ralentit la réaction, mais la précipitation est tout aussi complète.

En présence de matières organiques le titrage est impossible dans les liqueurs neutres, mais il suffit d'ajouter quelques gouttes d'acide azotique pour détruire l'influence de ces matières. — On ne peut pas opérer en présence de l'acide chlorhydrique libre, et s'il y a une quantité notable de chlorures, il faudra les éliminer en évaporant avec de l'acide sulfurique.

Note 4. — *Dosage du protoxyde de fer en présence du peroxyde, des acides organiques, oxalique, tartrique, citrique, du sucre* (*J. M. Eder. Ber. d. deutsch. Gesells. zu Berlin*, XIII, 502).

La dissolution par trop acide est additionnée d'un excès d'oxalate neutre de potasse et d'azotate d'argent. Au bout de quelque temps on ajoute de l'acide tartrique pour empêcher la précipitation du peroxyde de fer par l'ammoniaque et l'on sursature par l'ammoniaque. Le protoxyde de fer est peroxydé en même temps qu'il se précipite de l'argent métallique ($2.FeO + AgO = Fe^2O^3 + Ag$). On lave avec de l'eau renfermant du sel ammoniac, puis avec de l'eau ammoniacale, et l'on pèse l'argent. On le redissout dans l'acide azotique pour le changer en chlorure et le séparer d'un peu de peroxyde de fer. Pour 1 gr. de AgO on calcule 0,6666 de protoxyde de fer ou 0,5185 gr. de fer.

On ne peut naturellement appliquer la méthode que s'il n'y a pas de substance capable de réduire l'azotate d'argent soit par elle-même, soit avec le secours de l'ammoniaque.

Note 5. — Suivant *C. Zimmermann* (*Ber. d. deutsch. Gesellsch. zu Berlin*, XIV, 779), en ajoutant à la dissolution du sulfate de protoxyde de manganèse, on ne remarque pas le moindre dégagement de chlore. On dissout pour cela 200 gr. de sulfate dans un litre et on met 20 C.C. dans la dissolution à titrer.

Note 6. — *Réduction des solutions de peroxyde de fer par l'acide sulfureux.* (*P. T. Ansten* et *G. B. H.* — *Amer. Chem. Journ.*, IV, 382).

La dissolution renfermant environ 0,1 gr. de fer dans 100 C.C. et 5 à 6 C.C. d'acide chlorhydrique libre, est chauffée presque à l'ébullition en l'étendant à 200 C.C. On ajoute alors peu à peu 10 à 20 C.C. d'une solution saturée de sulfite de soude. On évite la rentrée de l'air par une disposition analogue à celle de la figure 80, page 252, t. I. On chasse l'acide sulfureux en faisant bouillir jusqu'à ce que les vapeurs ne décolorent plus le caméléon et l'on titre avec le permanganate de potasse en ajoutant du sulfate de manganèse (note 5).

Note 7. — *A. E. Hasswell* (*Zeitschr. f. analyt. Chem.*, XXII, 86) a modifié la méthode de façon à éviter le dépôt possible de sulfocyanure de cuivre et l'emploi de la solution d'iode. — On verse dans un petit ballon 5 ou 10 C.C. de la dissolution de fer, on acidule faiblement avec de l'acide chlorhydrique et on ajoute 1 ou 2 C.C. d'une solution de cuivre (2 gr. de chlorure double de cuivre et d'ammonium dans 100 C.C. d'eau), et enfin quelques gouttes d'une dissolution de salicylate de soude (5 gr. de sel environ dans 1 litre). Si la couleur n'était pas violet pur, mais brun olive, on étendrait d'un peu d'eau. On verse alors avec une burette de la dissolution d'hyposulfite de soude (titrée avec une solution de perchlorure de fer de force connue) jusqu'à ce que le liquide soit parfaitement incolore. S'il y a un peu trop d'hyposulfite, on ramène à une faible coloration violette avec une dissolution de bichromate de potasse d'une force à peu près moitié de celle de l'hyposulfite. Les exemples cités par l'auteur sont très satisfaisants.

Note 8. — α A. E. *Hasswell* (*Zeitschr. f. analyt. Chem.*, XXI, 264).

En versant dans une solution azotique de plomb pas trop étendue, quelques gouttes de lessive étendue pure de potasse, puis à chaud du permanganate de potasse, il est décoloré tant qu'il y a du plomb en dissolution, en même temps qu'il se forme un précipité brun :

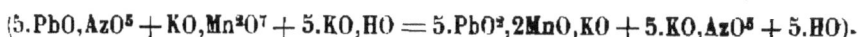

$$(5.PbO,AzO^5 + KO,Mn^2O^7 + 5.KO,HO = 5.PbO^2,2MnO,KO + 5.KO,AzO^5 + 5.HO).$$

On peut remplacer la potasse par l'ammoniaque, le carbonate de soude, ou l'oxyde de zinc délayé dans l'eau. Avec ce dernier l'action est rapide et suivant l'équation :

$$5.PbO,AzO^5 + 5.ZnO + KO,Mn^2O^7 = 5.PbO^2,2MnO,ZnO + 4.ZnOAzO^5 + KO AzO^5.$$

On ajoute l'oxyde de zinc délayé dans l'eau à la solution neutre ou faiblement acide et à froid on verse le caméléon de force connue jusqu'à ce que le liquide surnageant le précipité soit rose et garde cette couleur même par l'ébullition. — Les sels de manganèse, cobalt, nickel, fer, bismuth, cuivre ont une influence fâcheuse.

Note 9. — *A. Welter* (*Zeitschr.*, XXII, 252) a appliqué au dosage volumétrique de l'antimoine ce fait que le perchlorure d'antimoine en solution chlorhydrique précipite de l'iodure de potassium 2 équivalents d'iode pour chaque équivalent d'antimoine. On ajoute à la dissolution de perchlorure d'antimoine en dissolution dans l'eau additionnée d'acide chlorhydrique une quantité suffisante d'une dissolution assez étendue d'iodure de potassium *pur*. On chasse ensuite l'iode précipité sans en perdre (appareil de *Bunsen* pour le dosage du chlore) dans une solution d'iodure de potassium, dans laquelle on le dose avec l'acide sulfureux étendu. Ce moyen permet de doser le protochlorure en présence du perchlorure, parce que le protochlorure ne chasse pas l'iode de l'iodure de potassium. On dosera dans une partie de la substance l'antimoine perchloruré et dans une partie on dosera tout l'antimoine en perchlorurant le tout avec de l'acide chlorhydrique et du perchlorate de potasse.

Note 10. — *C. Stünckel, Th. Wetzki* et *P. Wagner* (*Zeitschr. f. analyt. Chem.*, XXI, 358) ont étudié de près les circonstances qui peuvent avoir de l'influence sur le dosage de l'acide phosphorique par la mixture magnésienne. Il résulte de ces recherches que la concentration des liquides peut varier dans d'assez grandes limites sans modifier sensiblement les résultats; non seulement il est inutile de laisser reposer de 12 à 24 heures, mais en général les résultats sont plus exacts en filtrant au bout de 2 heures; enfin le précipité magnésien est si peu soluble dans l'eau ammoniacale à 1, 2, 3, p. 100, qu'il n'est pas nécessaire d'économiser les lavages.

Note 11. — Dans le tome XCIII, p. 495 des *Comptes rendus*, M. *Perrod* propose le dosage volumétrique des phosphates de chaux et de manganèse par un procédé volumétrique avec l'azotate d'argent. *Kratschmer* et *Sztaukovausky* (*Zeitschr. f. analyt. Chem.*, XXI, 523) ont étudié ce procédé et l'ont étendu aux phosphates alcalins et alcalino-terreux. Lorsqu'on précipite un phosphate ordinaire par l'azotate d'argent on a toujours le précipité jaune $3AgO,PhO^5$, insoluble dans l'eau soluble dans l'acide azotique et dans l'ammoniaque. Mais si le phosphate n'est pas neutre, mais a un ou deux équivalents d'eau, la liqueur au milieu de laquelle se forme le précipité est plus ou moins acide et une partie du phosphate d'argent reste en dissolution, ce dont on peut s'assurer en versant avec précaution de l'ammoniaque dans le liquide limpide recouvrant le précipité. Cela y produit un nouveau précipité jaune. Mais si l'on ajoute l'ammoniaque juste pour produire la neutralisation du liquide, l'acide molybdique n'indique plus la moindre trace d'acide phosphorique dans le liquide. Les dissolutions de phosphate alcalino-terreux dans l'acide azotique se comportent de même. Après avoir ajouté un excès d'azotate d'argent, si l'on neutralise juste avec de l'ammoniaque, en faisant plusieurs fois bouillir et laissant déposer, le liquide filtré ne contient plus trace d'acide phosphorique.

On opère donc de la façon suivante avec une dissolution d'azotate d'argent, dont 1 C.C. correspondra juste à 1 milligr. (0,001 gr.) d'acide phosphorique anhydre PhO^5. Dans un ballon jaugé on met un volume bien mesuré de la dissolution du phosphate et un volume aussi mesuré, mais en excès, de la dissolution d'argent. On chauffe et, si cela est nécessaire, on ajoute avec une burette de l'ammoniaque étendue jusqu'à neutralisation complète : on fait bouillir, on laisse déposer, refroidir ; on remplit d'eau jusqu'au trait de jauge et soit par le procédé de *Volhard*, soit par celui de *Mohr*, dans une partie aliquote du liquide filtré on dose l'excès d'argent. On en conclut le volume de la liqueur d'argent employé pour précipiter l'acide phosphorique et partant la quantité de celui-ci. La méthode se recommande par l'exactitude des résultats et la facilité d'exécution.

Note 12. — *Samuel Penfield* (*Amer. Chem. Journ.*, I, 27. — *Zeitschr. f. analyt. Chem.*, XXI, 120) dose volumétriquement le fluor, à l'aide de l'acide hydrofluosilicique provenant de la décomposition du fluorure de silicium par l'eau. Seulement comme on ne peut pas titrer alcalimétriquement cet acide parce que les sels ne sont établis qu'en dissolution acide, il reçoit le fluorure de silicium produit (par l'action de l'acide sulfurique et de la silice sur le fluorure à 150-160°) dans une dissolution alcoolique de chlorure de potassium et il titre l'acide chlorhydrique mis en liberté au moyen d'une dissolution d'ammoniaque d'une force connue et contenant la moitié de son volume d'alcool.

Note 13. — *R. Fresenius* (*Zeitschr. f. analyt. Chem.*, XIX, 53) a fait contrôler rigoureusement cette méthode dans son laboratoire, à cause des résultats souvent différents qu'elle fournissait, et il a reconnu que la présence du chlorure de fer dans la liqueur et de plus ou moins d'acide chlorhydrique libre était cause de ces divergences. Le sulfate de baryte entraîne de petites quantités de peroxyde de fer et le sulfate de baryte est un peu soluble dans une dissolution acide renfermant du perchlorure de fer. Ces deux causes agissent en sens contraire, mais ne se compensent pas. En augmentant l'acide chlorhydrique libre et en filtrant rapidement on augmente le sulfate de baryte dissous et l'on diminue la proportion de fer qu'il retient ; en diminuant l'acide libre et ne filtrant qu'après un long repos, on diminue la quantité de sulfate de baryte dissoute, mais on augmente la quantité de fer entraînée.

Note 14. — *B. Deuterom* (*Zeitschr. f. analyt. Chem.*, XIX, 313) obtient de très bons résultats en désagrégeant les pyrites par voie sèche avec le chlorate de potasse. On chauffe d'abord lentement, puis peu à peu jusqu'à fusion à haute température, 1 gr. de pyrite avec 8 gr. d'un mélange de portions égales de chlorate de potasse, de carbonate de soude et de chlorure de sodium, le tout dans un grand creuset fermé en porcelaine. Après refroidissement on reprend par l'eau bouillante, on fait du tout 200 C.C., on filtre et dans 50 C.C. on dose l'acide sulfurique.

Note 15. — C. Bœhmer (Zeitschr. f. analyt. Chem., XXII, 20) applique au dosage du bioxyde d'azote la propriété absorbante pour ce gaz de l'acide chromique en dissolution avec 12 p. 100 d'acide azotique. Il pèse dans ce cas le bioxyde d'azote au lieu de le mesurer en volume. La substance à analyser est placée dans un petit ballon à fond plat de 100 à 150 C.C. avec la solution concentrée de protochlorure de fer et de l'acide chlorhydrique concentré : on ferme avec un bouchon percé de trois trous. Dans l'un passe un tube amenant presque au fond un courant plus ou moins rapide d'acide carbonique, dans un second trou passe un entonnoir à robinet à l'aide duquel on introduira dans le ballon, renfermant la substance pesée, le mélange de protochlorure et d'acide chlorhydrique, quand l'acide carbonique aura chassé l'air de l'appareil. Enfin par le troisième trou passe un tube courbé à angle droit conduisant le gaz d'abord dans un petit tube à essai entouré d'eau froide et au fond duquel il y a à peu près 0,5 gr. de carbonate de soude un peu humecté, pour arrêter l'acide chlorhydrique entraîné, puis un tube à chlorure de calcium et enfin un tube à boules de Liebig, suivi d'un autre petit tube à chlorure de calcium. Dans le tube à boules on met 10 à 15 C.C. de la solution de 10 gr. d'acide chromique additionnée de 12 p. 100 d'acide azotique. L'augmentation de poids de ce tube à boules avec le petit tube à chlorure de calcium qui le suit donne le poids de bioxyde d'azote. — En opérant avec 0,25 gr. d'azotate de soude, 20 à 25 C.C. de solution concentrée de protochlorure de fer et 30 C.C. d'acide chlorhydrique fumant, l'auteur a trouvé 0,247 — 0,250 — 0,254 de sel.

Note 16. — D. Siclersky (Zeitschr. f. analyt. Chem., XXII, 10) a remarqué et vérifié que si à une dissolution neutre de strontiane on ajoute une dissolution d'un mélange de sulfate et d'oxalate d'ammoniaque, il ne se précipite que du sulfate de strontiane et pas traces d'oxalate de strontiane : si l'on fait la même chose avec une solution neutre de chaux il ne se précipite que de l'oxalate de chaux. Et avec un mélange de sels de chaux et de strontiane, le précipité est formé de la chaux sous forme d'oxalate et de la strontiane sous forme de sulfate : en jetant sur un filtre, lavant et traitant par l'acide chlorhydrique étendu, on aura le sulfate de strontiane sur le filtre et la chaux dans la dissolution d'où on la reprécipitera en oxalate en neutralisant avec l'ammoniaque. On prendra pour réactif 200 gr. de sulfate d'ammoniaque et 30 gr. d'oxalate d'ammoniaque dissous dans 1 litre d'eau. Il faut éviter un excès du réactif. On obtient un peu moins de strontiane parce que le sulfate de strontiane est un peu soluble dans l'eau acidulée d'acide chlorhydrique. En opérant avec un mélange de carbonate de chaux et de carbonate de strontiane on a eu 99,4 au lieu de 100 de SrO,CO^2 et 100,06 au lieu de 100 CaO,CO^2. — On peut ajouter à la dissolution des deux sels alcalino-terreux de l'acide chlorhydrique avant d'employer le réactif : de cette façon le sulfate de strontiane se précipitera seul : cette dernière manière d'opérer est préférable.

Note 17. — Cl. Zimmermann (Zeitschr. f. analyt. Chem., XX, 412) fait usage du sulfocyanure d'ammonium pour séparer les uns des autres les métaux du groupe du zinc.

Pour séparer le zinc de tous les métaux du groupe, on ajoute à la dissolution, qui doit contenir le fer et l'urane sous forme de peroxyde, du bicarbonate de soude, jusqu'à formation d'un très léger trouble (la neutralité étant une condition de succès) ; on ajoute alors un excès d'une solution pas trop étendue de sulfocyanure d'ammonium, on chauffe entre 60° et 70° et l'on fait passer un courant d'acide sulfhydrique. Tout le zinc se précipite à l'état de sulfure, tandis que les autres métaux restent en dissolution, parce que l'acide sulfocyanhydrique formé empêche la formation des autres sulfures. — Dans le liquide séparé par filtration du sulfure on décompose les sulfocyanures des autres métaux par l'acide azotique et l'on y dose les métaux suivant les méthodes ordinaires.

Note 18. — Pour séparer le nickel d'avec le cobalt, *M. G. Delvaux* (*Compt. rend.*, XCII, 723) dissout le mélange des deux sulfures dans de l'eau régale renfermant peu d'acide azotique: à la solution étendue on ajoute un excès d'ammoniaque, puis du permanganate de potasse, jusqu'à coloration rose persistante. Le précipité est formé d'un peu de cobalt, de sesquioxyde de manganèse hydraté avec du protoxyde de nickel hydraté. On le redissout dans l'acide chlorhydrique et l'on recommence le traitement par l'ammoniaque et le permanganate de potasse. — Les deux liquides filtrés, réunis et concentrés, acidulés avec l'acide acétique, donnent le cobalt avec l'acide sulfhydrique. — Quant au précipité renfermant le nickel et le manganèse, on le dissout dans l'acide chlorhydrique, puis on ajoute de l'ammoniaque. On abandonne à l'air : le manganèse se sépare en hydrate d'oxyde salin, et dans le liquide filtré, acidulé avec de l'acide acétique, on précipite le nickel par l'hydrogène sulfuré.

Note 19. — Pour doser directement *l'alumine* en présence du *peroxyde de fer*, *E. Donath* (*Zeitschr. f. analyt. Chem.*, XXI, 109) met à profit la facilité avec laquelle le fer peut former des cyanures, tandis que cela n'arrive pas avec *l'alumine*. A la dissolution des deux bases (environ 100 C.C.) on ajoute de l'ammoniaque, assez pour neutraliser presque complètement l'acide libre et avec une dissolution concentrée d'hyposulfite de soude, on ramène le fer à l'état de sel de protoxyde. On verse cette solution peu à peu dans une dissolution ammoniacale bouillante de cyanure de potassium (15 à 20 gr. de cyanure pour 0,1 à 0,3 gr. de peroxyde de fer), dont le volume sera à peu près le double de celui de la dissolution d'alumine et de fer. Le liquide obtenu, jaune verdâtre, est refroidi brusquement en plongeant le vase dans l'eau froide, acidulé avec de l'acide acétique, et l'on y précipite l'alumine avec le carbonate d'ammoniaque : on laisse déposer, on rassemble l'alumine sur un filtre et on lave avec de l'eau bouillante. — Si le précipité n'était pas bien blanc, il faudrait le purifier en le faisant digérer avec le filtre dans de l'acide chlorhydrique étendu (1 : 4). Le cyanure de fer qui produit la coloration reste non dissous, et dans le liquide filtré on reprécipite l'alumine à la manière ordinaire.

Note 20. — *Cl. Zimmermann* (*Zeitschr. f. analyt. Chem.*, XX, 414) sépare le *peroxyde de fer* d'avec les *protoxydes* de *nickel* et de *cobalt* en ajoutant un excès de sulfocyanure d'ammonium, ce qui fait apparaître la couleur rouge du sel de fer. On ajoute alors goutte à goutte une dissolution de bicarbonate de soude, jusqu'à ce que disparaisse juste la couleur du sulfocyanure de fer. Tout le fer est de cette façon précipité à l'état de peroxyde hydraté, tout à fait exempt d'alcali, de nickel et de cobalt. On lave le peroxyde de fer avec de l'eau bouillante contenant un peu de sulfocyanure d'ammonium; on sèche, on chauffe au rouge et l'on pèse. — Avec le liquide filtré on opère comme il est dit (note 17) à propos du zinc. — On peut séparer le nickel d'avec le cobalt d'après la méthode de *Liebig* (par l'oxyde de mercure).

Note 21. — Pour séparer le *fer* d'avec l'*urane*, *Zimmermann* opère sur la dissolution des deux métaux à l'état de sels de peroxydes, absolument comme il est dit dans la note 20. La séparation des deux métaux est complète et il est inutile de faire une double précipitation. Dans le liquide filtré on décompose d'abord le sulfocyanure d'urane (note 17), puis on ajoute de l'ammoniaque jusqu'à neutralisation et du sulfhydrate d'ammoniaque. On fait bouillir le sulfure d'urane, qui se décompose en soufre et protoxyde d'urane. Et l'on dose l'urane soit à l'état d'oxyde salin, soit de protoxyde dans un courant d'hydrogène.

Note 22. — (*Zeitschr. f. analyt. Chem.*, XX, 416). *G. Vortmann* sépare le cuivre à l'état de sulfure d'avec le cadmium à l'aide de l'hyposulfite de soude. A la dissolution étendue sulfurique (moins bien chlorhydrique) des deux métaux on ajoute une solution d'hyposulfite jusqu'à décoloration complète, et l'on fait bouillir jusqu'à ce que le soufre s'étant aggloméré, la liqueur soit éclaircie : on filtre, on lave et l'on traite le sulfure de cuivre à la manière ordinaire pour le peser. — Dans le liquide filtré on précipite le cadmium en carbonate ou en sulfure. — Bons résultats.

Note 23. — E. Fischer (Zeitschr. f. analyt. Chem., XXI, 266) sépare l'arsenic, quel que soit son degré d'oxydation, d'avec les métaux, en distillant avec du protochlorure de fer et de l'acide chlorhydrique. — On dissout la substance dans l'acide chlorhydrique, en ajoutant du chlorate de potasse au besoin. Il ne faut pas d'acide azotique, et s'il y en avait, on le chasserait en évaporant avec de l'acide sulfurique, un léger excès de ce dernier ne nuisant pas. On fait la distillation dans un ballon d'environ 600 C.C. à long col, qu'on incline d'environ 45° pour empêcher les projections du liquide bouillant d'arriver dans le tube refroidi par le réfrigérant Liebig. On ajoute au liquide à analyser 10 à 20 C.C. d'une solution saturée de protochlorure de fer, puis de l'acide chlorhydrique à 20 p. 100 pour faire du tout environ 150 C.C. On conduit l'opération de façon à recueillir 2 à 5 C.C. par minute, et l'on interrompt quand il ne reste plus dans le ballon que 30 à 35 C.C. — S'il n'y a pas plus de 0^{gr},1 d'arsenic, une distillation suffit ; s'il y en a davantage on laisse un peu refroidir le ballon, on y reverse 100 C.C. d'acide chlorhydrique à 20 p. 100 et on recommence. Avec 1 gr. d'arsenic, il faut quatre distillations pour être certain que tout l'arsenic a passé dans le récipient, où on le dose soit en le précipitant à l'état de sulfure, soit iodométriquement, après neutralisation avec le carbonate de potasse.

S'il y a de l'antimoine et de l'étain, le liquide distillé peut contenir un peu de ces métaux. Dans ce cas on recueille à part la première moitié du liquide condensé, renfermant la majeure partie de l'arsenic : on y ajoute 3 à 5 C.C. de protochlorure de fer, on le distille à part de façon à réduire le volume à 30 C.C. : on ajoute la seconde moitié du liquide distillé et l'on réduit au même volume ; on a alors dans le liquide condensé tout l'arsenic et dans le résidu l'étain et l'antimoine avec le fer.

Note 24. — Pour doser l'acide arsénieux en présence de l'acide arsénique, L. Mayer (J. f. prackt. Chem., N. F., XXII, 103. —Zeitschr. f. analyt. Chem., XXI, 268), pèse l'argent métallique réduit par l'action de l'acide arsénieux sur une dissolution ammoniacale bouillante d'argent :

$$ArO^3 + 2.AgO = ArO^5 + 2.Ag.$$ Il faut naturellement qu'il n'y ait pas d'autre substance capable de réduire le sel d'argent. S'il y avait de l'argent faisant miroir sur les parois et ne pouvant passer sur le filtre, on le dissoudrait dans l'acide azotique, on le précipiterait par l'acide chlorhydrique et l'on calculerait l'argent correspondant au chlorure obtenu.

Note 25. — L. F. Nilson a publié dans le Zeitschrift (XVI, 417 — XVIII, 165) des observations sur ce procédé de séparation de l'antimoine d'avec l'arsenic. A la suite de la discussion que suscitèrent ces observations Bunsen, remplaça son ancienne méthode par la suivante :

On dissout sur le filtre les précipités encore humides des sulfures d'antimoine et d'arsenic avec un excès d'une solution aqueuse d'hydrate de potasse à l'alcool ; on met la dissolution avec les eaux de lavage évaporées dans un creuset en porcelaine de 150 C.C., on ferme avec un verre de montre percé au centre d'un trou par lequel on fait arriver un courant de chlore jusqu'à saturation de l'alcali ; on chauffe au bain-marie, avec une pipette on ajoute un grand excès d'acide chlorhydrique concentré, on évapore à moitié du volume, on ajoute un volume égal d'acide chlorhydrique concentré, et pour chasser tout le chlore libre on évapore encore le contenu du creuset au tiers ou à la moitié du volume. Le contenu du creuset doit alors, sans addition d'acide tartrique, ce qui gênerait la séparation, donner une solution limpide avec l'acide chlorhydrique très étendu, — On ajoute

alors pour chaque décigramme, ou moins, d'acide antimonique présumé 100 C.C.
de dissolution aqueuse saturée d'acide sulfhydrique. Lorsque le précipité s'est
bien séparé, on fait partir l'excès d'hydrogène sulfuré par un courant d'air filtré
à travers du coton. On fait passer le précipité sur un filtre pesé, avec la pompe
à air, on le lave successivement 8 fois avec de l'alcool, puis 4 fois avec du sulfure
de carbone, et enfin de nouveau 3 fois avec de l'alcool. En continuant à faire
marcher la pompe encore une heure et fermant l'entonnoir imparfaitement avec
le fond d'un ballon plein d'eau chaude, le précipité est assez desséché pour être
finalement chauffé à 110 degrés au bain d'eau salée. — Le liquide séparé par
filtration ne renferme pas traces d'antimoine et tout l'arsenic à l'état d'acide
arsénique. Le sulfure d'antimoine peut renfermer, lui, des quantités insignifiantes
d'arsenic, dont on pourrait le débarrasser en le traitant à nouveau comme plus
haut.

Dans le liquide et les eaux de lavage débarrassés d'antimoine et que l'on
aura concentrés, on ajoute *quelques* gouttes d'eau de chlore, on chauffe au
bain-marie, on fait passer un courant d'hydrogène sulfuré pendant longtemps,
et on le continue pendant le refroidissement. On abandonne en lieu chaud pendant un jour entier, et l'on filtre sur un filtre pesé. Si l'on a eu soin de ne pas
interrompre le courant d'hydrogène sulfuré, de façon que ce gaz soit toujours en
grand excès, le précipité formé ne renferme que peu de soufre avec du pentasulfure d'arsenic, sans mélange de trisulfure. On le traite, avant de le peser, comme
le précipité d'antimoine, et séché à 110° sa composition est constante.

Note 26. — Suivant *Dewey* (*Amer. Chem. Journ.*, I, 244; *Zeitschr. f. analyt.
Chem.*, XXI, 115), qui a étudié la méthode de Clarke au point de vue de la séparation de l'*étain* d'avec l'*antimoine*, ces causes d'erreur dans ce procédé seraient
la présence des acides minéraux dans le liquide à précipiter par l'hydrogène
sulfuré, une trop grande concentration de ce liquide, et l'insuffisance d'une
seule précipitation du sulfure d'antimoine. Voici dès lors comment il opère pour
séparer l'étain d'avec l'antimoine.

Pour chasser l'excès d'acide, il ne faut pas évaporer le liquide tel quel, car il
y aurait perte de chlorures : on l'évitera en ajoutant à la solution et avant l'évaporation une quantité suffisante de chlorure de potassium. Au résidu de l'évaporation on ajoute pour une partie d'étain environ 20 parties d'acide oxalique, et
l'on traite par l'eau chaude. On étend la solution limpide de façon que dans
250 C.C. il y ait environ $0^{gr},4$ de métal; on porte à l'ébullition, et pendant une
demi-heure on fait passer un courant d'acide sulfhydrique. Le précipité renferme
tout l'antimoine et une partie de l'étain. On filtre de suite, on lave et l'on redissout dans le sulfhydrate d'ammoniaque. On verse le liquide dans une dissolution
bouillante d'acide oxalique et, maintenant l'ébullition, on fait passer un courant
de gaz sulfhydrique. On dissout de cette façon la dernière trace d'étain; le
précipité n'est que du sulfure d'antimoine mélangé de soufre, on le sépare par
filtration et l'on y dose l'antimoine d'après les méthodes connues. — On concentre par évaporation et l'on évapore à siccité les liqueurs renfermant l'étain;
on chauffe au bain-marie avec de l'acide sulfurique concentré pour décomposer
l'acide oxalique, qui rendrait difficile la précipitation de l'étain par l'acide sulfhydrique, etc.

Note 27. — L. P. Kinnicutt (*Amer. Chem. Journ.*, IV, 22. — *Zeitschr. f. analyt.
Chem.*, XXII, 257) réduit les sels d'argent pesés par un courant de deux éléments
Bunsen. Les chlorure et bromure d'argent étant fondus dans un creuset de porcelaine, puis de nouveau solidifiés, on place sur la surface une lame de platine
reliée au pôle négatif et l'on remplit le creuset aux deux tiers avec de l'eau acide
(1 p. $HO,SO^3 + 3$ p. d'eau) dans laquelle on plonge un fil de platine réuni au
pôle positif.

Note 28. — Suivant *W. Borchers* (*Repert. d. analyt. Chem.*, I, 120). — *Zeitschr.*

f. analyt. Chem., XXII, 92), on dissout 10 à 20 gr. du mélange des sels, chlorure, cyanure et sulfocyanure et l'on fait un litre. Dans un essai on titre avec la solution d'argent la totalité des trois acides. Dans un autre essai on ajoute juste la quantité d'azotate d'argent non titré pour précipiter, on filtre rapidement, on ne lave que si le liquide renferme des sulfates. On fait tomber, en perçant le filtre, dans un petit ballon le précipité avec de l'acide azotique de densité 1,37 à 1,40. On chauffe à l'ébullition, en remplaçant l'acide évaporé jusqu'à ce qu'il ne se dégage plus de vapeurs rutilantes. Si au bout de trois quarts d'heure d'ébullition ces vapeurs persistaient, à cause de parcelles de papier du filtre entraînées par le précipité, il faudrait regarder l'opération comme terminée.

La partie insoluble renferme tout le chlore à l'état de chlorure d'argent. Le liquide séparé renferme sous forme d'acide sulfurique tout le soufre correspondant au sulfocyanogène et sous forme d'azotate d'argent une quantité équivalente au cyanogène. On aura le chlorure d'argent, on calculera le sulfocyanure d'après l'acide sulfurique et par différence on conclura le cyanure.

S'il y avait en outre de l'acide ferrocyanhydrique, dans un premier essai on doserait avec la solution titrée d'argent les quatre acides. Dans un second on précipiterait l'acide ferrocyanhydrique avec un sel de peroxyde de fer *exempt de chlore*, et dans le liquide filtré on trouverait le chlore, le cyanogène et le sulfocyanogène comme plus haut.

Note 29. — Dans le *Zeitschr. f. analyt. Chem.*, XIX, 452, se trouve décrit un appareil en verre fort simple imaginé par *W. Stœdel* pour recueillir et mesurer l'azote dans le procédé de *M. Dumas*.

Note 30. — Voir dans le *Zeitschr. f. analyt. Chem.*, XVIII, 296, la méthode nouvelle d'analyse des matières organiques azotées donnée par *E. Pflüger* avec le concours de *Finkener* et *Oppenheim*. L'eau est donnée par une pesée, et l'acide carbonique et l'azote sont mesurés par les méthodes gazométriques.

Note 31. — *J.* Kjeldahl de Copenhague dose l'azote dans les matières organiques en le transformant aussi en ammoniaque, mais d'après un autre principe (*Zeitschr. f. analyt. Chem.*, XXII, 366). La matière est chauffée pendant quelque temps avec une quantité suffisante d'acide sulfurique concentré à une température qui doit être constamment maintenue voisine du point d'ébullition de l'acide. On opère dans un petit ballon de 100 C.C. à long col que l'on incline pour éviter les projections, et l'on prend environ 10 C.C. d'acide. En ajoutant un peu d'acide fumant ou d'acide phosphorique anhydre, la dissolution est plus rapide : toutefois elle est achevée au bout de 2 heures. Ce premier traitement suffit avec certaines substances (acide urique, asparagine, matières protéiques facilement décomposables, etc.), pour transformer tout l'azote en ammoniaque ; mais avec la plupart il faut achever par un oxydant : on prend le permanganate de potasse en poudre que l'on ajoute au liquide chaud, toutefois en retirant la lampe. La réaction, qui ne dure pas une minute, est trop vive, et elle est achevée quand le liquide a pris une couleur verte. On laisse refroidir, on étend d'eau, et on dose l'ammoniaque formée. Les nombreux exemples cités par l'auteur sont tout à fait satisfaisants. Toutefois le procédé ne peut pas s'appliquer à certaines substances, savoir quelques alcaloïdes et les composés dans lesquels l'azote entre sous forme d'acides volatils, tels que les acides oxygénés de l'azote, les composés cyanogénés.

Note 32. — *Pr. Clœsson* (*Zeitschr. f. analyt. Chem.*, XXII, 177) détermine l'oxydation complète de la substance dans un tube par un courant d'oxygène et de bioxyde d'azote mélangés. Le tube est étiré à un bout en une partie recourbée à angle obtus qui se rend dans un petit ballon de 100 C.C., récipient où doivent se condenser les produits volatils de la combustion. Ce ballon contient de l'eau dans laquelle doit plonger le bout de tube à combustion. Près de la courbure on pousse une spirale en platine, puis à 10 centimètres une petite nacelle renfermant de l'acide azotique fumant, à 10 centimètres une seconde spirale en platine, à 5 centimètres une troisième, puis la petite nacelle avec la substance, et enfin une dernière spirale en platine. On fait passer un courant modéré de volumes égaux d'oxygène et de bioxyde d'azote lavés. On chauffe avec précaution au rouge les spirales en avant et en arrière de la nacelle à acide azotique, puis les autres, puis la substance. Il faut que les gaz soient toujours rouges jusqu'à la courbure du tube. La partie entre les deux nacelles doit toujours être colorée; l'acide azotique de la nacelle sert à donner aux parties non brûlées l'oxygène qui achèvera la combustion complète au contact de la dernière spirale en platine. Lorsque toute la substance a été brûlée, on continue le courant d'oxygène pour tout balayer dans le ballon et pour vaporiser complètement l'acide azotique de la nacelle, on laisse refroidir dans le courant de gaz et l'on dose l'acide sulfurique dans le liquide condensé.

Note 53. — On peut souvent reconnaître certaines substances organiques à odeur caractéristique en agitant une quantité convenable d'eau avec de l'éther : soutirant celle-ci dans une petite capsule en verre, laissant évaporer et recherchant l'odeur du résidu.

C. FORTHOMME.

TABLE ANALYTIQUE DES MATIÈRES

PREMIÈRE PARTIE

GÉNÉRALITÉS

PREMIÈRE SECTION — PRATIQUE DE L'ANALYSE

CHAPITRE Ier

CHAPITRE DEUXIÈME

CHAPITRE QUATRIÈME

CHAPITRE CINQUIÈME

CHAPITRE SIXIÈME

TROISIÈME PARTIE

APPENDICE

DEUXIÈME APPENDICE

FIN DE LA TABLE ANALYTIQUE.

TABLE ALPHABÉTIQUE

9497. — Imprimerie A. Lahure, 9, rue de Fleurus, à Paris.

TRAITÉ COMPLET
D'ANALYSE CHIMIQUE
APPLIQUÉE AUX
ESSAIS INDUSTRIELS

P A R

J. POST

PROFESSEUR A L'UNIVERSITÉ DE GŒTTINGUE

AVEC LA COLLABORATION DE VINGT-DEUX CHIMISTES
Traduit de l'allemand
PAR L. GAUTIER

UN VOLUME GRAND IN-8° DE VIII-1143 PAGES AVEC 274 GRAVURES DANS LE TEXTE
Prix : 28 francs

Envoi franco dans l'Union postale contre un mandat-poste

Les procédés en usage dans les laboratoires des usines pour l'essai des matières premières, pour le contrôle de la fabrication et pour l'essai du produit fabriqué sont, en général, plus simples et plus rapides que ceux dont on se sert pour les recherches purement scientifiques. Ces procédés, tout en étant rapides et d'une exécution facile, doivent cependant conduire à des résultats absolument exacts. La plupart des méthodes employées par le chimiste industriel ont précisément pour but de rendre plus facile et en même temps plus rapide l'exécution de l'analyse.

La description de ces méthodes toutes spéciales ne se trouve point dans les ouvrages d'analyse chimique.

La publication du présent *Traité d'analyse chimique appliquée aux essais industriels* répond à un besoin qui se faisait sentir depuis longtemps déjà. Mais un pareil ouvrage, dans lequel sont passées en revue toutes les industries chimiques, ne pouvait être l'œuvre d'un seul auteur. Aussi M. J. Post s'est-il adjoint plusieurs collaborateurs, dont chacun a traité la branche d'industrie avec laquelle il était le plus familiarisé.

Chacun des chapitres a été rédigé par un spécialiste, s'occupant scientifiquement et pratiquement de la partie de l'industrie chimique dont il parle. Aussi, trouve-t-on dans ce livre une foule de renseignements pratiques, de procédés peu connus d'analyse, employés dans les usines d'Allemagne. On sait que, dans ce dernier pays, il n'est point rare de rencontrer à la tête des usines de véritables savants ; on pourra en juger par la liste des collaborateurs du professeur J. Post, que l'on trouvera plus loin.

Chaque chapitre est divisé en trois sections principales, comprenant : la matière première, fabrication et produit ; en outre dans les divers chapitres se trouvent 84 pages de tables, au moyen desquelles le résultat des analyses peut être obtenu avec une grande rapidité.

En résumé, les auteurs n'ont rien négligé pour faire un ouvrage éminemment pratique, une sorte de *Vade-Mecum du chimiste industriel*, et M. L. Gautier, de son côté, a fait tous ses efforts pour mettre le livre au courant des procédés nouveaux et des méthodes plus spécialement employées dans les laboratoires des usines françaises. Il a lui-même rédigé tout un chapitre (XV) relatif à *l'analyse du vin*.

Les gravures de ce livre, toutes remarquablement belles, représentent nombre d'appareils nouveaux inconnus dans les usines françaises. Nous avons augmenté le nombre des figures de près de cent, en représentant certains appareils plus spécialement en usage dans nos laboratoires.

Ce traité complet d'analyse s'adresse à un nombreux public, car il est le *complément indispensable*, non seulement de *tous les traités de chimie industrielle*, mais aussi des *traités d'analyse*, car seul il décrit à la fois les méthodes analytiques du laboratoire scientifique et les procédés de l'usine.

EXTRAIT DE LA TABLE ANALYTIQUE DES MATIÈRES

DE POST. ANALYSE CHIMIQUE

NOMS DES AUTEURS

QUI ONT CONTRIBUÉ A LA RÉDACTION DE CET OUVRAGE

L. **Aubry**, Directeur du laboratoire d'essais pour la brasserie, à Munich. . . . . *Bière.*

W. **Avenarius**, Directeur de saline, à Nauheim.. } *Détermination de la valeu calorifique des combustibles.*

C. **Deite**, à Berlin . . . . *Indust. des matières grasses.*

M. **Delbruck**, Directeur du laboratoire d'essais de l'Union des fabricants d'alcool, à Berlin. *Alcool.*

L. **Dreschmidt**, Chimiste de l'usine à gaz de la ville de Berlin . . . . *Gaz d'éclairage.*

C. **Engler**, Professeur à l'école industrielle de Carlsruhe. . . . . } *Hydrocarbures solides et liquides du règne minéral.*

L. **Gautier**, Chimiste à Melle. . . . . *Vin.*

R. **Gnehm**, Professeur à Bâle. . . . . *Matières colorantes,*

C. **Heinzerling**, à Francfort-sur-le-Mein . . . . *Tannage des peaux.*

Hilger, Professeur à l'université d'Erlangen . . } *Acide acétique, esprit de bois.*

A. **Jena**, Directeur de la fabrique de sucre de Prosigk, près Cothen. . . . . *Amidon et sucres.*

A. **Ledebur**, Professeur de l'académie des mines de Freiberg . . . . *Fer.*

C. **Lintner**, Directeur de l'académie des brasseurs de Weihenstephan . . . . *Bière.*

S. **Marasse**, à Berlin . . . . *Colle.*

W. **Michaelis**, à Berlin. . . . . *Chaux et ciments.*

F. **Muck**, Directeur du laboratoire métallurgique et professeur de chimie à l'école des mines de Bochum . . . . } *Détermination de la composition chimique des combustibles.*

M. **Muller**, à Brunswick , ... *Verre.*

J. **Philipp**, Professeur à l'école industrielle de Berlin. . . . . *Métaux (fer excepté).*

J. **Post**, Professeur à l'université de Gœttingue . } *Acides minéraux, sels alcalins, chlorure de chaux.*

C. **Rudolph**, à Hochst-sur-le-Mein . . . . *Eau.*

H. **Schwarz**, Professeur à l'école industrielle de Gratz. . . . . } *Matières explosives et allumettes.*

P. **Wagner**, Directeur de la station agronomique de Darmstadt . . . . *Engrais commerciaux,*

A. **Weinhold**, Professeur à Chemmitz . . . . . *Pyrométrie.*

H. **Zwick**, Membre du conseil de l'instruction publique. à Berlin . . . . *Poteries*